储层改造技术新进展（2023 年）

储层改造工艺技术新进展

翁定为　才　博　何春明　主编

石油工業出版社

内容提要

本书重点介绍了储层改造技术的发展进程及现状，从不同油田、不同区块的特点出发，利用不同现场施工案例进行详尽分析，总结了非常规油改造、非常规气改造、复杂低渗透压裂技术、高温深层改造、资源新类型及改造新工艺等方面的技术进展，并对储层改造技术前景进行了展望。

本书可供石油企业从事储层改造的科研人员和管理人员以及相关院校的师生参考借鉴。

图书在版编目（CIP）数据

储层改造工艺技术新进展 / 翁定为，才博，何春明主编 . -- 北京：石油工业出版社，2024. 12. -- ISBN 978-7-5183-3824-5

Ⅰ . TE357

中国国家版本馆 CIP 数据核字第 2024677EM6 号

出版发行：石油工业出版社

（北京安定门外安华里 2 区 1 号　100011）

网　址：www.petropub.com

编辑部：（010）64210387　　图书营销中心：（010）64523633

经　　销：全国新华书店

印　　刷：北京中石油彩色印刷有限责任公司

2024 年 12 月第 1 版　2024 年 12 月第 1 次印刷

787 × 1092 毫米　开本：1/16　印张：33.5

字数：800 千字

定价：150.00 元

（如出现印装质量问题，我社图书营销中心负责调换）

《储层改造技术新进展（2023年）》

编委会

《储层改造工艺技术新进展》

编写组

主　编：翁定为　才　博　何春明

副主编：卢　聪　刘汉斌　梁天博

成　员：（按姓氏笔画排序）

马泽元　王　飞　王　辽　王　刚　王　玮　王　泽
王　艳　王天一　王丽伟　王海燕　车明光　牛朋伟
石　阳　叶志权　田福春　史佳朋　付海峰　仝少凯
达引朋　朱浩宇　刘　哲　刘　浩　刘　海　刘　敬
刘　彝　刘又铭　刘玉婷　刘进军　刘其伦　刘学伟
刘菁晟　齐　银　江　昀　江鹏川　许　可　孙　虎
孙　强　杜建波　李　川　李　阳　李　喆　李　婷
李　璐　杨　帅　杨立峰　杨战伟　肖梦媚　吴晋军
何　英　邹国庆　汪道兵　张　亮　张　博　张　睿
张绍林　张艳博　张浩宇　张朝阳　陈　旭　陈　钊
陈　希　陈　挺　武　龙　武广瑗　范　濛　拜　杰
段利江　修乃岭　袁立山　贾　靖　夏玉磊　柴　麟
徐　洋　徐亚军　高　莹　高丽军　高跃宾　高新平
唐　金　陶　亮　黄　瑞　黄生松　黄立宁　曹新发
盛志民　梁天成　梁宏波　彭建峰　韩　猛　韩秀玲
程福山　谢　宇　谢信捷　魏　然

丛书序

近年来，随着我国油气勘探开发持续加快，中高品位油气不断被开发利用，使得我国新增探明油气储量剩余油气远景资源中低品位的油气占比在持续提升。截至2022年，新增探明储量中低品位的油气占比分别达到了90%以上，剩余油气远景资源中中低品位油气占比分别达到了60%以上，非常规等低品位资源成为国内储量增长的主体。鉴于目前我国油气勘探开发的现状，为了深入贯彻落实习近平总书记提出的“四个革命、一个合作”能源安全新战略，推动油气事业高质量发展，促进储层改造领域技术研发、规模应用、知识贡献和经验交流，在“中国油气藏储层改造技术交流会”投稿论文的基础上，组织国内外从事储层改造的科研人员和技术工作者编写了《储层改造技术新进展（2023年）》丛书。

该丛书包括《储层改造关键技术新进展》和《储层改造工艺技术新进展》两个分册，《储层改造关键技术新进展》分册主要交流探讨储层改造技术在基础研究、改造材料、压裂软件与信息化、压裂装备与工具、裂缝监测技术五方面的新进展，《储层改造工艺技术新进展》分册主要交流非常规油改造、非常规气改造、复杂低渗透压裂技术、高温深层改造、资源新类型及改造新工艺五方面的技术进展，共同谋划储层改造技术下步发展方向，推动储层改造技术的高质量发展。意在统筹技术发展，推实基础研究创新工程，为压裂技术进步提供理论支撑；以压裂技术数字化转型为方向，支撑储层改造技术高质量发展；提升页岩油气资源开发动用质量，推进技术方案精准工程，为油气高效勘探开发提供指引，为业内深入交流提供参考。

该丛书重点突出储层改造新技术及其现场应用，具有很强的实用性和指导性，是从事油气田储层改造工程技术人员不可多得的参考书。希望在推动储层改造技术高质量发展、支撑国内油气增储上产与绿色发展方面发挥积极作用。

中国工程院院士

前　言

近年来，重点针对油气储层地质特点，以储量最大化为目的，聚焦基础研究、改造材料、压裂软件与信息化、压裂装备与工具、裂缝监测技术、非常规油改造、非常规气改造、复杂低渗透压裂技术、高温深层改造、资源新类型及改造新工艺，完善地质工程一体化的方法，持续深化地质力学基础、优化设计软件研究，提升了储层改造质量与水平。以装备能力、液体性能、支撑剂质量、改造设计水平的全面进步为标志，储层改造技术实现了较大进步。为了继续攻克储层改造技术难关，整合现有技术资源，2023 年 7 月，中国石油勘探开发研究院和中国石油天然气集团有限公司油气藏改造重点实验室举办了“中国油气藏储层改造技术交流会”。本书内容主要来源于相关院士，中国石油、中国石化、中国海油、延长石油集团等单位领导和专家，高校和科研机构的知名教授的大会主旨报告、专题报告、论文。

本书主要介绍了非常规油改造、非常规气改造、复杂低渗透压裂技术、高温深层改造、资源新类型及改造新工艺。全书由翁定为、才博、何春明统稿。本书由中国石油天然气集团有限公司油气藏改造重点实验室和中国石油勘探开发研究院压裂酸化技术中心组织编写，在编写过程中得到了孙金声、慕立俊、管保山等专家的指导，在此向他们表示衷心的感谢。

鉴于编者水平有限，书中难免存在疏漏与不足，敬请读者提出宝贵意见。

目　录

综　述

非常规油改造

非常规气改造

复杂低渗透压裂技术

高温深层改造

资源新类型及改造新工艺

综　述

中国石油压裂技术进展与压裂中心特色技术

翁定为　才　博　何春明

（中国石油勘探开发研究院压裂酸化技术中心）

摘　要：聚焦中国石油油气勘探开发重大生产需求，中国石油勘探开发研究院压裂酸化技术中心着力锻造“基础实验、压裂软件、液体材料、压裂工具、工艺技术和决策支撑”六方面核心技术能力，实现了压前评估—压裂设计—现场实施—压后评价的全流程闭环研究，确保了“支撑当前”与“引领未来”能力建设协同推进，有力支撑了中国石油在低渗透、非常规和深层等重点领域的高速发展。

关键词：储层改造；基础研究；压裂软件；液体材料；压裂工具；特色技术

压裂酸化技术中心成立于1985年，是从事储层改造技术研发与服务的专业部门，服务于中国石油国内外油气田增产改造，主要从事压裂酸化应用技术与应用基础理论的研究攻关，解决生产关键与技术难题，为石油勘探与开发提出新理论、新工艺、新技术、新方法，确立了以岩石力学与裂缝模拟、储层伤害和裂缝导流、酸岩反应动力学模拟、压裂酸化新材料、压裂酸化新工艺、压裂工具、压裂软件与信息化为主的七大发展方向。形成了低渗透油藏整体压裂、开发压裂、体积压裂、缝控压裂技术体系及压裂全过程实验评价技术体系。

1　压裂中心特色技术

1.1　储层改造实验与机理基础研究能力

依托联合国开发计划署（UNDP）项目，建立了国内首个储层改造专业实验室，经历了“引进、消化、自主研制、二次开发”四个阶段，形成了以岩石力学实验、压裂液体材料评价和大型压裂物理模拟为核心的特色技术，基本满足了储层改造学科建设和技术研发需求。1992年，建立了国内首套高温高压三轴岩石力学和支撑剂评价测试系统，提升压裂基础的研发能力。2011年，建立国内首套超大尺寸压裂物理模拟实验及裂缝监测系统，实现裂缝扩展物理模拟实验技术引领。2018年，完成非常规大型压裂物理模拟实验技术升级、多功能回路支撑铺置实验模拟。2020年，建成了200℃高温高压岩石力学实验系统、气测导流能力建设、大型暂堵运移模拟。经过多期建设，目前形成从改造前评估到改造后分析完备的系列实验方法，也是目前国际上门类最多、分析项目最齐全的储层改造专业实验室（15大项、36小项测试能力）。

1.2 地质工程一体化压裂软件开发能力

多年来，国内压裂软件一直以引进为主，缺乏自主、可持续开发的软件产品，2018年依托中国石油重大专项启动压裂软件自主研发，2020年被列为“补强能源技术短板任务”，历时5年，初步实现地质工程一体化压裂软件从“0”到“1”的突破。2022年1月，发布地质工程一体化压裂优化设计软件FrSmart 1.0 Beta版。2022年底，形成地质工程一体化压裂优化设计软件FrSmart 1.0（平台多井版），具备发布条件[1]。FrSmart 1.0版具备8项功能模块、29项特色功能，整体达到国际先进水平（图1）。

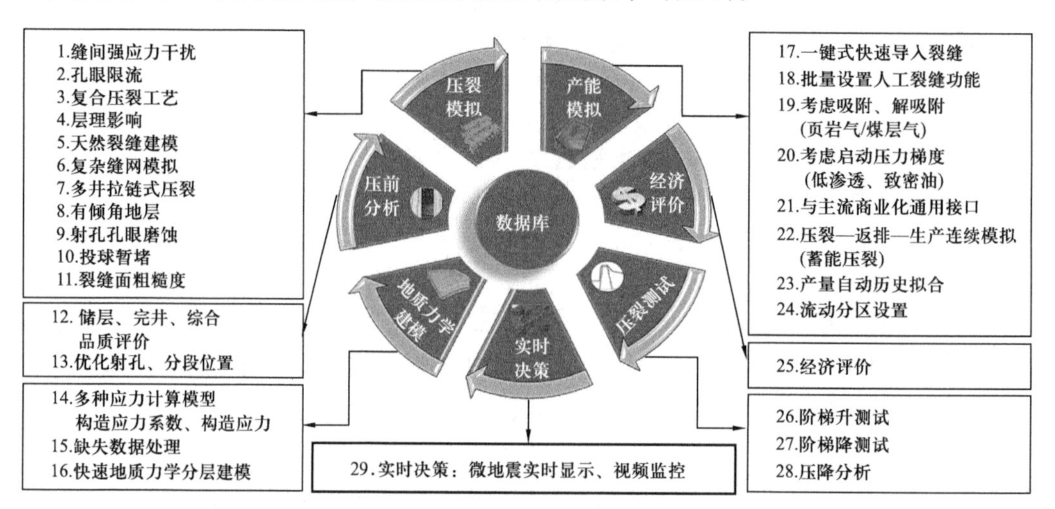

图1 FrSmart 1.0版功能模块及特色功能示意图

1.3 储层改造新体系与新材料研发能力

压裂液体系经历了由植物胶向合成聚合物、单一向复合的转变，压裂酸化技术中心研发形成了全国产、系列化液体体系，满足了超高温、低摩阻、低伤害、低成本、环保等储层改造需求。2008年，成功研制超低浓度羧甲基瓜尔胶压裂液，瓜尔胶用量降低30%～50%，最低交联浓度0.12%，120℃配方成本降低40%。2010年，首创了以温度和pH值控制的变黏酸体系，体系耐温150℃，鲜酸黏度低于10mPa·s，变黏后最高黏度200mPa·s。2017年，创新研制耐温220℃氯化钙加重压裂液，加重密度1.2～1.35g/cm^3，220℃、100s^{-1}剪切2h黏度保持在150mPa·s。2022年，初步研制耐温260℃超高温压裂液，260℃、100s^{-1}剪切2h黏度保持在100mPa·s[1-2]。目前拥有低浓度、聚合物、表面活性剂等七大类26套压裂液体系，在加重、低浓度等指标达到国际领先水平，推动储层改造工作液技术进步。

1.4 储层改造新工具与新结构研发能力

压裂工具紧密围绕直井分层、水平井分段、老井精细改造三大主题，以支撑现场高效实施为目标，经多年攻关研究，形成不同井况的特色储层改造工具。2016年，研发可溶桥塞分段工具，承压≥70MPa，2～7天溶解，打破国外垄断，获中国石油2016年十大科技进展，并形成集团公司自主创新产品。2019 年，集成创新柔性钻具侧钻挖潜技术，井眼曲率半径 2～4m，水平段长 50m，为低渗透老油田精准挖潜提供经济可行技术手段。2021 年，研发全金属可溶桥塞、可溶延时趾端滑套等特色工具，支撑非常规、高温深层储层高效改造。压裂工具突出个性化、引领性等特点，拥有新井分段压裂、老井重复压裂、老井侧钻挖潜、水平井井筒重构重复压裂四大类 16 种工具，可满足非常规、低渗透和部分深层储层改造需求。

1.5　储层改造工艺技术研究与服务能力

伴随着储层改造对象从中浅层向深层超深层、从常规向非常规演变，改造工艺从整体压裂、开发压裂到体积改造、缝控压裂升级，持续引领了国内储层改造理论和技术创新，推动了技术的迭代升级。1991 年，提出并建立整体压裂技术，在井网部署之后对区块压裂参数整体进行优化设计。1997 年，提出并建立开发压裂技术，将人工裂缝介入油田开发井网部署中，以人工裂缝为出发点，进行井网优化。2009 年，提出体积改造理念并形成技术，实现压裂理念从经典走向现代，解决立体改造问题[3]。2017 年，提出缝控储量压裂理念并形成技术，实现立体向整体的转变，解决非常规资源开发模式问题[4-5]。针对低渗透、深层、非常规、海上等各类型油气藏，形成了四大类 23 项压裂酸化工艺技术，为工程技术解决地质认识问题和提高油气开发效果开出“良方”。

2　近期取得主要进展

“十三五”以来，围绕中国石油油气田勘探开发的重大生产技术需求，以“三个导向”为指引，以“四个面向”为遵循，持续加强储层改造“原创性、引领性”技术攻关，推动压裂“五项技术能力”快速发展，全力支撑储层改造业务高质量发展。

持续深化基础实验研究，支撑改造技术升级换代，持续迭代压裂设计软件，实现压裂方案自主设计，持续升级压裂液体体系，满足多种类型储层需求，持续攻关储层改造工具，加强分段压裂实施能力，持续创新储层改造工艺，保障重点领域高效改造。

2.1　持续深化基础实验研究，支撑改造技术升级换代

2.1.1　深化岩石力学性质研究，揭示高温高压条件下岩石力学演化规律

围绕深层岩石力学变形机制问题，形成高温高压岩石力学实验技术（200℃、200MPa），揭示深层页岩高温高压环境下弹塑性变形特征，与常温常压条件下相比，峰前塑性变形增大 30%～40%，构建了考虑温压损伤因子的岩石本构模型，为川渝、塔里木等油田深层地质力学建模岩石力学参数的计算提供理论支撑。

揭示了高温高压岩石弹塑性变形特征，围压增大（单轴由 0MPa 升至 180MPa），岩石杨氏模量和抗压强度增强（分别增长 30% 和 54%），温度升高（室温由 20℃升至 170℃），岩石单轴杨氏模量呈线性降低趋势（下降 35%），如图 2 和图 3 所示。

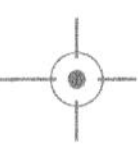

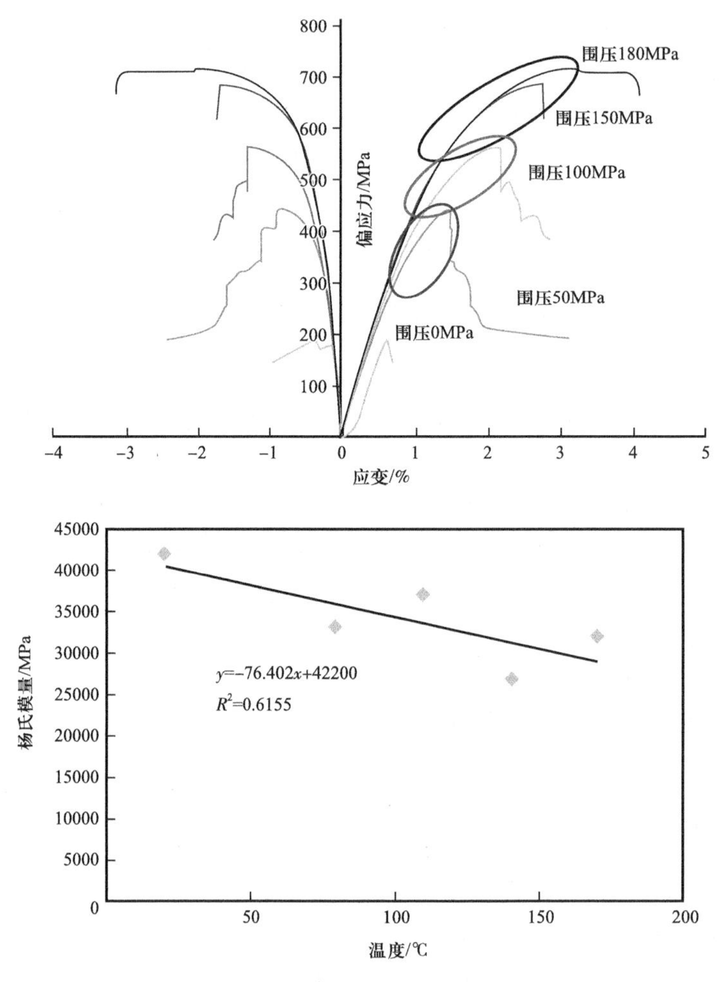

图 2　不同温压条件下岩石应力应变特征

图 3　200℃以内高温高压岩石力学实验系统

2.1.2 深化页岩水力裂缝扩展机理认识，为压裂软件研发和工艺技术优化提供支撑

针对层理型页岩缝高受控（小于 10m）、改造程度不充分的问题，深度开发大型物理模拟实验方法，揭示层理性能与缝高的对数和幂指数机理，开发了考虑层理交互特征的三维裂缝扩展程序，解决层理页岩缝高量化表征的技术难题，为软件裂缝扩展提供判据，并提升了裂缝穿层工艺参数优化的针对性[1]。明确了缝高穿层主控因素，地质因素（地应力、层理面性质）>完井参数（簇间距）>黏度、排量。建立了层理缝高预测的数学关系模型，缝高与层理发育程度的对数关系、层理胶结强度的幂指数关系。量化了穿层门槛，垂向应力差小于 8MPa，层间应力差小于 10MPa，层间模量比值小于 0.5 抑制缝高，如图 4 所示。

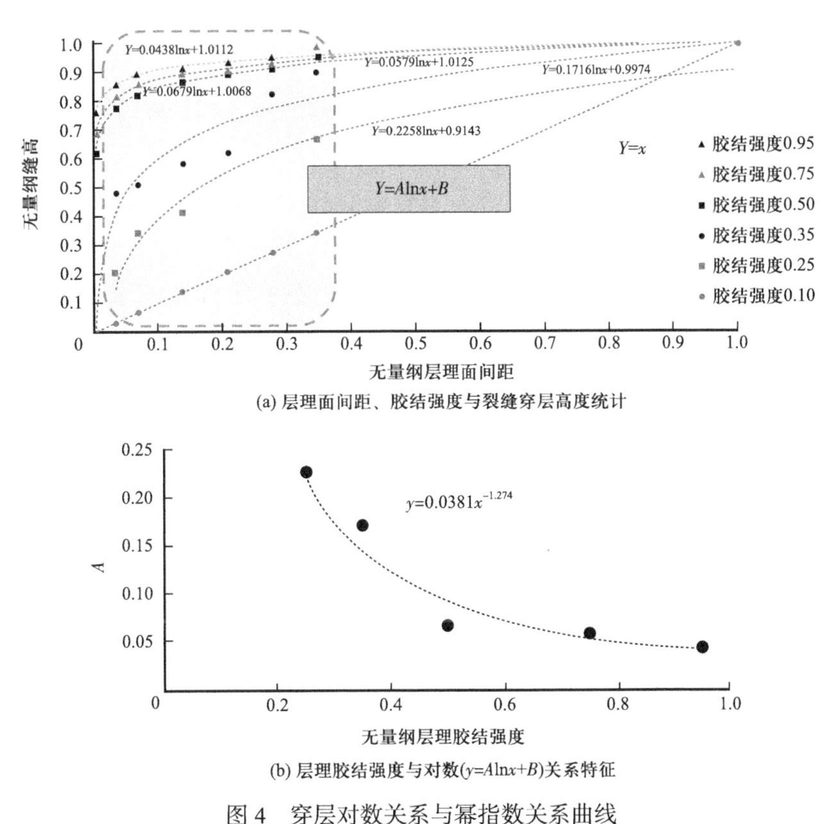

(a) 层理面间距、胶结强度与裂缝穿层高度统计

(b) 层理胶结强度与对数($y=A\ln x+B$)关系特征

图 4　穿层对数关系与幂指数关系曲线

2.1.3 建立裂缝扩展诱发邻井光纤应变的正演模型，为裂缝精细诊断提供理论支撑

针对水平井分段多簇压裂裂缝诊断需求，基于裂缝扩展诱发地层变形理论，引入应变光纤测量技术，构建计算裂缝扩展尺寸的正演模型，结合室内大型物理模拟实验，揭示了“裂缝—地层—光纤”应变传递机制，明确了裂缝扩展的三个典型特征，正结合庆 H41 平台页岩油矿场试验开展应用，提升裂缝识别精度[6-8]。

高空间分辨率监测，采用光频域反射技术（OFDR）实验方法，空间分辨率1mm，应变分辨率1×10^{-6}。光纤应变正演模型，多裂缝扩展诱发地层位移场、应变传递机制、邻井光纤应变计算。光纤应变演变特征，裂缝延伸过程中邻井光纤应变出现增强、收缩和直线汇聚3个阶段。

2.2 持续迭代压裂设计软件，实现压裂方案自主设计

2.2.1 攻关研发了非平面全三维裂缝模拟器，多项核心算法达到国际先进水平

针对水平井“密切割”改造缝间强干扰、裂缝转向的模拟需求，建立了6个方程耦合的非平面裂缝模拟模型，自主创新攻克了流固耦合相关的5项关键核心算法，完成了方程组的求解，编写了核心代码，开发了非平面裂缝模拟器，向下兼容平面裂缝模拟，结果与FrackOptima差异小于4%。

2.2.2 研发了非平面复杂裂缝模拟器，为页岩等复杂介质储层压裂模拟提供手段

针对部分页岩储层天然裂缝发育，人工裂缝会分支、成网的模拟需求，建立了基于离散DFN的复杂裂缝模拟模型，攻克了人工裂缝与天然裂缝相遇前、相遇时、相遇后及全程求解过程的4项算法难题，完成了模拟器开发，相同条件下，趋势与斯伦贝谢软件Kinetix模拟结果一致。

2.3 持续升级压裂液体体系，满足多种类型储层需求

2.3.1 定型150～240℃高温压裂液配方，初步形成260℃超高温压裂液体系

针对高温深层储层改造液体需求，设计合成新型耐高温稠化剂，创新温控交联技术，研发系列超高温压裂液体系，满足国内高温储层改造需求，并为干热岩储层改造储备技术[9-11]。通过分子设计合成新型耐温四元聚合物稠化剂FAC−21，创新研发多价有机金属交联剂FAC−22实现温控交联；形成系列超高温压裂液体系，定型150～240℃高温配方；2020年在青海油田碱探1井现场成功应用，试验层位温度208℃；优选耐温增效剂KT−3，耐温性能提升至260℃，$100s^{-1}$剪切条件下剪切120min，黏度保持在101mPa·s。

2.3.2 研发超低浓度变黏滑溜水体系，助推非常规改造降本增效

针对滑溜水压裂液携砂能力差、聚合物用量大的问题，研发超分子缔合型减阻剂，创新超细粉＋乳液悬浮分散技术，形成悬浮型超低浓度变黏压裂液体系，一套体系实现在线实时切换，简化配液流程，提高施工效率，助力非常规储层改造降本增效。使用浓度低、降阻率高：有效含量最高可达50%，低黏使用浓度0.03%～0.05%，高黏使用浓度0.1%～0.3%，降阻率70%～83%；分散能力强、实现免配液：直接在混砂车注入使用，控制浓度变化，实现滑溜水与携砂液自由转换；溶解速度快、增黏效率高，增黏速度快，可10s快速溶解，最快8s溶解起黏。

2.3.3 研发绿色环保氯化钙加重压裂液新体系，助力超深井安全高效改造

针对中国石油多盆地超深井改造降低井口压力的需求，通过核心材料研发及千余组评价实验，攻克四大瓶颈，实现工业氯化钙加重压裂液突破，具有加重效率高（相对密度大于 1.4）、经济性好（同比成本降低 50%）等优势，已在塔里木、青海等油田应用 5 井次，降低井口压力 8～20MPa，助力改造深度持续增加[9]。研发新型耐高盐耐高温聚合物稠化剂，可在高浓度（350000mg/L）氯化钙二价盐水中溶解稠化；创新弱酸性温控交联技术，使用两性金属交联剂可在弱酸环境下交联，避免碱性条件钙离子沉淀；中低温不交联或弱交联（可调）、高温快速交联；研发新型强氧化性破胶剂，避免硫酸根，实现彻底破胶，保证液体耐温性能；研发抗应力腐蚀抑制剂，解决 S13Cr 油管应力腐蚀开裂难题。

2.4 持续攻关储层改造工具，加强分段压裂实施能力

2.4.1 持续攻关柔性侧钻挖潜工具及技术，支撑老区老井挖潜提质增效

针对低渗透老油田剩余油精细挖潜的需求，首创超短半径水平井 + 缝内暂堵转向压裂开发理念（图 5），设计了水力喷射诱导 + 缝内暂堵转向压裂优化设计方法与工艺，重构注采井网、重建驱替体系，实现老油田井间剩余资源的低成本高效控储与挖潜。

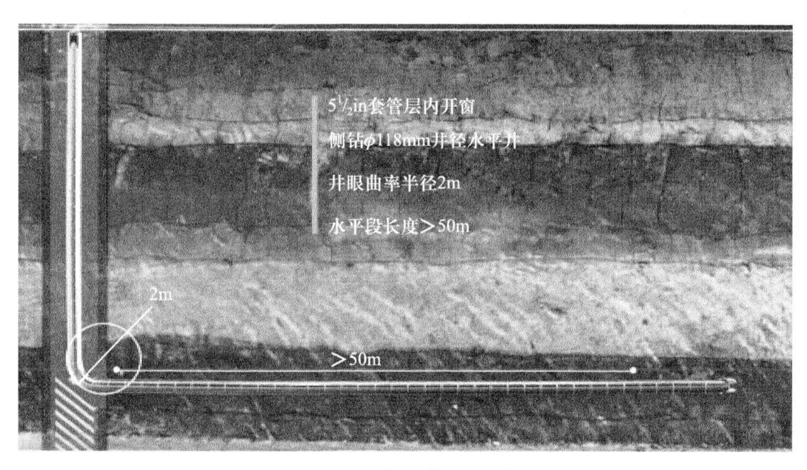

图 5 超短半径侧钻示意图

技术指标：侧钻曲率半径 2～3m，井眼直径 118mm，水平段长 50m，轨迹偏差 ± 30°，可在侧钻水平井段密闭取心，取心直径 40mm，单次取心长度可达 2.2m。

现场应用 25 口井，平均单井日增产油 1t，其中吉林“民 +30-026 井”单井日产油 5t，“死井复活”增产 4000t；2020—2022 年，在长庆油田开展现场试验 16 口井，累计增油 5500t，其中桐 26-26 井首次实现近井筒 4m 取心，取心长度 2.2m。

2.4.2 重点突破系列特色压裂工具，保障复杂井分段压裂改造高效实施

针对高温高压深层、套变、侧钻、超长水平井分段压裂需求，开展可溶金属材料攻关与个性化结构设计，研发全金属可溶桥塞、小直径可溶桥塞、可溶延时趾端滑套及系列配

套工具，实现 180℃高温井、通径 70mm 套变井、$3^1/_2$in 侧钻井等特殊井高效改造。全金属可溶桥塞方面，开发延伸率超 60% 合金材料，扩展可溶桥塞适用井温区间至 20～180℃，溶解时间 5～12 天可控；小直径桥塞外径 65mm，承压 60MPa，可采用液压与火药两种工艺坐封；可溶延时趾端滑套外径 180mm，内径 121mm，耐温 120℃，采用材料溶解控制延时时间，延时 30～50min。

2021—2022 年，全金属桥塞现场应用 6 口井，首次实现可溶桥塞在低温（50℃）、低矿化度（5000mg/L）条件下成功作业；小直径桥塞试验 3 口侧钻井；可溶延时趾端滑套在长庆油田华 H131-3 页岩油水平井开展试验。

2.4.3 优化升级膨胀管井筒重构工具，助力水平井重复压裂高效挖潜

针对水平井重复改造需求，梳理水平井膨胀管补贴技术瓶颈，研制了高强度管材及配套的连接螺纹、网状密封件、合金胀锥等工具，提高水平井作业针对性，形成水平井膨胀管补贴井筒重构技术，具备百米级连续重构高效作业能力。

高强度膨胀管材冲击功由 24J 升至 112J，接头拉断力由 50t 升至 68t，膨胀压力由 35MPa 降至 30MPa，施工安全余量大幅提升，$5^1/_2$in 井筒重构后内径大于 103mm，承压大于 60MPa，基本满足重复压裂承压需求。

2021 年在长庆油田首次试验取得成功，2022 年在川平 46-20 井开展连续重构试验，最长连续补贴 46m，2023 年在长庆油田开展百米级重构试验。

2.5 持续创新储层改造工艺，保障重点领域高效改造

2.5.1 以缝控压裂精细化设计为标志，为储量动用最大化提供“新方略”

2018—2023 年，以中国石油大力推进体积压裂 2.0 为契机，在重点非常规油气区域开展缝控压裂技术示范应用，支撑长庆、新疆和西南等多区块产量建设，展示出良好的应用效果[8]。针对海相页岩气储层致密、裂缝发育、两向应力差大等特征，以“小簇距布缝 + 段内多簇 + 低黏滑溜水造复杂缝 + 小粒径石英砂缝网支撑”为主体的改造技术，累计应用约 650 口井，助力长宁—威远、昭通两个国家示范区开发效果显著提升；针对陆相页岩油类型多样、流度低、非均质性强、压力系数低等特征，形成以“长井段完井 + 裂缝优化 + 滑溜水携砂 + 多粒径支撑 + 补能驱油”为核心的改造技术，累计应用约 420 口井，推动了鄂尔多斯、准噶尔等盆地页岩油产量上台阶[7]。

2.5.2 以井筒重构重复压裂技术为标志，为非常规高质量挖潜提供“新视野”

针对早期施工的水平井压裂缝间距大、施工规模小，部分低产井亟须挖潜的现状，2018 年压裂酸化技术中心提出“基于井筒重构的重复压裂技术”，2021 年启动前瞻课题“水平井重复改造技术与工具研究”，现已取得显著进展。

小套固井井筒重构工艺及配套技术取得突破，突破降漏、窄间隙环空封固、双层套管桥射联作、固井二次完井“四项关键技术”，实现了 $5^1/_2$in 套管下入 4in 或 $4^1/_2$in 无接箍套管二次固井，最大下入长度 1500m，重构井筒承压 60MPa，施工排量可达 $10m^3/min$。

膨胀管井筒重构技术逐步完善，研制高强度膨胀管材，优化管外密封件、膨胀锥、螺纹接头结构，形成“井筒综合检测 + 精准补贴方案设计 + 分段补贴”的低成本膨胀管井筒重构技术，重构井段内通径 105mm，承压 60MPa。

化学封堵井筒重构持续进步，自主研发低成本高强度复合封固材料，形成“强弱凝胶降低地层漏失 + 树脂水泥填充架桥 + 高强树脂封口”的化学封固井筒重构技术，实现无内径损失恢复 $5^1/_2$in 井筒完整性，承内压达到 30MPa。

一体化重复压裂优化设计方法，地质模型切分—以往人工裂缝评估—生产动态历史拟合—剩余油分布刻画—区域地应力场预测—复杂裂缝形态预测—工艺模式决策—配套工艺优选。

2022 年，中国石油实施水平井重复压裂 68 口井，主体采用双封单卡和多级暂堵重复压裂工艺；井筒重构重复压裂技术现场试验效果显著，成为低产低效水平井高效挖潜发展方向。

井筒重构重复压裂改造参数大幅提高：已在元 284 区块开展 14 口小套固井、2 口膨胀管井筒重构重复压裂现场试验，与初次压裂相比，簇间距由 70～110m 降至 10m，用液强度由 $5m^3/m$ 升至 $30m^3/m$，加砂强度由 0.75t/m 升至 4.0～5.0t/m，排量由 3～$6m^3/min$ 升至 $10m^3/min$；已投产 7 口，正常生产 4 口，日产油量达到 10t 以上。

双封单卡及多级暂堵重复压裂，形成了 4in+$3^1/_2$in 双封单卡组合管柱大排量压裂技术，施工排量 6～$8m^3/min$，簇间距 15m，日产油量由措施前的 1.67t 升至 10.1t；多级暂堵重复压裂排量 12～$14m^3/min$，暂堵升压 5～10MPa，压后日增油 8.7t，平均累计增油 958t。

2.5.3 以“扩—溶—堵—转”酸压技术为标志，为复杂碳酸盐岩高效改造提供“新抓手”

针对深层高温、高应力碳酸盐岩酸压裂缝复杂程度低、长井段分段优化难度大的问题，形成“扩—溶—堵—转”一体化酸压技术、精细分段 + 深穿透酸压技术、暂堵转向酸压技术，为深层复杂碳酸盐岩储层高效动用提供“利剑”。

“扩—溶—堵—转”一体化酸压技术（图 6），高黏水力造缝 + 低黏水力扩缝 + 酸蚀溶缝相融合，辅助缝内暂堵提高裂缝复杂度；精细分段 + 深穿透酸压技术，物探—钻井—录井—测井多尺度参数一体化精细分段方法，段内以高黏酸液为主的深穿透酸压技术；暂堵转向酸压技术，开发了动态封堵 + 三维打印裂缝暂堵优化实验技术，形成以纤维 + 多尺度颗粒为主的复合暂堵技术。

“十三五”以来，压裂酸化技术中心在西南油气田、华北油田、塔里木油田、大港油田、大庆油田等设计与实施 70 余井次，有力支撑了深层复杂碳酸盐岩油气藏勘探与高效开发。“扩—溶—堵—转”一体化酸压技术在长庆油田、西南油气田、华北油田等试验 30 余井次；以华北杨税务潜山为例，改造后日产油量提高了 3.5～101 倍，日产气量提高了 12.7～50 倍。精细分段、深穿透 / 暂堵酸压技术在塔里木、川渝深层碳酸盐岩油气藏自主设计 40 余井次，推广应用 120 余井次，测试产量从 $49.5\times10^4m^3/d$ 增加到 $74.5\times10^4m^3/d$，提高了 50.5%。

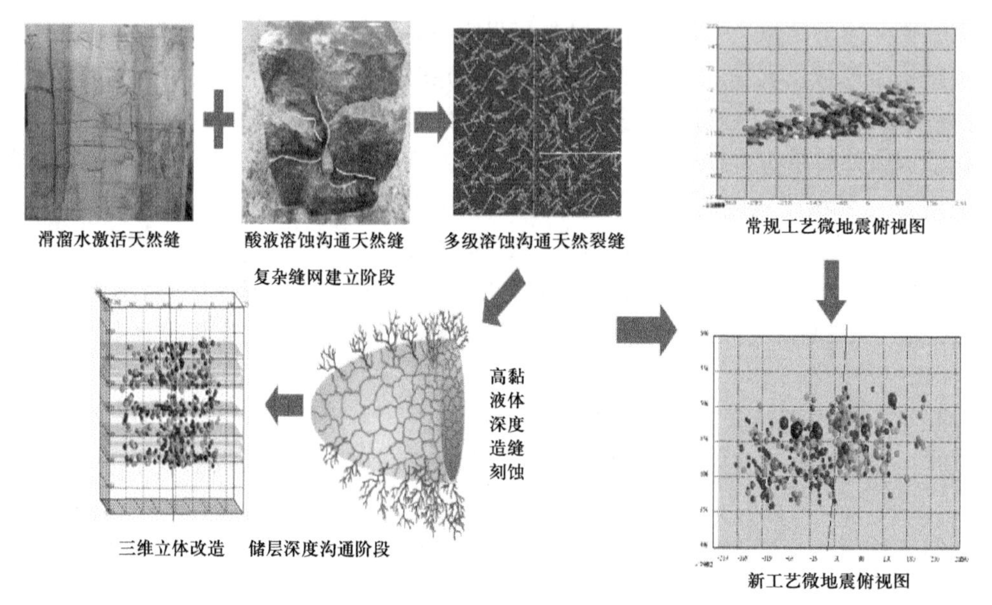

图 6 “扩—溶—堵—转”一体化酸压技术思路

2.5.4 以探井个性化设计为特色，为重点勘探区域突破提供了“新动力”

针对探井压裂改造未知因素多、可借鉴资料少、发现意义重等特征，加强压裂前地震、测井、录井和岩心等地质资料评价分析，并推动压裂新工艺、新技术、新材料在探井中的应用，形成非常规、深层、碳酸盐岩、复杂岩性四大类储层特色探井改造技术体系。“十三五”以来，自主完成重点探井 129 口井，其中 2023 年已完成 12 口井，为中国石油多盆地、多领域勘探重大突破、发现提供技术保障。

3 结论

压裂酸化技术中心突出以研发为主的定位，通过科技创新，支撑油气增储上产，引领未来储层改造技术发展。

基础研究方面形成了以岩石力学实验、压裂液体材料评价和大型压裂物理模拟为核心的特色技术，基本满足了储层改造学科建设和技术研发需求。

压裂软件方面形成地质工程一体化压裂优化设计软件 FrSmart 1.0（平台多井版），实现地质工程一体化压裂软件从“0”到“1”的突破。

压裂工具方面围绕直井分层、水平井分段、老井精细改造三大主题，形成不同井况的特色储层改造工具、可溶桥塞分段工具、集成创新柔性钻具侧钻挖潜技术、全金属可溶桥塞、可溶延时趾端滑套等。

压裂材料方面研发形成了全国产、系列化液体体系，氯化钙加重压裂液、超低浓度瓜尔胶压裂液、260℃超高温压裂液、系列变黏滑溜水压裂液及高矿化度压裂液等，满足了超高温、低摩阻、低伤害、低成本、环保等储层改造需求，下一步攻关液固转化无砂压裂等技术。

裂缝监测方面正在攻关邻井光纤应变（DSS）和同井光纤声波、温度（DAS，DTS）解释方法，下一步研发柔性侧钻保压取心技术和多簇压裂孔眼冲蚀程度井下可视化检测技术。

工艺技术方面，形成了非常规储层缝控压裂技术、直井 / 水平井重复压裂技术、深井超深井加重压裂技术、碳酸盐岩储层酸压技术、煤层气高效支撑压裂技术等，正在开展聚能压裂工艺技术攻关研究。

参考文献

[1] 雷群，翁定为，熊生春，等．中国石油页岩油储集层改造技术进展及发展方向［J］．石油勘探与开发，2021，48（5）：1035-1042.

[2] 雷群，翁定为，管保山，等．基于缝控压裂优化设计的致密油储集层改造方法［J］．石油勘探与开发，2020，47（3）：592-599.

[3] 胥云，段瑶瑶，翁定为，等．一种人工缝控储量提高采收率的油气开采方法：CN201810201160.0［P］．2018-09-21.

[4] 吴顺林，刘汉斌，李宪文，等．鄂尔多斯盆地致密油水平井细分切割缝控压裂试验与应用［J］．钻采工艺，2020，43（3）：53-55，63.

[5] 翁定为，胥云，刘建伟，等．三塘湖致密油“缝控储量”改造技术先导试验［C］．福州：2018 年全国天然气学术年会，2018.

[6] 雷群，管保山，才博，等．储集层改造技术进展及发展方向［J］．石油勘探与开发，2019，46（3）：580-587.

[7] 吴宝成，李建民，邬元月，等．准噶尔盆地吉木萨尔凹陷芦草沟组页岩油上甜点地质工程一体化开发实践［J］．中国石油勘探，2019，24（5）：679-690.

[8] 雷群，翁定为，管保山，等．中美页岩油气开采工程技术对比及发展建议［J］．石油勘探与开发，2023，50（4）：824-831.

[9] 雷群，杨战伟，翁定为，等．超深裂缝性致密储集层提高缝控改造体积技术——以库车山前碎屑岩储集层为例［J］．石油勘探与开发，2022，49（5）：1012-1024.

[10] 雷群，翁定为，罗健辉，等．中国石油油气开采工程技术进展与发展方向［J］．石油勘探与开发，2019，46（1）：139-145.

[11] 雷群，杨立峰，段瑶瑶，等．非常规油气“缝控储量”改造优化设计技术［J］．石油勘探与开发，2018，45（4）：719-726.

非常规油改造

庆城夹层型页岩油地质工程一体化实践与认识

齐　银　慕立俊　拜　杰　薛小佳

（中国石油长庆油田公司油气工艺研究院；低渗透油气田勘探开发国家工程实验室）

摘　要：庆城夹层型页岩油为典型陆相沉积储层，与北美典型海相页岩油相比，具有储层物性致密、原始油藏压力系数低、湖相沉积非均质性强等特点。依据大型物理模拟实验、水平检查井取心观察和微地震频度与震级分析等方法，明确盆地裂缝系统以人工主裂缝为主、支/微裂缝为辅的裂缝形态。长7体积压裂需要解决的关键问题在于如何精准最优化地布放裂缝及优化改造参数。应用细分切割裂缝思路，以桥塞/球座分段多簇射孔联作工艺为主体技术，从地质工程综合"甜点"特征出发，优化布缝策略、段簇组合、裂缝间距及改造参数，具体考虑水平段地应力（簇间应力差1～3MPa）、岩石断裂韧性差异（2～4MPa）及缝间扩展应力干扰，优化排量注入（单簇排量>$2.5m^3/min$），井筒内光纤压裂监测与压后分簇试挤证实，段内多簇裂缝有效率达到80%以上。采用变黏滑溜水+石英砂，对液体性能与支撑剂粒径组合进行优化，采用40～70目、20～40目组合粒径石英砂作为支撑剂，并试验70～140目、40～70目更小粒径组合。利用矿场应用大数据为样本集，优化长7页岩油关键主体参数为：压裂段数2.5～3.0段/100m，单段3～5簇，加砂强度3.5～4.5t/m，进液强度15～$25m^3/m$。长庆油田体积开发压裂技术现场应用成效显著，有效支撑庆城页岩油百万吨级产能建设，为陆相页岩油资源高效动用和效益开发提供了良好的技术示范与借鉴。

关键词：鄂尔多斯盆地；长7页岩油；体积压裂；压裂设计

非常规储层流体流动性差，水平井分段体积压裂是国内外低渗透致密储层实现有效开发的主体技术，其主要理念是通过体积压裂的方式"打碎"储集体，实现长、宽、高三维方向"立体改造"，使裂缝壁面与储层基质的接触面积最大，促使油气从任意方向的基质向裂缝的渗流距离最短，极大地提高储层的渗透率[1]。要实现体积压裂，核心在于"甜点"的精细判识与裂缝的精准布放。但对于国内陆相页岩油，尤其是庆城夹层型页岩油，与国外海相页岩油相比，非均质性更强，油层变化更快，岩性组合更复杂，对于"甜点"的识别难度更大。而裂缝段簇如何布放、间距如何优化、规模如何设计，同时也需要与"甜点"特征及规模进行匹配。因此针对庆城页岩油的开发，对于地质工程一体化的压裂技术提出了更高的需求。

庆城长7夹层型页岩油属于湖相碎屑流沉积，砂体展布复杂砂泥互层发育，储层非均质性较强，油藏渗透率低，储层压力、流体性质存在变化，天然裂缝、断层发育。前期勘探评价阶段，由于对储层描述不够精细，对"甜点"品质认识不清，采用大间距（大于30m）布缝、大排量压裂的改造模式未能实现裂缝对储层的有效控制，单井产量未取得有效突破（单井日产油量小于10t）。通过多年攻关研究与矿场实践，压裂技术迭代升级，核心始终围绕不断加深地质工程一体化融合程度展开。目前以 Petrel 软件为基础平台，构建了多专业一体化工作流程。地质油藏方面开展精细的油藏及力学参数三维建模，对“甜点”三维品质、天然裂缝及断层特征进行有效刻画。工艺方面以“多簇射孔密布缝 + 可溶球座硬封隔 + 暂堵转向软分簇”为主体的高效体积压裂工艺为主体，采用高密度细分切割缩短缝间距（10～15m），结合精细的三维“甜点”品质判识，针对不同品质“甜点”进行差异化的布缝及参数优化设计。在液体与支撑剂选择方面，结合储层特征及需求，进行差异化的粒径组合及配方优化设计。配套方面，采取差异化限流射孔及暂堵方法，辅助提升裂缝精细控制程度。同时，发挥百井上千段大数据样本的作用，通过高产井参数，进一步综合优化工程参数范围及界限组合。最终，通过地质工程一体化压裂技术，极大提升了平台和单井压裂方案的适配性，推动了庆城页岩油大规模效益开发。

1 庆城页岩油地质概况

鄂尔多斯盆地庆城页岩油长 7 储层埋深 1600～2200m，基质渗透率 0.11～0.14mD，孔隙度 6%～12%，油气比 75～122m^3/t，原油黏度 1.35mPa·s，压力系数 0.77～0.84MPa/100m，脆性指数 39%～45%，水平两向应力差 3～5MPa。与北美二叠盆地页岩油储层相比，鄂尔多斯盆地庆城页岩油储层具有岩石脆性指数和压力系数低的特点，直接照搬北美压裂模式，难以实现规模效益开发。中国陆相页岩油分为夹层型、混积型、页岩型三大类（图 1）[2]，鄂尔多斯盆地庆城长 7 页岩油主要发育夹层型和页岩型。庆城页岩油储层岩性主要为粉细砂岩，页理发育不明显，天然裂缝密度为 1.45 条 /m（基于 70 余口井长 1700m 多的岩心描述），复杂缝达不到页岩的程度。古龙页岩油储层岩性为黏土质长英页岩，页理极其发育，页理密度为 1000～3000 条 /m。总体看来，鄂尔多斯盆地庆城长 7 储层形成复杂裂缝的岩性基础较差，压力系数低，非均质性强，但同时又具有原油黏度低、天然裂缝广泛发育等优势[3-7]。

“甜点”主要类型		典型实例	油藏剖面	主要地质特征
夹层型	砂岩型	鄂尔多斯盆地长7_1、长7_2段	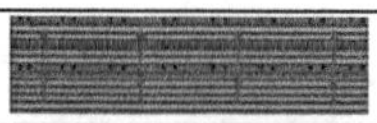	源储共存，页岩层系整体含油，薄层砂岩有利储层近源捕获石油形成“甜点”
	凝灰岩型	三塘湖盆马朗凹陷条湖组		源储共存，页岩层系整体含油，凝灰质有利储层近源捕获石油形成“甜点”
混积型	砂质云质型	准东吉木萨尔凹陷芦草沟组		源储共存，页岩层系整体含油，砂质、钙质等有利储层源内捕获石油形成“甜点”
	白云质型	渤海湾盆地沧东凹陷孔二段		源储共存，页岩层系整体含油，白云质等有利储层源内捕获石油形成“甜点”
	灰质型	四川盆地湖盆中部大安寨段	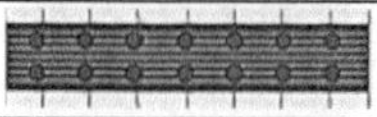	源储共存或一体，页岩层系整体含油，灰质岩有利储层源内捕获石油形成“甜点”
页岩型	纹层型	鄂尔多斯盆地长7_3含粉细砂泥页岩段 松辽盆地湖盆中部青二段	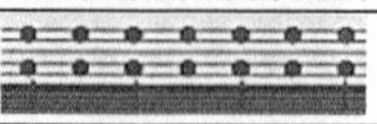	源储一体，页岩整体含油，砂质、钙质页岩有利储层源内捕获石油形成“甜点”
	页理型	鄂尔多斯盆地长7_3纯页岩段 松辽盆地湖盆中部青一段	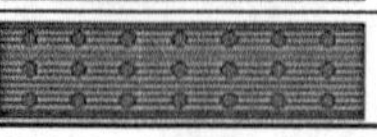	源储一体，页岩整体含油，砂质、钙质页岩有利储层原地滞留石油形成“甜点”

富有机质页岩　物性较好泥岩　致密砂岩　灰质岩　云质岩　凝灰质岩　滞留烃类　石油聚集　油气运移方向

图 1　中国陆相页岩油“甜点”主要类型及地质特征

2　庆城页岩油储层水力裂缝认识

综合利用大型物理模拟试验、水平检查井取心观察和微地震测试等方法，分析庆城页岩油储层水力裂缝特征。采集 4 块尺寸为 1m × 1m × 1m 的页岩油天然露头岩样（微裂缝、结构弱面发育程度不同），进行水力压裂大型物理模拟试验（采用黏度为 3～5mPa · s 的滑溜水，夹持岩样的水平两向主应力相等），观测到微裂缝发育的岩样有一定程度的复杂裂缝，而微裂缝不发育的岩样以单一主裂缝为主。选取页岩油大排量压裂改造直井（排量 $6.0m^3/min$，入地液量 $630m^3$，井下微地震监测裂缝带长 310m、带宽 80m），在垂直最大水平主应力方向（即垂直水力裂缝方向）、距离压裂井东侧 50m 的微地震监测事件区域内，部署一口水平取心井 AP1 井，该井水平段长 80m 与微地震带宽相同，观察取出岩心发现 3 条水力裂缝，且集中在垂直最大水平主应力方向 10m 范围内，裂缝总体波及痕迹远小于与微地震事件的带宽。统计庆城页岩油区块 32 口井 371 段井下微地震数据，与国内外非常规储层压裂相比，庆城页岩油区块裂缝复杂指数明显偏低（裂缝复杂指数平均小于 0.2），裂缝多以单一缝为主，并辅助少量天然裂缝（图 2）。利用微地震矩张量反演技术解

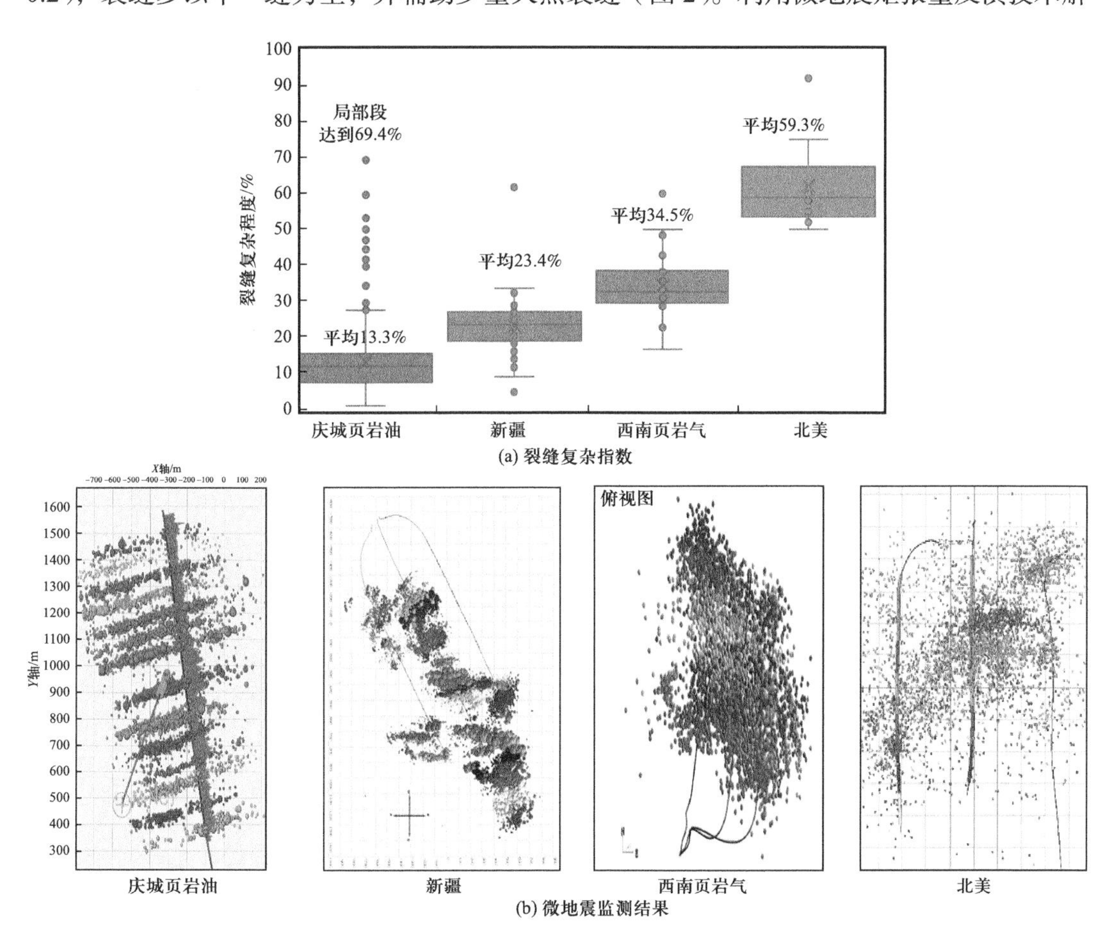

图 2　庆城页岩油与国内外典型页岩油气区块裂缝复杂指数及微地震监测结果

释3口井（监测井为2口水平井和1口直井）同时的微地震监测数据，可以获得压裂裂缝的长度、高度、形态及支撑剂支撑裂缝长度。利用微地震矩张量反演技术解释NP9井的多井微地震监测数据，得知支撑剂输送距离较短，不足水力裂缝的一半（图3）。基于油藏模拟方法，进行NP9井压裂后的产能拟合，根据15年后的产能预测压力场分布，再根据压力场反算有效裂缝波及体积，发现该井水力裂缝对储层的有效波及程度不足50%。HH85-X井射孔8簇，簇间距7.8m，以9.5m³/min排量注入1460m³液量进行压裂，利用光纤监测压裂过程，发现各射孔簇全部启裂进液，但进液不均衡，最少进液射孔簇的进液量占比7.3%，最多进液射孔簇的进液量占比18.1%（图4）。分段多簇压裂扩展过程复杂，“射簇多启裂、进液有差异、调节由压力”，受到簇间非均质性、天然裂缝影响显著，多簇非均衡扩展现象严重。

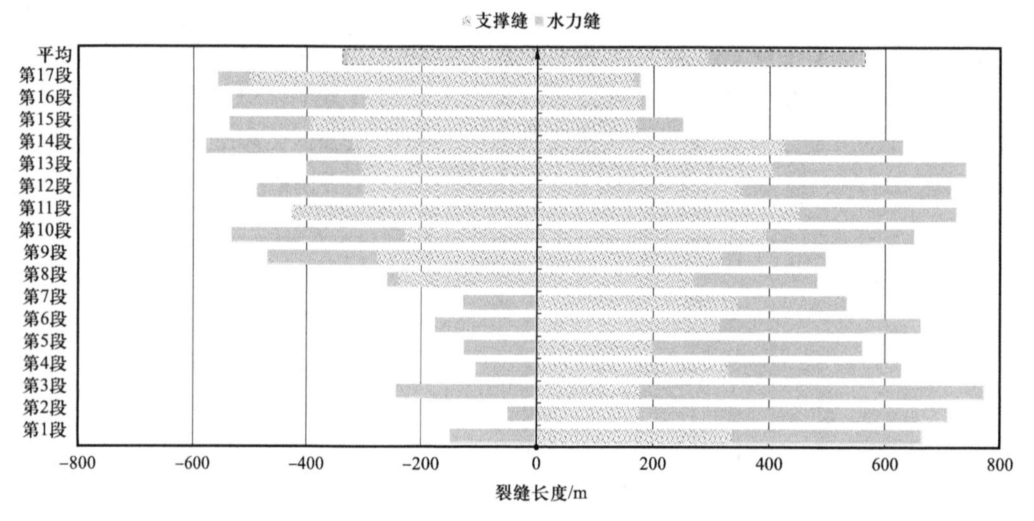

图3 NP9井多井微地震矩张量反演有效裂缝半长

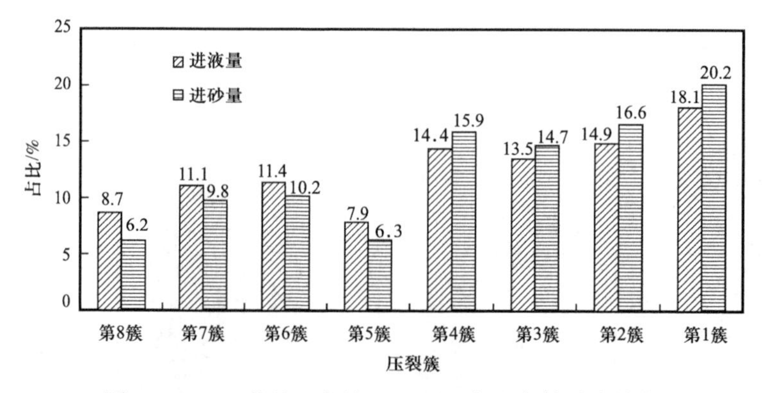

图4 H85-X井基于光纤DAS/DTS解释各簇砂液分布

体积压裂是长庆油田页岩油开发的核心技术[8-10]，而庆城前期页岩油水平井压裂后单井产量低且递减快、供液不足，认为水力裂缝的复杂程度较低是主要原因，主要表现在以下3个方面：（1）裂缝以单一主缝为主，大缝间距（大于20m）的压裂模式，裂缝不足以对油藏实现有效控制；（2）支撑剂输送距离近造成支撑缝长短，导致井间动用程度低；（3）段内非均质性造成裂缝扩展不均匀，缝间动用程度低。

3 庆城页岩油细分切割体积压裂技术

3.1 射孔簇数及簇间距优化

页岩油水平井压裂分段、簇间距设计是影响压裂效果和作业成本的关键。簇间距大，缝间扩展干扰小，利于多簇扩展，但簇间距过大会导致裂缝对储层控制程度不足；簇间距小，可提高多簇裂缝复杂性，利于增大与储层接触面积，但簇间距过小影响多簇扩展的均衡性，同时相同“甜点段”所需压裂段数增多。兼顾优质“甜点”最大化改造和压裂成本控制，根据储层分类分级结果制定了差异化的压裂策略，Ⅰ+Ⅱ类储层进行最大化细分切割改造，Ⅲ类储层考虑其产量贡献度低和经济性不佳，通常不进行改造。建立了长 7 页岩油储层非常规复杂缝网模型，利用该模型模拟裂缝扩展时，可综合考虑储层非均质性、应力各向异性、水力裂缝和天然裂缝的相互作用、水力裂缝之间相互作用（应力阴影效应）。利用该模型模拟了 60m 长水平段，射孔 2 簇、簇间距 30m，射孔 4 簇、簇间距 15m 和射孔 6 簇、簇间距 7.5m 时的裂缝扩展形态，结果表明：簇间距为 30m 时，应力阴影影响小，水力裂缝呈独立扩展，但油藏模拟显示裂缝对储层控制程度不足；簇间距为 15 m 时，应力阴影对裂缝扩展有一定影响，有的裂缝发生转向，有的裂缝扩展有限，整体裂缝复杂程度有所增加，缝间压力场扩散较充分；簇间距为 7.5m 时，水力裂缝之间有强烈竞争，导致很多水力裂缝扩展有限，整体改造范围较小（图 5）。

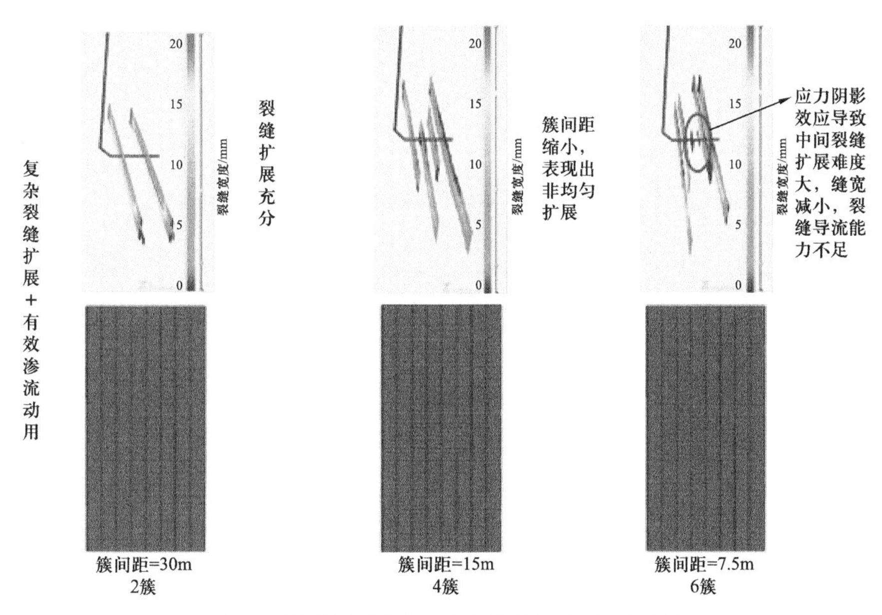

图 5　不同簇间距裂缝扩展效果及渗流波及模拟

储层单位 600m × 60m × 10m

因此基于长水平段细分切割压裂设计，考虑压裂效率及作业成本，形成了以多簇射孔密布缝＋可溶球座硬封隔＋暂堵转向软分簇为主体的高效体积压裂工艺[11-17]。考虑长7页岩油水平井水平段地应力（簇间应力差1～3MPa）、岩石断裂韧性差异（2～4MPa）及缝间扩展应力干扰，建议簇间距8～15m，30～50m长单段射孔3～5簇。

3.2 多簇裂缝扩展控制技术

基于限流法压裂原理，实施段内簇间差异化射孔设计：段内低应力簇适度减少孔眼数量（最少3孔），高应力簇则适度增加孔眼数量（最多12孔）。阶梯排量测试分析表明，差异化分簇射孔有效率可达到80%以上，较常规多簇射孔明显提升（50%～60%）[18]。以各簇均衡启裂为目的，进行了不同最小水平地应力条件下的裂缝模拟，优化形成了28～30MPa（9孔）、25～28MPa（7～8孔）、20～25MPa（6孔），且单孔流量不低于0.3m^3/min的差异化限流射孔设计模式（图6）。通过集成应用差异化限流射孔和动态暂堵转向多簇裂缝控制技术，进一步提升多簇启裂有效性和裂缝复杂程度。利用绳结暂堵剂或多粒径组合暂堵剂等可溶转向材料，其运移至已开启的射孔孔眼、裂缝缝口或缝端，产生封堵作用将裂缝转向至未启裂的高应力区域。根据压力响应特征判识暂堵有效性，当暂堵瞬时升压或暂堵前后工作压力大于簇间应力差（3MPa），裂缝转向至高应力区域产生新缝的概率较大。

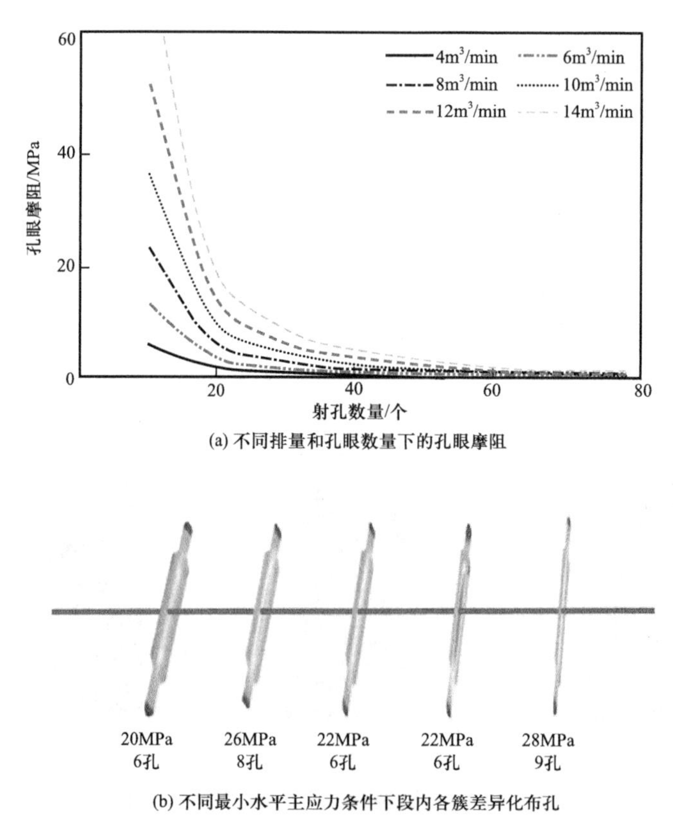

(a) 不同排量和孔眼数量下的孔眼摩阻

(b) 不同最小水平主应力条件下段内各簇差异化布孔

图6 基于孔眼摩阻计算不同应力下差异化孔数裂缝模拟

3.3 压裂液与支撑剂优化

庆城页岩油水平井压裂主要采用变黏滑溜水体系，其功能以“低伤害、宜携砂、强渗吸、易混配”为主，结合储层及改造工艺差异性，通过开发功能单体实现压裂液多功能化。庆城页岩油水平井生产过程中结垢严重，从源头防垢出发，自主研发了防垢型压裂液，其在压裂时入井滞留于储层，随生产缓慢释放，实现储层深部＋裂缝＋井筒一体化防垢。庆城页岩油水平井压裂所用多功能滑溜水体系的性能：主剂形态为液态，减阻率（排量 $1.5m^3/h$）不低于 70%，表观黏度 3～60mPa·s，黏弹性 3.0Pa，最高携砂浓度 $600kg/m^3$，油相渗吸效率提高 30%，水相渗吸效率提高 15%，破胶液黏度不高于 5mPa·s，90min 破乳率 100%，采用在线混配方式配制，破胶剂加量 0.03%。

页岩油储层物性差，流体流动需要储层具有一定的导流能力。水力裂缝扩展特征及综合研究表明，页岩油储层体积压裂形成以人工主裂缝为主、支＋微裂缝为辅的裂缝系统，不同级次裂缝的尺度差异大，主要包括长度和宽度。压裂模拟结果表明：一般主裂缝半长为井距一半（200～250m），宽度 5～10mm；支裂缝长度则不超过簇间距（5～10m），宽度 1～2mm；微裂缝则更小，一般长度短于 1m，宽度小于 1mm。利用无量纲导流能力公式计算不同渗透率基质、不同尺度裂缝所需的导流能力[19]。主缝需要较高的导流能力（≥5D·cm），支缝则需要一定的导流能力（≥0.6D·cm），微缝仅需要较小的导流能力（≥0.1D·cm），结果如图 7（a）所示。不同粒径石英砂不同铺置浓度条件下导流能力评价试验显示［图 7（b）］，常规粒径石英砂组合可满足缝网不同尺度裂缝导流能力需求，前期采用 40～70 目、20～40 目石英砂组合作为支撑剂（前端为 40～70 目，后端为 20～40 目）。支撑剂运移铺置试验证实，支撑剂的粒径越小，运移距离更远。为实现裂缝全尺度支撑，近年来支撑剂逐渐向 70～140 目、40～70 目更小粒径石英砂组合拓展（前端为 70～140 目，后端为 40～70 目）。

3.4 工程参数综合优化组合

以庆城页岩油矿场应用大数据为样本集，基于 210 口井 1 年累计产油量，分析了每百米水平油层 1 年累计产油量与每百米压裂段数、每百米用液量、每百米加砂量和单段簇数的相关性[20]（图 8），发现影响产油量的主控工程因素为段数、加液量、加砂量和簇数，影响程度排序为段数＞加液量＞加砂量＞簇数。通过筛选高产井参数高值，综合优化工程参数范围界限组合：每百米水平油层压裂段数 2.5～3.0 段，单段射孔 3～6 簇，加砂强度 3.5～4.5t/m，进液强度 $15～25m^3/m$。

3.5 地质工程一体化精细压裂设计

非常规储层开发，提高单井产量的核心在于“甜点”精细刻画与压裂裂缝精准布放，关键在于地质工程一体化的压裂设计。早期页岩油水平井压裂方案的设计，主要基于测井曲线选点选段，结合三维地震给出优势段、潜力段、断层改造建议调整，最终利用压裂模拟软件优化设计参数。各环节相互独立，融合程度低，缺乏统一、可视、精细、高效的工

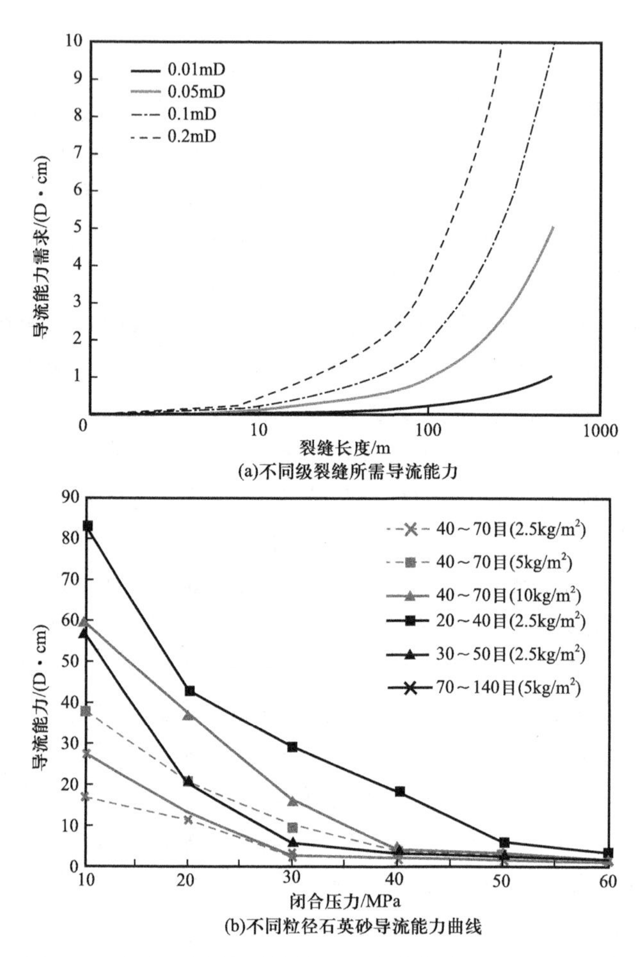

图 7　庆城页岩油裂缝导流能力需求及支撑剂导流能力评价

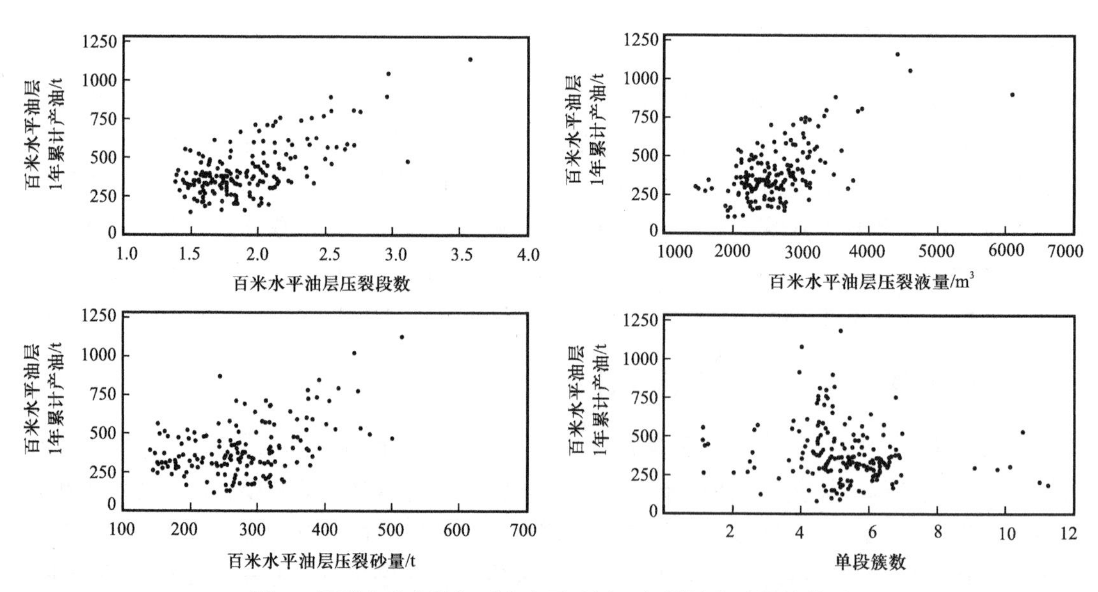

图 8　压裂改造参数与百米水平油层 1 年累计产油量的关系

作平台，并未实现真正的地质工程一体化设计（图 9）。以 HH6 平台为例，引入 Petrel 三维平台，综合三维地震、地质、测井、岩石力学等资料，建立三维地质、油藏、地应力模型，进行该平台地质工程一体化压裂设计，确保优质储量最大化控制。裂缝模拟结果在三维油藏模型中精细可视，极大提升了压裂设计与井网层间的适配性（图 10）。同时基于分段压裂曲线进行裂缝反演，可获得多段多簇裂缝扩展形态，进一步进行油藏模拟，可以对产量和动用范围进行预测、历史拟合及长期评价（图 11）。

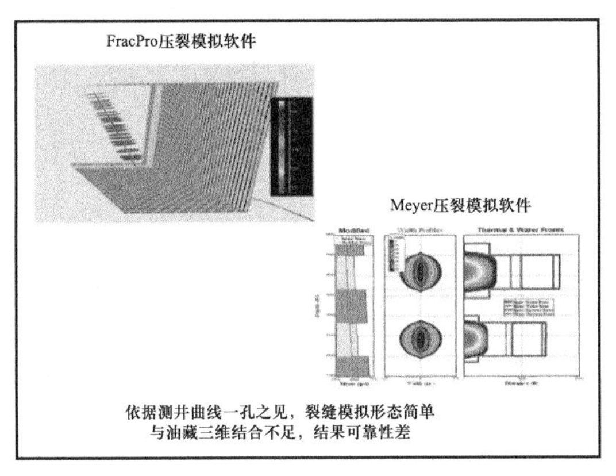

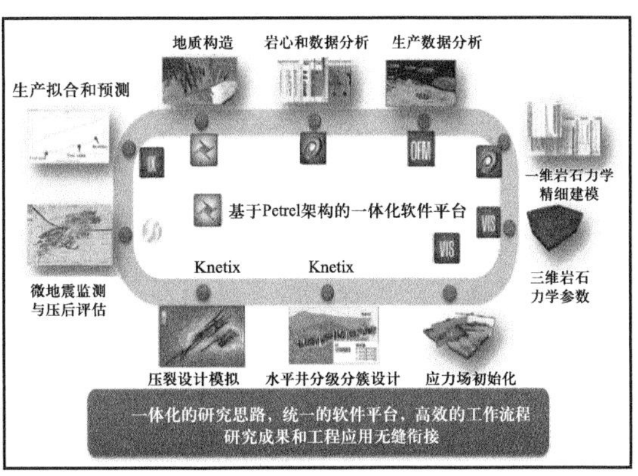

图 9　地质工程一体化方案设计平台与常规压裂软件对比

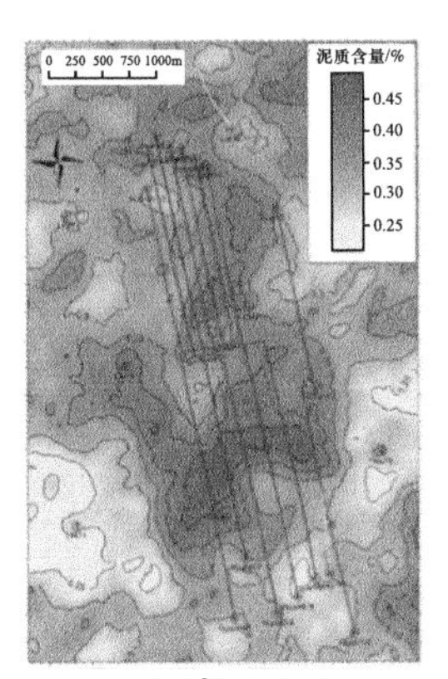

长7_1^2黏土含量

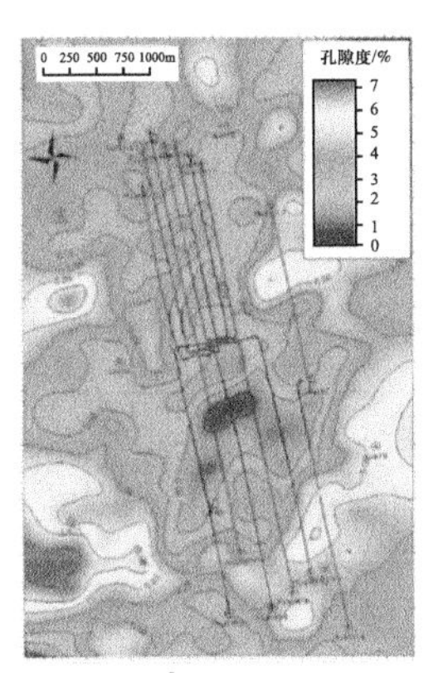

长7_1^2有效孔隙度

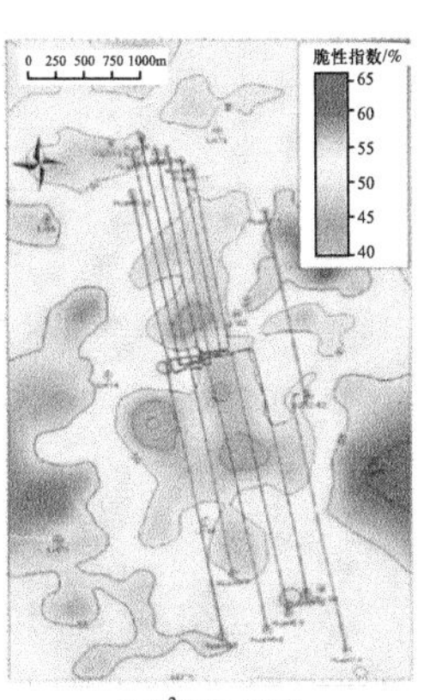

长7_1^2脆性指数

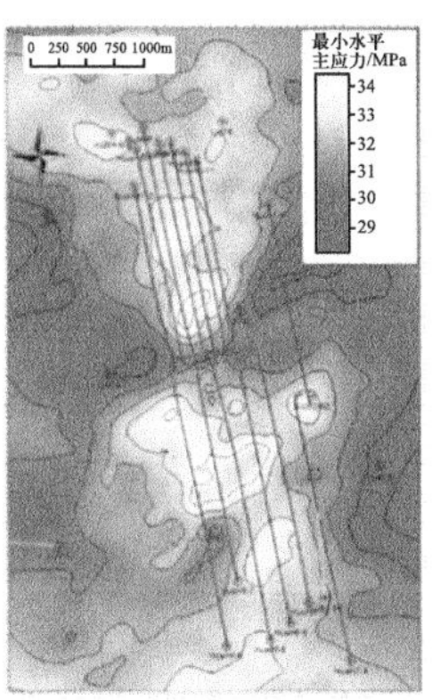

长7_1^2最小水平主应力

(a) 平台精细三维油藏、地应力建模

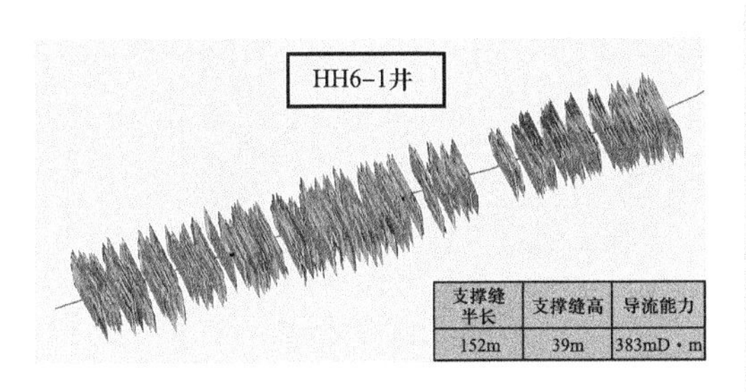

支撑缝半长	支撑缝高	导流能力
152m	39m	383mD · m

(b) 单井裂缝设计

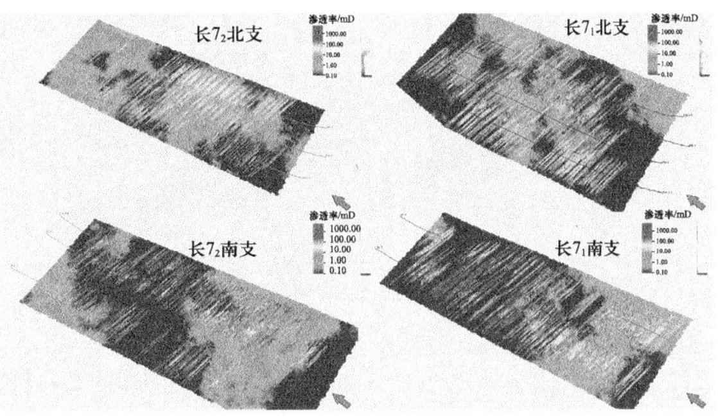

(c) 平台整体裂缝设计

图 10　典型体积压裂平台 HH6 水平井裂缝设计

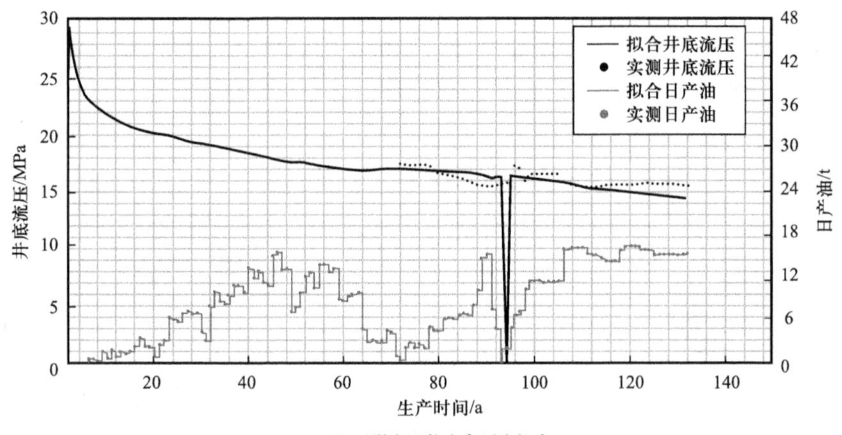

(a) 压裂水平井生产历史拟合

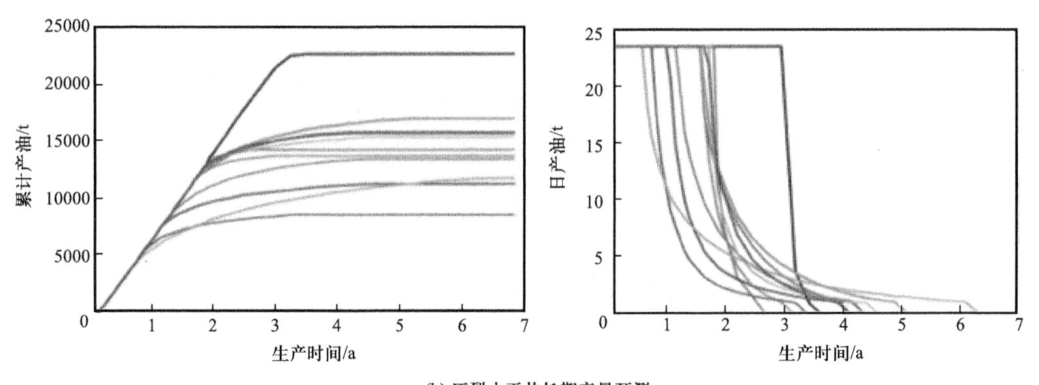

(b) 压裂水平井长期产量预测

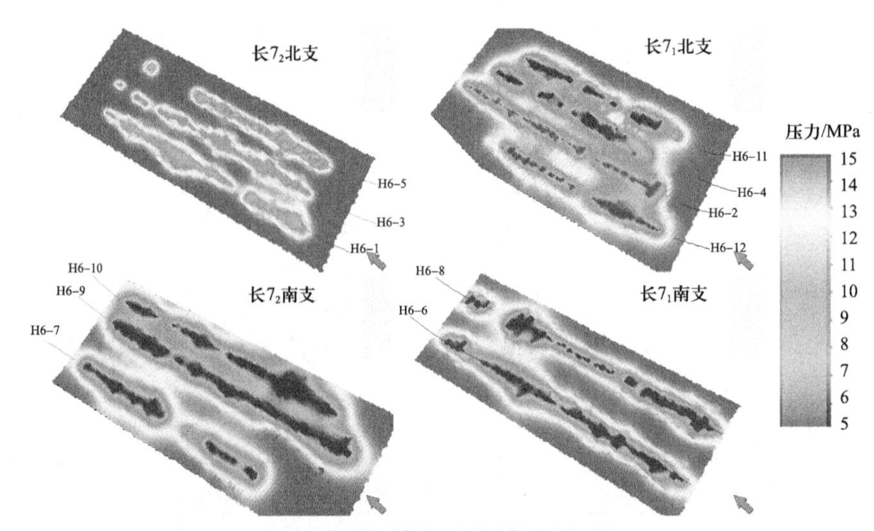

(c) 水平井压裂后油藏压力波及范围动态预测

图 11　典型体积压裂平台 HH6 生产动态评价

4 现场应用

长庆油田在2018—2019年首次在HH6平台开展地质工程一体化压裂试验，平台储量达166.9×10^4t，应用11口水平井压裂整体控藏开发，井均单段5.0簇，加砂强度4.1t/m，进液强度$21.8m^3/m$。投产后第1年递减率由前期的40%～50%降至30%，第1年累计产油量达3898t。在2022—2023年庆城页岩油地质工程一体化压裂优化方案设计180口水平井4590段，水平井建模比例由2021年的4.7%提高至2022年的48.6%，2023年实现100%全覆盖。矿场大数据显示，2022年页岩油单井初期产量达到14.5t/d，2022年庆城页岩油总产量达到155×10^4t，助力页岩油产建规模持续攀升。

5 结论

（1）从前期大型物理模拟、微地震、取心观察等分析，初步认识长庆夹层型页岩油岩性以粉砂岩—细粉砂岩为主，水力裂缝特征主体表现为大多以单一缝为主并辅助少量天然裂缝。采取大间距（大于30m）布缝、大排量压裂的改造模式未能实现裂缝对储层的有效控制，单井产量未取得有效突破（单井日产油量小于10t）。

（2）庆城页岩油储层非均质性较强，油藏渗透率低，储层压力、流体性质存在变化，天然裂缝、断层发育。坚持地质工程一体化压裂技术发展路径是实现了油藏与裂缝设计精准匹配，高效开发页岩油的必由之路。

（3）地质工程一体化工作流，联合多专业协同优化压裂方案，基于油藏及力学参数三维建模，精细刻画“甜点”三维品质和天然裂缝及断层特征。在地质精细认识条件下，在参数设计、液体与支撑剂优选、差异化限流射孔及暂堵等方面形成一整套地质工程一体化压裂方案优化方法。应用比例由2021年的4.7%提高至2022年的48.6%，2023年实现100%全覆盖。

（4）以Petrel软件为基础平台，在压裂设计、压后裂缝评价及油藏动态长期跟踪方面发挥了良好作用，极大提升了平台和单井压裂方案的适配性。

（5）基于百井千段的大数据样本分析，通过筛选高产井参数高值，可以得到产量主控工程因素，有利于明确页岩油压裂开发关键参数合理优化范围。庆城页岩油优化关键改造参数，百米水平油层改造段数2.5～3.0段，单段3～6簇，加砂强度3.5～4.5t/m，进液强度$15\sim25m^3/m$。

（6）目前庆城夹层型页岩油裂缝复杂程度仍较低，提高裂缝复杂程度，提升裂缝控藏效果，仍是后续单井产量增产重点研究方向，后续将进一步探索与利用天然裂缝可行性研究；同时针对庆城页岩油部分区域，上下注水叠合条件下精细裂缝纵向控制技术也是后续亟须研究的问题。

参考文献

[1]邹才能，丁云宏，卢拥军，等．“人工油气藏”理论、技术及实践[J]．石油勘探与开发，2017，44

（1）：144–154.
［2］焦方正．页岩气“体积开发”理论认识、核心技术与实践［J］．天然气工业，2019，39（5）：1–14．
［3］吴奇，胥云，王晓泉，等．非常规油气藏体积改造技术——内涵、优化设计与实现［J］．2012，39（3）：352–358.
［4］付金华，牛小兵，淡卫东，等．鄂尔多斯盆地中生界延长组长 7 段页岩油地质特征及勘探开发进展［J］．中国石油勘探，2019，24（5）：601–614.
［5］李忠兴，屈雪峰，刘万涛，等．鄂尔多斯盆地长 7 段致密油合理开发方式探讨［J］．石油勘探与开发，2015，42（2）：217–221.
［6］李松泉，吴志宇，王娟，等．长庆油田地质工程一体化智能决策系统开发与应用［J］．中国石油勘探，2022，27（1）：12–25.
［7］李树同，李士祥，刘江艳，等．鄂尔多斯盆地长 7 段纯泥页岩型页岩油研究中的若干问题与思考［J］．天然气地球科学，2021，32（12）：1785–1796.
［8］焦方正．陆相低压页岩油体积开发理论技术及实践——以鄂尔多斯盆地长 7 段页岩油为例［J］．天然气地球科学，2021，32（6）：836–844.
［9］赵金洲，任岚，沈骋，等．页岩气储层缝网压裂理论与技术研究新进展［J］．天然气工业，2018，38（3）：1–14.
［10］王文东，赵广渊，苏玉亮，等．致密油藏体积压裂技术应用［J］．新疆石油地质，2013，34（3）：345–348.
［11］慕立俊，赵振峰，李宪文，等．鄂尔多斯盆地页岩油水平井细切割体积压裂技术［J］．石油与天然气地质，2019，40（3）：626–635.
［12］石道涵，张矿生，唐梅荣，等．长庆油田页岩油水平井体积压裂技术发展与应用［J］．石油科技论坛，2022，41（3）：10–17.
［13］赵振峰，李楷，赵鹏云，等．鄂尔多斯盆地页岩油体积压裂技术实践与发展建议［J］．石油钻探技术，2021，49（4）：85–91.
［14］张矿生，樊凤玲，雷鑫．致密砂岩与页岩压裂缝网形成能力对比评价［J］．科学技术与工程，2014（14）：185–189.
［15］张矿生，王文雄，徐晨，等．体积压裂水平井增产潜力及产能影响因素分析［J］．科学技术与工程，2013（35）：10475–10480.
［16］李宪文，樊凤玲，杨华，等．鄂尔多斯盆地低压致密油藏不同开发方式下的水平井体积压裂实践［J］．钻采工艺，2016，39（3）：34–36.
［17］翁定为，雷群，胥云，等．缝网压裂技术及其现场应用［J］．石油学报，2011，32（2）：281–282.
［18］Weddle P，Griffin L，Pearson C M. Mining the Bakken Ⅱ – pushing the envelope with extreme limited entry perforating［C］. SPE 189880–MS，2018.
［19］卞晓冰，蒋廷学，贾长贵，等．考虑页岩裂缝长期导流能力的压裂水平井产量预测［J］．石油钻探技术，2014，42（5）：37–41.
［20］薛婷，黄天镜，成良丙，等．鄂尔多斯盆地庆城油田页岩油水平井产能主控因素及开发对策优化［J］．天然气地球科学，2021，32（12）：1880–1888.

鄂尔多斯盆地三叠系延长组长6致密油藏水平井体积改造技术研究与现场试验

——以环庆区块为例

李 婷 彭 翔 王 艳 王琪譞 闫治东 曹东林

（中国石油玉门油田公司采油工艺研究院）

摘 要：储层改造是致密砂岩油藏提高原油动用程度的有效手段，开展特定储层压裂液体系的筛选以及压裂裂缝扩展数值模拟，能够为储层改造提供最优解决方案。基于此，以鄂尔多斯盆地三叠系延长组长6油藏为研究对象，在前期定直井储层改造分析研究的基础上，优化渗驱一体化压裂液，筛选压裂裂缝参数，结合暂堵转向技术及最优焖井时间，提出针对长6油藏水平井体积改造新技术。研究结果表明，鄂尔多斯盆地三叠系延长组长6储层属于超低渗透致密储层，排驱压力高、喉道半径小，储层微观非均质性极强；变黏滑溜水压裂液体系+0.20%纳米驱油剂能够有效提升驱油效率；采用数值模拟技术，采用10～12条/100m的裂缝密度、8～15m井裂缝间距、160m的裂缝半长、25.00～30.00D·cm导流能力下单簇15～16m^{3}加砂量能够有效提升储层的压裂改造效果；基于储层特征，集成体积改造、补充能量、渗析驱油一体化改造技术模式，配套实施以多簇射孔＋纳米驱油剂＋变黏压裂液＋段内暂堵转向为核心的体积压裂2.0工艺试验，压后见油返排率提高至5%，见油时间缩短8%。该技术对非常规储层提高水平井产量及最终采出程度有一定的借鉴。

关键词：纳米驱油；暂堵转向；焖井渗析；体积压裂2.0

储层改造能够有效提升致密砂岩油藏中孔缝系统的连通程度，显著增加油水接触面积，进而提高致密砂岩油藏动用程度。吴奇等[1]提出体积改造技术，强调“打碎”储层，使裂缝壁面与储层基质的接触面积最大，实现储层的三维立体改造[2]。此外，研究学者明确体积改造的关键技术及优化设计[3-5]，国内水平井段较长、层位多且特征不同井的主要体积改造压裂方式是水平井分段多簇压裂技术[6-7]，暂堵转向压裂技术在纵向和平面上可产生新分支裂缝，沟通新的未被动用剩余油富集区[8]，而密切割技术是建立体积改造缝控可采储量开发模式的基础[9]，体积改造形成复杂缝网的渗吸效应促进压裂提产[10]，每种压裂技术具有特定优势，仅靠单一压裂方式难以取得预期的增产效果。储层特征、压裂液体系、施工参数等多因素综合制约水平井体积改造效果[11-12]，多裂缝启裂及延伸规律也直接影响了压裂增产[13-15]。体积压裂1.0技术存在簇间距较大、水平井控制储量动用效率低、单段改造簇数少且改造段数增加、加砂困难及砂堵风险高、施工效率低等问题[16]，提出体积压裂2.0技术。

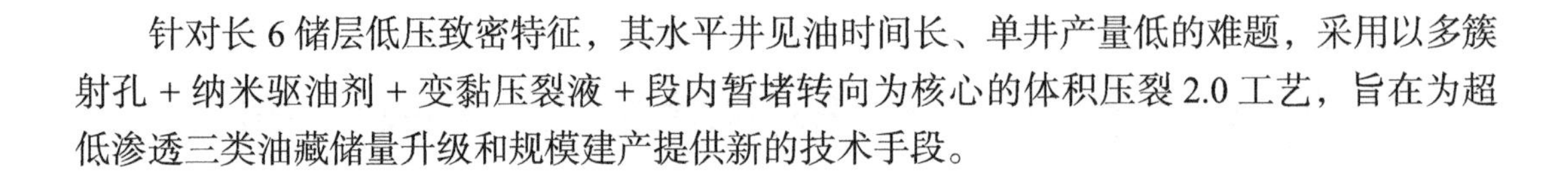

针对长 6 储层低压致密特征，其水平井见油时间长、单井产量低的难题，采用以多簇射孔 + 纳米驱油剂 + 变黏压裂液 + 段内暂堵转向为核心的体积压裂 2.0 工艺，旨在为超低渗透三类油藏储量升级和规模建产提供新的技术手段。

1 环庆区块储层特征

1.1 砂体沉积特征

环庆区块位于鄂尔多斯盆地西南部，三叠系延长组长 6 段是环庆区块主力油层之一。鄂尔多斯盆地长 6 段为进积型三角洲，长 6 油藏为西南物源控制的三角洲相—半深湖亚相沉积，东部主要发育三角洲前缘亚相沉积，分布面积广，局部发育半深湖—深湖亚相沉积。

1.2 储层微观孔隙特征

环庆区块长 6 储层孔隙度主要介于 3.00%～12.00%，渗透率主要介于 0.10～0.30mD（图 1），为典型的低孔隙度、超低渗透致密砂岩储层。长 6 储层中三个不同亚段之间储层物性亦有明显差异，受沉积微环境影响，长 6_1 段储层孔渗物性最优，而长 6_3 段储层孔渗物性较差，与邻区姬塬油田、安塞油田和华庆油田同层位油层相比，环庆区块同层位油藏孔隙度和渗透率普遍较低（图 2），显示其较差的储层物性。环庆区块长 6 储层孔隙类型

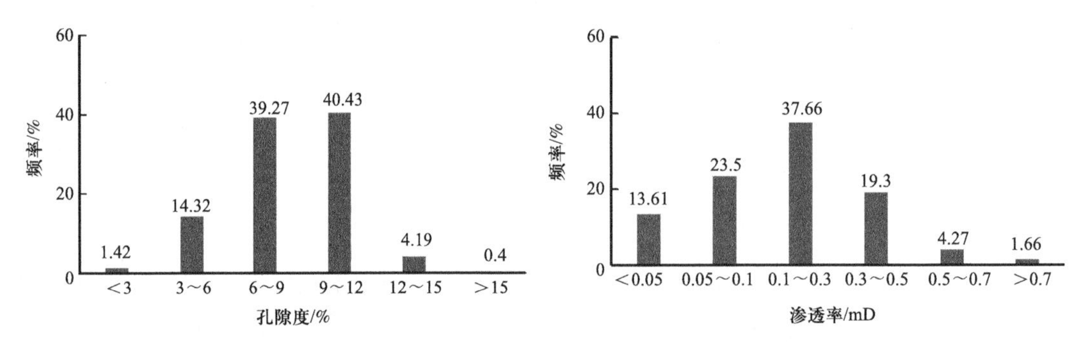

图 1　环庆区块长 6 储层孔隙度和渗透率分布直方图

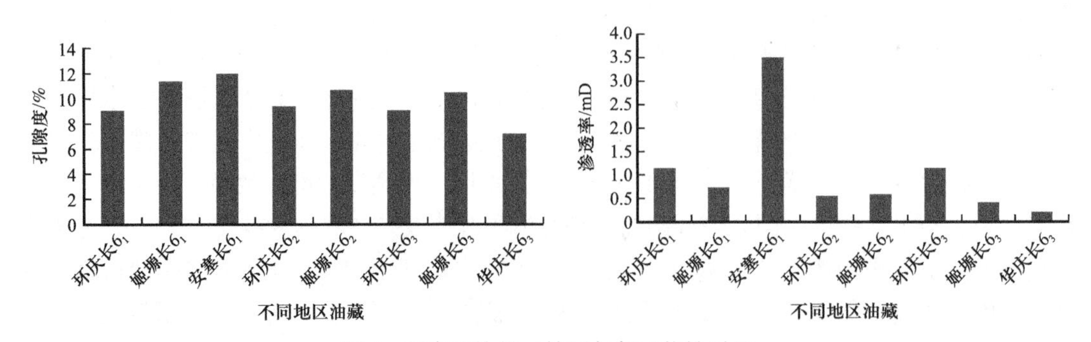

图 2　环庆区块长 6 储层与邻区物性对比

以粒间孔和长石溶孔为主，发育有少量的岩屑溶孔及晶间孔。此外，环庆区块长 6 储层微小孔隙发育、分选性差、孔隙结构复杂、连通性差（图 3），这也预示着采用压裂改造储层过程对压裂液的低伤害性有着更高的要求。

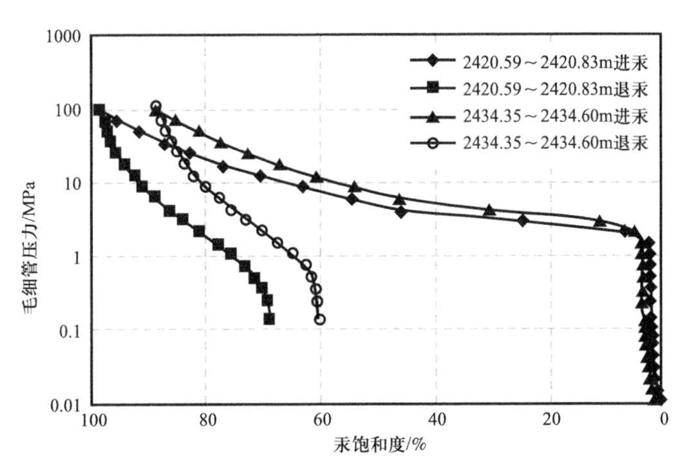

图 3　环庆区块长 6 储层典型岩心毛细管压力曲线

1.3　储层岩石力学特征

长 6 储层作为环庆区块主力油层，测井解释厚度较薄，其平均厚度仅为 5.10m，较薄的油层厚度也决定了长 6 储层压裂后支撑剂在层内有效铺置难度较大。针对环庆区块长 6 储层岩石力学特征研究表明，长 6 储层弹性模量平均值约为 31.843GPa，泊松比平均值为 0.21，较高的弹性模量、较低的泊松比以及中等偏上的脆性程度较有利于储层压裂过程中复杂缝网的形成。长 6 油藏油层段内层间应力差为 0.8～2.1MPa，水平井多裂缝有效开启难度不大。

1.4　储层敏感性特征与润湿性特征

长 6 储层无速敏、弱水敏特征，有利于大排量、大液量体积压裂改造（表 1）；储层呈现中性润湿，为驱油压裂液渗析置换提供有利条件，适合压后焖井（表 2）。

表 1　环庆区块长 6 储层五敏分析结果

储层敏感性	指数	敏感性评价
速敏性	—	无速敏—弱速敏
水敏性	29.80～43.07	弱水敏—中等偏弱水敏
酸敏性	0～49.72	无酸敏—中等偏弱酸敏
碱敏性	0～77.64	强碱敏
盐敏性	—	无盐敏

表 2　长 6 储层润湿性分析结果

层位	井深 / m	润湿指数		相对润湿指数	润湿类型
		油润湿指数	水润湿指数		
长 6	2439.98	0.26	0.23	−0.03	长 6

2　环庆区块长 6 储层压裂改造效果评价

目前，环庆区块共开展了 18 井次的定直井常规冻胶 + 复合压裂的储层改造，共有 6 口井获工业油流、1 口井获低产油流。在获得的工业油流的 6 口井中，4 口井采用常规冻胶压裂工艺、2 口井采用复合压裂工艺。采用复合压裂工艺的定直井产液量较高（13.80～20.40m^3/d），但储层产油量较低（3.20～3.74t/d）；而采用冻胶常规压裂的 4 口油井产液量略低（4.20～12.00m^3/d），但产油量较高（2.80～6.20t/d）。整体而言，环庆区块获工业油流定直井试油产液量充足，但稳产液量较低，且在试油阶段油井产量呈现出递减快、含水高的特点（图 4）。从储层物性特征角度而言，高弹性模量、低泊松比的储层力学特征导致了储层压裂改造初期较高的产液量，但储层自身较高的排驱压力和较强的储层微观孔隙非均质性导致储层排液阶段需要较高的压力差，这也导致其在稳产阶段排液困难，而较低的地层压力进一步加剧了储层产量的快速递减。因此，在对环庆区块长 6 储层进行压裂改造时应注意加强对地层能量的补充。

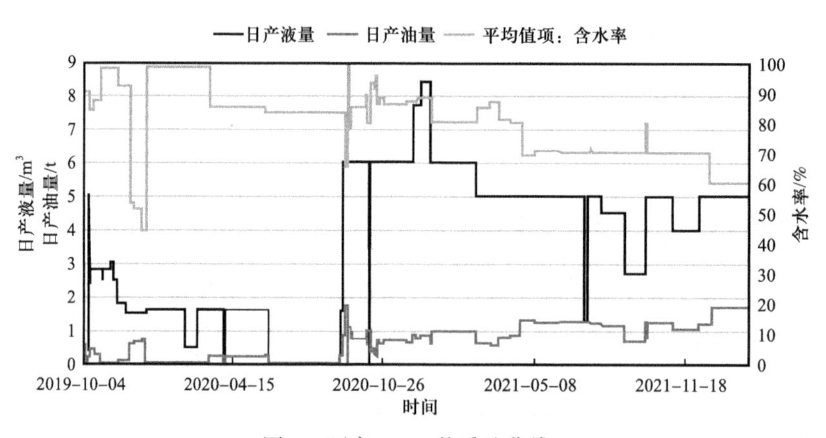

图 4　环庆 21-6 井采油曲线

压裂后长 6 油藏压裂液见油返排率介于 47.20%～90.30%，返排率平均值为 71.20%，长 6 油藏压裂液返排率整体较高。对比常规冻胶压裂和复合压裂发现，常规冻胶压裂返排效率高于复合压裂，且复合压裂返排效率差异极为显著，这主要与长 6 储层自身微观孔隙结构非均质性密切相关。压裂液高压滤失以及毛细管力自发渗吸造成压裂后井口附近含水饱和度增加，高的水相渗透率导致压裂液的快速返排。但是，复杂的储层微观孔隙结构非均质性导致致密储层压裂液返排效率的显著差异。因此，在后期储层压裂改造过程中应当充分考虑储层微观非均质性特征，针对不同类型储层适配压裂液及压裂方式，以提升压裂造缝效果及返排效率。

环庆区块长 6 油藏压后含水率普遍较高，获得工业油流的定直井普遍表现出较高的产液量，可见较高的产液规模是获得工业油流的关键。相比较于复合压裂，常规冻胶压裂提液能力较弱，适当增加排量能够有效提升单井产液量，进而提升单井产量（图 5）。此外，复合压裂相较于常规冻胶压裂，压后缝网系统更加复杂、油水接触面积更大，其产液能力更强（图 5）。

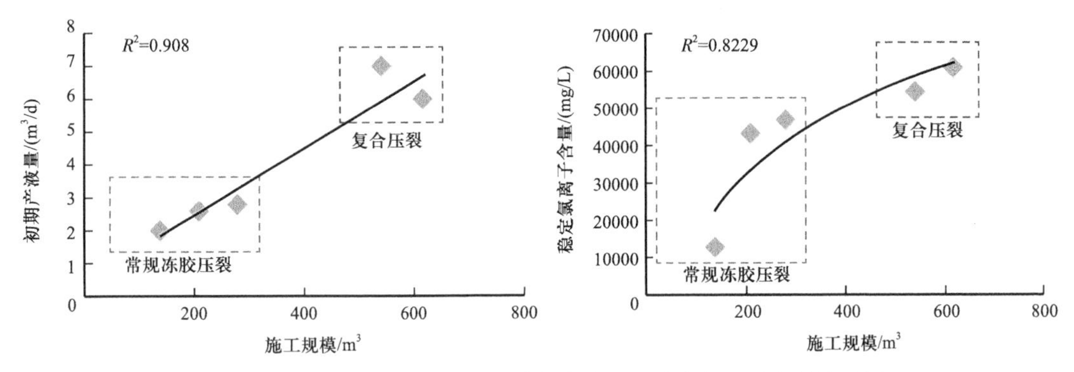

图 5　环庆区块长 6 油藏压裂规模与产液量和稳定氯离子含量关系图

3　长 6 油藏体积改造 2.0 技术

基于环庆区块长 6 油藏储层物性特征研究，结合定直井单井压裂试油情况，采用多簇射孔 + 纳米驱油剂 + 变黏压裂液 + 段内暂堵转向为核心的体积压裂 2.0 工艺，筛选适配性好的压裂液体系，结合水平井压裂裂缝优化，提出针对性的水平井储层压裂改造技术，提升环庆区块长 6 油藏储层改造效果。

3.1　渗驱一体化压裂液优化

3.1.1　压裂液优化

为降低液体对储层的伤害，开展滑溜水压裂液体系与瓜尔胶压裂液体系对岩心基质的伤害性实验。滑溜水压裂液体系能够有效降低对储层基质渗透率的伤害，此外，在相同的围压条件下，滑溜水压裂液体系较瓜尔胶压裂液体系表现出更高的储层导流能力（图 6）。

3.1.2　驱油剂优选

通过研究对比 0.20%ZP−1、0.20% 甜菜碱和 0.20% 纳米乳液三种驱油剂对压裂液表面张力和界面张力的影响，0.20% 纳米乳液作为驱油剂在降低压裂液表面张力和界面张力方面最为有效（表 3），采用 0.2% 纳米驱油剂与变黏滑溜水复配形成集减阻和驱油一体的渗驱压裂液体系是适用于环庆区块长 6 油藏的有效压裂液体系。

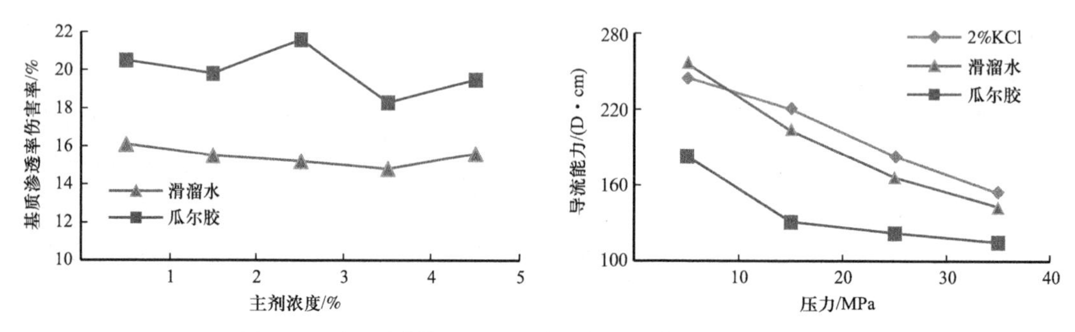

图 6　不同压裂液体系对岩心渗透率伤害率及导流能力影响

表 3　不同驱油剂压裂液性能特征

样品名称	表面张力 /（mN/m）	界面张力 /（mN/m）	温度 /℃
0.20%ZP−1	28.92	0.98	26.17
0.20% 甜菜碱	27.10	0.08	26.52
0.20% 纳米乳液	26.78	0.04	26.64

3.1.3　配伍性实验

压裂液体系与地层流体的配伍性是决定储层压裂改造效果的重要因素。0.20% 纳米驱油剂与变黏滑溜水复配的渗驱压裂液体系与地层水之间配伍性良好，无沉淀产生，且纳米驱油剂可提高滑溜水压裂液降阻性能（图 7）。

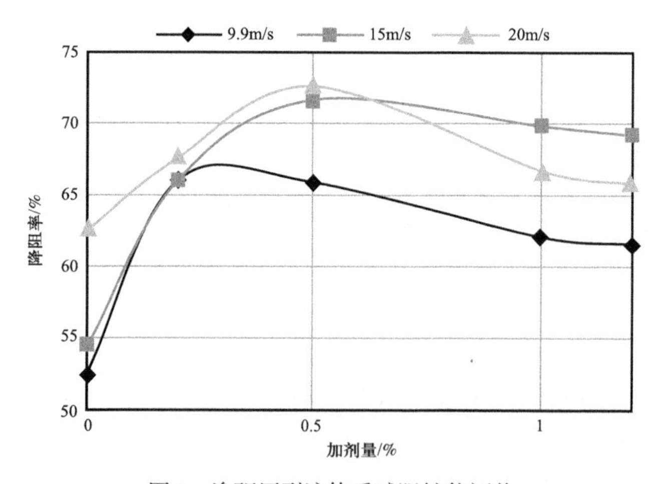

图 7　渗驱压裂液体系减阻性能评价

3.2　压裂裂缝参数优化

3.2.1　裂缝密度优化

裂缝密度是影响单井压裂效果改造的关键因素，较低的裂缝密度往往导致压裂效果较差，而较高的裂缝密度又会加剧储层内部干扰。采用数值模拟的手段，开展 5 个不同水平下裂缝密度与产油量之间的数值模拟。结果表明，随着裂缝间距缩短，初期日产油量和累计产油量均增加，但后期随着裂缝间干扰加剧，累计产油量增加幅度减小；日产量随裂缝条数增加大幅度提升，裂缝条数为 10～12 条 /100m 时，单井日产油量增加幅度变缓，将井裂缝间距控制在 8～15m 之间能够有效提升储层的压裂改造效果（图 8）。

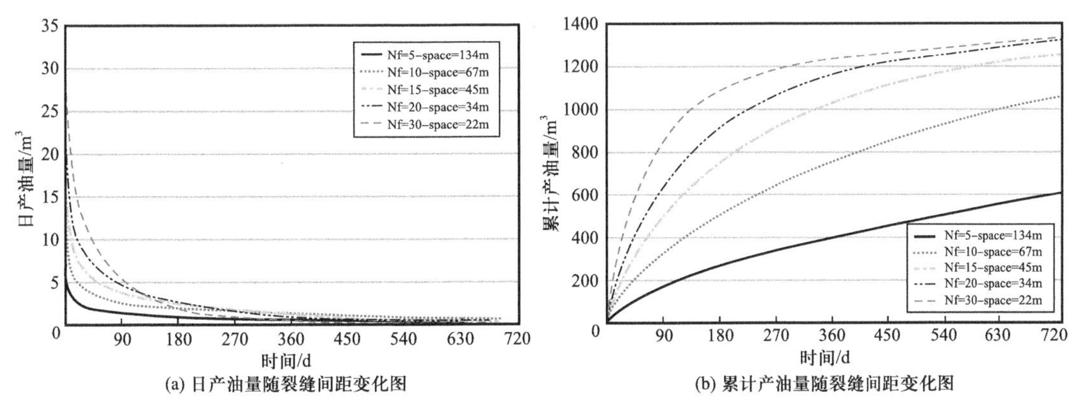

(a) 日产油量随裂缝间距变化图　(b) 累计产油量随裂缝间距变化图

图 8　裂缝密度与单井产油量关系

Nf—裂缝密度；space—裂缝间距

3.2.2　裂缝半长优化

较长的裂缝长度可以有效沟通储层远端的孔缝，但较长的裂缝也将导致压裂成本的增加。开展 7 个不同水平裂缝长度下的数值模拟发现，日产油量与累计产油量随裂缝长度的增加而增加，裂缝半长为 140～160m 时单井日产油量增加趋势变缓，裂缝半长为 160m 时压裂产油效果最优（图 9）。

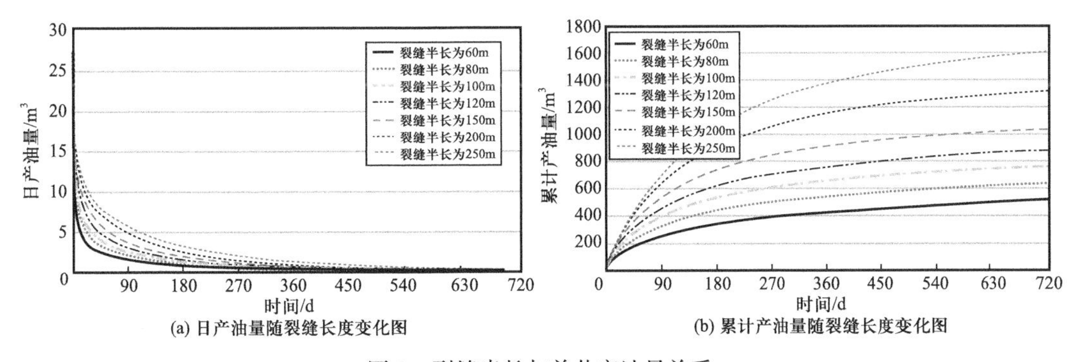

(a) 日产油量随裂缝长度变化图　(b) 累计产油量随裂缝长度变化图

图 9　裂缝半长与单井产油量关系

3.2.3　裂缝导流能力优化

以增产倍数最大化为目标，结合油藏地质模型，优化无量纲导流能力 2.80～3.00，对应导流能力 25.00～30.00D·cm、单簇加砂量 15～16m^3 能满足增产需求（图 10）。

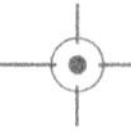

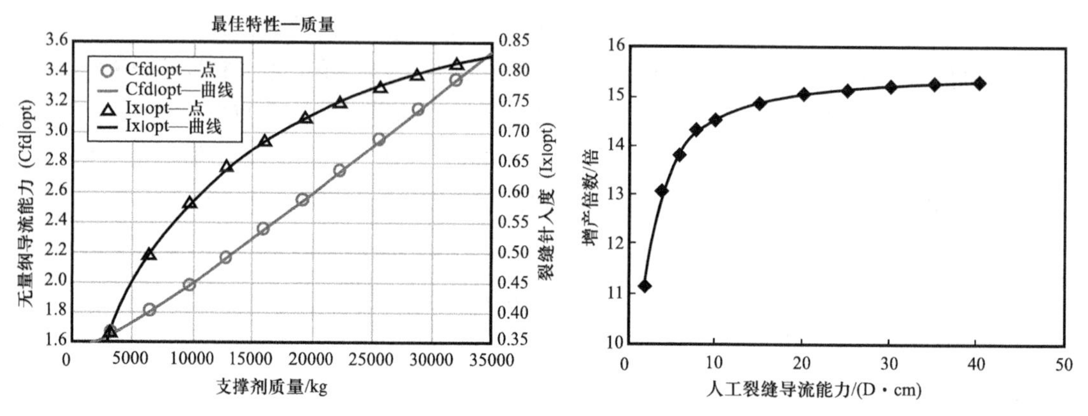

图 10　裂缝导流能力与产能增加系数间关系

3.2.4　施工参数优化

在裂缝参数优化的基础上，以多簇射孔裂缝有效开启，实现储层改造体积为目标，应用三维裂缝扩展模拟，优化入井液量：四簇射孔条件下液体规模 650m^3，六簇射孔条件下液体规模 1000m^3。依据限流压裂理论优化施工排量：四簇射孔施工排量 9～10m^3/min，六簇射孔施工排量 11～12m^3/min。为保证裂缝导流能力在 25D•cm 以上，优化加砂量：四簇射孔加砂量 60m^3，六簇射孔加砂量 85m^3（图 11）。

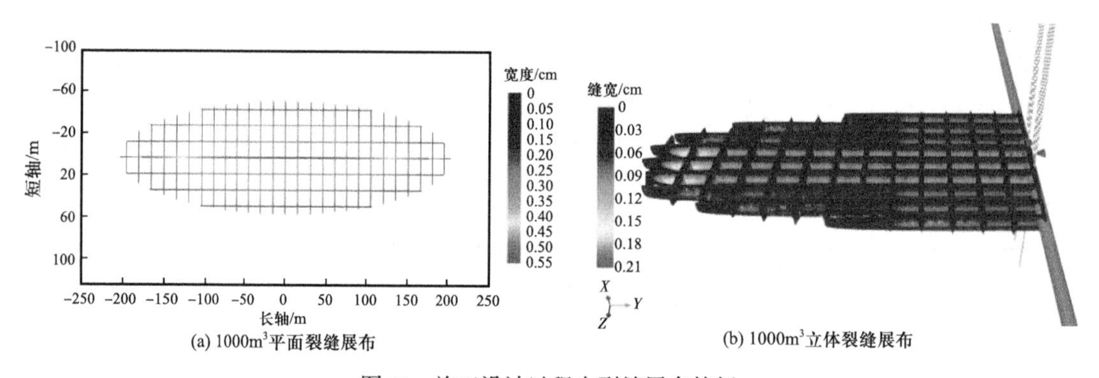

图 11　施工设计过程中裂缝展布特征

3.3　暂堵转向技术的应用

为提高多簇压裂有效性，应用颗粒 + 纤维层内暂堵转向技术，使流体在已开启射孔簇重新分配，迫使多裂缝均匀扩展、均匀改造，增加裂缝复杂程度、增大泄油面，提升单井产量。开展优化 6 簇射孔不暂堵、7～8 簇射孔试验暂堵转向压裂发现，暂堵剂作用下裂缝扩展更为均匀，表现出更好的压裂效果（图 12）。

3.4　焖井时间优化

针对长 6 致密储层水平井低产原因，考虑补充地层能量、提升渗吸效率，将渗吸驱油与压后焖井相结合，实现复杂缝网中的驱油液与基质中的原油在毛细管压力作用下发生高效渗吸置换。焖井阶段，受毛细管压力、化学势及渗透压影响，裂缝附近的含油饱和度逐渐恢复，基质内大量原油被置换到裂缝中，因此焖井结束开井初期的产油量较高；随着焖井时间的增加，孔隙压力逐渐趋于某一平衡值；在封闭边界下，储层孔隙压力达到平衡时的值将大于初始孔隙压力；生产阶段，模拟孔隙压力和含油饱和度变化趋势，结果与常规生产过程相同。

通过改变焖井时间，模拟得到不同焖井时间下的生产动态曲线。即采取焖井措施后，初期累计产量大幅度提高，但随着生产时间的增加，累计产量的增幅将不断减小。综上，随着焖井时间增加，油井初期产量和累计产量增量都表现出先快速增加后趋于某一稳定值的变化趋势，累计产量增量变化趋势中拐点对应的焖井时间即为最优焖井时间，50 天的焖井时间为最佳焖井时间（图 13）。

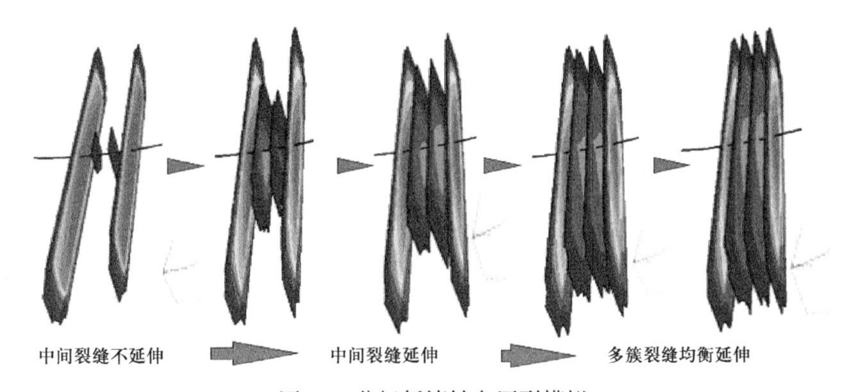

图 12　分级暂堵转向压裂模拟

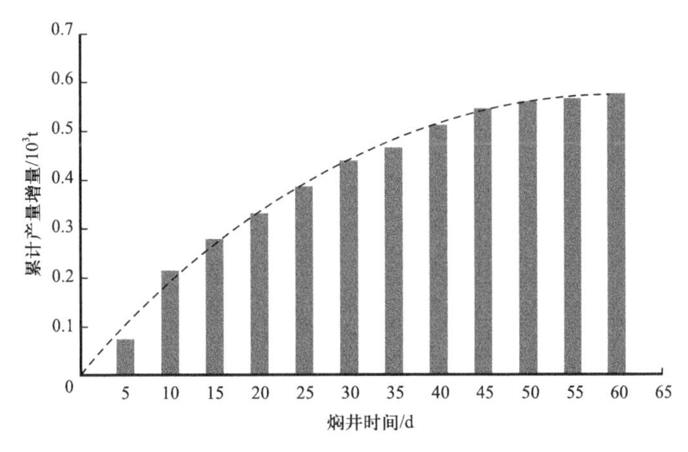

图 13　分级暂堵转向压裂数值模拟

3.5　现场应用效果

基于长 6 储层评价及前期试油井动态分析，优化裂缝参数及施工规模，开展变黏滑溜水全程携砂试验，配套暂堵转向技术和驱油压裂液体系，实现储层充分、均匀改造。环庆

103H–C6 井共设计 6 段 /32 簇压裂，入井总液量 6186m³，第二、三、五段加入暂堵剂压力上涨 4.4MPa 以上，压后焖井 50 天，放喷第 6 小时见油，返排率仅 5%，与前期水平井相比，见油时间大幅缩短 8%（图 14）。

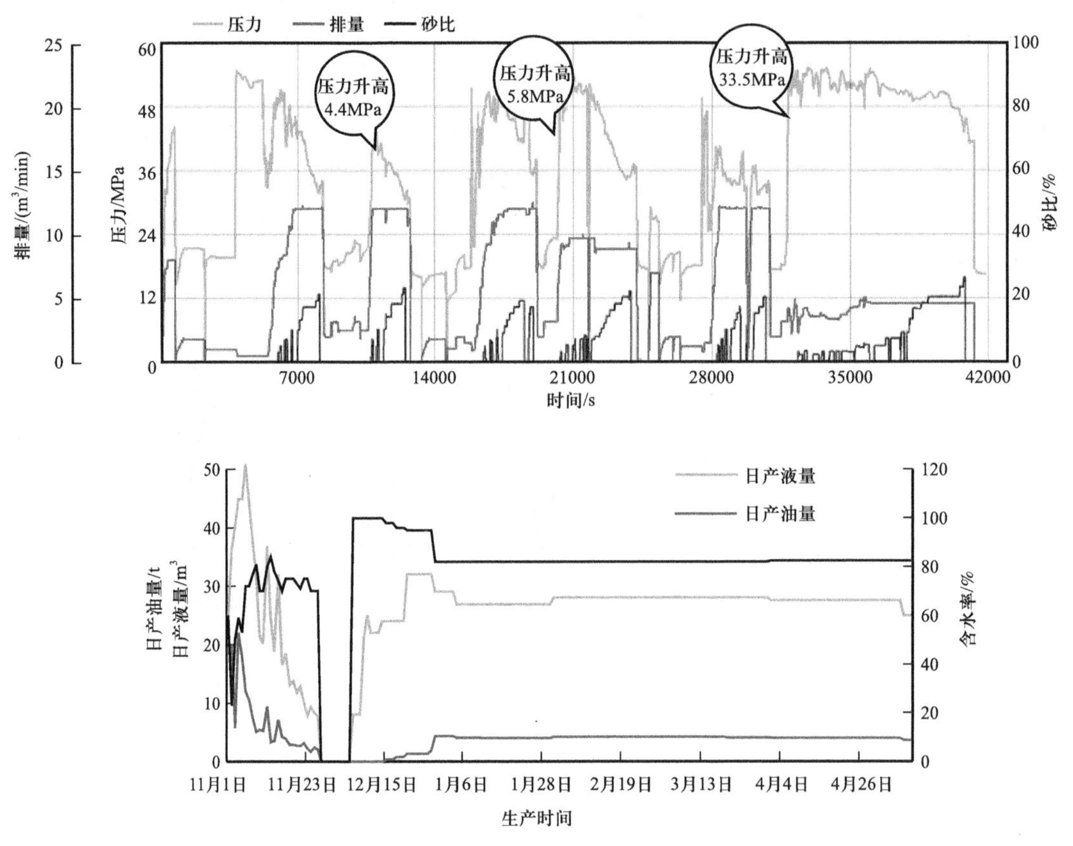

图 14　环庆 103H–C6 井施工曲线及采油曲线

4　结论

（1）环庆区块长 6 储层表现为低孔隙度、特低渗透的典型特征，储层物性表现为排驱压力大、储层微观非均质性强、高弹性模量和低泊松比的典型特征，储层敏感性弱且表现为中性润湿，采用压后焖井是提升单井产量的有效手段。

（2）以多簇射孔 + 纳米驱油剂 + 变黏压裂液 + 段内暂堵转向为核心的体积压裂 2.0 工艺为指导思想，筛选变黏滑溜水压裂液体系 +0.20% 纳米乳液驱油剂的复配压裂液体系能够有效提升去油效率。基于筛选的复配压裂液体系，采用 10～12 条 /100m 的裂缝密度、8～15m 井裂缝间距、160m 的裂缝半长、25.00～30.00D · cm 导流能力下单簇 15～16m³ 加砂量能够效提升储层的压裂改造效果，匹配 6 簇射孔不暂堵、7～8 簇射孔试验暂堵转向压裂，结合压后 50 天焖井时间，能够获得较优的单井产量。

（3）长 6 油藏作为油田下步建产接替储层，体积压裂 2.0 工艺可以大幅度地提高长6致密储层水平井见油返排率，为超低渗透三类油藏储量升级和规模建产提供新的技术手段。

参考文献

[1]吴奇，胥云，刘玉章，等.美国页岩气体积改造技术现状及对我国的启示[J].石油钻采工艺，2011，33（2）：1-7.

[2]王欢，廖新维，赵晓亮，等.非常规油气藏储层体积改造模拟技术研究进展[J].特种油气藏，2014，21（2）：8-15，151.

[3]吴奇，胥云，王晓泉，等.非常规油气藏体积改造技术——内涵、优化设计与实现[J].石油勘探与开发，2012，39（3）：352-358.

[4]吴奇，胥云，张守良，等.非常规油气藏体积改造技术核心理论与优化设计关键[J].石油学报，2014，35（4）：706-714.

[5]慕立俊，马旭，张燕明，等.苏里格气田致密砂岩气藏储层体积改造关键问题及展望[J].天然气工业，2018，38（4）：161-168.

[6]赵金洲，陈曦宇，李勇明，等.水平井分段多簇压裂模拟分析及射孔优化[J].石油勘探与开发，2017，44（1）：117-124.

[7]赵金洲，任岚，沈骋，等.页岩气储层缝网压裂理论与技术研究新进展[J].天然气工业，2018，38（3）：1-14.

[8]郭建春，赵峰，詹立，等.四川盆地页岩气储层暂堵转向压裂技术进展及发展建议[J].石油钻探技术，2023，51（4）：170-183.

[9]胥云，雷群，陈铭，等.体积改造技术理论研究进展与发展方向[J].石油勘探与开发，2018，45（5）：874-887.

[10]李帅，丁云宏，顾岱鸿，等.考虑渗吸效应的致密油藏体积改造可行性分析[J].地质科技情报，2017，36（6）：245-250.

[11]孔祥伟，万雄，郭照越，等.致密砂岩油藏体积压裂技术适应性评价及压裂参数优化[J].石油与天然气化工，2023，52（2）：81-86.

[12]张矿生，唐梅荣，杜现飞，等.鄂尔多斯盆地页岩油水平井体积压裂改造策略思考[J].天然气地球科学，2021，32（12）：1859-1866.

[13]于学亮，胥云，翁定为，等.页岩油藏“密切割”体积改造产能影响因素分析[J].西南石油大学学报（自然科学版），2020，42（3）：132-143.

[14]雷群，杨战伟，翁定为，等.超深裂缝性致密储集层提高缝控改造体积技术——以库车山前碎屑岩储集层为例[J].石油勘探与开发，2022，49（5）：1012-1024.

[15]蒋海，肖阳，王栋，等.页岩气体积改造人工缝网优化设计[J].特种油气藏，2022，29（5）：154-160.

[16]郑新权，何春明，杨能宇，等.非常规油气藏体积压裂2.0工艺及发展建议[J].石油科技论坛，2022，41（3）：1-9.

玛湖砾岩水平井段内多簇压裂孔眼冲蚀特征分析

刘进军　韩先柱　程福山　陈仙江

（中国石油新疆油田公司开发公司）

摘　要：针对2020年玛湖砾岩油藏采用水平井段内多簇＋极限限流＋暂堵压裂技术压后效果不及预期，达产率低，部分井孔眼冲蚀大，生产返砾石导致井筒堵塞的问题，2021年基于井下视频技术在玛18井区玛xx5井开展压裂矿场试验，通过对压后孔眼冲蚀数据的分析，认识到砾岩水平井压后孔眼冲蚀特征，导致生产返砾石原因主要有部分段内射孔数少、单孔过液量大；施工时部分桥塞封隔性差，造成已改造段过分改造；暂堵方案对砾岩储层适应性差，因砂切割导致孔眼扩径。基于取得的认识，对砾岩油藏体积压裂技术参数进行了调整，压后水平井增产稳产效果显著，有效推动了玛湖砾岩油田的整体开发。

关键词：玛湖油田；体积压裂；暂堵压裂；孔蚀特征；井下视频

玛湖油田位于新疆准噶尔盆地，主要层系为埋深2600～4500m的三叠系百口泉组。砾岩油藏埋藏深、储层致密、非均质性极强、动用难度大，近年来，采用水平井体积压裂技术产量取得突破，但开发成本高[1-3]。2020年为了降低开发成本，借鉴页岩油气开发经验，采用段内多簇＋极限限流＋暂堵压裂技术，段长120～180m，单段6簇，每簇3孔，采用球剂组合类暂堵剂，但压后产量低，稳产难度大，部分井孔眼冲蚀大，生产返出砾石导致井筒堵塞，严重影响生产[4]。为了优化压裂工艺参数以提高改造效果，需要借助先进的压裂监测技术认识砾岩水平井段内各簇裂缝进砂特征。

在众多的水力裂缝矿场监测技术中，井下视频监测技术因其可直观获得井下孔眼图像，通过数字图像分析技术，精确获得孔眼在压裂前后的面积变化量，进而反映孔眼的冲蚀程度，Roberts等[5-7]研究发现压裂过程中孔眼冲蚀程度与支撑剂入孔量呈正相关性，通过表征孔眼冲蚀面积变化进而分析段内各簇裂缝进砂情况。

玛湖油藏砾石含量高、砾径变化大，较页岩储层非均质性强，采用段内多簇＋限流压裂工艺，实际开启簇数、开启孔数有多少，暂堵是否有利于各簇裂缝开启，应该如何优化段簇组合参数、射孔参数，施工时桥塞失封或移位对压裂效果影响有多大等问题尚无清晰答案。针对这些问题，在玛18井区选择固井质量较好的玛xx5井开展压裂矿场试验，利用井下视频监测技术分析孔眼冲蚀情况，深化认识水平井段内多簇＋极限限流＋暂堵压裂裂缝扩展规律，为玛湖致密砾岩油藏压裂改造方案优化提供指导。

1 压裂试验工艺概况

1.1 地层特征

玛 xx5 井位于准噶尔盆地玛 18 井区，目的层位为三叠系百口泉组，完钻井深 5186m，油层孔隙度为 7.4%～12.5%，平均渗透率为 1.19mD，平均含油饱和度为 55.7%；杨氏模量为 19.3～24.8GPa，泊松比为 0.18～0.20，抗拉强度为 1.1～2.4MPa。岩性以灰色、灰绿色砂质细砾岩、小砾岩、含砾粗砂岩为主，其次为灰色砂质中砾岩及（含砾）中粗砂岩，砾石最大粒径超过 16mm，一般为 2～8mm，砾石平均含量为 51.1%，砂质平均含量为 44.6%，填隙物含量为 4.3%，其中杂基含量为 4.1%，泥质杂基为 2.1%，胶结物平均含量为 0.2%，储层非均质性极强。

1.2 压裂施工参数

玛 xx5 井试验井采用桥塞射孔联作压裂工艺，在第 2～6 段 4541.0～5073.0m 开展试验，试验包括单段不同射孔孔数、不同加砂量、是否暂堵等，试验设计见表 1，单段 6 簇，段长 80m，簇间距 5.5～24m，采用 86 型射孔枪及等孔径射孔弹完成射孔，相位角均为 60°。采用免配变黏压裂液，前置段塞支撑剂采用 40～70 目石英砂，主体采用 30～50 目陶粒，采用球剂组合类暂堵剂，施工排量为 10～12m^3/min。在第 2 段压裂施工完后，采用相同的射孔工艺补射 16 个孔眼不压裂，用于表征压裂前孔眼面积。

表 1 压裂参数试验设计

段序	簇间距 / m	簇数	单簇孔数 / 个	加砂量 / m^3	是否暂堵	暂堵时机	试验目的
2	12	6	3	120	√	加砂 60m^3 后	评价暂堵 / 不暂堵对孔眼冲蚀的影响
标准段	1	1	16	0			射孔不冲蚀孔与冲蚀孔对比
3	11.4	6	3	120	×	—	评价暂堵 / 不暂堵对孔眼冲蚀的影响
4	11.7	6	3	60	×	—	与第 2 段对比，评价暂堵前泵入 60m^3 砂对孔眼冲蚀的影响
5	11.5	6	8	180	√	加砂 90m^3 后	评价不同孔数对孔眼冲蚀的影响
6	17.9	6	3	180	√	加砂 90m^3 后	

2　孔眼冲蚀监测技术

2.1　井下视频监测技术

采用最新推出的阵列侧视摄像系统对水平段射后孔眼进行井下视频监测，如图 1 所示，该系统包括 4 个正交安装的镜头，能够同时捕获 4 个视频流，采用连续油管输送该系统工具，将相机准确定位在所需深度，对井筒 360°环扫全方位覆盖，旋转镜头以正确的相位捕获射孔图像，在拍摄过程中图像连续记录，并存于系统内存中，通过几小时的连续测井，可获得数百个孔眼图像。

图 1　阵列侧视视频传感器

该技术配套先进的图像分析软件，可精确勾勒冲蚀孔眼的形状，并计算对应的面积，减去未冲蚀孔眼面积后，得到孔眼压裂过程中的冲蚀面积。

2.2　孔眼冲蚀表征方法

Crump 等[8]基于伯努利原理，得到孔眼摩阻计算公式［式（1）］，在特定的射孔方式下，孔眼摩阻主要与孔眼直径及流量系数有关。通过冲蚀试验认为孔眼冲蚀分两个阶段：第一阶段，孔眼边缘棱角逐渐平滑但直径变化极小，孔眼摩阻随流量系数变化；第二阶段，孔眼摩阻变化由孔眼直径主导，流量系数相对恒定，由式（2）得到，在压裂过程中，孔眼面积 A 与孔眼过砂液量呈正相关性。

$$p_{\mathrm{pf}}=\frac{8\rho q^2}{\pi D^4 N_{\mathrm{p}}^2 C_{\mathrm{p}}^2}=\frac{1.5708\rho}{N_{\mathrm{p}}^2 C_{\mathrm{p}}^2}\times\left(\frac{q}{A}\right)^2 \tag{1}$$

$$A=\frac{q}{N_{\mathrm{p}} C_{\mathrm{p}}}=\sqrt{\frac{1.5708\rho}{p_{\mathrm{pf}}}} \tag{2}$$

式中，C_{p} 为孔眼流量系数；D 为孔眼直径，m；N_{p} 为孔眼数；p_{pf} 为孔眼摩阻，Pa；q 为单簇砂液流体排量，$\mathrm{m^3/s}$；ρ 为流体密度，$\mathrm{kg/m^3}$；A 为孔眼面积，$\mathrm{m^2}$。

美国鹰滩某页岩区块采用孔眼监测技术研究了不同压裂段携砂液量对孔眼冲蚀面积的影响，发现支撑剂量与孔眼冲蚀面积相关性好[9]，验证了通过表征孔眼冲蚀面积变化进而分析段内各簇裂缝进砂情况的可行性。

2.3　监测结果

首次采用井下视频监测技术对砾岩储层孔眼冲蚀特征进行监测，利用图像分析软件描出各簇孔眼冲蚀范围，计算冲蚀后孔眼面积，如图 2 所示，第 2～6 段共射孔 136 孔，共观测到 133 孔，有 3 个孔眼因为低边沉砂严重被遮挡未观察到，各簇孔眼情况统计见表 2。

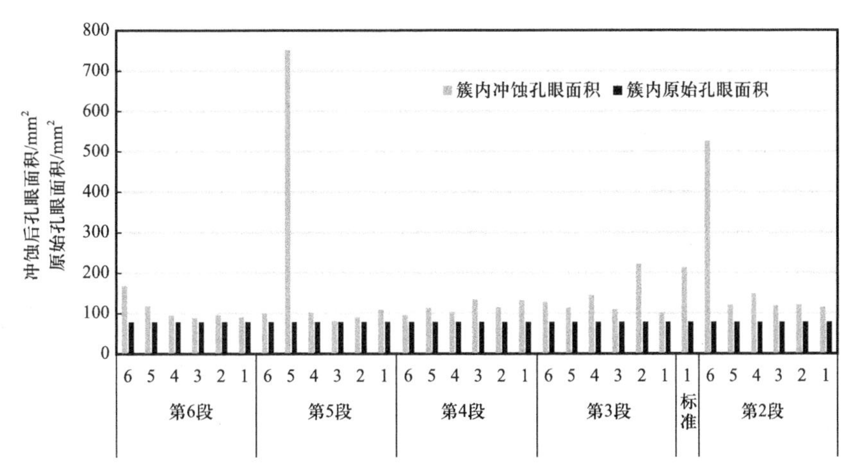

图 2 玛 xx5 井井下视频观测各簇平均孔眼面积

表 2 玛 xx5 井井下视频观测孔眼情况统计

段序	观察高边孔数 / 个	观察中边孔数 / 个	观察低边孔数 / 个	观察到总孔数 / 个	设计总孔数 / 个
第 2 段	6	5	4	15	18
标准孔	5	6	5	16	16
第 3 段	5	7	6	18	18
第 4 段	6	4	8	18	18
第 5 段	12	15	21	48	48
第 6 段	5	6	7	18	18
总孔数	39	43	51	133	136

3 冲蚀结果分析

（1）桥塞失封或移位加剧了部分孔眼冲蚀。

井下视频设备共计监测 5 段 30 簇，冲蚀后各簇孔眼平均面积大于原始孔眼面积，每簇都有孔眼冲蚀过砂迹象，说明每簇都开启了，但各簇进砂液情况差异较大，监测到孔眼直径 8～47mm，异常大的孔眼形成原因之一是桥塞失封或移位。

通过观察到的套管壁明显抓痕分析第 3 段压裂桥塞移位 13m，如图 3 所示，造成标准孔眼孔径和第 2 段跟部孔眼冲蚀，最大扩径 164%，由 10mm 扩到 37mm；第 6 段桥塞失封造成第 5 段跟部附近 8 个孔眼直径都在 27mm 以上，最大达到 47mm，孔眼冲蚀面积达到 1242mm^2。孔眼直径 11～16mm 占比达到了 67.5%，超过 19mm 过度冲蚀孔眼占比 10.3%，桥塞失封或移位造成的过度冲蚀孔眼占比为 8%。

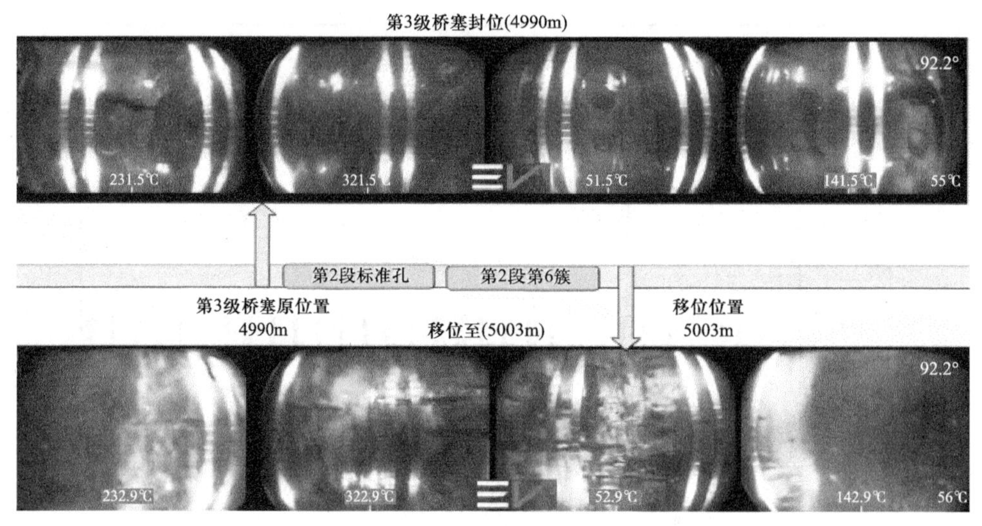

图 3　桥塞移位套管内壁抓痕图

（2）极限限流簇数全部开启，但孔数并没有全部开启。

本井采用直径 12mm 等孔径射孔，由于重力作用射孔枪在水平段内套管偏下位置，子弹距离高边较远，穿过的流体间隙大则能量损失大，所以射孔直径表现出明显的相位倾向，位于套管高边的孔最小为 8mm，井筒低侧的孔眼直径更大，井筒水平位置孔眼直径居中，平均孔眼直径 10mm，因此压后孔径小于 11mm，视为孔眼未开启。

按照该孔眼开启判别原则，采用暂堵工艺的第 2 段段内各簇孔眼全部开启，采用极限限流压裂工艺未暂堵的第 3 段和第 4 段孔眼未开启率为 11%，暂堵的第 5 段和第 6 段孔眼未开启率分别为 25% 和 28%。

未开启的主要原因是：由于裂缝遇砾石发生偏转、穿透和止裂等行为导致近井摩阻高，启泵初期排量低（一般小于 5m^3/min）、泵压高（80MPa 附近，接近施工限压值），低排量下孔眼开启数量相对就少[10]。在措施段泡酸、段塞处理降低近井摩阻后，排量逐步提升，由于储层非均质性强，各簇孔眼存在非均匀冲蚀，优先进液的簇在砂液的冲蚀下孔眼得到进一步打磨，直径增加较快，分配流量比例进一步提升，而劣势簇孔眼直径增加慢，分配流量比例进一步降低，甚至不进液。

（3）孔眼数偏少，单孔流量大，单孔加砂量设计不合理，是造成部分孔眼冲蚀大，部分孔眼改造不充分的因素之一。

依据单孔加砂量、单孔排量与冲蚀孔径统计图（图 4），发现单孔排量越大，加砂量越大，孔蚀直径越大，而密集点的叠合位置是孔径在 12～19mm 范围（冲蚀孔径 2～9mm），平均每孔进砂量 4～6m^3，单孔排量为 0.45～0.5m^3/min，定义该区为正常冲蚀区。

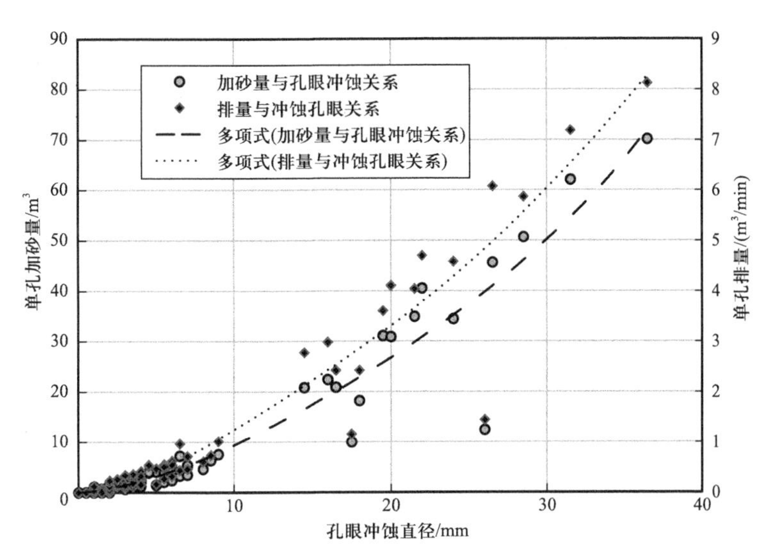

图 4　单孔加砂量、单孔排量与冲蚀孔径统计

从鹰眼结果看，压裂设计应遵从“以簇定段，以孔定缝，以孔定砂，以孔定排”的设计理念，既要采用限流压裂，又要求孔眼不能太少，同时还要保证 90% 的孔眼开启，每孔形成支撑缝，才能有好的改造效果。根据玛湖地区段内各簇采用簇间水平应力差小于 3MPa 成段的原则，岩石抗拉强度为 5MPa，因此限流压力要高于 8MPa，由孔眼摩阻公式［式（1）］计算限流压裂不同排量、簇数、孔数下的孔眼摩阻（图 5），16m^3/min 下孔数不高于 32 孔，结合玛湖情况编制了分段分簇压裂参数参考表，见表 3。

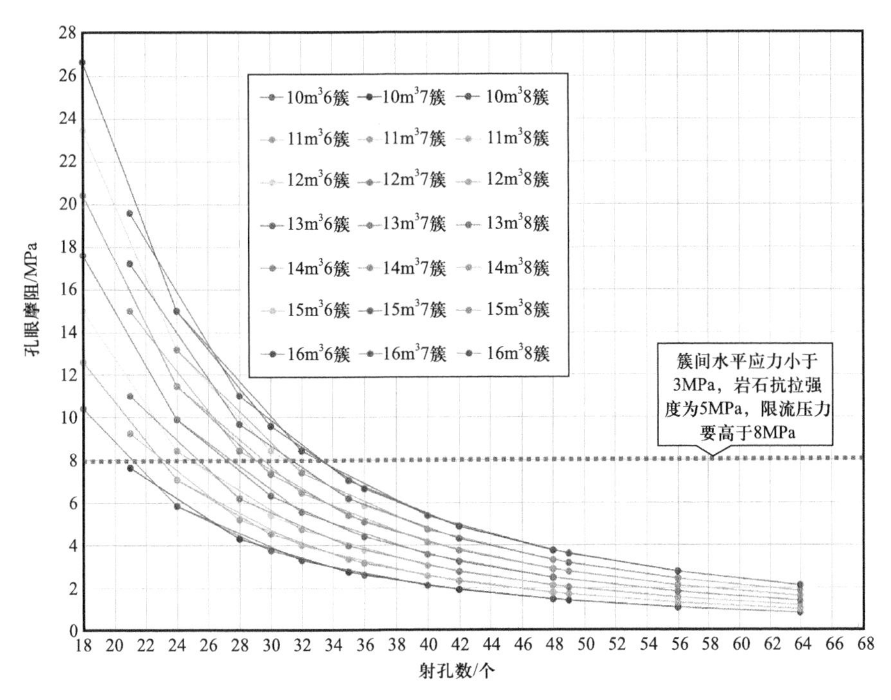

图 5　限流压裂不同排量、不同簇数与射孔孔数关系

表 3 玛湖地区分段分簇压裂参数

序号	段长 / m	簇数 / 簇	簇间距 / m	每簇孔数 / 个	孔数 / 个	单孔加砂量 / m^3	每孔排量 / (m^3/min)	所需排量 / (m^3/min)
1	60	6	10.0	5	30	4～6	0.5	15
2	60	5	12.0	6	30	4～6	0.5	15
3	60	4	15.0	8	32	4～6	0.5	16
4	60	3	20.0	10	30	4～6	0.5	15
5	75	7	10.7	4	28	4～6	0.5	14
6	75	6	12.5	5	30	4～6	0.5	15
7	75	5	15.0	6	30	4～6	0.5	15
8	75	4	18.8	8	32	4～6	0.5	16
9	75	3	25.0	10	30	4～6	0.5	15
10	80	8	10.0	4	32	4～6	0.5	16
11	80	7	11.4	5	35	4～6	0.5	17.5
12	80	6	13.3	5	30	4～6	0.5	15
13	80	5	16.0	6	30	4～6	0.5	15
14	80	4	20.0	8	32	4～6	0.5	16

（4）低边孔孔眼开启程度高，孔蚀程度高，正常冲蚀区所占比例小。

按照射孔位置对孔眼冲蚀情况进行分类统计，低边孔孔眼开启程度达到 96%，平均直径为 17mm，平均冲蚀面积为 230mm^2，而高边孔开启程度只有 73%，平均直径为 13mm，平均冲蚀面积为 135mm^2；低边孔眼平均直径为高边孔的 1.3 倍，低边孔平均冲蚀面积为高边孔的 1.7 倍。

大于 19mm 定义为过度冲蚀区，小于 12mm 为冲蚀不充分区，统计后发现正常冲蚀区只占 35%，过度冲蚀区占 11%，冲蚀不充分区占 54%（含未冲蚀孔）（表 4）。正常冲蚀区主要集中在中低边孔，各占 16.2%，中边孔冲蚀不充分区占比较大，达到了 19%（图 6）。

表 4 不同改造区压后参数情况

分类	孔径范围 / mm	平均冲蚀面积 / mm^2	平均进砂量 / m^3	平均进液量 / m^3	平均排量 / (m^3/min)	孔数 / 个	占总孔数比 / %
冲蚀不充分区	<12	98	2.4	60	0.28	73	53.7
正常冲蚀区	12～19	138	4.2	100	0.41	48	35.3
过度冲蚀区	>19	662	21	484	2.54	15	11.0

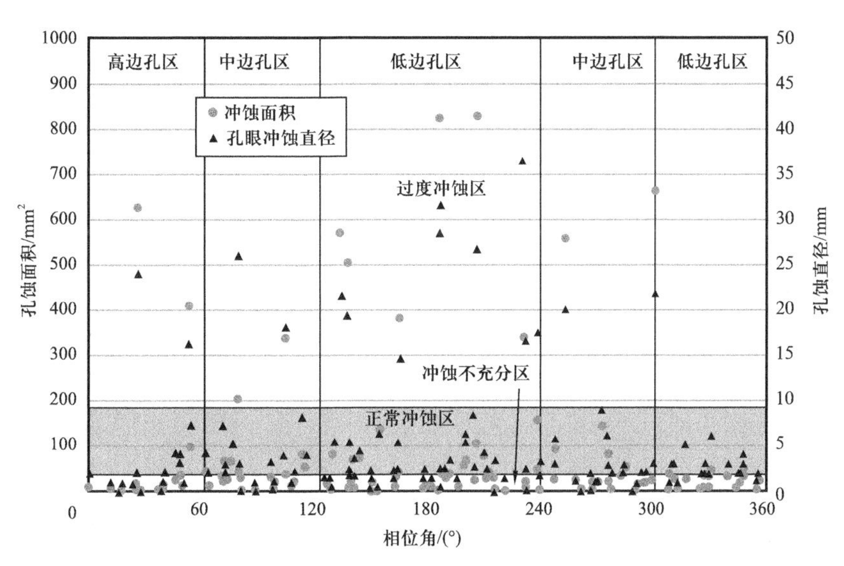

图 6　不同位置不同改造区压后冲蚀直径分布

（5）球暂堵不成功造成孔眼因砂切割而扩径，孔径形状不规则。

由于所投暂堵球球径为 20～22mm，与射孔磨蚀孔眼孔径不匹配，加入暂堵颗粒、粉末后也很难将优势孔眼完全封堵，在暂堵剂到位后，孔眼过流面积减小，井底压力升高，孔眼内外压差增加，砂液流速增加，随着冲击速率提升，孔眼磨损率增加[11]，部分携砂液造成套管孔眼扩径切割，孔径形状不规则，如图 7 所示，部分孔眼冲蚀过大，造成部分井生产过程中出砾石，因此暂堵方案还需进一步优化。

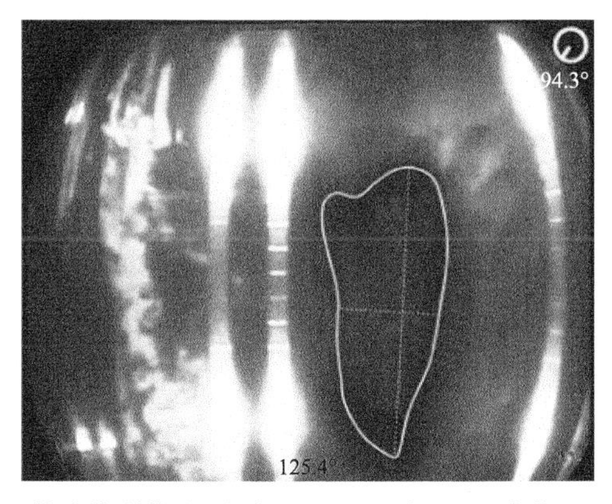

(a) 第5段第5簇第8个孔深度4773.89m，孔径30mm，相位138°

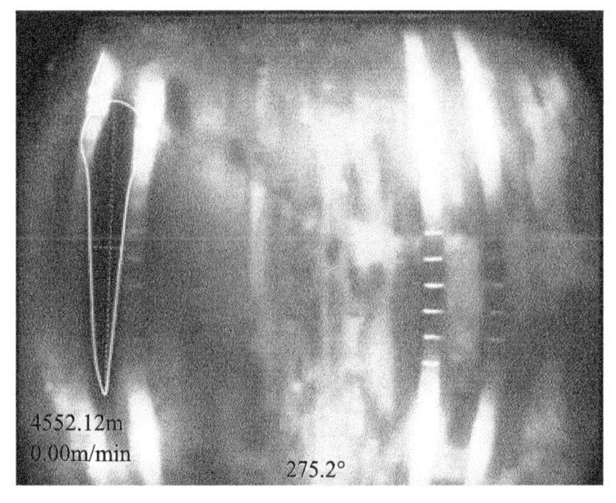

(b) 第6段第6簇第2个孔深度4552.12m，孔径28mm，相位238°

图 7　暂堵段孔眼扩径形状不规则图

（6）初期生产产能表现出首先动用过度改造区。

通过计算统计出该井单簇最大冲蚀面积达到 5385mm^2，部分簇冲蚀面积仅 31mm^2，平均冲蚀面积 405mm^2，各簇孔累计冲蚀面积极差为 5354mm^2，表现砾岩油藏水平井段内各簇间强非均质性。生产后进行了生产水平井产液剖面（FSI）测井，从解释情况看，如图 8 所示，过度改造段的面积与初期产液量差异表现出相关性，反映了过度改造段首先动用，由于初期动用过度改造段，冲蚀孔径大，初期生产压差如过大，生产很容易出砂、出砾。

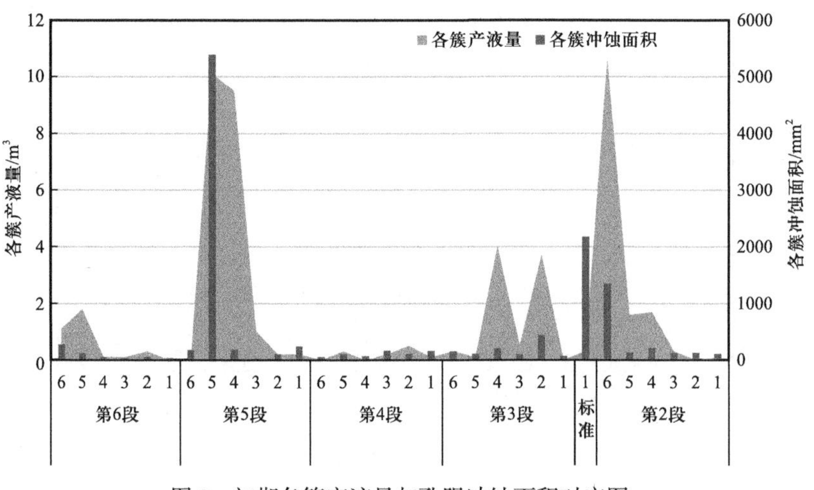

图 8　初期各簇产液量与孔眼冲蚀面积对应图

4　现场应用

根据玛 xx5 井孔眼冲蚀监测结果获得的启示，分析 2020 年水平井主体采用段内多簇 + 极限限流 + 暂堵压裂技术生产效果不如预期，主要原因有：

（1）水平段段间距大，簇间应力差实际易大于 3MPa，出现部分簇未开启、簇间进液差异大等现象，储层改造不均匀。

（2）储层出砾石影响生产，原因有三方面：部分段内射孔数少，单孔过液量大，孔眼冲蚀严重；施工时部分桥塞封隔性差，造成已改造段过分改造；暂堵方案对砾岩储层适应性差，因砂切割导致孔眼扩径。

在总结经验教训基础上，2022 年对压裂方案进行调整，在暂堵方案优化完善前，减少段内簇数，采用缩小段间距、减少簇数、增加段内射孔数等策略进行水平井压裂。以玛 x 井区为例，段间距 60～75m，主体采用段内 3 簇，段内 30 孔，施工排量 12～14m^3/min，水平井一年期达产率 98%，效果远远好于 2020 年施工井。

5　结论

本文在玛湖玛 xx5 井开展了压裂矿场试验，利用孔眼冲蚀监测技术对压后孔眼进行监测，对冲蚀结果进行分析，基于取得的认识，对砾岩油藏体积压裂技术参数进行了调整，压后水平井增产稳产效果显著，得出以下结论：

（1）孔眼冲蚀表现出不均匀特征，井筒低边孔冲蚀严重，高边孔冲蚀相对较小，主要由于射孔枪在重力作用下偏井筒底部，子弹距离高边较远，穿过的流体间隙大则能量损失大，距低边近，能量损失小，所以射孔直径表现出明显的相位倾向。

（2）段内射孔数少，部分桥塞封隔性差，暂堵方案对砾岩储层适应性差，造成单孔孔眼冲蚀严重，是储层出砾石影响生产的原因。

（3）利用孔眼冲蚀监测技术可评估段内多簇改造进液均匀性，优化目标储层压裂方案。

参考文献

[1] 杜洪凌，许江文，李峋，等. 新疆油田致密砂砾岩油藏效益开发的发展与深化：地质工程一体化在玛湖地区的实践与思考［J］. 中国石油勘探，2018，23（2）：15-26.

[2] 于兴河，瞿建华，谭程鹏，等. 玛湖凹陷百口组泉扇三角洲砾岩岩相及成因模式巨［J］. 新疆石油地质，2014，35（6）：619-627.

[3] 刘涛，石善志，郑子君，等. 地质工程一体化在玛湖凹陷致密砂砾岩水平井开发中的实践［J］. 中国石油勘探，2018，23（2）：90-103.

[4] 臧传贞，王利达，周凯虎，等. 基于数字图像处理的孔喉内三相接触角自动测量方法［J］. 石油勘探与开发，2023，50（2）：391-397.

[5] Roberts G，Whittailer J，Mcdonald J，et al. Proppant distribution observations from 20，000 perforation erosion measurements［C］. SPE 199693-MS，2020.

[6] Ugueto C G A，Hucilabee P T，Molenaar M M，et al. Perforation cluster efficiency of cemented plug and perf limited entry completions：Insights from fiber optics diagnostics［C］. SPE 179124-MS，2016.

[7] Allison J，Roberts G，Hicils B H，et al. Proppant distribution in newly completed and re-fractured wells：An Eagle Ford shale case study［C］. SPE 204186-MS，2021.

[8] Crump J B，Conway M W. Effects of perforation-entry friction on bottomhole treating analysis［J］. Journal of Petroleum Technology，1988，40（8）：1041-1048.

[9] Roberts G，Whittailer J L，Mcdonald J. A novel hydraulic fracture evaluation method using downhole video images to analyse perforation erosion［C］. SPE 191466-MS，2018.

[10] 王松，邓宽海，于会永，等. 玛湖凹陷百口泉组砾岩储层泡酸后岩石损伤及压裂泵压下降机理［J］. 科学技术与工程，2021，21（21）：8841-8850.

[11] 刘传刚，王晓，鞠少栋，等. 不同硬度 35CrMo 钢在含砂流体中的冲蚀试验分析［J］. 材料开发与应用，2023，38（2）：27-31.

黄骅坳陷沧东孔二段页岩油体积压裂技术研究与应用

刘学伟[1] 田福春[1] 何春明[2] 贯云鹏[1] 邵力飞[1] 李东平[1]

（1. 中国石油大港油田公司；2. 中国石油勘探开发研究院）

摘　要：黄骅坳陷沧东孔二段页岩油属于典型的湖相环境页岩油，是页岩油勘探开发的主力区。针对大港油田页岩油闭合应力高、可压性差、难以形成复杂缝网、基质物性差、原油黏度高、地层能量低、流动能力差的特点，建立基于岩石脆性、天然裂缝和地应力的裂缝复杂程度评价模型，创新密切割分段改造模式，提高裂缝复杂程度；研发变黏滑溜水压裂液体系，形成全程滑溜水连续加砂工艺，砂液比提高至10%；形成趾端蓄能＋前置二氧化碳增能体积压裂技术，溶蚀碳酸盐岩扩大孔喉尺寸，降低原油黏度提高流动能力，补充地层能量提高压裂效果；2022年GY5号平台应用页岩油体积压裂技术，压裂后放喷即见油，4mm油嘴产量测试单井日产油80～122t。

关键词：页岩油；压裂；水平井

常规石化资源凋零是近十年来全世界面临的重要能源问题，目前的能源背景下，非常规油气资源的开采比重逐年加大。中国页岩油勘探起步晚，面临着开发难度大、成本高的困难，目前仅在以准噶尔盆地吉木萨尔组、鄂尔多斯盆地延长组长7段等页岩油实现规模效益开发。纯页岩型页岩油尚未取得工业突破。渤海湾盆地沧东凹陷古近系孔店组二段（Ek_2）页岩直井压裂获得日产油5～30t，但试采产量递减快，不能实现工业化开发。水平井体积压裂是实现页岩油工业化开发的重要手段。本文针对大港油田页岩油可压性低、基质物性差、原油黏度高、流动能力差的特点，创新密切割分段改造模式，提高裂缝复杂程度，形成全程滑溜水连续加砂多级缝网高效支撑工艺，优化了趾端蓄能＋前置二氧化碳增能体积压裂技术，形成了适用于沧东凹陷页岩油的水平井体积压裂技术，实现了页岩型陆相页岩油勘探开发的重大突破，为页岩型页岩油水平井体积压裂提供借鉴。

1　孔二段页岩油储层特征

大港探区发育沧东、歧口两大富油凹陷，主力烃源岩发育层段有三套，分别为沧东凹陷孔二段、歧口凹陷沙三段、沙河街组一段中—下亚段，是页岩油气富集层段。沧东凹陷孔二段埋深3000～5000m，厚度400m，有利面积260km^2，是页岩油勘探开发的主力区[1-2]。沧东凹陷孔二段页岩油是典型的湖相环境页岩油，属于高凝中黏高含蜡中质油。按照X射线衍射矿物组分三端元与结构构造相结合的岩性分类方案，孔二段主要有长英质页岩、混合质页岩。

长英质页岩长英质含量高，石英＋长石含量 60%～67%，其中石英含量 17%～34%，黏土矿物含量 3%～19%；纹层发育程度大，纹层密度 40 条/dm，杨氏模量 17880MPa，泊松比 0.118，Rickman 脆性指数为 0.64，峰值应力 139.3MPa，岩心为劈裂多缝形态，由多组贯穿岩样的劈裂张拉裂纹构成，破裂形态复杂；混合质页岩石英＋长石含量 25%～29%，其中石英含量 15%～18%，黏土矿物含量 7%～17%；纹层发育程度小，纹层密度 20 条/dm；杨氏模量 29038MPa，泊松比 0.213，Rickman 脆性指数 0.75，峰值应力 314.9MPa。混合质页岩岩心一条贯通性劈裂裂缝和一条剪切裂缝，伴随少量横断裂缝，破裂形态简单[3-6]。

2 页岩油体积压裂工艺技术

2.1 密切割压裂技术提高裂缝复杂程度，提高渗流速度

大港油田页岩油闭合应力高、可压性差、难以形成复杂缝网，建立基于岩石脆性、天然裂缝和地应力的裂缝复杂程度评价模型，创新密切割分段改造模式，提高裂缝复杂程度。

2.1.1 缝网指数可压性评价方法

通过三轴实验确定地层的杨氏模量、泊松比、断裂能等岩石力学参数，采用日本理学公司 DMAX-3C 衍射仪对岩石三轴破裂岩样进行了 X 射线衍射全岩定量分析，依据盒子法计算岩样的岩石破裂复杂程度系数。结果表明，Rickman 指数与破裂复杂程度相关性差，相关系数为 0.329；Jarvie 指数与岩石破裂复杂程度相关性更差，相关系数为 0.0183。岩石破裂复杂程度与杨氏模量的相关系数为 0.4883，与峰值应变相关系数达 0.597，与剪胀角相关系数为 0.6162。杨氏模量、剪胀角和峰值应变可以分别反映页岩抵抗变形的能力、变形的速率和变形的大小[7]，可以较好地描述岩石的脆性特征。建立适合陆相页岩油的脆性评价方法，见式（1）。

$$B_I=0.262E_n+0.353\psi_n+0.385\varepsilon_{pn} \tag{1}$$

式中，B_I 为脆性指数；E_n 为归一化的杨氏模量；ψ_n 为归一化的剪胀角；ε_{pn} 为归一化的峰值应变。

可压性不仅包含岩石本身脆性破裂性质，也包含地层天然裂缝发育情况、地应力差大小，单独一个参数不能充分评价页岩形成复杂裂缝程度。因此，基于岩石脆性、天然裂缝和地应力三个因素，建立页岩油裂缝复杂程度计算模型，定义缝网指数［式（2）］为：

$$F_I=B_I\left(w_4F_n+w_5S_I\right) \tag{2}$$

式中，F_I 为缝网指数；B_I 为脆性指数；F_n 为天然裂缝张开影响因子；S_I 为地应力影响因子；w_4 为天然裂缝张开影响因子权重系数；w_5 地应力影响因子权重系数。

利用室内水力压裂实验岩样的数据进行分析，如图 1 所示，缝网指数与水力裂缝形态有较好的一致性。$F_I \leqslant 0.3$ 时，压裂裂缝呈水力单缝形态；$0.3 < F_I \leqslant 0.4$ 时，压裂裂缝沿天然裂缝开启；$F_I > 0.4$ 时，压裂裂缝穿过天然裂缝。

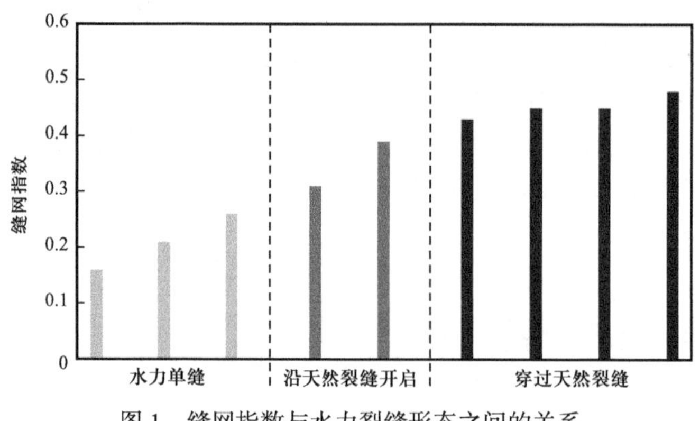

图 1　缝网指数与水力裂缝形态之间的关系

2.1.2　油藏模拟优化簇间距缩短渗流距离

页岩油与常规低渗透储层最大的差别在于存在较强的启动压力梯度，页岩油储层启动压力梯度高，即使实施压裂改造可动的范围小，产量短时间就降为 0。页岩油储层启动压裂梯度高，启动压力梯度的大小直接决定了储层的可动用范围。采用缝控储量压裂改造技术，减少非流动区域面积，降低流体在基质中的渗流距离，提高基质中的油气驱动压力梯度，可大幅度提高页岩油水平井可动用储量。油藏模拟软件评价分析，10m 簇间距与 30m 簇间距相比，缝控程度由 50% 提高至 100%，初期日产量提高 70%，累计产量提高 25%。簇间距缩短，累计产量提高，簇间距 10m 与 5m 相比，累计产量相当，优化簇间距在 10m 左右[8]（图 2 至图 4）。

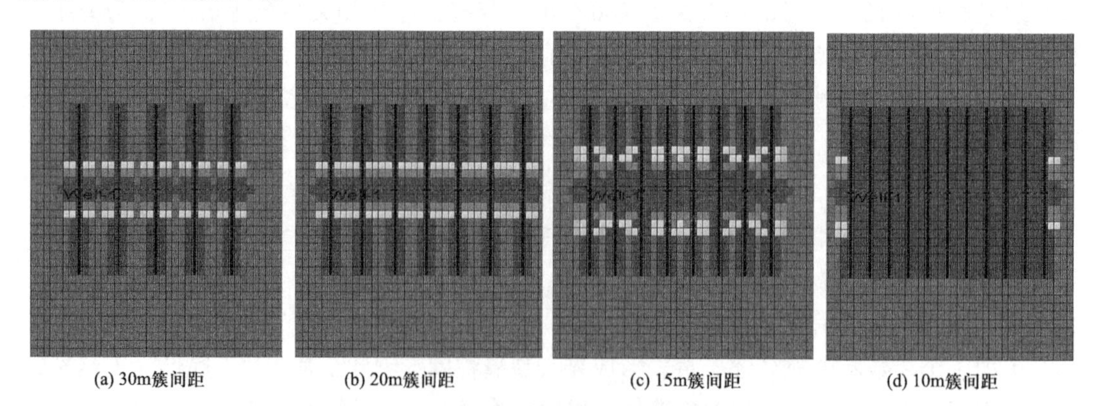

(a) 30m簇间距　(b) 20m簇间距　(c) 15m簇间距　(d) 10m簇间距

图 2　沧东页岩油不同簇间距储量动用程度对比

2.1.3　裂缝扩展模拟优化簇间距提高裂缝复杂程度

孔二段页岩油岩石缝网指数差异性大，以小于 0.4 的缝网指数为主，难以形成复杂压裂裂缝。页岩油岩石压裂裂缝形态与脆性、天然裂缝、地应力密切相关，脆性、天然裂缝为页岩油岩石自身特性，无法改变。地应力为页岩油岩石所处外部环境，利用诱导应力场分析，等间距内随着裂缝条数的增加（即簇间距缩短），地应力干扰越大，水平应力差异系数减小，如图5所示，缝网指数变大，容易形成复杂裂缝。

压裂裂缝模拟发现，随着簇间距的缩小，缝间应力干扰叠加尖端孔隙压力，造成裂缝吸引、重合；簇间距至10m时，即可以利用缝间应力干扰增加裂缝复杂程度，又可以使压裂裂缝独立延伸，获得更大的改造面积，优化簇间距10m左右（图6）。

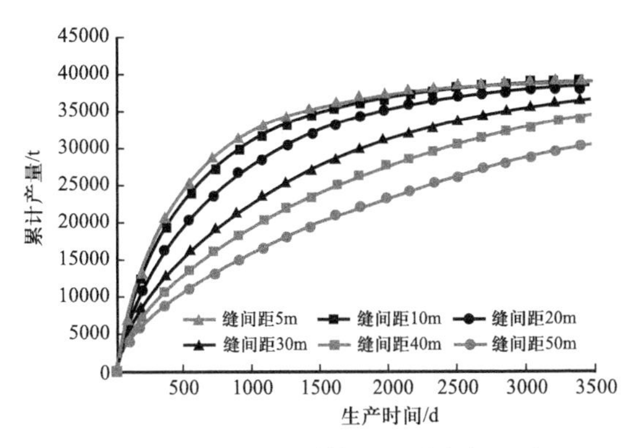

图3　沧东页岩油不同簇间距累计产量对比

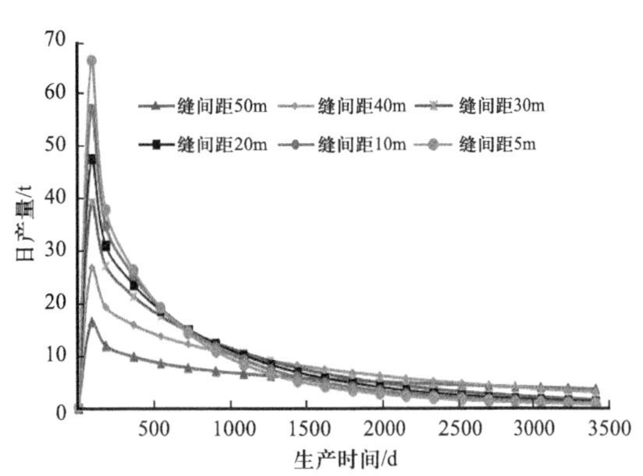

图4　沧东页岩油不同簇间距日产量对比

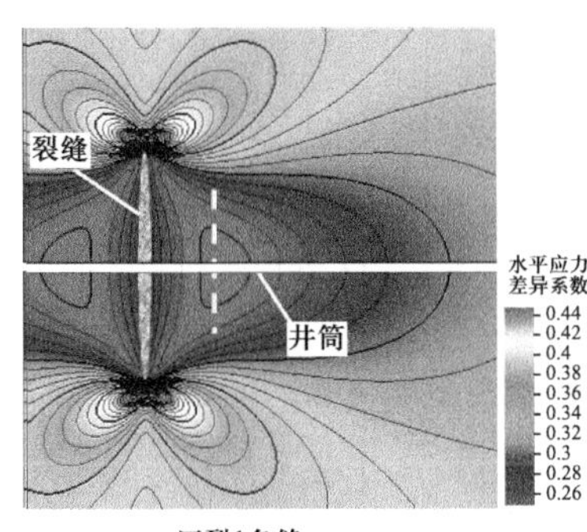

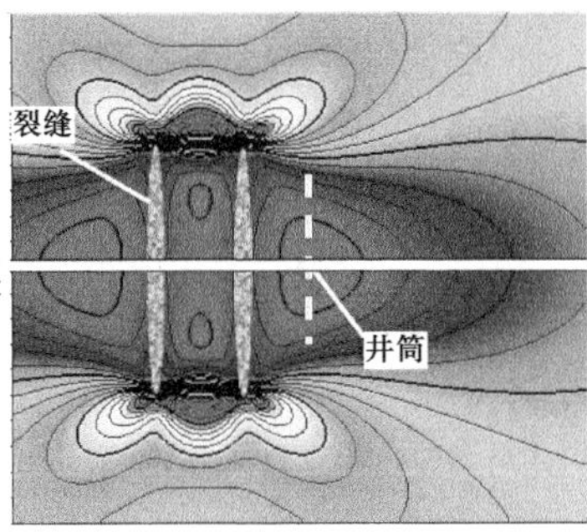

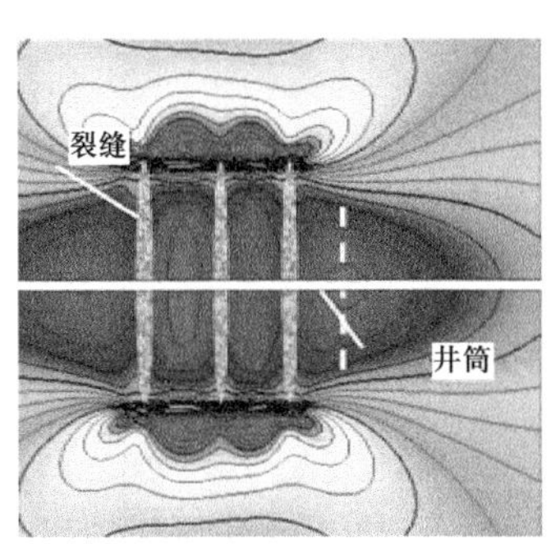

图5　压裂不同裂缝条数后地层差异系数分布

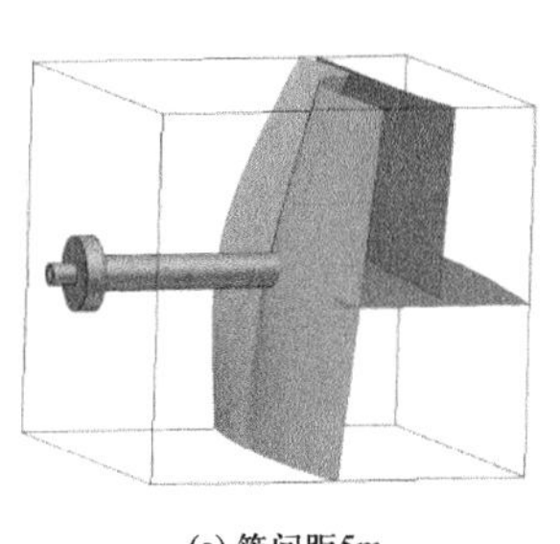

(a) 簇间距5m

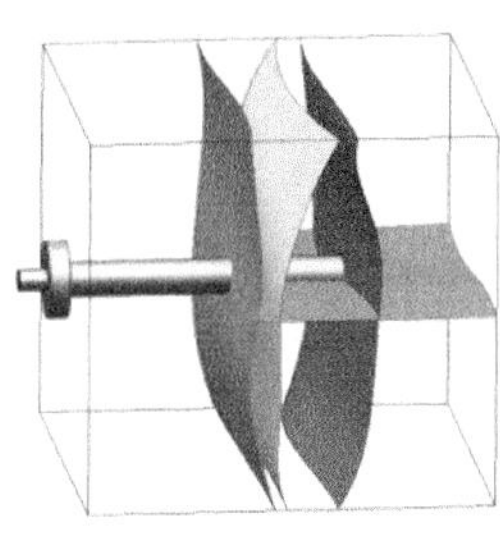

(b) 簇间距10m

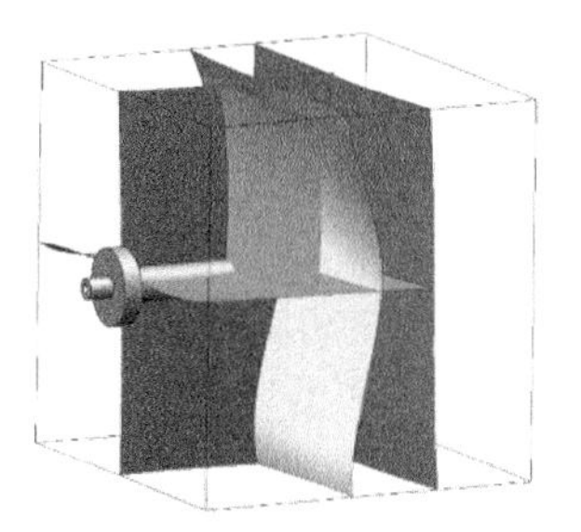

(c) 簇间距15m

图6　不同簇间距下裂缝扩展形态

2.2 多级缝网支撑 + 全程连续加砂技术提高裂缝导流能力

2.2.1 变黏滑溜水体系

研制了变黏滑溜水压裂液体系，该压裂液体系能够通过调节减阻剂加量，完成从低黏滑溜水向高黏滑溜水的转变（图 7），实现一种压裂液体系完成不同类型支撑剂的携砂工作。变黏滑溜水压裂液体系具有溶解速度快、降阻率高、精准变频、悬砂性能良好、残渣含量低等优势。首先，其溶解速度为 40s，可以实现在线连续混配，降低劳动强度，提高施工效率，与瓜尔胶压裂液相比，简化了配液流程及配液工序。其次，其不同黏度滑溜水降阻率不低于 70%，有效降低施工摩阻，瓜尔胶压裂液降阻率不低于 65%，相比之下，该体系的降阻率有明显提升（图 8）。

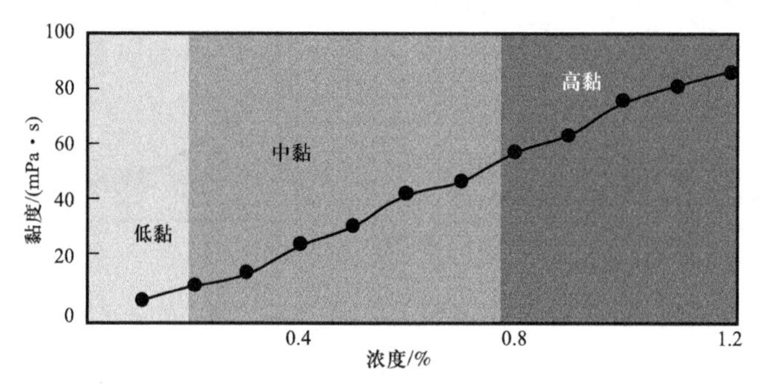

图 7 滑溜水在线变黏

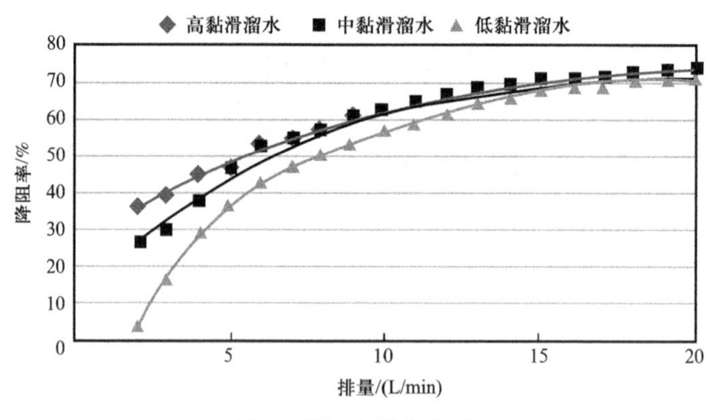

图 8 滑溜水降阻曲线

2.2.2 石英砂 + 陶粒支撑剂组合优化

结合页岩油储层物性及分段分簇情况，利用 Eclipse 软件模拟不同裂缝导流能力下的产能（图 9）。结果发现，随着储层渗透率增加，累计产量也在逐渐增大，当渗透率增加到 5mD 时，累计产量增加幅度减缓，因此优选裂缝渗透率为 5mD。同时，利用水电相似原理，开展多级裂缝数值模拟，等效裂缝最优导流能力为 6.29D·cm，一级次裂缝导流能力为 1.55D·cm，采用 40～70 目陶粒支撑，二级次裂缝导流能力为 0.13D·cm，采用 70/140 目石英砂支撑。密切割体积压裂模式下，页岩油对裂缝导流能力需求降低，基于经济导流能力理念，优化石英砂与陶粒支撑剂用量，石英砂比例提高至 70%，单吨支撑剂综合费用降低至 1500 元。同时优化滑溜水组合，低黏滑溜水使用比例由 47% 提高至 80%，压裂液综合成本降低至 69 元 /m^3。

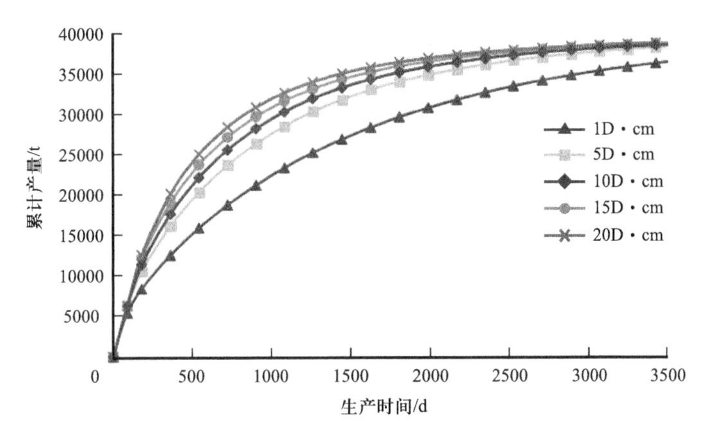

图 9　不同导流能力下模拟累计产量对比

2.2.3　全程滑溜水连续加砂工艺

根据斯托克斯定律，计算了不同粒径、不同密度支撑剂在压裂液中的沉降速度，随着支撑剂的粒径和密度减小，其沉降速度变慢，可以被压裂液携带至裂缝更远处，打破了传统的黏度携砂理论，结合压裂液性能及可视化沉降实验，形成流速—温度—浓度耦合图版，如图 10 所示。

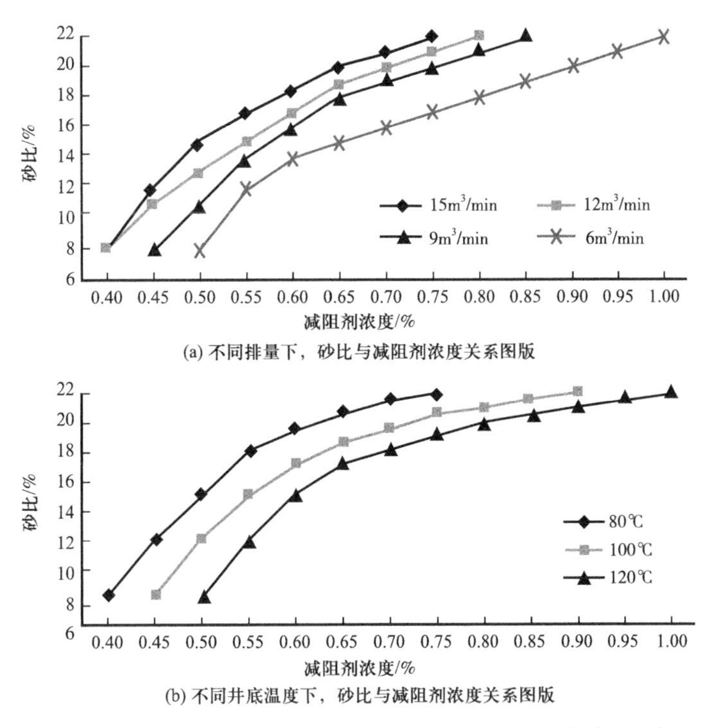

图 10　不同排量下及井底温度下，砂比与减阻剂浓度关系图版

在G页2H井进行了连续加砂试验，探索不同黏度滑溜水压裂液携带不同砂比支撑剂的可行性，形成了一套全程滑溜水连续加砂压裂工艺：（1）应用低黏滑溜水（黏度2～5mPa·s，降阻剂B质量分数0.1%）携带砂比为7%～10%的70～140目石英砂小段塞压裂，打磨近井炮眼，然后连续注入砂比为8%～14%的石英砂连续加砂压裂；（2）应用高黏滑溜水（黏度50～80mPa·s，降阻剂B质量分数0.5%～0.7%）携带砂比为12%～22%的40～70目陶粒连续加砂压裂。连续加砂工艺与传统段塞加砂工艺相比，有效提高了单位液体的携砂量，与应用传统段塞加砂压裂的邻井相比，施工效率提高了37.5%，每米加砂量提高73%，节约压裂液用量31.7%[9]。

2.3 趾端蓄能+前置CO_2增能补充地层能量，提高原油流动能力

2.3.1 形成趾端蓄能工艺，补充地层能量

水力增能改造以压裂增能和渗吸置换为主，压裂增能是指大规模注入压裂液改变地层压力场和含油饱和度场，驱动裂缝基质间流体作用；渗吸置换是注入液体在毛细管力、化学渗透协同作用下，自发吸入储层孔隙排出孔隙原油。基于增能改造作用机理，开展静动态渗吸实验，明确含油饱和度和油藏润湿性是影响渗吸置换效果的主要因素。基于渗吸置换主要影响因素，创建页岩油水力增能数学模型。利用数值模拟方法对比不同压裂方式阶段累计产量（图11），与常规体积压裂技术相比，趾端蓄能体积压裂，阶段产能提高25.8%。基于压力场分布、含油饱和度场分布等数值模拟分析，开展不同蓄能规模阶段累计产量研究，优化趾端蓄能5000m^3，提升地层能量，延长压后稳产期。

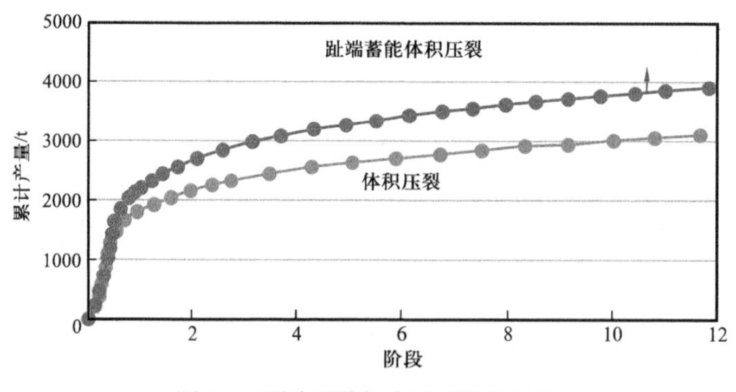

图11 不同压裂方式压后效果对比

2.3.2 优选前置CO_2压裂工艺，提高原油流动能力

孔二段页岩油原油黏度较高，原油流动性差。CO_2-原油体系PVT实验显示，CO_2-原油体系的饱和压力达到地层压力（35MPa）时，地层原油分子量由283降为84，原油黏度由28.75mPa·s降低到4.21mPa·s，CO_2对页岩地层油有较强的降黏效果。利用CO_2水溶液与页岩开展采收率物理模拟实验，核磁共振监测表明，微孔（0.01～0.1μm）、小孔（0.1～0.2μm）、中孔（0.2～0.5μm）和大孔（大于0.5μm）采出程度分别为9.33%、12.12%、21.52%和35.34%，说明CO_2可有效提高页岩油采收率。

CO_2 水溶液呈酸性，对碳酸盐岩溶蚀作用较强，溶蚀能力方解石最大，其次是白云石。孔二段页岩 CO_2 水溶液浸泡页岩后由扫描电镜结果发现，CO_2 处理后的页岩表面微观形貌发生明显变化，部分原有矿物颗粒被溶蚀，使得粒间孔孔径增大；CO_2 水溶液的溶蚀作用也使得原来被方解石充填的微裂缝开度增加，如图 12 所示。CO_2 水溶液与岩石充分接触并溶蚀碳酸盐岩，扩大原有孔喉尺寸，形成新的孔喉，提高了储层物性[10-11]。

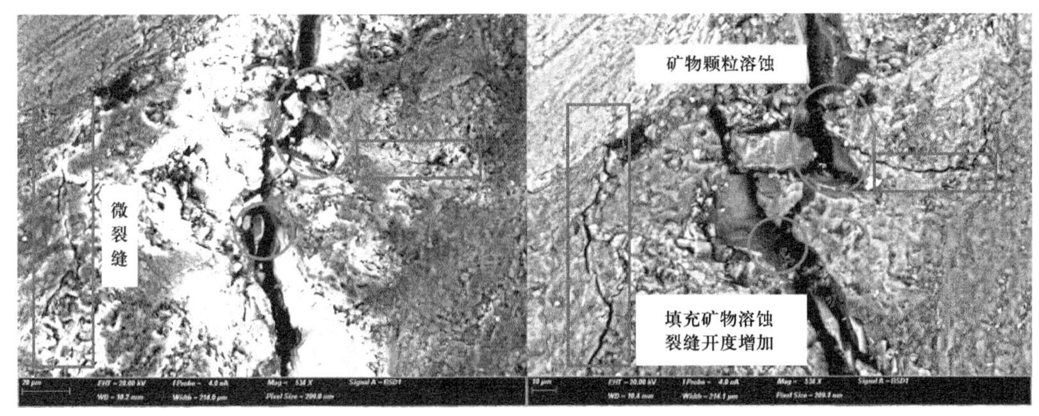

(a) 岩心1处理前　　(b) 岩心1 CO_2处理后

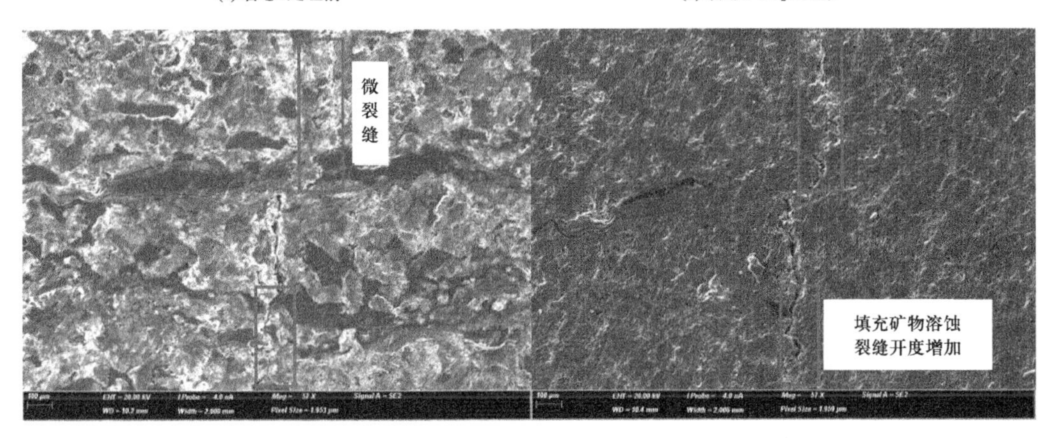

(c) 岩心2处理前　　(d) 岩心2 CO_2处理后

图 12　CO_2 处理前后页岩表面微观形貌特征

3　现场应用效果

2022 年，GY5 号平台立体布井 5 口，优选 C1、C3 层位着陆点，水平段长度 1809～1952m，井距 300m，井轨迹与主应力夹角 80°，试验井组单井平均进尺 6048m，平均水平段长 1973m，Ⅰ类“甜点”钻遇率 95%（以往 73%），修正的 S_1 值为 9.5～12.1mg/g。GY5 号平台于 2022 年 11 月完成 5 口井 179 段压裂，注入液量 $27.8\times10^4m^3$，支撑剂 $2.2\times10^4m^3$，CO_2 $1.37\times10^4m^3$；主体段长 50m，簇间距 8～11m，米液量 $35m^3$、米砂量 2.0～$3.0m^3$，石英砂比例 74%～83%。采用稳定电场裂缝监测技术监测 5 口井 171 段

压裂裂缝（8 段由于新冠疫情未能现场布点监测），裂缝半长 126～150m，裂缝开启率 73.4%～96%，单井改造面积（10.4～15.3）$\times 10^4m^2$，改造体积（76.8～138.9）$\times 10^4m^3$。

2022 年，GY5 号平台 5 口井压裂后放喷 1～2 天即见油，见油返排率 0.07%～0.37%，4mm 油嘴产量测试单井日产油 80～122t，12h 压降 1.05～1.7MPa，压力保持情况好，高产稳产效果好（图 13）；预计单井首年平均日产油 35.8t，新建产能 $5.68\times 10^4t/a$，预计 15 年累计产油 26.42×10^4t。

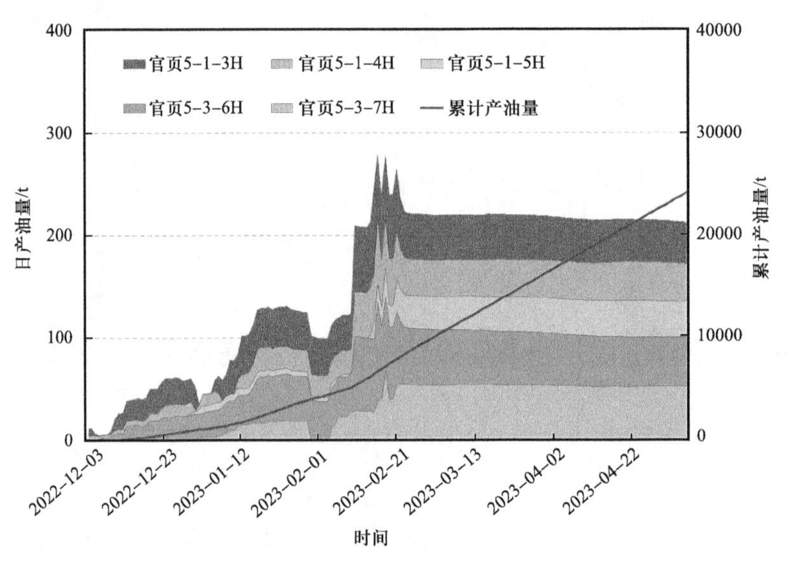

图 13 沧东页岩油 5 号试验平台生产曲线

4 结论与认识

（1）针对大港油田页岩油闭合应力高、可压性差、难以形成复杂缝网特点，建立基于岩石脆性、天然裂缝和地应力的裂缝复杂程度评价模型，创新密切割分段改造模式，簇间距 10m 左右可以提高裂缝复杂程度，压裂缝长、裂缝改造体积与 300m 井网相符，实现了井间储量高效动用；

（2）全程滑溜水连续加砂工艺砂液比提高至 10%，多级缝网高效支撑工艺技术石英砂占比 80%，加砂强度提高到 2.5～3.0m^3/m，解决了页岩油基质物性差、流动能力差的难点，能够实现页岩油的高效支撑，导流能力满足页岩油开发需求；

（3）针对页岩油原油黏度高、地层能量低的特点优选的趾端蓄能 + 前置 CO_2 增能体积压裂技术，降低原油黏度提高流动能力，补充地层能量，提高了压裂效果，实现了 GY5 号平台高产稳产，为页岩型页岩油勘探开发提供了技术支撑。

参 考 文 献

[1] 赵贤正，蒲秀刚，金凤鸣，等. 黄骅坳陷页岩型页岩油富集规律及勘探有利区［J］. 石油学报，2023，44（1）：158-175.

[2]赵贤正，金凤鸣，周立宏，等.渤海湾盆地风险探井歧页1H井沙河街组一段页岩油勘探突破及其意义［J］.石油学报，2022，43（10）：1369–1382.

[3]赵贤正，陈长伟，宋舜尧，等.渤海湾盆地沧东凹陷孔二段页岩层系不同岩性储层结构特征［J］.地球科学，2023，48（1）：63–76.

[4]姜文亚，王娜，汪晓敏，等.黄骅坳陷沧东凹陷孔店组石油资源潜力及勘探方向［J］.海相油气地质，2019，24（2）：55–63.

[5]邓远，陈世悦，蒲秀刚，等.渤海湾盆地沧东凹陷孔店组二段细粒沉积岩形成机理与环境演化［J］.石油与天然气地质，2020，41（4）：811–823，890.

[6]刘小平，董清源，李洪香，等.黄骅坳陷沧东凹陷孔二段页岩层系致密油形成条件［C］// 北京：第五届中国石油地质年会，2013.

[7]周立宏，刘学伟，付大其，等.陆相页岩油岩石可压裂性影响因素评价与应用——以沧东凹陷孔二段为例［J］.中国石油勘探，2019，24（5）：670–678.

[8]田福春，刘学伟，张胜传，等.大港油田陆相页岩油滑溜水连续加砂压裂技术［J］.石油钻探技术，2021，49（4）：118–124.

[9]雷群，杨立峰，段瑶瑶，等. 非常规油气“缝控储量”改造优化设计技术［J］. 石油勘探与开发，2018，45（4）：719–726.

[10]周立宏，赵贤正，柴公权，等.陆相页岩油效益勘探开发关键技术与工程实践——以渤海湾盆地沧东凹陷古近系孔二段为例［J］.石油勘探与开发，2020，47（5）：1059–1066.

[11]李东平，杨立永，田福春，等.沧东凹陷孔二段页岩油体积压裂技术研究与应用［C］// 上海联合非常规能源研究中心，上海市经济学会能源经济研究专业委员会.ECF 国际页岩气论坛 2021 第十一届亚太页岩油气暨非常规能源峰会论文集.［出版者不详］，2021：41–48.

高含水厚油层精准压裂工艺探索

刘菁晟　程　航

（大庆油田有限责任公司第六采油厂）

摘　要：针对喇嘛甸油田重复压裂比例高、储层非均质性强、纵向上和平面上剩余油分布零散、压裂挖潜难度越来越大的问题，以工艺创新和工具研发为手段，开展了精准压裂工艺技术研究。通过多年攻关，纵向上精细卡分，细化到结构单元；平面上暂堵转向，挖潜到分流线剩余油；规模上推演量化，精准到砂体控制。初步实现了“挖潜深度、挖潜方向、挖潜方式”的技术进步，形成了喇嘛甸油田水驱立体高效挖潜的工艺技术体系，加深了油藏工程一体化的运行模式，为转变水驱压裂措施效果逐年变差的实际，提供了可复制、可推广的挖潜模式。

关键词：高含水；厚油层；精准压裂；定位平衡压裂

1　喇嘛甸油田油藏开发现状

喇嘛甸油田位于大庆长垣最北端，是受构造控制的层状砂岩气顶油藏。油田是一个典型的短轴背斜构造，具有统一的水动力系统、统一的油水界面和油气界面。含油面积 $100km^2$，原油地质储量 8.15×10^8t。含气面积 $32.3km^2$，天然气地质储量 $99.59\times10^8m^3$。

经过多年注采开发，开发现状如图 1 所示，累计产油 3.46×10^8t，剩余地质储量 4.71×10^8t，采出程度只有 42.37%，地下仍有丰富储量潜力。取心资料显示，有效厚度大于 2m 厚油层合计有效厚度 46.2m，剩余地质储量 3.08×10^8t。自开发以来，经历七个开发阶段，开发对象从大段开采向单砂体和层内转变，剩余油分布更加零散，层内和平面矛盾更加突出。

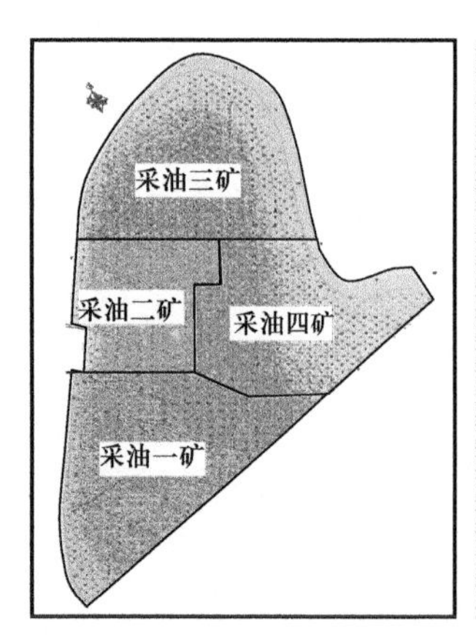

- 采油井5757口
- 地质储量 8.17×10^8t
- 累计产油 3.46×10^8t
- 地质储量采出程度42.37%
- 综合含水率96.84%
- 累计注采比1.08

有效厚度分级/m	岩心有效厚度/m	水洗合计	
		厚度比例/%	驱油效率/%
<0.5	8.8	69.4	48.1
0.5～0.9	10.8	68.9	43.0
1.0～1.9	21.7	75.5	45.0
2.0～3.9	3.8	61.8	33.6
≥4.0	95.3	85.6	48.4
合计	140.4	81.1	47.2

图 1　喇嘛甸油田开发井现状

2 厚油层挖潜主要问题

一是重复压裂井比例逐年升高，选井难度越来越大。随着年压裂井数的增加，纵向上可选择压裂油层减少，选井选层难度加大。根据统计，喇嘛甸油田水驱油井 2437 口中已实施压裂改造 1806 口，占总井数的 74.1%，其中重复压裂井占比达到了 62%。

二是厚油层内受夹层遮挡的各结构单元顶部剩余油挖潜难度大、效率低、成本高。常规压裂封隔器胶筒仅 0.24m，对于 0.8m 以下薄隔层卡不准，且压裂施工时容易窜层，无法实现层内剩余油挖潜。同时，一趟管柱最多只能压裂改造 3 个层段，施工效率低。

三是平面剩余油集中于注采分流线采油井端，受注采连通关系影响，常规压裂工艺挖潜不到。注采主流线驱油效率比分流线高 5.4 个百分点；注采主流线采油井端驱油效率比注入井端低 11.7 个百分点；注采分流线采油井端驱油效率比注入井端低 9.1 个百分点。

3 厚油层精准压裂工艺

3.1 厚油层内长胶筒精细定位压裂工艺

3.1.1 厚油层挖潜的物质基础

近年来，精细地质研究成果充分揭示厚油层内部结构特征，将复杂的厚油层剥离成单个结构单元，并划分出四类结构界面，如图 2 所示。Ⅰ类界面为不低于 0.4m 的表外层之间的泥岩或钙质层；Ⅱ类界面为不低于 0.4m 的钙质砂岩层或泥质粉砂岩；Ⅲ类界面为 0.1～0.3m 的钙质砂岩层或泥质粉砂岩；Ⅳ类界面为不高于 0.1m 的垂向砂体叠加或切叠存在的渗透率分级界面。

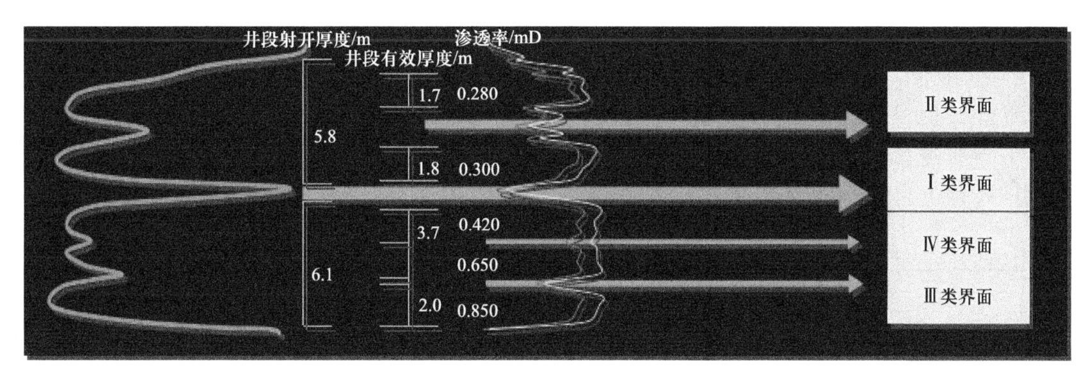

图 2 四类结构界面示意图

从岩心、层内含油饱和度、水淹资料看，结构界面的垂向阻渗作用明显，既形成了剩余油，又为剩余油挖潜提供了物质基础。

3.1.2 长胶筒精细定位压裂工艺研发

为实现厚油层内长胶筒精细定位压裂工艺，研发以下三类工具，如图 3 所示。

（1）长胶筒封隔器（YY−FD 114 × 50 × 1000mm）：采用 1～2m 长胶筒，胶筒应用尼龙菱形绕线，并增加钢丝加强层，承压达到 50MPa 以上。

（2）平衡器（YF−PG 114 × 870mm−X）：采用激光割缝滑套和分瓣滑套结构设计，喷液孔为矩阵设计，满足平衡液过流面积要求。

（3）平衡喷砂器（YP−PG 114 × 570mm−X/Y）：采用分瓣滑套和桥式通道结构设计，限位槽与喷砂孔同步位移，满足下部平衡及加砂要求。

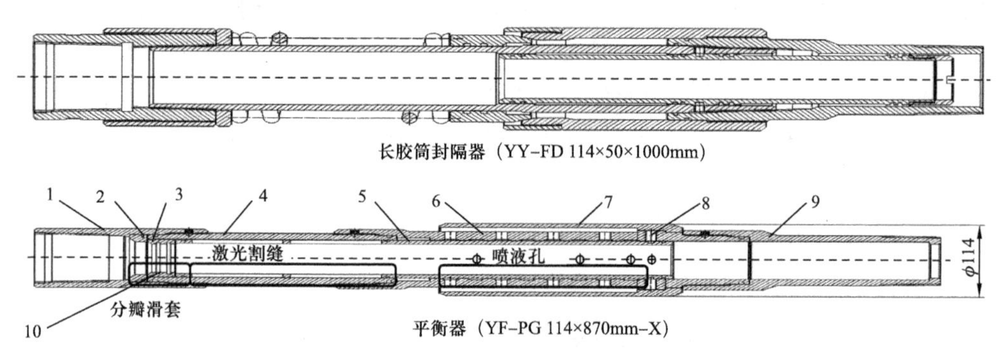

长胶筒封隔器（YY−FD 114×50×1000mm）

平衡器（YF−PG 114×870mm−X）

1—上接头；2—挡环；3—分瓣滑套；4—连接筒；5—滑套；6—主钢体；7—护套；8—下连接筒；9—下接头；10—胀簧

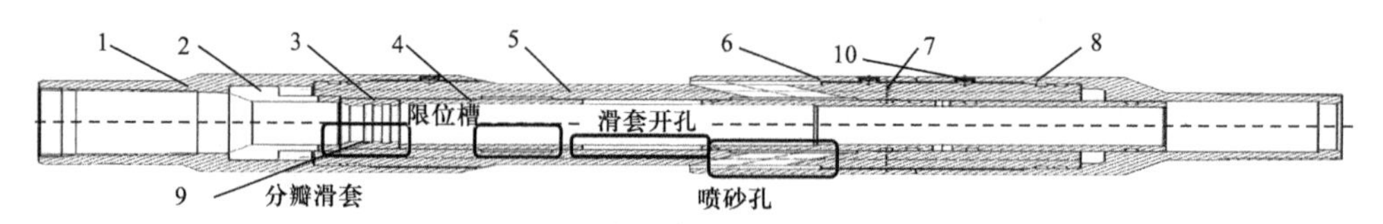

平衡喷砂器（YP−PG 114×570mm−X/Y）

1—上接头；2—割缝滤网；3—分瓣滑套；4—滑套；5—连接筒；6—主钢体；7—下连接筒；8—密封圈；9—胀簧；10—销钉

图 3 精细定位压裂工具示意图

根据多层段施工的实际需求，以中心管和滑套可调配空间为基础，在满足工具强度校核的情况下，最大限度提高滑套级数，按照 7 级滑套为目标，分别设计滑套组合。

平衡器为单滑套单球设计，设计滑套以 3mm 为步长，从 29mm 到 47mm 设计 7 级钢球组合（表 1），能够满足上平衡最大坐压 5 段施工。

表 1 平衡器的尺寸对比表

规格	第一级	第二级	第三级	第四级	第五级	第六级	第七级
钢球直径 /mm	29	32	35	38	41	44	47
分瓣滑套内径 /mm	27	30	33	36	39	42	45

平衡喷砂器为单滑套双球设计，设计滑套以 3mm 为步长，常规滑套从 29mm 到 47mm 设计 6 级钢球组合，分瓣滑套从 35mm 到 44mm 设计 4 级钢球组合（表 2），能够满足下平衡最大坐压 4 段施工。

表 2　平衡喷砂器的尺寸对比表

规格	33/36	36/39	39/42	42/45	27	30
球 1 直径 /mm	35	38	41	44	—	—
分瓣滑套 /mm	33	36	39	42	—	—
球 2 直径 /mm	38	41	44	47	29	32
滑套内径 /mm	36	39	42	45	27	30

根据薄夹层发育位置，通过设计 7 级滑套，形成中平衡、两侧平衡和两段平衡三类平衡管柱，满足厚油层内各部位剩余油高效精准挖潜。其中，中平衡管柱同时挖潜厚油层内小层顶部和底部剩余油；两侧平衡管柱精准挖潜厚油层内小层中部剩余油；两段平衡管柱精准挖潜厚油层内多段小层剩余油。

3.1.3　应用效果及效益

“十三五”以来，累计完成长胶筒精细定位压裂 516 口，累计增油 55.0×10^4t。其中水驱实施 179 口，措施初期平均单井增液 47t/d，增油 4.6t/d，含水率下降 2.8 个百分点，累计增油 21.4×10^4t；水驱实施 337 口，措施初期平均单井增液 37t/d，增油 4.8t/d，含水率下降 2.9 个百分点，累计增油 33.6×10^4t。

3.2　重复层暂堵转向压裂工艺

重复压裂挖潜时压裂砂铺展方向总是向高水淹连通井延伸，对剩余油富集的河道边部和渗透率变差部位挖潜有限。因此，应用重复层暂堵转向压裂工艺。纵向上缝间暂堵实现单砂体密切割，解决常规暂堵剂小层改造不精细问题；平面上缝内暂堵实现分支裂缝，解决常规压裂有效缝长短的问题。

3.2.1　暂堵剂性能

由丙烯酰胺类单体与磺酸盐单体在碱性条件下经化学连接剂引发反应后，经人工造粒、烘干而成[1]。具有刚性及柔性双重特性，施工时投入地层能产生有效封堵，施工结束后在压裂液环境中降解彻底，无残留物[2]。通过室内评价，缝内暂堵剂为 20～60 目粉末状暂堵剂，缝间暂堵剂为 1～3mm 颗粒型暂堵剂。

3.2.2　现场试验

根据选井选层原则，同时结合油藏资料、生产情况，选定了 XX-01 等 11 口采油井进行重复层暂堵转向压裂施工，并开展参数优化。设计全井砂量 $84m^3$，暂堵剂用量 922kg。现场施工，平均缝间转向 3.1 次，用量 125kg，封堵压力提高 4.5MPa；缝内转向 3.8 次，用量 142kg，封堵压力提高 4.7MPa。见效规律如图 4 所示，缝间暂堵压差与用量呈正相关关系，投得多，升压高；缝内暂堵压差与用量未呈现明显规律性认识。

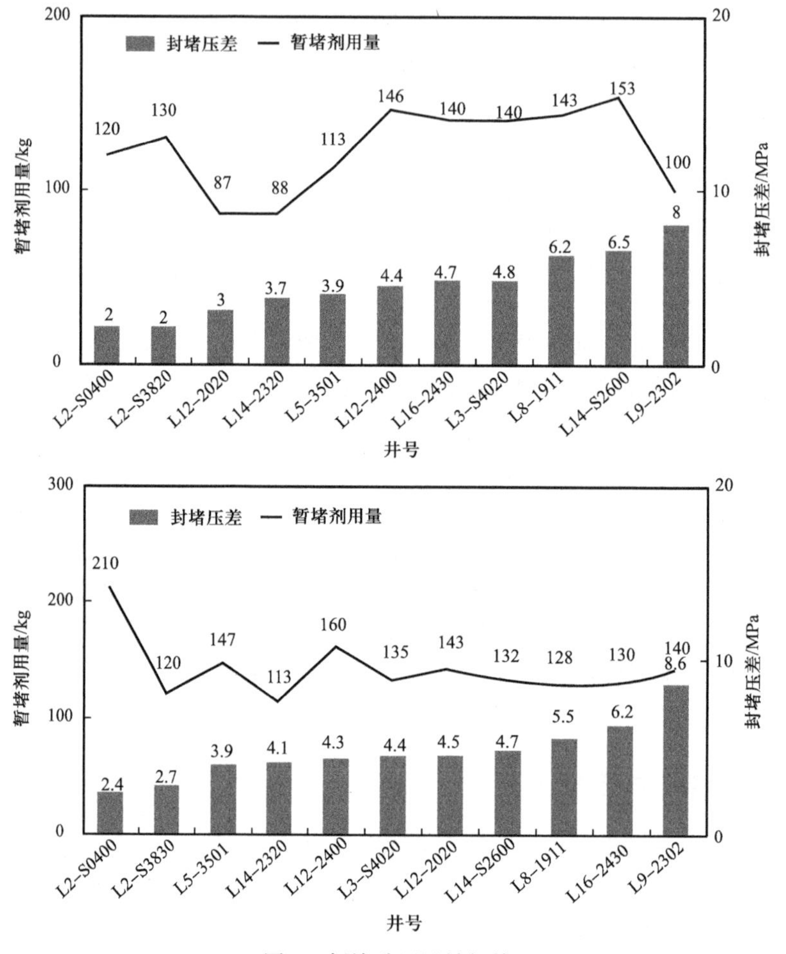

图 4　暂堵升压见效规律

试验 11 口井，措施初期平均单井增液 52t/d，增油 5.2t/d，含水率下降 3.5 个百分点，累计增油 1.7615×10^4t。与常规重复压裂井相比，平均单井多增油 0.8t/d，增油强度高 0.11t/（d·m），含水率多下降 1.4 个百分点。

3.3　过渡带薄差层裂缝控砂体压裂工艺

喇嘛甸油田过渡带主要分布在北北、北东和南中西三个区块，共有采油井 635 口，由于储层物性差、连通差、注采方向单一等特性[3]，部分井处于低产低效状态，需要提液改造，因此提出控砂体压裂现场试验，通过优化压裂穿透比，用裂缝控制整个砂体，降低渗流阻力。

3.3.1　工艺原理

针对无能量供给的薄差砂体储层，在常规压裂工艺基础上，优化压裂穿透比，用裂缝控制整个砂体，减小渗流距离；同时提高压裂液返排效率和原油流动能力。针对无有效驱替多井控制砂体，考虑单井最大波及范围和砂体展布设计穿透比；针对无连通井单砂体，按照砂体最大波及范围设计缝长，使裂缝覆盖整个砂体。

3.3.2 裂缝控砂体压裂工艺控制方法

根据喇嘛甸油田过渡带砂体特征和井网条件，以“控砂体、控成本、控缝型、控模式”为目标，针对长垣水平缝开展工艺控制方法研究，形成可适用于喇嘛甸油田过渡带地区提液上产的大规模挖潜方案模式。

一是建立了不同裂缝半长情况下的压裂液、前置液用量图版；二是综合考虑管柱承压和套管状况，优化确定施工排量为3.5～4.5m³/min；三是确立了不同铺砂浓度时，裂缝半长与加砂量的关系图版；四是降低砂比阶梯，增加加砂步骤，平均砂比20.1%～22.6%，保证铺砂连续稳定。

3.3.3 优化设计结果

根据选井选层原则和工艺匹配模板，分别在南中西过渡带、北东过渡带和纯油区优选9口试验井，平均单井有效厚度6.4m，层段数3个，挖潜各类剩余油28个层段。优化设计平均液量1256m³，施工排量4.0～4.5m³/min，支撑剂176m³，缝长79m，穿透比0.34，平均砂比20.6%，砂比结构6步（表3）。

表3 裂缝控砂体优化设计结果

序号	砂岩厚度/m	有效厚度/m	层段数/个	液量/m³		排量/（m³/min）	支撑剂/m³	缝长/m	穿透比	砂比/%	砂比结构
				前置液	携砂液						
1	8.4	4.5	3	340	869	4.0	170	73	0.34	20.1	6
2	11.3	7.9	3	310	785	4.5	155	73	0.34	20.6	6
3	9.4	5.9	3	420	1382	4.5	212	80	0.27	20.8	6
4	13.2	10.1	3	300	750	4.5	150	86	0.41	20.4	6
5	4.9	2.8	2	280	704	4.5	140	86	0.41	20.2	6
6	11.6	5.0	4	440	798	4.0	220	80	0.27	20.7	6
7	12.8	10.3	4	425	1006	4.5	210	73	0.24	21.7	6
8	2.4	1.5	2	280	912	4.5	146	86	0.41	20.1	6
9	11	9.6	4	370	928	4.5	185	73	0.34	20.4	6
平均	9.4	6.4	3	352	904	4.5	176	79	0.34	20.6	6

3.3.4 现场试验

实施9口井，平均单井压裂有效厚度6.4m，措施初期平均单井增液63t/d，增液强度13.2t/（d·m），增油4.8t/d，增油强度0.76t/（d·m），含水率下降0.9个百分点，有效期506d，累计增油1.1607×10^4t（表4）。

表4 裂缝控砂体现场试验效果

序号	有效厚度/m	措施前			措施初期			差值			增液强度/[t/(d·m)]	增油强度/[t/(d·m)]	有效期/d	累计增油/t
		产液/(t/d)	产油/(t/d)	含水率/%	产液/(t/d)	产油/(t/d)	含水率/%	产液/(t/d)	产油/(t/d)	含水率/百分点				
1	4.5	31	2.7	91.3	88	8.6	90.3	57	5.9	−1.1	12.7	1.31	547	2631
2	7.9	19	1.2	93.8	78	4.4	94.3	59	3.3	0.5	7.4	0.41	530	382
3	5.9	19	1.5	92.4	78	8.1	89.6	59	6.6	−2.8	9.9	1.12	532	979
4	10.1	53	0.7	98.7	143	8.0	94.4	90	7.3	−4.3	8.9	0.73	503	825
5	2.8	29	1.0	96.4	156	4.2	97.3	128	3.1	0.9	45.6	1.12	534	1698
6	5.0	3	0.2	94.0	43	5.1	88.3	40	4.9	−5.7	8.0	0.97	500	1600
7	10.3	24	0.7	96.9	74	3.4	95.4	50	2.7	−1.5	4.9	0.26	466	494
8	1.5	19	3.7	80.7	42	9.0	78.6	23	5.3	−2.1	15.4	3.56	610	1861
9	9.6	25	2.7	89.2	87	7.1	91.8	61	4.4	2.6	6.4	0.45	328	1138
平均	6.4	25	1.6	93.6	88	6.4	92.7	63	4.8	−0.9	13.2	0.76	506	11607

4 结论

（1）喇嘛甸油田储层具有层多、层厚、密集的特点，随着井网加密及聚合物驱开发，剩余油逐步由大段、成片分布转向空间零散分布，常规挖潜体系存在“单打独斗”的问题，需要转变思想，以最小井网为单元，提出系统的挖潜思路。

（2）随着油田开发进入二类B油层和三类油层，层内可利用结构界面越来越少，小层薄且分散，缺乏高效定点压裂和精细卡分压裂工艺。连续油管定卡距压裂管柱，可实现有夹层条件下小卡距精细划分挖潜。最小卡距达到1.5m，最多可压裂改造20段以上，满足高台子等油层的挖潜需求，但在施工效率、改造规模、单井成本上还有待提高。基于井段暂堵的连续油管环空加砂压裂，可实现无夹层条件下定点喷砂压裂。目前连续油管环空加砂压裂工艺较为成熟，但井段暂堵工艺经过几年的攻关，封堵率的问题仍尚未解决。

（3）喇嘛甸油田经过多年的注采开发，平面上受储层非均质性影响，剩余油主要集中在窄小河道、断层边部、井间滞留区等部位，导致不同方向剩余油分布差异大，虽然暂堵转向工艺初步实现了对剩余油的挖潜，但尚未达到定向挖潜的最终目标。

参考文献

[1]王艳林，方正魁，刘林泉，等．新型可降解纤维暂堵转向压裂技术研究及应用［J］．钻采工艺，2000，43（6）：52-54，71.

[2]刘治，李刚，李文洪．薄差储层复合暂堵重复压裂技术应用研究［J］．中外能源，2020（10）：60-65.

[3]李扬成．大庆长垣过渡带储层裂缝控砂体压裂技术［J］．采油工程，2017（2）：22-24，83.

鄂尔多斯盆地陇东地区页岩油储层可压裂性及其影响因素

刘　海　范琳沛　李　璐　池晓明　赵东旭

（中国石油川庆钻探工程有限公司长庆井下技术作业公司；低渗透油气田勘探开发国家工程实验室）

摘　要： 岩石的可压裂性评价是储层改造优选的重要基础。本文以鄂尔多斯盆地陇东地区华 H100 平台长 7 段页岩油储层为例，采用脆性指数和抗压强度的比值来表征可压裂性指数，对比研究了成分、结构对于可压裂性的影响，确定了影响可压裂性的主控因素。研究表明：（1）石英、碳酸盐矿物等含量与可压裂性指数呈正相关，黏土矿物含量与可压裂性指数呈负相关，长石因绢云母化与可压裂性指数呈负相关；（2）平均粒径和粒径中值（ϕ 值）越小，粒度越粗，可压裂性越好；标准偏差（ϕ 值）越大，分选越差，可压裂性越好；（3）通过灰色关联分析确定了成分、结构对可压裂性的影响程度强弱，脆性矿物含量是影响可压裂性的主要因素，颗粒的分选是影响可压裂性的次要因素，长石因绢云母化导致其对于可压裂性的影响最小。

关键词： 鄂尔多斯盆地；延长组；页岩油；可压裂性

随着能源需求的不断增大，常规油气的开采已不能满足经济发展的需要，页岩油储层等非常规油气储层的勘探开发被人们所重视[1]。页岩油储层通常具有特低孔隙度、低渗透率的特征，自然产能达不到工业油流标准，需要对储层进行压裂改造提高产能。储层可压裂性评价作为压裂层段优选、压后产能评估定量评价的基础，是压裂方案设计成功与否的关键所在[2-3]。

储层可压裂性受多种因素的影响，如地质条件、储层特性、岩石力学参数、天然裂缝发育程度等[4]，但大多数学者讨论的都是力学参数对于储层可压裂性的影响，很少涉及岩石的内因（成分、结构）对于可压裂性的控制作用，对于页岩油储层的可压裂性与成分、结构关系的探讨相对较少。

本文以鄂尔多斯盆地陇东地区延长组长 7 段页岩油储层为研究目标，利用岩心、X 射线衍射、薄片粒度分析等资料，通过页岩油储层的成分、结构与可压裂性指数的对比分析，揭示出研究区页岩油储层可压裂性的主控因素和变化规律，以期为陇东地区页岩油储层的进一步可压裂性研究提供一定的借鉴和参考。

1　地质背景

鄂尔多斯盆地为一个整体升降、坳陷迁移、构造简单的大型多旋回克拉通盆地[5]。依据构造演化特征，可被划分为6个一级构造单元，即北部伊盟隆起、西缘冲断褶皱带、西部天环坳陷、中部伊陕斜坡、南部渭北隆起和东部晋西挠褶带。陇东地区位于盆地西南部，区域构造上主要横跨伊陕斜坡和天环坳陷两个一级构造单元，表现为由东向西倾斜的大型平缓单斜。研究区位于陇东地区华H100平台，区域构造上属陕北斜坡西南段，构造形态为一个西倾单斜。

陇东地区延长组沉积经历了一个湖盆扩张—收缩的过程，地层发育一套以碎屑岩为主的辫状河三角洲—湖相沉积体系[6]。盆地西南部以辫状河三角洲前缘沉积为主，长7时期湖侵规模达到最大，出现了深湖沉积，以发育典型的张家滩页岩为特征，研究层位为一套三角洲前缘分流河道砂岩和湖相泥页岩交互发育的沉积地层。

2　样品与实验

2.1　样品岩石学特征

本研究的岩心样品来自鄂尔多斯盆地陇东华池地区100平台井区下三叠统延长组长7油层组，是目前长庆区域最重要的页岩油储层。岩性以灰绿色、褐灰色细粒岩屑长石砂岩和长石岩屑砂岩为主，碎屑成分占82.3%，其中石英平均含量为43.3%，长石平均含量为20.1%，岩屑平均含量为14.3%，其他4.7%。填隙物含量为16.5%，以水云母、铁白云石为主，铁方解石、硅质次之。黏土矿物以伊利石、绿泥石为主；砂岩粒度大部分为极细到细，主要粒径为0.1～0.15mm，颗粒分选中等—较好，磨圆中等，磨圆度为次棱角状—次圆状，颗粒支撑，接触方式主要是线—凹凸接触，胶结类型是基底式胶结［图1（a）］。

(a) 细砂岩，颗粒线—凹凸接触，分选性较好，次棱角状—次圆状

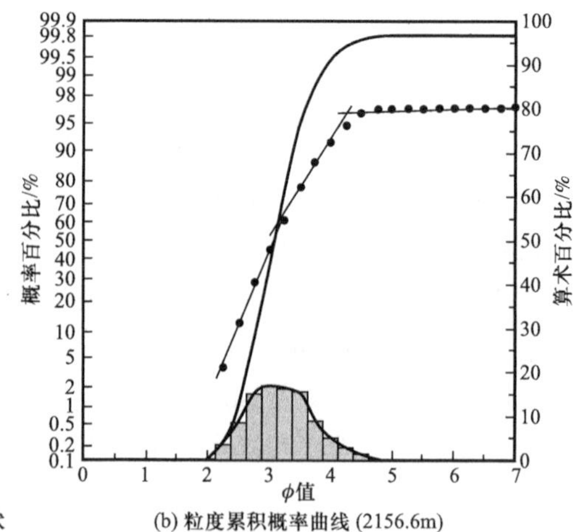

(b) 粒度累积概率曲线 (2156.6m)

图1　镜下薄片特征及粒度累积概率曲线

根据样品的粒度累积概率曲线［图 1（b）］来看，所示，粒度累积概率曲线形态主要表现为两段式，主要由跳跃组分组成，斜率较陡；悬浮组分含量较少，斜率较缓；滚动组分极少，甚至没有。研究区岩性致密，根据岩心分析统计，该区平均孔隙度为 9.1%、渗透率为 0.22D。

2.2 实验过程

将岩心样品制成尺寸为直径 × 高度 =ϕ25mm × 50mm 的标准岩样进行常规三轴力学试验，实验采用 TAW−1000 伺服控制岩石力学三轴实验系统，获得相关的力学参数，具体实验流程如下：

（1）将试件用密封套包住，放置在压力室内，侧向加载系统通过增压器将恒定的工作油注入压力室对试样提供围压，缓缓增加围压至一定数值，待围压基本稳定后，轴向加载系统通过传力杆对试件施压逐渐加载，直至岩石发生宏观破坏。

（2）根据试验仪器自动记录的岩石破坏载荷、轴向变形量和径向变形量，可以处理得到轴向应变 σ_h、轴向应变 ε_h 与径向应变 ε_v，从而画出三轴实验的应力—应变关系曲线。根据应力—应变曲线可以计算出所需要的岩石力学参数（包括静态弹性模量 E、静态泊松比 μ 和峰值强度等）。

3 可压裂性表征及其主控因素分析

3.1 页岩油储层可压裂性表征

目前的可压裂性的表征方法中，采用较多的是各种力学参数的组合，其中采用最多的两个参数是脆性指数和断裂韧性[7-9]。脆性指数的表示方法有多种，但国内采用较多的是 Rickman 的岩石力学参数法[10]。常见的断裂韧性测试方法有单边直裂纹三点弯曲梁试样（SC3PB）、V 形切槽三点弯曲圆棒试样（CB）、V 形切槽短棒试样（SR）、V 形（或人字形）切槽巴西圆盘试样（CCNBD）等，然而目前尚没有一种被广泛认可的方法。由于不同测试方法得到的断裂韧性数值大小差别较大，因此采用不同断裂韧性方法计算出的可压裂性数值也有极大差别。

后来有学者发现断裂韧性和抗压强度之间存在一定的正相关性[11]。对铜川地区瑶曲镇野外露头样品进行人字形切槽巴西圆盘试样（CCNBD）试验和常规三轴试验，发现断裂韧性和三轴抗压强度也确实存在良好的相关性（图 2），因此本研究中用抗压强度代替断裂韧性来表征可压裂性指数，表征公式为：

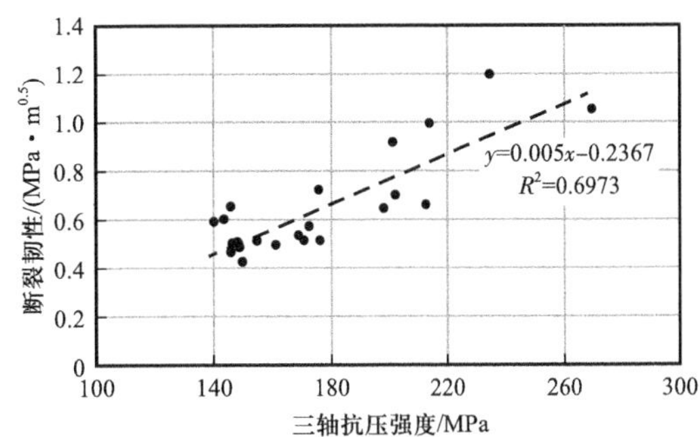

图 2 铜川地区长 7 段岩石三轴抗压强度和断裂韧性关系

$$F_{\text{rac}}=\frac{B}{\sigma}$$

式中，F_{rac} 为可压裂性指数；B 为脆性指数；σ 为三轴抗压强度，MPa。

3.2 可压裂性和成分、结构的关系

3.2.1 可压裂性与成分的关系

根据 X 射线衍射可以得到岩样包含的矿物类型和含量。岩样的矿物类型包括石英、钾长石、斜长石、方解石、白云石、铁白云石、菱铁矿、黏土矿物。为方便后续研究，将矿物类型归纳为石英（石英颗粒 + 硅质岩屑）、长石（包括钾长石 + 斜长石）、碳酸盐矿物（包括方解石、白云石、铁白云石、菱铁矿）、黏土矿物四大类。分析可压裂性指数和矿物含量相关性可知，可压裂性指数和石英含量呈良好的正相关，与长石含量呈良好的负相关性，与碳酸盐矿物含量呈微弱的正相关，与黏土矿物含量呈微弱的负相关（图 3）。

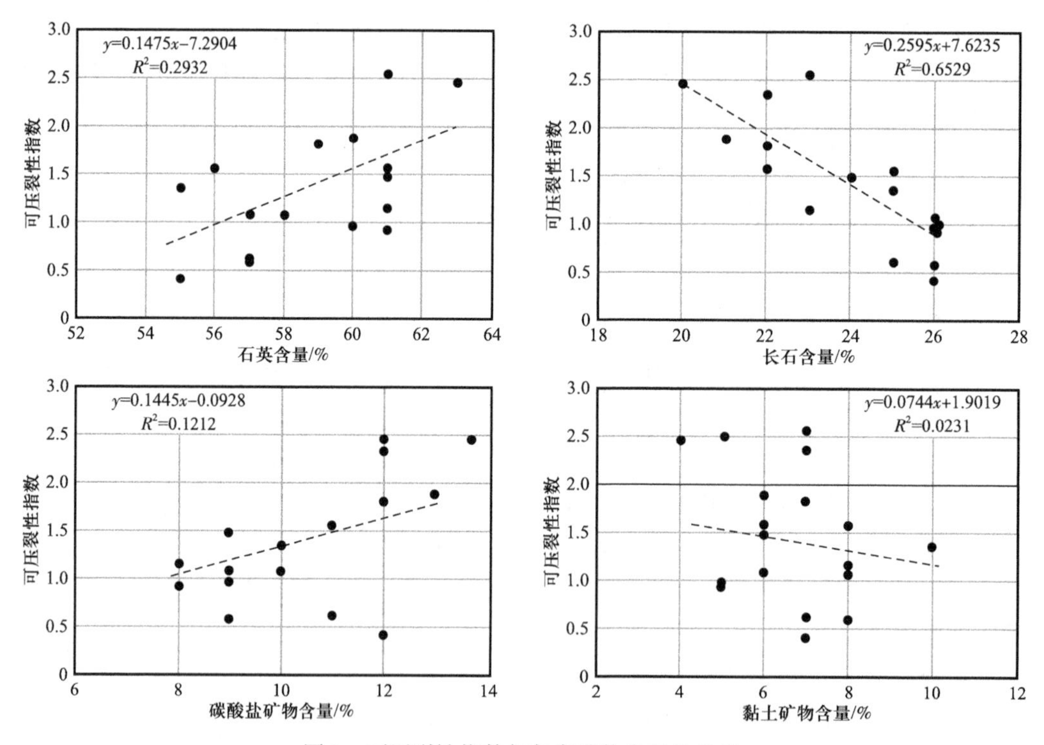

图 3 可压裂性指数与各类矿物含量的关系

在以往的认识中，页岩油储层中石英作为脆性矿物的代表，其硬度往往是比较大的，微裂缝切穿颗粒的能量消耗远大于绕行颗粒的能量消耗，根据最小耗能原理，微裂缝的延伸方向往往为绕行颗粒，长英质矿物的存在增大了微裂缝的延伸距离，使得页岩油储层的裂缝网络更为发育，增大了岩石的可压裂性。

可压裂性指数和长石的负相关性主要受斜长石绢云母化的影响。长石含量越高，绢云

母化的影响越严重，可压裂性指数越低［图4（a）和图4（b）］；即使长石含量相同，长石绢云母化越严重，可压裂性指数也会越低［图4（c）和图4（d）］。

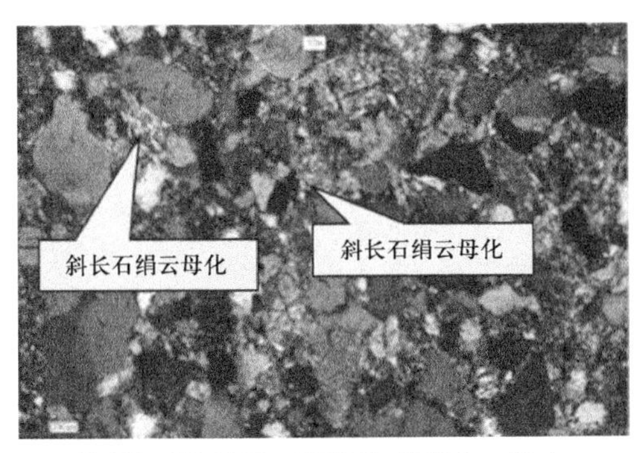

(a) 斜长石绢云母化，长石26%（2151.0m，20×）
可压裂性指数为1.0

(b) 新鲜斜长石，长石23%（2150.7m，10×）
可压裂性指数为2.3

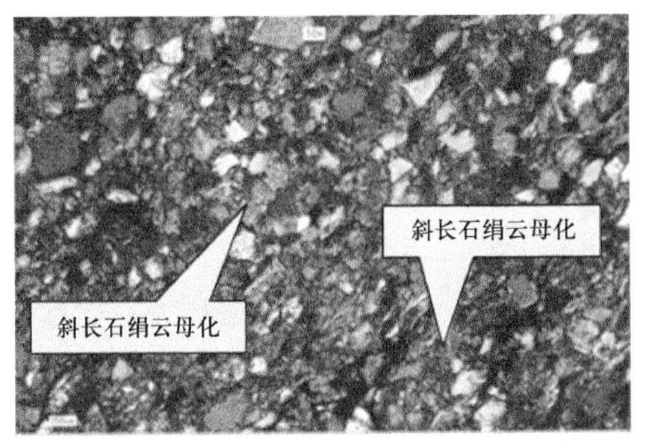

(c) 大量长石绢云母化，长石24%（2144.6m，10×）
可压裂性指数为0.9

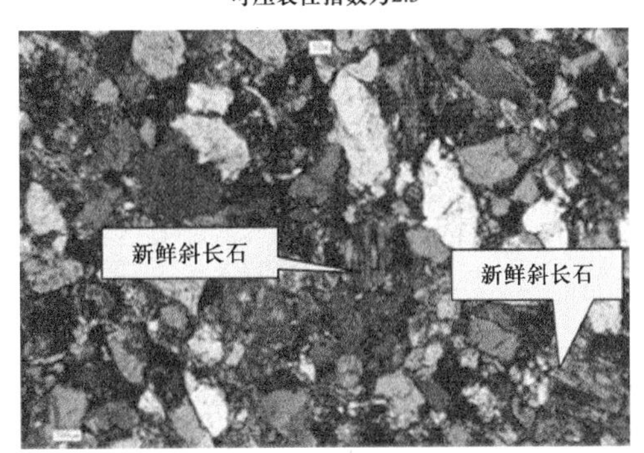

(d) 大量新鲜长石和少量长石绢云母化，
长石24%（2156.6m，10×）可压裂性指数为2.2

图4　可压裂性指数与长石含量的关系

可压裂性指数和碳酸盐矿物含量呈微弱的正相关，可能与成岩作用有关。碳酸盐矿物通常都被认为是脆性矿物，理论上其含量越高，可压裂性应该越好。实际上，碳酸盐矿物对可压裂性有着双重影响：一方面，早期形成的碳酸盐胶结物使得页岩油储层具有较强的抗压实能力，是后期溶蚀作用的物质基础，碳酸盐胶结物溶蚀之后易形成次生孔隙[12-14]，换言之，碳酸盐胶结物所在区域是后期溶蚀形成次生孔隙和裂缝生成的有利区域；另一方面，对于低孔隙度、低渗透率的页岩油储层，碳酸盐胶结物不仅占据储集空间，而且还会明显降低孔隙之间的连通性[15]，不利于裂缝的生成与延伸，对于岩石压裂起着消极影响。碳酸盐胶结作用的强度影响着碳酸盐矿物对于压裂的影响程度。

可压裂性指数和黏土矿物含量呈微弱的负相关，可能和黏土矿物的存在形式有关。黏土矿物存在斜长石的绢云母化、泥质杂基、云母以及泥屑等几种形式，尽管这些矿物对于裂缝的延伸都是不利的，但它们对于裂缝延伸不利影响的贡献度是不一样的，因此也造成了可压裂性的差异。

3.2.2　可压裂性与结构的关系

通过对镜下薄片进行图像粒度分析，可以得到岩样的粒度参数（包括平均粒径、粒径中值、标准偏差、偏度、峰度等）。考虑到实际应用的方便性，本文仅探讨可压裂性与平均粒径、粒径中值、标准偏差的关系。通过可压裂性指数和页岩油储层颗粒结构参数相关性分析可知，可压裂性指数和平均粒径、粒径中值呈良好的正相关，与标准偏差呈良好的负相关（图 5）。

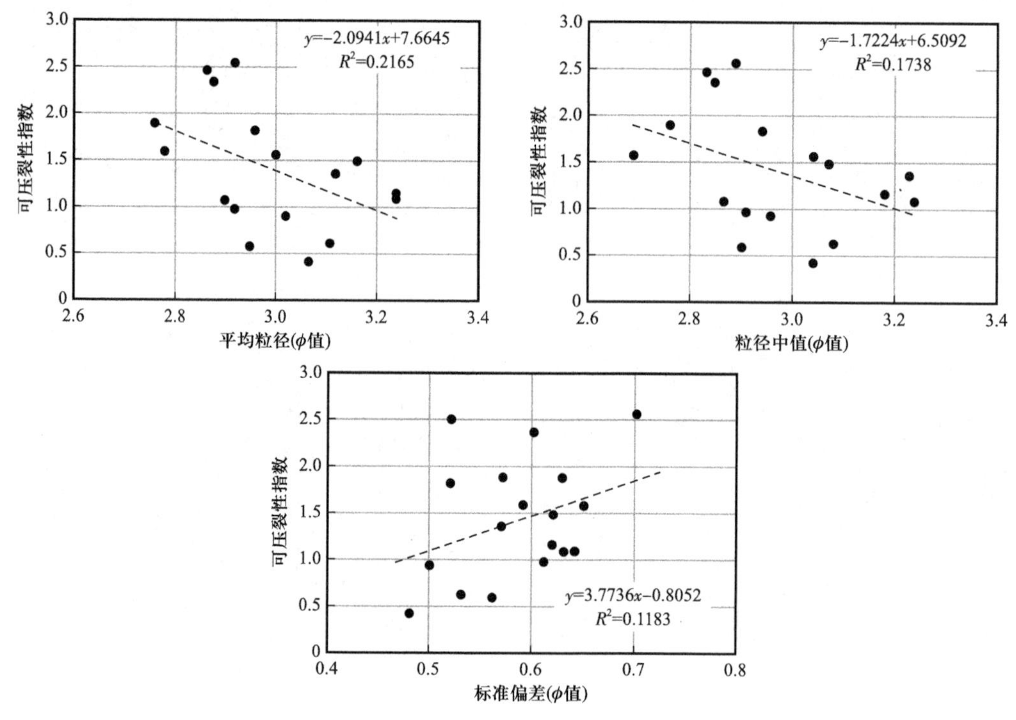

图 5　可压裂性指数与粒度参数的关系

平均粒径和粒度中值表示页岩油储层的颗粒粒度分布的集中趋势。随着平均粒径和粒径中值的 ϕ 值增大，岩石的颗粒越小，可压裂性指数不断降低。由格里菲斯能量准则可知，裂纹在脆性颗粒扩展单位面积时所需要的能量远小于裂纹在塑性物质中扩展单位面积所消耗的塑性功，因而裂纹在脆性颗粒表面传播会消耗更少能量。脆性矿物颗粒的粒径越大，同样能量微裂缝能传播更远距离；反之，平均粒径越小，微裂缝传播会更多地经过塑性物质，消耗能量更快，越不利于微裂缝的延伸扩展，可压裂性越差（图 5）。

标准偏差是表示碎屑岩沉积物分选程度的参数，它反映颗粒大小的均匀程度和沉积物围绕集中趋势的离差。页岩油储层样品的标准偏差主要集中于 0.5～0.7（图 5），按分选级别标准为分选较好；随着标准偏差的增大，可压裂性指数随之增大，呈现正相关的趋势。岩石内部微裂缝的破裂和最大能量释放率密切相关，当颗粒之间较均匀时，难以提供大的裂纹扩展力，形成可延伸的有效微裂缝；当颗粒之间的不均匀程度增大时，能够提供更有效的裂纹扩展力，更有利于微裂缝的延伸扩展。

3.3　可压裂性的主控因素

页岩油储层的可压裂性不是受单一因素的控制，而是多种因素相互作用、共同影响的结果，其影响因素较为复杂，不仅受到矿物组分的影响和颗粒结构的影响，还受到受力方向的限制。为了研究岩心样品中的各种组分、颗粒结构因素对页岩油储层可压裂性的控制作用强弱，本次研究采用灰色关联分析方法，选取华 H100 平台相邻探井的 17 块岩心样品进行分析来确定其主控因素。

灰色关联分析法的主要步骤如下：

（1）确定参考数列 X_0，见式（1）。本文把可压裂性指数作为参考数列。

$$X_0=\left[X_0(1),\ X_0(2),\ \cdots,\ X_0(n)\right]^{\mathrm{T}},\ n=1,\ 2,\ 3,\cdots,\ 17 \tag{1}$$

（2）确定比较数列 X_i（n），见式（2）。

$$X_i(n)=\begin{bmatrix} X_1(1) & X_2(1) & \cdots & X_m(1) \\ X_1(2) & X_2(2) & \cdots & X_m(2) \\ \vdots & \vdots & \vdots & \vdots \\ X_1(n) & X_2(n) & \cdots & X_m(n) \end{bmatrix},\ i=1,\ 2,\ 3,\ \cdots,\ m,\ m=7 \tag{2}$$

式中，[X_1，X_2，…，X_7] = [石英含量（%），长石含量（%），碳酸盐矿物含量（%），黏土矿物含量（%），平均粒径 M_{d}（ϕ 值），粒径中值 M_{z}（ϕ 值），标准偏差 σ（ϕ 值）]。

（3）数据的无量纲化，每一列数据均除以该列所有数据之和的平均值，见式（3）。

$$X_i'(n)=\frac{X_i(n)}{\dfrac{\sum_{n=1}^{17}X_i(n)}{17}},\ i=1,\ 2,\ 3,\ \cdots,\ 7 \tag{3}$$

（4）计算各参考数列与比较数列对应元素的绝对差值，见式（4）。

$$X_i''(n)=\left|X_0'(n)-X_i'(n)\right| \tag{4}$$

（5）计算关联系数，计算公式见式（5）。

$$\xi_i(n)=\frac{\min_i\min_n\left|X_0'(n)-X_i'(n)\right|+\rho\max_i\max_n\left|X_0'(n)-X_i'(n))\right|}{\left|X_0'(n)-X_i'(n)\right|+\max_i\max_n\left|X_0'(n)-X_i'(n)\right|} \tag{5}$$

式中，ρ 为分辨系数，一般取 0.5；$\max_i\max_n\left|X_0'(n)-X_i'(n)\right|$ 为所有绝对差值的最大值；$\min_i\min_n\left|X_0'(n)-X_i'(n)\right|$ 为所有绝对差值的最小值。

（6）计算加权关联度，根据式（6）对关联系数进行加权平均，得到各因素与可压裂性的关联度。

$$\gamma_i=\frac{1}{17}\sum_{n=1}^{17}\xi_i(n) \tag{6}$$

通过对陇东页岩油储层可压裂性影响因素关联度分析（图 6）可以看出：（1）在可压裂性影响因素的关联度排序中，最重要的影响因素是碳酸盐矿物含量，其次是标准偏差、石英含量。总体而言，脆性矿物含量是影响可压裂性的主要因素，颗粒的分选是影响可压裂性的次要因素；（2）尽管长石含量和可压裂性指数有着良好的相关性，但绢云母化的长石不再是脆性矿物，不能表现出脆性矿物对于可压裂性的积极贡献，因而对于可压裂性的影响是最小的，甚至弱于塑性的黏土矿物。

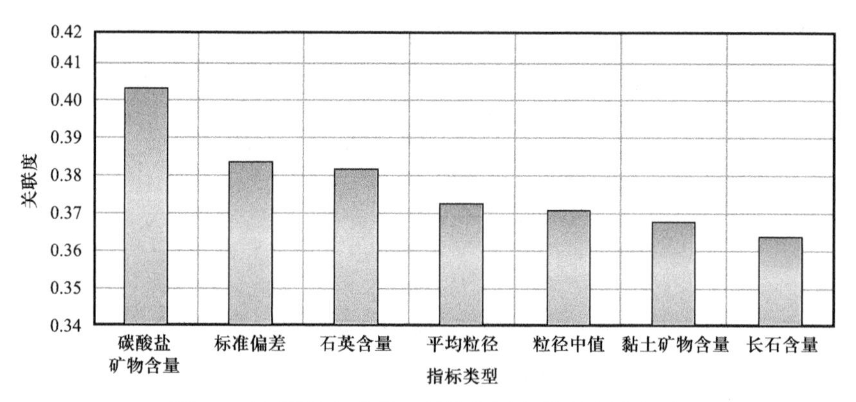

图 6　可压裂性与成分、结构各因素关联度排序图

4　结论

（1）表征可压裂性最常用的方法是采用脆性指数和断裂韧性的组合。断裂韧性的测试方法较多，目前尚没有一种方法被广泛认可，且不同测试方法得到的断裂韧性数值大小差别较大，因此采用不同断裂韧性方法计算出的可压裂性指数也有极大差别。本研究中采用脆性指数和抗压强度的比值来表征可压裂性指数。

（2）成分方面，石英作为脆性矿物对于岩石的可压裂性有着积极影响；可压裂性指数和长石含量的负相关性主要受斜长石绢云母化的影响；可压裂性指数和碳酸盐矿物含量呈微弱的正相关，可能与成岩作用有关；可压裂性指数和黏土矿物含量呈微弱的负相关，可能和黏土矿物的存在形式有关。

（3）结构方面，平均粒径和粒径中值越小，微裂缝传播会更多地经过塑性物质，消耗能量更快，越不利于微裂缝的延伸扩展，可压裂性越差；当颗粒之间较均匀时，难以提供大的裂纹扩展力，形成可延伸的有效微裂缝，可压裂性就会越差。

（4）通过灰色关联分析确定了成分、结构对可压裂性的影响程度强弱。在可压裂性影响因素的关联度排序中，最重要的影响因素是碳酸盐矿物含量，其次是标准偏差、石英含量。总体而言，脆性矿物含量是影响可压裂性的主要因素，颗粒的分选是影响可压裂性的次要因素。尽管长石含量和可压裂性指数有着良好的相关性，但绢云母化的长石不再是脆性矿物，不能表现出脆性矿物对于可压裂性的积极贡献，因而对于可压裂性的影响是最小的，甚至弱于塑性的黏土矿物。

参 考 文 献

[1]张少龙，闫建平，唐洪明，等．致密碎屑岩气藏可压裂性测井评价方法及应用——以松辽盆地王府断

陷登娄库组为例［J］.岩性油气藏，2018，30（3）：133−142.
［2］孙建孟，韩志磊，秦瑞宝，等.致密气储层可压裂性测井评价方法［J］.石油学报，2015，36（1）：74−80.
［3］杜书恒，关平，师永民，等.低渗透砂岩储层可压裂性新判据［J］.地学前缘，2017，24（2）：257−264.
［4］尚立涛，张燕明，王业晗，等.致密油气储层综合可压裂性解释方法在鄂尔多斯盆地的应用［J］.石油地质与工程，2021，35（4）：38−42.
［5］刘刚，吴浩，张春林，等.基于压汞和核磁共振对致密油储层渗透率的评价：以鄂尔多斯盆地陇东地区延长组长7油层组为例［J］.高校地质学报，2017，23（3）：511−520.
［6］郭艳琴，李文厚，郭彬程，等.鄂尔多斯盆地沉积体系与古地理演化［J］.古地理学报，2019，21（2）：293−320.
［7］袁俊亮，邓金根，张定宇，等.页岩气储层可压裂性评价技术［J］.石油学报，2013，34（3）：523−527.
［8］任岩，曹宏，姚逢昌，等.吉木萨尔致密油储层脆性及可压裂性预测［J］.石油地球物理勘探，2018，53（3）：511−519.
［9］Huang C，Yang C，Shen F. Fracability evaluation of lacustrine shale by integrating brittleness and fracture toughness［J］. Interpretation，2019，7（2）：T363−T372.
［10］Rickman R，Mullen M J，Petre J E，et al. A practical use of shale petrophysics forstimulation design optimization：All shale plays are not clones of the Barnett Shale［C］//SPE Annual Technical Conference and Exhibition，2008：21−24.
［11］李江腾，古德生，曹平，等.岩石断裂韧度与抗压强度的相关规律［J］.中南大学学报（自然科学版），2009，40（6）：1695−1699.
［12］Estupiñan J，Marfil R，Delgado A，et al. The impact of carbonate cements on the reservoir quality in the Napo Formation sandstones（Cretaceous Oriente Basin，Ecuador）［J］. Geologica Acta，2007，5（1）：89−108.
［13］Mansurbeg H，Morad S，Salem A，et al. Diagenesis and reservoir quality evolution of Palaeocene deep−water，marine sandstones，the Shetland−Faroes Basin，British continental shelf［J］. Marine and Petroleum Geology，2008，25（6）：514−543.
［14］钟大康，朱筱敏，李树静，等.早期碳酸盐胶结作用对砂岩孔隙演化的影响：以塔里木盆地满加尔凹陷志留系砂岩为例［J］.沉积学报，2007，25（6）：885−890.
［15］沈健.鄂尔多斯盆地陇东地区致密砂岩储层碳酸盐胶结物特征及成因机理［J］.岩性油气藏，2020，32（2）：24−32.

页岩油水平井前置 CO_2 增能体积压裂技术研究与应用

陶 亮[1] 齐 银[1] 王德玉[1] 潘怡如[3] 武安安[1] 陈 强[1] 杨 博[2]

（1. 中国石油长庆油田公司油气工艺研究院；2. 中国石油长庆油田公司陇东油气开发分公司；3. 中国石油长庆油田公司第十一采油厂）

摘　要：针对鄂尔多斯盆地页岩油低压储层流体流动阻力大和增能效率低等难题，提出了 CO_2 区域增能体积压裂新理念。本文以庆城油田页岩油长 7 为研究对象，建立了考虑 CO_2 相态变化增能驱油油藏数值模型，以能量波及范围和缝控区域波及距离为目标，优化了 CO_2 注入关键参数，形成 CO_2 区域增能体积压裂技术模式。研究表明：前置 CO_2 压裂可提高长 7 页岩油裂缝复杂程度，裂缝沿层理弱面扩展并纵向穿层形成缝网；增能理念由单井段间交替增能向平台化整体注入转变，实现井间、段间协同一体化增能，优化增能模式为全井段注入，可实现缝控区域全覆盖，优化单段注入排量 4～5m^3/min，液态 CO_2 注入量为 300m^3，闷井时间为 5 天。在庆城油田开辟页岩油 CO_2 区域增能体积压裂示范平台，试验井井均压力保持程度提高 2.1 倍，单井初期产油量由 15.6t/d 提高至 20.7t/d，展现出较好的提产潜力，研究成果可为其他同类型页岩油藏高效开发提供新思路。

关键词：庆城油田；页岩油；CO_2 区域增能；增能模式；增能效率

中国页岩油资源丰富，技术可采资源量为 145×10^8t，是最具有战略性的石油接替资源，成为中国“十四五”原油增储上产的主力军[1-2]，其中鄂尔多斯盆地庆城油田为我国发现的首个 10 亿吨级页岩油大油田[3-4]，经过多年技术攻关，形成了水平井细分切割体积压裂主体技术[5-10]，单井产量大幅度提升。然而，随着产建区域扩大，储层地质特征认识逐渐加深，盆地页岩油部分区域存在砂泥薄互层交互、低压、黏度相对较高特征[11-13]，现有体积压裂技术与储层匹配性面临巨大挑战。矿场微地震监测显示，庆城油田页岩油体积改造裂缝总体呈现以主裂缝为主、分支缝为辅的条带状缝网形态，形似“仙人掌”[14-15]，同时现有滑溜水增能方式相对较单一，压裂液向多尺度微纳米孔隙扩散难度大，能量波及范围有限[16-19]，导致单井产量下降快、稳产期短，亟须探索提产新方向，进一步提高单井产量。

在国家“十四五”“双碳”目标大背景下，近年 CO_2 因具有黏度低易注入、扩散系数高、溶解性能强、增能效果明显、节约水资源等独特优势，在各大油田广泛应用[20-22]。CO_2 增产机理研究与应用在非常规页岩油气开发领域一直被广泛关注，国内外学者主要采用实验与数值模拟手段聚焦 CO_2 压裂裂缝扩展规律、CO_2 增产影响因素分析、矿场应用三个方面的研究[23-26]。目前我国陆相页岩油前置 CO_2 体积压裂还处于矿场探索试验阶段[27]，CO_2注入工艺、关键施工参数、压后返排制度等方面大多依靠矿场施工能力与经验实施，缺乏相关技术支撑。因此，本文以庆城油田页岩油为研究对象，采用油藏数值模拟方法，评价CO_2在长7页岩油提高地层能量和驱油效率可行性，优化形成适合目标区块前置CO_2体积压裂高效施工模式，助力10×10^8t级页岩油庆城油田高效开发。

1 长7页岩油地质力学特征

鄂尔多斯盆地晚三叠世发育典型的大型内陆坳陷湖盆，庆城油田位于盆地南部，主要含油层系为延长组，自上而下划分为长1—长10共10个含油层组[4-5]，长7为最大湖泛期，沉积了一套广覆式富有机质泥页岩与细粒砂质沉积，自生自储、源内成藏，为典型的陆相页岩油［图1（a）］。长7自上而下划分为长7_1、长7_2和长7_3共3个亚段，主要以半深湖—深湖亚相沉积为主［图1（b）］。

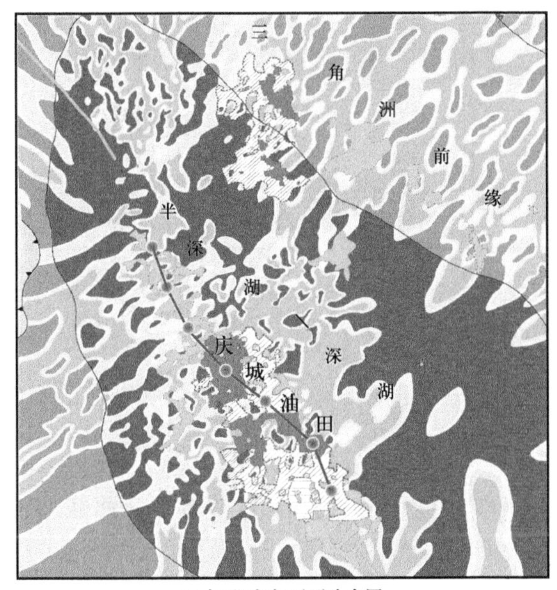

(a) 长7沉积相平面分布图

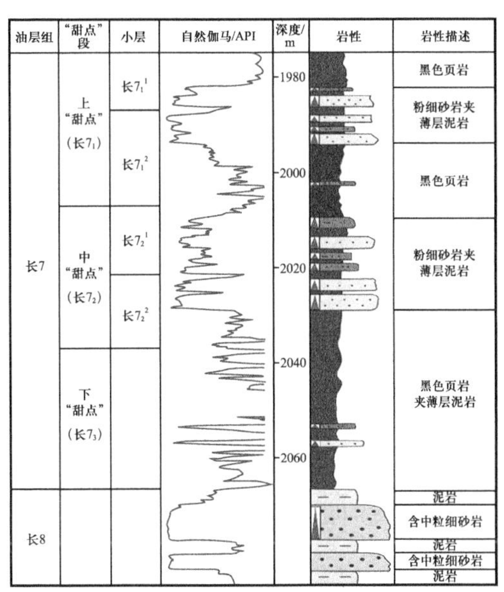

(b) 长7岩性综合柱状图

图1 鄂尔多斯盆地延长组长7沉积相平面分布与岩性综合柱状图

盆地页岩储层埋深1600～2200m，基质渗透率0.11～0.14mD，孔隙度6%～12%，含油饱和度67.7%～72.4%，压力系数0.77～0.84。通过对盆地360块井下岩心232组岩石力学参数测试实验和80组地应力测试实验得出，研究区块页岩油样品脆性指数主要介于35%～45%，平均值为43.3%，水平应力差主要介于4～6MPa，平均值为5.1MPa。对比北美二叠盆地和国内页岩油[27-28]，盆地页岩油具有岩石脆性指数低、水平应力差相对较高、地层压力系数低等特点（表1）。

长7页岩油储层发育微纳米孔隙，以溶孔、粒间孔组合为主，面孔率低，平均1.74%，孔隙半径主要集中在2～8μm，喉道一般为20～100nm。粒间孔含量相对较低，中值半径相对较小，排驱压力相对较高，两区渗流阻力相对较大。

表1　鄂尔多斯盆地页岩油与国内外页岩油特征参数对比表

特征参数	鄂尔多斯盆地	国内			国外
		准噶尔芦草沟组	三塘湖条湖组	松辽白垩系	北美二叠盆地
沉积环境	湖相	湖相	湖相	湖相	浅海相
埋深 /m	1600～2200	2700～3900	2000～2800	1700～2200	2134～2895
油层厚度 /m	5～15	10～13	5～20	10～30	400～600
孔隙度 /%	6～11	8～14.6	8～18	5～18	8～12
渗透率 /mD	0.11～0.14	0.01～0.012	0.1～0.5	0.02～0.5	0.01～1.0
含油饱和度 /%	67.7～72.4	78～80	55～76.5	48～55	75～88
油气比 /（m^3/t）	75～122	18～22	—	—	50～140
原油黏度 /（mPa·s）	1.2～2.4	11.7～21.5	58～83	4.0～8.0	0.15～0.53
压力系数	0.77～0.84	1.2～1.6	0.9	1.1～1.32	1.05～1.5
水平应力差 /MPa	4～6	5～9	1～5	3～6	1～3
脆性指数 /%	35～45	50～51	31～54	—	45～60

2　CO_2 区域增能油藏数值模拟研究

2.1　CO_2 组分模型建立

以庆城油田页岩油长7段为研究对象，获取该区块储层地质力学参数，油藏埋深2000m，平均油层厚度12m，孔隙度8.6%，渗透率0.12mD，原始地层压力15.80MPa，地温梯度2.76℃ /100m，压力系数0.81，油藏温度60℃。采用CMG软件的三维三相组分模型（GEM模块）进行数值模拟，分别为单段缝压裂增能模拟模型和全井段全生产过程模拟模型，模型的网格数量分别为80×100×3和150×50×3，平面网格步长分别为5m和10m，垂向上网格步长均为4m，网格类型为笛卡儿坐标系下的正交网格，该模型考虑了CO_2随地层压力和温度变化发生相态变化，气体膨胀增能驱油，反映CO_2在孔介质中真实流动规律，为区域增能关键参数优化提供基础依据。

2.2　CO_2 区域增能参数优化

在CO_2组分模型建立的基础上，结合研究区块储层流体、相对渗透率曲线、压裂改造参数、生产动态参数，开展CO_2增能理念、增能模式、注入排量、注入量等优化，为页岩油储层水平井CO_2压裂方案设计优化和矿场实践提供依据。

2.2.1 CO_2 增能理念优化

基于 CO_2 组分基础模型，分别建立页岩油水平井全井段单井和平台多井油藏数值模型，水平段长 1500m，井距 300m，设计压裂 20 段，单段 3 簇，裂缝簇间距 10m，裂缝段间距 20m，单段 CO_2 注入量 300m^3，注入排量 4m^3/min，单井总注入 6000m^3，分别得到地层压力场分布图（图 2 和图 3）。数值模拟结果显示，单井平均地层压力由 15.80MPa 提高到 23.4MPa，提升 1.4 倍，平台多井区域平均地层压力由 15.8MPa 提高到 31.5MPa，提升 2.0 倍。由此可见，CO_2 可以大幅提高地层能量，解决长 7 页岩油低压能量不足问题，同时 CO_2 区域增能可提高平台整体能量，波及范围可实现缝控区域全覆盖，优化增能理念由单井增能向平台化整体注入转变，实现井间、段间协同一体化增能。

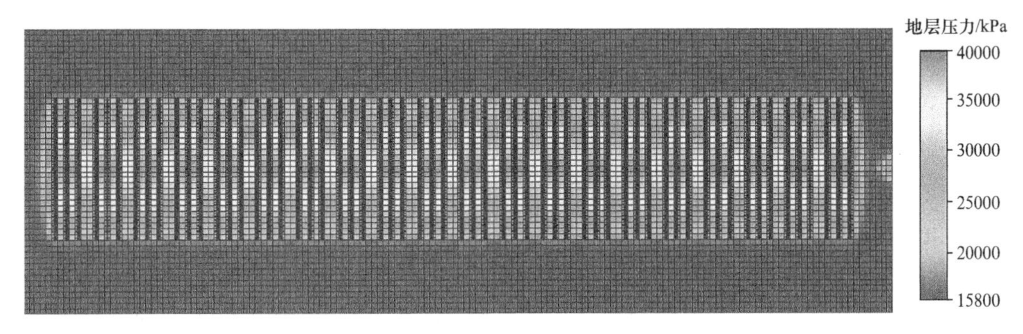

图 2　单井 CO_2 注入地层压力分布场图

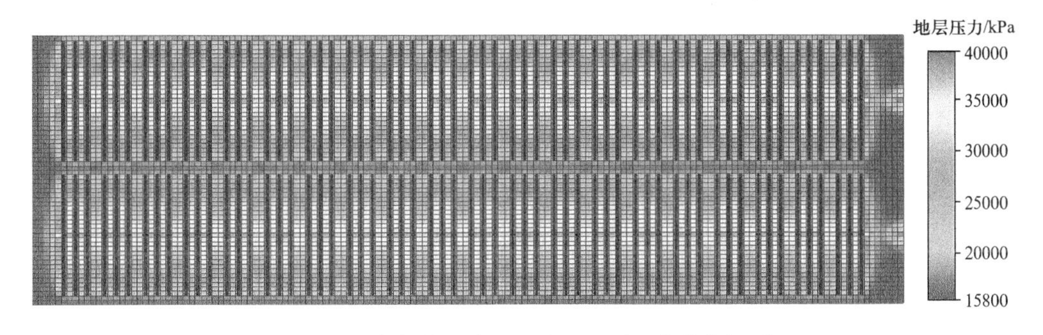

图 3　平台多井区域 CO_2 注入地层压力分布场图

2.2.2 CO_2 增能模式优化

不同增能模式基础参数设置水平段长为 1500m，井距 300m，设计压裂 20 段，单段 3 簇，裂缝簇间距 10m，裂缝段间距 20m。其中，全井段注入模式单段 CO_2 注入量 300m^3，注入排量 4m^3/min，单井总注入 6000m^3；段间交替注入模式单段 CO_2 注入量 300m^3，注入排量 4m^3/min，单井总注入 3000m^3，得到地层压力场分布图（图 4）。模拟结果显示，段间交替注入波及范围 5～10m，对相邻段有一定增能与驱替作用，由于储层致密，多尺度微纳米孔隙扩散流动能力相对较弱，段间相邻段未得到有效波及，因此，优化目标区域 CO_2 增能模式为全井段注入。

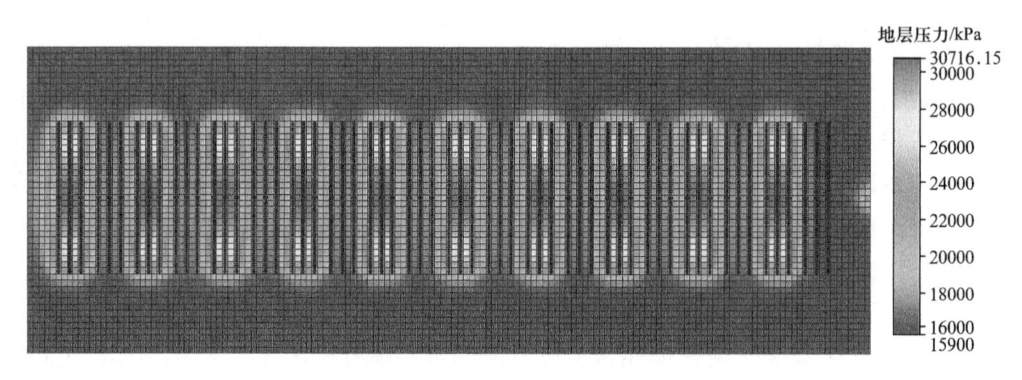

图4　段间交替注入模式地层压力分布场图

2.2.3　CO_2 增能效率对比

利用单段 CO_2 组分模型，分别注入 CO_2 与滑溜水，以动态泄流面积内地层平均压力为指标，研究不同注入流体的增能效果。单段3簇，裂缝簇间距10m，单段液态 CO_2 注入量300m^3，单段滑溜水注入300m^3，注入排量4m^3/min，闷井30天，得到注入与闷井阶段地层压力随时间变化曲线（图5），其中注入结束阶段，CO_2 注入后平均地层压力为36.2MPa，滑溜水注入后平均地层压力为30.8MPa，相比滑溜水增能效果提高35.0%。闷井结束阶段，CO_2 注入后平均地层压力为37.4MPa，滑溜水注入后平均地层压力为29.8MPa，相比滑溜水增能效果提高54.3%，闷井过程中注入流体向地层扩散，CO_2 相态变化，气体膨胀能够使地层平均压力进一步提升，而滑溜水难以维持增能效果，地层平均压力呈现下降趋势。

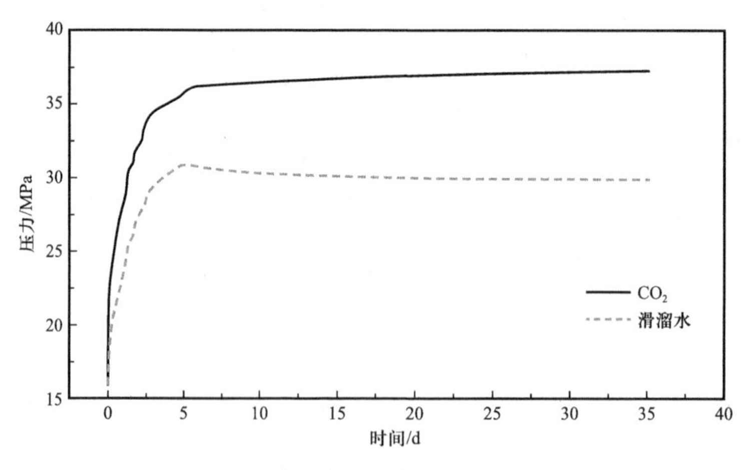

图5　注入与闷井过程中地层压力变化图

2.2.4　CO_2 注入量与注入排量优化

数值模型设置液态 CO_2 注入量分别为100～400m^3，单段3簇，注入排量为4m^3/min，得到不同注入量下地层压力变化场图（图6），能量波及范围与注入量呈正相关，进一步通过模型获取不同注入量下能量动态波及面积和横向波及距离，随 CO_2 注入量增加，能量波及面积和地层压力逐渐增加，在 200～300m³ 时，提升幅度显著增加，当超过 300m³ 后，继续提高注入量能量波及面积提升幅度减小，因此优化注入量为 300m³。

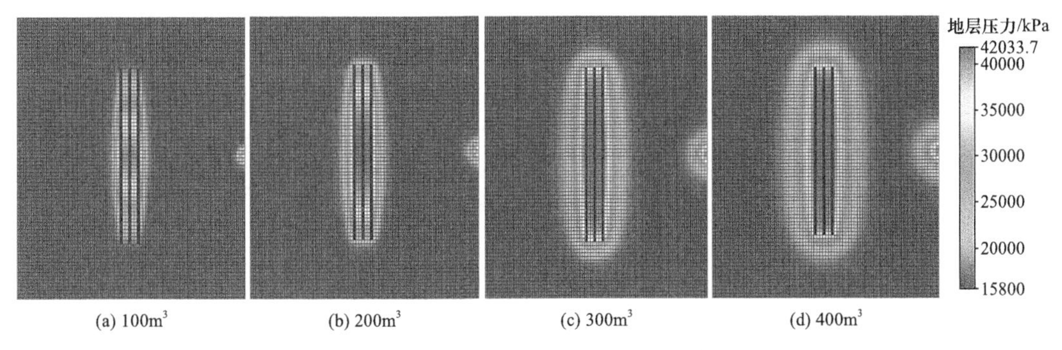

图 6　不同 CO_2 注入量下地层压力变化场图

在注入量优化的基础上，数值模型设置液态 CO_2 注入排量分别为 2～5m³/min，单段 3 簇，注入量为 300m³，得到不同注入排量下地层压力变化场图（图 7），能量波及范围与注入排量正相关，进一步通过模型获取不同注入排量下地层压力随时间变化图，CO_2 注入排量越高，在相同时间内注入量越多，压力上升幅度越快，有利于 CO_2 快速向储层小孔隙扩散，提高波及范围，增能效果主要体现在注入前期，在注入后期压力逐渐趋于平稳，压力上升幅度减小，优化注入排量为 4～5m³/min。

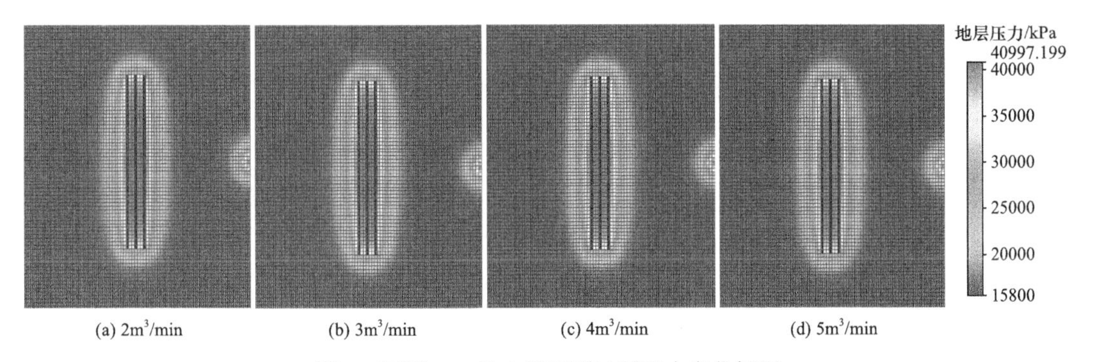

图 7　不同 CO_2 注入排量下地层压力变化场图

2.2.5　CO_2 注入、闷井时间优化

返排是衔接压裂与生产的重要环节，闷井时间直接影响能量波及范围与有效利用率，闷井过程是流体与基质孔隙压力平衡，从而提高地层能量过程。数值模型设置闷井时间分别为 0 天、1 天、5 天、15 天、30 天，单段 3 簇，注入量为 300m³。得到不同闷井时间下近裂缝区域地层压力变化曲线（图 8），随着闷井时间的增加，簇间压力呈现快速递减的趋势，压力向储层深部扩散，最终达到平衡。闷井时间为 5 天时，缝控区域内压力较高，且相邻基质区域内增压效果好，结合段间波及范围和协同作用，闷井 5 天为合理闷井时间，其动态泄流面积内地层压力为 37.4MPa，是初始地层压力的 2.38 倍。

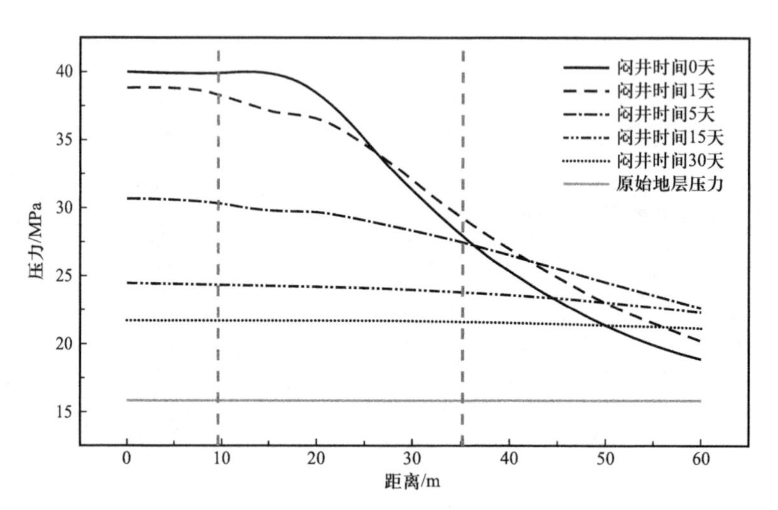

图 8　不同闷井时间下近裂缝区域地层压力变化曲线

3　典型示范平台应用

庆城油田合水—庆城南能量整体偏低，地层原油黏度较高，2022 年在前期单井试验基础上，开展 CO_2 区域增能体积压裂试验，探索提产新方向，增能思路由单井段间交替注入向平台化整体注入转变，实现井间、段间协同一体化增能。平台试验 3 口井，施工排量 $4m^3/min$，累计注碳 1.06×10^4t。放喷阶段，在相同排液制度和时间下，试验井井均井口压力高于对比井 2.6MPa（图 9），试验井生产压力保持程度 55.1%，对比井 38.0%，压力保持程度提高 1.5 倍，其中压力保持程度为目前井口压力与初始井口压力比值，说明 CO_2 可以快速有效补充地层能量。

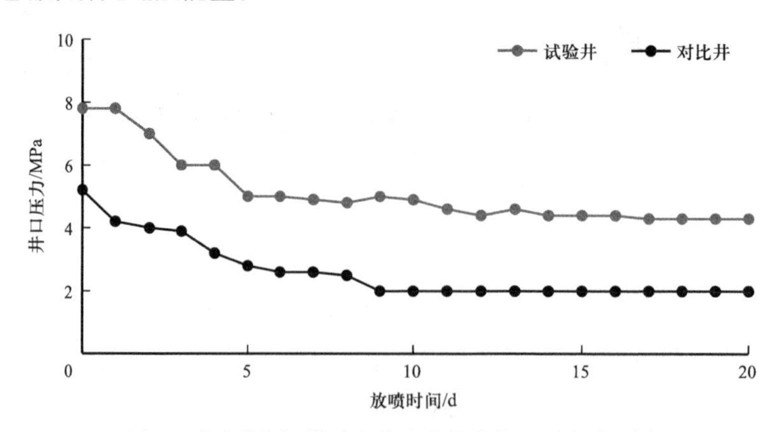

图 9　试验井与相邻平台井放喷井段井口压力对比图

试验平台 3 口井正常投产生产，生产 60 天后，井均日产量达到 20.7t，相邻平台井 15.6t，提高 5.1t。进一步对比典型井在储层特征相近、压裂改造规模一致情况下日产油变化规律（图 10），试验井日产油量 25.1t，对比井日产油量 15.1t，矿场实践证实，CO_2 区域增能体积压裂试验显示较好的单井提产潜力。

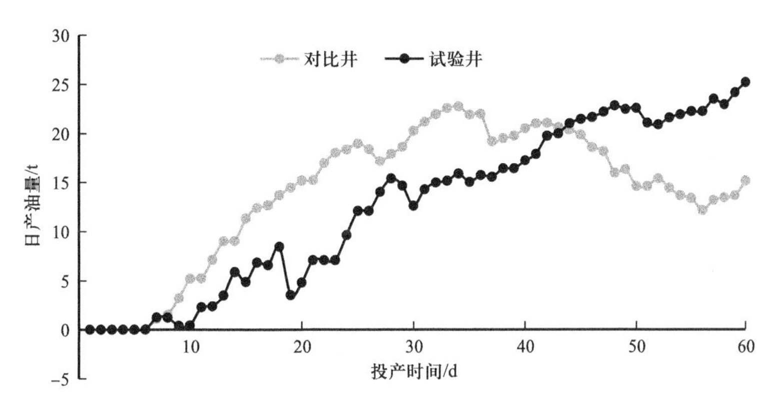

图 10　典型试验井与相邻平台井日产油量对比图

4　结论

（1）长 7 页岩油水平井前置 CO_2 增能理念优化为由单井段间交替增能向平台化整体注入转变，实现井间、段间协同一体化增能。

（2）油藏数值模拟结果表明，采用 CO_2 全井段注入增能模式可实现缝控区域全覆盖，优化单段注入排量为 4～5m^3/min，液态 CO_2 注入量为 300m^3，闷井时间为 5 天。

（3）研究成果应用于庆城油田页岩油示范区，矿场证实 CO_2 区域增能体积压裂试验井井均压力保持程度提高 2.1 倍，单井产油量由 15.6t/d 提高到 20.7t/d，展现出较好的提产潜力，为加快庆城油田高效开发和探索提产新方向提供科学依据。

参考文献

［1］焦方正，邹才能，杨智．陆相源内石油聚集地质理论认识及勘探开发实践［J］．石油勘探与开发，2020，47（6）：1-12.

［2］雷群，胥云，才博，等．页岩油气水平井压裂技术进展与展望［J］．石油勘探与开发，2022，49（1）：1-8.

［3］付锁堂，姚泾利，李士祥，等．鄂尔多斯盆地中生界延长组陆相页岩油富集特征与资源潜力［J］．石油实验地质，2020，42（5）：699-710.

［4］付金华，李士祥，牛小兵，等．鄂尔多斯盆地三叠系长 7 段页岩油地质特征与勘探实践［J］．石油勘探与开发，2020，47（5）：870-883.

［5］Fu S，Yu J，Zhang K，et al. Investigation of multistage hydraulic fracture optimization design methods in horizontal shale oil wells in the Ordos Basin［J］. Geofluids，2020，65：1-7.

［6］Zhang K，Zhuang X，Tang M，et al. Integrated optimisation of fracturing design to fully unlock the Chang 7 tight oil production potential in Ordos Basin［C］. SPE198315-MS，2019.

［7］Bai X，Zhang K，Tang M，et al. Development and application of cyclic stress fracturing for tight oil reservoir in Ordos Basin［C］//Abu Dhabi International Petroleum Exhibition & Conference，2019.

［8］慕立俊，赵振峰，李宪文，等．鄂尔多斯盆地页岩油水平井细切割体积压裂技术［J］．石油与天然气地质，2019，40（3）：626-635.

[9]吴顺林，刘汉斌，李宪文，等．鄂尔多斯盆地致密油水平井细分切割缝控压裂试验与应用［J］．钻采工艺，2020，43（3）：53-55.

[10]胥云，雷群，陈铭，等．体积改造技术理论研究进展与发展方向［J］．石油勘探与开发，2018，45（5）：874-887.

[11]李士祥，牛小兵，柳广弟，等．鄂尔多斯盆地延长组长7段页岩油形成富集机理［J］．石油与天然气地质，2020，41（4）：719-729.

[12]付金华，郭雯，李士祥，等．鄂尔多斯盆地长7段多类型页岩油特征及勘探潜力［J］．天然气地球科学，2021，32（12）：1749-1761.

[13]李树同，李士祥，刘江艳，等．鄂尔多斯盆地长7段纯泥页岩型页岩油研究中的若干问题与思考［J］．天然气地球科学，2021，32（12）：1785-1796.

[14]刘博，徐刚，纪拥军，等．页岩油水平井体积压裂及微地震监测技术实践［J］．岩性油气藏，2020，32（6）：172-180.

[15]焦方正．鄂尔多斯盆地页岩油缝网波及研究及其在体积开发中的应用［J］．石油与天然气地质，2021，42（5）：1181-1187.

[16]张矿生，唐梅荣，杜现飞，等．鄂尔多斯盆地页岩油水平井体积压裂改造策略思考［J］．天然气地球科学，2021，32（12）：1859-1866.

[17]Tao L，Zhao Y，Wang Y，et al. Experimental study on hydration mechanism of shale in the Sichuan Basin，China［C］. ARMA-1159，2021.

[18]Tao L，Guo J，Halifu M，et al. A new mixed wettability evaluation method for organic-rich shales［C］. SPE202466，2020.

[19]郭建春，陶亮，陈迟，等．川南龙马溪组页岩储层水相渗吸规律［J］．计算物理，2021，38（5）：565-572.

[20]袁士义，马德胜，李军诗，等．二氧化碳捕集、驱油与埋存产业化进展及前景展望［J］．石油勘探与开发，2022，49（4）：828-834.

[21]戴厚良，孙义脑，刘吉臻，等．碳中和目标下我国能源发展战略思考［J］．石油科技论坛，2022，41（1）：1-8.

[22]袁士义，王强，李军诗，等．提高采收率技术创新支撑我国原油产量长期稳产［J］．石油科技论坛，2021，40（3）：24-32.

[23]刘合，陶嘉平，孟诗炜，等．页岩油藏 CO_2 提高采收率技术现状及展望［J］．中国石油勘探，2022，27（1）：127-134.

[24]黄兴，李响，张益，等．页岩油储集层二氧化碳吞吐纳米孔隙原油微观动用特征［J］．石油勘探与开发，2022，49（3）：557-563.

[25]黄兴，倪军，李响，等．页岩油储集层二氧化碳吞吐纳米孔隙原油微观动用特征致密油藏不同微观孔隙结构储层 CO_2 驱动用特征及影响因素［J］．石油学报，2020，41（7）：853-864.

[26]郎东江，伦增珉，吕成远，等．页岩油注二氧化碳提高采收率影响因素核磁共振实验［J］．石油勘探与开发，2021，48（3）：603-612.

[27]史晓东，孙灵辉，展建飞，等．松辽盆地北部致密油水平井二氧化碳吞吐技术及其应用［J］．石油学报，2022，43（7）：998-1006.

玛湖地区立体井网小井距开发实践与认识
——以艾湖油田X井区百口泉组油藏为例

陈　希　滕金池　张　鑫　贾海正　潘玉婷　张　拢

（中国石油新疆油田公司工程技术研究院）

摘　要：新疆玛湖砾岩油藏水平井压裂产量递减快、一次性采收率低。为提升区块整体采收率，2021—2022年开展了小井距立体井网开发试验，压后整体表现出单井产量低、递减快、含水率高、排液期长的特点，开发效益差。本文以玛湖典型区块艾湖油田X井区百口泉组油藏为研究对象，开展岩石力学、裂缝扩展分析，以现场施工数据和压后生产数据为基础，系统评价小井距部署模式在玛湖地区的技术适应性。结果表明，对于砂体厚度薄，隔夹层遮挡能力较弱的储层，在部署模式上需考虑裂缝纵向穿层的情况，上下叠置部署会导致严重的压裂窜扰，影响开发效果，W形部署可以降低窜扰对产量的影响。井控储量是影响生产效果的绝对因素，需在保障足够的单井控制储量的前提下，再考虑区块整体提高采收率的问题，否则将影响单井的经济效益。对于艾湖油田X井区百口泉组油藏，若采用单层井网部署，合理井距应大于200m；如果采用立体部署，单层井距应大于400m。

关键词：小井距；水平井；体积压裂；产量；压裂窜扰

新疆油田玛湖地区横向上发育六大扇体，纵向上发育10套层系，目前已发现74个油藏，按照沉积相、油藏物性、流体性质以及工程“甜点”品质细分为六大类型[1-8]。主力建产领域的砾岩致密油是国内外致密油开发的全新领域，以乌尔禾组和百口泉组为代表，具有岩性特殊、埋藏深、非均质程度高、两向应力差高、天然裂缝发育程度差、脆性差的特点，形成复杂缝网的地质基础薄弱，需要水平井体积压裂才能实现其有效动用[9-13]。自2015年水平井体积压裂实现产量突破以来，经过近几年的技术攻关和现场实践，玛湖地区已形成了以固井桥塞+细分切割+低成本材料为核心的水平井体积压裂技术系列，支撑新建产能822×10^4t/a，年产油量突破320×10^4t，累计生产原油1217×10^4t。但由于储层物性条件差，水平井压后产量递减快，主要表现出两段式的快速递减特征，初期月递减率为9.6%～15.2%，中后期月递减率为2.2%～4.0%，稳产能力不足，各区块整体采收率偏低，一次采收率为10%～18%。

为提升区块整体采收率，2019年在玛131井区百口泉组油藏开展了“大井丛、多层系、小井距、长井段”立体开发先导试验[14-15]，纵向上分两套层系部署12口水平井，单层井距100～150m。初期展现出良好的生产效果，一年期产量与300m、400m、500m井距下单井产量并未表现出明显的差异。2020—2022年，立体井网、小井距部署模式在玛湖地区得到了推广应用，但整体表现出压后产量低、递减快、含水率高、排液期长的特点，开发效益差。

本文主要以玛湖地区典型区块——艾湖油田X井区百口泉组油藏为研究对象，开展岩石力学、裂缝扩展分析，以现场施工数据和压后生产数据为基础，系统评价小井距部署模式在玛湖地区的技术适应性，为玛湖砾岩油藏井网井距优化提供指导。

1 区块油藏地质特征

1.1 油藏特征

艾湖油田X井区百口泉组油藏位于准噶尔盆地中央坳陷玛湖凹陷西斜坡区，油层平均孔隙度8.86%，平均渗透率2.31mD，中部深度3360m，饱和压力21.4MPa，地层压力42.3MPa，压力系数1.26，油藏为未饱和油藏，原始溶解气油比109m³/m³。原油密度0.831g/cm³，50℃黏度平均6.41mPa·s，天然气相对密度0.7038，甲烷含量73.46%，水型为$CaCl_2$型，密度1.014g/cm³，矿化度9301.12mg/L。

百口泉组自下而上为T_1b_1、T_1b_2、T_1b_3，油层主要分布在T_1b_1，厚度5.3～19.7m，平均12.5m。T_1b_1自上而下划分为$T_1b_1^1$、$T_1b_1^2$和$T_1b_1^3$三个小层，油层主要发育在$T_1b_1^1$和$T_1b_1^2$两个小层（图1）。岩性主要为灰色、灰绿色砂质细砾岩、小砾岩、中砾岩，砾石直径2～8mm，最大粒径16mm。主力油层T_1b_1砂体分布较稳定，厚度22～40m，$T_1b_1^1$与$T_1b_1^2$砂体厚度相差不大，$T_1b_1^1$与$T_1b_1^2$之间隔层岩性为泥岩，厚度1.5～5.4m。层内夹层岩性为粉、细砂岩或粉砂质泥岩，厚度1～2m。

1.2 地质部署与主体压裂参数

1.2.1 地质部署

为提升区块整体采收率，同时探索最佳部署模式和井网井距，2021—2022年在艾湖油田X井区开展了立体开发小井距试验（图2）。第一排、第二排井于2021年压裂投产，第一排井采用单层部署，井距300m；第二排井采用立体叠置部署，同层井距200m。第四排、第五排井于2022年压裂投产，第三排井采用立体W形部署，自西向东同层井距分别为200m、260m、300m；第五排采用单层部署，井距200m。

1.2.2 压裂参数

受砾石影响，砾岩水力裂缝扩展迂曲复杂，段内簇间的砾石含量、砾径大小以及胶结强度引起的弯曲摩阻存在差异，导致裂缝扩展非均衡扩展严重。现场鹰眼、光纤监测结果表明，单段2～3簇可以实现段内各簇裂缝相对均衡进液；单段4～6簇，各簇裂缝非均衡进液问题逐渐突出。因此，各排压裂水平井采用“75m段长+25m簇间距+段内3簇”的段簇组合形式，加砂强度1.0～1.2m³/m，液砂比14～15m³/m³，施工排量10～14m³/min，压裂液采用免配变黏压裂液体系，支撑剂选用石英砂（表1）。

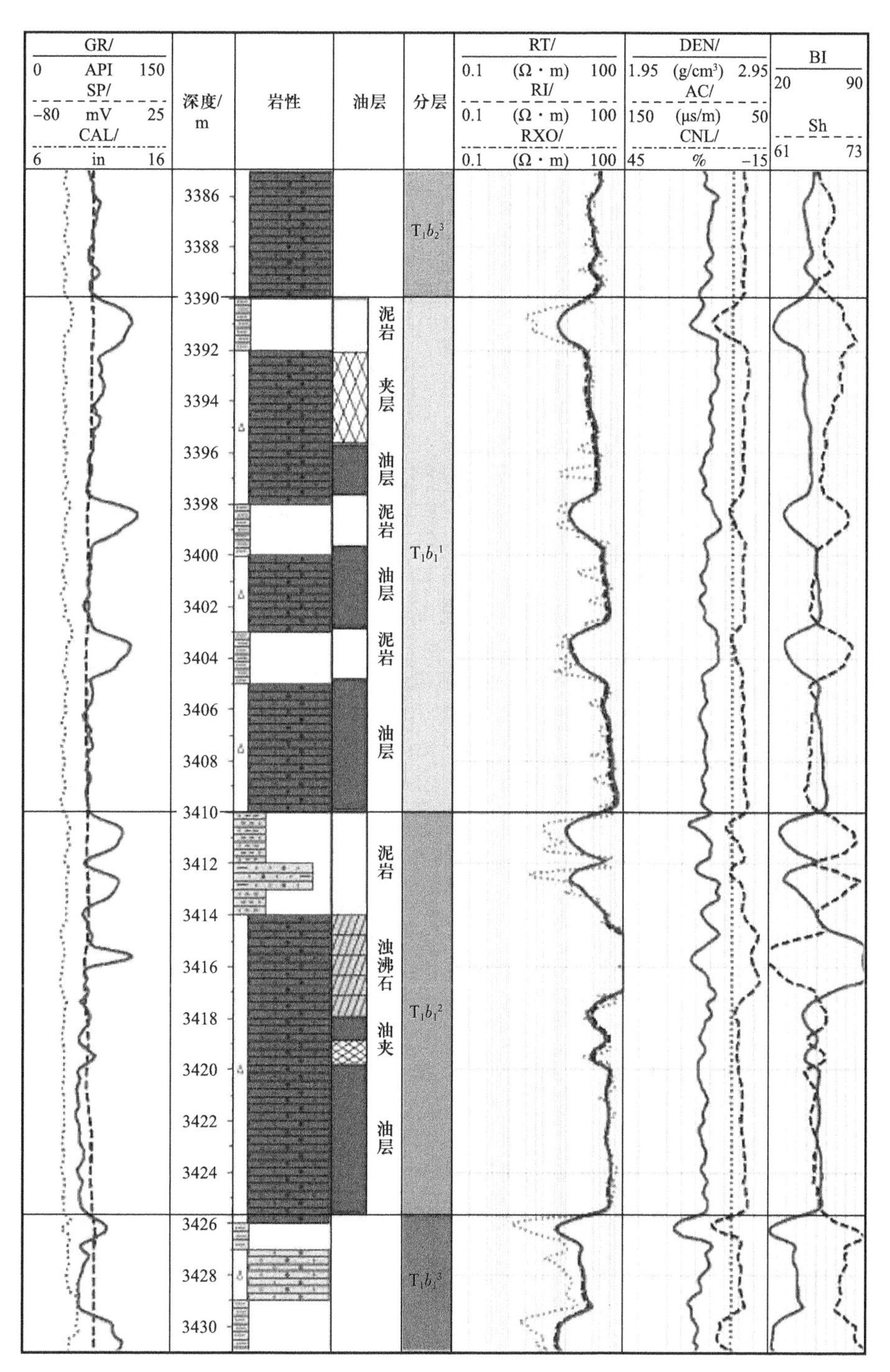

图 1　A015 井综合解释柱状图

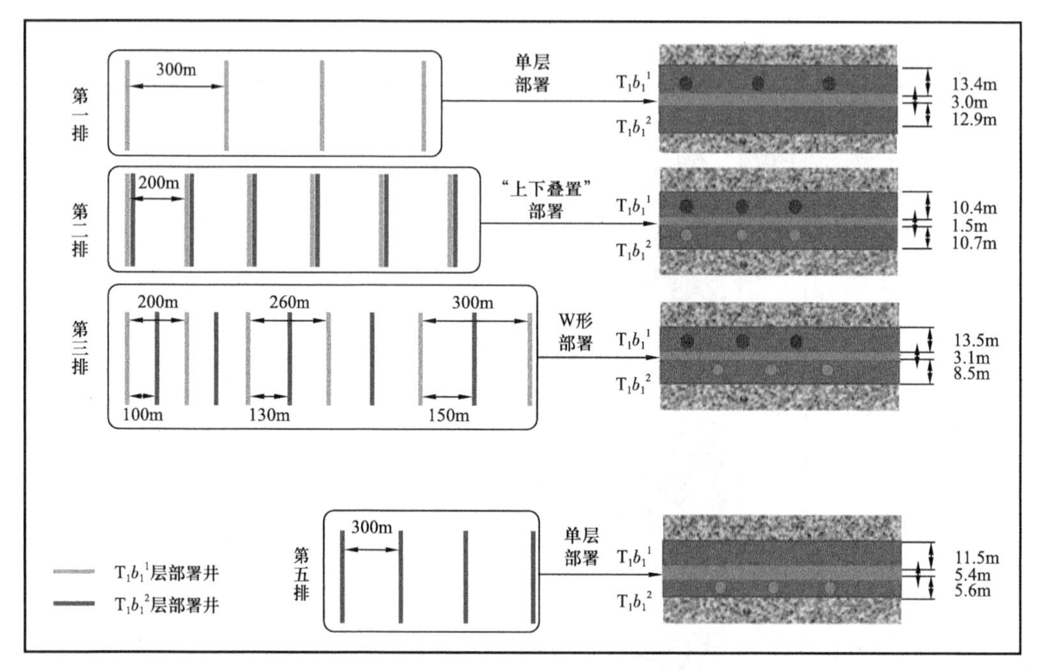

图 2　艾湖油田 X 井区部署示意图

表 1　艾湖油田 X 井区压裂水平井主体压裂参数

井排	第一排	第二排	第三排			第五排
同层井距 /m	300	200	200	260	300	200
水平段长 /m	1800	1900	1800	1600	1700	1500
段长 /m	71.5	76.4	74.7	75.1	78.7	74.5
簇间距 /m	24.5	26.6	25.7	25.7	25.6	25.5
加砂强度 /（m^3/m）	1.2	1.2	1.0	1.1	1.2	1.0
液砂比 /（m^3/m^3）	14～15	14～15	14～15	14～15	14～15	14～15
施工排量 /（m^3/min）	12～14	12～14	10～12	10～12	10～12	10～12
支撑剂	70～140 目：40～70 目：30～50 目石英砂 =2：5：3					
压裂液	免配变黏压裂液体系，低 / 中 / 高黏 =6：2：2					

2　实施效果与认识

2.1　叠置部署模式下压裂窜扰严重

根据测、录解释结果，$T_1b_2^2$ 层内以砂砾岩为主，$T_1b_1^1$ 层以砂砾岩为主，发育多层泥岩交互，$T_1b_1^2$ 层岩性以砂砾岩、粉砂质泥岩为主。采用 GMI 软件计算油层及上下层岩石力学参数（图 3），$T_1b_1^1$ 层储层平均水平最小主应力 61.6MPa，平均杨氏模量 41.7GPa，平均泊松比 0.22；$T_1b_1^2$ 层储层平均水平最小主应力 62.9MPa，平均杨氏模量 42.3GPa，平均泊松比 0.21。T_1b_1 层内 $T_1b_1^1$ 和 $T_1b_1^2$ 两小层间最小水平主应力差仅约为 1.3MPa。T_1b_1 和 T_1b_2 层间最小水平主应力差约为 4.5MPa。

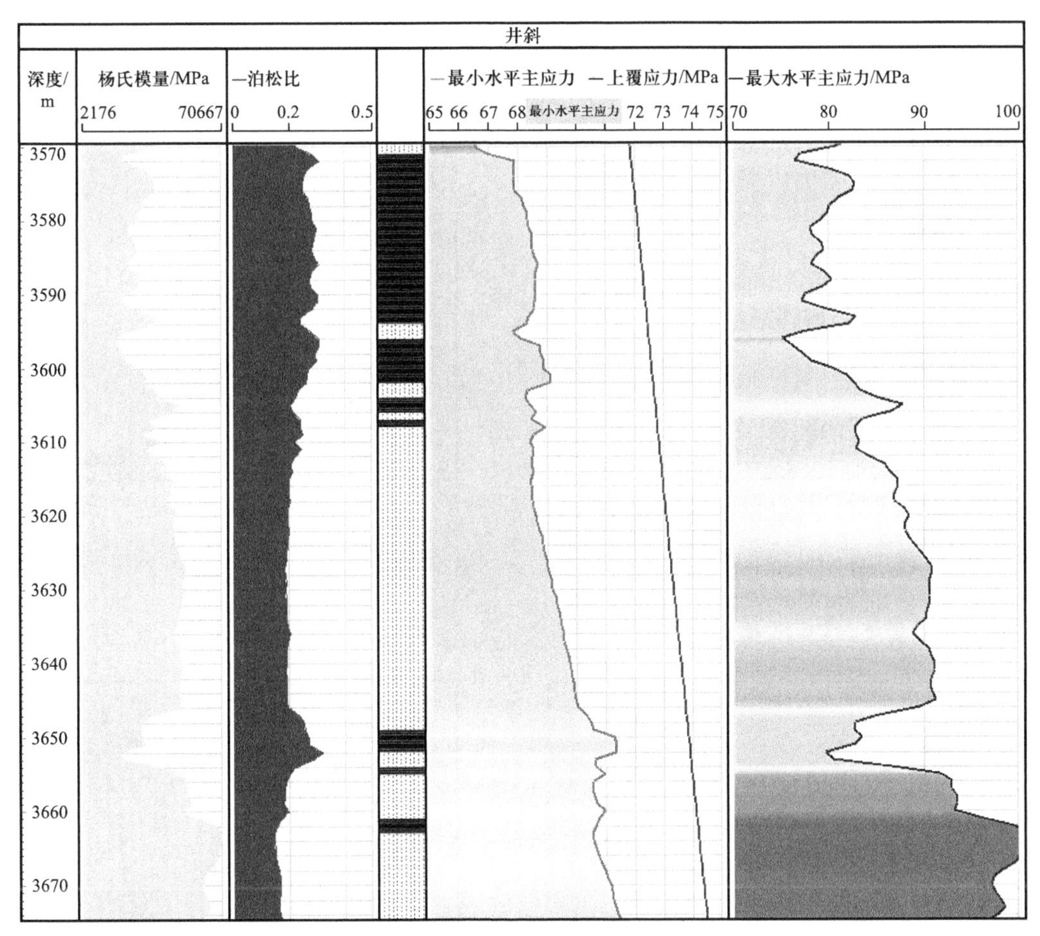

图 3　艾湖 X 井岩石力学计算结果图

分别对 $T_1b_1^1$ 和 $T_1b_1^2$ 层进行压裂模拟，结果表明，对 $T_1b_1^1$ 层进行压裂改造时，裂缝易向下延伸，在压裂前期裂缝即能纵向沟通 $T_1b_1^2$ 层。对 $T_1b_1^2$ 层进行压裂改造时，裂缝较易向上延伸沟通 $T_1b_1^1$ 层。

压裂施工过程井口压力监测数据显示，第二排 $T_1b_1^2$ 层水平井压裂过程中，可以观察到明显的跨层窜扰。$T_1b_1^2$ 层 AH3−1 井压裂过程中，$T_1b_1^1$ 层已压裂完工，邻井 AH3−2 井焖井压力上升 6MPa（图 4）。

生产结果显示，第二排 $T_1b_1^1$ 层和 $T_1b_1^2$ 层水平井井口压力曲线几乎重叠，$T_1b_1^1$ 层井口压降速率 0.079MPa/d，$T_1b_1^2$ 层井口压降速率 0.078MPa/d，干扰时间超过 80 天，表明叠置部署模式下存在明显的支撑主裂缝长时间沟通的可能（图 5）；第三排交错部署下，生产中的干扰现象有所减弱，$T_1b_1^1$ 层和 $T_1b_1^2$ 层压力保持程度存在明显差异，$T_1b_1^1$ 层井口压降速率 0.064MPa/d，$T_1b_1^2$ 层井口压降速率 0.060MPa/d（图 6）。

压裂窜扰在一定程度上会影响产量。200m 井距叠置部署模式下，$T_1b_1^1$ 层和 $T_1b_1^2$ 层上下两口井投产 581 天平均日产油 14.9t，第五排井采用 200m 井距单层部署，投产 274 天，平均日产油 24.4t。叠置部署模式下，受压裂窜扰的影响，$T_1b_1^1$ 层和 $T_1b_1^2$ 层上下两井投产 274 天，合计平均日产油仅 14.1t，较单层部署同期降低 42.2%（图 7）。

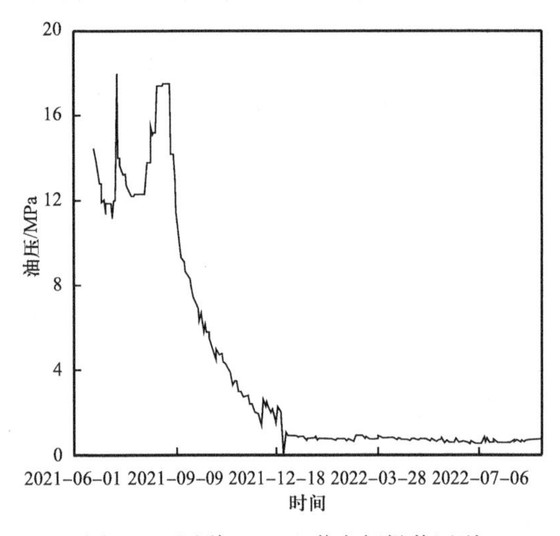

图 4　已压裂 AH3-2 井在新投井压裂过程中的压力变化

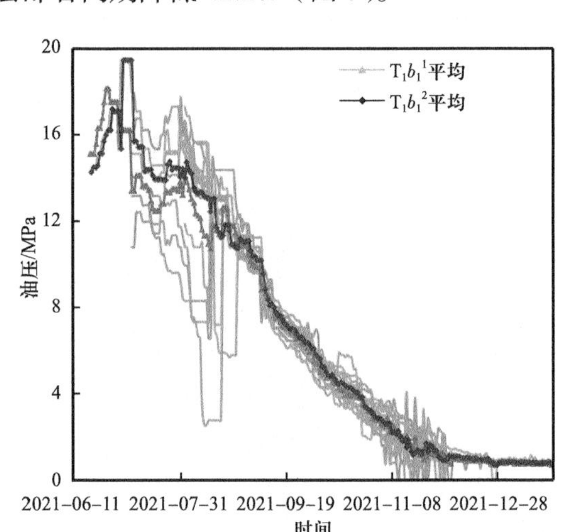

图 5　第二排立体叠置部署井生产压力曲线

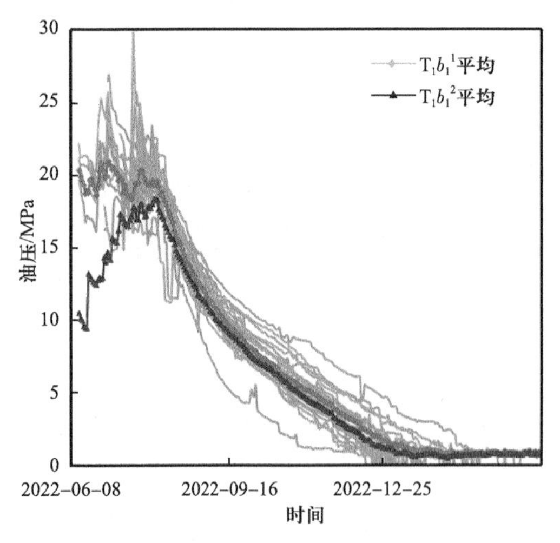

图 6　第三排 W 形交错部署井生产压力曲线

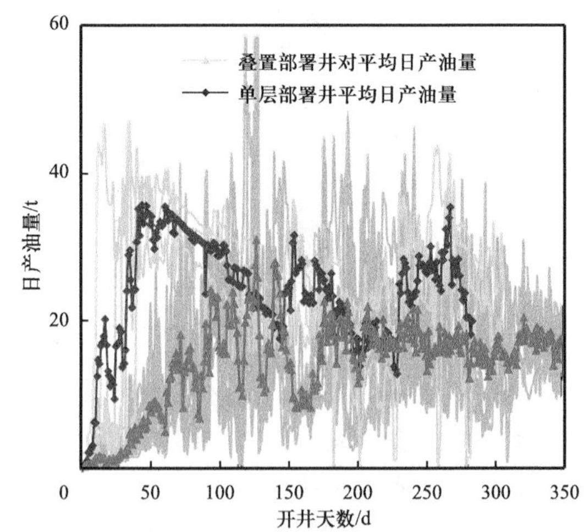

图 7　第二排 200m 井距立体叠置部署井对产量和单层 200m 井距单井产量对比

2.2　相同井距下 W 形部署较叠置部署生产效果好

对比第二排 200m 井距叠置部署和第三排 200m 井距 W 形部署井生产效果，W 形部署井含水率下降速度明显较快，见油（产油量达 1.0t/d 时）返排率 2.55%，较叠置部署井下降 1.91%；W 形部署水平井已开井生产 274 天，较叠置部署井同期产量提升 72.6%。两排井遵循相同的生产制度原则，采用 1.5mm 油嘴开井生产，在 10MPa、5MPa、2MPa 时换用 2.0mm、3.0mm、4.0～6.0mm 油嘴，第二排西侧井自喷期 110 天左右，第三排西侧井自喷期 145 天左右，自喷结束后都采用相同的抽油机型和冲程、冲次。两排水平井自喷期都呈现含水率波动下降、日产油量波动上升的趋势，停喷转抽短期含水率及产油量大幅振荡，然后生产曲线保持在较为稳定的水平。从整体上看，同期返排率两者相当，W 形部署井较叠置部署井具有明显的生产优势：W 形部署井整体产量更高，转抽后稳定日产油 12.4t，含水率 64.4%，开井 274 天千米累计产油 1833.9t，返排率 36.4%；叠置部署井转抽后稳定日产油 8.6t，含水率 76.9%，开井 274 天时千米累计产油 1062.7t，返排率 36.6%（图 8）。

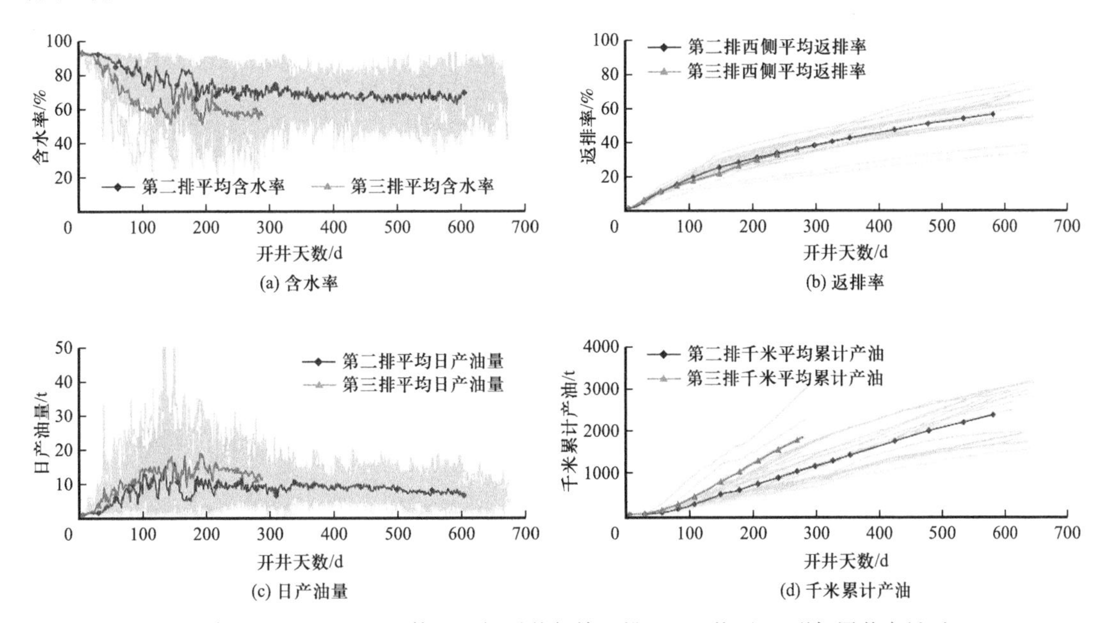

图 8　第二排 200m 井距立体叠置部署井与第三排 200m 井距 W 形部署井产量对比

第三排 200m 井距 W 形部署模式下，$T_1b_1^1$ 层和 $T_1b_1^2$ 层上下两口井投产 274 天，平均日产油 24.2t；第五排井采用 200m 井距单层部署，投产 274 天，平均日产油 24.4t。W 形部署模式下，上下两井合计产量与单层部署同期生产效果相当（图 9）。这进一步表明叠置部署模式下，压裂窜扰会造成较为严重的产量损失。

2.3　井控储量是影响产量的绝对因素

生产数据统计显示，无论是 200m 叠置部署还是 200～300m 井距 W 形交错部署，生产效果均未达到设计产能（设计产能 22t/d）。与第五排单层 200m 井距相比，无论是生产效果还是压力保持程度均较差，根据含油饱和度、孔隙度以及井距反算井控储量，发现产量与井控储量有良好的线性关系，决定系数达到 0.64（图 10），足够的井控储量是保障生产效果的绝对因素。

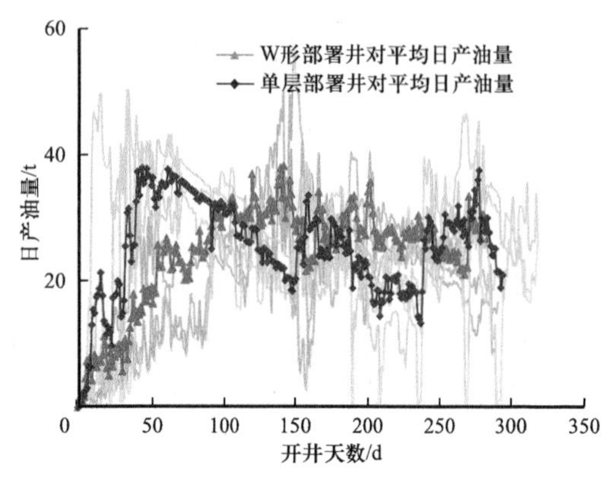

图 9　第三排 200m 井 W 形部署井对产量和单层 200m 井距单井产量对比

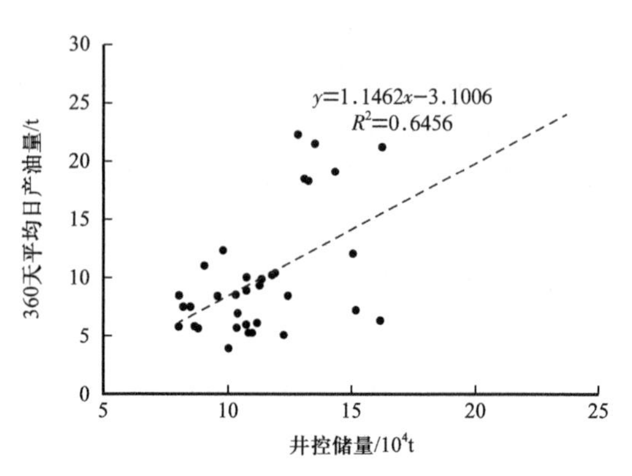

图 10　艾湖油田 X 井区井控储量与生产效果的关系

3　结论

（1）对于砂体厚度薄、隔夹层遮挡能力较弱的储层，在部署模式上需考虑裂缝纵向穿层的情况，上下叠置部署会导致严重的压裂窜扰，影响开发效果；W 形部署可以降低窜扰对产量的影响。

（2）井控储量是影响生产效果的绝对因素，需在保障足够的单井控制储量的前提下，再考虑区块整体提高采收率的问题，否则将影响单井的经济效益。从生产效果来看，艾湖油田 X 井区百口泉组油藏，若采用单层井网部署，合理井距应大于 200m ；如果采用立体部署，单层井距应大于 400m。

参 考 文 献

[1]孙靖，尤新才，张全，等．准噶尔盆地玛湖地区深层致密砾岩储层发育特征及成因［J］．天然气地球科学，2023，34（2）：240−252.

[2]陈哲龙，柳广弟，王绪龙，等．玛湖凹陷三叠系百口泉组油藏多期混源成藏的包裹体证据［J］．吉林大学学报（地球科学版），2015（S1）：740.

[3]陈静．准噶尔盆地玛湖凹陷高成熟油气成因与分布［J］．新疆石油地质，2015，36（4）：379−384.

[4]潘建国，王国栋，曲永强，等．砂砾岩成岩圈闭形成与特征——以准噶尔盆地玛湖凹陷三叠系百口泉组为例［J］．天然气地球科学，2015，26（S1）：41−49.

[5]邹志文，郭华军，牛志杰，等．河控型扇三角洲沉积特征及控制因素：以准噶尔盆地玛湖凹陷上乌尔禾组为例［J］．古地理学报，2021，23（4）：756−770.

[6]张元元，李威，唐文斌．玛湖凹陷风城组碱湖烃源岩发育的构造背景和形成环境［J］．新疆石油地质，2018，39（1）：48−54.

[7]王晓辉．准噶尔盆地玛湖凹陷三叠系百口泉组储层特征研究［D］．成都：西南石油大学，2016.

[8]李军，唐勇，吴涛，等．准噶尔盆地玛湖凹陷砾岩大油区超压成因及其油气成藏效应［J］．石油勘探与开发，2020，47（4）：679−690.

[9]张景，虎丹丹，覃建华，等．玛湖砾岩油藏水平井效益开发压裂关键参数优化［J］．新疆石油地质，2023，44（2）：184-194.

[10]许江文，李建民，邬元月，等．玛湖致密砾岩油藏水平井体积压裂技术探索与实践［J］．中国石油勘探，2019，24（2）：241-249.

[11]李建民，吴宝成，赵海燕，等．玛湖致密砾岩油藏水平井体积压裂技术适应性分析［J］．中国石油勘探，2019，24（2）：250-259.

[12]邹灵战，邹灵雄，蒋雪梅，等．玛湖砂砾岩致密油水平井钻井技术［J］．新疆石油天然气，2018，14（3）：19-24，1-2.

[13]李维轩，宋琳，席传明，等．新疆玛湖油田致密砾岩超长水平段水平井钻完井技术［J］．新疆石油天然气，2021，17（4）：86-91.

[14]万涛，覃建华，张景．致密油藏小井距开发交替压裂实践［J］．新疆石油天然气，2022，18（4）：26-32.

[15]曹炜，鲜成钢，吴宝成，等．玛湖致密砾岩油藏水平井生产动态分析及产能预测——以玛131小井距立体开发平台为例［J］．新疆石油地质，2022，43（4）：440-449.

庆城页岩油水平井暂堵压裂效果实时评价与现场试验

李　川[1]　盛　茂[2]　齐　银[1]　薛小佳[1]　吕昌盛[1]　张彦军[1]

（1. 中国石油长庆油田公司油气工艺研究院 低渗透油气田勘探开发国家工程实验室；
2. 中国石油大学（北京）油气资源与探测国家重点实验室）

摘　要：水平井段内多簇暂堵压裂已成为非常规油气体积压裂改造主流技术之一。目前暂堵效果的评价方法往往是事后的，不具备实时性。本文利用压裂远程监控系统，实现了压裂施工曲线远程实时回传和在线监控；提出采用三阶段划分法评价新裂缝启裂和扩展效果，最终建立了基于数据特征挖掘的暂堵压裂有效性评价模型。在庆城油田页岩油进行了现场验证，结果与井下微地震测试结果相符，证实了该模型有效性，初步实现了暂堵压裂效果实时评价。

关键词：庆城页岩油；实时评价；压裂智能监控；数据挖掘；现场试验

水力压裂已经成为常规单井增产增注技术，在油气井增产措施领域发挥着至关重要的作用。随着常规油气资源逐渐枯竭，以页岩油气为代表的非常规油气资源的开发越来越重要。以密切割、强加砂和暂堵转向为核心的水平井体积压裂技术，因能大大增加储层改造体积，从而大幅提高单井产量，已在非常规油气资源开发中获得广泛应用，并取得巨大的成功[1-4]，极大地推动了页岩油气改造技术的进步。随着水平井体积压裂技术的规模化应用、改造规模的增大、堵剂等新材料的大量使用，压裂成本越来越高。虽然水平井产量有了大幅提高，但产出投入比未能成比例增加。因此，如何加强裂缝实时控制，提高水平井多簇射孔压裂的暂堵效果，实现储层“甜点”的充分动用，实现投入产出的最大化，成为研究的热点和方向。

目前暂堵效果评价方法可分为两类：第一类是依靠分布式光纤、微地震等井下监测技术，分布式光纤回传实时图像，呈现射孔簇进液量，通过对比暂堵前后射孔簇的进液量分布评价暂堵有效性[5-7]；第二类是依靠暂堵前后井口压力变化人为评价其有效性，该方法经济便捷，受到广泛应用。第一类方法直观精确，但受制于地面环境、成本、设备搭建等因素，仅在少数井段开展应用，难以对每口井都提供实时有效的暂堵压裂施工指导。第二类方法应用较广泛，多依据两项评价参数，即暂堵生效瞬时压力上升值和暂堵前后平均施工压力上升值[8-9]。然而，该方法存在较多局限性：经验判别受人为因素影响大，标准难以统一；上述参数局限于对优势裂缝封堵效果的表征，无法判断弱势裂缝是否有效扩展，导致现场应用效果参差不齐[10-11]；最重要的是未能实现实时评价和现场调控，时效性不能满足现场数字化转型的技术需求。

为此，本文在总结国内外压裂智能监控决策研究现状的基础上，搭建了压裂曲线远程实时监控系统，建立了基于施工时序数据特征挖掘的暂堵压裂有效性评价模型，并在庆城页岩油进行了现场实践，结合直观监测方法进行了验证。研究结果有望实现暂堵有效性实时评价，为优化暂堵时机与工艺参数提供决策依据。

1 压裂智能监控决策研究现状

随着人工智能技术的快速发展及其在油气领域的广泛应用，智能压裂技术取得较大的进展[12]。在实时化、智能化监测的基础上，利用大数据综合应用和深层神经网络，压裂智能监控在智能诊断、风险预警、智能控制与决策等领域进入了新阶段。

1.1 压裂工况智能诊断

在压裂工况诊断方面，以哈里伯顿公司 Smart Fleet 智能压裂系统[13]为代表，综合运用光纤监测、井下微地震、压力计等多源实时数据和智能算法，实现了压裂射孔簇均衡启裂、裂缝扩展可视化和泵注参数实时调控，在北美二叠盆地应用，单井产量平均增产20%。Ramirez 等[14]结合分类算法、泵压曲线变化特征和专家经验标签，实现了压裂作业起始与终止时刻的识别，在验证集上识别精度达 90%。Shen 等[15]建立了基于卷积神经网络和 U-Net 架构深度学习的压裂工况实时诊断模型，实现了压裂作业起始与终止时刻、桥塞坐封、压裂分阶段工况的自动标注、模型训练和工况自主诊断，通过混淆矩阵评价模型，准确度达 95%。同时，信号小波变换作为一种重要的时序数据特征提取方法，在压裂裂缝闭合压力判识和裂缝扩展事件诊断方面起到了积极作用。

1.2 压裂风险预警

在压裂风险预警方面，砂堵风险预警研究进展突出。2020 年，Sun 等[16]通过搭建卷积神经网络和长短记忆神经网络融合动静态数据特征，采用反斜率法判别砂堵特征数据，实现了砂堵实时诊断而非预警。Hu 等[17]提出了泵压超前预测和砂堵风险超前预警的方法思路，通过建立整合滑动平均自回归模型和经验规则约束，实现了砂堵风险超前 37s 预警。2021 年，Hou 等[18]提出了砂堵概率表征参数，建立了基于循环神经网络的砂堵概率预测模型，实现压裂过程中砂堵风险概率的实时评估。套管变形风险实时诊断研究开始起步。

1.3 压裂智能控制与决策

压裂参数实时优化智能控制长期以来，压裂参数的实时优化主要依靠现场施工人员的经验，缺少量化判断的依据。为此，国内外开展了压裂参数实时优化智能控制技术研究。例如，哈里伯顿公司研发了 Prodigi 智能压裂系统，利用光纤传感器实时测量每一段压裂簇中的压裂液流量变化，并自适应泵速控制算法，在压裂过程中智能控制泵速和加砂量等压裂参数，使每一簇的进入流量和支撑剂均匀分布，各射孔簇的流量差仅为 $0.016m^3/min$，形成裂缝的均衡扩展和支撑剂的均衡分布，达到充分改造每一段的目的，使压裂施工控制

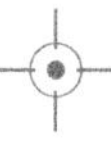

从人为经验操作进入了自动、智能控制的新阶段。

斯伦贝谢公司创建了一个基于云的应用程序，将井下和地面数据结合起来，在任何地方都可以实时调整压裂设计[19]。该应用程序使用一个公共云解决方案栈来同步地面和井下测量数据，并将其可视化。所有的计算都是在虚拟机上进行的，这些虚拟机可以在几毫秒内生成井下事件的可视化结果。

2 压裂施工远程实时监控

2.1 系统设计

由数据采集客户端、数据传输系统、数据管理服务器（安装 sqlserver 数据库和 mongoDB 数据库）以及数据应用（Web 发布）服务器等组成的压裂工程实时监控系统，采用分层次、模块化的方式进行程序设计各系统集成，如图 1 所示。系统采用 B/S+C/S 模式运行，用户通过浏览器访问及操作后台数据。在压裂曲线实时回传的基础上，配合视频监控、建立技术专家与压裂现场联动监控模式，实现实时调控。

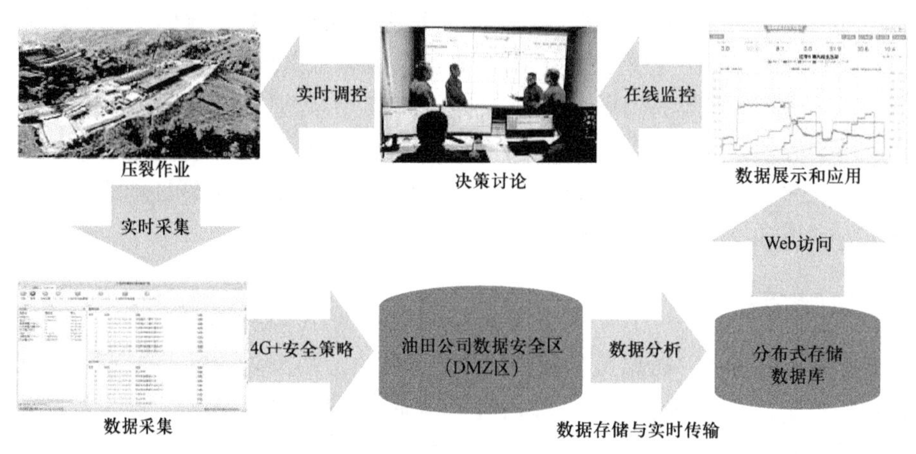

图 1　压裂远程监控系统数据流及决策流程

2.2 数据采集传输

研发了数据采集软件，将仪表车上的数据文件（如数据库、文本文件或其他格式的文件）进行解析；在数据解析过程中，数据文件需要以非独占方式打开，在保证仪表车软件正常写入数据的同时进行数据读取和解析；然后将里面的数据信息（二进制信息或者文本信息）根据规定的格式进行解码转义，然后按照规定的数据库设计进行入库保存。

数据采集传输体系采用分层式的数据链路，压裂数据传输链路层利用 fcs 进行数据检错，采用滑动窗口机制和拥塞调节机制保证信道数据准确流畅传输。相对于物理层的不可靠比特流传送，数据链路层在此基础上实现了无差错传输，保障了数据在传输链路中准确、稳定可靠。

2.3 实时数据接收与发布

现场传回的数据存储在服务器中，需要实时在压裂技术专家办公室的计算机中展示出来，并能够在通用浏览器进行实时展示。为此，系统设计开发了压裂曲线实时 Web 展示功能，满足专业人员在油网任意办公位置通过网页认证即可访问实时变化的曲线。现场采集压裂曲线数据的频率为 1 组 /s，曲线数据经二次采集、传输、还原展示几个步骤后，会产生一定的延时。通过现场传输过程中与办公室实时显示的曲线时间对比测试，办公室曲线延时 2～5s，不会影响实时监控的效果。同时研发了 8 种智能预警功能，当自动监测到施工异常时，系统自动预警。

3 暂堵压裂效果智能评价

3.1 暂堵压裂阶段划分

以庆城油田页岩油水平井多簇暂堵压裂施工秒点数据为研究对象，经数据清洗预处理，获得 191 段 265 次暂堵压裂有效数据，包括井口压力、井底压力、压裂排量、支撑剂浓度等参数。其中，井底压力是通过模型将井口压力换算得到，消除了因压裂液液柱和流动摩阻波动带来的井底压力变化。如图 2 所示，暂堵压裂工艺通常分为三个阶段：（1）初次压裂阶段，该阶段不加暂堵剂，多簇裂缝启裂后，部分裂缝快速扩展变成优势裂缝，簇间裂缝扩展不均衡；（2）降排量暂堵优势裂缝阶段，该阶段加注暂堵剂，封堵优势裂缝及其射孔孔眼，增大进液阻力；（3）升排量促进弱势裂缝扩展阶段，该阶段优势裂缝扩展受到抑制，弱势裂缝快速扩展，实现簇间裂缝均衡扩展。

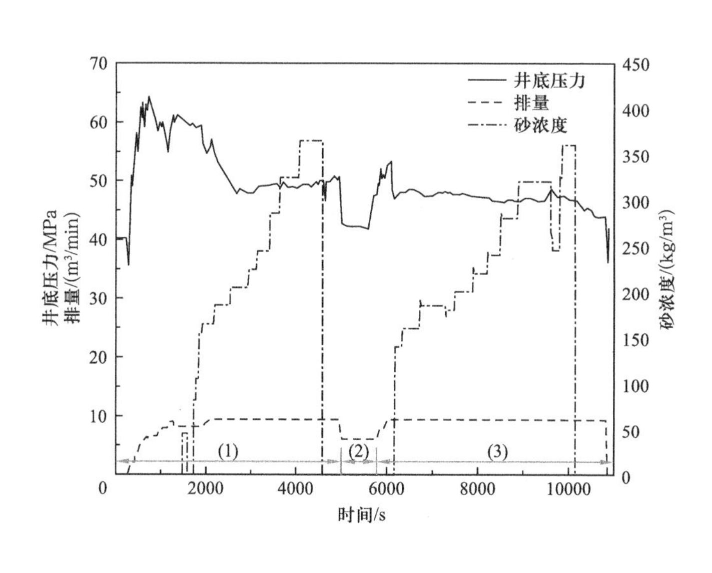

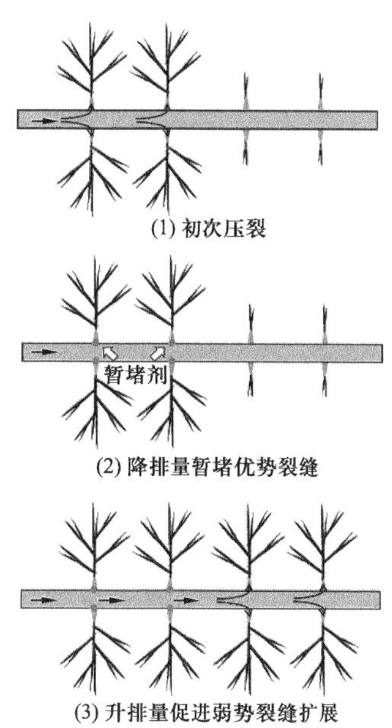

图 2　水平井暂堵压裂施工曲线

如图 3 所示，暂堵前后井底压力呈现 4 个显著特征：（1）暂堵升压，即暂堵剂封堵优势裂缝及其射孔孔眼后，相同排量下井底压力迅速升高；（2）工压升压，即暂堵前后近似相同支撑剂浓度条件下的平均井底压力，暂堵后高于暂堵前；（3）孔眼暂堵效率，即根据不同排量下射孔孔眼摩阻的差异性，判别暂堵前后孔眼数量变化，定义孔眼暂堵效率；（4）暂堵后压力三阶段变化，即弱势裂缝快速扩展引起的压力变化特征，具备显著的压力波动、压降、压力平稳三阶段特征。其中，前三个特征参数用于评价暂堵剂对优势裂缝的封堵效果；第四个特征参数用于诊断弱势裂缝是否有效扩展。

如图 3 所示，挖掘暂堵压力增量与孔眼暂堵效率特征参数评价暂堵剂对优势裂缝的封堵效果；归纳构建暂堵后压力三阶段变化特征参数，以诊断弱势裂缝是否有效扩展。

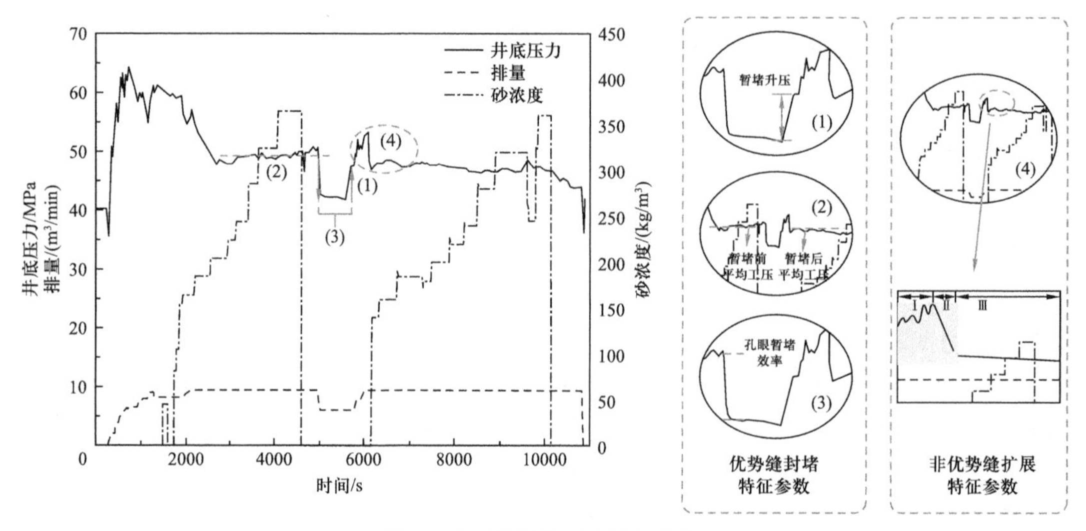

图 3　水平井暂堵压裂特征参数

3.2　特征参数阈值与权重确定

选定 90% 置信区间的下限值 3.0MPa 与中间值 7.0MPa，作为暂堵升压阈值；工压升压负增长指示暂堵异常，因此选定 0MPa 及置信区间中间值 3.0MPa，作为工压升压阈值。选定孔眼暂堵效率阈值为 0.4 与 0.6。基于所选定的阈值，构建各参数赋分区间，以诊断暂堵剂是否有效封堵优势裂缝，其中 100 分指示良好；50 分指示一般；0 分指示异常。

基于井底压力曲线分析图版，实现对弱势裂缝扩展的诊断。先判断是否归入异常压力特征曲线，是则赋分 0。后对Ⅱ阶段曲线进行线性拟合，获取拟合线段斜率，斜率绝对值越大，说明压降越快，表面弱势裂缝有效扩展。针对 40 段非异常压力特征曲线，统计Ⅱ阶段斜率绝对值，选定均值 0.06MPa/s 为阈值。高于 0.06MPa/s 指示压降快，赋分 100；低于 0.06MPa/s 则指示封堵部分失效，赋分 50。特征参数赋分阈值见表 1。

选取 10 段带有光纤、微地震监测暂堵效果的压裂段，统计各段暂堵升压、工压升压及孔眼暂堵效率值，分别依据三项参数评价各段暂堵效果。将各参数评价结果与光纤、微地震监测成果进行对比。

表 1　特征参数赋分阈值

诊断优势裂缝封堵				诊断弱势裂缝扩展		
暂堵升压 / MPa	工压升压 / MPa	孔眼暂堵效率	分值	是否归入异常特征曲线	Ⅱ阶段斜率 /（MPa/s）	分值
>7	>2	>0.6	100	否（1）	≥0.06	100
2～7	0～2	0.4～0.6	50	否（1）	<0.06	50
<2	<0	<0.4	0	是（0）	—	0

记总样本数为 N，评价结果与光纤、微地震监测成果匹配的样本数为 N_1，计算各特征参数的评价准确率 φ，公式如下：

$$\varphi=N_1/N$$

暂堵升压、工压升压和孔眼暂堵效率的准确率分别为 50%、60% 和 60%，认为暂堵升压的评价误差大于后两者，故划定其赋分权重分别为 ω_1=10%、ω_2=20%、ω_3=20%。此外，选定暂堵后压力三阶段特征的赋分权重为 50%。

3.3　暂堵压裂效果定量评价

暂堵升压 ×10%+ 工压升压 ×20%+ 孔眼暂堵效率 ×20% 计算得分，诊断优势裂缝封堵效果。若大于 10 分，则封堵有效；若不大于 10 分（任意两项参数赋分为 0），则封堵失效，提示暂堵异常。

暂堵后压力三阶段特征 ×50% 计算得分，诊断弱势裂缝扩展效果，得分为 0 直接提示暂堵异常，合计获取最终得分。根据不同得分区间建立压裂暂堵有效性分级表，见表 2。

表 2　压裂暂堵有效性分级表

加权分值	分级
≥70 分	暂堵良好
40～70 分	暂堵一般
前三项参数加权分≤ 10 或最后一项参数得分为 0 分	暂堵异常

注：暂堵良好指示暂堵剂生效，缝间均衡扩展；暂堵一般指示部分优势裂缝封堵失效，弱势裂缝扩展缓慢；暂堵异常指示暂堵剂失效，弱势裂缝不扩展，甚至存在优势裂缝加速扩展的情况。

4　实时评价模型现场验证

4.1　试验井基本情况

M、N 井采用多簇暂堵压裂改造参数，单次暂堵转向作业备暂堵剂 50kg，M 井引入井下分布式光纤监测技术，N 井采取微地震监测技术，对单段的暂堵压裂有效性进行监测，施工参数见表 3。

表 3　M、N 井暂堵压裂施工基本参数

井号	施工段	簇数 / 簇	排量 / (m^3/min)	液量 / m^3	砂量 / m^3	砂比 / %	暂堵类型	现场监测
M	a	8	10.0	1735.6	185.6	20.0	1 级暂堵	光纤监测
N	b	6	14.0	1521.0	192.0	17.9	1 级暂堵	微地震
N	c	8	14.0	2090.0	256.0	17.3	1 级暂堵	微地震

a、b、c 段的压裂施工曲线如图 4 所示。

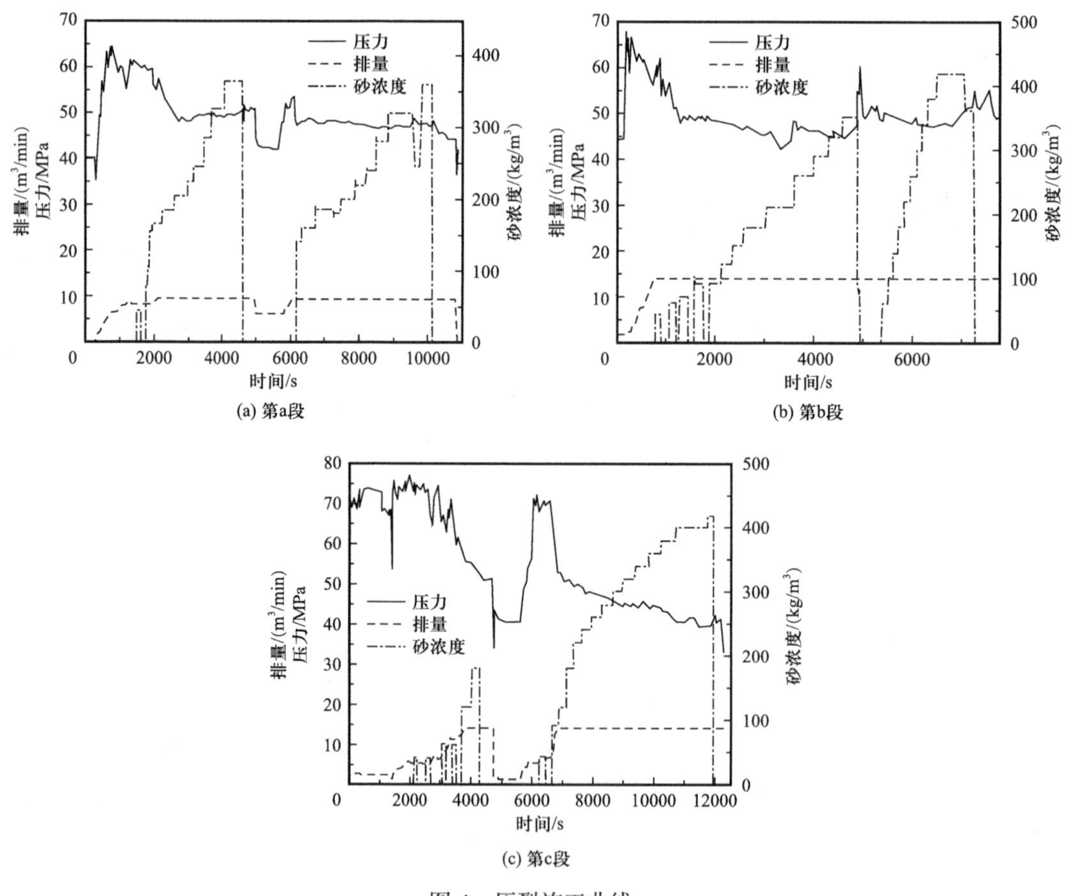

图 4　压裂施工曲线

4.2　模型评价结果与验证

各段暂堵升压、孔眼暂堵效率数值高，认为暂堵剂能够有效封堵优势裂缝，但 a、c 段的工压升压出现负增长，影响了最终的加权分，因此 b 段的封堵效果优于 a、c 段。但基于暂堵后井底压力曲线分析图版，发现 b 段压力骤升骤降，认为升排量后暂堵剂失效，弱势裂缝无法扩展；a 段Ⅱ阶段压降快，认为弱势裂缝有效扩展；c 段Ⅱ阶段压降较慢，认为部分优势裂缝封堵失效，弱势裂缝扩展缓慢。评价结果见表 4。

表 4 暂堵压裂有效性评价结果

压裂段	老缝暂堵指标加权分 / 分	新缝产生指标加权分 / 分	加权总分 / 分	分级
a	20	50	70	良好
b	35	0	—	异常
c	20	25	45	一般

M 井 a 段井下分布式光纤监测成果如图 5（a）所示。暂堵前 6～7 簇裂缝形成优势通道；暂堵剂入地生效后，6～7 簇被封堵进液量下降，1～4 簇弱势裂缝有效扩展，形成主进液通道。可见暂堵压裂效果好，模型评价结果与之匹配。N 井 b、c 段微地震监测成果如图 5（b）和图 5（c）所示。b 段暂堵前微地震事件集中在第 6 簇，暂堵后瞬间有微地震事件出现在第 5 簇，但后续又全部回到第 6 簇，判断暂堵失效。c 段暂堵前微地震事件集中于 16 簇，暂堵后微地震事件出现在 16～17 簇，判断暂堵后部分优势裂缝封堵失效。由此可见，模型评价结果与微地震监测成果相符。

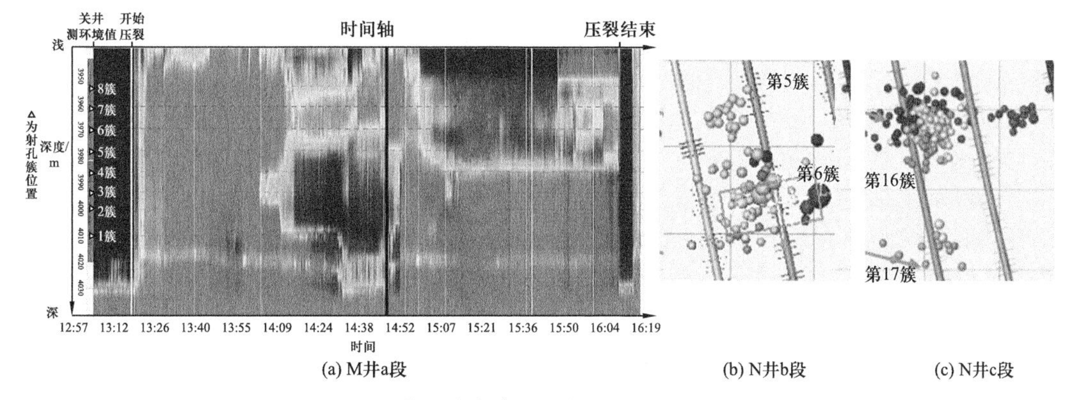

(a) M井a段 (b) N井b段 (c) N井c段

图 5 井下分布式光纤与微地震监测成果

5 结论

（1）通过研发压裂现场采集软件，构建采集、传输、存储、发布一体化的压裂监控系统，实现了压裂施工曲线的实时回传和监测，为暂堵压裂实时效果评价提供了数据基础。

（2）暂堵剂对射孔孔眼的封堵不是静止不变的，而是一个动态过程。通过优选井底压力增量与孔眼暂堵效率特征参数，评价优势裂缝封堵效果；采用暂堵后压力三阶段变化特征参数，评价弱势裂缝扩展效果，对裂缝暂堵效果的评价更为全面。

（3）模型应用长庆油田 8 口井 /191 段次，井下分布式光纤和微地震监测数据验证了该模型有效性。研究结果有望实现暂堵有效性实时评价，为优化暂堵时机与工艺参数提供决策依据。

参考文献

[1]蒋廷学，周珺，廖璐璐．国内外智能压裂技术现状及发展趋势[J]．石油钻探技术，2022，50（3）：1–9.

[2]慕立俊，吴顺林，徐创朝，等．基于缝网扩展模拟的致密储层体积压裂水平井产能贡献分析[J]．特种油气藏，2021，28（2）：126–132.

[3]赵振峰，李楷，赵鹏云，等．鄂尔多斯盆地页岩油体积压裂技术实践与发展建议[J]．石油钻探技术，2021，49（4）：85–91.

[4]王兴文，何颂根，林立世，等．威荣区块深层页岩气井体积压裂技术[J]．断块油气田，2021，28（6）：745–749.

[5]Ugueto C. G A，Huckabee P T，Molenaar M M. Challenging assumptions about fracture stimulation placement effectiveness using fiber optic distributed sensing diagnostics：Diversion，stage isolation and overflushing [C]. SPE Hydraulic Fracturing Technology Conference，2015.

[6]Evans S，Holley E，Dawson K，et al. Eagle Ford case history：Evaluation of diversion techniques to increase stimulation effectiveness [C]. SPE/AAPG/SEG Unconventional Resources Technology Conference，2016.

[7]Trumble M，Sinkey M，Meehleib J. Got diversion？ Real time analysis to identify success or failure [C]. SPE Hydraulic Fracturing Technology Conference and Exhibition，2019.

[8]Harpel J，Ramsey L，Wutherich K. Improving the effectiveness of diverters in hydraulic fracturing of the Wolfcamp shale [C]. SPE Annual Technical Conference and Exhibition，2018.

[9] 刘明明，马收，刘立之，等．页岩气水平井压裂施工中暂堵球封堵效果研究[J]．钻采工艺，2020，43（6）：44–48，8.

[10]Senters C W，Leonard R S，Ramos C R，et al. Diversion – Be careful what you ask for [C]. SPE Annual Technical Conference and Exhibition，2017.

[11]Kahn C，Cottingham B，Kashikar S，et al. Rapid Evaluation of diverter effectiveness from poroelastic pressure response in offset wells [C]. Proceedings of the 6th Unconventional Resources Technology Conference，2018.

[12]盛茂，李根生，田守嶒，等．人工智能在油气压裂增产中的研究现状与展望[J]．钻采工艺，2022，45（4）：1–8.

[13]Durdyyev G. New technologies and protocols concerning horizontal well drilling and completion [D]. Italy：Politecnico di Torino，2021.

[14]Ramirez A，Iriarte J. Event recognition on time series frac data using machine learning [C]. Proceedings of the SPE Western Regional Meeting，2019.

[15]Shen Y，Cao D，Ruddy K，et al. Near real–time hydraulic fracturing event recognition using deep learning methods [J]. SPE Drilling & Completion，2020，35（3）：478–489.

[16]Sun J J，Battula A，Hruby B，et al. Application of both physics–based and data–driven techniques for real–time screen–out prediction with high frequency data [C]. Proceedings of the SPE/AAPG/SEG Unconventional Resources Technology Conference，2020.

[17]Hu J，Khan F，Zhang L，et al. Data–driven early warning model for screenout scenarios in shale gas fracturing operation [J]. Computers & Chemical Engineering，2020，143（2）：107116.

[18] Hou L, Cheng Y, Elsworth D, et al. Prediction of the continuous probability of sand screenout based on a deep learning workflow [J] . SPE Journal, 2022, 27 (3): 1520-1530.

[19] Piyush Pankaj, Steve Geetan, Richard MacDonald, et al. Application of data science and machine learning for well completion optimization [C] .Proceedings of the OTC, 2019.

八区下乌尔禾组油藏连续油管拖动压裂工艺应用分析

盛志民　陈　亮　樊庆虎　杨春曦　薛浩楠　刘　坤

（中国石油西部钻探工程公司井下作业公司）

摘　要： 新疆油田八区下乌尔禾组砾岩油藏具有低孔隙度、超低渗透率、储层非均质性强等特征，需经压裂改造后才能有效开发。由于长期的注水开发，水体分布复杂，底水与层间注入水同时存在等因素，储层改造难度增加。针对存在的问题，试验应用连续油管底封拖动精准分段压裂技术，通过避射、优化压裂规模和施工排量，降低沟通水层的风险，形成复杂缝网确保有效支撑，建立层间有效导流通道，单井产量得到提升。同时，针对在该区块采用连续油管分段压裂工艺出现的复杂问题进行分析，旨在进一步提高压裂成功率和压裂效率，为该工艺在新疆油田老区难动用储层的开发提供参考。

关键词： 砾岩油藏；控避水；细分切割；连续油管拖动压裂；复杂分析

八区下乌尔禾组储层为低孔隙度超低渗透砾岩油藏，经过多年的注水开发，全区裂缝性水窜及低产、低效井占比超过70%，采收率仅为17%。借鉴非常规油藏开发理念，自2015年始在八区下乌尔禾组储层注水开发区与扩边区不同层位开展水平井体积压裂开发试验[1]，4口先期试验水平井采用裸眼封隔器＋投球滑套分段压裂工艺，为自然选择“甜点”压裂[2]，无法进行有效避射，存在沟通水体的风险。

为实现细分切割的改造理念，避免沟通底水和注入水体，提升压裂改造效果，达到最大限度储层动用的目的，考虑在该区开展水平井连续油管底封拖动分段压裂[3]试验，其优点是实现裂缝定点启裂、单缝规模可控，为后期控水提供有利的井筒条件。该工艺在现场施工过程中，出现压不开、二次射孔等复杂情况，施工效率还有待提高。针对连续油管喷砂射孔拖动压裂在该区块施工中出现的问题进行分析和研究，旨在提高连续油管底封拖动分段压裂工艺的施工成功率和效率，为压裂设计优化和该工艺在新疆油田老区剩余油挖潜的应用提供借鉴和参考。

1　储层特征与改造难点

八区下乌尔禾组油藏储层岩性以砂砾岩为主，天然裂缝发育，储层非均质性较强，储层物性差，其中P_2w_{2+3}弱动用区平均有效孔隙度为8.4%，平均有效渗透率为0.76mD，为低孔隙度、超低渗透砾岩油藏，埋深2300～3500m[4]。随着注水开发时间的加长，油井产量下降、含水率上升、稳产期短，区内储层改造存在以下难点：

（1）裂缝启裂难度大。目的层为强非均质性储层，储层岩性以砂砾岩、小砾岩、含砾砂岩为主，与玛湖砾岩油藏固井桥塞工艺水平井压裂特征类似，初期提排量困难。

（2）水窜风险大。该区注水开发多年，水体分布复杂，存在水体或水淹区。储层局部天然裂缝发育，压裂造缝易沟通水体，造成水淹。

2 储层改造关键技术

围绕八区下乌尔禾组的储层特征和改造难点，基于水平井细分切割理念[5]，结合前期开发井工艺分析与认识，综合考虑实现避射、裂缝定点启裂、单缝规模可控，压后全通径为后期控水提供有利的井筒条件的需求，采用连续油管底封拖动压裂工艺对储层进行分段压裂改造，实现储层的精准有效改造，从而降低渗流阻力，提高单井产量。压裂设计的主要关键点包括避射段、射孔点选择、施工排量、加砂规模，减缓与老井之间的压裂窜扰[6]。以避水和提产为原则，合理优化设计参数，确保优质储层有效动用。

2.1 控避水技术

在确保优质储层有效动用的前提下，通过采取避射、优化压裂改造规模和压裂参数，进行裂缝系统优化，避免沟通纵向、垂向上的注入水体，降低水体影响。

（1）合理避射水淹段。一是避射钻井漏失点可降低压裂水窜风险，提高压裂改造成功率。二是改造段避开注水井、注水体投影。考虑长期注水开发影响，局部注水体量大，地层压力异常，且局部发育高角度裂缝，压裂造缝易沟通平剖面水淹体，加强断裂带附近措施井地质认识，落实注水受效层段。HW830* 井水平轨迹附近有两口注水井 8710 井和 8506 井，平面距离分别为 67.0m、66.0m，附近层段进行避射（图 1），避射井段两端的压裂段严格控制压裂规模。

（2）优化压裂改造规模，控制裂缝缝高与缝长。参考 HWX8400* 井的井下微地震监测结果（图 2），在 10～25.0m^3 单缝加砂规模下，裂缝半长平均 95.0m，缝高平均 45.0m。根据压裂模拟及微地震监测结果，设计支撑裂缝半长 80.0～90.0m，根据射孔点的油层分类，位于注水井附近的井段减小加砂规模，设计加砂规模 15.0m^3，其他井段加砂规模按油层分类设计加砂 20～25.0m^3。

（3）优化压裂参数。注水井附近层段，除降低加砂规模外，在保证安全施工的前提下，提高砂浓度，降低液砂比，减少入井液量规模，减少沟通注水体风险。同时可采用变排量施工技术[7]，前置液排量由低到高变排量控制缝高和滤失，同时实施分析裂缝净压力随排量的变化，确定加砂阶段合理的施工排量。

2.2 压裂配套技术

八区下乌尔禾组储层非均质性强，岩石偏塑性，启裂压力较高，存在压裂初期施工压力高、提排量缓慢的情况。通过采取浸酸预处理[8]、提高前置液比例、小粒径支撑剂段塞技术等手段，可有效降低裂缝启裂压力，降低施工难度。

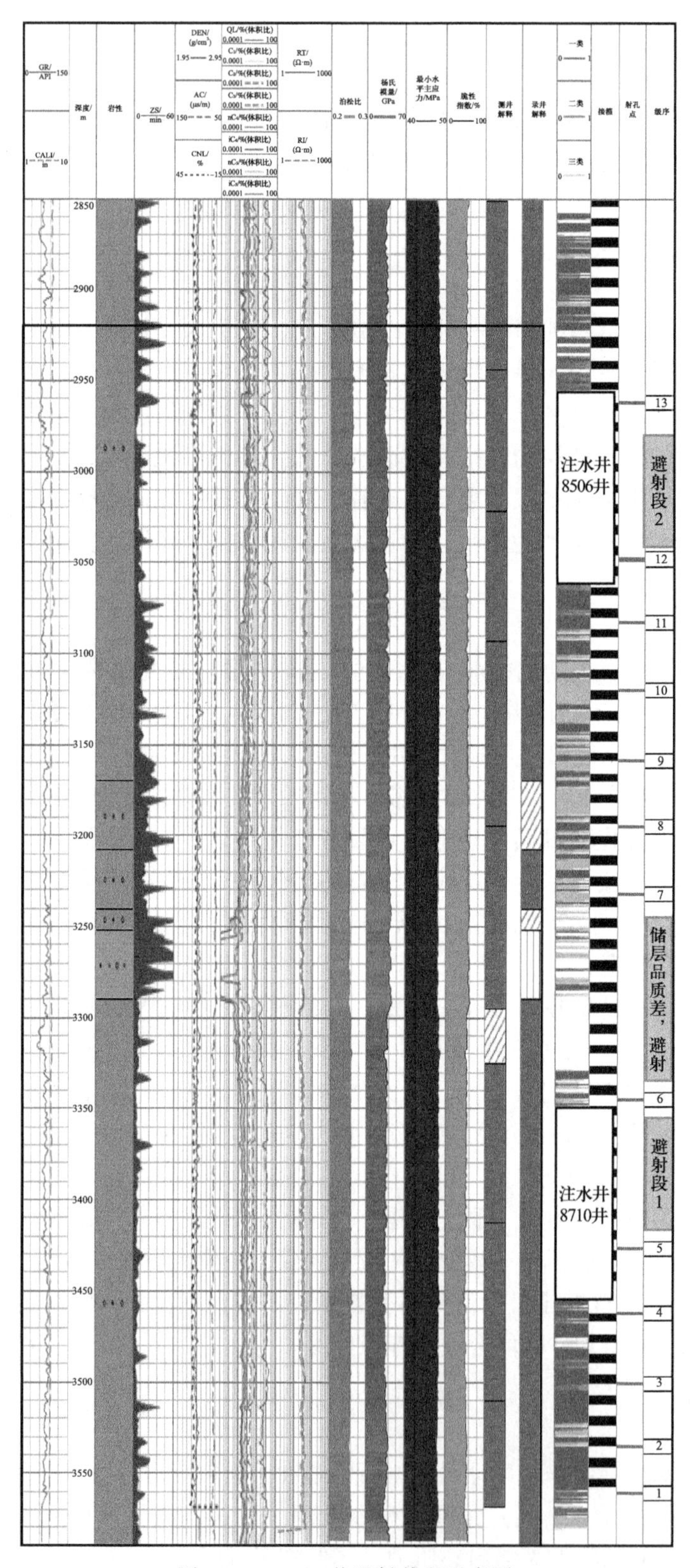

图 1　HW830* 井避射井段示意图

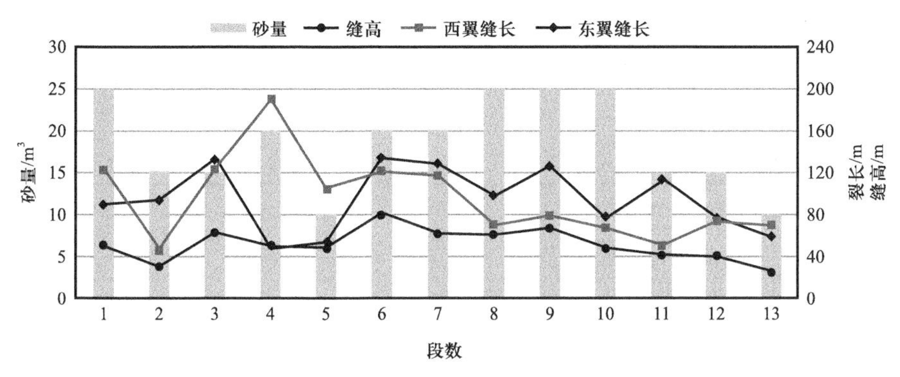

图 2 HWX8400* 井井下微地震监测结果

（1）浸酸预处理工艺。针对部分井段压裂施工中可能存在启裂困难、施工压力高的问题，采取浸酸预处理措施，目的是酸蚀近井储层，解除近井地带储层伤害，做好孔眼附近的清洁，扩大进液通道。

（2）前置液多段塞[9]技术，主要用于解决施工过程中近井扭曲摩阻较大的问题，目的是减少近井扭曲，增加有效缝宽，降低施工压力，减少施工风险。

3 施工特征及应用效果

3.1 施工特征分析

2022 年，八区下乌尔禾组储层采用连续油管底封拖动压裂工艺施工 18 口井，加砂完成率 99.7%，单井施工时效 3.6 级 /d，单日最高施工 8 级，较 2021 年的施工时效提升 28.6%，区块整体施工效率提升显著。

经统计分析可知，影响施工效率的因素有酸洗后试挤压力高、前置提排量困难、段塞压力波动大、主加砂压力波动大，其中连续油管射孔完善程度和压裂前置阶段快速建立进液加砂通道是区块施工的主要难点（表 1）。

表 1 八区下乌尔禾组水平井连续油管拖动压裂施工存在问题统计

施工阶段	难点	现象	发生级数	占比 /%
射孔阶段	无法建立完善的进液通道	多次试挤压力高、泡酸	166	54.4
		二次射孔	36	11.8
压裂阶段	难以快速建立压裂通道	前置提排量困难	54	17.7
	加砂压力波动	段塞压力波动大	28	9.2
		主加砂压力波动大	21	6.9

（1）区块酸洗需求高，平均单井浸酸比率 72.2%，酸预处理效果好。酸洗降压是该区块压裂快速建立进液通道的重要手段，分析认为该区块开发时间长、井网密集，长

期生产地层伤害严重；在钻井过程中井漏频发，钻井液、堵漏剂伤害地层，堵塞近井地带。HW8301*井第10段第一次试挤压力68MPa，酸洗后试挤48MPa，压降比较明显（图3）。

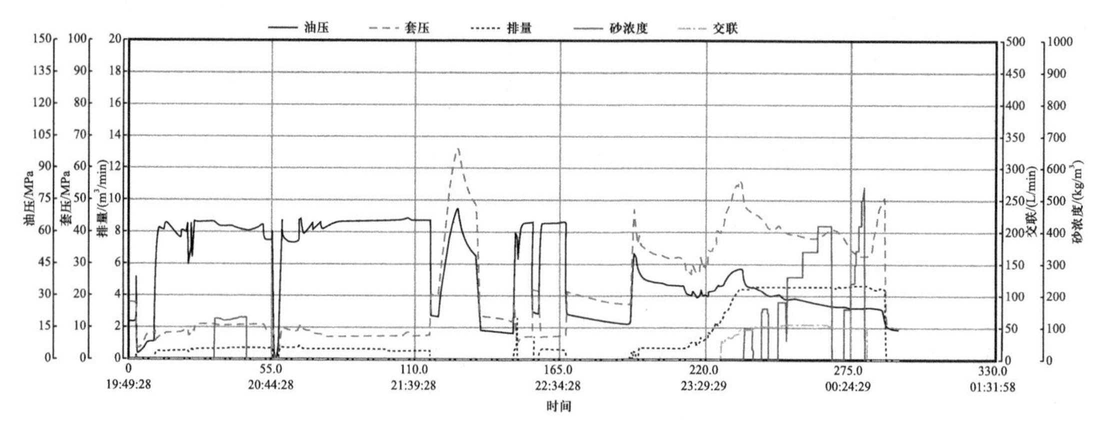

图3 酸预处理快速建立进液通道

（2）前置液段塞降压效果显著（图4）。前置液阶段提排量困难是区块施工的主要难点。导致前置提排量困难的原因包括：① 射孔不充分，孔眼及近井摩阻大；② 大部分射孔砂滞留在水平段，制约提排量速度；③ 储层裂缝发育，提排量阶段可能形成多分支缝，难以建立主裂缝通道。试挤压力高，小幅度提排量压力响应明显，反映孔眼及近井摩阻大，通过多个低砂比段塞打磨孔眼及近井裂缝壁面，增大施工安全压力空间，才能顺利提到设计排量。

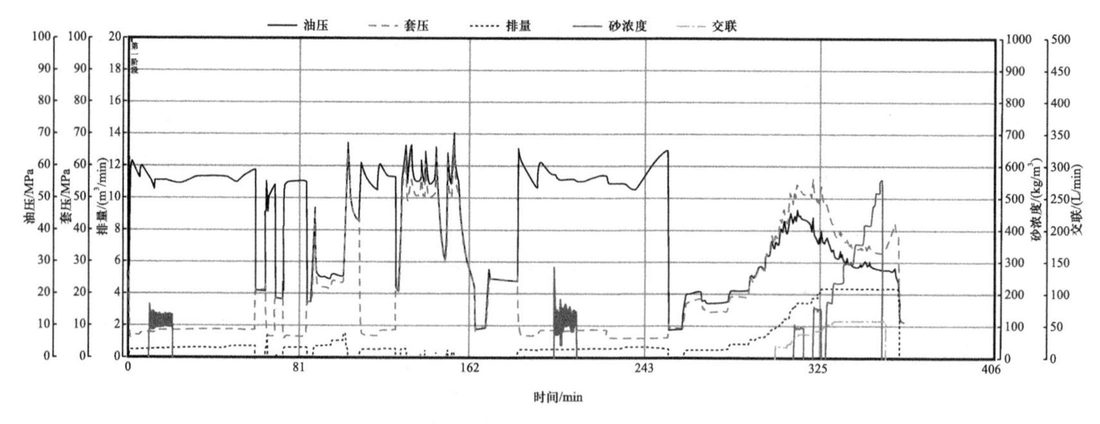

图4 前置液多段塞有效提升施工排量

（3）射孔不完善、二次射孔频次高。从射孔工具、射孔点位置来分析，影响射孔效果的主要因素是射孔点位置。射孔点选择射孔点选择物性好的位置，同时应避开钻井过程中发生井漏的位置。例如，HW83**8井第7级1次射孔位置3270m，位于3类油层，射孔后试挤超压；第2次射孔点位置3260m，位于2类油层和3类油层交界处，密度小、电阻率大，重新射孔后顺利完成施工（图5）。

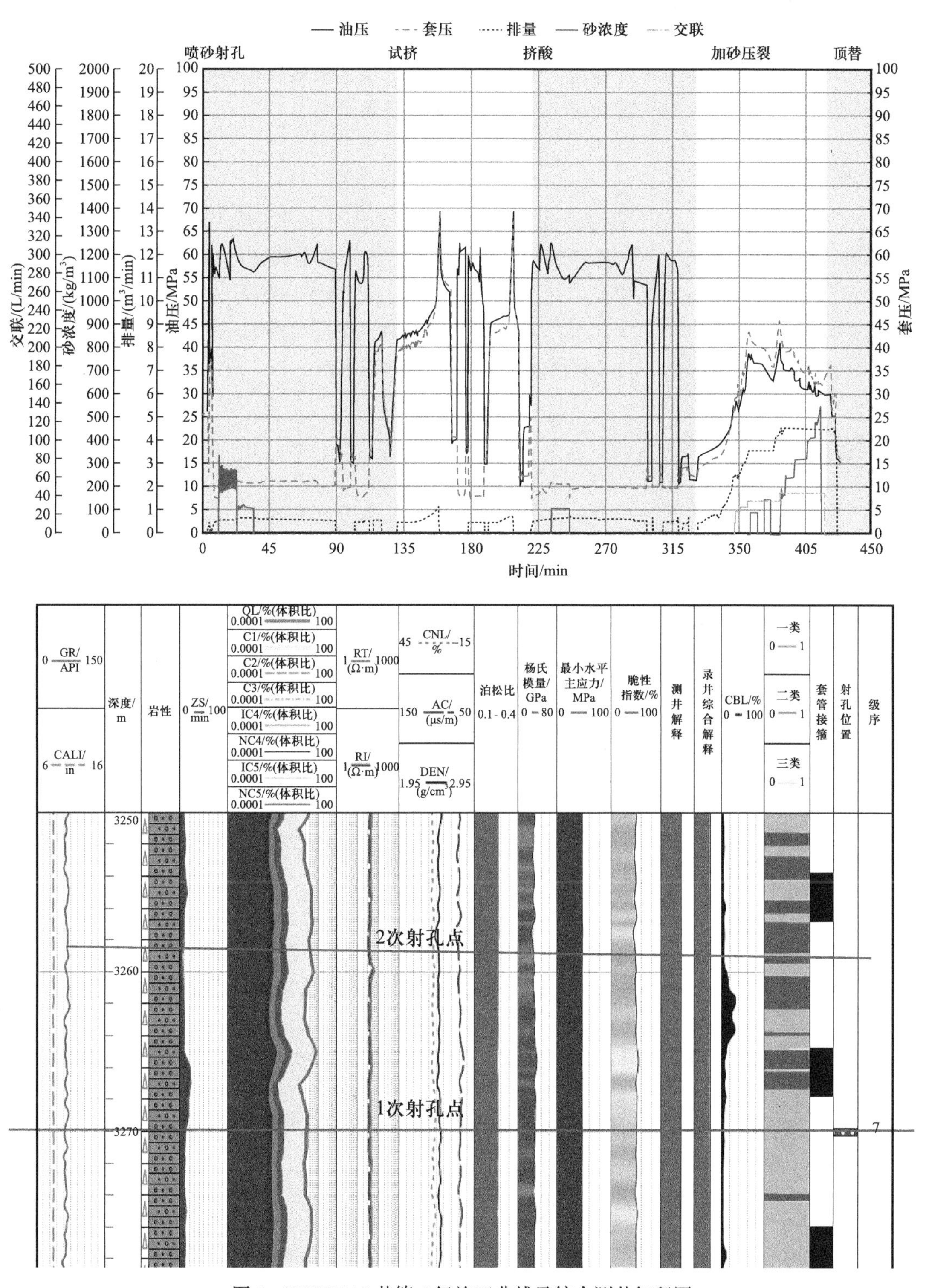

图 5　HW83**8 井第 6 级施工曲线及综合测井解释图

（4）裂缝发育层段施工压力波动较大，在高砂比阶段压力上涨要引起足够重视。乌3段裂缝发育强于乌2段，主要反映在前置提排量及泵注段塞阶段。天然裂缝发育，造成液体滤失大，多分支裂缝净压力憋起，主裂缝通道无法快速形成，加砂阶段压力呈锯齿状波动。在裂缝发育层段应提高前置液比例，增加支撑剂段塞量。

3.2 应用效果

2021—2022年，八区下乌尔禾组油藏 P_2w_{2+3} 弱动用区共采用连续油管拖动压裂工艺19口井，区块整体达产，平均日产油量达到设计产能，说明弱动用区连续油管底封拖动压裂工艺及压裂参数针对性强。其中4口高含水井主要集中在部署区中部，注水井密集，累计注水量大，多数生产井高含水，分析原因主要为压裂造缝沟通邻近水体造成水淹，这也反映出对部署区与注水区的过渡区水体、水淹体识别不清。

4 结论

（1）八区下乌尔禾组油藏 P_2w_{2+3} 弱动用区由于注水井网完善，注采井分布密集，经过长期注水生产，油水关系复杂，采用“避射 + 小规模”连续油管精准压裂改造工艺，针对性强，改善生产效果，避免人工裂缝与水体沟通造成水窜，从区块压裂效果来看，整体实现储层充分改造和裂缝范围有效控制。

（2）八区下乌尔禾组储层动用区剩余油开发较难，裂缝匹配水体是关键。鉴于近水体段附近，人工裂缝与水体匹配差的高含水压裂井，建议后续邻近水体段待实施井采用小规模选压（射孔不加砂）或采用其他破堵措施。

（3）加强断裂带附近措施井地质认识，继续加强地质工程一体化研究，落实注水受效层段、避水条件、精细化差异改造。

（4）八区下乌尔禾组施工效率的主要影响因素为连续油管射孔完善程度和压裂前置阶段快速建立进液加砂通道。

参考文献

［1］樊建明，杨子清，李卫兵，等．鄂尔多斯盆地长7致密油水平井体积压裂开发效果评价及认识［J］．中国石油大学学报（自然科学版），2015，39（4）：103-110.

［2］曾斌，李文洪．自然选择甜点暂堵体积重复压裂在新疆油田的成功应用［J］．当代化工，2019（1）：130-134.

［3］邹长虹，李同桂，何鹏，等．浅煤层气不固井水平井连续油管拖动压裂工艺应用及评价［J］．钻采工艺，2022，45（4）：170-174.

［4］孟祥燕．八区下乌尔禾组裂缝性砾岩油藏压裂工艺研究［D］．青岛：中国石油大学（华东），2007.

［5］向洪，隋阳，王静，等．胜北深层致密砂岩气藏水平井细分切割体积压裂技术［J］．石油钻采工艺，2021，43（3）：368-373.

［6］唐慧莹，梁海鹏，覃建华，等．非常规油气藏压裂窜扰原因分析及预防措施研究［C］// 中国力学学会，浙江大学．中国力学大会论文集（CCTAM2019），2019.

[7]闫天雨．变排量条件下致密砂岩储层缝网形成机制研究[D]．大庆：东北石油大学，2020.
[8]刘平礼，兰夕堂，李年银，等．酸预处理在水力压裂中降低伤害机理研究[J]．西南石油大学学报（自然科学版），2016，38（3）：150-155.
[9]陈超峰，朱雪华，杨晓儒，等．低压裂缝性储层小型测试压裂改造技术[J]．油气井测试，2018，27（4）：35-41.

致密油直井缝网压裂影响产能效果因素分析

王　玮[1]　高大鹏[2]　张　迪[1]　刘文伟[1]　穆道祥[1]

（1. 大庆油田有限责任公司大庆钻探工程公司油气资源开发技术服务项目经理部；
2. 大庆油田有限责任公司开发事业部）

摘　要：某L油田高台子油层属于低孔隙度、特低渗透致密储层，自然产能低，常规开发效益较差，直井普通压裂无法有效动用高台子油层。为探索高台子油层经济有效开发手段，开展A产能区块缝网压裂整体设计，根据储层岩石力学参数及井网部署，优化压裂规模、压裂液性能、支撑剂配比、施工参数及控制工艺，历经1年的时间，A产能区块达到了油藏工程方案设计指标。本文通过深入分析A产能区块的初期产能及累计产能效果，总结出影响产能效果的关键因素，为探索致密储层难采储量有效动用技术提供借鉴。

关键词：缝网压裂；高台子油层；加液强度；加砂强度

某L油田高台子油层储层物性差，开发以来总体效果较差，300m×300m井距下油水井间很难建立有效的驱替压差，平均单井日产油0.38t，平均单井采油强度仅为0.08t/（d·m）。A产能区块紧邻已开发区，区域内高台子油层物性差、单井厚度薄、主力层突出，平均单井钻遇有效厚度为2～10m，单层厚度为1～2m。储层变化快，物性较差，储层孔隙度平均值为11.15%，渗透率平均值为0.73mD，为致密储层。受砂体类型、储层物性和改造规模的影响，直井试油虽然能达到工业油流，但试油产量较低，A产能区块内试油井共有5口，采油强度为0.11～1.28t/（d·m）。常规开发效益较差，直井普通压裂无法有效动用高台子油层。针对L油田20年来单井产量未取得突破的实际，立足油田实践，反复认识试验，压裂提产工艺技术不断完善，在A产能区块开展区块缝网压裂整体优化设计与试验，扭转了L油田高台子油层低产低效局面。

现有文献对体积改造技术进行了大量的阐述，文献［1］中详细阐述了体积改造技术的由来，2009年1月中国石油正式提出体积改造技术理念，经过1年多研究总结于2011年发表第1篇文章[2]，明确提出体积改造技术是储层改造的重大变革，2013年初步建立了体积改造技术理论和设计方法[2-3]。总体上讲，体积改造技术是现代理论下的压裂技术总论，缝网是体积改造追求的裂缝形态，缝网压裂技术是体积改造技术的一种表达形式。

1　高台子油层特征及产能方案设计

1.1　高台子油层特征

L油田自上而下共钻遇7套地层，其中姚家组和青山口组为主要储油层，剩余储量主要集中在高台子油层，划分为G0、GⅠ、GⅡ、GⅢ、GⅣ5个油层组。A产能区块油层主要发育GⅢ、GⅣ两个油层组，对应青二三段下部储层。高台子油层属于高水位体系域沉积，主要受北部物源控制，西南部沉积受西部物源微弱影响，A产能区块发育席状砂和沙坝两类沉积，席状砂受西北物源控制，沙坝处于两支物源交会区。有效厚度薄，各层差异大。平均砂岩厚度为32.3m，有效厚度为5.8m，上部储层相对发育，以薄互层为主。砂岩主要分布在1～2m区间，有效厚度主要分布在1m以下。

高台子油层储层岩性以含泥粉砂岩为主，其次为含介形虫粉砂岩和含钙粉砂岩，石英含量较低，但长石和岩屑含量高，成分成熟度和结构成熟度均低。储层砂岩的碎屑成分主要为石英、长石和岩屑，含有一定量的碳酸盐颗粒。石英含量为20%～37%，长石含量达23%～41%，岩屑含量为14%～35%。据X射线衍射定量分析和薄片、扫描电镜研究，高台子油层自生黏土矿物以伊利石为主，相对含量在21.0%～99.0%之间，平均值为71.1%，其次是绿泥石和伊／蒙混层，相对含量分别在0～59.0%和0～38.0%之间，平均值分别为17.8%和8.74%。砂岩中普遍发育伊利石，其形态和产状多呈叶片状贴附于碎屑颗粒表面或呈瘤状、纤维状在颗粒间搭桥。高台子油层属于差—较差储层。孔隙类型主要为粒间孔、溶蚀孔和大量微孔，粒间孔是高台子油层的主要储集空间。根据样品分析，孔隙度主要分布在10%～15%之间，渗透率主要分布在0.1～0.5mD之间。平均孔隙度为11.1%，平均渗透率为0.74mD。

1.2 A产能区块方案设计情况

A产能区块为致密油藏，单井产能主要受储层物性及厚度控制，预测有效厚度为6.0m，针对单层厚度薄、层数多的特点，目的层为GⅢ2-5、GⅢ19-21及GⅣ1-2小层，部署11口直井、4口大斜度井。设计初期稳定采油强度为0.43t/（d·m），单井初期平均日产油2.6t。为提高高台子油层单井产量，改善开发效果，使高台子油层形成工业化配套技术，方案设计应用缝网压裂整体改造技术，探索高台子油层经济有效改造方式。

2 高台子油层直井缝网压裂技术

文献［4］对缝网压裂技术的概念进行了详细阐述，明确指出地质条件和施工工艺是制约缝网压裂的重要因素，直接决定能否通过压裂获得复杂裂缝网络、增大储层改造体积，并且储层改造体积与油井累计产能具有显著的正相关性。

2.1 高台子油层形成缝网压裂的技术条件

2.1.1 储层脆性指数评价

水力压裂国内外研究表明，人工裂缝的扩展形态除受压裂工艺参数的影响外，主要受岩石自身物理性质的影响，岩石机械物理特性决定了人工裂缝的开启及扩展状态。为直观描述岩石对于水力压裂实施的难易，一般用脆性来表征压裂的难易程度。国外目前普遍采用两种方法对岩石的脆性进行研究：一种是基于储层岩石所含的不同矿物所占比例进行脆性分析，认为储层的脆性是由岩石所含特有脆性矿物所决定的；另一种是基于储层岩石机械物理特性对脆性进行研究，认为脆性只取决于岩石本身弹性特点，与矿物关系不大。国内研究基本与国外类似，大多数研究者倾向于矿物分析，通常把石英、长石和碳酸盐矿物作为脆性物进行储层岩石的脆性评价。通过对 A 区块储层脆性指数计算发现，储层弹性模量高、泊松比低、石英组分含量高，预布井区高台子油层石英 + 钾长石 + 方解石含量为 41.7%～63.3%，计算脆性指数高于 45% 以上，有利于产生复杂的缝网体系。

2.1.2 水平地应力差值评价分析

通过理论研究及岩石力学参数测试得出，当水平地应力差值小于 5MPa 时，满足缝网压裂复杂裂缝体系形成、延伸及张开的力学条件。A 产能区块高台子油层中深在 1906m 左右，水平地应力差值为 2.4～3.2MPa，见表 1。结合缝网压裂工艺选层标准（含油饱和度＞40%；伽马值＜90API；泊松比 0.0191～0.235；水平地应力差值 2.50～4.52MPa），初步预测研究区高台子油层具备形成缝网的条件。

表 1　高台子油层差异系数统计

井号	井段 /m	最大水平地应力 /MPa	最小水平地应力 /MPa	水平地应力差值 /MPa
龙 242–1	1817	33.4	30.4	3.0
龙 173– 斜 2	1805	39.2	36.7	2.5
龙 26– 直 1	1785	34.2	31.8	2.4
龙 26– 直 2	1805	38.2	35.0	3.2
龙 26– 直 3	1836	37.9	35.5	2.4

2.1.3 邻近区块缝网监测评价

L116 井和 L120 井，井下微地震监测缝长 123～351m，缝带宽 29～76m，缝网长宽比主体范围 4.2～4.9，总体上近东西向，具有缝网特征，详见表 2。

表 2　龙虎泡油田高台子油层直井微地震监测裂缝情况

<table>
<tr><th rowspan="2">井号</th><th rowspan="2">压裂层段</th><th colspan="7">井下监测情况（东方物探）</th></tr>
<tr><th>西翼半缝长 /m</th><th>东翼半缝长 /m</th><th>裂缝长 /m</th><th>裂缝网络宽 /m</th><th>长宽比</th><th>裂缝网络高 /m</th><th>裂缝网络走向</th></tr>
<tr><td rowspan="5">L116</td><td rowspan="2">GⅢ2—GⅢ9</td><td>93</td><td>160</td><td>253</td><td>68</td><td>3.72</td><td rowspan="2">65</td><td rowspan="2">北偏东 33°，北偏东 90°</td></tr>
<tr><td>256</td><td>32</td><td>288</td><td>34</td><td>8.47</td></tr>
<tr><td>GⅢ18—GⅢ20</td><td>273</td><td>65</td><td>338</td><td>76</td><td>4.45</td><td>81</td><td>北偏东 73°</td></tr>
<tr><td>GⅣ2—GⅣ4</td><td>219</td><td>132</td><td>351</td><td>72</td><td>4.88</td><td>52</td><td>北偏东 86°</td></tr>
<tr><td>全井</td><td>210</td><td>97</td><td>308</td><td>63</td><td>4.89</td><td>66</td><td>北偏东 70°</td></tr>
</table>

续表

井号	压裂层段	井下监测情况（东方物探）						
		西翼半缝长 /m	东翼半缝长 /m	裂缝长 /m	裂缝网络宽 /m	长宽比	裂缝网络高 /m	裂缝网络走向
L120	GⅢ2—GⅢ9	12	111	123	38	3.24	33	东西向
	GⅢ17—GⅢ19	48	146	194	29	6.69	30	东西向
	GⅣ1—GⅣ4	87	147	234	66	3.55	35	北偏东 80°
	全井	49	135	184	44	4.18	33	

2.2 产能区块缝网压裂整体设计

2.2.1 相邻区块高台子油层改造效果分析

水力压裂技术具有普遍性，也具有特殊性，看似相同的压裂工艺参数，针对不同的储层条件就会出现不同的效果，为此开展压裂工艺设计，首先要做好周围邻井或者相同储层的压裂改造效果分析工作，这是做好压裂设计的前提。A 产能区块周围 19 口探评井采取常规压裂试油，平均日产油 3.6t，加砂强度 3m^3/m，加液强度 18.27m^3/m，采油强度 0.34t/（d·m）；11 口井采取缝网压裂试油，平均日产油 5.08t，加砂强度 14.2m^3/m，加液强度 428.7m^3/m，采油强度 0.72t/（d·m）。同时，对高台子油层缝网压裂试验的 5 口井进行分析，压后采油强度是压前的 2～8 倍，平均单井压裂砂岩厚度 13.6m，加液强度 560m^3/m，加砂强度 14.8m^3/m，平均单井增油 2680t。

为了进一步验证压裂规模对于缝长和缝宽的影响，选取缝网压裂的 3 口井进行了微地震监测，监测结果表明，随着压裂砂和压裂液的增加，压裂的缝长和缝宽也在增加，且压裂施工排量的变化给压裂缝宽带来的影响最大。当排量为 6m^3/min 时，最大缝长为 253～288m，最大缝宽为 34～68m；当排量为 8m^3/min 时，最大缝长为 338～351m，最大缝宽为 72～76m；当排量为 14m^3/min 时，最大缝长为 419～496m，最大缝宽为 112～153m。见表 3 和表 4。同时，通过计算压裂裂缝波及面积，可以看出波及范围较小，为 2～6m^2，且缝宽增大难度较大，为此，在设计井网井排距时，尽量缩小排距。

表 3　高台子油层 L116 试验井压裂施工规模与裂缝监测结果分析

序号	层段	压裂液量 / m^3	裂缝高度 / m	加砂量 / m^3	施工排量 / （m^3/min）	加液强度 / （m^3/m ）	加砂强度 / （m^3/m ）
1	GⅣ1-4	1000	13	20	5.0～7.0	909	18.2
2	GⅢ18-19	1000	7	20	5.0～7.0	500	10
3	GⅢ2-9	2000	26	40	4.0～8.0	317	6.3

表4　高台子油层试验井压裂施工规模与裂缝监测结果分析

层段	滑溜水排量 / (m^3/min)	压裂液量 / m^3	加砂量 / m^3	实测缝长 / m	实测缝宽 / m	实测缝高 / m	改造体积 / m^3	预测波及面积 / m^2
L116井							244826	19404
GⅣ4-2	8	1000	20	351	72	52	50544	25272
GⅢ20-18	8	1000	25	338	76	81	66789	25688
GⅢ9-8	6	1000	20	288	34	65	15667	9792
GⅢ6-2	6	1500	30	253	68	65	111826	17204
JP2				462.9	126.2	8.3	1523000	58418
5	14	1270	112	429	131	7.9	178875	56199
6	14	1270	112	437	120	7.4	189000	52440
7	14	1270	112	493	122	8.5	202500	60146
8	14	1270	112	462	135	7.2	195750	62370
9	14	1270	112	487	116	8.8	162000	56492
10	14	1270	112	496	126	8.1	192375	62496
11	14	1600	128	478	112	7.7	178875	53536
12	14	1365	124	465	145	9.6	185625	67425
13	14	1365	124	419	129	9.4	189000	54051
JP1				453.8	131.8	8.6	1358400	59811
2	14	1280	112	482	141	9.7	192375	67962
3	14	1375	124	444	118	6.9	199125	52392
4	14	1375	124	452	127	7.8	202500	57404
5	14	1270	112	422	114	8.5	185625	48108
6	14	1270	112	448	121	8.3	202500	54208
7	14	1270	112	461	143	9.2	172125	65923
8	14	1365	124	488	153	9.4	168750	74664
9	14	1365	124	433	137	8.9	175500	59321

2.2.2　A产能区块高台子油层缝网压裂设计

以大幅度提高储层整体动用程度为目标，采用井网控储量、裂缝控砂体、精细分层的三维立体改造模式，强化区块压裂方案整体优化设计，通过“五个匹配＋两个优化”，实现致密储层的有效动用。

一是压裂缝长与砂体发育规模相匹配。A产能区块井网形式为500m×240m矩形交错井网，坚持单井压裂设计规模由井控储量向缝控储量转变，确保压裂缝长与砂体发育规模相匹配，高台油层主力层砂体连片分布，压裂规模不受砂体发育影响。

二是压裂缝长宽与井网井距相匹配，高台子油层缝网长宽比为3.2～4.9，穿透比按照砂体展布优化，设计压裂半缝长为145～258m，半缝宽为30m，设计单层用液规模600～1000m^3，单井用液规模3300～6000m^3。

三是压裂规模与储层性质相匹配，从均匀改造纵向剖面，实现各个小层均匀动用的角度出发，提出“提高Ⅰ类，优化Ⅱ类，加强Ⅲ类”的压裂设计思路，从Ⅰ类到Ⅱ-2类，加砂强度由26m^3/m提为30m^3/m，加液强度由550m^3/m升为650m^3/m。

四是管柱与分层相匹配，目前适应大庆油田的直井缝网压裂工艺主要有坐压多层压裂工艺、连续油管压裂工艺，A产能区块高台子油层直井单层发育4～8层，根据单井实钻结果，选择压裂工艺。对于压裂层数小于5层的井，设计采用一次坐压多层压裂工艺；对于压裂层数不小于5层的井，设计采用连续油管压裂工艺（表5）。

表5　两种压裂工艺特点及技术指标对比

压裂工艺	工艺特点	技术指标	优缺点对比
一次坐压多层压裂工艺（层数<5层）	（1）液压方式将全部封隔器一次性坐封； （2）逐级投球开启对应层段喷砂器进行分层压裂； （3）满足多段大砂量压裂需要	（1）耐温120℃，耐压70MPa； （2）最高排量8m^3/min； （3）单段最大加砂量80m^3； （4）单趟管柱施工6层	坐压多层压裂可一次压裂多层，钻井可应用组合套管，可节省部分费用
连续油管压裂工艺（层数≥5层）	（1）集射孔、封隔、压裂等多种功能于一体； （2）通过连续油管带压逐层上提，实现各层段精准压裂； （3）环空加砂规模大、排量大，施工效率高	（1）耐温120℃，耐压70MPa； （2）最高排量12m^3/min； （3）单趟管柱最多压裂42段	连续油管压裂施工排量较高，有助于压开难压储层，但需要全井采用P110钢级套管，结合钻井预测需要增加套管投资5.05万元，并增加套管头费用

五是排量与净压力相匹配，注入排量越高，相同规模条件下，缝网波及范围越大，优化施工排量提高净压力，促使缝网形成，通过地面压力模拟计算，优化施工排量8～10m^3/min。6～10m^3/min排量模拟施工，人工裂缝高度在8～12m之间，压裂裂缝穿透上下2～3个隔层，三个层段合压，缝高10m能够实现多层有效压裂。为此，施工排量初步设计为8～10m^3/min，根据隔层、合压、缝高及井距综合优化设计单井的施工排量。

六是加砂模式优化。致密油压裂支撑剂主要为组合粒径支撑，滑溜水携砂能力弱，常规支撑剂缝内沉降快，其运移及铺置方式与理想情况不同，考虑裂缝导流能力以20～40目支撑剂为主，通过开展不同组合粒径的导流能力模拟（图1），最终优选70～140目：40～70目：20～40目=1：3：6，施工首先加入小粒径支撑剂，然后中等粒径支撑剂，最后加入大粒径支撑剂。相邻J区块6口井采用尾追20～40目陶粒防砂工艺，砂柱高度由10.2m降至5.5m，降低了46.1%，为此，A产能区块部分井开展尾追20～40目陶粒防砂工艺试验。

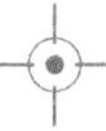

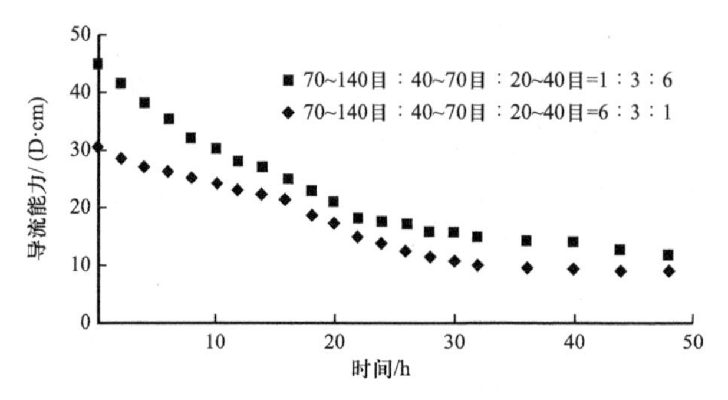

图 1　不同粒径石英砂组合导流能力变化曲线

七是压裂液配方体系优化。为了实现压裂液强烈造缝，现场试验了“滑溜水 + 清水 + 滑溜水 + 缔合液携砂液体系”，具有低伤害、压后不返排、即配即注、溶胀速度快等优点，综合成本较瓜尔胶下降 58.2%；由于常规滑溜水黏度低（≤ 5mPa · s），携砂能力差，段塞加砂最高砂比仅为 10% 左右，难以连续加砂；瓜尔胶使用量大，对致密储层伤害大、成本高。为此，A 区块设计采取滑溜水 + 变黏滑溜水组合方式，滑溜水用量占总液量比例 55%；变黏滑溜水用量占总液量比例 45%。压裂液性能指标见表 6。

表 6　压裂液性能指标要求

序号	指标		滑溜水	高黏滑溜水
1	溶解时间 /s		≤ 40	
2	降阻率 /%	清水	≥70	—
		2%KCl 盐水	≥65	—
3	基液黏度（0.8%）/（mPa · s）		—	≥30
4	破胶时间 /min		—	≤ 720
5	破胶液表观黏度 /（mPa · s）		—	≤ 5
6	残渣含量 /（mg/L）		—	≤ 50
7	破胶液表面张力 /（mN/m）		—	≤ 28.0
8	破胶液界面张力 /（mN/m）		—	≤ 2.0

3　影响高台子油层缝网压裂效果的因素分析

3.1　产量与储层物性好呈正相关

新井的初期产油量与孔隙度、Ⅰ+Ⅱ类层有效厚度存在正相关性，储层物性越好，有效厚度越大，含油性越好，初期产量越高。从累计产量分析，对于Ⅰ类储层占比较高井（表 7），平均单井累计产量 919t，在加液强度为 563.8m^3/m、加砂强度为 26.6m^3/m 的压裂规模下，达到了地质预测产能指标；对于Ⅰ类储层占比较低井（表8），平均单井累计产量580t，在加液强度为522m^3/m、加砂强度为23.9m^3/m的规模下，存在产量递减快的问题。

表7　A产能区块投产情况（Ⅰ+Ⅱ类储层有效厚度占比97.3%，Ⅰ类储层有效厚度占比58.9%）

序号	井号	加液强度/(m^3/m)	加砂强度/(m^3/m)	起抽前3个月平均			生产情况（2023年5月17日）						储层厚度/m		
				日产液量/t	日产油量/t	含水率/%	生产天数/d	日产液量/t	日产油量/t	含水率/%	采油强度/[t/(d·m)]	累计产油量/t	Ⅰ类	Ⅱ-1类	Ⅱ-2类
1	J96	573.3	28.6	13.1	5	62	308	4.9	3.05	37.8	0.75	1291	3.4	1.5	0.3
2	J99	444.3	20.5	12.4	4.4	64.3	311	5.1	1.56	69.4	0.2	1223	4.9	3.5	0.4
3	J100	641.6	29.9	10.4	4.4	57.5	338	3.4	3.01	11.4	0.59	1072	5.2	0	0
4	J98	516.9	23.5	5.7	2.5	55.8	329	5.5	2.24	59.3	0.32	866	3.9	5	0.5
5	J102	560.9	29.7	4.6	3	33.2	320	2.7	1.45	46.2	0.32	522	4	2.5	0
6	J104	646	27.6	10.3	2.6	74.6	316	6.3	2.4	61.5	0.32	540	4.1	4.1	0
平均		563.8	26.6	9.4	3.7	57.9	320	4.65	2.29	47.6	0.42	919	4.3	2.8	0.2

表8　A产能区块直井情况（Ⅰ+Ⅱ类储层有效厚度占比77.8%，Ⅰ类储层有效厚度占比18.5%）

序号	井号	加液强度/(m^3/m)	加砂强度/(m^3/m)	起抽前3个月平均			生产情况（2023年5月17日）						储层厚度/m		
				日产液量/t	日产油量/t	含水率/%	生产天数/d	日产液量/t	日产油量/t	含水率/%	采油强度/[t/(d·m)]	累计产油量/t	Ⅰ类	Ⅱ-1类	Ⅱ-2类
1	J103	593.5	25.3	7.2	3.4	53.2	328	4.20	1.43	66.0	77.8	592	1.4	2.8	0.6
2	J105	527.0	25.7	6.2	3.2	48.1	327	3.70	2.13	42.4	63.4	608	0.8	4.6	0.7
3	J97	445.6	20.8	5.8	2.5	56.6	318	4.00	1.26	68.6	59.2	542	0.8	2.2	2.2
平均		522.0	23.9	6.4	3.0	52.6	324	3.97	1.61	59.0	66.80	580	1.0	3.2	1.2

3.2　产量与压裂规模呈正相关

通过分析单井的产量发现，加液强度、加砂强度越大，储层改造程度越大，初期产量越高，稳产期长（图2、图3）。当加液强度由563.8m^3/m提高到590.5m^3/m以上时，产量递减较慢，弥补储层条件变差问题；在储层条件相当的情况下，加液强度大于600m^3/m和加液强度低于520m^3/m的井进行对比，加液强度低的井早见油，但递减快；加液强度高的井产量无递减，含水率呈下降趋势（表9、表10）。因此，在设计压裂规模时，应充分考虑储层的性质，对于Ⅱ类储层应加大压裂规模，减缓产量递减趋势。

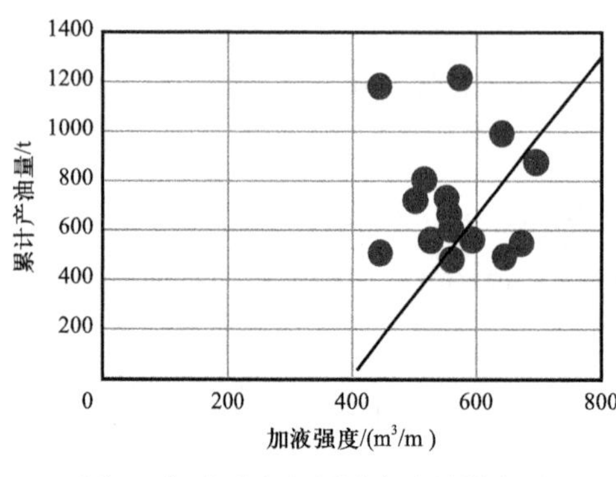

图 2　加液强度与累计产油量散点图

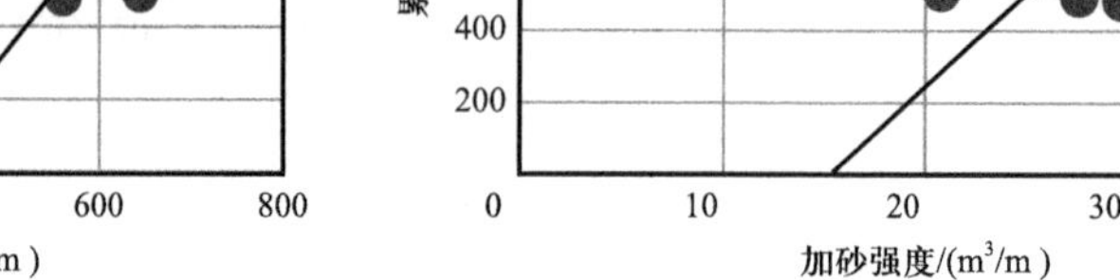

图 3　加砂强度与累计产油量散点图

表 9　A 产能区块投产情况（Ⅰ+Ⅱ储层有效厚度占比 97.3%，Ⅰ类储层有效厚度占比 58.9%）

产能序号	井号	加液强度/（m³/m）	加砂强度/（m³/m）	起抽见油前 3 个月平均				生产情况（2023 年 5 月 17 日）					储层厚度 /m		
				日产液量/t	日产油量/t	含水率/%	采油强度/[t/（d·m）]	日产液量/t	日产油量/t	含水率/%	采油强度/[t/（d·m）]	累计产油量/t	Ⅰ类	Ⅱ-1类	Ⅱ-2类
3	J100	641.6	29.9	10.4	4.4	57.5	338	3.4	3.01	11.4	0.59	1072	5.2	0	0
4	J110	697.3	25.9	7.6	3.1	59.3	0.65	321	4	3.54	11.5	966	2.2	2.9	0.7
13	J107	673.9	28.3	7.4	2.5	66.2	0.4	322	5.7	2.93	48.6	625	2	3.1	0
15	J104	646	27.6	10.3	2.6	74.6	0.33	316	6.3	2.4	61.5	540	4.1	4.1	0
平均效果		664.7	27.9	8.9	3.2	64.4	0.5	324	4.85	2.97	33.25	800	3.4	2.5	0.2

表 10　A 产能区块投产情况（Ⅰ+Ⅱ储层有效厚度占比 77.8%，Ⅰ类储层有效厚度占比 18.5%）

产能序号	井号	加液强度/（m³/m）	加砂强度/（m³/m）	起抽见油前 3 个月平均				生产情况（2023 年 5 月 17 日）					储层厚度 /m		
				日产液量/t	日产油量/t	含水率/%	采油强度/[t/（d·m）]	日产液量/t	日产油量/t	含水率/%	采油强度/[t/（d·m）]	累计产油量/t	Ⅰ类	Ⅱ-1类	Ⅱ-2类
2	J99	444.3	20.5	12.4	4.4	64.3	0.54	5.10	1.56	69.4	0.20	1223	4.9	3.5	0.4
5	J98	516.9	23.5	5.7	2.5	55.8	0.31	5.50	2.24	59.3	0.32	866	3.9	5	0.5
7	J106	502.4	24.5	10.5	5.2	50.8	0.91	4.80	1.65	65.7	0.32	764	2.5	2.8	0.9
13	J97	445.6	20.8	5.8	2.5	56.6	0.42	4.00	1.26	68.6	0.24	542	0.8	2.2	2.2
平均效果		477.3	22.3	8.6	3.7	56.9	0.5	4.85	1.68	65.8	0.27	848	3.0	3.4	1.0

3.3　压裂工艺及参数对产量存在影响

将区块内 15 口井的生产时间统一到 200 天进行效果对比，其中一次坐压多层压裂工艺和连续油管压裂工艺的累计产油基本量相当，一次坐压多层比连续油管采油强度高 0.1t/（d·m）；加陶粒井单井累计产油比不加陶粒井多产油 130t。返排、焖井及管理制度与累计产量存在关联，平均单井焖井时间大于 6 天的井累计产油量比焖井时间小于 6 天的井多产油 60t。

4 结论与认识

（1）针对高台子致密储层效益开发问题，A 产能区块开展的缝网压裂整体优化设计与现场实践应用，为区块产能达标创造了条件，为难采储量有效动用提供了技术手段；

（2）加大压裂规模设计可以有效弥补致密油Ⅱ类储层品质差的问题，创新提出直井纵向剖面个性化设计以实现均匀强度开采的理念，变黏滑溜水的优化配比设计、支撑剂组合粒径设计、施工参数及控制工艺设计，为探索致密储层难采储量有效动用技术提供借鉴。

参考文献

[1]胥云，雷群，陈铭，等．体积改造技术理论研究进展与发展方向[J]．石油勘探与开发，2018，45（5）：874-887.

[2]吴奇，胥云，王晓泉，等．非常规储集层体积改造技术：内涵、优化设计与实现[J]．石油勘探与开发，2012，39（3）：352-358.

[3]吴奇，胥云，张守良，等．非常规储集层体积改造技术核心理论与优化设计关键[J]．石油学报，2014，35（4）：706-714.

[4]雷群，胥云，蒋廷学，等．用于提高低－特低渗透油气藏改造效果的缝网压裂技术[J]．石油学报，2009，30（2）：237-241.

长庆致密砂岩油藏水平井老井暂堵酸化技术研究与试验

徐 洋 蒋文学 邹鸿江 白云海 杨 发 王冰飞

（1. 中国石油川庆钻探工程有限公司钻采工程技术研究院；2. 低渗透油气田勘探开发国家工程实验室）

摘 要： 由于长庆低渗透砂岩三叠系油藏具有非均质性强、夹层发育等特点，在开发过程中，水平井主要采取了高强度压裂改造，储层人工裂缝渗透率与基质渗透率相差较远。生产过程中因结垢堵塞产量下降，油藏段间和缝内矛盾突出，常规酸化的酸液易产生指进现象，引起解堵后含水率上升并限制增产。本文合成开发了一种耐酸型自降解暂堵剂和分流酸化工作液，暂堵承压达到33MPa，转向效率达到85.2%，通过固体暂堵和液体自转向功能，阻止酸液继续进入高渗透孔道，在储层深部进行转向，在水平井段（裂缝内）的均匀布酸、裂缝性储层的“网络”酸化，并减小对裂缝系统的损害，提高酸液在砂岩储层水平井老井段内的解堵效率，清洁酸化，实现对非均质性储层或低渗透裂缝性砂岩储层的立体改造，达到高效改造的目的。现场试验10口水平井，平均单井日增油2.85t，酸化前后含水率下降8.45%，为水平井老井控水解堵增产提供一条新试验方向。

关键词： 暂堵酸化；水平井老井；解堵效率；均匀布酸

致密砂岩储层油井酸化过程中，受储层多层、长水平井段以及层内非均质性影响，导致酸液伤害程度不均匀，均匀布酸难，高效改造难度大。主要由于酸液更易沿高渗透层或裂缝方向形成指进，导致纵向和平面上布酸不均，使得部分主力油层过度酸化[1-2]，而含油饱和度较高的低渗透油层（堵塞层）动用程度低或仍没有动用，措施效果受到影响。主力油层过度酸化导致水平井含水率上升。由于高渗透层、大孔道或裂缝得到过度酸化，加大储层内的渗透率差异，造成出水与出油孔道的相互沟通[3]，从而大幅度提高水平井含水率，降低单井产油量，加剧结垢速率，增加整体开发成本。

长庆油田针对致密砂岩储层水平井老井酸化主要有四种形式：（1）机械分流，主要分为封隔器转向、堵球转向、连续油管布酸技术；（2）化学微粒暂堵法，包括油溶性和水溶性化学固体等[4]；（3）酸液稠化分流技术，主要包括聚合物和表面活性剂增稠技术；（4）泡沫分流技术，常用气体为氮气、天然气或者二氧化碳[5]。由于当前水平井老井暂堵酸化技术存在对设备要求较高、施工工艺复杂、酸化暂堵剂在地层流体中溶解温度限制性强[6]、溶解度低、韧性低、分流效率差、成本高等问题[7]。针对以上问题，本文开发了一套适用于长庆致密砂岩油藏水平井老井暂堵酸化技术。

长庆致密砂岩油藏水平井老井暂堵酸化原理主要通过耐酸型自降解暂堵剂和分流酸

化工作液，酸液先进入水平井高渗透带或裂缝中与堵塞物反应，利用耐酸型自降解暂堵剂的暂堵自转向功能，分流酸化工作液与砂岩储层反应自动变黏阻止酸液继续进入高渗透孔道，后续鲜酸继续向水平井深部穿透和转向低渗透层或低渗透基质，耐酸型自降解暂堵剂在72h完全降解，分流酸化工作液与生产中原油黏度降低，从而不影响储层裂缝导流，实现对水平井非均质性储层或低渗透裂缝性储层的全面深度改造。这种具备自转向能力的暂堵酸化技术，能够实现长水平井段的均匀布酸、裂缝性储层的“网络”酸化，并减小对裂缝系统的损害，清洁酸化，达到高效改造的目的。

1 致密砂岩暂堵分流酸化稠化剂开发

致密暂堵分流酸化液关键产品是由室内合成一种分流酸化稠化剂和一种耐酸型自降解暂堵剂组成。

分流酸化稠化剂由于自身带有酰氨基、羟基、羧基等亲水基团，同时含有烷基、苯环、烯基等疏水基团，能在浓盐酸、硝酸等强酸或浓甲酸、乙酸等有机酸中溶解，由于分流酸化稠化剂溶胀，分子内相互排斥、分子间缠绕产生形成一种低黏流体。

分流酸化稠化剂的合成：在250mL的三口烧瓶中加入一定量的长链炔基A、有机胺B、苄化物C、多元酸D、引发剂E，加入总等量的反应溶剂F，在140℃搅拌、回流反应8h，抽滤得到低分子聚合物初产品。将初产品置入一种有机钠盐的缓冲溶液中搅拌2h，抽滤，干燥即得到较高纯度的分流酸化稠化剂。

室内借助实验仪器对合成的分流酸化稠化剂进行了测试表征，分流酸化稠化剂红外光谱如图1所示；分流酸化稠化剂核磁共振图如图2所示；分流酸化稠化剂质谱如图3所示。

通过以上表征手段可以得出，分流酸化稠化剂分子量为1263，分流酸化稠化剂含有酰氨基、羟基、羧基、烷基、苯环和烯基，合成的物质是设计的目标产物。

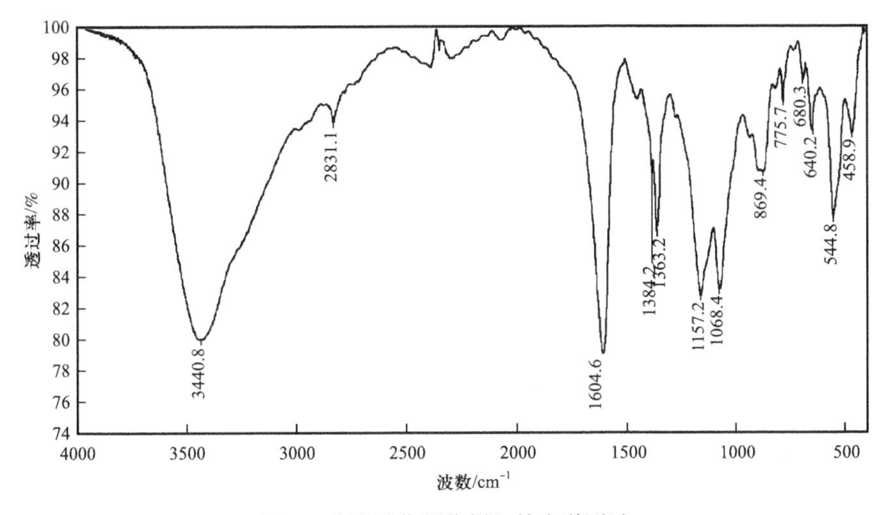

图1 分流酸化稠化剂红外光谱测试

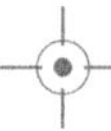

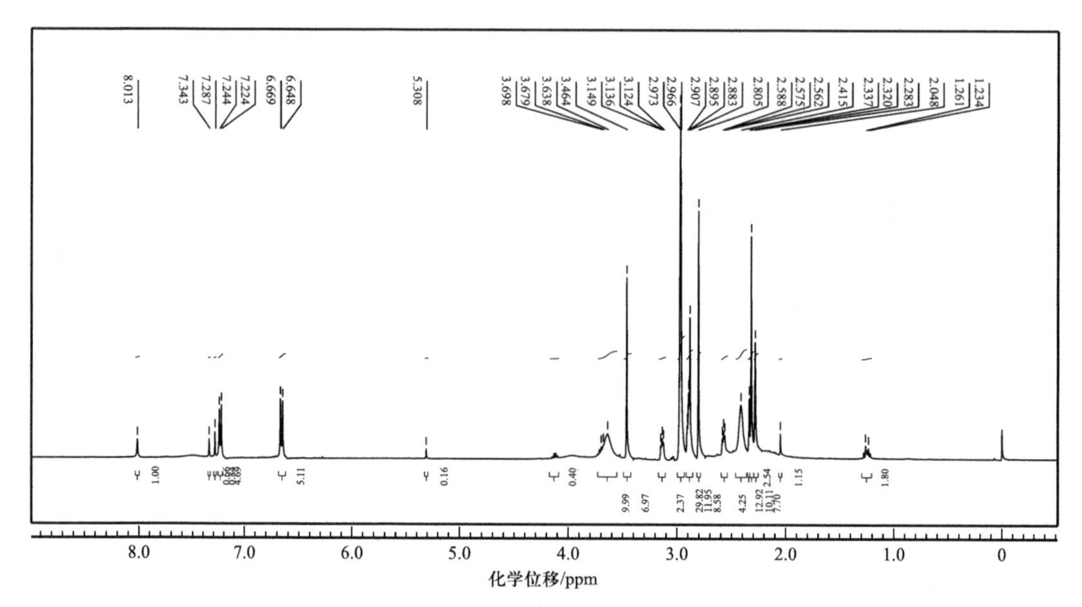

图 2 分流酸化稠化剂核磁共振测试

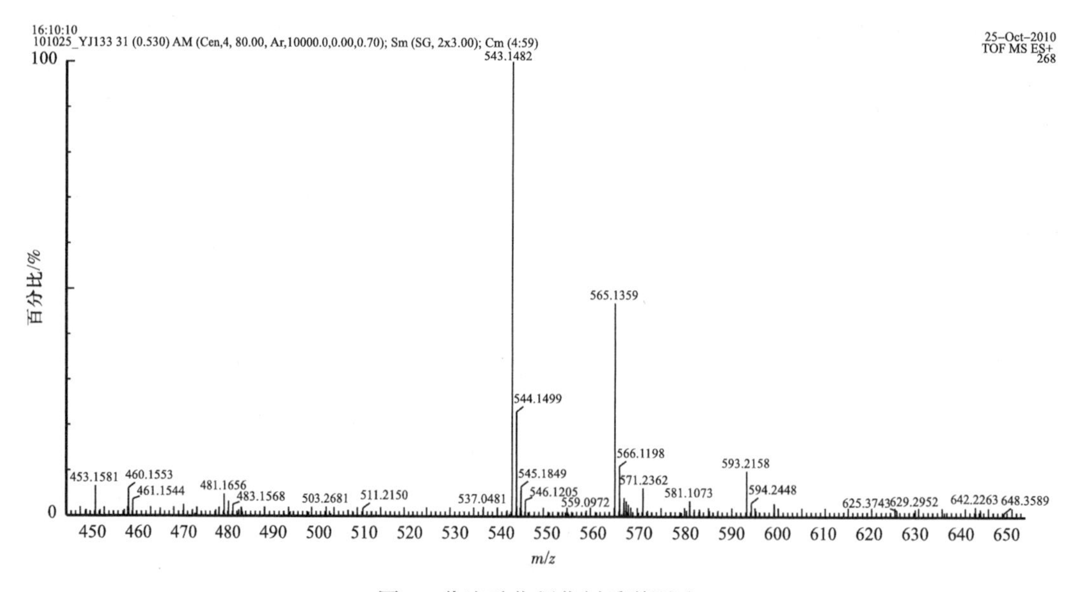

图 3 分流酸化稠化剂质谱测试

2 耐酸型自降解暂堵剂开发

耐酸型自降解暂堵剂主要由 A、B、C、D、E 五种材料组成，其中 A、B 是两种不同强度、不同软化点的挠性酰胺聚合物，是暂堵剂的主要成分，占比 70%～80%；C 是强度大于挠性酰胺聚合物的天然高分子材料，占比 5%～10%；D 是硬度低的环状高分子物质，占比 5%～10%；E 为悬浮剂颗粒，溶于酸液中后起到分散剂作用，耐酸型自降解暂堵剂能较好地均匀分散于酸液中，在酸液中 2h 溶解率低于 3.3%，72h 完全溶解。

耐酸型自降解暂堵剂合成：按配方将上述各种材料称好，加入反应釜中，升温至 150℃左右，使其呈熔融的液体状态，将包材溶液雾化喷入，所用包材与囊心的比例大概为 1∶4，分别用旋风式粉碎机将薄片状材料加工成 40～200 目要求的粉状物，使耐酸型自降解暂堵剂粒子聚集成有黏合力的团粒，最终形成均匀的球状颗粒的耐酸型自降解暂堵剂。

室内借助实验仪器对合成的耐酸型自降解暂堵剂进行了测试表征，结构如图 4 所示。

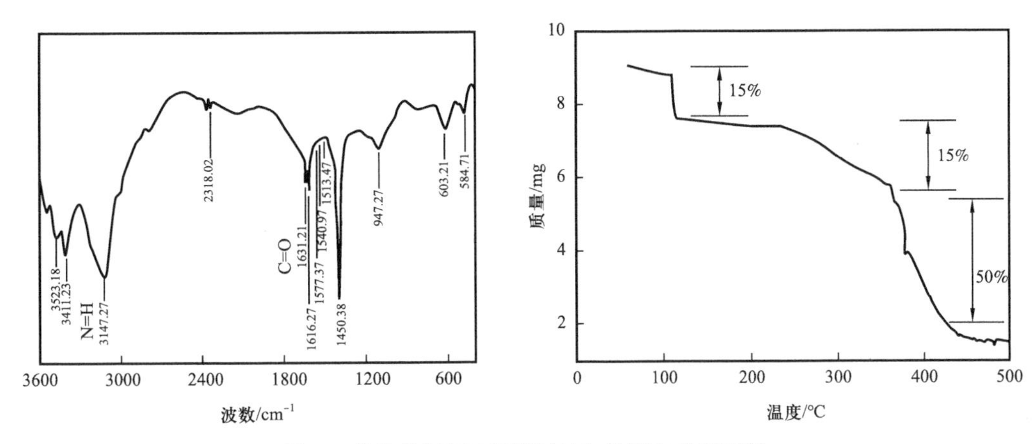

图 4　耐酸型自降解暂堵剂的红外谱和热重图谱

通过图 4 表征手段可以得出耐酸型自降解暂堵剂含有酰氨基、羰基，热重验证了分子碳长链结构。图 5 中耐酸型自降解暂堵剂在 60℃不同浓度的盐酸溶液中，2h 降解率为 3.3%；48h 降解率为 92.1%，72h 可完全降解。扫描电镜（图 6）显示，耐酸型自降解暂堵剂原始微观结构为致密的三维网状结构，在降解初期，暂堵剂首先会吸水膨胀，出现由表层向内部延伸的分子链断裂现象，但断裂后的分子链仍与聚合物的三维网格相连，故在降解初期的降解率较小；中期暂堵剂的三维网格被拆解为褶皱形的层状结构，但层与层之间仍有交联点连接；后期暂堵剂的层状结构崩解为线型结构，然后断裂为小分子链而完全溶解在溶液中，最终降解为黏度接近水的溶液。

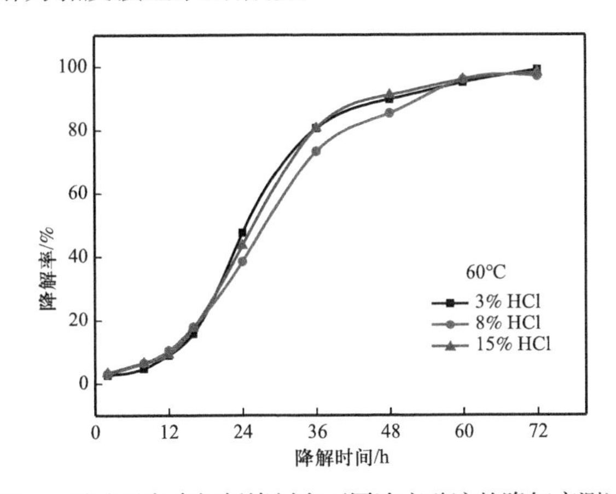

图 5　耐酸型自降解暂堵剂在不同浓度酸液的降解率测试

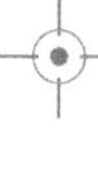

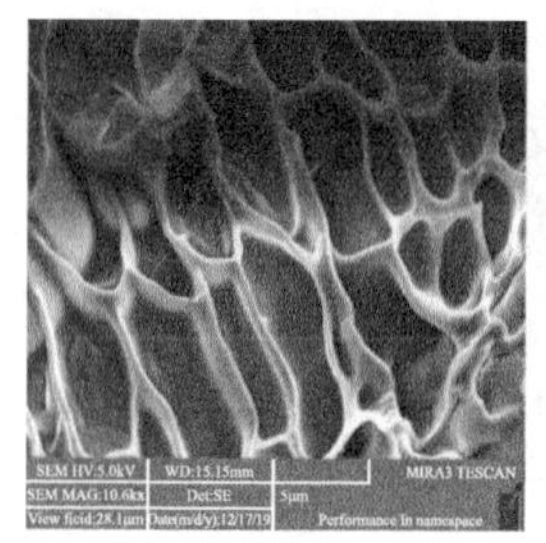
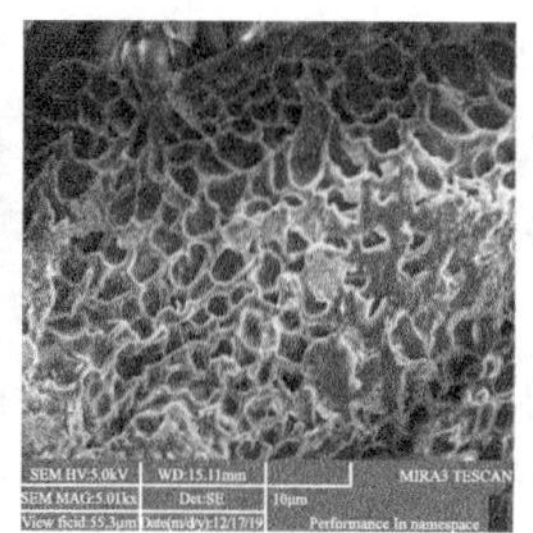
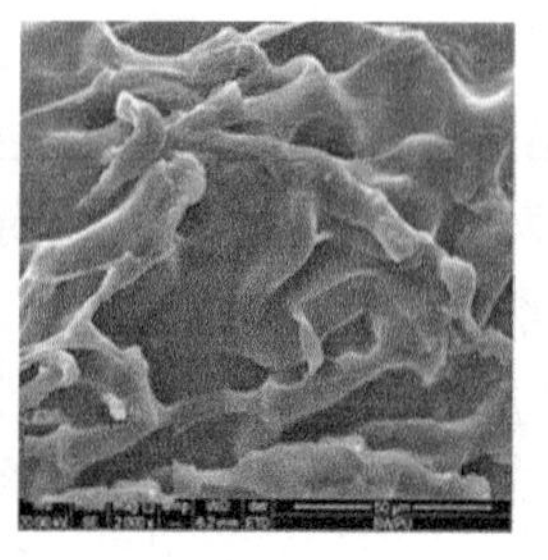
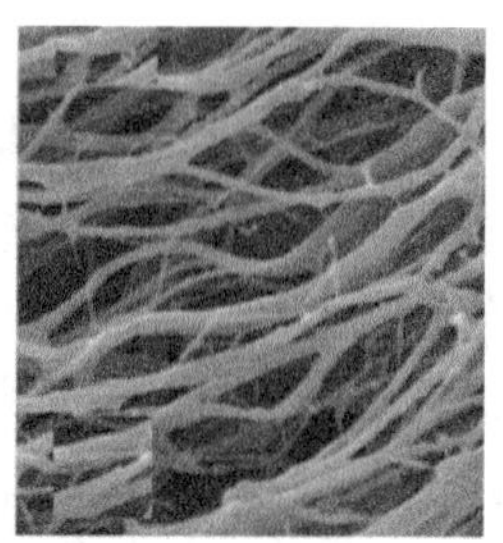

图 6　耐酸型自降解暂堵剂降解过程微观形貌变化

测试结果（表 1）显示，耐酸型自降解暂堵剂平均强度为 33.8MPa，弹性模量为 0.66GPa，可压缩应变为 26.86%，屈服形变量为 6.9%，说明暂堵剂具有良好的抗压强度和韧性。

表 1　承压测试结果

序号	强度 /MPa	弹性模量 /GPa	可压缩应变 /%	屈服形变量 /%
1	33.0	0.65	26.36	6.4
2	33.4	0.68	26.97	6.7
3	34.2	0.71	26.51	7.1
4	35.1	0.63	27.32	7.3
5	33.2	0.65	27.15	6.9

3　暂堵分流酸化液性能评价

根据致密砂岩油藏水平井储层特征及暂堵转向需求特点和原理，室内在前期基础上研发了一套适用于致密砂岩油藏水平井老井暂堵分流酸化液配方：10% 盐酸 +2.5% 分流酸化稠化剂 +6% 氨基磺酸 +4% 氟化氢铵 +0.1% 柠檬酸 +1% 氯化铵 +1% 缓蚀剂 +3% 螯合剂 +0.1% 破乳剂 +5% 耐酸型自降解暂堵剂。

室内按照 SY/T 5405—2019《酸化用缓蚀剂性能试验方法及评价指标》评价了暂堵分流酸化液的静态腐蚀性能。

实验结果（表 2）显示，暂堵分流酸化液在不同温度下对 N80 钢片的腐蚀速率小于 1g/（m^2·h），能够满足现场施工要求。

表 2　暂堵分流酸化液静态腐蚀试验

温度 /℃	腐蚀速率 /［g/（m^2·h）］	点 / 坑蚀情况
60	0.45	无
70	0.57	无
80	0.84	无
90	0.96	无

由于暂堵分流酸化液以低黏的状态进入砂岩储层，因此暂堵分流酸化液黏度不宜过高，否则无法进入支撑剂充填裂缝内，因此室内对暂堵分流酸化液进行黏温测试，结果如图 7 所示。

图 7 显示暂堵分流酸化液常温下黏度为 60mPa·s，随温度升高黏度开始降低，温度升高至储层温度时暂堵分流酸化液黏度为 35mPa·s，酸液能正常进入支撑剂充填裂缝内。

暂堵分流酸化液随着酸岩反应的进行，酸浓度不断下降，溶液的 pH 值升高，酸液体系黏度会不断升高，高黏度流体在砂岩储层裂缝内充当了暂时的屏壁，把后续工作液分流到低渗透处理层或堵塞物层。室内模拟储层条件，在储层温度下，用 Na_2CO_3（一价盐）或 $CaCO_3$（二价盐）缓慢将体系 pH 值升高，测量暂堵分流酸化液在不同 pH 值下的黏度，结果如图 8 所示。

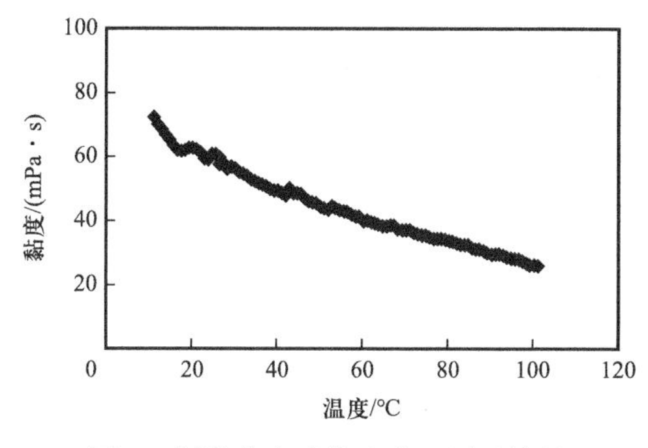

图 7 暂堵分流酸化液黏温测试结果

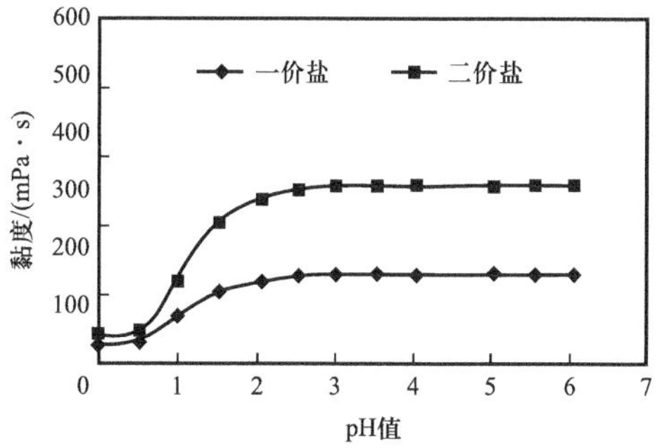

图 8 暂堵分流酸化液在不同 pH 值下的变化

图 8 显示暂堵分流酸化液 pH 值在大于 1 后黏度快速上升，黏度达到 200mPa·s 左右，随 pH 值升高黏度越来越大，暂堵分流酸化液在砂岩储层裂缝内充当了暂时的屏壁。同时，二价盐对暂堵分流酸化液增黏效果要好于一价盐。

室内配制好暂堵分流酸化液和土酸，将对应岩屑和垢样（100 目，岩屑和垢样水洗，烘干）分别和酸液按照 1：20（质量体积比）比例搅拌润湿，在 70℃条件下放置，分别测量反应 0.1h、0.5h、1h、2h、3h 和 4h 时岩屑的溶蚀率，实验结果如图 9 所示。

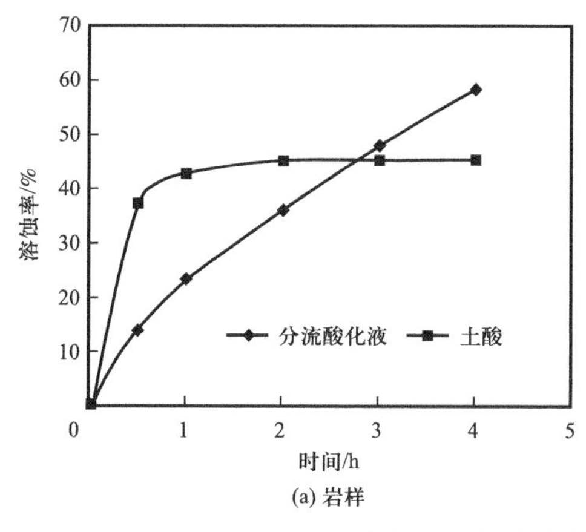

(a) 岩样

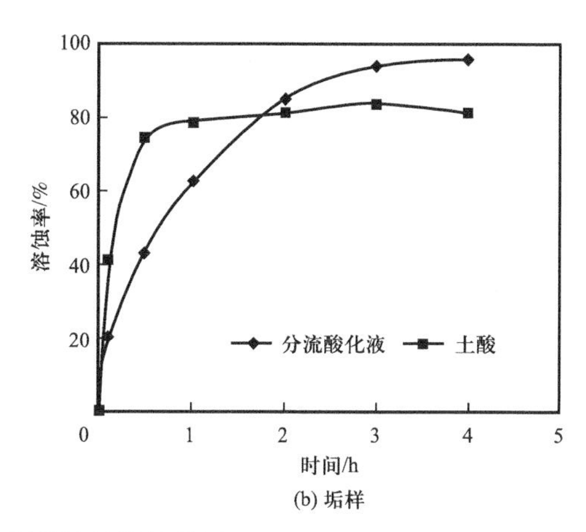

(b) 垢样

图 9 工作液对岩屑和垢样溶蚀性能结果

图 9 显示暂堵分流酸化液对岩屑 2.5h 的溶蚀率与土酸溶蚀率相当，当反应达到 4h 后，暂堵分流酸化液溶蚀能力为 1.2 倍以上，随时间增加溶蚀能力更强。暂堵分流酸化液对垢样在 1.5h 的溶蚀率与土酸溶蚀率比较接近达到 80%，但是暂堵分流酸化液在 1.5h 内反应速率明显减慢，随时间增加溶蚀率提高，最终溶蚀率能达到 95%，而土酸溶蚀率有一定程度降低，可能是重新产生二次沉淀，同时说明暂堵分流酸化液和土酸相比较能减少酸液酸渣生成。

室内使用酸化驱替仪双岩心装置测试转向效率试验，将具有一定差距渗透率岩心固定在岩心夹持器里，首先用地层水分别测量两块岩心的初始渗透率，然后向两块岩心中注入暂堵分流酸化液 4h（再保持小排量 72h 地层水驱），最后用地层水分别测量注暂堵分流酸化液后岩心的渗透率，如图 10 所示。

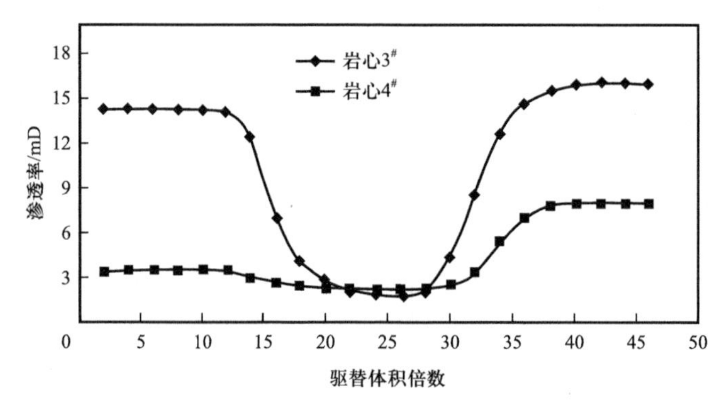

图 10　注暂堵分流酸化液后岩心的渗透率

图 10 显示，暂堵分流酸化液具有良好转向性能，转向效率为 85.2%，利于酸液转向进入裂缝内低渗透层（堵塞层），达到均匀布酸、深部酸化要求。

4　水平井老井暂堵酸化技术现场试验

该技术在 2022 年进行现场试验，完成 10 口水平井现场应用，试验井主要分布在陇东油田和姬塬油田，措施层位为长 8 和长 7 致密砂岩储层。截至 2022 年底，水平井老井暂堵酸化措施后水平井日产液量提高 3 倍，日产液量恢复至堵塞前 94.5%，措施井平均单井日增油 2.85t，单井累计增油 460.4t，对比邻井水平井酸化措施单井日增油同比提高了 42.3%，增产效果显著（表 3）。经对比，试验井酸化前后含水率下降 8.45%，酸化解堵后水平井老井含水率得到明显控制（表 4）。

表 3　水平井老井暂堵酸化详细效果

井号	措施前			截至 2022 年底			有效天数/d	累计增油/t	日均增油/t
	日产液量/m^3	日产油量/t	含水率/%	日产液量/m^3	日产油量/t	含水率/%			
XH36	1.31	0.69	37.2	8.86	4.84	34.2	228	930.24	4.08
XH 86	2.13	1.45	18.8	3.95	2.63	19.7	262	387.76	1.48

续表

井号	措施前			截至2022年底			有效天数/d	累计增油/t	日均增油/t
	日产液量/m^3	日产油量/t	含水率/%	日产液量/m^3	日产油量/t	含水率/%			
XH 81−8	7.77	3.87	40.7	16.6	8.51	38.2	139	561.56	4.04
XH 39−28	11.29	2.39	75.12	23.47	6.06	68.9	178	601.64	3.38
XH 70	2.01	0.19	84.7	2.09	1.32	24.7	142	181.76	1.28
XH 91	0.53	0.34	24.5	9.50	5.35	32.1	124	549.32	4.43
XH 33−32	2.61	0.73	66.3	13.34	3.31	70.1	116	270.28	2.33
XH 74−6	1.35	0.48	57	3.84	2.16	32.2	135	216.00	1.60
XH 37−17	0.77	0.27	58.1	15.25	5.66	55.3	134	712.88	5.32
XH 38−26	1.06	0.70	21.6	2.66	1.26	24.1	344	192.64	0.56

表4　水平井老井暂堵酸化整体效果

项目	日产液量/m^3	日产油量/t	含水率/%
措施前	3.08	1.11	48.40
措施后	9.96	4.11	39.95

5　结论

（1）开发出一套针对长庆致密砂岩油藏水平井老井暂堵分流酸化液体系，通过增黏和暂堵提升酸液在水平段内纵向和平面均匀布酸能力，达到深度清洁立体酸化目的。

（2）研制的耐酸型自降解暂堵剂在酸液中2h溶解率低于3.3%，72h完全溶解，平均强度达到33.8MPa，暂堵剂在岩心内转向效率为68.3%。

（3）形成暂堵分流酸化液具有反应和pH值两种增黏方式，对岩心2h溶蚀率为36.4%，对储层堵塞3h垢样溶蚀率为95%，腐蚀速率为0.57g/（m^2·h），整体协同转向效率为85.2%。

（4）该技术在长庆致密砂岩油藏水平井老井完成10口井试验，平均单井日增油2.85t，单井累计增油460.4t，对比邻井水平井酸化措施单井日增油同比提高了42.36%，酸化前后含水率下降8.45%，对中高含水堵塞水平井酸化解堵中含水率下降尤为明显，取得了较好的实施效果，为水平井老井控水解堵增产提供一条新试验方向。

参 考 文 献

[1]李年银，刘平礼，赵立强，等.水平井酸化过程中的布酸技术[J].天然气工业，2008，28(2)：104-106.

[2]郭富，赵立强，刘平礼，等.水平井酸化工艺技术综述[J].断块油气田，2008，15(1)：117-120.

[3]陈文，袁学芳，郭建春，等.多氢酸深部分流酸化技术在东河油田的应用研究与效果评价[J].石油与天然气化工，2011，40(3)：285-288.

[4]邓志颖，张随望，宋昭杰，等.超低渗油藏在线分流酸化增注技术研究与应用[J].石油与天然气地质，2019，40(2)：430-434.

[5]范志毅，李建雄，孔林，等.暂堵酸化技术的研究与应用[J].钻采工艺，2011，36(6)：55-57.

[6]罗跃，张煜，杨祖国，等.长庆低渗油藏暂堵酸化技术研究[J].石油与天然气化工，2008，37(3)：229-232.

[7]薛新生，潘凤桐，岳书申.油溶性暂堵剂OSR-1的研究[J].石油钻采工艺，1999，21(1):82-88.

海上低渗透油田整体压裂改造方案研究与应用

陈　旭　牟　媚　兰夕堂　张丽平　敬季昀　李　乾

（中海石油（中国）有限公司天津分公司）

摘　要：海上低渗透油田少井高产开发矛盾突出，注采井距大，难以建立有效注采体系，低渗透区块产能释放困难，区块整体上动用程度差，纵向剖面动用程度低。短期内很难进一步完善井网，因此需要寻求高效的压裂技术。整体压裂作为低渗透油藏的一项有效开发手段，已在陆地油田得到了规模化应用，并取得显著增油效果。本文以 BZ 常规低渗透区块为目标区块，依托地质工程一体化的技术思路，从裂缝参数、施工工艺参数、入井材料三个方面进行优化，形成了与目标区块相匹配的整体压裂工艺。通过渤海整体低渗透压裂攻关与实践，整体压裂现场共实施 10 口井，累计增油 15.4×10^4t，压裂增产量占区块总产量 80%。实践证明，整体压裂工艺可有效解决海上低渗透油藏低产低效的难题，具有良好的应用前景与推广价值。

关键词：海上低渗透油田；整体压裂；裂缝参数；施工工艺参数；支撑剂；压裂液

渤海低渗透油田的高效开采是海洋油气增储上产的重要战场[1]。BZ 油田为渤海典型低渗透油田，由于储层物性差、注入海水结垢、注水受效不明显[2]等因素影响，导致该油田目前采油速度低，调整井产能大幅低于油田投产初期老井。为恢复产能，近年来多次采用酸化、螯合解堵、爆燃压裂等措施[3-4]，但措施效果并不明显，亟须寻求更高效的海上低渗透油藏增产技术。整体压裂作为一项有效的低渗透储层开发手段[5-7]，已经规模化应用于陆地油田，并取得了显著增油效果[8-10]。本文以 BZ 常规低渗透区块为目标区块，依托地质工程一体化的技术思路，根据油藏储层及生产特征，从整体上对裂缝参数、施工工艺参数、支撑剂及压裂液开展优化，形成了与目标区块相匹配的整体压裂工艺。该技术已在 BZ 常规低渗透区块完成 6 口井的应用，压后增产效果十分显著，为渤海低渗透油藏储量的有效动用提供了技术支撑。

1　BZ 常规低渗透区块开发现状及存在问题

BZ 常规低渗透区块为典型低孔隙度、低渗透油藏，其主力生产区块 BZ 常规低渗透区块储层平均孔隙度为 12%，平均渗透率为 42.3mD。该区块于 1990 年投产，1992 年采用注海水开发模式，初期井网为 3 注 5 采。开发初期油井产能较高，至 1996 年平均年采油速度接近 3%。1997 年后，该区块开始局部调整，井网调整为 3 注 7 采，但由于注入海水突破、注入海水结垢等因素，油田采油速度逐步降至 0.5% 左右，至 2015 年，区块采出程度达到 23.7%，含水率上升至 70%。

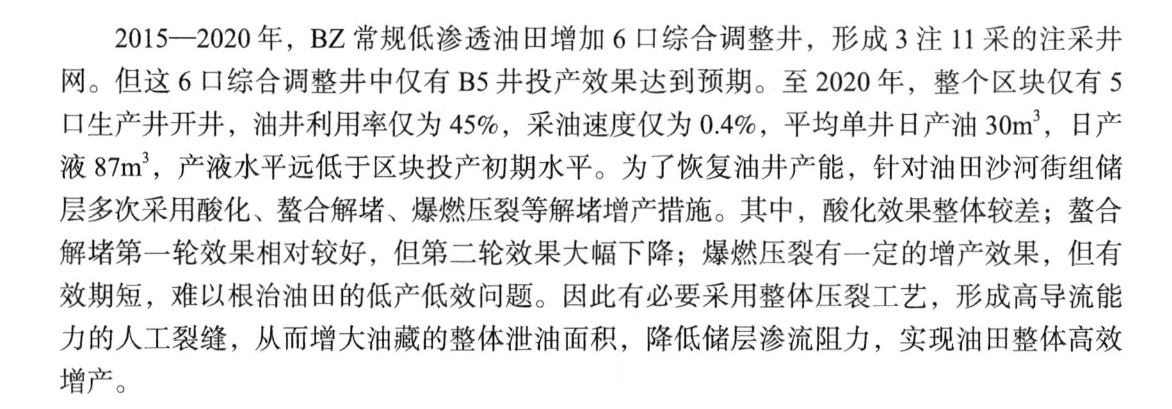

2015—2020 年，BZ 常规低渗透油田增加 6 口综合调整井，形成 3 注 11 采的注采井网。但这 6 口综合调整井中仅有 B5 井投产效果达到预期。至 2020 年，整个区块仅有 5 口生产井开井，油井利用率仅为 45%，采油速度仅为 0.4%，平均单井日产油 30m^3，日产液 87m^3，产液水平远低于区块投产初期水平。为了恢复油井产能，针对油田沙河街组储层多次采用酸化、螯合解堵、爆燃压裂等解堵增产措施。其中，酸化效果整体较差；螯合解堵第一轮效果相对较好，但第二轮效果大幅下降；爆燃压裂有一定的增产效果，但有效期短，难以根治油田的低产低效问题。因此有必要采用整体压裂工艺，形成高导流能力的人工裂缝，从而增大油藏的整体泄油面积，降低储层渗流阻力，实现油田整体高效增产。

2 BZ 常规低渗透区块整体压裂方案研究

2.1 裂缝参数优化

2.1.1 数值模型建立

基于 BZ 常规低渗透油藏的地质参数与储层特征，建立区块压裂井裂缝模型，考虑油水井的注采平衡，考虑原地应力场、压裂裂缝方位、压裂井与断层距离等因素，从而提高了油井生产动态模拟的准确性，如图 1 所示。

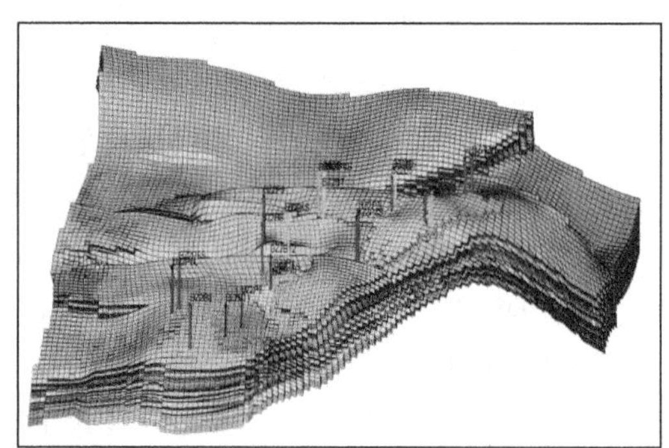

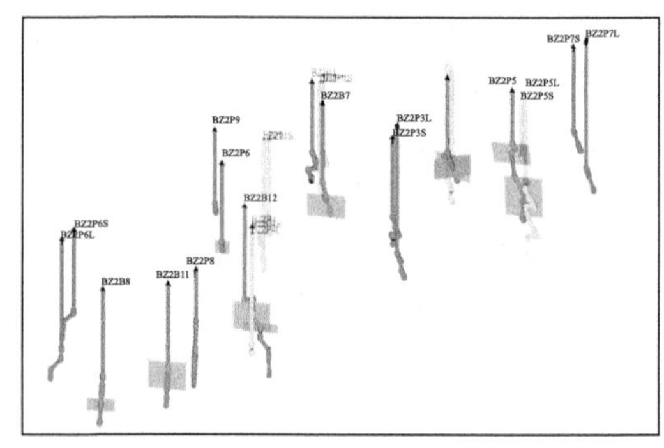

图 1　区块压裂井裂缝模型设计

2.1.2 裂缝缝长优化

在油藏整体数值建模的基础上，模拟计算了油井裂缝长度对生产动态的影响，如图 2 所示。从模拟计算结果可以看出，当裂缝半缝长达到 100m 后增油幅度明显减缓，达到 120m 后增油量提高效果不明显，因此优选区块整体压裂的裂缝半长为 90～110m。

2.1.3 裂缝导流能力优化

在油藏整体数值建模的基础上，模拟计算了油井裂缝导流能力对生产动态的影响，如图 3 所示。从模拟计算结果可以看出，当裂缝导流能力达到 500mD · m 后增油幅度明显减缓，达到 650mD·m 后增油量提高效果不明显，因此优选区块整体压裂的裂缝导流能力为 500～600mD·m。

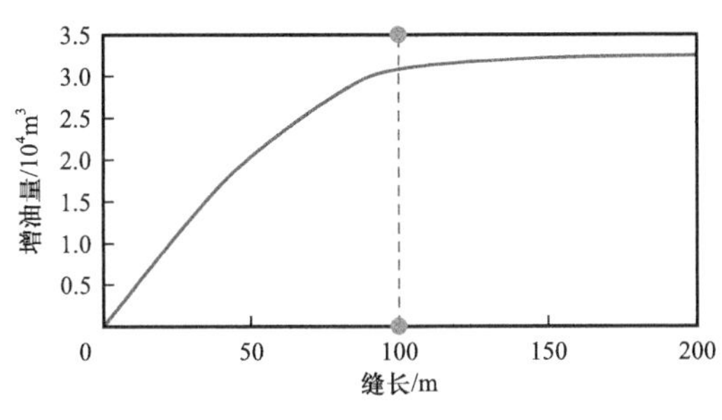

图 2　不同油井裂缝长度下增油量对比

图 3　不同油井导流能力下增油量对比

2.2　工艺参数优化

2.2.1　施工排量优化

根据优化后的裂缝模型进行模拟计算得出，当排量逐渐增加时，缝宽、缝高随之变化的幅度较小，而缝长及导流能力变化明显，如图 4 所示。随着排量的增加，缝长呈线性上升趋势，而导流能力呈下降趋势。结合北块、中块裂缝参数优化结果，优选最优排量为 3～4m^3/min。

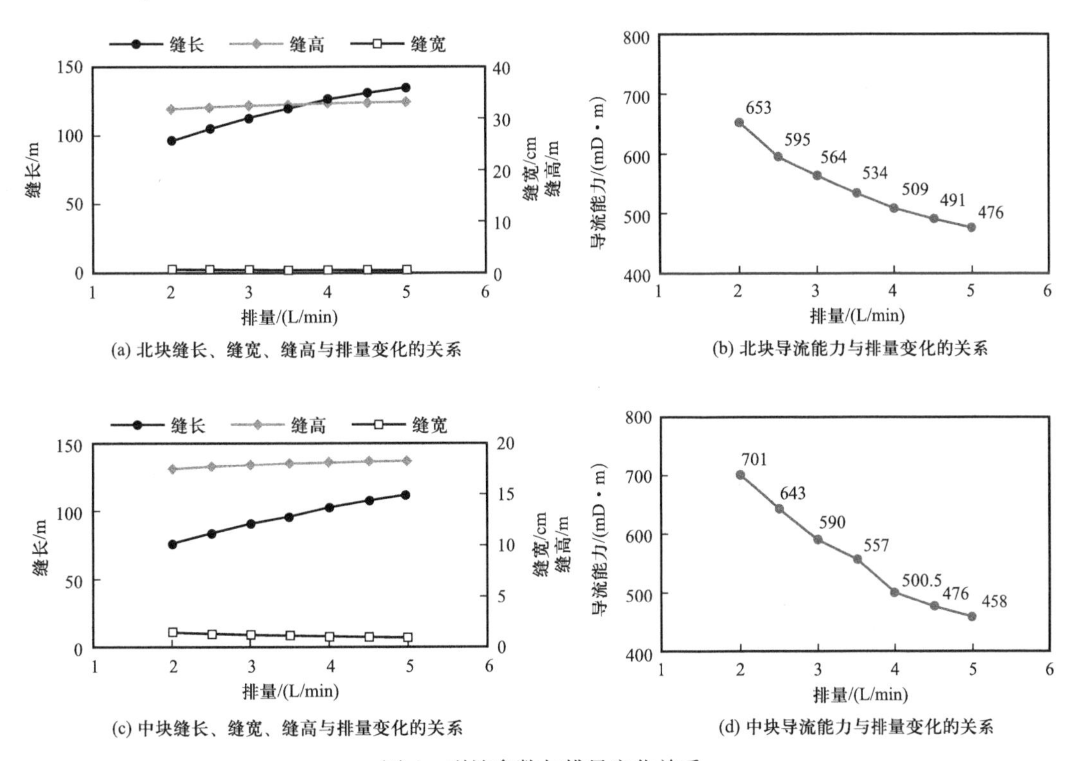

(a) 北块缝长、缝宽、缝高与排量变化的关系

(b) 北块导流能力与排量变化的关系

(c) 中块缝长、缝宽、缝高与排量变化的关系

(d) 中块导流能力与排量变化的关系

图 4　裂缝参数与排量变化关系

2.2.2 前置液比例优化

根据优化后的裂缝模型进行模拟计算得出，当前置液比例逐渐增加时，缝宽、缝高随之变化的幅度较小，而缝长及导流能力变化明显，如图5所示。随着前置液比例的增加，缝长呈线性上升趋势，而导流能力呈下降趋势。结合北块、中块裂缝参数优化结果，优选北块前置液比例为40%～45%，中块前置液比例为37%～45%。

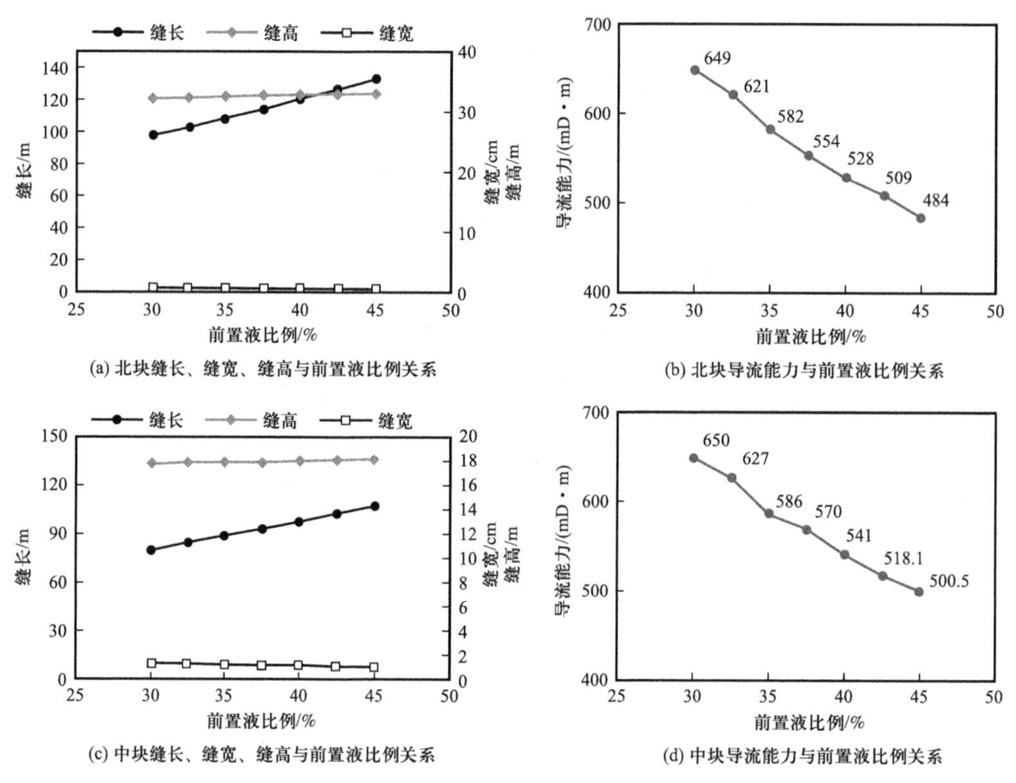

(a) 北块缝长、缝宽、缝高与前置液比例关系

(b) 北块导流能力与前置液比例关系

(c) 中块缝长、缝宽、缝高与前置液比例关系

(d) 中块导流能力与前置液比例关系

图5 裂缝参数与前置液比例关系

2.2.3 平均砂比优化

根据优化后的裂缝模型进行模拟计算得出，当平均砂比逐渐增加时，缝长、缝高随之变化的幅度较小，而缝宽及导流能力变化明显，如图6所示。随着平均砂比的增加，缝宽与导流能力均呈上升趋势。结合北块、中块裂缝参数优化结果，优选北块平均砂比为22%～24%，中块平均砂比为25%～27%。

2.2.4 加砂强度优化

根据优化后的裂缝模型进行模拟计算得出，当加砂强度逐渐增加时，缝长、缝高随之变化的幅度较小，而缝宽及导流能力变化明显，如图7所示。结合北块、中块裂缝参数优化结果，优选北块加砂强度为2～3m^3/m，中块加砂强度为2.5～4m^3/m。

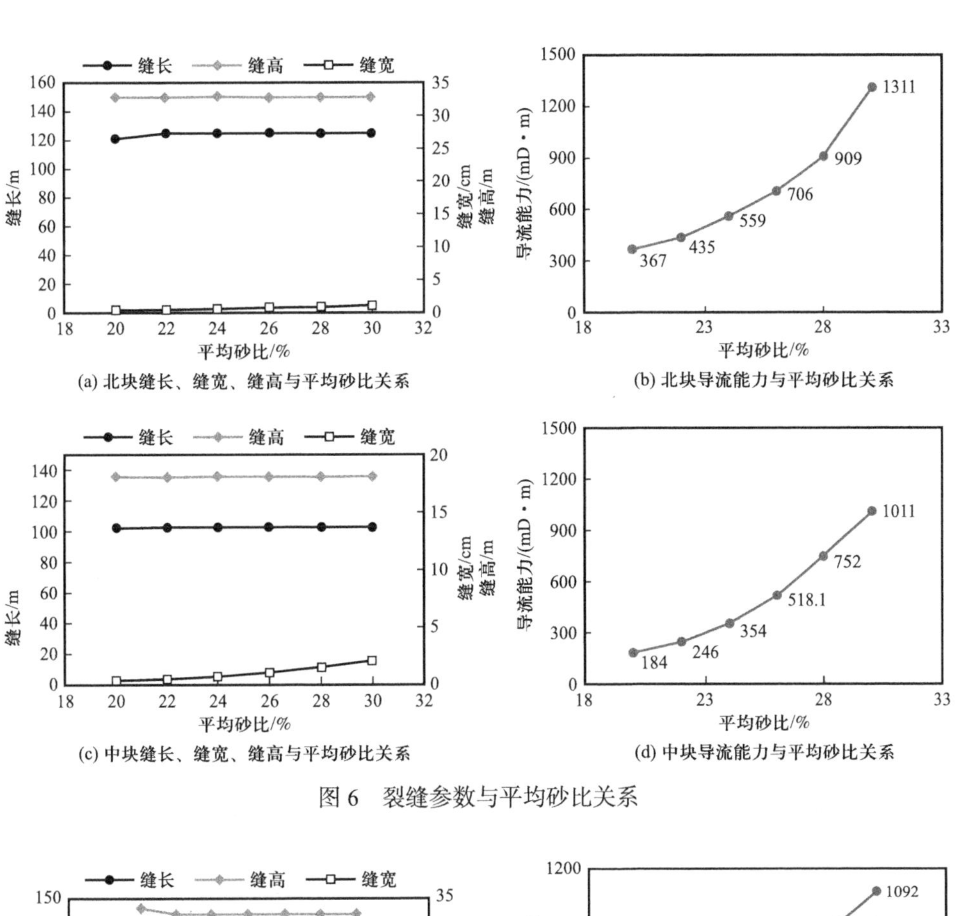

(a) 北块缝长、缝宽、缝高与平均砂比关系

(b) 北块导流能力与平均砂比关系

(c) 中块缝长、缝宽、缝高与平均砂比关系

(d) 中块导流能力与平均砂比关系

图 6 裂缝参数与平均砂比关系

(a) 北块缝长、缝宽、缝高与加砂强度关系

(b) 北块导流能力与加砂强度关系

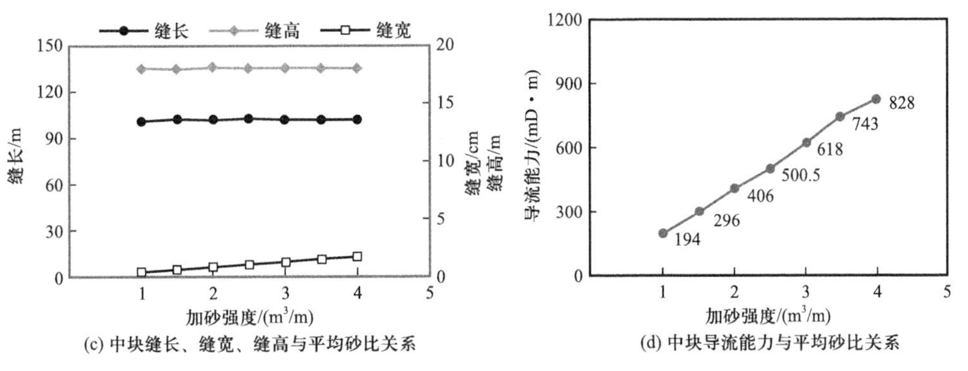

(c) 中块缝长、缝宽、缝高与平均砂比关系

(d) 中块导流能力与平均砂比关系

图 7 裂缝参数与加砂强度关系

2.3 入井材料优化

2.3.1 压裂液优化

BZ 常规低渗透区块储层温度在 135℃左右，岩石敏感性为强水敏，淡水基压裂液易引起储层黏土膨胀。同时考虑到海上淡水资源缺乏，制约压裂规模及压裂施工效率，为实现压裂液低滤失、低伤害控制，在原有海水基压裂液体系的基础上，引入耐盐羧甲基羟丙基瓜尔胶、有机钛交联剂对压裂液进行改进，开展了弱碱性海水基压裂液体系研发（图 8）。

图 8 稠化剂类型优化

通过引入抗盐基团增加瓜尔胶的溶胀性能，改性瓜尔胶代替羟丙基瓜尔胶（HPG），减少稠化剂残渣。通过有机金属交联剂进一步降低体系的 pH 值，减少高温下钙镁沉淀引入的残渣，降低体系的 pH 值，减少含 $CaCl_2$ 型地层水生成碳酸钙的风险。

根据弱碱性海水基压裂液体系性能（表 1）评价显示，通过弱碱性海水基压裂液体系成功将残渣含量降至 400mg/L 以下，能够在提高造缝效率的同时降低液体伤害。

表 1 弱碱性海水基压裂液体系性能

项目		碱性体系	弱碱性体系
基液表观黏度 /（mPa·s）		50～70	70～100
交联 pH 值		12	8～9
黏度（130℃，170s^{-1} 剪切 2h）/（mPa·s）		50～80	80～110
破胶性能	破胶时间 /min	60～240	60～240
	破胶液黏度 /（mPa·s）	1.9	1.1
	破胶液表面张力 /（mN/m）	27	25
破乳率 /%		100	100
残渣含量 /（mg/L）		500～600	300～400

2.3.2 支撑剂优化

支撑剂用于支撑水力压裂所形成的人工裂缝，当人工裂缝闭合后在储层中形成具有高导流能力的流体流动通道。根据北块、中块小型压裂测试结果可知，储层闭合压力为 43～50MPa，因此优选支撑剂抗压级别 52MPa。根据裂缝导流能力优化结果需求，优选支撑剂粒径为 20～40 目。由于 BZ 常规低渗透油藏含水率已达到 70%，因此优选支撑剂类型为控水支撑剂，以控制油井压后含水率大幅上升。该支撑剂通过特殊的表面处理，具备常规支撑剂没有的选择性控水能力，通过实验得出，在相同驱替压差下其油相渗流能力大幅高于水相渗流能力（图 9），从而有利于实现地层深部控水，避免裂缝水淹。

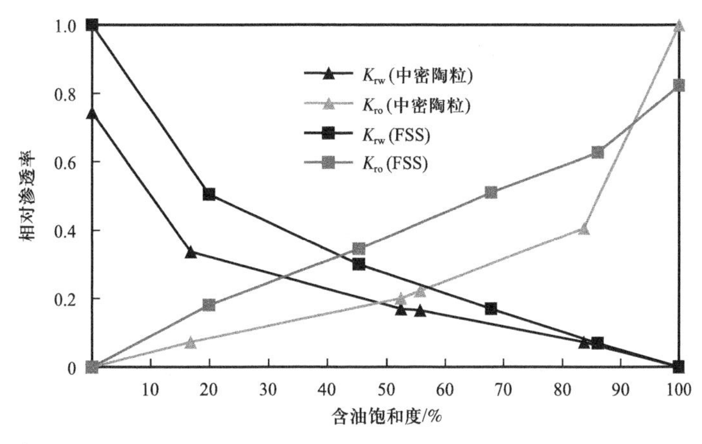

图 9　普通陶粒和控水砂渗透率测试结果

K_{rw}—水相相对渗透率；K_{ro}—油相相对渗透率

3　BZ 常规低渗透区块整体压裂应用与认识

3.1　BZ 常规低渗透区块整体压裂认识

3.1.1　造缝能力

BZ 常规低渗透区块属于中低模量储层，该类储层平均静态杨氏模量约 8GPa，岩石力学脆性指数为 0.35～0.4，脆性虽然明显强于疏松砂岩，但弱于陆地压裂典型的脆性储层。由表 2 可见，储层平均裂缝延伸净压力为 6.2MPa，明显大于陆地脆性砂岩储层（＜4MPa），虽然可形成较大规模张性裂缝，但相对脆性储层缝长延伸能力偏弱，缝宽扩展能力较强，整体易形成具有一定缝长兼具较大缝宽的“宽裂缝”。

表 2　中低模量储层造缝能力

储层类型	疏松砂岩储层	中低模量储层	脆性储层
杨氏模量 /GPa	＜1	平均约 8	≥20
泊松比	＞0.28	平均约 0.26	＜0.25
脆性指数	＜0.2	0.35～0.4	≥0.5
缝长延伸能力	弱	偏弱—中等	强
缝宽扩展能力	强	中等—较强	弱

3.1.2 造缝形态

BZ 常规低渗透区块压裂总体趋于形成单一裂缝，说明在相对较弱的脆性条件下该类储层难以产生复杂人工裂缝形态。结合岩石力学与压后分析发现，不同于疏松砂岩油藏，中低模量油藏储、隔层存在较明显的脆性及断裂韧性差异，3m 以下隔层易于沟通，但泥质含量大于 85% 的 5m 隔、夹层即可实现缝高的有效遮挡。

3.1.3 造缝效率

由于中低模量储层缝长延伸能力偏弱，横向变化快，造成压裂施工净压力较高、普遍压力系数偏低，导致施工中较大的滤失压差（根据 BZ 常规低渗透区块前期 5 口井压后分析得出，主压裂平均施工净压力达到 12MPa，平均缝内滤失压差近 30MPa，造缝效率达 5%～19%，平均值为 11.3%）。高滤失压差大幅提高了压裂液的动态滤失系数，从而导致造缝效率相对于常规低渗透储层偏低。

3.2 应用效果

2020—2022 年，通过海上油田整体低渗透压裂攻关与应用，在 BZ 常规低渗透区块现场实施 10 口井，累计增油 15.4×10^4t，压裂增产量占区块总产量 80%，有效提升了区块采油速度与采出程度（图 10）。实践表明，基于 BZ 常规低渗透区块研究形成的整体压裂技术可有效实现海上低渗透储层的增产挖潜改造，显著提升海上低渗透储层的开发效果及单井产量。随着勘探开发的进行，渤海油田在生产油田压裂增产措施比重将越来越大。基于 BZ 常规低渗透区块进行研发的整体压裂技术增油效果明显，已经成为低渗透储层生产老井的增产“新利器”，具有大规模推广应用的价值。

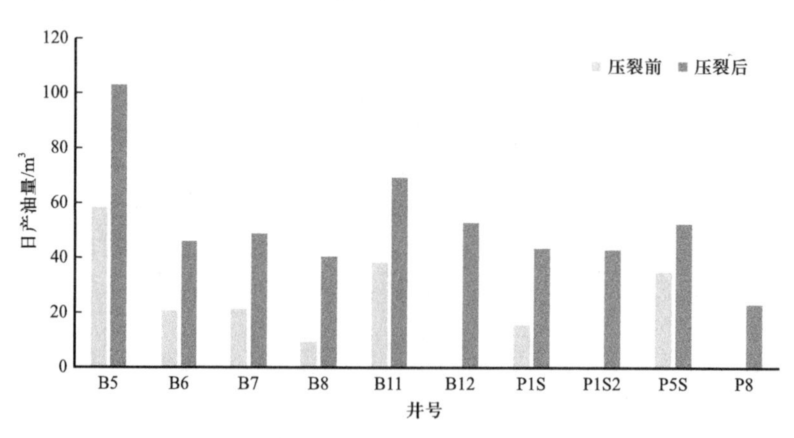

图 10　整体压裂效果对比

4 结论及建议

（1）根据 BZ 常规低渗透区块的地质参数与储层特征，并考虑注入水结垢影响，建立了油藏整体数值模拟模型。基于该模型，优选区块整体压裂的裂缝半长为 90～110m，裂缝导流能力为500～600mD·m。

（2）在裂缝参数优化的基础上，对BZ常规低渗透区块整体压裂工艺参数进行模拟计算，优选施工排量3～4m^3/min、加砂强度2～4m^3/m、平均砂比22%～27%、前置液比例37%～45%。

（3）根据储层特征及海上施工特点，优选弱碱性耐高温海水基压裂液及20～40目控水支撑剂作为BZ常规低渗透区块整体压裂施工材料；由现场实践得出，优选的耐高温海水基压裂液在储层高温下具有较好的造缝及携砂性能，优选的控水支撑剂在支撑裂缝的同时可有效控制压后产水。

（4）BZ常规低渗透区块属于中低模量储层，虽然可形成较大规模张性裂缝，但相对脆性储层缝长延伸能力偏弱，缝宽扩展能力较强，整体易形成具有一定缝长兼具较大缝宽的“宽裂缝”。

（5）通过渤海整体低渗透压裂攻关与实践，累计在BZ常规低渗透区块完成现场实施10口井，累计增油15.4×10^4t，压裂增产量占区块总产量80%，有效提升了区块采油速度与采出程度。基于BZ常规低渗透区块进行研发的整体压裂技术增油效果明显，已经成为低渗透储层生产老井的增产“新利器”，具有大规模推广应用的价值。

参考文献

［1］谭绍栩，林家昱，张艺耀，等．渤海油田低渗透储层笼统压裂实践与认识［J］．石油化工应用，2021，40（1）：99-103.

［2］张旭东，陈科，何伟，等．渤海西部海域某区块油田注水过程储层伤害机理［J］．中国石油勘探，2021，21（4）：121-126.

［3］王鸿勋．水力压裂原理［M］．北京：石油工业出版社，1987.

［4］张龙，郑云磊．低渗透油藏分段压裂水平井流入动态曲线研究［J］．当代化工研究，2021（13）：104-106.

［5］贾磊．低渗透油田开发技术新进展［J］．石化技术，2019，26（8）：98.

［6］胡文瑞，魏漪，鲍敬伟．中国低渗透油气藏开发理论与技术进展［J］．石油勘探与开发，2018，45（4）：646-656.

［7］蒋廷学，卞晓冰，左罗，等．非常规油气藏体积压裂全生命周期地质工程一体化技术［J］．油气藏评价与开发，2021，11（3）：297-304，339.

［8］贾自力，石彬，罗麟，等．延长油田超低渗油藏水平井开发参数优化及实践——以吴仓堡油田长9油藏为例［J］．非常规油气，2017，4（1）：67-74.

［9］李国华，王素荣，古永红，等．直井连续分层压裂工艺在长庆油田上古低渗砂岩气藏的应用［J］．油气井测试，2013，22（2）：59-61，66，78.

［10］李宪文，凌云，马旭，等．长庆气区低渗透砂岩气藏压裂工艺技术新进展——以苏里格气田为例［J］．天然气工业，2011，31（2）：20-24，121-122.

非常规气改造

浅层低温 U 型煤层气井簇间暂堵压裂技术研究与应用

孙　虎[1, 3]　许朝阳[1, 3]　武　龙[2, 3]　王　坤[2, 3]　蒋文学[2, 3]　周加佳[4]

（1. 中国石油川庆钻探工程有限公司；2. 中国石油川庆钻探工程有限公司钻采工程技术研究院；3. 低渗透油气田勘探开发国家工程实验室；4. 中煤科工西安研究院（集团）有限公司）

摘　要：为进一步提高浅层低温煤层顶板水平井分段压裂改造效果，克服低温条件下常规暂堵剂不能完全降解的技术瓶颈，研发出超低温可降解暂堵剂，软化温度 62℃，抗压强度 14.8MPa，在 30℃下 5h 暂堵剂可完全降解，优化暂堵剂加入工艺流程和关键施工参数，形成了针对浅煤层气水平井的簇间暂堵体积压裂技术。该技术通过簇间暂堵有效提高水平井各簇均匀扩展程度，在煤层中形成较常规压裂措施更大的压裂改造体积，进而实现压裂波及区域内瓦斯高效排采目标。2022 年，在淮北地区完成 1 口 U 型煤层气水平井 3 段簇间暂堵压裂现场试验，平均暂堵升压 5.3MPa，簇间封堵有效率达 100%，该技术的实施为煤层瓦斯治理和消除顶板断裂冲击地压隐患提供了新的思路和技术支撑，为我国碎软低渗强突煤层气高效开发提供了强有力的技术手段。

关键词：煤层气；U 型井；簇间暂堵；低温暂堵剂

碎软煤层的瓦斯治理一直以来都是制约我国煤矿安全绿色开采的瓶颈，因其煤层碎软、瓦斯含量高、压力大、透气性低，瓦斯治理难度极大。淮北地区发育石炭纪、二叠纪煤系，埋深浅、温度低、层数多，煤层具有松软、强突、透气性差、瓦斯含量高及瓦斯压力大的特点[1]。近年来，为解决煤矿开采中的瓦斯和顶板断裂冲击地压隐患，降低强突区域煤层瓦斯含量，卸载了地层应力，逐步形成了 U 型井煤层顶板水平井分段压裂地面瓦斯抽采技术[2-3]。为实现压裂影响区域超前、高效瓦斯治理的目的，通过段内分簇射孔—簇间缝口暂堵分段压裂施工模式，提高裂缝体积和复杂程度，以探索煤层气水平井新的压裂改造技术[4-5]。

1　U 型煤层气井特点及改造思路

1.1　U 型煤层气井井身结构

煤层气 U 型水平井（图 1）由 1 口水平井和 1 口排采直井对接组成，水平段轨迹控制在目的煤层顶界 0～2m 范围内，通过对煤层段水平井分段压裂实现水平井眼与煤层的沟通，并在煤层中建立高导流能力的石英砂支撑裂缝，提高煤层泄流面积，最后通过直井和水平井同时排采。

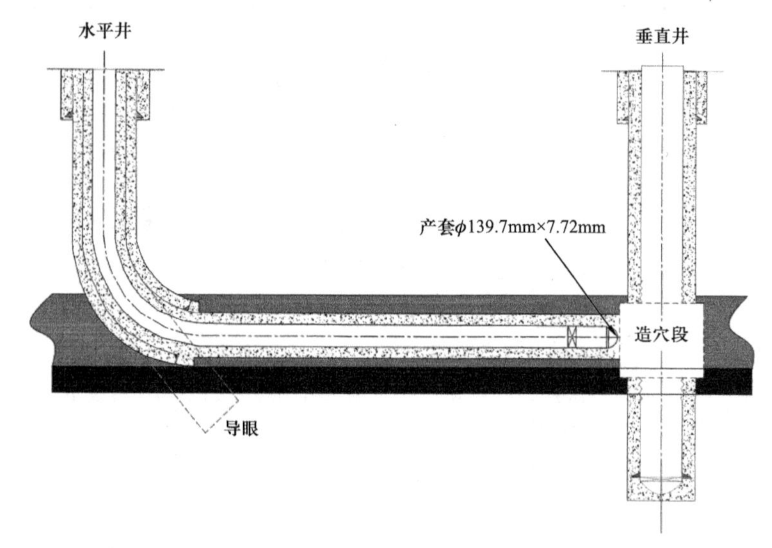

图 1　U 型煤层气井井身结构示意图

1.2　目的煤层岩石力学特征

对目的煤层顶板、底板各采集 1 组样品测定其岩石力学性质，测定结果见表 1。

表 1　目的煤层顶板、底板岩石力学性质测定结果

层位	岩性	深度 / m	抗压强度 / MPa	抗拉强度 / MPa	弹性模量 / 10^4MPa	泊松比
煤层顶板	泥岩	767.26～772.24	12.68	1.74	0.647	0.25
煤层底板	泥岩	787.55～787.78	6.05	0.76	0.309	0.27

邻井同煤层采用交叉偶极子声波测井对目的煤层及其顶板进行了岩石力学参数评价，见表 2。

表 2　邻井同煤层岩石力学参数表

井段 / m	层厚 / m	杨氏模量 / 10^4MPa	剪切模量 / 10^4MPa	泊松比	垂直应力 / MPa	最大主应力 / MPa	最小主应力 / MPa	破裂压力 / MPa	解释结论
717.25～723.92	6.67	2.87	1.16	0.23	16.76	14.17	12.02	16.99	煤层顶板
723.92～732.61	8.69	0.69	0.30	0.17	16.88	13.28	11.11	15.13	煤层

根据测试结果分析，目的煤层及其顶板均表现为垂直应力大于水平应力，压裂裂缝形态是以垂直裂缝为主的复杂裂缝；煤层顶板水平应力差为 2.15MPa，煤层水平应力差为 2.17MPa。

1.3 压裂改造思路

通过垂直向下定向射孔，采用光套管大排量注入 + 桥塞分段压裂技术分段对水平段进行射孔及压裂施工作业，实现水平井眼与煤层的沟通，并在煤层中建立高导流能力的石英砂支撑裂缝，提高煤层泄流面积。

2 分段多簇暂堵压裂工艺

2.1 工艺思路

为了实现U型煤层气井水平段密集体积压裂改造效果，采用分簇射孔进行缝口暂堵转向分段压裂施工，以探索煤层气水平井新的压裂改造技术。通过高强度暂堵剂实现多簇缝口裂缝暂堵，可以使水平井每段多簇启裂，所有射孔簇均有流体进入，各簇进液相对均匀，从而形成复杂网络裂缝，获得更大的改造体积，提高单井产量和经济效益。水平井多簇缝口暂堵压裂效果对比如图2所示。

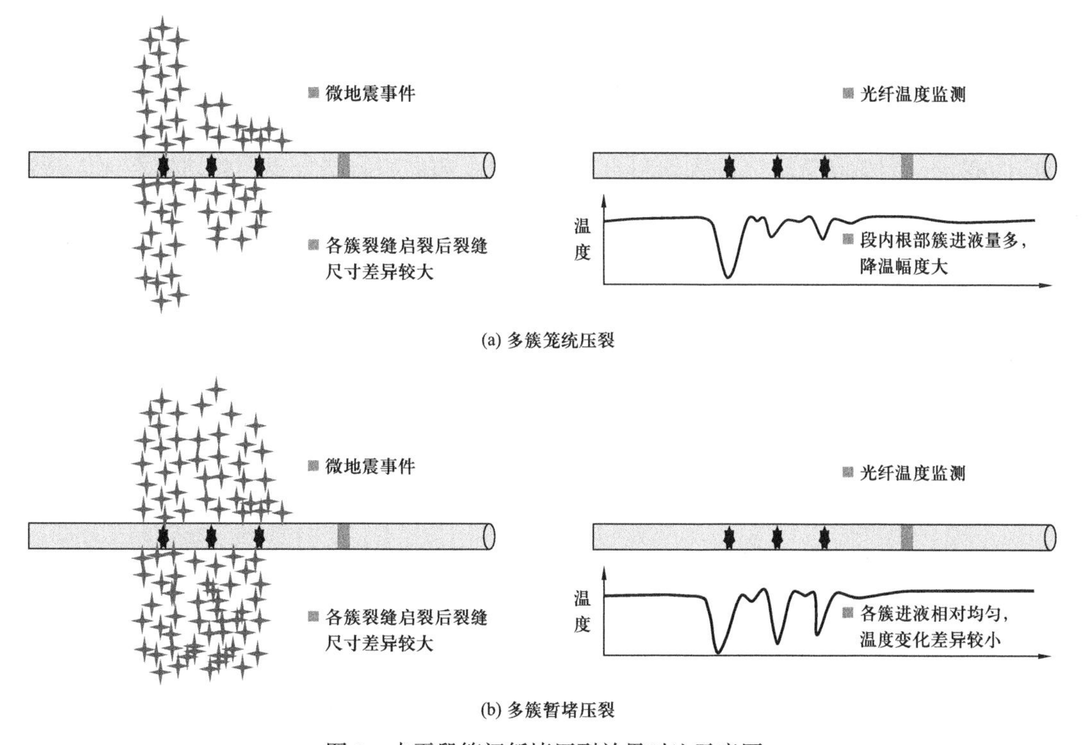

(a) 多簇笼统压裂

(b) 多簇暂堵压裂

图2 水平段簇间暂堵压裂效果对比示意图

2.2 暂堵转向现场施工流程

压裂施工前将700型水泥车排出和上水分别连接高压管汇和混砂车，在第一阶段顶替结束开始暂堵阶段前主压车停泵，在混砂车搅拌池按设计浓度加入暂堵剂并搅拌均匀，由

700 型水泥车将暂堵剂段塞泵入高压管线，后顶替 $0.5m^3$ 压裂液后按设计暂堵排量启动主压车注入顶替至射孔段，具体连接如图 3 所示。

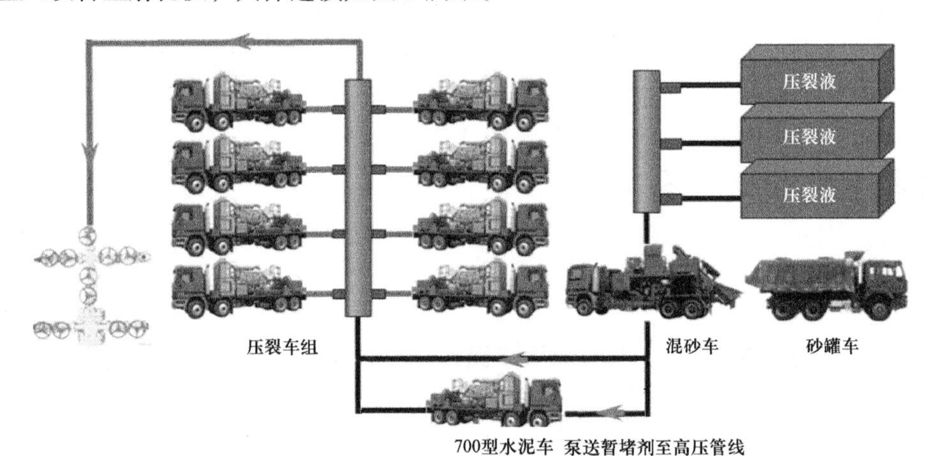

图 3　多簇缝口暂堵压裂施工示意图

2.3　簇间暂堵参数设计

计划实施簇间暂堵的三段均为 2 簇，每簇射孔 2m，孔密 10 孔 /m，总孔数 40 个，相位为垂直向下。考虑到射孔炮眼在加砂压裂过程中冲蚀影响，设计每段加入暂堵剂 200～300kg；为提高暂堵剂进入炮眼过程中的浓度和堆积封堵效果，暂堵剂在注入过程中排量按 $4m^3/min$ 注入，暂堵剂浓度 $120kg/m^3$。

3　低温水溶性暂堵剂性能评价

根据工艺和该井储层温度需求（31℃），结合目的煤层特点，克服目的层低温条件下常规暂堵剂不能完全降解的技术瓶颈，研发了低温水溶性暂堵剂，暂堵剂为黄色颗粒，粒径 2.0～4.0mm，体积密度 $0.76g/cm^3$，视密度 $1.30g/cm^3$，软化温度 62℃，室内评价暂堵剂在 30℃下 5h 可完全降解，暂堵剂产品如图 4 所示。

图 4　低温水溶性暂堵剂样品

3.1 溶解性能评价

为达到水平井段内压裂时缝内升压并在压裂结束后完全解除的目的，需具有在水（溶液）中完全溶解的性能，同时不能快速溶解于水（溶液）。室内在清水中配制 5% 暂堵剂，在不同温度下测试暂堵剂溶解率，结果如图 5 所示。

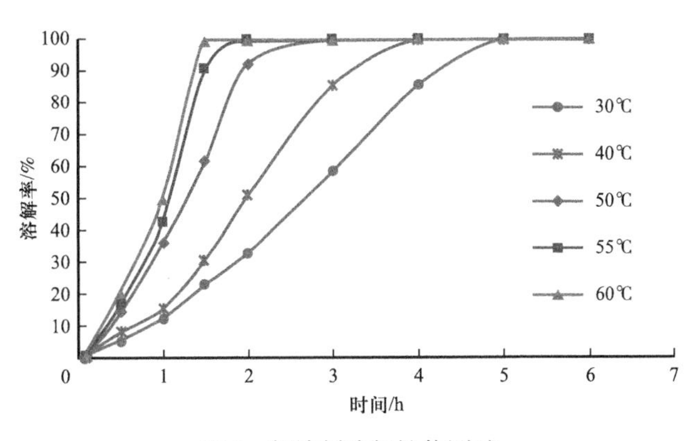

图 5 暂堵剂溶解性能测试

结果显示，暂堵剂在 30℃下完全溶解约需 5h，在 40℃下完全溶解约需 4h，在 50℃下完全溶解约需 3h，在 55℃下完全溶解约需 1.5h，在 60℃下完全溶解约需 1.5h，最终水不溶物平均含量为 0.15%，溶解性能满足目的层低温需求。

3.2 破碎率及耐压强度性能评价

将一定量的暂堵剂样品均匀地铺置在压力机的破碎室，施加压力，在不同压力下测得其破碎率，根据破碎粒大小判断其耐压强度，实验结果如图 6 所示。

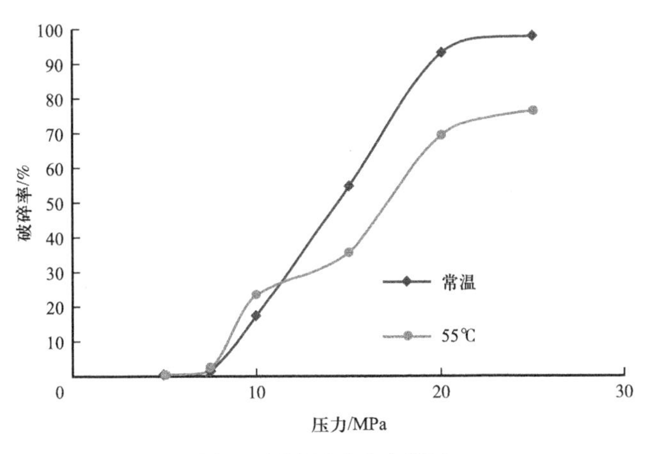

图 6 暂堵剂破碎率测试

结果表明，暂堵剂在压力超过 15MPa 后，破碎率大幅度增加，说明暂堵剂样品有比较好的脆性和一定承压能力，高温下其破碎率降低，利于暂堵压裂施工。

3.3 突破压力性能评价

将暂堵剂样品放入压力实验管中，通过流动实验仪模拟堵塞地层状态，测试暂堵剂的堵塞封堵强度性能，测试结果见表 3。

表 3 暂堵剂封堵突破压力测试

项目	实验 1	实验 2	实验 3	平均
突破压力 /MPa	10.4	12.2	10.9	11.2

结果表明，暂堵剂封堵平均突破压力为 11.2MPa，说明暂堵剂可在施工中通过桥堵产生一定的升压功能，在后期持续升压过程中通过自身破碎产生压力突破，减少施工风险，鉴于浅层低温煤层气井水平应力差为 2.2MPa，因此可满足压裂时缝内升压的要求。

4 现场施工及簇间暂堵效果分析

4.1 簇间暂堵总体施工情况

2022 年 8 月，对 U 型煤层气井——X–H 井进行 1～15 段压裂施工，该井水平段长度为 1219m，设计压裂 15 段，通过电缆泵送桥塞 + 射孔联作方式进行射孔，采用光套管大排量注入 + 桥塞分段压裂技术分段压裂，压裂液为活性水压裂液，施工排量为 10m^3/min，单段加砂量为 80～100m^3/min，单段液量为 1600～2000m^3，其中第七段、第十段和第十二段进行多簇缝口暂堵转向分段压裂，实施三段暂堵有效率达 100%，平均暂堵升压 5.3MPa，升压均超过该层水平主应力差水平（2.17MPa），暂堵施工参数见表 4。

表 4 X–H 井第七段、第十段、第十二段缝口暂堵转向压裂施工记录

施工参数	第七段	第十段	第十二段
射孔段 /m	1627.0～1629.0 1596.0～1598.0	1386.0～1388.0 1356.0～1358.0	1233.0～1235.0 1202.0～1204.0
排量 /（m^3/min）	10	10	10
总液量 /m^3	1661.29	1906.51	1814.21
总砂量 /m^3	81.36	85.16	95.26
破裂压力 /MPa	33.42	35.57	29.40
工作压力 /MPa	27.99～33.42	30.72～40.26	25.25～38.36
停泵压力 /MPa	12.69	17.53	15.98
暂堵剂量 /kg	150	225	200
暂堵压力变化 /MPa	15.5 ↑ 21.3	16.95 ↑ 22.08	17.68 ↑ 22.65
暂堵升压 /MPa	5.8	5.13	4.97
平均升压 /MPa	5.3		

4.2 典型簇间暂堵施工曲线分析

4.2.1 簇间暂堵压裂曲线分析

X-H 井第十段压裂施工第一阶段排量为 $10m^3/min$，加砂 $52m^3$ 后顶替实施簇间暂堵，暂堵前施工压力为 32.7MPa，加入暂堵剂 225kg 后 $4m^3/min$ 顶替，进入地层前压力为 16.95MPa，暂堵剂进入射孔段后压力最高上升至 22.08MPa，暂堵升压 5.1MPa，暂堵后排量为 $10m^3/min$，初期压力为 38.1Pa，施工压力整体较第一阶段压力高 4.5MPa，停泵压力为 17.53MPa，施工曲线如图 7 所示。

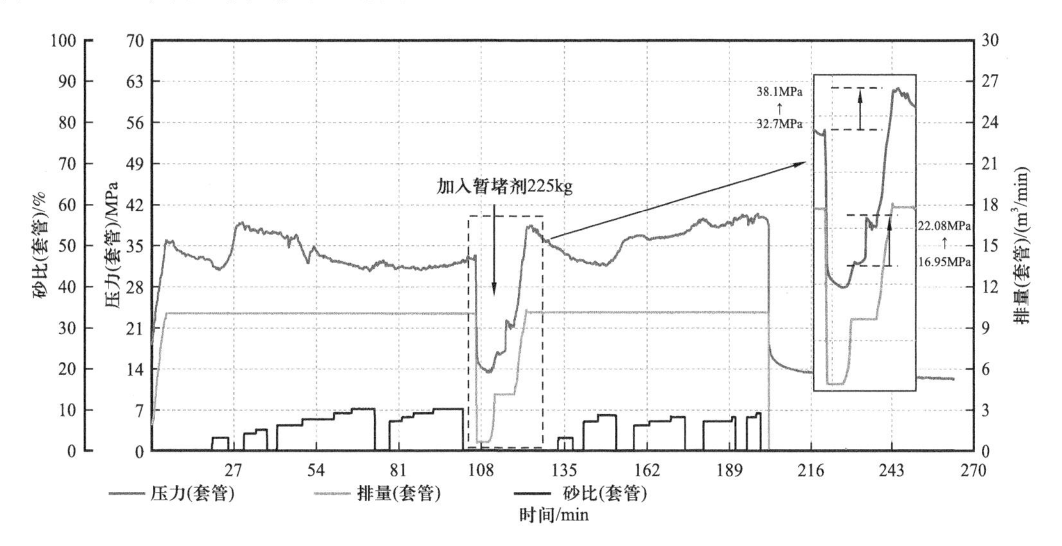

图 7　X-H 井第十段簇间暂堵压裂施工曲线

暂堵剂到达射孔段位置时压力上升 5.1MPa，暂堵后排量提升到 $10m^3/min$ 后压力较前期升高 5.4MPa，结合孔眼摩阻分析，在暂堵后达到封堵单簇的效果。暂堵后随着大排量注入暂堵炮眼逐渐突破，加砂后压力降低至正常水平，但由于暂堵剂影响，加砂 $10m^3$ 后压力逐渐上升，较前期高 4.2MPa，且后期加砂压力逐步上升，分析认为受暂堵剂在缝内影响，导致缝内净压力升高，裂缝复杂程度进一步增加，实现了缝内复杂多缝的改造效果。

4.2.2 常规压裂曲线分析

X-H 井第四段压裂为单簇射孔（3m），常规压裂施工，排量为 $10m^3/min$，加砂 $80m^3$ 破裂压力为 31.5MPa，施工压力为 22.8～25.2MPa，施工曲线如图 8 所示。

对比该井两段施工曲线，簇间暂堵在加入暂堵剂后施工压力波动明显，而单簇常规压裂在整体加砂过程中压力相对稳定，反映了暂堵剂在簇间缝口和缝内的影响可提高缝内净压力开启新缝，进一步验证了对浅层煤层气井活性水体积压裂通过簇间暂堵技术可提高裂缝复杂程度和改造效果。

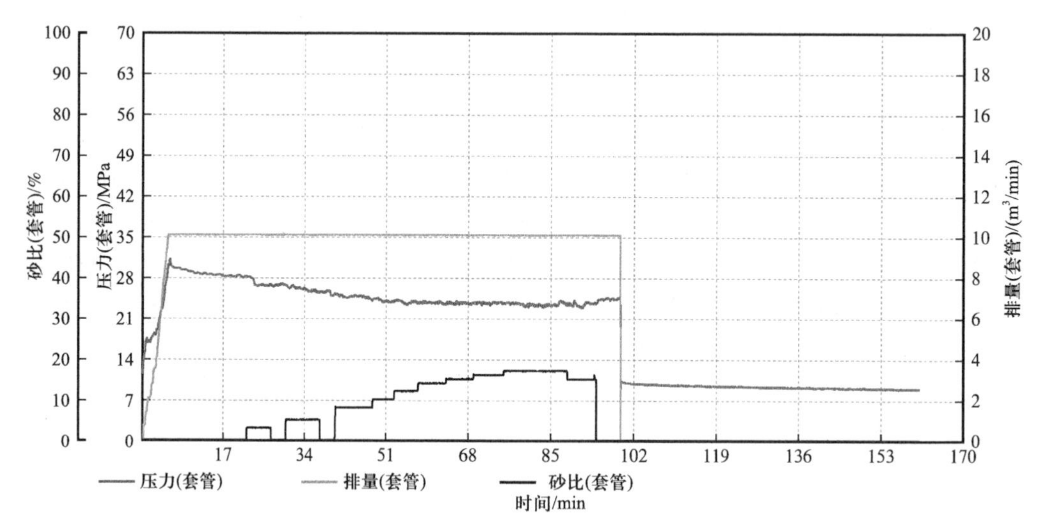

图 8 X–H 井第四段常规压裂施工曲线

4.3 簇间暂堵效果评价

4.3.1 低排量封堵效果评价

根据 X–H 井射孔条件（40 孔 / 段），计算 $4m^3/min$ 排量不同射孔连通数对应压力摩阻，$4m^3/min$ 排量升压 1.5MPa 即可实现 1 簇（20 个炮眼）的封堵，升压 5.9MPa 则可实现 1.5 簇（30 个炮眼）的封堵。

分别结合三段 $4m^3/min$ 排量条件下暂堵前后施工压力变化分析封堵有效性（表 5），根据计算结果，单簇封堵瞬时和稳定后提排量前单簇封堵有效率均为 100%，根据计算结果可以判断均实现了单簇的有效封堵。

表 5 X–H 井 $4m^3/min$ 排量条件下暂堵前后施工压力变化分析封堵有效性

段数	总射孔数 / 个	暂堵瞬时			稳定提排量前		
		升压 / MPa	折算封堵炮眼数 / 个	单簇封堵有效率 / %	升压 / MPa	折算封堵炮眼数 / 个	单簇封堵有效率 / %
第七段	40	5.8	30	100	2.8	25	100
第十段	40	5.1	29	100	3.1	26	100
第十二段	40	5.0	29	100	4.0	28	100

4.3.2 高排量封堵效果评价

根据 X–H 井射孔条件（40 孔 / 段），计算排量提升到 $10m^3/min$ 不同射孔连通数对应压力摩阻，$10m^3/min$ 排量升压 9.2MPa 可实现 1 簇（20 个炮眼）的封堵。

分别结合三段 $10m^3/min$ 排量条件下暂堵前后施工压力变化分析封堵有效性（表 6），

根据计算结果第七段排量提升到位后折算单簇封堵效率80%，第十段单簇封堵效率90%，而第十二段提升排量后完全突破。

表6 X–H井10m³/min排量条件下暂堵前后施工压力变化分析封堵有效性

段数	总射孔数/个	升压/MPa	折算封堵炮眼数/个	单簇封堵有效率/%
第七段	40	4.1	16	80.0
第十段	40	5.4	18	90.0
第十二段	40	0	0	0

结合排量提升至10m³/min后的封堵效果分析，建议该工艺在实施过程中提高暂堵剂加入浓度及加入数量，进一步提升持续封堵效果。

5 结论与认识

（1）形成了针对浅层U型煤层气井水平段分簇射孔—缝口簇间暂堵分段压裂技术，可实现簇间均匀改造，获得更大的改造体积，为我国碎软低渗强突煤层的安全绿色开采及下一步深层煤层气高效开发探索出新的技术途径。

（2）克服浅层低温条件下常规暂堵剂不能完全降解的技术瓶颈，研发出超低温可降解暂堵剂，软化温度62℃，抗压强度14.8MPa，在低温30℃下暂堵剂5h可完全降解。

（3）2022年在淮北地区完成1口U型煤层气水平井3段簇间暂堵压裂现场试验，平均暂堵升压5.3MPa，簇间封堵有效率达100%。

参考文献

[1]方良才，李贵红，李丹丹，等.淮北芦岭煤矿煤层顶板水平井煤层气抽采效果分析[J].煤田地质与勘探，2020，48（6）：155–160，169.

[2]贾建称，陈晨，董夔，等.碎软低渗煤层顶板水平井分段压裂高效抽采煤层气技术研究[J].天然气地球科学，2017，28（12）：1873–1881.

[3]朱贤清，姚林，赖建林，等.浅层煤层气U型井分段压裂研究与应用[J].油气藏评价与开发，2016，6（3）：78–82.

[4]蔡华，张光波，杨阳，等.投球暂堵压裂工艺在煤层气井的应用[J].中国煤层气，2020，17（6）：17–20.

[5]范华波，薛小佳，安杰，等.致密油水平井中低温可降解暂堵剂研发与性能评价[J].断块油气田，2019，26（1）：127–130.

超深大斜度井水力裂缝启裂与扩展试验及优化设计研究

王　辽[1]　冯觉勇[2]　杨战伟[1]　范文同[2]　高　莹[1]

（1. 中国石油勘探开发研究院；2. 中国石油塔里木油田公司）

摘　要： 超深大斜度井水力压裂中裂缝形态复杂，易造成压裂施工砂比低、压力高、加砂难等问题，极大地影响了深层斜井安全施工和改造效果。为此，利用大尺寸岩样物理模拟试验和数值模拟分析，研究了深层大斜度井的井斜角、方位角、水平应力差、压裂流体黏度及施工排量等地层和工艺参数对人工裂缝的启裂与扩展特征的影响规律。研究发现，斜井存在非平面裂缝扩展及裂缝转向弯曲，裂缝启裂是沿着井筒的纵向缝，远离井筒后向垂直于最小主应力方向偏转。斜井的井斜角和方位夹角越大、应力差越小，非平面裂缝的延伸长度和弯曲半径越大，形成的裂缝扭曲程度越大。在此基础上，根据斜井不同储层参数和裂缝形态，提出了对施工时的高黏前置液比例、支撑剂目数、砂浓度、段塞长度和数量等工艺参数的压裂优化设计方案，可为提高大斜度井压裂成功率提供参考。

关键词： 超深大斜度井；裂缝启裂；裂缝扩展；模拟试验；压裂设计

塔里木盆地埋深6000～8000m的深层天然气资源十分丰富，为了尽可能提高井控面积、改善开发效果，博孜、大北等低渗透区块部署了一大批大斜度井。但大斜度井在压裂中表现出砂比低、压力高、中后期加砂困难等问题，压裂效果很难达到设计要求[1-3]。与直井或水平井相比，大斜度井中裂缝扩展十分复杂，影响大斜度井人工裂缝形态的因素较多，目前对于超深大斜度井的水力裂缝启裂与扩展特性方面的研究较少，研究方法通常为理论分析或数值模拟，对近井区域裂缝的启裂、转向以及连通情况所得结果过于理想化，与实际情况有很大差距[4-7]。为此，本文利用大尺寸露头岩样的压裂模拟实验结合数值模拟分析，研究了超深大斜度井在不同井斜角、方位角、水平应力差、压裂液黏度及排量等因素对裂缝启裂方式、扩展形态和裂缝复杂性的影响，提出了超深大斜度井的压裂优化设计方案与施工建议，现场应用后取得了较好的效果。

1　裂缝启裂与扩展试验设计

裂缝启裂与扩展试验的目的是，依据相似准则[8]，模拟岩石在地层三向应力状态下，泵注不同黏度压裂流体后裂缝启裂的压力和裂缝的形态。根据该试验目的，准备了试验设备和材料，设计了具体的试验方案和步骤。

1.1 试验设备与材料

采用大尺寸真三轴压裂模拟试验系统进行裂缝启裂与扩展物理模拟试验，该系统由真三轴试验架、MTS伺服增压器、液压稳压源、油水隔离器、平板压裂装置、试验记录装置及其他辅助装置组成。试验岩样由采自库车山前地区的露头制作而成，其岩样尺寸为800mm×800mm×900mm，井眼尺寸为ϕ29mm×455mm，井斜角为70°，井筒下深355mm，裸眼段355～455mm，如图1所示。压裂液选择黏度为10.0mPa·s的滑溜水和黏度为100mPa·s的基液。

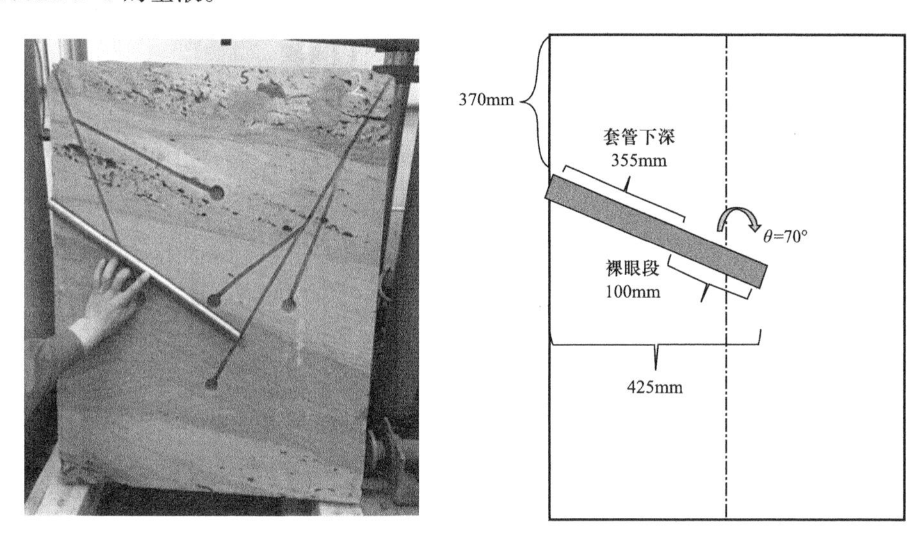

图1 水力压裂模拟试验样品及斜井示意图

1.2 试验方案

制订试验方案时，考虑到露头岩样数量有限，且实际的井斜角较大，在60°～85°之间，重点考虑水平应力差特性、注入的流体黏度、排量等因素的影响。依据目前的认识，目标储层为走滑应力机制，水平应力差较大，储层天然裂缝较发育，压裂施工采用滑溜水和胶液组合[9-10]。结合这些认识，制订了裂缝启裂与扩展物理模拟试验方案，见表1。该方案中，水平应力差设计为5MPa、10MPa和20MPa 3种情况，压裂液选择黏度为10mPa·s的滑溜水和黏度为100mPa·s的基液，注入排量为60～120mL/min，共设计3组试验。

表1 大斜度井水力压裂物理模拟试验方案

序号	样品编号	应力/MPa			液体		声波监测	排量/（mL/min）
		最大水平应力	最小水平应力	垂向应力	类型	黏度/（mPa·s）		
1	TLM-X-1	12	7	10	基液	100	√	60
2	TLM-X-2	25	5	10	滑溜水	10	√	60
3	TLM-X-3	15	5	10	滑溜水	10	√	60～120

1.3 试验步骤

（1）将试样放入压机，然后安装压力板及压机的其他部件。为了保证压力板向试样表面均匀加载，在压力板与试样之间放置一橡胶垫片。

（2）试样安装完后，由液压稳压源施加三向围压，再根据选定的泵排量向模拟井筒泵注压裂液，在开始泵注压裂液的同时，启动与 MTS 伺服增压器连接的数据采集系统，记录泵注压力、排量等参数。

（3）试验完成后卸除围压，取出岩样进行观察，在井筒两侧切割岩样，观察和分析形成的裂缝形态。

2 裂缝启裂与扩展试验结果分析

按照上述设计进行了 3 组试验，得到了水平应力差和压裂液黏度影响大斜度井水力裂缝形态的规律性认识，针对目标区块储层试验条件，确定了大斜度井人工裂缝启裂扩展形态、非平面裂缝扩展范围及裂缝转向弯曲半径。

2.1 水平应力差对裂缝形态的影响

1 号岩样的试验排量为 60mL/min，明显破裂压力点 15.87MPa（2300psi），延伸压力平稳 8～8.6MPa（1160～1250psi），东侧、北侧有明显液体流出，样品顶面、南侧、西侧均无压裂液流出。将 1 号岩样沿斜井筒两侧对称切开，观察和分析裂缝形态，近井筒附近启裂沿着井筒方向的纵向缝，具有西高东低特征，东侧突破边界，西侧未到边界，如图 2 所示。当水平应力差较小时（5MPa），裂缝启裂是沿着井筒的纵向缝，远离井筒后呈现向垂直于最小主应力方向偏转的趋势。

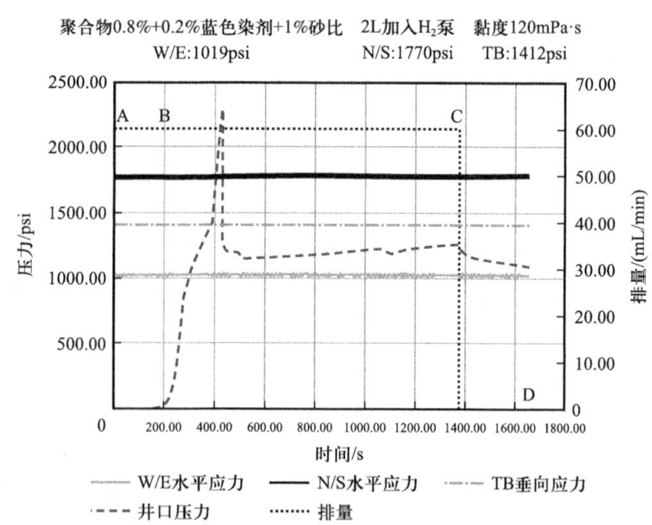

图 2 1 号岩样破裂后裂缝形态和压力曲线

2 号岩样的试验排量稳定在 60mL/min，有一个明显的破裂点，破裂压力 14MPa（2000psi），延伸压力平稳 3.14～3.73MPa（455～540psi），样品顶面、南侧、北侧有明显液体流出。将 2 号岩样沿斜井筒两侧对称切开，观察和分析裂缝形态，与 1 号实验不同，本试验水平应力差较大（20MPa），受应力场作用，裸眼段处直接启裂，形成垂直于最小水平主应力的垂直裂缝，延伸尺度突破岩石四个表面，如图 3 所示。

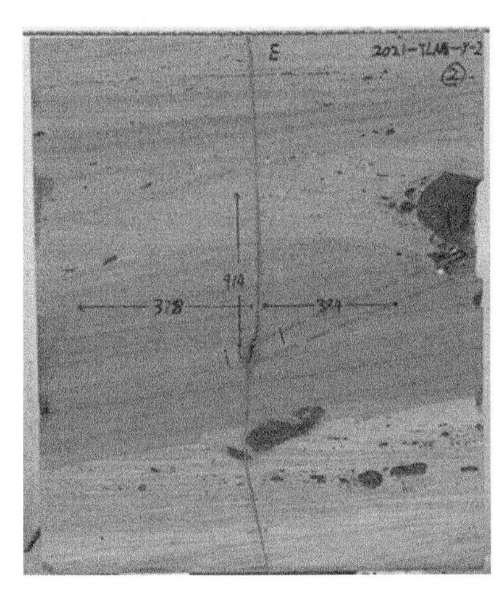

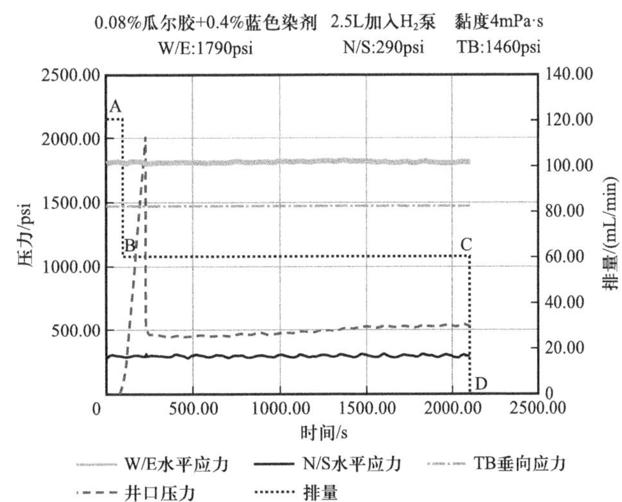

图 3 2 号岩样破裂后裂缝形态和压力曲线

3 号岩样的试验排量为 60～120mL/min，明显破裂压力点 17.24MPa（2500psi），延伸压力平稳 5.8～6.3MPa（850～920psi），样品南侧、北侧有明显液体流出。将 3 号岩样沿斜井筒两侧对称切开，观察和分析裂缝形态，3 号岩样与 1 号岩样类似，裂缝启裂先是沿着井筒的纵向缝，受应力场作用，迅速转向垂直于最小主应力方向，明显观察到了试验条件下的非平面裂缝扩展及裂缝转向弯曲，如图 4 所示。

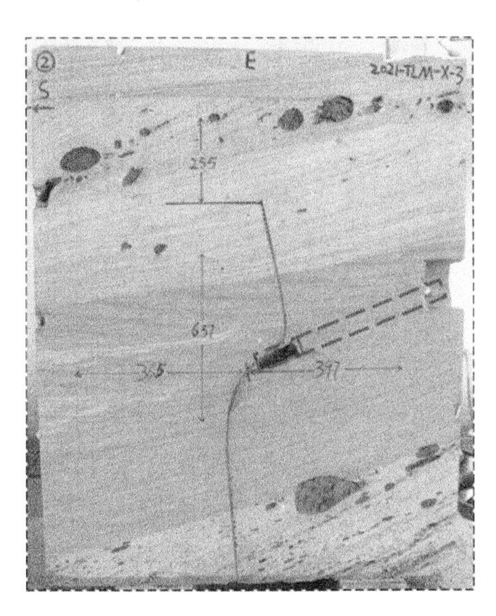

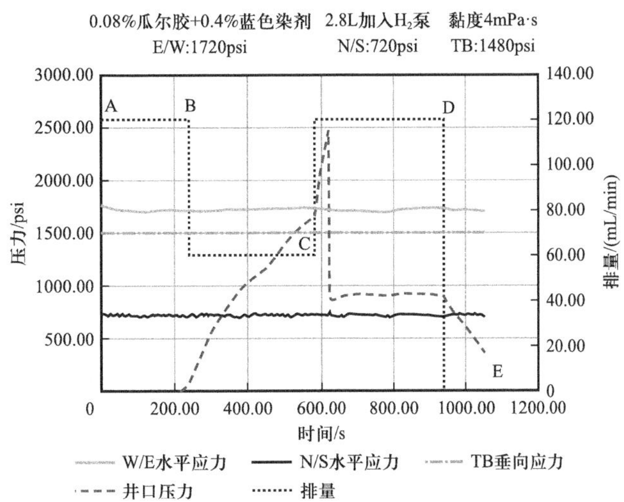

图 4 3 号岩样破裂后裂缝形态和压力曲线

2.2 试验结论

综合上述试验结果可知，大斜度井的裂缝启裂及延伸，存在非平面裂缝的启裂区，从非平面缝延伸到平面缝有一个过程。两向应力差控制了非平面启裂区的延伸长度及裂缝转向区的弯曲程度，应力差越小，非平面启裂区的延伸长度越长，转向弯曲程度越大。2号岩样试验条件下，从非平面缝延伸到平面缝，转向弯曲延伸距离为15～20cm，弯曲半径为井眼的4倍左右。

3 大斜度井裂缝启裂与扩展数值模拟分析

基于以上露头岩样的水力压裂物理模拟试验结果，借助Xsite软件分析超深大斜度井在不同井斜角、方位角、水平应力差、压裂液黏度及排量等因素对裂缝启裂方式、扩展形态和裂缝复杂性的影响。

3.1 井斜角对裂缝启裂的影响

不同井斜角条件下，大斜度井水力压裂裂缝扩展形态如图5所示。结果表明：井斜角越大，裂缝扭曲程度越大，近井次级扩展区域越大，裂缝转向越剧烈，整体复杂度越高；井斜角大小会影响裂缝的偏转角度和近井裂缝的复杂程度。

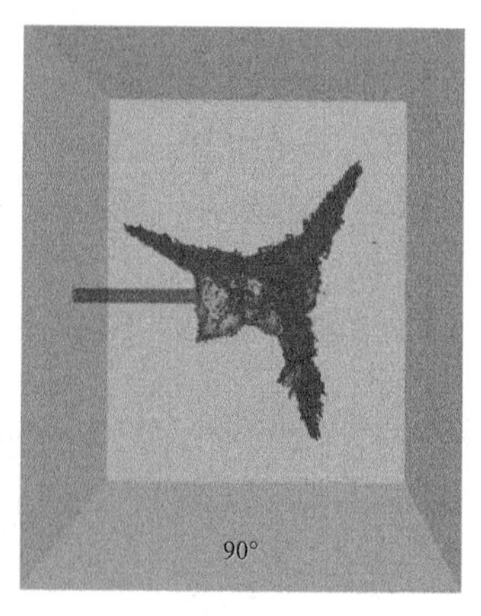

图5 不同井斜角下裂缝启裂及扩展形态

3.2 水平应力差对裂缝启裂的影响

在不同水平应力差条件下，裂缝扩展形态如图6所示，结果表明：水平应力差对裂缝启裂有很大影响。改变应力差，对裂缝形态影响较大，走滑断层，应力差越大，裂缝的形态越简单，越接近垂直缝。另外，裂缝扩展也受到水平应力差的影响。当水平应力差较大时，通常会形成1条主裂缝，并且应力差越大，主裂缝的转向区域越小；当水平应力差较小时，通常会形成多条非平面裂缝。

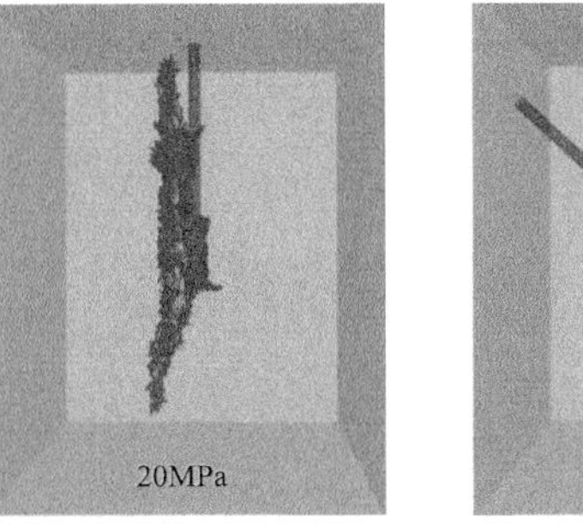

(a) 井斜角为0°时不同应力差下裂缝启裂及扩展形态

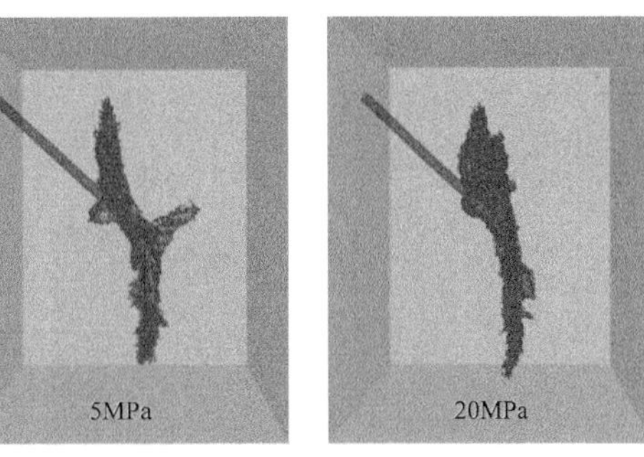

(b) 井斜角为50°时不同应力差下裂缝启裂及扩展形态

(c) 井斜角为70°时不同应力差下裂缝启裂及扩展形态

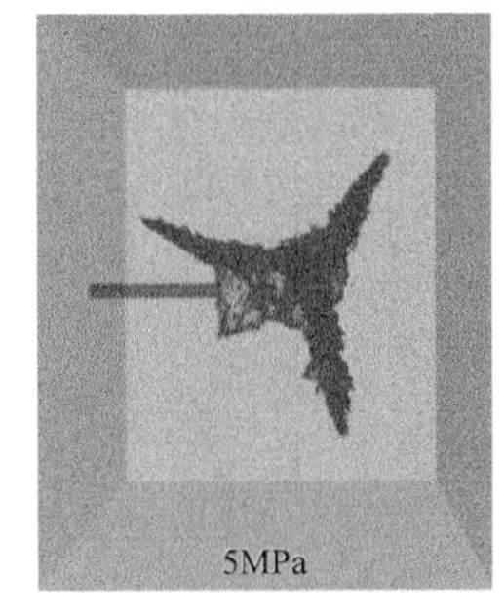

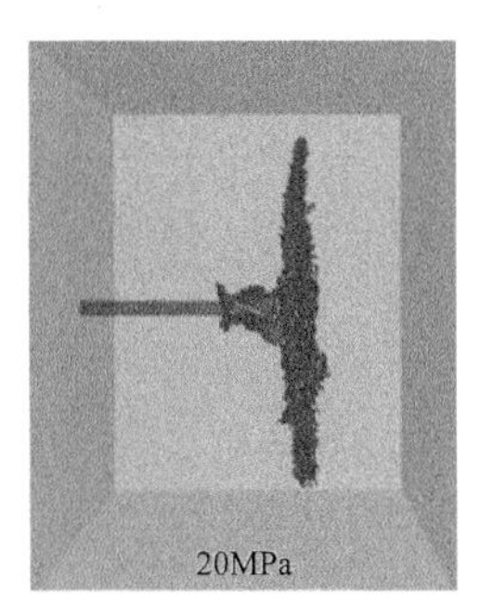

(d) 井斜角为90°时不同应力差下裂缝启裂及扩展形态

图 6　不同应力差下裂缝启裂及扩展形态

3.3　方位角对裂缝启裂的影响

不同方位角条件下，大斜度井水力压裂裂缝扩展形态如图 7 所示。结果表明：方位角为 0° 和 90° 时，裂缝扭曲程度和近井次级扩展区域相对较小；而方位角为 45° 时，裂缝扭曲程度较大，随着方位角增大，裂缝扭曲程度先增大后减小。

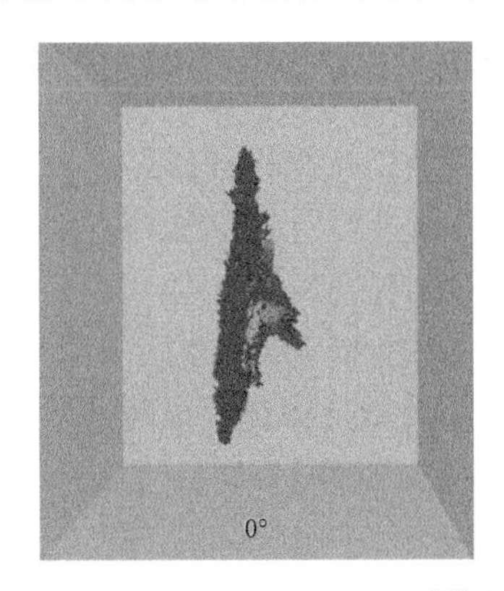

图 7　不同方位角下裂缝启裂及扩展形态

3.4　排量和黏度对裂缝启裂的影响

不同排量和黏度条件下，大斜度井水力压裂裂缝扩展形态如图 8 所示。结果表明：低黏流体裂缝启裂整体形态相对简单，近井区裂缝启裂复杂；斜井为了避免在近井形成复杂裂缝，采用高黏液体快速形成主缝。黏度增加使裂缝更易沿井筒方向延伸，施工排量对裂缝的启裂角度影响较小。

图 8　不同排量和黏度下裂缝启裂及扩展形态

4　压裂优化设计

大斜度井裂缝启裂与扩展物理模拟试验和数值模拟结果表明，井斜角和方位夹角越大、应力差越小，启裂区的延伸长度和转向区的弯曲程度越大，裂缝扭曲程度越大，斜井施工难度主要受近井裂缝转向区的影响。根据 10 口大斜度井储层参数与施工曲线特征对应分析，结合以上大斜度井裂缝启裂与扩展的认识，指导压裂改造优化设计，见表 2。

在井斜角为 0°～40°、方位角为 0°～30° 和 60°～90°、应力差大于 20MPa 时，斜井施工难度较小，可降低高黏前置液比例为 30%～40%，提高最高砂浓度为 60～450kg/m³，段塞 1～2 个；在井斜角为 40°～90°、方位角为 30°～60°、应力差小于 20MPa 时，斜井施工难度较大，高黏前置液比例为 50%～60%，采用 100 目或更小的微支撑剂，最高砂浓度为 30～300kg/m³，段塞 3～4 个，提高大斜度井的加砂规模和施工成功率。

表 2　不同储层参数下施工参数优化推荐

井斜角 /（°）	方位夹角 /（°）	应力差 / MPa	高黏前置液比例 / %	支撑剂 / 目	砂浓度 /（kg/m³）	段塞 / 个
0～40	0～30/60～90	＞20	30～40	40～70	60～450	1～2
40～90	30～60	＜20	50～60	≤100	30～300	3～4

5 结论与认识

（1）大型真三轴试验研究证实，斜井存在非平面裂缝扩展及裂缝转向弯曲，裂缝启裂是沿着井筒的纵向缝，远离井筒后向垂直于最小主应力方向偏转。

（2）斜井的井斜角和方位夹角越大、应力差越小，非平面裂缝的延伸长度和弯曲半径越大，形成的裂缝扭曲程度越大。根据斜井不同储层参数和裂缝形态，提出了针对性的工艺参数优化设计方案。

（3）针对超深巨厚储层的大斜度井压裂，提高压裂液黏度和施工排量是降低弯曲摩阻、增加裂缝宽度的有效途径。推荐采用机械分层，从另一种途径提高缝内进液量，达到增加缝宽、提高施工成功率的目的。

参考文献

[1] 杜现飞，李建山，齐银，等.致密厚油层斜井多段压裂技术[J].石油钻采工艺，2012，34（4）：61−63.

[2] 贾长贵，李明志，李凤霞，等.低渗裂缝型气藏斜井压裂技术研究[J].天然气工业，2007（5）：106−108，158.

[3] Yew C H，Mear M E，Chang C C，et al. On perforating and fracturing of deviated cased wellbores [C]. SPE 26514，1993.

[4] 陈勉，陈治喜，黄荣樽.大斜度井水压裂缝启裂研究[J].石油大学学报（自然科学版），1995（2）：30−35.

[5] Chen M，Jiang H，Zhang G Q，et al. The experimental investigation of fracture geometry in hydraulic fracturing through oriented perforations [J]. Petroleum Science & Technology，2010，79（1）：1297−1306.

[6] 田珅.水力压裂裂缝启裂及扩展研究[D].北京：中国地质大学（北京），2018.

[7] 陈作，李双明，陈赞，等.深层页岩气水力裂缝启裂与扩展试验及压裂优化设计[J].石油钻探技术，2020，48（3）：70−76.

[8] 郭天魁，刘晓强，顾启林.射孔井水力压裂模拟实验相似准则推导[J].中国海上油气，2015，27（3）：108−112.

[9] 刘洪涛，刘举，刘会锋，等.塔里木盆地超深层油气藏试油与储层改造技术进展及发展方向[J].天然气工业，2020，40（11）：76−88.

[10] 张杨，杨向同，滕起，等.塔里木油田超深高温高压致密气藏地质工程一体化提产实践与认识[J].中国石油勘探，2018，23（2）：43−50.

煤层气静动态储层系统为核心的地质工程一体化方案及生产实践

高丽军　石雪峰　葛　岩　冯　毅　韩　冬　康弘男

（中海油能源发展股份有限公司工程技术分公司）

摘　要：建立煤层气储层静动态参数分类系统是煤层气地质工程一体化的核心纽带，对于煤层气高效开发至关重要。以柳林煤层气为例，结合实验测试、地质建模、微地震压裂裂缝扫描技术，建立煤层气静动态耦合高效储层分类体系，并针对不同储层类型，提出对应的增产改造建议。结果表明：工区存在高渗—弱动力—快解吸型、中渗—中动力—中解吸型、低渗—强动力—快解吸型三种静态储层类型；基于渗透率动态变化、裂缝展布特征及实际生产特征，建立了静动态储层分析体系；基于静动态耦合高效储层分类体系，划分煤层气高效开发单元，其中高渗—弱动力—快解吸型、中渗—中动力—中解吸型单元是水平井开发的核心区域；低渗—强动力—快解吸型单元受应力伤害较大，导致压降漏斗扩展受阻严重，重点需优化井距，通过提高加砂量（大于35m^3）增加压裂规模和降低动液面下降速度（小于10m/d）减少应力伤害等多种手段改善该类气井的产能。低渗—强动力—快解吸型单元受限于单煤层较多的特点，在优化井距、增加压裂规模基础上，更需兼顾多煤层合采及煤系气综合开发。

关键词：煤层气；静动态耦合；高效储层分类；生产实践

近几年煤层气勘探开发以及低产低效井治理经验表明：煤层气高效产出是资源条件、压裂改造、合理排采的综合响应结果，其中生产开发需涉及气体的吸附、解吸、扩散和渗流等过程；排采改造主要涉及储层应力伤害、改造裂缝展布等动态参数的表征[1-4]。建立以涵盖煤层气解吸—渗流的静态控产机理、储层伤害与改造特征动态表征为核心的煤储层分类系统，是煤层气一体化高效开发的技术关键。煤层气储层静动态分类系统作为煤层气地质工程一体化的核心纽带，建立解吸—渗流生产机理下的储层分类体系和地质—工程双要素控制的气井响应模型，提出分区分策的工程改造建议，对于煤层气高效开发至关重要。柳林区块为我国中煤阶煤层气开发示范区，煤层气资源潜力巨大，早期区内煤层气井直井总体开发效果呈产能低下、气井衰竭快、南北差异大的特征[5-7]；从“十一五”开始，相继开展了直井、丛式井、羽状水平井、U型水平井等多种井型钻探工程、煤储层欠平衡钻井和配套完井技术试验与应用，使得区块水平井获得较好的产气效果[8-9]。本次基于柳林区块地质、产能与工程试验等生产经验，分析煤层气静动态储层系统参数与气井产能响应关系，提出煤层气高效开发静动态储层分类体系，围绕区内静动态储层系统搭建煤层气地质工程一体化方案，提出适配的工程增产措施，为该区煤层气井后期高效生产、同类型煤层气区块地质工程一体化的能力建设提供方法借鉴。

1 煤层气基础地质参数

柳林区块煤层气开发煤层为山西组3+4号煤层，以富镜质组中低灰分中煤阶煤为主，煤层埋深浅于800m，单层平均厚度大于2m，平均含气量大于7m³/t，煤层单层厚度和含气量适中，相对有利于煤层气富集。平均渗透率在0.1mD以上，煤层水平应力、临储比及含气饱和度差异较大（表1）。

表1 柳林地区山西3+4号煤层地质特征

项目	煤层埋深/m	厚度/m	镜质组/%	灰分/%	含气量/（m³/d）	渗透率/mD	孔隙度/%
最小值	485.50	0.85	84.55	17.38	2.68	0.02	0.01
最大值	881.20	4.45	45.22	3.52	11.82	3.44	0.03
平均值	652.12	2.33	62.72	34.19	7.15	0.54	0.02
项目	储层压力/MPa	兰氏体积/m³	临储比	含气饱和度/%	最大水平应力/MPa	最小水平应力/MPa	破裂压力/MPa
最小值	2.58	16.1	0.05	18.4	7.33	6.5	9.19
最大值	8.41	28.76	0.93	99.6	30.83	24	20.04
平均值	5.58	21.44	0.3	54.02	19.41	13.12	14.14

2 静动态储层系统研究

2.1 静态储层参数控产特征

煤层气生产过程中，气井从初期排水降压到后期气井产气依次与煤层气解吸—扩散—渗流相对应，因此气井排采动态特征为气体解吸和渗流过程的综合响应。假设煤层解吸气量与渗流气量相等，即q_1=q_2，气井产能最为高效合理。基于常规产能公式、朗格缪尔理论进行煤层气控产地质参数组合分析。

以渗流为主的煤层气井产能公式：

$$q_1 = \frac{K_c K_{rg} h}{\ln\left(\frac{r_e}{r_w}\right)} \Delta p \lambda_g \tag{1}$$

以解吸为主的煤层气井产能公式：

$$q_2 = \pi r_d^2 h \rho \frac{V_L p_L}{\left(p_L + \overline{p}\right)^2} \frac{d\overline{p}}{dt} \tag{2}$$

结合式（1）和式（2），综合考虑煤层气解吸—渗透的产能公式为：

$$q=\sqrt{q_1q_1}=\sqrt{q_2q_2}=\sqrt{q_1q_2}=\sqrt{\frac{K_cK_{rg}h}{\ln\left(\frac{r_e}{r_w}\right)}\Delta p\lambda_g\pi r_d^2h\rho\frac{V_Lp_L}{\left(p_L+\bar{p}\right)^2}\frac{d\bar{p}}{dt}} \tag{3}$$

气井的瞬时产量为：

$$q_t=\sqrt{K_cK_{rg}\left(\Delta p\right)^2\lambda_g\frac{\pi r_d^2h^2}{\ln\left(\frac{r_e}{r_w}\right)}\rho\frac{V_Lp_L}{\left(p_L+p_t\right)^2}}=Kh\Delta pR\frac{\alpha}{\beta} \tag{4}$$

式中，K_c 为绝对渗透率，mD；K_{rg} 为气相相对渗透率；h 为煤层厚度，m；r_e 为供给半径，m；r_w 为煤层气井半径，m；λ_g 为流体特性综合系数，D/（mPa·s）；r_d 为解吸半径，m；ρ 为煤的密度，g/cm^3；$\bar{p}$ 为解吸范围内平均煤层压力，MPa；$K=\sqrt{K_cK_{rg}}$，代表煤层气渗流系统；Δp 代表气藏动力系统，具体为煤层气生产压差，MPa；$R\frac{\alpha}{\beta}=\sqrt{\frac{\pi r_d^2h^2}{\ln\left(\frac{r_e}{r_w}\right)}\rho\lambda_g\frac{V_Lp_L}{\left(p_L+p_t\right)^2}}$，其中 $\alpha=\sqrt{V_Lp_L}$，$\beta=p_L+p_t$，代表煤层气资源解吸系统，具体指示压降范围内特定解吸效率下的解吸气体总量；V_L 为兰氏体积，m^3/t；p_L 为兰氏压力，MPa；p_t 为解吸范围内平均煤层压力，MPa。

通过柳林区块单井产能与地质参数相关性分析，得出区内主控地质因素为渗透率、临储比、储层压力（图 1），基于渗透率、储层压力、解吸效率（临储比或者 α/β）三参数对渗流系统、动力系统、资源解吸系统进行分级，提出静态储层类型可划分为高渗—弱动力—快解吸型、中渗—中动力—中解吸型、低渗—强动力—慢解吸型三大类。其中低渗煤岩原始渗透率小于 0.1mD，中渗渗透率为 0.1～1mD，高渗渗透率大于 1mD；弱动力压力梯度小于 0.8MPa/100m，储层压力小于 5MPa。中动力压力梯度大于 0.8MPa/100m，储层压力小于 5MPa；强动力压力梯度大于 0.8MPa/100m，储层压力大于 10MPa；慢解吸临储比小于 0.5，中等解吸临储比 0.5～0.8，快解吸临储比大于 0.8。其中，高产直井（日产气量大于 800m^3）以高渗—弱动力—快解吸型为主，中产直井（日产气量为 500～800m^3）以中渗—中动力—中解吸型为主。

2.2 动态储层参数控产特征

动态储层参数需重点反映实际压裂改造裂缝形态及排采应力敏感效应对储层的动态影响[10-15]。具体表现为两个方面：一为应力条件控制压裂裂缝方向和改造有效性，影响气井压裂渗透率的大小[16]；二为排采过程中应力对储层产生应力伤害，有效裂缝闭合，煤岩导流能力降低[17-21]，导致气井后期产能陡降。

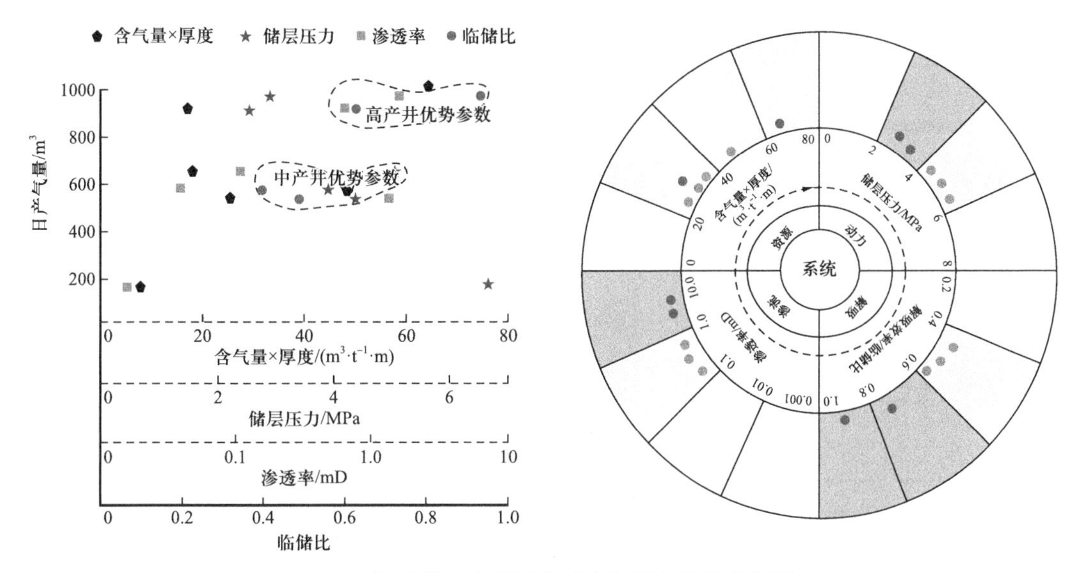

图 1　储层参数与直井平均日产气量相关性分析图

2.2.1　压裂缝网动态展布特征

区内 3+4 号煤层面割理走向近东西向展布[22]，微破裂四维向量扫描影像技术揭示区内最大主应力方向为近水平略偏东北—西南向（图 2），端割理与之斜交，基于 KGD 裂隙模型弹性力学理论，区内最大主应力与面割理方向基本一致，相对有利于改造，且水力压裂时裂缝首先沿煤岩的天然裂缝延伸，当裂隙延伸到天然裂隙末端时，裂隙将逐渐朝最大主应力方向延伸。

2.2.2　动态渗透率动态变化

基于煤岩应力敏感性实验，揭示煤储层渗透率随应力增加快速降低，渗透率相对高的煤岩样品渗透率损失绝对值相对大于低渗样品［图 3（a）］，但渗透率损失相对值远小于低渗样品［图 3（b）］，即渗透率越低，煤岩应力敏感伤害越大。

2.3　静动态储层分类系统的建立

结合典型区域气井曲线特征，建立本区静动态储层分类参数体系，将研究区分为 3 类静动态储层类型（表 2）。

Ⅰ型储层资源条件优越，气体解吸速率快，煤储层原始渗透率大于 1mD，与压裂渗透率量级相近。由于储层压力低，能够快速解吸，气井产气较早；内生裂缝相对发育，且水平应力低（典型井最小水平应力 6.89MPa），相对有利于形成复杂性缝网。直井具有产气高、见气快、稳产周期长的特点。Ⅱ型储层资源条件适中，气体解吸速率相对适中，储层压力适中，储层原始渗透率介于 0.5～1mD，略小于压裂渗透率，储层原始渗透率受应力伤害相对增加，后期气井压降漏斗扩展速度相对降低。直井具有产气适中、见气阶梯上升、稳产周期长的特点。Ⅲ型储层资源条件优越，且储层压力较高，具备高产气的物质基

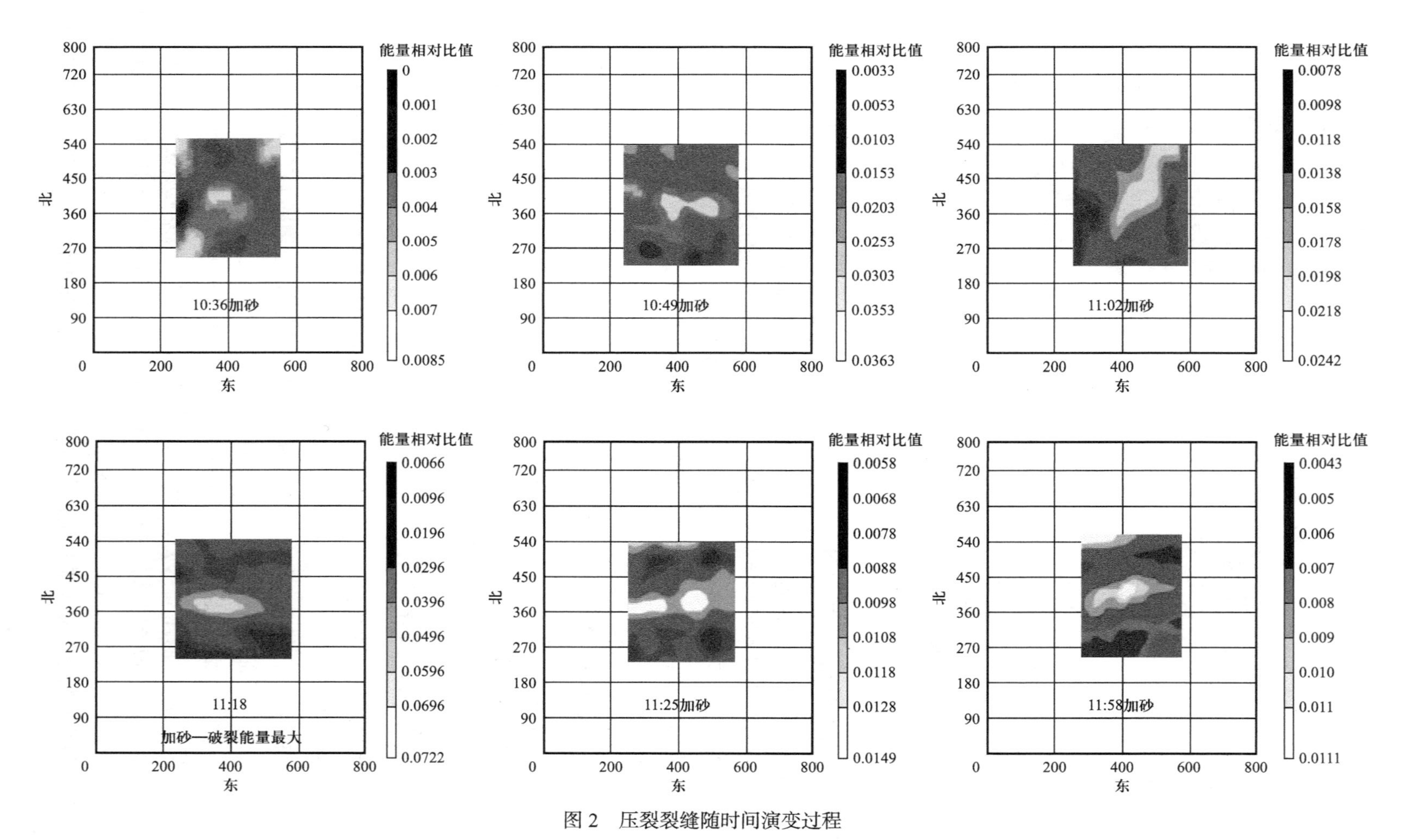

图2 压裂裂缝随时间演变过程

础；储层煤岩内生裂缝不发育，原始渗透率小于 0.5mD；地应力集中（典型井最小水平应力大于 10MPa），改造缝网单一；压降漏斗主要呈椭圆形，气井初产气期，压力优先沿着改造缝隙方向传播，到达井筒边界后气产量即达到高值。直井具有前期高产气、后期气量陡降难恢复的特征。

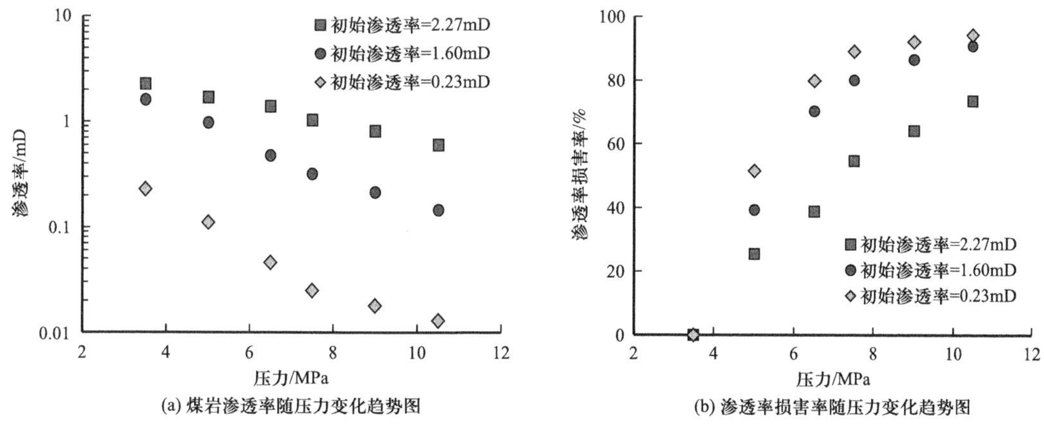

图 3　煤岩渗透率及其损害率随压力增大变化趋势图

表 2　静动态储层分类系统划分

储层类型	储层静态参数				储层动态参数匹配关系		典型垂直井生产曲线特征
	资源条件	渗透系统	压力系统	解吸系统	储层伤害	裂缝—应力改造要素	
Ⅰ型	优含气量＞$8m^3/t$，厚度＞5m	高 K_c＞1mD	弱储层压力 2～5MPa，压力梯度 0.5～0.8	快解吸临储比＞0.8	低应力敏感 $K_c \approx K_g$	裂缝发育地应力适中（闭合压力＜10MPa），压降漏斗几乎一直为同心圆	
Ⅱ型	中等含气量 5～$8m^3/t$，厚度 2～5m	中 0.1～1mD	中储层压力 2～5MPa，压力梯度 0.8～1	中等解吸临储比 0.5～0.8	低应力敏感 $K_c \approx K_g$ 或者 $K_c < K_g$		
Ⅲ型	优含气量＞$8m^3/t$，厚度 2～5m	低 K_c＜0.1mD	强储层压力 5～10MPa，压力梯度＞0.8	中—快解吸临储比＞0.5	高应力敏感 $K_c \ll K_g$	裂缝不发育，地应力集中（闭合压力＞10MPa），压降漏斗为同心圆到椭圆	

注：K_c 为煤岩原始渗透率，mD；K_g 为煤层压裂后的压裂渗透率，mD。

3　地质工程一体化方案及生产实践

3.1　地质工程一体化方案

煤层气高效开发是地质与工程相融合的系统工程[23]，依据静动态储层分类系统储层渗流系统、动力系统、资源解吸系统三者之间匹配关系和生产突出矛盾，形成静动态储层分类系统下重点参数表征及工程措施路线（图 4），其强调在静动态储层系统指导下，合理划分开发单元类型，并针对不同开发单元类型，采取差异化的工程措施。

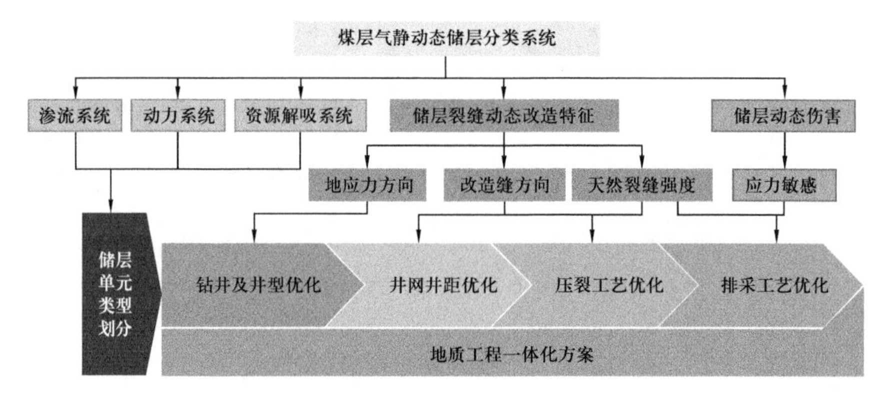

图 4　基于储层分类系统的一体化技术体系

3.2　储层单元类型划分

以断层距离属性为约束条件建立裂缝强度属性参数场［图 5（a）］，静态储层类型与储层动态伤害敏感区［图 5（b）］相叠合划分出区内三大类开发单元［图 5（c）］。Ⅰ型开发单元储层为高渗—弱动力—快解吸型，直井见气早、产气快且气井产量高，但由于储层压力较低，难以长时间稳产；Ⅱ型开发单元储层类型为中渗—中等动力—中等解吸型，气井解吸相对慢，产气量呈阶段性增长，可通过扩展压降漏斗面积增加煤层气解吸范围弥补气量增产慢的趋势；Ⅲ型开发单元资源量总体一般，储层为低渗—强动力—快解吸型，其储层强动力、快解吸相对有利于开发，气层供气资源不足且易受储层应力伤害影响，产气量陡降难以稳产，可通过优化工程改造措施，提高产气量。

3.3　气井优化生产建议

3.3.1　井型的选取

优选水平井对Ⅰ型开发单元、Ⅱ型开发单元中高渗—中等动力—中等解吸型储层进行高效开发，充分发挥该储层系统不易产生储层应力伤害、压降扩展快、资源潜力大、煤岩中高解吸供气速率快的储层优势；通过扩大压降范围，回避储层动力不足、气体补给不足的劣势。例如，北部的中渗—中等动力—中等解吸型储层开发单元中水平井产气效果较好，最高产气量 16104m^3/d（图 6）。

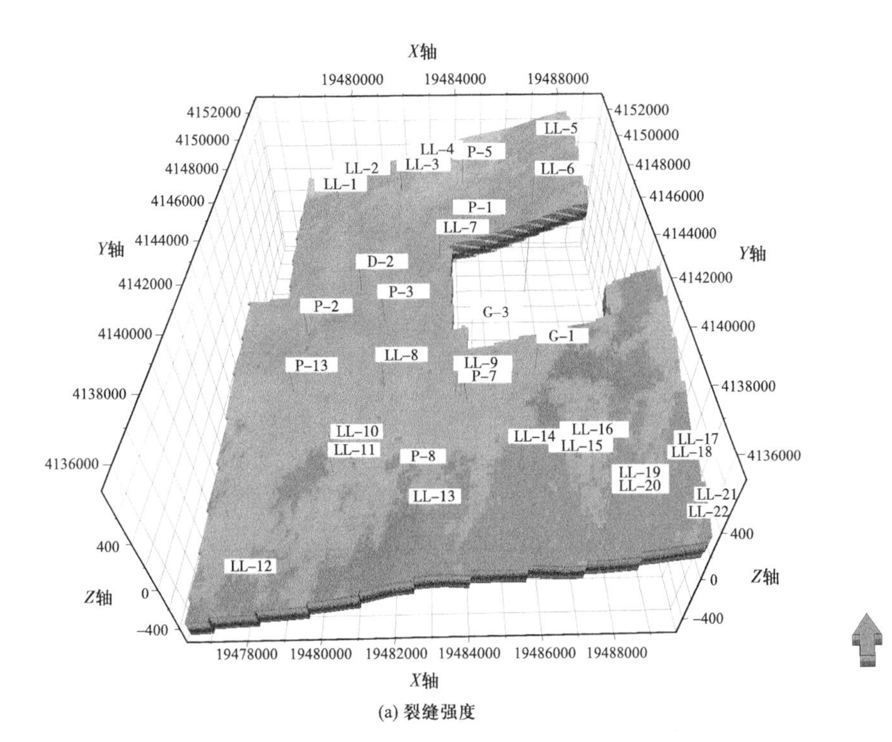

(a) 裂缝强度

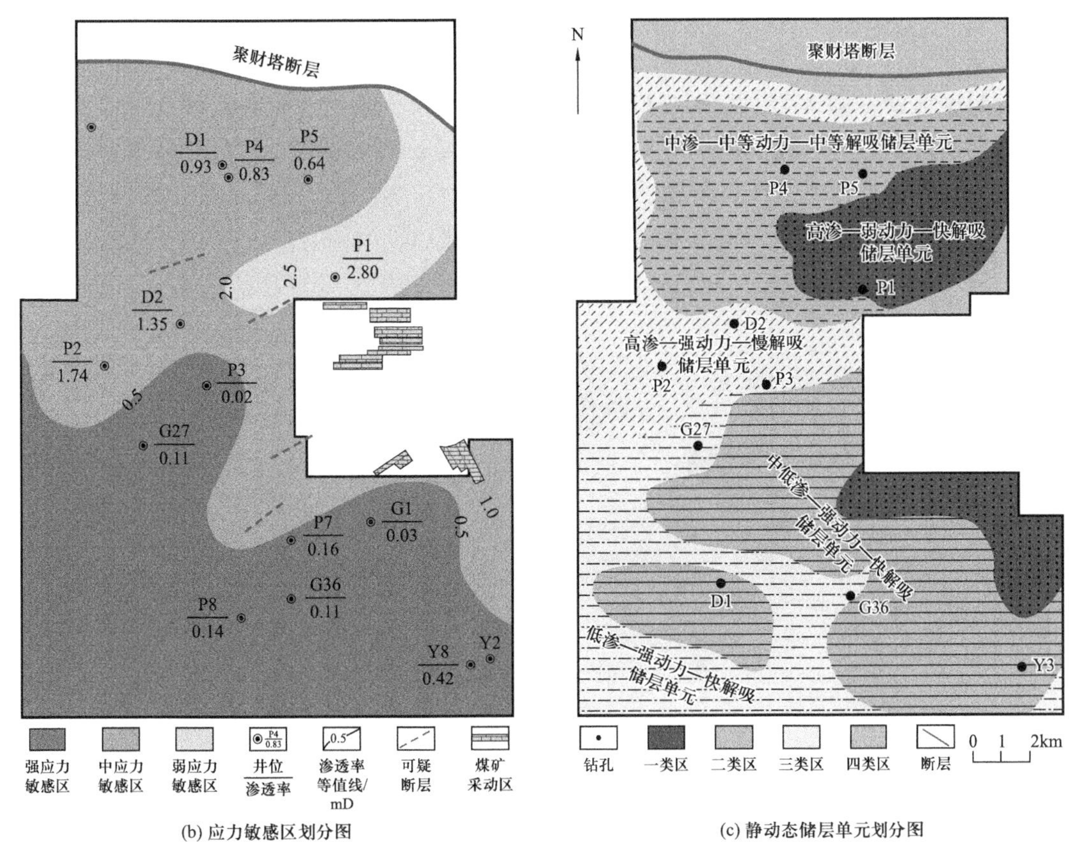

(b) 应力敏感区划分图　　(c) 静动态储层单元划分图

图 5　煤层气高效开发单元预测图

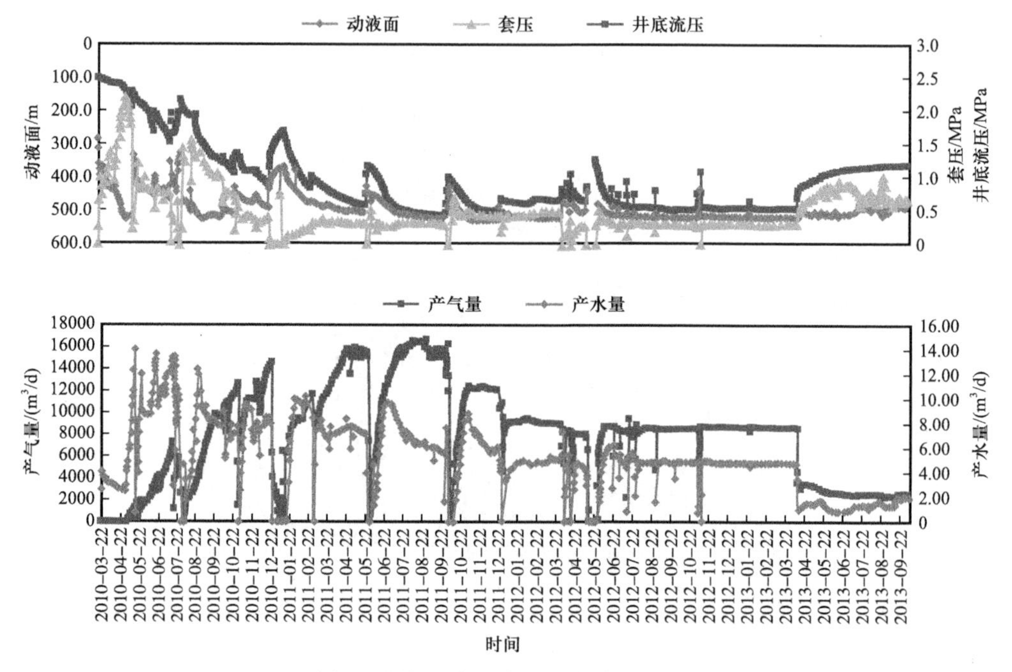

图 6　研究区典型水平井排采曲线图

3.3.2　井网优化

针对中低渗—强动力—快解吸型（Ⅱ、Ⅲ型）储层，通过优化井网规避气井高峰陡降、后期低产的趋势。数值模拟当井距 × 排距为 300m×200m 时，产气量峰值和累计产气量最大。杨家坪井组沿压裂裂缝延展方向布置矩形井网，经过 143 天的小井网排采后，平均单井产气量为 1000～3000m^3/d，最高达 7050m^3/d（图 7）。

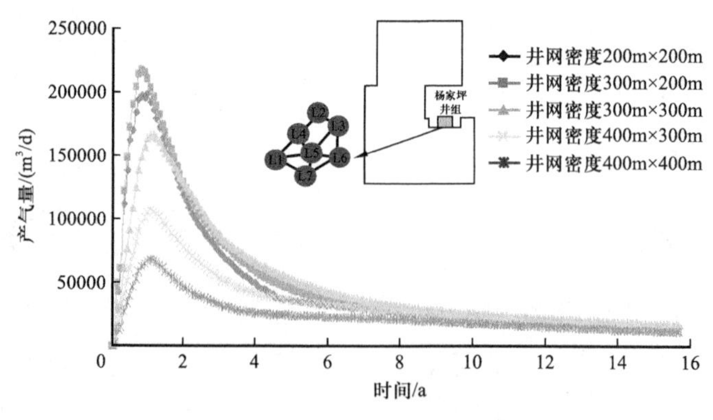

图 7　研究区井网密度模拟对比图

3.3.3　压裂工艺优化

低渗—强动力—快解吸型（Ⅲ型）储层需加大压裂改造规模和降低排采过程中储层应力伤害。对比 12 口气井加砂量、动液面下降速度与产气量关系，建议储层加砂量应大于

35m³、动液面下降速度应低于 10m/d（图 8）。同时考虑到该单元地层埋深加大、储层压力高、水动力弱，相对有利于煤系气保存，但煤层减薄，后期该类型单元可在加大改造规模提产的同时兼探邻近煤层层系的煤系气。

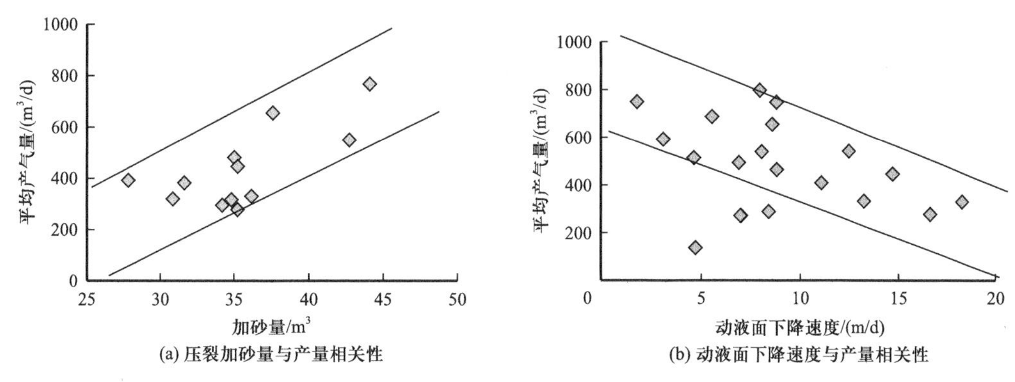

图 8 压裂加砂量与动液面下降速度与产量相关性图

4 结论

（1）通过柳林区块单井产能与地质参数相关性分析，得出区内主控产能地质因素为渗透率、临储比、储层压力。结合产能理论分析，得出区内存在高渗—弱动力—快解吸型、中渗—中动力—中解吸型、低渗—强动力—快解吸型三大类静态储层类型。

（2）基于煤储层原始渗透率与压裂后渗透率匹配关系，得出三大类静态储层类型的不同压力传播轨迹及气井动态响应模式，建立了静动态耦合高效储层分类体系，提出 I 型、Ⅱ型、Ⅲ型静动态储层类型。

（3）针对不同静动态储层类型划分开发单元，并提出适用性工程建议。高渗—弱动力—快解吸（ I 型）、中渗—中动力—中解吸型（ Ⅱ型 ）开发单元是水平井开发的核心区域；低渗—强动力—快解吸型（ Ⅲ型 ）开发单元受应力伤害较大，导致压降漏斗扩展受阻严重，可优化井距，提高加砂量（大于 35m³）增加压裂规模，降低动液面下降速度（小于 10m/d）减少应力伤害提高产能。同时受限于单煤层较多的特点，在优化井距、增加压裂规模基础上，更需兼顾多煤层及煤系气综合开发。

参考文献

[1] 娄剑青，刘兆清，陈泽辉．精细地质研究在煤层气勘探开发中的作用［C］//2013 年煤层气学术研讨会论文集，2013.

[2] 娄剑青．影响煤层气井产量的因素分析［J］．天然气工业，2004，24（4）：62-64.

[3] 倪小明．煤层气垂直井产能主控地质因素分析［J］．煤炭科技学报，2010，38（7）：109-113.

[4] Gao L J，Tang D Z，Xu H，et al. Geologically controlling factors on coalbed methane（CBM）productivity in Liulin［J］. Journal of Coal Science and Engineering（China），2012，18（4）：362-367.

[5] 王明寿．山西煤层气产业面临的机遇与挑战［C］// 第三届全国煤层气学术研讨会论文集，2002.

[6] 要慧芳，阴翠珍 . 山西河东煤田柳林杨家坪煤层气储层地质特征 [J]. 中国石油勘探，2006，11（3）：68-72.
[7] 李勇，汤达祯，许浩，等 . 柳林地区煤层气勘探开发模式研究 [J]. 天然气地球科学，2014，25（9）：1462-1469.
[8] 孟艳军，汤达祯，许浩，等 . 煤层气开发中的层间矛盾问题——以柳林地区为例 [J]. 煤田地质与勘探，2013，41（3）：29-33.
[9] 许浩，汤达祯，郭本广，等 . 柳林地区煤层气井排采过程中产水特征及影响因素 [J]. 煤炭学报，2012，37（9）：1581-1585.
[10] 傅雪海，秦勇，李贵中，等 . 山西沁水盆地中南部煤储层渗透率影响因素 [J]. 地质力学学报，2001，7（1）：45-52.
[11] 许浩，汤达祯，唐书恒，等 . 几种关键压力的控制因素及其对煤层气井产能的影响 [C] // 煤层气勘探开发理论与技术——2010 年全国煤层气学术研讨会论文集，2011：53-58.
[12] Ayers W B. Coal bed gas systems，resources，and production and a review of contrasting cases from the San Juan and Powder River Basins [J]. AAPG Bulletin，2002，86：1853-1890.
[13] Bell J S. In-situ stress and coal bed methane potential in Western Canada [J]. Bulletin of Canadian Petroleum Geology，2006，54（3）：197-220.
[14] Enever J R E，Henning A. The relationship between permeability and effective stress for Australian coal and its implications with respect to coalbed methane exploration and reservoir modelling [C] // Proceedings of the 1997 International Coalbed Methane Symposium，1997：13-22.
[15] 倪小明，苏现波，魏庆喜，等 . 煤储层渗透率与煤层气垂直井排采曲线关系 [J]. 煤炭学报，2009，34（9）：1194-1198.
[16] 唐书恒，朱宝存，颜志丰 . 地应力对煤层气井水力压裂裂缝发育的影响 [J]. 煤炭学报，2011，36（1）：65-69.
[17] 许江，周婷，李波波，等 . 三轴应力条件下煤层气储层渗流滞后效应试验研究 [J]. 岩石力学与工程学报，2012，31（9）：1854-1861.
[18] 唐巨鹏，潘一山，李成全，等 . 有效应力对煤层气解吸渗流影响试验研究 [J]. 岩石力学与工程学报，2006，25（8）：1563-1568.
[19] 郭春华，周文，孙晗森，等 . 考虑应力敏感性的煤层气井排采特征 [J]. 煤田地质与勘探，2011，39（5）：27-30.
[20] Tao Shu，Wang Yanbin，Tang Dazhen，et al. Dynamic variation effects of coal permeability during the coalbed methane development process in the Qinshui Basin，China [J]. International Journal of Coal Geology，2012，93：16-22.
[21] 申卫兵，张保平 . 不同煤阶煤岩力学参数测试 [J]. 岩石力学与工程学报，2009（z1）：860-862.
[22] 李勇，汤达祯，许浩，等 . 鄂尔多斯盆地柳林地区煤储层地应力场特征及其对裂隙的控制作用 [J]. 煤炭学报，2014，39（S1）：164-168.
[23] 陈晓智，汤达祯，许浩，等 . 低、中煤阶煤层气地质选区评价体系 [J]. 吉林大学学报（地球科学版），2012，11（s2）：115-120.

页岩气压裂暂堵转向效果分析与工艺措施优化

——以太阳构造浅层页岩气为例

陈　钊[1]　王天一[2]　葛婧楠[1]　龚舒婷[1]　江　铭[1]　王　飞[1]

（1. 中国石油浙江油田公司；2. 中国石油勘探开发研究院）

摘　要：随着页岩气水平井段内多簇密切割体积压裂工艺的推广应用，单段射孔簇数逐步增多，如何结合暂堵转向技术提高水平井段内各射孔簇开启效率对改造效果至关重要。本文结合太阳构造浅层页岩气地质特征，利用超声波成像测井反演的射孔孔眼尺寸分析段内多簇压裂暂堵转向效果。结果表明：低地应力有利于提升孔眼开启效率；暂堵球密度较大时，易出现暂堵球坐封不稳、脱落，更倾向于封堵套管底部孔眼，进而加剧非均匀改造和超级孔的出现。提出了施工压力增幅、叠置正压差、破裂显示（或磨蚀压降）及停泵压力增幅“四参数”法，为暂堵效果的分析和评价提供更全面、更准确的依据。提出采用变密度暂堵球＋暂堵剂或绳结暂堵球的暂堵转向工艺措施可以进一步改善暂堵效果。本文的研究成果对水平井段内多簇暂堵压裂方案优化具有一定的指导意义。

关键词：浅层页岩气；水平井；密切割；暂堵转向；工艺优化；效果评价

太阳浅层页岩气区块构造上处于川南低陡褶带叙永复向斜，五峰组—龙马溪组分布稳定，沉积上属于深水陆棚相带。工区内五峰组底界主体埋深 500～2000m，区内地层倾角变化较大（2°～40°），断层、天然裂缝发育，断层以三、四级断裂为主。太阳浅层区块页岩气开发采用多簇射孔＋暂堵转向＋高密度加砂为主体的第二代压裂工艺[1]，暂堵转向作为该工艺核心，是有效扩大储层改造体积、提升裂缝复杂程度的关键[2-4]，从现场应用实践看，暂堵效果与测试产量呈现出明显的正相关关系（图 1）。因此，为进一步提高单井测试产量和 EUR，本文基于太阳构造浅层页岩气现场暂堵应用实际，开展效果分析评价，并提出相应的暂堵工艺措施优化建议。

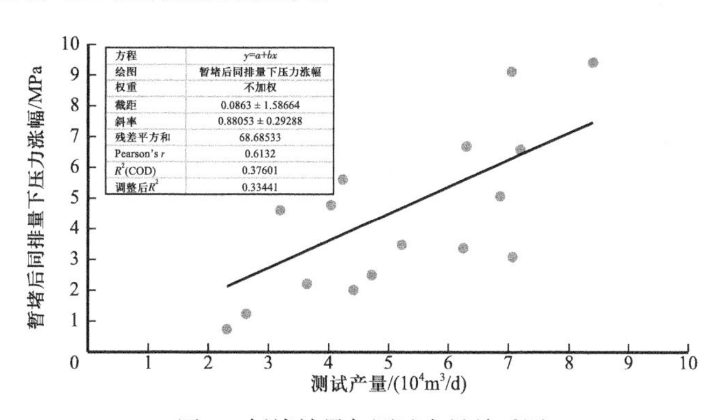

图 1　暂堵效果与测试产量关系图

1 暂堵转向技术简介

常见的暂堵转向压裂技术分为缝内转向和簇间转向两种，主要的暂堵材料有暂堵球、颗粒类暂堵剂/纤维复合、颗粒类暂堵剂等。本文围绕暂堵球开展相关研究试验。

水平井压裂改造过程中实施暂堵转向的具体做法是在加砂中途采用停泵或降排量方式将可降解暂堵球注入井筒，由液体携带至射孔孔眼，暂堵球封堵孔眼的数量分配受各簇裂缝流量分配控制，首先封堵高渗透层段射孔孔眼（图2），使液体转向低渗透层段，促使新缝产生，最终提高改造段的裂缝覆盖率，达到改造低渗透层段的目的[5-6]。理想情况下，每颗暂堵球封堵一个孔眼，但实际上孔眼受支撑剂打磨后，孔眼尺寸形状不规则（图3），可能会出现多球封堵单个孔眼的现象。

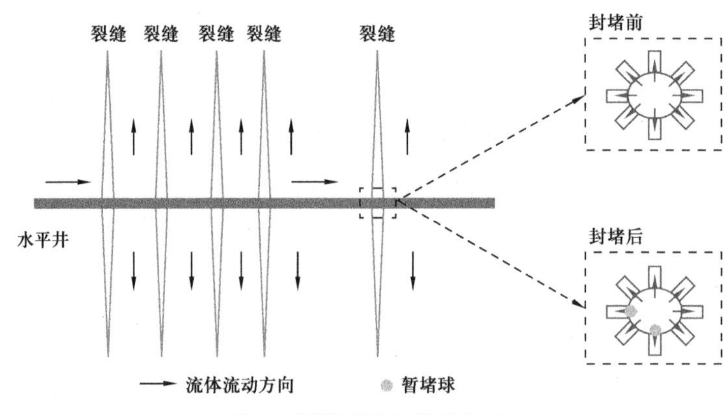

图2 暂堵球转向技术机理

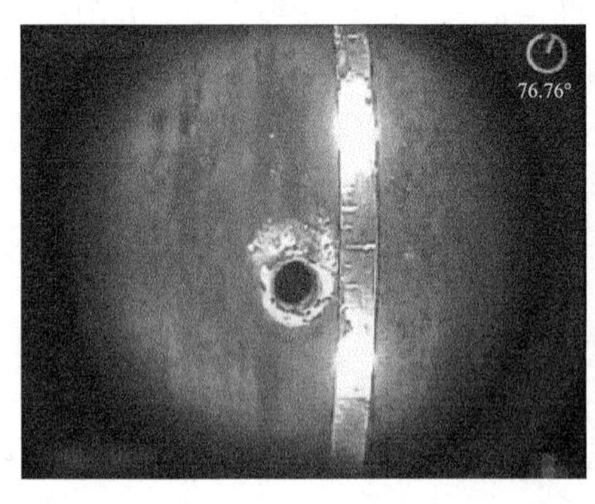

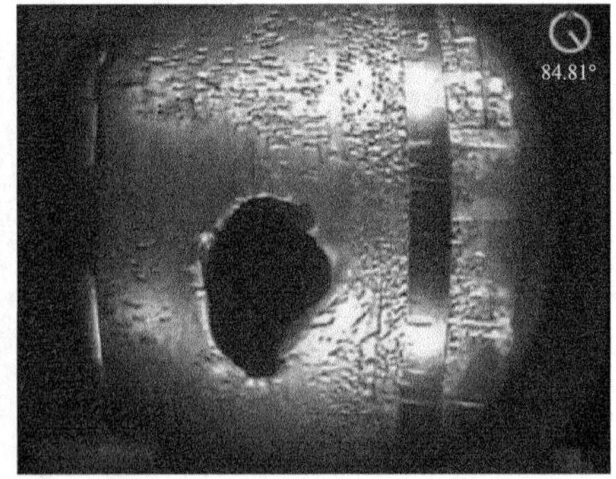

图3 压裂后射孔成像

2 暂堵转向现场应用及效果评价

太阳构造浅层页岩气藏埋深主体在2000m以浅，应用长段多簇+适中强度加砂+暂堵转向的技术路线，通过优化暂堵转向参数，提高裂缝的改造程度，实现有效改造体积最大化。根据射孔孔眼直径以及支撑剂磨蚀影响选取暂堵球（密度 1.286g/cm^3）直径分别为 19mm 和 22mm，确保簇间均匀启裂，增加孔簇开启效率和裂缝复杂性[7-8]。

从近期实施压裂的 5 个井组 31 口水平井来看（图 4），暂堵后同排量下压力增幅平均 6.44MPa，最小值 4.39MPa，最大值 10.3MPa，暂堵后压力增幅效果明显。

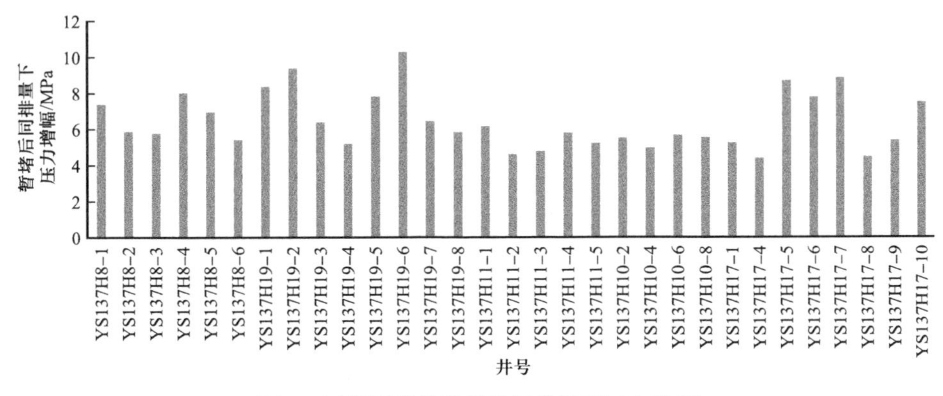

图 4　近期压裂井暂堵后同排量下压力增幅

以 A 井为例，第 1～2 段采用深穿透射孔，第 3～10 段采用等孔径射孔，单段簇数在 4～9 簇之间，具体压裂施工参数见表 1。针对 5 簇以上射孔段实施暂堵球封堵转向（投球系数 0.6），采用中途降排量至 2m^3/min 投球，8m^3/min 送球的方式进行暂堵以提升孔簇开启效率，暂堵后设计排量下的压力增幅均值在 5.78MPa 以上；尽管暂堵后压力涨幅较高，但暂堵升压后无破裂显示，新裂缝开启特征不明显（图 5），仅为封堵优势吸液孔缝[9-11]。

表 1　A 井压裂施工参数

段号	压裂深度 / m	段长 / m	暂堵球数量 / 个	支撑剂 / t	加砂强度 / （t/m）	总液量 / m^3	用液强度 / （m^3/m）	簇数	孔数
1	2236.5～2192	70	0	182.6	2.61	1813.2	25.9	4	32
2	2171.68～2112	83	21	250.1	3.01	2148.3	25.9	7	35
3	2017.5～1973	68	0	180.1	2.65	1480.0	21.8	4	32
4	1949.68～1890	80	33	250.1	3.13	2124.5	26.6	7	35
5	1869.68～1810	82	21	250.1	3.05	2092.2	25.5	7	35
6	1787.5～1700	88	0	180.0	1.67	1480.7	13.7	4	32
7	1679.68～1620	80	21	250.1	3.13	2166.6	27.1	7	35
8	1559.56～1500	80	0	180.1	2.25	1550.7	19.4	5	35
9	1479.75～1400	100	0	250.2	2.50	2104.5	21.0	9	36
10	1379.56～1340	80	22	200.1	2.50	1619.3	20.2	5	35

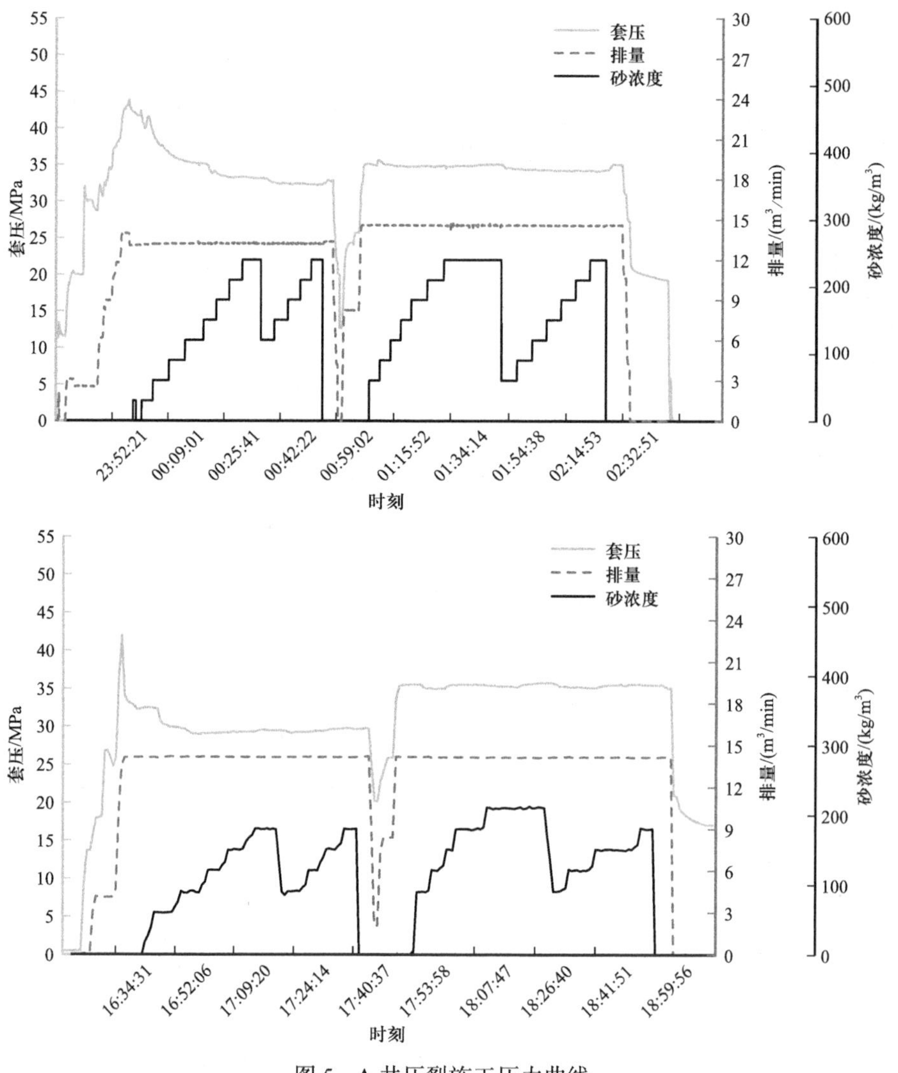

图 5　A 井压裂施工压力曲线

3　多功能超声成像测井

为深入研究暂堵效果，在 A 井 1308.0～2145m 井段（第 2～10 段）实施了多功能超声成像测井。该技术采用超声脉冲回波检测方法，声波探头依次向套管内壁发射超声脉冲，信号经流体传递到套管内壁，在套管内壁大部分声波能量被反射回来，然后由同一探头接收从套管反射的声波（图 6），最后采用声波模型结合叠代反演的方法计算射孔尺寸（图 7）。

3.1　孔径分析

从射孔孔眼尺寸反演的结果来看（表 2），采用等孔径射孔方式、不实施暂堵的层段，欠磨蚀孔占比 5%，正常磨蚀孔占比 33%，过度磨蚀孔占比 62%；采用等孔径射孔方式、实施暂堵转向的层段，欠磨蚀孔占比 15%，正常磨蚀孔占比 29%，过度磨蚀孔占比 53%；采用深穿透射孔方式、实施暂堵转向的层段，欠磨蚀孔占比 4%，正常磨蚀孔占比 24%，过度磨蚀孔占比 72%。

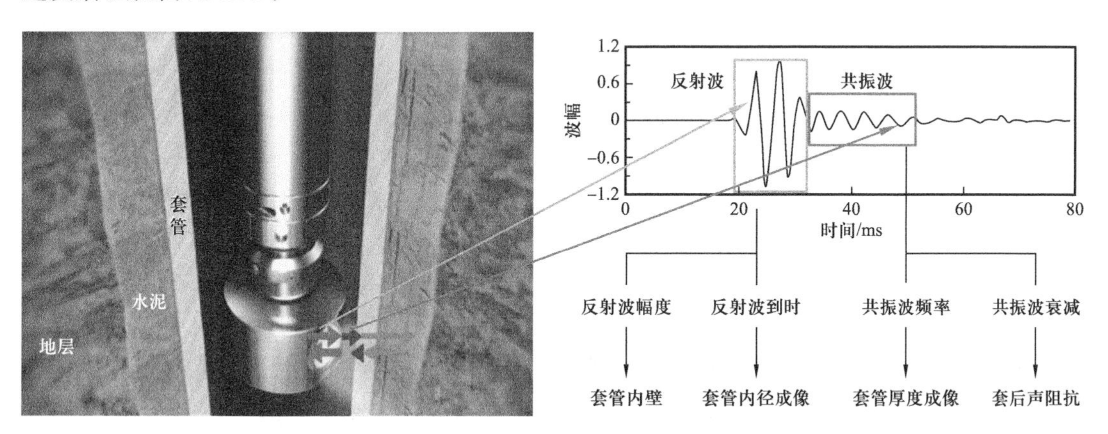

图 6　超声脉冲回波检测原理图

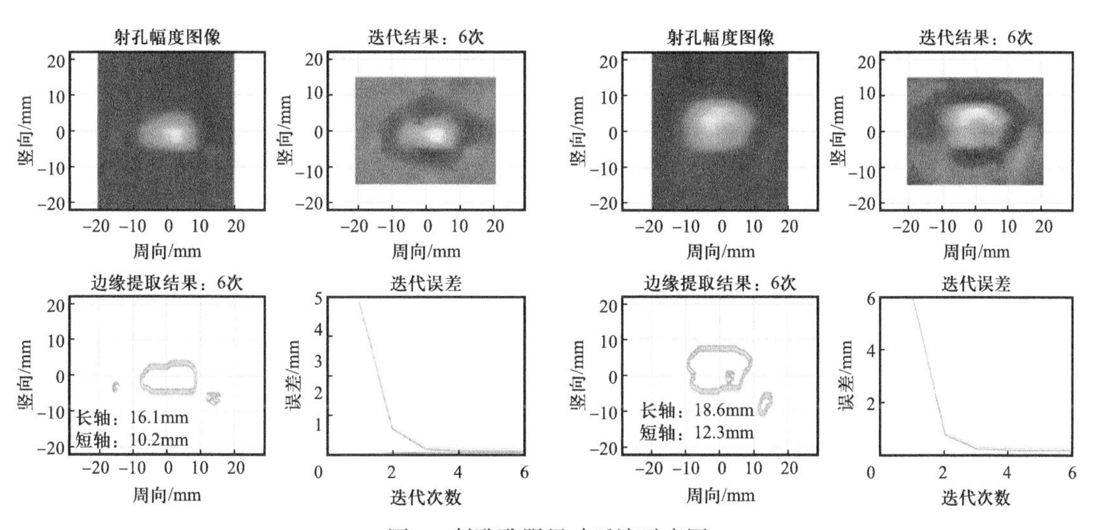

图 7　射孔孔眼尺寸反演示意图

表 2　孔眼磨蚀程度统计

射孔弹型	总孔数	欠磨蚀孔		正常磨蚀孔		过度磨蚀孔		异形磨蚀孔	
		孔数	占比 /%	孔数	占比 /%	孔数	占比 /%	孔数	占比 /%
等孔径射孔（未暂堵）	129	7	5	42	33	80	62	0	0
等孔径射孔（暂堵）	130	20	15	38	29	69	53	3	2
深穿透射孔（暂堵）	25	1	4	6	24	18	72	0	0

基于孔眼尺寸磨蚀情况，分析得到以下几点认识：（1）在太阳构造浅层页岩区域，受较低的地应力影响，不同射孔方式下的孔眼开启效率基本达到85%以上，表明浅层页岩气井在多簇压裂工艺下射孔孔眼开启效率较高。（2）不同类型射孔方式下的射孔孔眼均存在较大占比的过度磨蚀孔，即存在非均匀启裂。其中，采用深穿透射孔的井段开孔率高达96%，但过度磨蚀孔占比也达到72%，表明深穿透射孔可以促进孔眼开启和裂缝延伸，但也容易造成各孔间吸液能力差异偏大。（3）等孔径射孔方式下，实施暂堵转向较未实施暂堵转向的欠磨蚀孔占比更大，表明当前暂堵工艺下对吸液能力强的孔簇封堵效果不佳，存在加剧非均匀改造的异常情况。

压裂完成后，连续油管钻磨桥塞期间返出尺寸10～55mm不等的岩块（图8），但从整个压裂泵送和桥塞钻磨过程来看，未出现遇阻遇卡等复杂情况。因此，可进一步佐证暂堵效果不理想，未达到降低孔眼吸液差异，这种不均衡加剧孔眼磨蚀，导致超级孔的出现[12]。

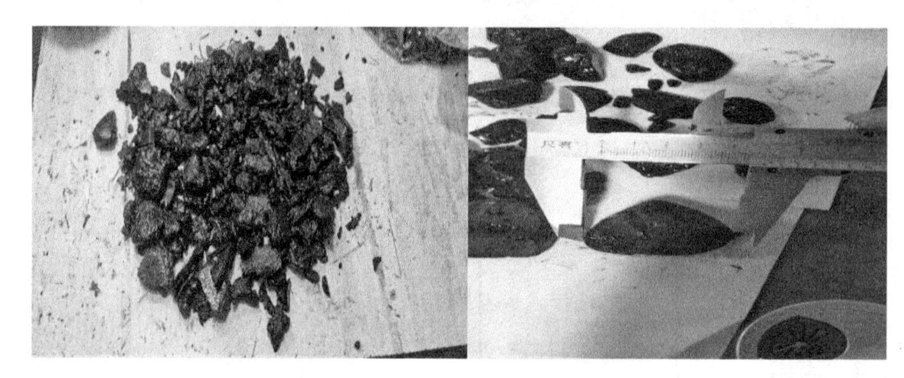

图8　钻磨桥塞期间返出的岩块

从暂堵球在井筒运移机理来看，通过增加泵注排量可以提高拖曳力，从而提高暂堵球的坐封效率，但随着排量的增大也会导致暂堵球惯性力增大，往往不能很好地改善坐封效果。初步分析认为，该井使用的暂堵球密度偏大，尽管在拖曳力作用下能够封堵套管顶部吸液能力高的孔眼，但在重力和惯性力作用下导致暂堵球坐封不稳，出现脱落，进而封堵套管底部孔眼，加剧吸液不均衡孔眼磨蚀，导致超级孔的出现。

3.2　评价方法

综合现场暂堵实践和孔眼评价结果，结合暂堵转向机理和限流磨蚀机制，提出暂堵转向效果的“四参数”评价方法。（1）施工压力增幅是指暂堵球封堵孔眼后施工压力增量，压力增加是孔眼被封堵的标志，是实现暂堵转向的基础。（2）叠置正压差是指叠置对比暂堵前后同排量下的施工压力，叠置全程正压差是暂堵长期有效的保障。（3）破裂显示（或磨蚀压降）是指暂堵后实施加砂前存在破压显示或加砂过程存在射孔孔眼磨蚀的压力降，是评价暂堵实现对新开或低改造程度射孔簇动用的关键。（4）停泵压力增幅是指暂堵前后两次瞬时停泵压力的增量，评价有效暂堵的核心。

以上4种情况不会同时出现，但任意3种同时出现都可解释为暂堵有效。而受当前暂堵工艺的影响，现场实际操作中更多采用降排量投球暂堵，停泵压力增幅无法准确获取。

4 工艺优化建议

多簇密切割体积压裂时，高排量、大砂量对射孔孔眼的喷射切割较大，使得孔眼扩径明显，如仅仅采用暂堵球封堵，难以封堵射孔孔眼及孔眼周被切割区。此外，受簇集效率的影响，暂堵球封堵的边簇裂缝易被后期支撑剂冲蚀掉落，老缝封堵难以得到保障[13-14]。

Steven 研究了不同密度暂堵球的坐封效率，发现对于常规的暂堵球（非浮力暂堵球，密度大于流体密度），随着排量的增加，其坐封效率逐步增大，但通常不能实现完全封堵，而浮力型暂堵球由于不会沉降，可以实现完全封堵。基于 Steven 研究成果，采用刚柔结合的思路，采用变密度暂堵球（高、中、低密度暂堵球）+ 暂堵剂（图 9）的方式满足不同相位炮眼封堵，提高封堵效率。

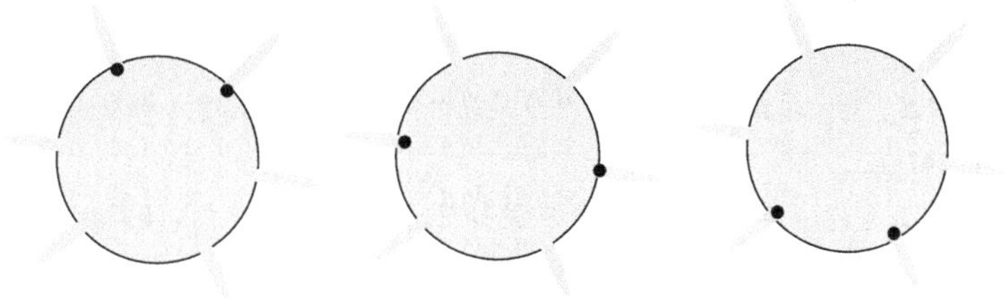

图 9　变密度暂堵球封堵孔眼示意图

针对冲蚀扩径孔眼，绳结暂堵球（图 10）具备嵌入式封堵的功能，且不受冲击的影响，该种暂堵材料属于柔性封堵，粒径大小适应性更广、匹配程度高（数量上可实现 1∶1 配置），依靠材料选型和两端的特殊结构设计，流体的拖曳力大大提升其封堵效率，柔性本体让其适应不同尺寸和形状的炮眼，且持久性好，可完全降解。

图 10　绳结暂堵球封堵孔眼示意图

5 结论及认识

（1）浅层页岩气井较低的区域应力是决定其射孔孔眼开启效率偏高的关键，但暂堵球选择上密度偏大，重力和惯性力作用下暂堵球坐封不稳，更倾向于封堵套管底部孔眼，导致吸液能力强的孔簇封堵效果不佳，加剧非均匀改造和超级孔的出现。

（2）提出了压力增幅、叠置正压差、破裂显示（或磨蚀压降）及停泵压力增幅“四参数”来评价暂堵转向效果。并明确任意3项参数同时出现都可解释为暂堵有效，但受当前暂堵工艺的影响，现场实际操作中更多采用降排量投球暂堵，停泵压力增幅无法准确获取。

（3）为了进一步提升暂堵效果，提出两种暂堵优化建议：一是采用变密度暂堵球+暂堵剂，通过刚柔结合的方式，可以实现不同相位炮眼封堵；二是采用绳结暂堵球的方式，可以有效封堵不规则射孔孔眼，既不会穿过射孔孔眼，也能避免因压差降低而造成脱落。

参考文献

[1] 王永辉，卢拥军，李永平，等．非常规储层压裂改造技术进展及应用［J］．石油学报，2012，33（S1）：149-158.

[2] 时贤，程远方，常鑫，等．页岩气水平井段内多簇裂缝同步扩展模型建立与应用［J］．石油钻采工艺，2018，40（2）：247-252.

[3] 蒋廷学，贾长贵，王海涛，等．页岩气网络压裂设计方法研究［J］．石油钻探技术，2011，39（3）：36-40.

[4] 王贤君，王维，张玉广，等．低渗透储层缝内暂堵多分支缝压裂技术研究［J］．石油地质与工程，2018，32（3）：111-113.

[5] 王刚．低渗透油田缝内转向压裂增产技术研究与应用［J］．化学工程与装备，2017（4）：63-65.

[6] 谢军．关键技术进步促进页岩气产业快速发展——以长宁—威远国家级页岩气示范区为例［J］．天然气工业，2017，37（12）：1-10.

[7] 金智荣，吴林，何天舒，等．转向压裂用复合暂堵剂优选及应用［J］．钻采工艺，2019，42（6）：54-57.

[8] Erbstoesser S R. Improved ball sealer diversion［J］. Journal of Petroleum Technology，1980，32（11）：1903-1910.

[9] 韩慧芬，孔祥伟．页岩气储层暂堵转向压裂直井段暂堵球运移特性研究［J］．应用力学学报，2021，38（1）：249-254.

[10] 周福建，袁立山，刘雄飞，等．暂堵转向压裂关键技术与进展［J］．石油科学通报，2022，7（3）：365-381.

[11] 周彤，陈铭，张士诚，等．非均匀应力场影响下的裂缝扩展模拟及投球暂堵优化［J］．天然气工业，2020，40（3）：82-91.

[12] 方裕燕，冯炜，张雄，等．炮眼暂堵室内实验研究［J］．钻采工艺，2018，41（6）：102-105.

[13] 吴宝成，周福建，王明星，等．绳结式暂堵剂运移及封堵规律实验研究［J］．钻采工艺，2022，45（4）：61-66.

[14] 张旺，吕永国，李忠宝，等．绳结暂堵塞性能研究及现场应用［J］．中外能源，2022，12（27）：63-69.

松南基岩致密储层改造技术研究

朱浩宇

（中国石油吉林油田公司油气工程研究院）

摘　要：松辽盆地南部基岩储层孔隙度、渗透率普遍偏低，物性较差，属于致密气储层，且分布广泛，目前针对松南地区基岩储层的勘探程度较低。本文以FT井为例，针对此类致密储层的地质特征，以最大限度沟通天然裂缝为目标，降低储层伤害、提高单井产能为核心，围绕在以往成型的“三段式”压裂技术的基础上，结合地应力认识，隔层遮挡能力较差，进一步以沟通天然裂缝、降低储层伤害为目的，开展技术攻关与现场试验，进一步探索松南基岩致密储层含气性，实现松南基岩储层战略突破，为后续基岩储层的评价开发提供了有效的技术支持。

关键词：松辽盆地南部；致密气；基岩；天然裂缝

1　松南致密气藏概况

松辽盆地南部致密气藏具有储层埋藏深、纳米级孔隙结构、连通性差、岩石脆性较强、可压性较好、易形成复杂裂缝特点。前期试验证明，采用常规排量大规模压裂和大排量前置滑溜水缝网压裂技术[1-3]虽可获得产能，但试采产能低，稳产能力差，始终没有获得突破。2018年，以缝网压裂机理研究和岩心实验评价为基础，在储层改造井段优选、射孔井段优化、压裂施工参数优化等方面开展深入研究工作，试验了集精细分层、高密度多簇射孔、多级暂堵转向于一体的体积压裂技术和低伤害压裂材料，使改造体积和产能得到了进一步提高，实现效益开发的目标，为松南致密气效益动用奠定了技术方向。

2　FT井基本概况

2.1　FT井地质概况

FT井是针对双坨子—乌兰源内基岩凸起带部署的一口风险勘探井，目的是揭示松辽盆地南部乌兰凸起带基岩储层的含气性，为后续该地区的评价开发奠定技术方向。通过现场取心及岩屑进行一系列室内岩心实验，本井目的井段岩性为变质粉砂岩，通过电镜成像看，岩心内发育溶蚀孔及微裂缝；从物性上看，基岩层段孔隙度为3.25%，渗透率为0.01mD，属于致密气藏，因此需要大规模压裂提产。从成像测井来看，在基岩层段发育东—西向裂缝3条、北北西—南南东向裂缝19条、北东—南西向裂缝15条，裂缝密度为

1.6 条 /m，因此在压裂过程中，需要考虑天然裂缝滤失影响。借鉴本井同层位的中国石化和大庆油田的施工井，压后均取得较好效果。

2.2 FT 井工程参数计算

通过 FT 井测井数据进行计算，本井脆性指数在 52%～65% 之间，最小水平主应力为 56～69MPa，最大水平主应力为 66～82MPa，两向应力差为 11～14MPa，泊松比为 0.12～0.26，杨氏模量为 33.67～44.86GPa；同时选取基岩井段的岩心开展岩石力学实验与测井计算参数进行比对，岩石力学实验得到最小水平主应力为 61.88MPa，最大水平主应力为 73.18MPa，两向应力差为 11.3MPa，杨氏模量为 39.7GPa，泊松比为 0.147，与测井计算结果基本一致（表 1）。

表 1　FT 井岩石力学参数实验结果

样品层位	样品深度 /m	最小水平主应力 /MPa		应力梯度 /（MPa/m）		最大水平主应力 /MPa		两向应力差 /MPa		泊松比		杨氏模量 /GPa	
		岩心实验	对应深度测井计算	岩心实验	对应深度测井计算	岩心实验	对应深度测井计算	岩心实验	对应深度测井计算	岩心实验	对应深度测井计算	岩心实验	对应深度测井计算
基岩	3227.2	61.88	60.78	0.0192	0.0188	73.18	73.75	11.3	12.97	0.147	0.132	39.743	41.575

2.3 FT 井温压及流体性质预测

根据 FT 井井温实测曲线，基岩段（3144.9～3200.4m）地层温度为 122～124℃（地温梯度为 3.8℃ /100m），营城组（2914～2926.5m）地层温度为 113～114℃（地温梯度为 3.9℃ /100m），为常温系统；根据邻井地层压力数据，预测本井地层压力系数为 1.0～1.15，为常压系统；储层流体以烃类气体为主。

3 “三段式”压裂技术研究

3.1 “三段式”压裂技术概念

“三段式”压裂技术，即将压裂全过程分为三个阶段：第一阶段为造缝阶段，即注入高黏流体造主缝，并携带中等粒径支撑剂对主缝进行一定程度的支撑；第二阶段为成网阶段，大排量注入低黏流体进行纵向改造，由于低黏流体易滤失，不利于造主缝，但是由于排量升高，压裂摩阻降低，可获得较大净压力，可使裂缝方向发生转变，第一阶段未开启的微裂缝在此阶段得以开启，同时携带小粒径支撑剂对微裂缝进行支撑，从而增大改造体积；第三阶段为支撑阶段，通过注入高黏流体同时携带大粒径支撑剂进行高砂比加砂，从而使主缝获得较高的导流能力，从而提高产能[4-6]。

3.2 FT 井优化“三段式”压裂技术

基于对 FT 井基岩储层的认识，FT 井压裂以最大限度沟通天然裂缝为目标，结合储层地应力认识，目的层隔层遮挡能力较差（储隔层应力差 2～4MPa），大排量压裂容易缝高失控，由此对“三段式”压裂技术思路进行优化，第一阶段小排量携带中等粒径支撑剂控高造长缝沟通远端；第二阶段大排量携带小粒径支撑剂造缝网，同时配合使用暂堵转向剂对微裂缝进行转向，进一步增大微裂缝的改造体积；第三阶段中等排量携带大粒径支撑剂支撑主缝，实现人工裂缝与天然裂缝合理匹配（表 2）。

表 2　FT 井压裂设计参数

解释层号	层段 / m	厚度 / m	压裂设计参数					
			排量 / (m^3/min)	砂量 / m^3	液量 / m^3	半缝长 / m	缝高 / m	暂堵剂 / kg
85、83	3205.3～3195.4	7.6	5—14—10	100	1542	400	18	350
81～78	3200.4～3165.1	23.2	6—14—10	300	3590	400	35	800
76	3153.7～3144.9	8.8	5—14—10	120	1802	400	20	450
合计				520	6934			1600

3.3 FT 井压裂配套材料优化

通过井温曲线计算目的层温度 122℃，结合岩心润湿角及防膨实验，本井在压裂过程中需要加入防水锁剂、优选防膨剂；依据防膨剂优选实验结果及防水锁剂评价实验结果，优选出满足施工需求的防膨剂及防水锁剂（表 3、表 4）。

表 3　防膨剂优选实验结果

样品号	深度 / m	CST（防膨性能）		
		1 号防膨剂	2 号防膨剂	标准
基岩段 77 号层	3160	1.13	1.33	≤1.5
基岩段 76 号层	3148	1.47	0.73	

注：CST 为计算防膨率的一种实验手段，利用本井岩心与清水及不同压裂液通过 CST 实验结果，计算防膨率高低，表中 CST 实验结果为一个比值。

表 4　防水锁剂评价实验结果

序号	介质	渗透率损害率 /%	渗透率恢复率 /%
1	蒸馏水	23.46	86.43
2	防水锁剂	19.54	93.77

4 矿场现场实践

4.1 压裂现场试验

FT 井三段压裂，排量为 5m³/min—14m³/min—10m³/min，入井总砂量为 508m³，总液量为 6784m³（其中滑溜水 3458m³，冻胶 3326m³），平均砂比为 17.9%，砂量完成率为 97.7%，液量完成率达 100.2%（表 5）。

表 5　FT 井施工参数

层段	施工参数				砂量 /m³				液量 /m³			平均砂比 / %
	排量 /（m³/min）	破裂压力 / MPa	施工压力 / MPa	停泵压力 / MPa	70～140 目石英砂	40～70 目石英砂	30～50 目陶粒	合计	滑溜水	冻胶	合计	
1	5—14—8	48	82～47	46	50	30	20	100	703	828	1531	16.4
2	6—14—10	60	81～56	54	140	80	80	300	2021	1659	3680	20.5
3	5—11—10	61	79～55	54	60	30	18	108	734	839	1573	16.7

4.2 暂堵转向效果分析

FT 井在第二段两次共投入暂堵剂 700kg，第一次投入 350kg，第二次投入 450kg，回复到同等排量下，施工压力均上涨 2MPa（图 1）。

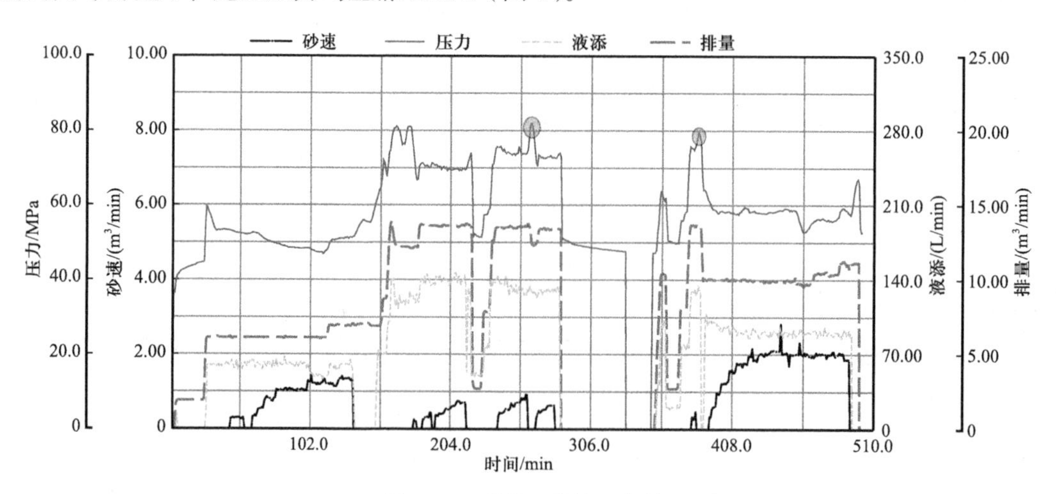

图 1　FT 井第二段施工曲线

4.3 压后试气情况

FT 井 2023 年 3 月 12 日压裂完，3 月 13 日开井放喷，3 月 28 日见气，截至 5 月

19日井口压力8MPa，最高日产气$8.26\times10^4m^3$，平均日产气$1.92\times10^4m^3$，平均日产水$74.6m^3$，累计产气$53.63\times10^4m^3$，累计产水$2915.26m^3$，见气返排率21.5%，返排率42.39%（图2）。

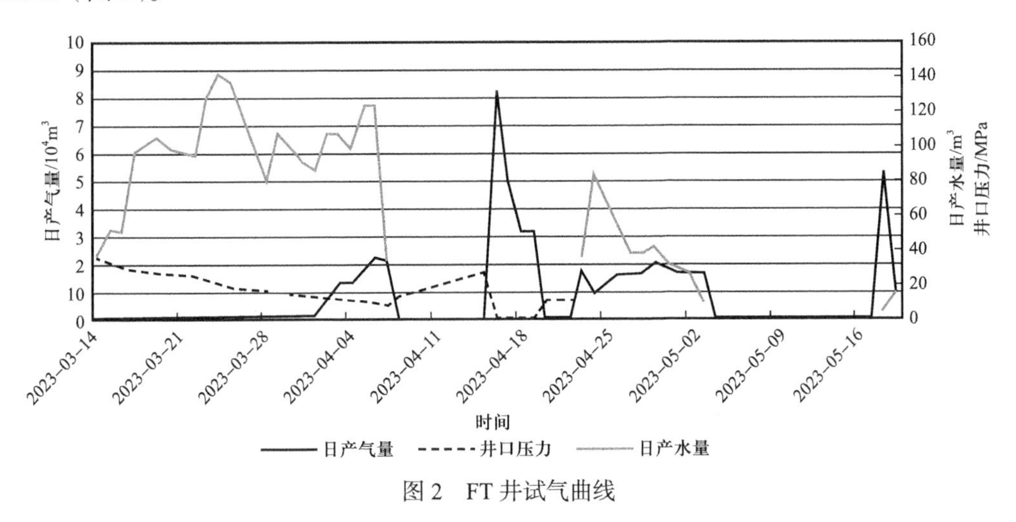

图2 FT井试气曲线

5 结论

（1）“三段式”压裂技术对于致密储层的改造具有良好的适配性，有利于增大改造体积和提高单井产能，实现松南地区基岩储层的效益开发；

（2）精细化分层、暂堵转向等技术与“三段式”压裂技术相互配合，可以最大限度地增大改造体积，但针对松辽盆地南部致密储层复杂多变的特点，需要针对不同地质特征的储层，进一步评价适应性和完善压裂技术；

（3）针对不同地层，配套不同的防水锁剂和防膨剂，能够有效地降低致密储层的水锁伤害，保障致密储层的产能能够得到充分发挥。

参考文献

[1]翁定为，雷群，胥云，等.缝网压裂技术及其现场应用[J].石油学报，2011，32（2）：280-284.

[2]雷群，胥云，蒋廷学，等.用于提高低—特低渗透油气藏改造效果的缝网压裂技术[J].石油学报，2009，30（2）：237-241.

[3]罗英俊.2008年低渗透油藏压裂酸化技术新进展[M].北京：石油工业出版社，2008.

[4]孙赞东，贾承造，李相方，等.非常规油气勘探与开发：上册[M].北京：石油工业出版社，2011.

[5]吴奇，胥云，王晓泉，等.非常规油气藏体积改造技术[J].石油勘探与开发，2012，39（3）：352-358.

[6]林森虎，邹才能，袁选俊，等.美国致密油开发现状及启示[J].岩性油气藏，2011，23（4）：25-30.

澳大利亚博文盆地煤层气井压裂实践与先导井设计

段利江[1]　黄文松[1]　曲良超[1]　李春雷[1]　梁　冲[2]

（1. 中国石油勘探开发研究院亚太研究所；2. 中国石油勘探开发研究院工程技术研究所）

摘　要： 澳大利亚博文盆地发育中煤阶煤储层，自上而下划分为 RCM、FCCM 和 MCM 三套煤组。现有 51 口压裂直井的生产数据表明，RCM 和 MCM 煤组井的生产表现远低于在这两个煤组钻的水平井，RCM 与 FCCM 煤组合采井的产量表现较 FCCM 煤组的差，直井压裂适用于渗透性较差、垂向上多煤层发育的 FCCM 煤组。对于 FCCM 煤组，在埋深 500～800m 和大于 800m 的博文核心开发区内，分别优选了一个先导区，并进行了钻完井和压裂工程参数优化设计。数值模拟结果表明，埋深 500～800m 的先导试验区中井组峰值产气量为 21601m^3/d，20 年 EUR 为 $0.4 \times 10^8 m^3$，采收率为 64%；800m 以深的先导试验区中井组峰值产气量为 34704m^3/d，20 年 EUR 为 $0.67 \times 10^8 m^3$，采收率为 61%。

关键词： 博文盆地；煤层气；压裂直井；产气量；先导井

与常规天然气储层相比，煤层气藏渗透率较低，吸附能力较强[1]。为了使煤层气井获得较为经济的产量，一般需要实施压裂等改造措施。水力压裂作为煤层气开发的核心技术之一，其主要方法是通过注入压裂液使煤层开裂并沟通天然裂缝，使储层产生高渗透通道，达到增产的目的[2]。在煤层气开发过程中，美国对超过 90% 的井采取了水力压裂改造措施[3]，我国几乎所有产气量在 1000m^3/d 以上的煤层气井都经过压裂改造[4]。在煤储层改造方面，前人对压裂液伤害[5]、支撑剂优选[6]、裂缝启裂规律[7]等方面进行了深入的研究。目前，一致认为与煤层地质条件相适宜的增产改造技术是决胜煤层气高效开发的关键。

澳大利亚煤层气资源量为（8～14）$\times 10^{12} m^3$，其中苏拉特盆地和博文盆地煤层气资源占比约 90%，两大盆地均已开展规模性商业开发[8]。澳大利亚煤层气产量于 2016 年超过美国，成为第一大煤层气生产国，2022 年产量约为 $410 \times 10^8 m^3$。当前，澳大利亚煤层气开发的焦点是低煤阶的苏拉特盆地，对中煤阶的博文盆地关注较少，尤其是对于博文盆地煤层气水力压裂井的研究成果尚未见报道。

本文系统阐述了博文盆地煤层气水力压裂井的储层特征、工程参数和排采特征，分析了压裂工艺的适应性。通过结合优选的先导区和优化后的压裂工程设计参数，采用数值模拟的手段对压裂井的产能进行了评价。该研究成果对其他地区煤层气田的压裂开发具有一定的借鉴意义。

1 地质概况

博文盆地为二叠系、三叠系弧后前陆盆地，煤系地层发育于上二叠统，盆地南部被苏拉特盆地侏罗系—白垩系沉积覆盖。盆地内部为近南北向被断裂复杂化的向斜，西翼缓、东翼陡[9]。2010 年，中国石油与壳牌联合收购的博文区块煤层气资产位于博文盆地北部，内部构造复杂，逆冲断裂较为发育。

博文盆地上二叠统 Blackwater 群自上而下发育三套煤层组，即 RCM、FCCM 和 MCM 煤组[8, 10]。RCM 煤组划分 4 个煤层，即 LU、LL、VU 和 VL，其中局部有 LU 和 LL 合并、VU 和 VL 合并，厚度达 6～7m，甚至还有一些 VU、VL 和下面 FCCM 煤组的 Girrah 层合并。FCCM 煤组划分 7 个夹矸煤层，其中 Girrah 煤层厚度大、煤质略纯，局部与上面 RCM 煤组中的 VU/VL 层合并；FCCM5、FCCM4、FCCM3、FCCM2、FCCM1 层全区均有不同程度发育，Fairhill 层全区稳定分布，厚度较大。MCM 煤组划分 5 个主要煤层（Q、P、GM、GL 和 DL），共包含 17 个单煤层。GM 煤层厚度较大，几乎全区分布，是目前开发的主力产层。Q 和 P 煤层分叉、合并现象普遍，合并区可以作为未来主要产区（图 1）。

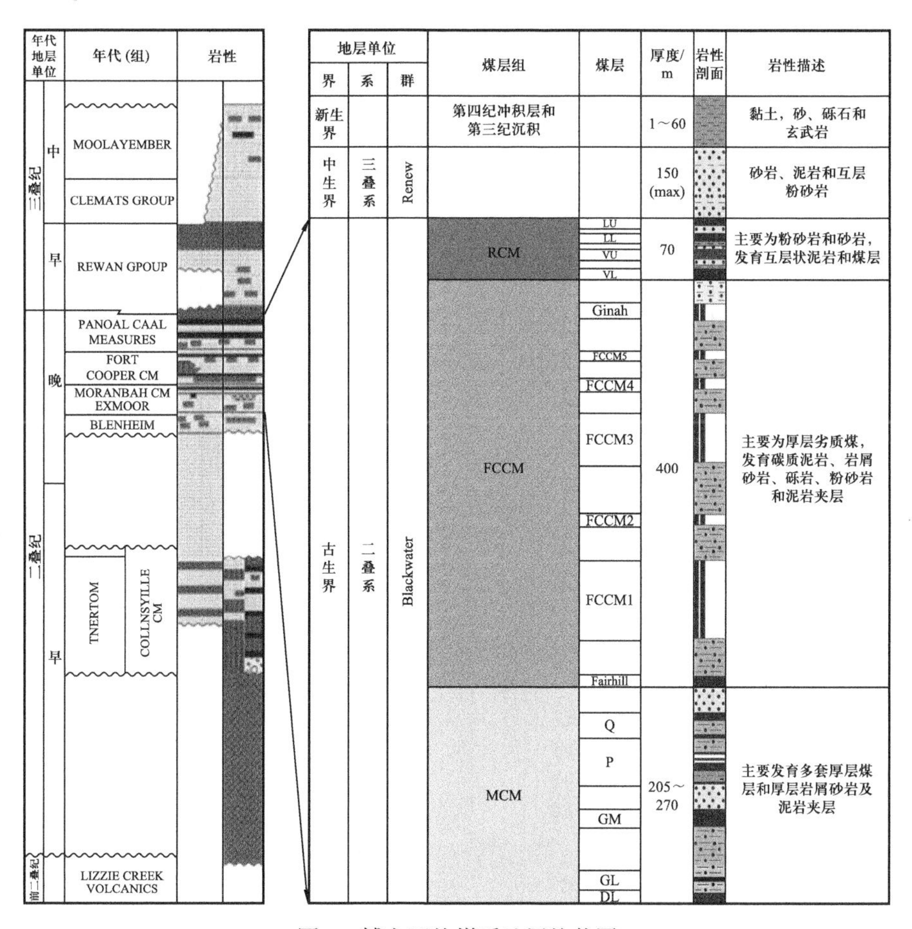

图 1 博文区块煤系地层柱状图

RCM 煤组平均渗透率为 15mD，平均干燥无灰基含气量为 $13m^3/t$，平均灰分为 17%。FCCM 煤组夹矸发育、渗透率低，平均 1mD；平均干燥无灰基含气量为 $14m^3/t$；灰分含量高，平均 43.5%。MCM 煤组平均渗透率为 10mD，平均干燥无灰基含气量为 $12m^3/t$，平均灰分为 16.7%。

2　现有压裂井分析

博文区块核心区域面积 $5381km^2$，共钻 68 口压裂直井，投产 51 口，钻井位置比较分散（图 2）。主体压裂工艺为套管固井 + 预置带球座桥塞 + 射孔 + 改造的组合分层压裂，超过 5 层后下入速钻桥塞 + 射孔分层压裂；压裂前安装专用压裂井口，压裂后换装采气井口，下入 $2^3/_8$in 油管返排。现场试验了活性水、线性胶、冻胶等压裂液体系和 20～40 目、16～30 目、100 目砂，以 20～40 目为主。单井峰值产气量为 69～$14267m^3/d$，平均值为 $3777m^3/d$。

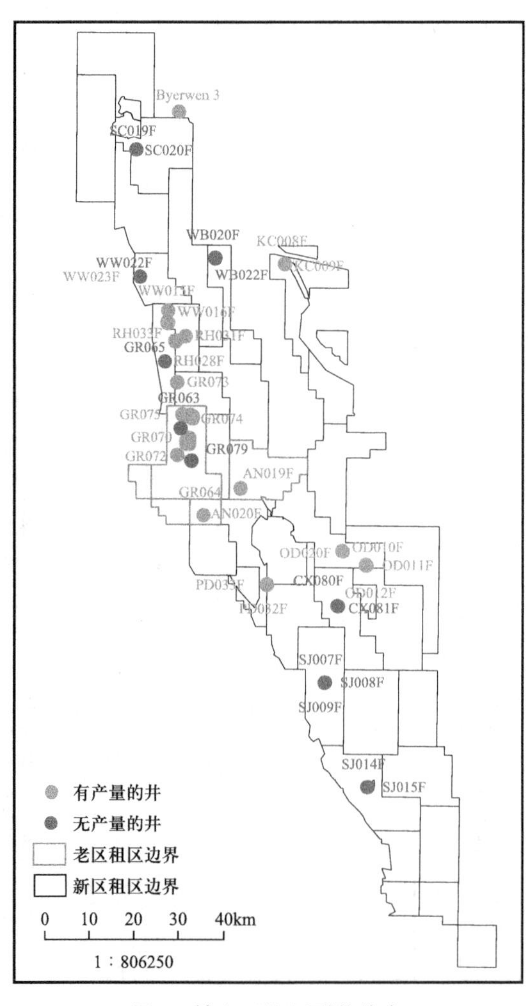

图 2　博文区块压裂井分布

2.1 储层改造的适应性分析

博文区块钻井、压裂流程如下：

（1）钻井，至最深目标煤层下方约50m处。

（2）测井，主要包括伽马、长源距密度、短源距密度、轨迹；识别目的层。

（3）固井，在套管柱内安装带球座桥塞；声波幅度测井技术评价。

（4）自下而上分压各个目标煤层，包括：将要压裂的最深煤层的套管进行射孔；加砂压裂，至施工结束；投球封堵桥塞球座，机械封隔已压裂层段，上返上一层射孔压裂。

（5）当各目标层都结束压裂，施工结束，换装井口下入生产管柱，进入返排流程。

不同压裂层位的顶深大部分分布在376～558m之间，仅有4口井超过800m。典型井压裂工程参数见表1。

表1　WW015F井压裂工程参数

压裂段	层位	射孔顶/m	射孔底/m	厚度/m	孔眼数/个	射孔密度（SPF）/（孔/ft）	设计液量/m^3	设计砂量（20～40目）/t	设计排量/（m^3/min）	顶替液量/m^3	每米液量/m^3	每米砂量/t
Zone1	Fairhill_a	624.21	627.26	3.05	31	3	654	46.2	5.83	8.45	105	7.4
	Fairhill_b	640.2	643.4	3.2	30	3						
Zone2	FCCM 1	530.61	534.78	4.17	41	3	145	7.6	3.16	7.00	35	1.8
Zone3	FCCM 2	447.33	451.29	3.96	41	3	180	9.7	3.14	5.88	45	2.5
Zone4	FCCM 3	413.4	419.45	6.05	60	3	619	41.2	5.95	5.42	102	6.8
Zone5	FCCM 4	353.08	357.29	4.21	41	3	610	40.3	5.07	4.66	145	9.6
Zone6	Girrah	336.62	342.72	6.1	60	3	393	24.3	4.06	4.40	43	2.7
		333.12	336.17	3.05	30	3						

由服务公司压后评估报告统计可知，该井破裂压力9.07～28.6MPa，净压力0.27～0.39MPa，平均缝宽2.14～6.5mm，缝长57.85～187.65m，缝高28.92～93.83m（表2）。

表2　压裂评估的裂缝参数

压裂段	射孔厚度/m	破裂压力/MPa	净压力/MPa	缝长/m	平均缝宽/mm	最大缝宽/mm	缝高/m
Zone1	6.25	28.60	砂堵				
Zone2	4.17	11.15	0.27	85.26	3.91	5.87	42.63
Zone3	3.96	14.59	0.30	121.85	2.14	3.21	60.93
Zone4	6.05	11.36	0.26	187.65	2.86	4.28	93.83
Zone5	4.21	9.31	0.23	131.17	5.1	7.65	65.58
Zone6	9.05	9.07	0.39	57.85	6.5	9.75	28.92

WW015F 井第一段压裂过程中出现两次砂堵迹象，分析认为：

（1）近井筒摩阻大，阶梯测试表明达 4.13MPa；

（2）施工压力高，测试瞬时停泵压力为 10.5MPa，最高 28.3MPa；

（3）最小主应力 12.3MPa，净压力高；

（4）注入 105.5m^3 后（占设计量的 93%）设备故障停泵。

通过对所有压裂井进行综合分析，并对比国内煤层气井的压裂工程参数，可以得到 5 个主要认识：

（1）平均泵排量 4～6.5m^3/min，施工压力 10.5～18MPa。整体施工排量较低，在低排量下缝内静压力不足，难以支撑裂缝扩展。活性水压裂液流速低，易近井筒沉砂。

（2）大部分井采用活性水压裂液改造，部分井采用线性胶改造，由于煤层的吸附特性，线性胶较活性水压裂效果差。

（3）主支撑剂粒径为 20～40 目，且 82.6% 的井仅采用 20～40 目支撑剂，其余井采用 100 目和 16～30 目支撑剂与 20～40 目支撑剂混合使用，大粒径不利于远端输送。

（4）区块平均砂比在 4.49%～5.31% 之间，较国内一般煤层气井压裂参数偏低，导致支撑剂铺置不合理，裂缝闭合后无有效裂缝，造成产能衰减过快。

（5）各段均存在不同程度的过顶替，影响炮眼附近裂缝与井筒的连通性，存在闭合“包饺子”降低产能的风险。

2.2 产能影响因素分析

考虑到储层物性、压裂工程参数、排采制度等因素的差异，单井产能差别较大。RCM 煤组 10 口生产井，峰值产气量为 196～3423m^3/d，平均 2167m^3/d，生产周期内平均产气量为 705m^3/d。MCM 煤组 29 口生产井，峰值产气量为 832～14267m^3/d，平均 4606m^3/d，生产周期内平均产气量为 1430m^3/d。相较于 RCM 和 MCM 煤组现有水平井平均几万立方米的日产气量，压裂直井的产能较低。分析认为，储层改造影响范围有限，实际压裂半径一般小于 50m，而水平井的煤层水平段长度一般 800～1200m，沟通储层范围更大。

RCM 与 FCCM 煤组合层压裂井 3 口，峰值产气量为 103～1757m^3/d，平均 758m^3/d，生产周期内平均产气量为 383m^3/d。FCCM 煤组 9 口生产井，峰值产气量为 69～10438m^3/d，平均 3904m^3/d，生产周期内平均产气量为 1317m^3/d。RCM 与 FCCM 煤组合层采井的产量表现较单采 FCCM 煤组的差，可能的原因如下：RCM 煤组埋深浅，渗透率高，在较短的排采时间内泄压范围有限，合层压裂井产能贡献主要来自含气量较低的 RCM 煤组，因此产量表现较单采 FCCM 煤组的井差（表 3）。

表 3　博文区块压裂直井产气量情况

目的层	压裂井数 / 口	生产井 / 口	平均峰值产气量 /（m^3/d）	平均产气量 /（m^3/d）
RCM	14	10	2167	705
MCM	33	29	4606	1430
RCM+FCCM	8	3	758	383
FCCM	13	9	3904	1317

综合上述分析可知，直井压裂完井方式适用于开发 FCCM 煤组。但由于该煤组灰分含量较高（平均 43.5%），在生产过程中固相产出较多，排采不连续，生产井的潜能不能充分发挥（图 3）。

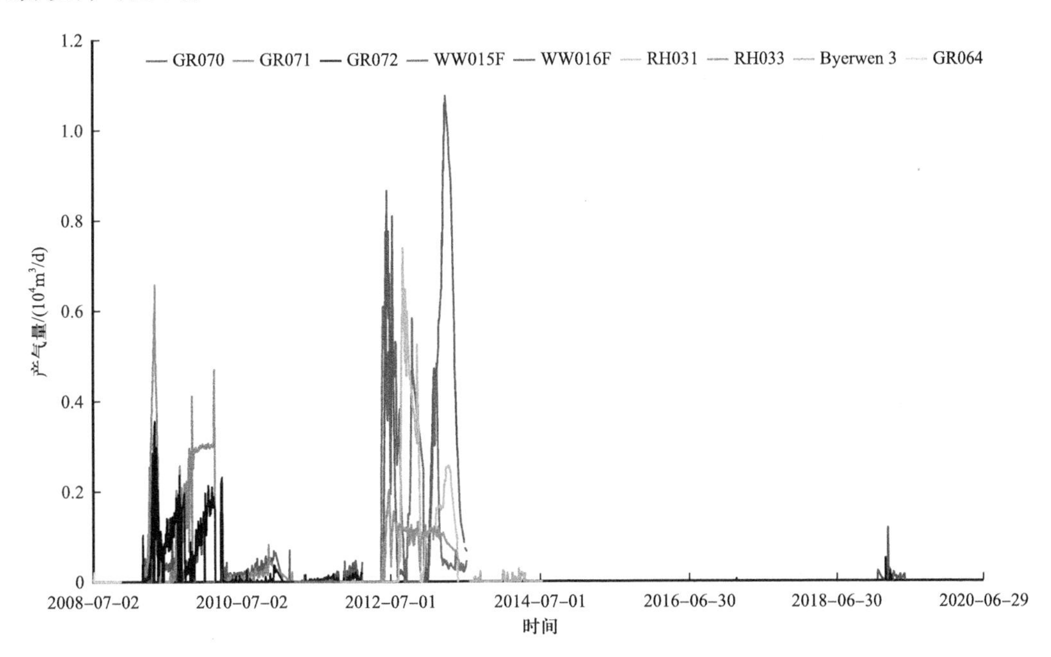

图 3　FCCM 煤组 9 口井产气曲线

3　先导压裂井设计方案

随埋深增加，上覆应力增大至高于水平应力（大于 600m），易形成垂直缝[11]，含气量也随之增高。另外，现有压裂井的井温测井表明缝高纵向延伸受限，顶、底板具有有效缝高隔挡能力，具备增大压裂规模的基础条件。本次拟借鉴国内煤层气开发的成功经验，并结合博文区块的实际情况，设计压裂先导试验井，做好博文区块 FCCM 煤组规模压裂开发的准备工作。

3.1　博文区块核心开发区资源分布

区块内钻井 33122 口，其中有 GR、DEN 等测井数据的井 2423 口。二维地震 200 条（约 1330km）、三维地震 7 块（$120km^2$）。收集到 813 口井 8022 块岩心数据（包括含气量数据 6098 个、灰分数据 6662 个、湿度数据 5544 个、相对密度数据 5089 个、等温吸附数据 203 组、含气饱和度数据 151 个）、614 个渗透率数据。基于上述数据，建立了博文区块三维地质模型[12]。

考虑到 FCCM 煤组物性整体较差，单煤组厚度大于 6m 的才考虑动用。博文区块未来核心开发区 FCCM 煤组 Girrah、FCCM5、FCCM4、FCCM3、FCCM2、FCCM1、Fairhill

层 100m 以深、厚度大于 6m 的煤层气资源分布如图 4 所示，其中 Fairhill 厚度大于 6m 的煤层几乎全区分布，Girrah 层主要集中在中部和北部。

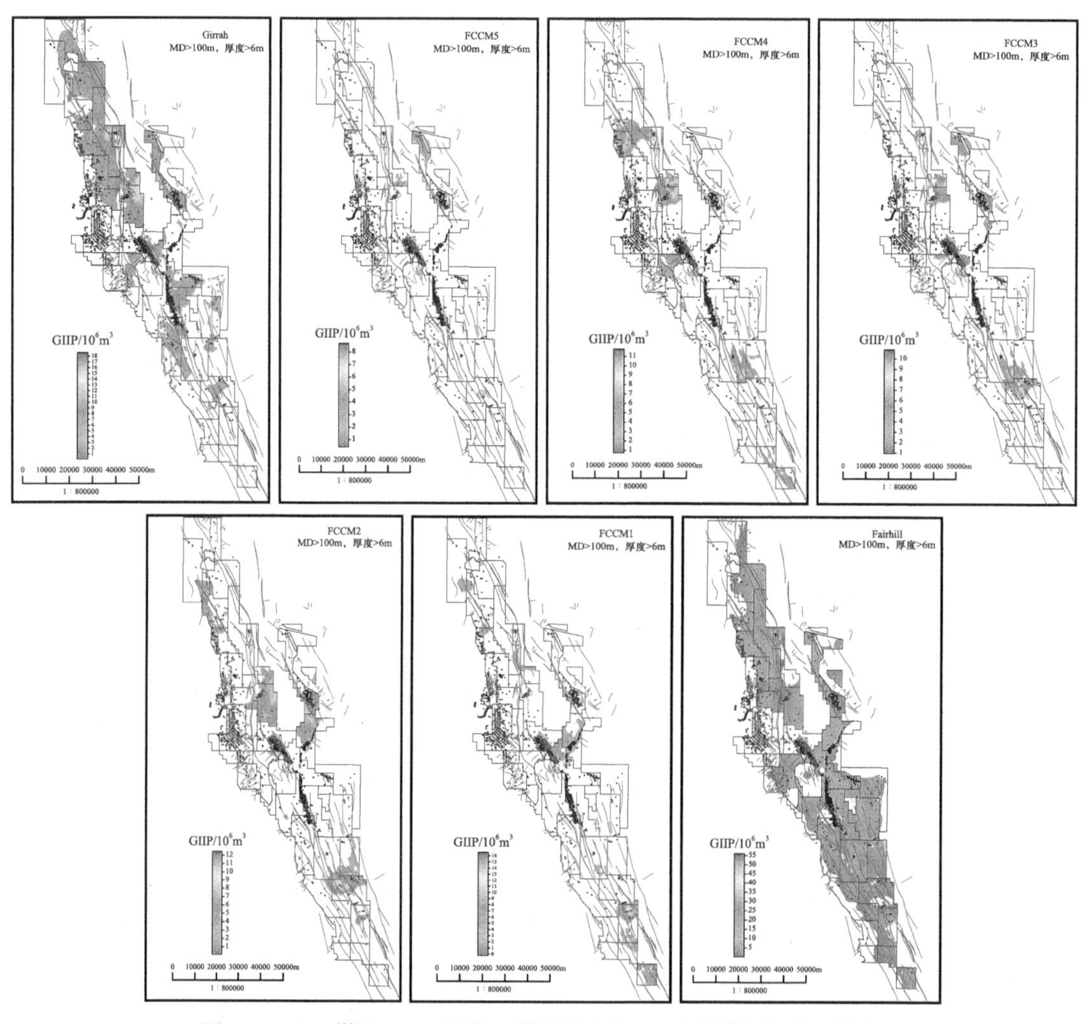

图 4　FCCM 煤组 100m 以深、煤层厚度大于 6m 的煤层气资源分布

GIIP—资源量

3.2　先导区优选与试验方案

选区思路：以 FCCM 煤组中主力煤层 Girrah 和 Fairhill 的叠合分布区为主要依据，参考资源丰度、煤层埋深、断层位置、煤矿位置、适合开发面积、压裂许可申请的难易程度等因素，优选先导压裂井的井位。

选区结果：埋深 500～800m 优选的先导区 1 位于 PCA258，面积为 0.6km^2。800m 以深优选的先导区 2 位于 PCA147，面积为 0.6km^2（图 5），先导区内关键储层物性参数见表 4。

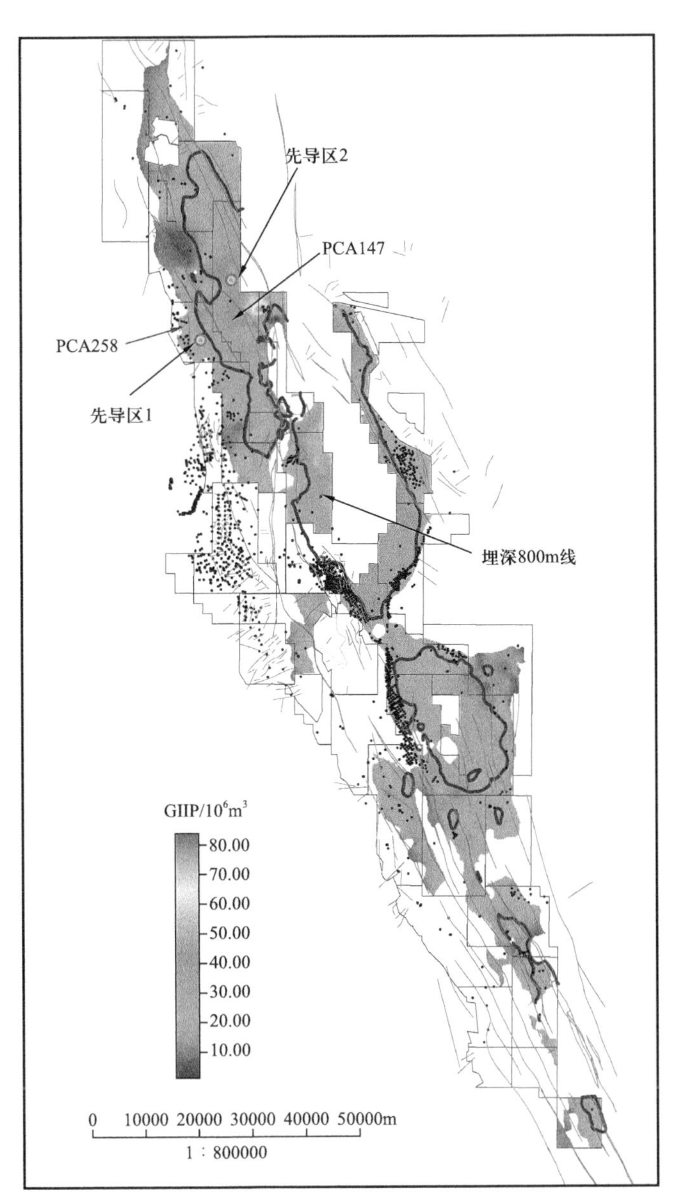

图 5　先导区位置图

表 4　先导区关键煤层地质参数

项目	煤层	埋深 / m	煤厚度 / m	干燥无灰基含气量 / (m^3/t)	含气饱和度 / %	渗透率 / mD
先导区 1	Girrah	384	12.3	5.8	68.7	0.18
	Farihill	693	17	8.5	80.6	0.008
先导区 2	Girrah	865	10.6	8.1	82.7	0.001
	Fairhill	1150	26.8	10.7	92.9	0.0001

考虑到博文区块地面建设成本较高，本次设计丛式井组进行开发，即一个钻井平台钻4口定向直井，并分别进行压裂。

丛式井分5～7层，采用常规压裂技术并基于前期压裂取得的经验和教训优化，每段液量700～800m^3；每段支撑剂量125～160t；支撑剂选用100目+40～70目+尾追30～50目覆膜陶粒，前置液比例10%～15%，平均砂比10%以上（表5）。每层射孔为16孔/m，压裂缝半长120m，纵向贯穿产层，导流能力25D·cm。

表5　丛式井先导试验设计的压裂工程参数

级数	射孔层位	液量（变黏压裂液）/m^3	支撑剂量（总量）/t	平均砂比/%	施工排量/（m^3/min）
1	Fairhill	800	125～160	10～15	8.0～9.0
2	FCCM1	700	125～160	10～15	6.0～8.0
3	FCCM2和FCCM3	750	125～160	10～15	8.0～9.0
4	FCCM5	700	125～160	10～15	6.0～8.0
5	Girrah	800	125～160	10～15	8.0～9.0
合计		3750	625-800		

借鉴国内深层煤层气井身结构，基于$5^1/_2$in钢套管至井口固井完井，最高9m^3/min排量下井口压力为22.7MPa，需要5台2000型压裂车。

3.3　先导井产能预测

先导区动态模型中的含气量、渗透率、朗格缪尔体积和朗格缪尔压力均来自区域地质模型。由于采用双孔模型，动态模型纵向上网格数是静态模型的2倍。参考邻近气田数值模拟模型，进行孔隙度、相对渗透率曲线、解吸时间等参数的设置[13-15]。将设计的井轨迹和压裂工程参数输入模型。模拟时间20年，最低井底压力0.2MPa。

需要注意的是，博文区块面积较大，测试数据数量少且分布不均。FCCM煤组的渗透率数据主要集中在埋深100～500m范围，其余深度和区域的渗透率值主要依据建立的渗透率与埋深的关系式进行预测，在先导区内存在很大的不确定性。含气量数据主要集中在100～750m范围，也是依据现有数据拟合的关系式对其他深度和区域的含气量值进行预测。由于750m以浅没有游离气的证据，假定在深部也没有游离气。另外，先导区内的割理和裂隙发育情况不清楚，假定均不发育。用Petrel RE软件开展数值模拟。

先导试验区1中井组峰值产气量为21601m^3/d，20年EUR为$0.4\times10^8m^3$（图6）。井组最大控制面积为0.16km^2，控制储量为$0.65\times10^8m^3$，采收率为64%。

先导试验区2中井组峰值产气量为34704m^3/d，20年EUR为$0.67\times10^8m^3$（图7）。井组最大控制面积为0.16km^2，控制储量为$1.1\times10^8m^3$，采收率为61%。

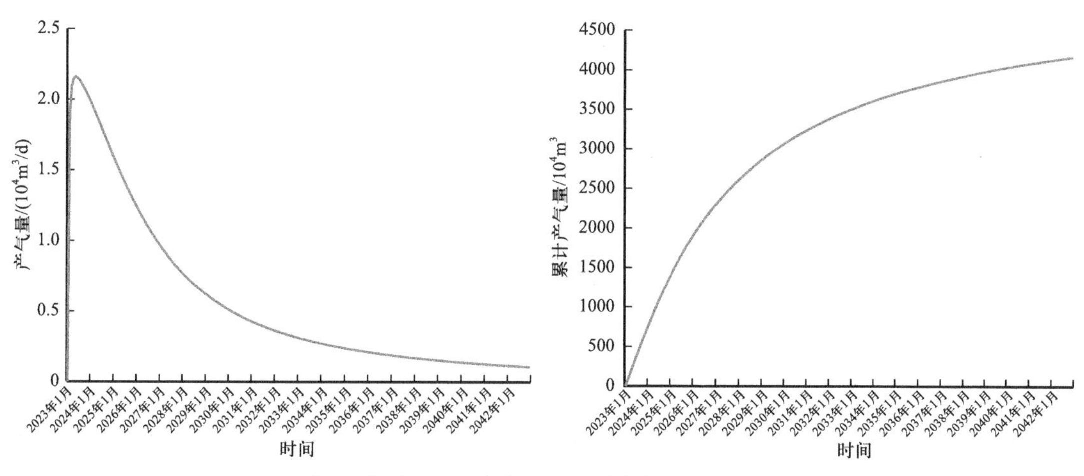

图 6　先导区 1 的产气量和累计产气量预测剖面

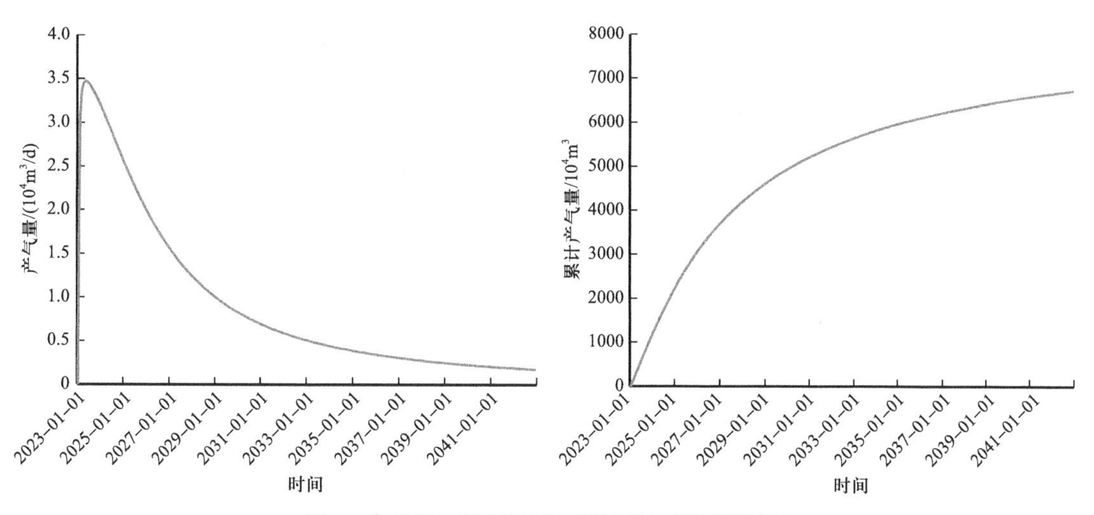

图 7　先导区 2 的产气量和累计产气量预测剖面

4　结论

通过对博文区块 51 口压裂直井的施工参数和产量数据进行分析，发现较低排量导致水力裂缝延展缝长受限，不同类型的压裂液对产量有重要影响，支撑剂粒径组合有利于提高改造体积，提高砂浓度有助于改善裂缝导流能力，不同程度过顶替会降低裂缝与井筒连通性。通过对比同一煤组压裂井和水平井的产能，发现压裂增产适用于 FCCM 煤组的开发。

通过借鉴国内煤层气开发的成功经验，并结合博文区块的实际情况，针对 FCCM 煤组优选了两个压裂先导试验区，并进行了丛式压裂井组的钻完井和压裂工程设计。数值模拟结果表明，埋深 500～800m 的先导试验区中井组峰值产气量为 $21601m^3/d$，20 年 EUR 为 $0.4\times10^8m^3$，采收率为 64%；800m 以深的先导试验区中井组峰值产气量为 $34704m^3/d$，20 年 EUR 为 $0.67\times10^8m^3$，采收率为 61%。

参考文献

[1]贺天才，秦勇.煤层气勘探与开发利用技术[M].徐州：中国矿业大学出版社，2007.

[2]孟召平，雷钧焕，王宇恒.基于Griffith强度理论的煤储层水力压裂有利区评价[J].煤炭学报，2020，45（1）：268-275.

[3]严绪朝，郝鸿毅.国外煤层气的开发利用状况及其技术水平[J].石油科技论坛，2007，13（1）：24-30.

[4]张亚蒲，杨正明，鲜保安.煤层气增产技术[J].特种油气藏，2006，13（1）：95-98.

[5]卢义玉，杨枫，葛兆龙，等.清洁压裂液与水对煤层渗透率应用对比试验研究[J].煤炭学报，2015，40（1）：93-97.

[6]李贤忠，林柏泉，翟成，等.单一低渗透煤层脉冲水力压裂脉动波破煤岩机理[J].煤炭学报，2013，38（6）：918-923.

[7]王建军.多分层煤层压裂启裂压力及启裂位置研究[J].煤炭科学技术，2015，43（5）：81-87.

[8]Towel B，Firouzi M，Underschultz J，et al. An overview of the coal seam gas developments in Queensland [J]. Journal of Natural Gas Science Engineering，2016，31：249-271.

[9]Fielding C，Falkner A，Scott S. Fluvial response to foreland basin overfilling-the late Permain Rangal Coal Measures in the Bowen basin，Queensland，Australia[J]. Sedimentary Geology，1993，85：475-497.

[10]Korsh J，Boreham C，Totterdell J，et al. Development and petroleum resource evaluation of the Bowen，Gunnedah and Surat Basins，Eastern Australia[J]. Appea Journal，1998，38（1）：199-237.

[11]周德华，陈刚，陈贞龙，等.中国深层煤层气勘探开发进展、关键评价参数与前景展望[J].天然气工业，2022，42（6）：43-51.

[12]Ming Z，Yong Y，Zhaohui X，et al. Best practices in static modeling of a coalbed-methane field an example from the Bowen basin in Australia[J]. SPE Reservoir Evaluation & Engineering，2015，18（2）：149-157.

[13]Duan L J，Qu L C，Xia Z H，et al. Stochastic modeling for estimating coalbed methane resources[J]. Energy & Fuels，2020，34（5）：5196-5204.

[14]Duan L J，Zhou F D，Xia Z H，et al. New integrated history approach for vertical coal seam gas wells in the KN field，Surat Basin，Australia[J]. Energy & Fuels，2020，34（12）：15829-15842.

[15]Zhao C B，Xia Z H，Zheng K N，et al. Integrate assessment of pilot performance of surface to in-seam wells to de-risk and quantify subsurface uncertainty for a coalbed methane project：An example from Bowen Basin in Australia[C]. SPE 167766-MS，2014.

鄂尔多斯盆地东北缘致密气高效压裂完井技术研究与实践

杜建波　颜菁菁　安文目　董平华　刘　鹏　张　超　谢宗财　李欣阳　胡翔宇

（中海石油（中国）有限公司天津分公司）

摘　要：神府区块致密气藏具有垂向上砂煤泥互层、天然裂缝局部发育，纵向上含气层、差气层、非储层叠置厚度变化大等特点，给压裂试气带来了极大挑战。结合储层特征和生产实践，研发了低温生物压裂液体系；优化了砂煤泥互层多级段塞压裂工艺，形成了大跨度储层全剖面体积压裂技术，提高了压裂施工成功率，压后产气效果显著提升；制定了基于精细控压的致密气藏优快试气返排制度控制方法。神府区块强非均质性致密气藏高效压裂完井技术在神府区块的成功应用为同类储层高效开发提供了借鉴。

关键词：砂煤泥互层；低温生物压裂液体系；多级段塞压裂；体积压裂；精细控压

致密砂岩气是天然气开发重要组成部分，在天然气资源结构中的意义及作用日益显著。中国致密砂岩气资源丰富，可采资源量达到（9～13）$\times 10^{12}m^3$[1]。神府区块位于鄂尔多斯盆地东北缘，面积1971.254km^2，主要含气层位本溪组、太原组、山西组、下石盒子组均属特低孔隙度、低渗透储层。其中，本溪组、太原组煤系储层为近年来主力勘探开发重点，相比于一般致密储层，该目的层位具有垂向上砂煤泥岩互层、天然裂缝局部发育，纵向上含气层、差气层、非储层叠置厚度变化大等特点，给常规加砂压裂工艺带来了较大困难，阻碍了致密气储层产能高效释放。同时，压裂试气返排存在出砂现象，对现场生产流程影响较大。针对神府区块储层开发难点，亟须革新压裂工艺，形成配套技术，提高气田开发效果。

1　神府区块储层认识及增产机理

神府区块储层埋深900～2100m，温度35～55℃，属于低温储层，常规压裂液体系彻底破胶困难，易造成压后储层伤害，成为低温致密气储层的开发难点。

通过对区块5块岩心进行气测渗透率测试、岩心扫描电镜分析、黏土矿物成分分析、X射线衍射全岩分析等实验获取储层物性参数和矿物组分（表1、表2）。储层孔隙度为3.7%～15%，渗透率为0.01～0.50mD，为典型致密砂岩储层。常压气藏，易发生水锁伤害，黏土含量为13%～28%，伊利石和高岭石等运移性黏土矿物含量较高，易发生黏土膨胀、分散、运移。储层为砂泥煤互层发育，存在层间节理，储层整体呈现出低温、低压、低渗透、非均质性互层发育、易发生水锁伤害和黏土膨胀伤害等特点。

表 1　岩心基质渗透率实验

岩心编号	长度 /mm	直径 /mm	渗透率 /mD
1#	50.57	25.22	0.032
2#	55.02	25.26	0.032
3#	62.74	25.34	0.002
4#	58.45	25.20	1.298
5#	58.45	25.24	0.087

表 2　X 射线衍射分析

岩心编号	矿物含量 /%						
	石英	斜长石	钾长石	方解石	菱铁矿	硬石膏	硬石膏
1#	56.6	21.2	0.7			3.1	18.4
2#	50.6	13.6	0.5		6.7		28.6
3#	68.5	2.70	0.6	4.1			24.1
4#	70.0	15.6	0.5				13.9
5#	56.2	15.2	0.5	14.9			13.2

本研究针对储层低温、低压、低渗透特点，通过优化压裂液体系，减小黏土膨胀和压裂液滞留对储层的伤害，通过优化压裂工艺达到纵向和横向充分改造储层、释放砂泥互层发育致密气储层产能的目的。

2　关键技术

2.1　砂煤泥互层多级段塞压裂技术

神府区块本溪组、太原组多存在砂煤泥互层致密气藏，应用压后流态分析、微地震监测的手段对神府区块实际压裂过程中此类储层的裂缝形态特征进行了研究。通过压后流态分析、微地震监测的手段对实际压裂过程中此类储层的裂缝形态特征进行了研究。由实验可知，当层间弱胶结面或节理、层理处发生剪切滑移，将产生裂缝偏转，在形成垂直主裂缝的同时产生窄的水平剪切缝（如 T 形缝）。通过对现场压裂施工的分析与监测可知，神府区块砂煤泥互层致密气藏在施工中裂缝易发生偏转，从而形成 T 形型缝，与实验观测结果相符。

T 形缝的产生一方面将耗散水力能量，降低裂缝穿层扩展概率；另一方面将明显增大滤失，从而影响垂直主裂缝缝长方向的扩展及支撑剂输送距离，同时提升加砂难度。

优化出了适用于神府区块砂煤泥互层致密气藏的多级段塞压裂工艺，根据煤层的数量、厚度加入多级、低砂比（5%～15%）的 40～70 目小粒径支撑剂段塞，并增大段塞的支撑剂用量，以达到封堵层间及煤层中偏转裂缝的目的，促进裂缝在垂向上穿透所有储层并在缝长上充分延伸。

SN−5 井本 1 段储层砂体跨度 22.7m，其中分布含气砂岩仅 3 层，有效垂厚共 3.0m，其余为泥岩层、碳质泥岩层及煤岩层，为典型的砂煤泥互层致密气藏。储层泥质含量高，物性显著差于同区块储层，测井渗透率仅为 0.1mD 左右。考虑到砂岩气层间的碳质泥岩层及煤岩层较多，设计加入 4 级段塞，段塞采用小粒径（40～70 目）陶粒，砂比 5%～10%，砂量 $8m^3$。携砂液采用冻胶及 30～50 目支撑剂施工，最高砂比 25%，加砂 $40m^3$（图 1）。

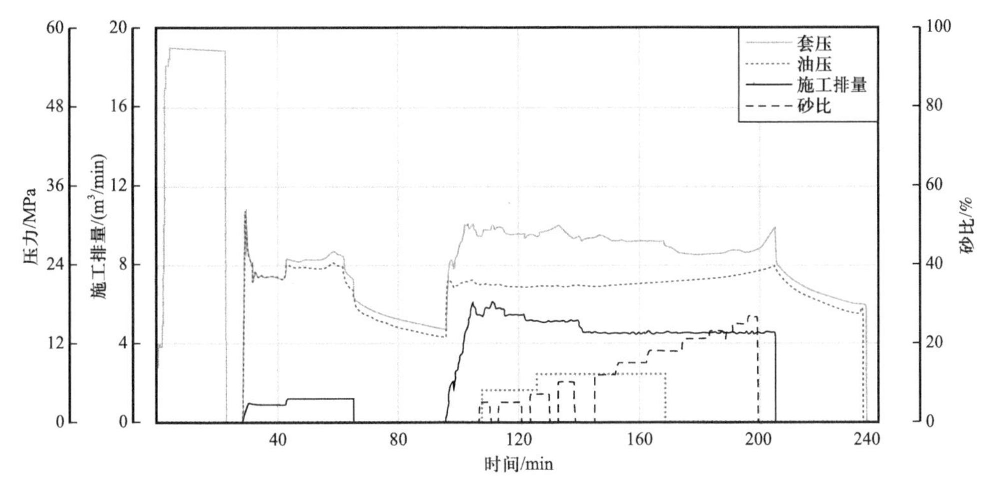

图 1　SN−5 井本 1 段压裂施工曲线

从 SN−5 井本 1 段压后流态分析曲线（图 2）可以看出，裂缝闭合前出现了明显的线性流，闭合后出现了明显的拟线性流，表明裂缝在延伸过程中未发生明显偏转形成 T 形缝。该井微地震裂缝监测也验证了这点，说明多级段塞压裂工艺可有效抑制砂煤泥互层致密气藏中人工裂缝的偏转，促使其在缝长方向充分延伸。该井储层虽然厚度薄、分布不连续、物性极差，但压后试气仍得到了 $11000m^3/d$ 的稳定产量，超过预期。

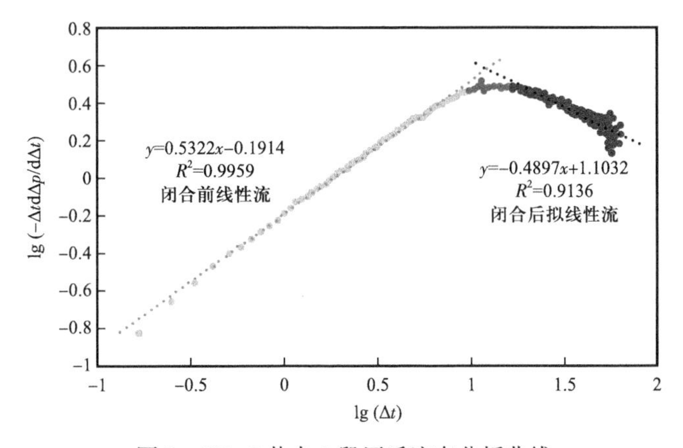

图 2　SN−5 井本 1 段压后流态分析曲线

2.2 大跨度非均质性致密储层体积压裂技术

神府区块储层厚度变化大，主力层位集中在5～10m，薄层较为发育，但在解家堡主河道部分井台储层厚度超过30m；有些储层气层、差气层、干层、泥岩叠置发育，储层跨度40m。针对这些大跨度储层，机械分层存在管外窜风险和排量受限问题，笼统压裂又存在储层纵向改造不彻底弊端，如何在纵向剖面、横向剖面、立体空间上对储层充分改造是充分释放大跨度储层产能的关键[2-5]。

2.2.1 天然裂缝解释技术

神府区块储层在天然裂缝分布上存在较强的非均质性。沟通天然裂缝对于压后取得高产具有重要意义。缝网压裂就是一项主要针对天然裂缝发育地层，力求扩大裂缝改造体积的压裂工艺。而为了有效实现缝网压裂，需要对储层的天然裂缝发育情况进行准确解释并展开针对性的压裂设计。

蚂蚁追踪技术是基于三维地震资料，利用最优化方法和图像处理方法识别、展现储层中裂缝、断层系统空间分布的技术，该技术的关键在于确定蚂蚁追踪参数（图3）。利用大量的鄂尔多斯盆地东北缘气田（神府气田、临兴气田）微破裂压裂裂缝监测数据对蚂蚁追踪参数进行试验、调整、改进，得到适用于该区域的蚂蚁追踪技术（图4）。

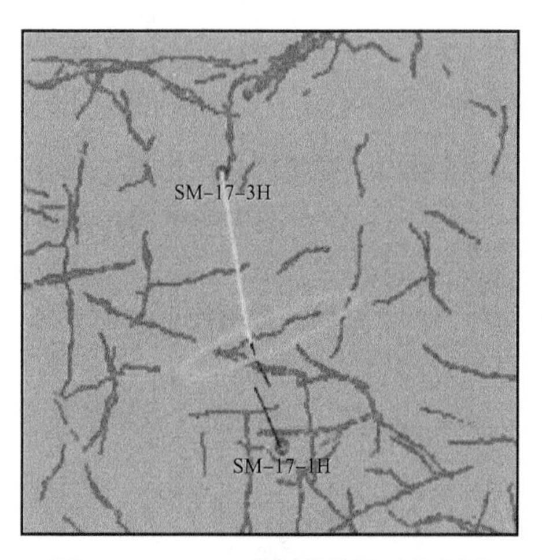

图3 SN-7-2H井蚂蚁体平面分布图

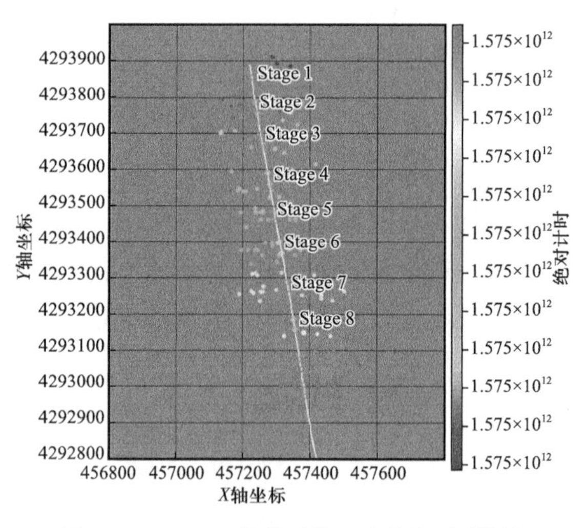

图4 SN-7-2H井井下微地震裂缝监测结果

2.2.2 无井下工具暂堵分层压裂改造技术

该技术采用暂堵材料实现层间转向，压裂过程中一次或者多次向段内投送暂堵球或暂堵颗粒，暂堵已压开层段的孔眼和主裂缝，迫使井筒压力上升，达到另一级破裂压力值时，压裂液沿分簇孔眼压开新裂缝。暂堵分层压裂改造技术对实现分层压裂、延伸主裂缝、形成新的支裂缝，从而增大泄流面积、提高改造体积具有重要意义（图5）。

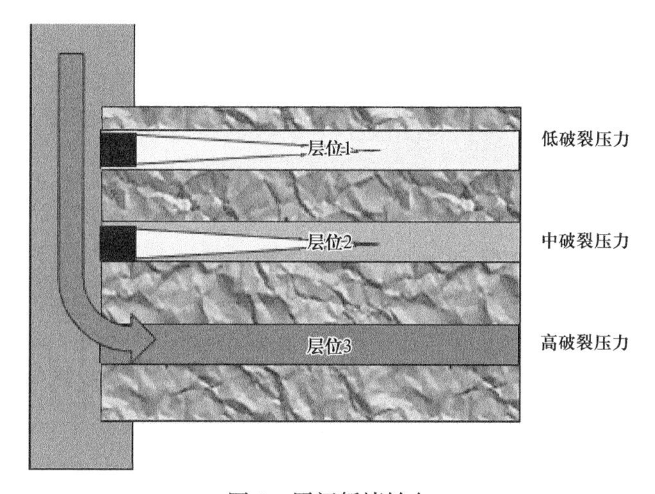

图 5　层间暂堵转向

2.2.3　大跨度储层体积改造技术

针对大跨度储层，如何充分纵向上沟通储层，横向上增加裂缝长度，空间内沟通微裂缝，是最大限度增加裂缝改造体积和提高单井产量及最终采收率的关键[7-8]。

结合已有四维裂缝监测结果，压后效果与裂缝改造体积具有较好相关性，裂缝改造体积与入井净液量、加砂量等压裂施工参数呈正相关性（图 6）。针对厚层低渗透储层应最大限度提高裂缝改造体积。

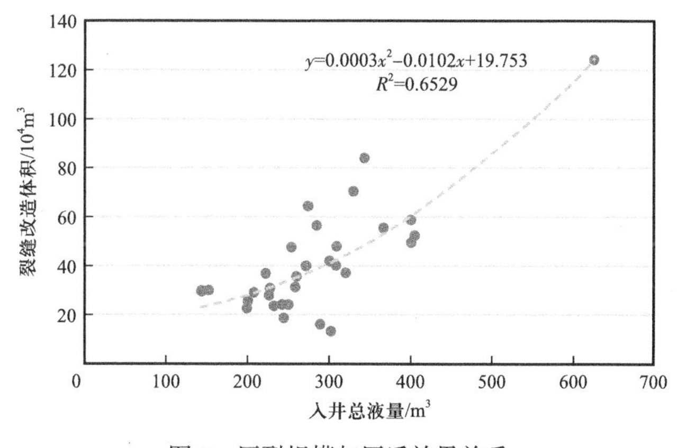

图 6　压裂规模与压后效果关系

施工排量越大，网络缝宽越宽，网络缝高越高，裂缝体积和储层改造体积越大。同时大排量提高缝内净压力，迫使天然裂缝张开，形成网状裂缝，由常规的造长缝变为增加缝网体积，增大泄流体积。在井口限压条件下，应尽可能提高施工排量，增大净压力，纵向上充分沟通储层，同时横向上增加裂缝长度，最大限度提高储量动用率和单井产量。

2.3　基于精细控压优快试气返排技术

如何实现高质量试气返排、降低地层出砂、避免支撑剂沉降及回流、提高返排率，其关键点在于小制度裂缝闭合过程精准压力控制，即在裂缝闭合前，应控制液体的返排速度，限制裂缝中的渗流速度，减小流体流动的阻力，避免缝口高砂比的支撑剂流入井筒。该阶段油嘴也不宜过小，油嘴偏小时，裂缝迟迟不能闭合，同时支撑剂沉降缝底的比例较高，最响压裂效果。

支撑剂回流量主要受到返排液体黏度、支撑剂受到的有效应力以及返排速度等因素的控制。返排过程中，液体黏度及返排速度增加，支撑剂受到返排液体施加的拖曳力增加，进而引起回流量增大；作用于支撑剂上的有效应力增加，则支撑剂处于压实状态，因此难以被携带，进而回流量减少。通过两组实验流速下支撑剂总回流量与返排液黏度关系实验曲线可知，实验流速的增加将增大回流量，返排液黏度的增加也将增大回流量。在返排液黏度增加的过程中，当黏度大于 5mPa · s 后，回流量急剧增加，存在数据点的“跃变”现象（图 7）。因此，在实际压裂放喷排液时应当将破胶后的压裂液黏度控制在 5mPa · s 之下。

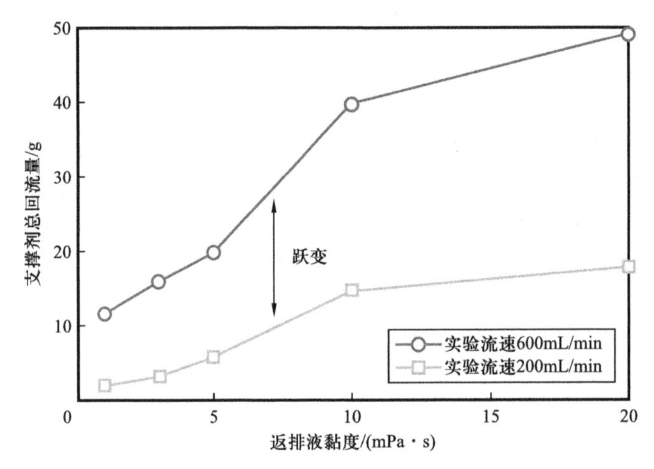

图 7　返排液黏度与支撑剂总回流量关系曲线

压裂放喷返排数学模型建立及放喷制度优化。通过建立了球形单颗粒自由沉降模型以及井筒内返排液携砂模型，通过一系列数学公式推导，放喷排液初期产液量充足，为控制放喷速度，当以临界流量进行定液量排液时，得到油嘴半径与井口压力及临界流量间的关系式：

$$r=\frac{R}{\left[\frac{1}{\delta}\left(1+\frac{2\pi^2R^4}{{Q_c}^2}\cdot\frac{p_t-p_0}{\rho}\right)\right]^{1/4}}$$

式中，R 为油管半径，m；p_t 为井口处油压，MPa；p_0 为油嘴出口处压力，认为等于大气压 0.101MPa；δ 为油嘴的局部阻力系数；ρ 为返排液密度，kg/m^3；Q_c 为油管内临界流量，m^3/s。

依据球形单颗粒自由沉降模型及井筒内返排液携砂模型，模拟分析支撑剂运移特征，依据不同产量压力条件，绘制井筒临界携砂流量曲面，进而建立油嘴优选模型及放喷制度优化流程，最终形成了适用于神府区块压裂后精细控压优快试气返排技术（图 8、图 9）。随着井口压力的降低与临界流量的增加，优选的油嘴尺寸也在增加。开井初期，裂缝及地层内压力较高、能量较足，即此时井口压力较高，应进行控制性放喷，选用小尺寸油嘴。利用神府区块压裂支撑剂、返排液黏度、闭合压力等参数，建立了神府区块加砂压裂返排过程支撑剂闭合前后临界携砂流速公式，当返排液黏度较高且支撑剂粒径较小时，临界携砂流速较低，即支撑剂较为容易被返排液携带出井筒。

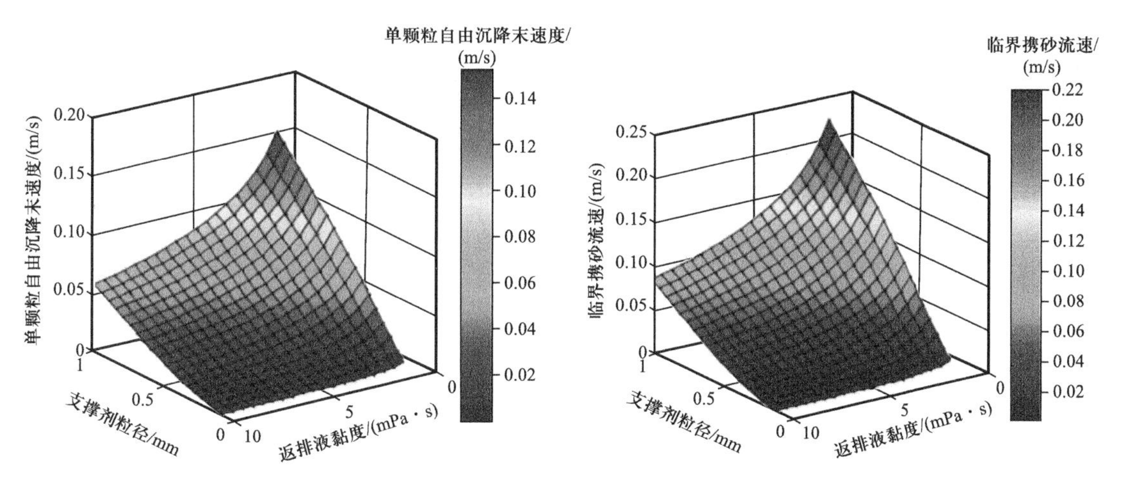

图 8　颗粒自由沉降速度曲面、井筒内临界携砂流速曲面

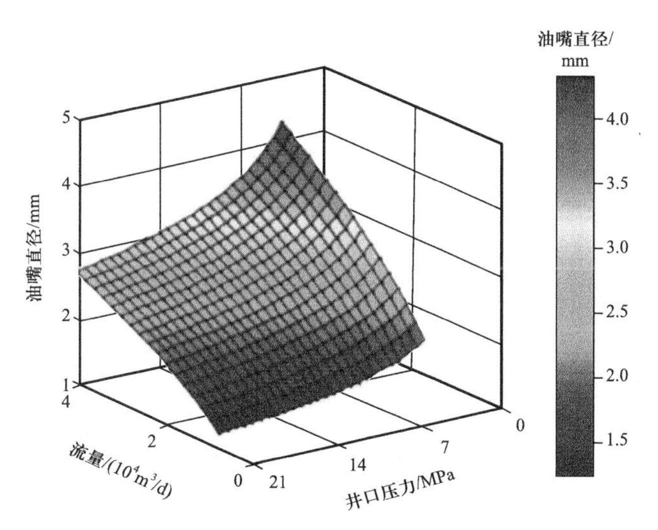

图 9　基于精细控压油嘴直径优化曲面

精细控压制度优化流程：首先由支撑剂性质参数、返排液性质参数及油管参数等数据计算井筒内的临界携砂流量，以确保放喷排液时进入井筒内的支撑剂能够被返排液携带至地面；同时根据井口压力利用油嘴直径曲面图优选油嘴尺寸。压后关井期间，对井口压力进行监测，利用井口压力数据判断水力裂缝闭合时间，当水力裂缝闭合时，即可进行放喷排液。

3 液体优化

针对神府区块储层表现出不同程度的水敏特征，压裂液中需要加入功能添加剂，以降低储层水敏伤害。针对神府区块低温、低孔隙度、低渗透及水敏特点，优化压裂液体系。

采用短效防膨剂 + 长效防膨剂的复合防膨策略，经过多轮次筛选，确定氯化钾（短效防膨剂）+ 小阳离子季铵盐有机防膨剂（长效防膨剂）作为黏土稳定剂体系[6]。在氯化钾与小阳离子季铵盐防膨剂加量分别为 1% 及 0.5% 的条件下，其防膨率可达到 92.1%。在防水锁剂方面，经过筛选，从纳米乳液、脂肪醇聚氧乙烯醚类表面活性剂、氟碳类表成活性剂等不同类型的防水锁剂中确定选用氟碳类高效防水锁剂。在 0.5% 用量下该防水锁剂可使压裂液表面张力降低至 23mN/m 以下，并使其与岩心表面的水相接触角超过 70°（图 10、图 11）。根据毛细管阻力公式，加入该高效防水锁剂后，压裂液在孔隙中产生的毛细管阻力将降低 72%。

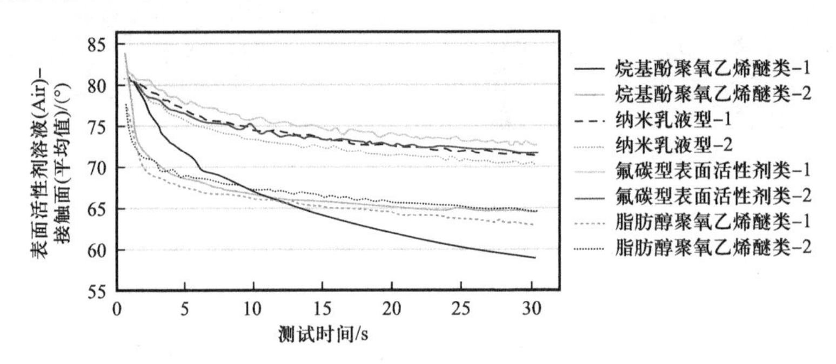

图 10　接触角实验筛选防水锁剂（0.5% 浓度）

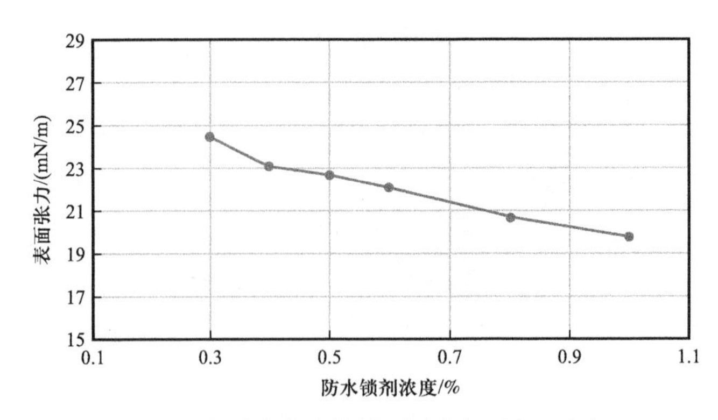

图 11　氟碳类防水锁剂不同浓度下表面张力

针对神府区块储层含气性、物性、地层能量弱的特点，对低温生物压裂液体系持续优化：在防膨方面，经多轮筛选，确定氯化钾（短效防膨剂）+ 小阳离子季铵盐有机防膨剂（长效防膨剂）作为黏土稳定剂体系，加量分别为 1% 和 0.5%，防膨率可达 92.1%。在防水锁方面，从不同防水锁剂中筛选出氟碳类高效防水锁剂，0.5% 用量下使压裂液表面张力降低至 23mN/m 以下，使水相接触角超过 70°，使压裂液在孔隙中产生的毛细管阻力较纯水降低 72%。利用栏杆堡区岩心实验，平均岩心伤害率为 10.25%，大幅优于行业标准（表 3）。

表 3　神府区块储层岩心伤害实验

岩心编号	层位	取样深度 /m	岩心长度 /cm	初始气测渗透率 /mD	岩心平均伤害率 /%
SN–17#–2107.45	本 1 段	2107.45	3.474	0.0213	11.17
SN–24#–1883.40	本 1 段	1883.40	3.936	0.0381	14.44
SN–36#–2034.75	本 1 段	2034.75	4.568	0.1772	8.57
SN–22#–1718.25	太 2 段	1718.25	3.480	0.3136	9.21
SN–32#–2035.97	太 2 段	2035.97	4.980	0.0065	13.24
SN–19#–2131.53	太原组	2131.53	3.890	0.2314	10.28
SN–12#–2112.10	太 1 段	2112.10	4.130	0.5419	4.35
SN–23#–1779.70	山 2 段	1779.70	3.854	0.0656	13.11
SN–37#–2043.85	山 2 段	2043.85	5.100	0.0949	10.00
SN–17#–1940.25	盒 8 段	1940.25	3.594	0.2084	7.65
SN–22#–1589.90	盒 8 段	1589.90	4.080	0.0515	12.19

4　现场应用

SN1–5–6X 井太原组孔隙度为 10.3%，渗透率为 0.92mD，为典型致密砂岩储层，砂体连续性较好，其中太 1 段气层 + 差气层厚度 15.7m，太 2 段气层 + 差气层厚度 27m，泥质含量低，气测值高，采用大跨度储层全剖面体积改造技术充分改造储层，释放大跨度致密气储层产能。设计套管大排量 + 暂堵球 + 混合水 + 可溶桥塞大规模压裂，纵向彻底贯穿储层，横向对储层充分改造，前置液采用低黏滑溜水 + 线性胶，空间内沟通微裂缝，高砂比携砂液采用冻胶保证高导流能力主通道，为油气渗流提供了良好的渗流通道。

结合模拟计算和井口限压。最终太 2 段优化加砂量 $100m^3$，太 1 段加砂量 $80m^3$，施工排量 8～$10m^3/min$。SN1–5–6X 井压后无阻流量 $274761m^3/d$，创区块直井 / 定向井单井试气纪录。大跨度储层全剖面体积改造技术在 SN–02–6X 井、SN–02–7X 井、SN1–3–3H 井同样取得了良好应用效果，均超地质预期（其中 SN1–3–3H 井压后无阻流量 $510304m^3/d$ 创区块单井试气纪录）。

5　结论及建议

（1）低温生物压裂液体系平均岩心伤害率为 10.25%，大幅优于行业标准。

（2）砂煤泥互层多级段塞压裂技术在神府区块区已累计应用 90 井 170 层，全部顺利完成施工，压后测试产气量平均 24827m^3/d，取得了明显增产效果。

（3）针对大跨度储层开展了大跨度储层全剖面体积压裂改造技术研究及现场试验，SN1-5-6X 井压后无阻流量 274761m^3/d，创区块直井 / 定向井单井试气纪录。大跨度储层全剖面体积改造技术在 SN-02-6X 井、SN-02-7X 井、SN1-3-3H 井井同样取得了良好应用效果，均超地质预期。

（4）精细控压返排制度控制已成功应用 48 口井，出砂井比例降低 10%，未出现严重出砂井，降低了井口设备被刺坏的风险。压裂液返排率提高 3%，有效避免了压裂液对地层二次伤害。试气作业缩短 1 天，试气井平均单井产量提升 12.2%，实现了高质量优快试气目的。

（5）强非均质性致密气藏高效压裂完井技术在神府区块的成功应用为同类储层高效开发提供了借鉴。

参考文献

[1] 李斌，张红杰，张祖国，等．鄂尔多斯盆地临兴神府区块致密砂岩气低温压裂液优化与应用［J］．石油钻采工艺，2019，41（3）：57-60.

[2] Surdam R C. A new paradigm for gas exploration in anomalously pressured "tight gas sands" in the rocky mountain Laramide Basins［M］. Tulsa：AAPG，1997：283-289.

[3] 邹才能，杨智，朱如凯，等．中国非常规油气勘探开发与理论技术进展［J］．地质学报，2015，89（6）：979-1007.

[4] 韦代延，陈宏伟，朱德武，等．延川地区浅井超低温压裂液的研究与应用［J］．石油钻探技术，2000，28（4）：41-43.

[5] 王文军，张士诚，温海飞，等．浅层水平井超低温压裂液体系研究与应用［J］．油田化学，2012，29（2）：155-158.

[6] 李健萍，王稳桃，王俊英，等．低温压裂液及其破胶技术研究与应用［J］．特种油气藏，2009，16（2）：72-75.

[7] 杜建波，郭布民，敬季昀，等．水力波及压裂技术及其在沁南深煤层中的应用［J］．广州化工，2018，46（12）：118-121.

[8] 曾凌翔，郑云川，蒲祖凤．页岩重复压裂工艺技术研究及应用［J］．钻采工艺，2020，43（1）：65-68.

苏里格致密气水平井密切割压裂工艺研究与试验

李　喆[1, 2]　解永刚[1, 2]　周长静[1, 2]　刘　倩[1, 3]　马占国[1, 2]

（1. 低渗透油气田勘探开发国家工程实验室；2. 中国石油长庆油田公司油气工艺研究院；
3. 中国石油长庆油田公司勘探开发研究院）

摘　要：长庆苏里格气田是典型的致密砂岩气田，水平井开发是重要开发方式之一，长庆致密气水平井自2016年开展固井完井分段压裂试验以来，随着完井方式的转变、封隔有效性的提高，单井试气产量大幅提升。在此基础上，开展水平井密切割压裂技术研究与试验，进一步探索提高单井产量的空间。通过深入分析苏里格气田地质特点，结合前期开展的相关裂缝测试结果，采用地质工程一体化布缝设计研究，优化水平段的裂缝密度、优化加砂模式、优选压裂材料，形成了符合苏里格致密气储层特征的水平井密切割压裂工艺，在实现了完井方式转变后单井产量进一步提高的同时，又有效控制了压裂作业成本，实现致密气水平井的效益开发，为气田后期开发及国内类似气藏开发提供依据。

关键词：致密气；水平井；密切割；分段压裂；多裂缝

苏里格气田位于鄂尔多斯盆地，构造上隶属伊陕斜坡，主力产层为二叠系石盒子组，岩性以岩屑砂岩为主，压力系数小于0.9，平均孔隙度小于10%，有效渗透率低于0.1mD，为典型的致密砂岩气藏。储层横向非均质性强，纵向多期叠置，有效厚度薄（5～8m），直井压裂后产量低（平均日产气量低于$1\times10^4m^3$）[1-2]。

长庆致密气水平井自2016年开展固井完井分段压裂试验以来，随着完井方式的转变，封隔有效性提高，单井试气产量大幅提升。在此基础上，需要通过优化压裂参数，探索进一步提高单井产量的空间[3]。

近年来，北美地区非常规油气田开发技术发展迅速，特别是在致密油气、页岩气开发方面取得了长足的进步[4]。非常规油气产量迅速增长，不仅改变了北美能源生产与消费结构，而且在全球范围内掀起了一场致密、页岩油气的开发热潮。国外致密油气资源能够得以有效开发，主要得益于三维地震、油藏精细描述、水平井开发、体积压裂与监测、“工厂化”作业，尤其是体积压裂技术的突破，使得单井产量大幅攀升。北美非常规油气藏在二次钻完井技术革命中以经济效益最大化为目标，通过“长水平段+密集布缝+高强度改造”产量增加77%，同时规模应用石英砂等低成本材料，水平井压裂作业成本降低30%，其中石英砂替代占比8%～15%，实现了单井产量的大幅提升和压裂作业成本显著降低，为长庆致密气水平井提产降本带来了启示[5-10]。

“密切割、立体式、超长水平井”是北美对体积改造技术理解与应用的新突破，其核心是进一步缩短基质中的流体向裂缝渗流的距离，大幅降低驱动压差，增大基质与裂缝的接触面积[11-13]。长庆油田公司密切跟踪国外致密气储层改造先进技术理念，深入分析苏里格致密气储层特征，研究苏里格致密气密切割压裂机理，开展了符合苏里格致密砂岩气藏储层特征的密切割压裂技术探索研究及试验。

1 苏里格气田储层地质特征

1.1 砂体展布特征

由于中美致密砂岩气发育的盆地背景、构造演化与沉积充填作用等方面存在差异，造成中美致密砂岩气的基本地质特征差异较大。美国致密砂岩气储层分布稳定、厚度大，如皮申斯盆地以海陆过渡相三角洲沉积为主，砂体呈透镜状展布，气层累计厚度超过 600m，饱和气连续分布，含气面积超过 $1\times10^4km^2$；圣胡安盆地以河流相与三角洲分流河道沉积为主，砂体有效厚度为 24m，含气砂岩面积 $410km^2$[11]。

苏里格气田属陆相辫状河或辫状河三角洲沉积背景，有效储层心滩微相为非连续相，透镜状与层状砂体共生。井网加密试验表明，有效砂体呈半椭球状分布，厚度 30～50m，平面上长轴近南北向，长度介于 600～1000m，短轴近东西向，宽度约为 400m，有效厚度 6.3～8.3m，纵向上多期叠置，砂体物性、含气性横向变化快，有效砂体规模小，裂缝参数设计需要结合储层条件进行优化（表 1）[14-15]。

表 1 苏里格致密砂岩储层有效砂体宽度分布

有效砂体宽度 /m	<100	[100，200)	[200，300)	[300，400)	[400，500)	[500，600)	[600，700)
分布频率 /%	6	14	21	27	17	9	6

1.2 储层物性特征

低压气藏大规模压裂液滞留储层伤害大。苏里格致密砂岩储层压力系数低（小于 1.0）（表 2），体积改造大量液体进入地层，压后液体返排难度大。从岩心启动压力室内实验可以看出，致密储层存在启动压力，且随着渗透率的不断降低，启动压力越高。而致密储层液体滞留伤害率分析实验也表明，储层低压特性是造成压裂液滞留的主要原因，且液体滞留时间越长，对储层伤害越大。因此要控制压裂过程中入地液量的规模，减少对储层的伤害。入地液量大（单井增加了 1000～$6000m^3$），低压储层返排难度大；单井压裂液成本急剧上升（单井增加 160 万～480 万元）[14-15]。

1.3 压裂地质特征

前期长庆气田为了明确苏里格致密砂岩水力压裂裂缝形态，开展了室内大型物理模拟和现场压裂微地震监测试验。

表 2　鄂尔多斯盆地致密气与北美典型致密气对比

项目	北美致密气田	苏里格气田
储层特征	（1）埋深 1500～3000m； （2）孔隙度 8%～14%，渗透率 0.01～0.1mD，裂缝发育； （3）气层厚度 30～240m，平均 150m	（1）埋深 2800～3700m； （2）孔隙度 5%～10%，渗透率 0.01～0.1mD，裂缝不发育； （3）气层 5～12m，平均 8m
地层压力	压力系数 1.1～1.4	压力系数 0.75～0.90
储量丰度	（1）Rulison 气田 $45\times10^8m^3/km^2$； （2）圣胡安气田（5～10）$\times10^8m^3/km^2$	平均 $1.10\times10^8m^3/km^2$

室内开展了大型物理模拟裂缝模拟试验及现场压裂微地震监测（图 1），结果表明：

（1）人工裂缝形态以单一裂缝为主；

（2）人工裂缝东西向展布，与砂体垂直；

（3）裂缝高度在纵向 20～30m。

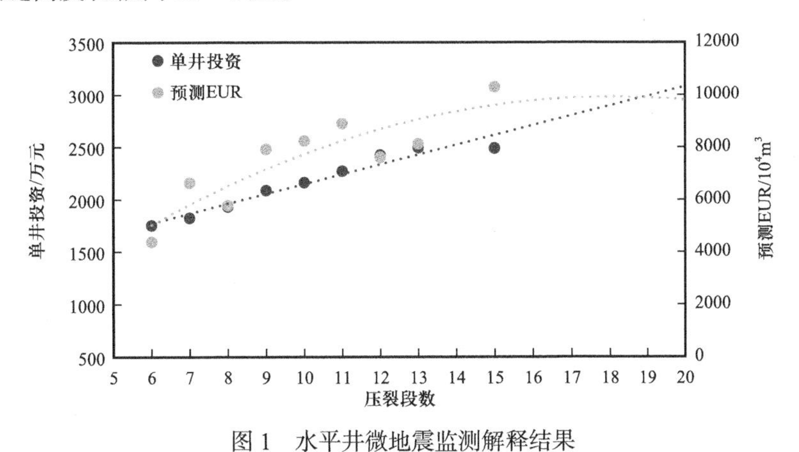

图 1　水平井微地震监测解释结果

现场压裂微地震监测试验结果也表明，苏里格致密砂岩储层水力压裂难以形成网状缝，总体仍呈条带状。致密砂岩形成主缝特征明显、分支缝较为发育的裂缝形态，与页岩形成大复杂裂缝特征有明显的差异。

1.4　小结

大型物理模拟实验和井下微地震结果表明，由于缝网特征不明显，需要通过缩短裂缝间距能进一步提高储量的动用程度。苏里格致密砂岩储层突出的特点是地层压力系数低，天然裂缝发育程度相对较差，与国内外非常规油气地质条件差异较大。如果按照国外体积压裂改造模式将面临单井产量低、稳产难度大、单井作业成本大幅提高的问题。因此，国外成熟技术并不完全适用于鄂尔多斯盆地致密气藏开发，决定苏里格气田不可复制和照搬其模式，需要通过开展体积压裂研究与试验，形成适合苏里格致密气水平井密切割压裂设计模式。按照提高缝控可采储量的技术思路，通过地质工程一体化布缝设计研究，提升裂缝密度、优化压裂参数，提高单井产量，降低作业成本，最终实现致密气水平井效益开发目标。

2 苏里格致密气密切割压裂优化设计

针对苏里格气田储层非均质性强特征，在精细刻画砂体展布与裂缝延伸机理基础上，将裂缝长度、间距、缝高与储层物性、应力、储量相结合，形成致密气水平井密切割体积压裂改造理念。

2.1 裂缝间距优化

以苏里格为代表的致密气藏，主力层盒8段为辫状河三角洲沉积，单砂体规模小（有效砂体宽度300～450m），储层非均质性强，连通性差，水平段发育不同类型储层。为了分析不同类型储层的压裂效果，开展了8口井的连续油管涡轮流量计测试、连续油管光纤测试等不同方式的产气剖面测试（表3）。测试结果表明，不同类型储层的产气贡献相差较大，需要针对不同水平井储层段物性条件，优化压裂分段策略。

表3 不同地质分类储层改造段数、产气贡献对比

储层类型	物性特征	改造段数占比/%	产气贡献占比/%	压裂策略
Ⅰ	整装连续砂体，气测显示好	52.7	70.5	密集布缝，释放优势段产能
Ⅱ	不连续发育砂体，气测显示较好	32.8	22.8	
Ⅲ	点状分散砂体，气测显示差	14.5	14.5	单点布缝、适度改造

水平井多裂缝间的干扰使得裂缝的泄流半径难以监测，而对于只有单一裂缝的直井则容易许多。因此为了减少缝间干扰，提高缝控储量，建立了基于裂缝泄流半径分析为基础的致密气水平井段间距优化评价方法。通过对苏里格致密气田前期大量压裂投产直/定向井的裂缝泄流半径分析结果表明（表4），致密气水平井Ⅰ、Ⅱ类储层裂缝的泄流半径为100～150m。同时开展的1500m水平段不同压裂段数与单井EUR相关性分析结果表明（图2），密切割压裂水平井段间距为100～120m时单井EUR和投资的匹配性最好，因此优化Ⅰ、Ⅱ类储层密切割水平段段间距为100～120m。结合不同簇间距下裂缝应力干扰影响的分析，优化分簇间距为15～20mm，单段簇数4～6簇。

表4 不同类型储层裂缝泄流半径分析结果

地质分类	有效储层厚度/m	泄流半径/m	泄流半径均值/m
Ⅰ类井	≥10	125～220	150
Ⅱ类井	>8～<10	90～120	100
Ⅲ类井	≤8	25～95	70

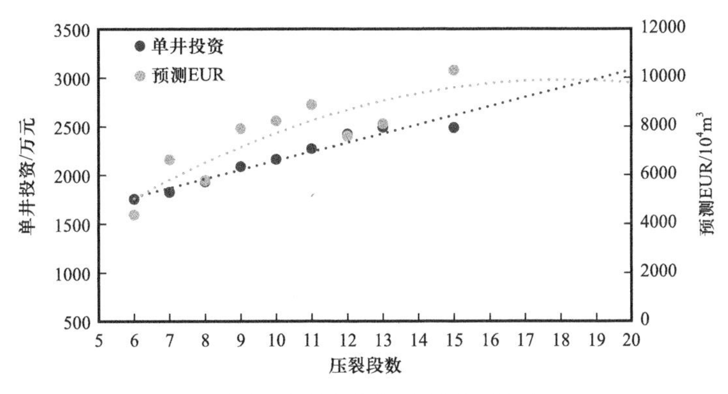

图 2　1500m 长度水平井不同压裂段数投资与 EUR 对比

2.2　压裂参数优化

2.2.1　裂缝长度优化

苏里格气田目前水平井井网规模为 600m × 2300m，在水平井 600m 井距条件下，单缝控制油藏半径约 300m。利用数值模拟软件，优化有效裂缝半长为 100～120m，5 年时间压降基本覆盖控制区（图 3）。

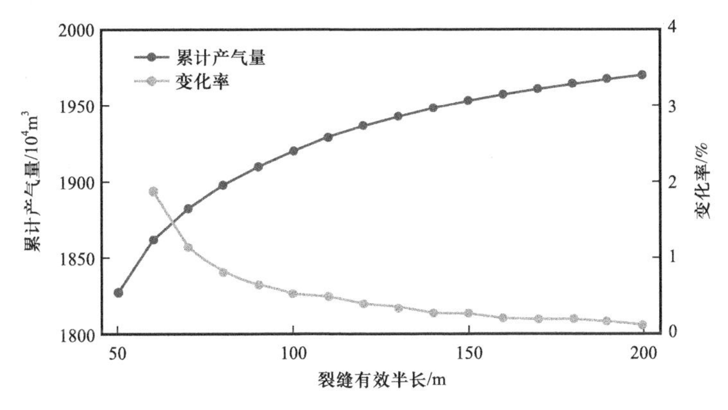

图 3　不同裂缝有效半长下累计产气量与变化率示意图

2.2.2　支撑剂优选

苏里格气田从矿场实际优化的压裂参数出发，开展了 42MPa 不同铺置浓度下的长期导流能力实验，评价得出裂缝导流能力为 9.9～16.1D · cm，可满足 3000m 以浅导流需求。采用苏里格气田地层全直径岩心制作岩板，与钢板开展导流能力对比实验，42MPa 闭合应力条件下，石英砂支撑剂导流能力下降 10%～15%，导流能力保持率较高。2018—2020 年，在盆地东部、苏东地区石英砂压裂水平井 242 口，平均无阻流量为 $53.6 \times 10^4m^3/d$，累计应用石英砂 27.3×10^4t，节约 3.4 亿元。长期跟踪直 / 定向井投产效果，与陶粒井相比，石英砂井长期投产效果保持稳定。

同时开展不同粒径支撑剂运移剖面分析测试，压裂模拟结果表明，选用20～40目与40～70目组合粒径支撑剂，既提高了裂缝的有效支撑缝长，又保障了缝内、缝口的高导流支撑。

2.2.3　设计模式优化

苏里格致密砂岩储层压力系数低（小于1.0），体积改造大量液体进入地层，压后液体返排难度大，且液体滞留时间越长，对储层伤害越大。国外非常规压裂改造模式中压裂液注入强度在$20m^3/m$以上的方式不适合苏里格致密气储层。

同时，随着完井方式的转变，水平井施工排量大幅提高，液体效率和携砂性也显著提高。在保障施工顺利的前提下，苏里格气田压裂设计通过优化泵注，将前置液比例由50%下调到35%，携砂液阶段砂比从20%提高到28%，在降低注入压裂液量的同时保障了裂缝有效支撑缝长和导流能力。以单段加砂量为$60m^3$为例，采用控液增砂的加砂模式，单段可以节约压裂液体成本4.95万元（表5）。

表5　不同压裂设计模式费用对比

砂量/m^3	砂比/%	前置液量/m^3	携砂液量/m^3	总液量/m^3	液体费用/万元
60	20	300	300	600	11.04
60	28	116	215	331	6.09

3　现场矿场实践对比

2019—2020年累计开展密切割压裂试验44口井，按照Ⅰ、Ⅱ类储层加密布缝，Ⅲ类储层单点布缝的理念，平均压裂12.6段，段间距为87m，试气平均无阻流量为$116.7\times10^4m^3/d$（表6）。

表6　长庆气田水平井固井完井方式下不同压裂工艺试气效果对比

参数	密切割分段压裂	常规固井完井分段压裂工艺
井数/口	44	52
水平段长度/m	1461	1543
有效储层长度/m	1098	1022
段数/段	12.6	8.3
簇数	63.1	20
砂量/m^3	658	429
液量/m^3	6517	3991
试气无阻流量/（$10^4m^3/d$）	116.68	65.4

其中投产满一年的井有40口，与邻井对比，平均日产气量从$4.5\times10^4m^3$提高到$5.6\times10^4m^3$，单位压降产气量从$164.1\times10^4m^3/MPa$提高到$238.7\times10^4m^3/MPa$（表7）。单井压裂投资密切割压裂试验井较常规压裂井增加208万元。结合前期试验效果，2021—2022年在规模产建区推广水平井密切割压裂提产技术，累计试验300口井，平均段间距为85m，试气无阻流量为$101.3\times10^4m^3/d$。

表7　水平井固井完井方式下不同压裂工艺生产效果对比

类型	水平段长 / m	储层长 / m	段数 / 段	生产时间 /d	累计产气量 / 10^4m^3	套压 / MPa
密切割分段压裂	1461	1098	12.6	300	1680	14.1
常规固井完井分段压裂工艺	1543	1022	8.3	300	1350	11.1

4　结论与认识

（1）苏里格气田储层地质特征与国外致密气储层差异较大，国外成熟技术并不完全适用于鄂尔多斯盆地致密气藏开发，决定苏里格气田不可复制和照搬其模式，需要通过开展体积压裂研究与试验，形成适合苏里格致密气水平井的密切割压裂设计模式。

（2）针对苏里格气田储层非均质性强特征，在精细刻画砂体展布与裂缝延伸机理研究的基础上，将裂缝长度、间距、缝高与储层物性、应力、储量相结合，形成苏里格致密气水平井密切割体积压裂改造理念。

（3）苏里格致密气水平井密切割体积压裂在现场累计应用近300口，试气无阻流量较常规固井完井分段压裂工艺提高了30%以上，长期投产井累计产气量提高了25%，增产效果显著。

参考文献

[1]凌云，李宪文，慕立俊，等.苏里格气田致密砂岩气藏压裂技术新进展[J].天然气工业，2014，34（11）：66-72.

[2]李进步，白建文，朱李安，等.苏里格气田致密砂岩气藏体积压裂技术与实践[J].天然气工业，2013，33（9）：71-75.

[3]李宪文，李喆，肖元相，等.苏里格致密气水平井完井压裂技术对比研究[J].石油钻采工艺，2021（1）：48-53.

[4]胥云，雷群，陈铭，等.体积改造技术理论研究进展与发展方向[J].石油勘探与开发，2018，45（5）：874-887.

[5]Bazan L W，Larkin S D，Lattibeudiere M G，et al. Improving production in the Eagle Ford shale with fracture modeling，increased fracture conductivity，and optimized stage and cluster spacing along the horizontal wellbore[C]. SPE 138425，2010.

[6]Zhu J，Forrest J，Xiong H J，et al. Cluster spacing and well spacing optimization using multi-well

simulation for the lower Spraberry shale in Midland basin［C］. SPE 187485，2017.
［7］Farhan A，Raj M，Rohann J，et al. Stacked pay paddevelopment in the Midland Basin［C］. SPE 187496，2017.
［8］Maxwell S C，Urbancict I，Steinsberger N，et al. microseismic imaging of hydraulic fracture complexity in the Barnett shale［C］. SPE 77440，2002.
［9］Mayerhofer M J，Lolon E P，Youngblood J E，et al. Integration of microseismic fracture mapping results with numerical fracture network production modeling in the Barnett shale［C］. SPE 102103，2006.
［10］Mayerhofer M J，Lolon E P，Warpinskin R，et al. What is stimulated reservoir volume?［C］. SPE 119890，2010.
［11］Shelley R，Shah K，Underwood K，et al. Utica well performance evaluation：Amultiwell pad case history［C］. SPE 181400，2016..
［12］Joseph Y，Thomas D，Criss V，et al. Influencing fracture growth with stage sequencing［C］. SPE 184057，2016.
［13］Theerapat S，Azra N T. Evaluation of multistage hydraulic fracture patterns in naturally fractured tight oil formations utilizing a coupled geomechanics−fluid flow model：Case study for an Eagle Ford shale well pad［C］//Houston，Texas：50th U.S. Rock Mechanics/Geomechanics Symposium，2016.
［14］周长静，张燕明，周少伟，等. 苏里格致密砂岩气藏水平井体积压裂技术研究与试验［J］. 钻采工艺，2015（1）：44−48.
［15］马旭，郝瑞芬，来轩昂，等. 苏里格气田致密砂岩气藏水平井体积压裂矿场试验［J］. 石油勘探与开发，2014（6）：742−747.

四川盆地沙溪庙组致密气体积压裂开发技术现场实践

陈 挺 徐昊垠 王红科 李 伟 卢 伟 常 青

（中国石油渤海钻探工程公司工程技术研究院）

摘 要：针对四川盆地沙溪庙组致密气基质渗透率低、非均质性强等特点，采用多段多簇密切割＋高强度加砂的主体改造思路，优选可变黏滑溜水、全金属可溶桥塞、复合暂堵转向剂等储层改造材料，按照施工排量16～18m^3/min、用液强度15m^3/m、加砂强度5t/m、簇间距7～10m等施工参数进行大规模加砂压裂施工。微地震裂缝监测和示踪剂监测结果显示，人工裂缝形态复杂，暂堵转向效果显著，主力层段均有产气贡献。对于泥岩层段采用穿层压裂施工，微地震裂缝监测结果显示缝高向上延伸较多，穿层压裂效果较好，示踪剂监测结果显示泥岩段产气贡献量较高。平均测试产量为35.07×10^4m^3/d，无阻流量为78×10^4m^3/d，最高试气无阻流量为203.9×10^4m^3/d，效果显著。

关键词：沙溪庙组；致密气；体积压裂；高强度；穿层压裂

国内外将地层渗透率小于0.1mD的砂岩气藏定义为致密气藏，该类气藏只有通过人工改造才可获得工业天然气产量。我国致密气主要分布于鄂尔多斯、四川、松辽、吐哈等沉积盆地，其中鄂尔多斯盆地是我国最大的致密气生产基地[1]。2020年，四川盆地致密气产量为35×10^8m^3。在此基础上重新评价了四川盆地的致密气资源潜力，相继发现了沙溪庙组二段和沙溪庙组一段气藏，新钻井测试天然气产量屡创新高，展现出良好的勘探开发前景[2-4]。“十三五”期间，致密气钻完井技术快速发展，形成以长水平段钻井技术、大井丛工厂化钻井技术、致密气小井眼钻完井技术、老井侧钻技术等为主体的致密气钻完井技术体系[5]以及水平井加密分段压裂技术[6]，对支撑我国致密气高效勘探和效益开发发挥了重要作用。为了解决致密气藏储层构造复杂、平面和纵向非均质性强等问题导致的传统压裂改造模式效果不理想[7]以及小规模改造后“产量递减快、稳产效果差”等难题，开展了以多簇限流射孔、配合层间暂堵＋大排量高砂比加砂为主要技术特色[8-12]的人工改造方式现场应用，并取得了良好的改造效果。微地震监测技术[13-16]在致密气改造中广泛应用，为压裂施工过程中判断人工裂缝走向、为暂堵施工提供参考以及为下一步水平井压裂方案的制订和压裂参数的优化设计提供依据。示踪剂监测技术[17-20]用于标记各层段流体，计算返排率并间接评估人工裂缝的改造效果，对压裂施工参数的优化具有良好的支撑作用。

本文以四川盆地川中古隆中斜平缓构造区与川北古中坳陷低缓构造区接合部的一口致密气水平评价井及邻井为例，介绍了高强度加砂体积压裂技术在该地区的现场应用情况以及泥岩层段的改造情况。结合微地震监测和示踪剂监测结果对储层改造效果进行了分析和评价，并对该地区致密砂岩储层及泥岩层段下一步的改造方向提出建议。

1 评价井体积压裂情况

1.1 地质情况

ZQ-1 井是四川盆地川中低缓构造带的一口评价水平井。该井完钻井深 3485.00m/2073.66m（斜深 / 垂深），完钻层位为沙二段。A 点井深 2425.00m/2057.67m（斜深 / 垂深），B 点井深 3425.00m/2071.72m（斜深 / 垂深），水平段长 1000.00m。地质预测本井沙溪庙组压力系数 1.10，其中 9 号砂体地层压力系数为 0.84。按孔隙度不低于 7% 作为储层下限统计，储层厚度为 994.1m，平均孔隙度为 9.4%，平均含水饱和度为 22.6%。本井优质储层主要集中在 9# 砂组水平段上，9# 砂组共有储层 6 段，其中气层 5 段，差气层 1 段，累计储层厚度为 943.8m，平均孔隙度为 9.3%，平均含水饱和度为 21.8%，泊松比小于 0.23，纵横波速度比值低于 1.7，电阻率大于 20Ω·m，有气测异常显示，全烃（TG）最高 20.79%。总体物性较好，含气性较好。

1.2 施工情况

本井共完成 11 段压裂施工。一般施工排量为 18m^3/min，一般施工压力为 40.0～55.2MPa，加砂 5491.13t，其中 70～140 目石英砂 4387t，40～70 目覆膜石英砂 1104.13t，加砂强度 5.49t/m。总液量 16340.06m^3，用液强度 16.34m^3/m。除首段外，每段加入 19mm 暂堵球 28 个，暂堵剂 300kg。施工压力平稳，暂堵后升压明显。本井按设计要求完成加砂。施工过程中进行微地震监测来观察人工缝网的形态；施工结束后收集返排液进行示踪剂分析来确定产层状态。

1.3 施工结果分析

1.3.1 微地震监测结果

本井采用密集台阵微地震成像技术，在连续时间的三分量波形中提取地震体波信号，实现精细地震成像。其技术优势是分辨率高、探测深度大、适用性强。监测成果显示本井经过改造后，人工缝网的平均缝长为 296.88m，平均缝高为 38.75m，缝网平均最大宽度为 165.09m，平均缝网纵横比为 0.5525，总裂缝体积为 1005.91×10^4m^3（表 1）。人工裂缝基本与井筒垂直，缝长与缝宽充分覆盖目标箱体储层，总体改造效果良好。

图 1 反映了暂堵前后人工裂缝体积的变化。第 3 段暂堵前裂缝体积为 35.96×10^4m^3，暂堵后裂缝总体积为 98.4×10^4m^3。第 9 段暂堵前裂缝体积为 63.28×10^4m^3，暂堵后裂缝总体积为 118.31×10^4m^3。暂堵前，第 3 段的人工裂缝在井筒南侧发育，第 9 段的人工裂缝主要在井筒北侧生成。暂堵后，新生成的裂缝平面形态为双翼型，在井筒两侧基本呈对

称形式扩展。最终人工裂缝在井筒两侧均匀生成，显示出较好的暂堵转向效果。其余井段的暂堵效果与第 3、第 9 段类似。

表 1　ZQ-1 井微地震监测结果

段序	缝长 / m	缝高 / m	缝网纵横比	方位 / (°)	裂缝体积 / 10^4m^3	段序	缝长 / m	缝高 / m	缝网纵横比	方位 / (°)	裂缝体积 / 10^4m^3
1	278	40	0.6295	128	96.39	7	290	40	0.5345	137	97.76
2	269	40	0.6022	131	101.42	8	386	30	0.4404	127	103.71
3	291	40	0.5155	132	98.4	9	309	40	0.4822	119	118.31
4	277	40	0.6318	140	106.95	10	332	30	0.5542	111	108.84
5	302	40	0.641	141	103.93	11	292	30	0.5685	128	97.44
6	272	40	0.4779	147	99.56	平均	296.88	38.75	0.5525	131	102.34

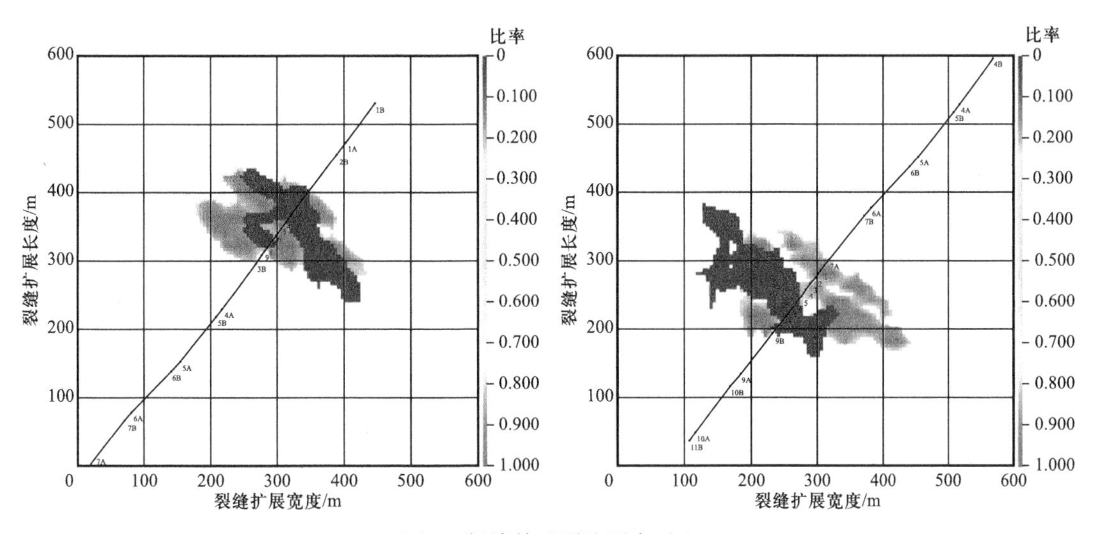

图 1　暂堵前后裂缝形态对比

（深色为暂堵前，浅色为暂堵后）

1.3.2　示踪剂监测结果

依据测试结果可直接绘制出时间与示踪剂离子浓度关系曲线（图 2），各层段之间无相关性，不可直接比较，但根据测试得出的最基础数据曲线，可观察各层段各自的排液情况。关井时间排量为 0，为更好地进行计算拟合，去除关井时间后，有效测试时长为 170h。由该曲线图可知各层段返出有先后之分，所有层段均有液体返出。

由于取样有时间间隔且流速也是根据返排报表数据拟合，计算出的返排液量精确度稍差，因此称为半定量测算。依据返排报表，将返排分为 0～4h、4～18h、18～44h、44～54h、54～70h、70～94h、94～118h、118～142h 和 142～170h 9 个阶段，返排速率分别记为 $6.71m^3/h$、$18.19m^3/h$、$3.4m^3/h$、$2.37m^3/h$、$5.83m^3/h$、$3.4m^3/h$、$2.46m^3/h$、$1.44m^3/h$ 和 $4.03m^3/h$。

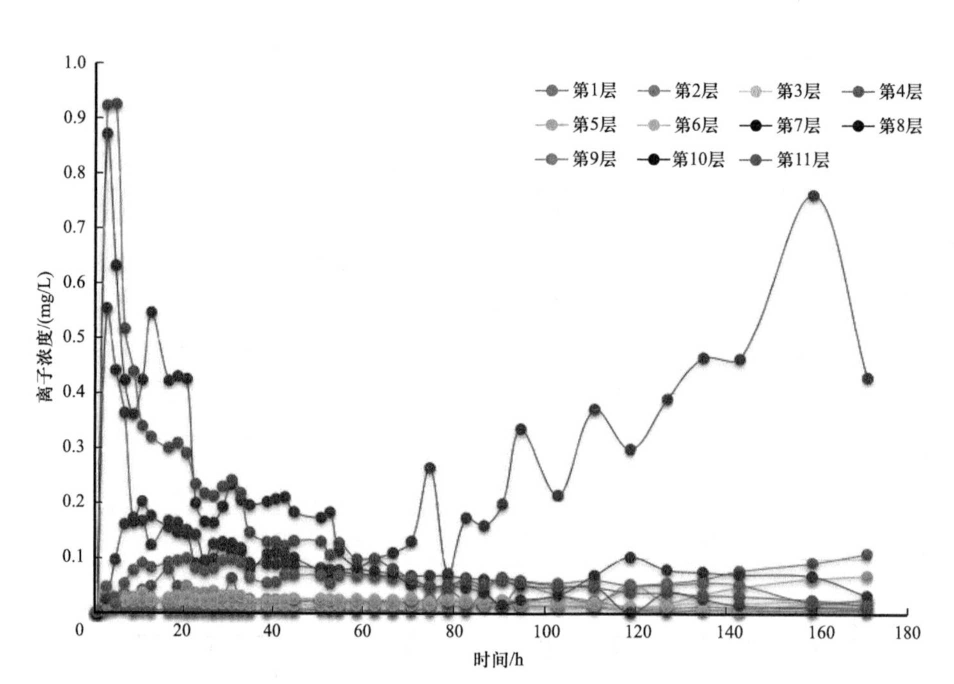

图 2 去除关井时间后各层段示踪剂时间—浓度关系曲线

在拟合结果基础上计算了各层段的累计产气量，如图 3 所示。由图 3 可知，该井监测的 11 个层均有液体返出，其中第 11 层、第 8 层、第 9 层、第 10 层排液最多。除第 8 层外，其他各层均有产能贡献，其中初期第 3 层、第 11 层、第 9 层贡献率较高，整体第 11 层、第 10 层、第 7 层、第 4 层、第 3 层累计产气量较高，第 8 层未测到产出。

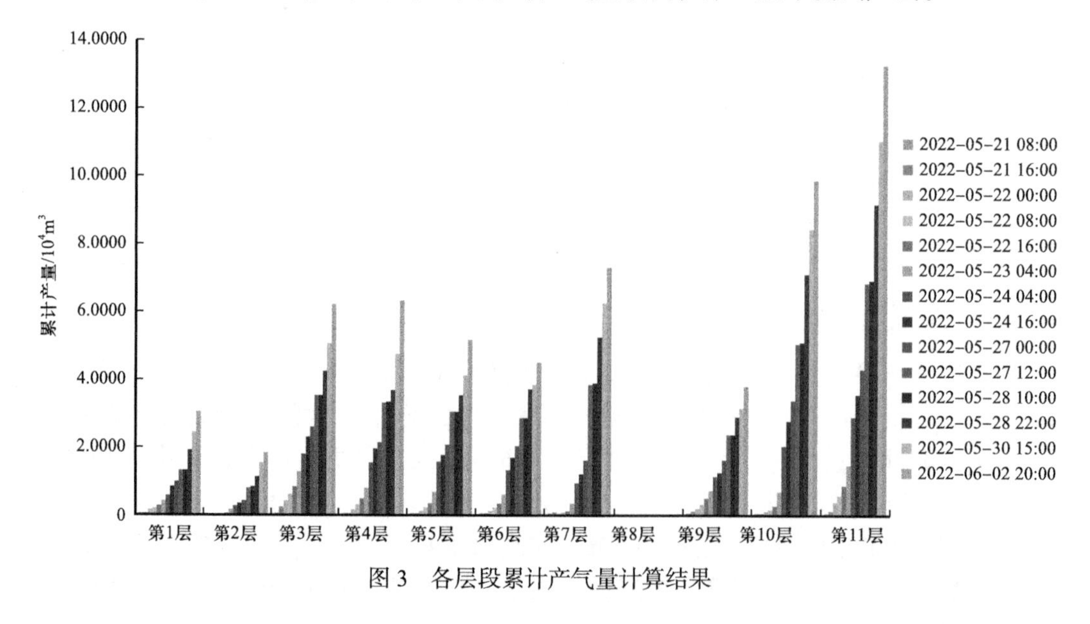

图 3 各层段累计产气量计算结果

1.3.3 试油结果

本井测试稳定时间 8h，采用 14mm 油嘴，经一条测试管线用 146.33mm 孔板流量计装50.8mm孔板，稳定套压10.49MPa，平均上压2.18MPa，平均上温14.47℃，测试期间产气量为$29.16\times10^4m^3/d$，关井最大套压为12.8MPa。实测静压为15.6591MPa，垂深2057.41m，探得液面深度为1579.20m，计算压力系数为0.78，实测地层流压为12.1131MPa，计算无阻流量为$51.60\times10^4m^3/d$。

1.4 邻井情况

截至2023年4月底，盆地致密气核心建产区累计投产29口井，日产气$238.83\times10^4m^3$，日产油46.24t，日产水$123.99m^3$，综合水气比为$0.65m^3/10^4m^3$，综合油气比为$0.21t/10^4m^3$。生产平稳，产出液主要为压裂液，产少量凝析油。部分邻井测试成果数据见表2。

表2 邻井测试成果数据（部分）

井号	砂组编号	井段 /m	测试成果				
			地层压力 /MPa	中部井深 /m	套压 /MPa	日产气 /10^4m^3	压力系数
ZQSC-1	9	2250.00～3465.00	16.03	1952.39	13.31	32.31	0.84
ZQSC-2	9	2195.00～3330.00	15.11	1979.87	12.82	36.81	0.78
ZQSC-3	9	2244.00～2252.00	15.23	2074.4	6.95	0.55	0.75
ZQSC-4	9	2208.00～2229.00	16.09	2026	12.69	1.11	0.81
ZQSC-5	9	2341.00～2352.00 2310.00～2323.00	23.22	2260	13.89	2.13	1.05

2 穿层压裂现场实践

2.1 JQ-1井的基本情况及试气目的

JQ-1井试油层位为沙二段8号砂体，试油井段为2493.0～3800.0m，施工段长1307m，采用密度为1.65～1.70g/cm³白油基钻井液钻进时见气测异常5次，全烃最高66.2163%。解释储层12层，其中气层8层，差气层4层，储层斜厚795.4m，平均孔隙度为9.1%，平均渗透率为0.14mD。本井水平段钻遇3段泥质粉砂岩，气测值整体较高。地层整体起伏较大，实钻倾角上倾1.4°～-4.2°，无明显断层或褶皱。但地震资料失真，与实钻对比地层倾角差异较大，地层倾角于零相位之上1.2～11m。

致密砂岩气藏储层砂体分布的不规则性导致钻遇大套泥岩或干层的现象经常发生。而泥岩段通常情况下被认为是无效压裂层段，对产能贡献率较低，同时因有一定施工风险需避免压开。区块内水平井泥岩段为顶底穿层或层内夹层，垂直厚度均不大，均在1m左右，但影响优质储层钻遇率。水平井薄泥岩层压裂后更易沟通相邻有效含气砂层，有助于增加水平井产能。通过泥岩层段的储层改造实践，指导低钻遇率、非均质性强层段的压裂施工参数优化，达到提高产能的目的。

2.2　施工改造情况

对比砂岩、泥岩压裂裂缝参数，泥岩压裂施工规模略小于砂岩，泥岩压裂效果也略小于砂岩，但缝长、压裂体积已满足改造需求，证明了泥岩段改造的可行性。

泥岩段压裂施工过程中，整体施工情况及参数与砂岩段无明显差异（表3），结合微地震缝高监测情况，3段泥岩段上缝高延伸较好，均实现了穿层压裂的目的，其中第3段、第8段裂缝整体向上延伸得较多，穿层压裂效果较好，第5段微地震显示下缝高较大，同时施工曲线呈波浪形特征，分析可能受到地层纵向非均质性的影响，裂缝在向下部泥岩段中延伸得较多。微地震监测模拟结果如图4所示。

表3　泥岩段和砂岩段施工情况对比

层段	平均用液强度/(m^3/m)	平均加砂强度/(t/m)	平均缝长/m	平均缝宽/m	平均缝高/m	平均每段SRV/10^4m^3	总SRV/10^4m^3
砂岩	13.67	4.92	305.7	155.45	31.82	91.2	766.1
泥岩	13.04	4.48	286.3	139	33.33	81.1	243.4

注：SRV为改造体积。

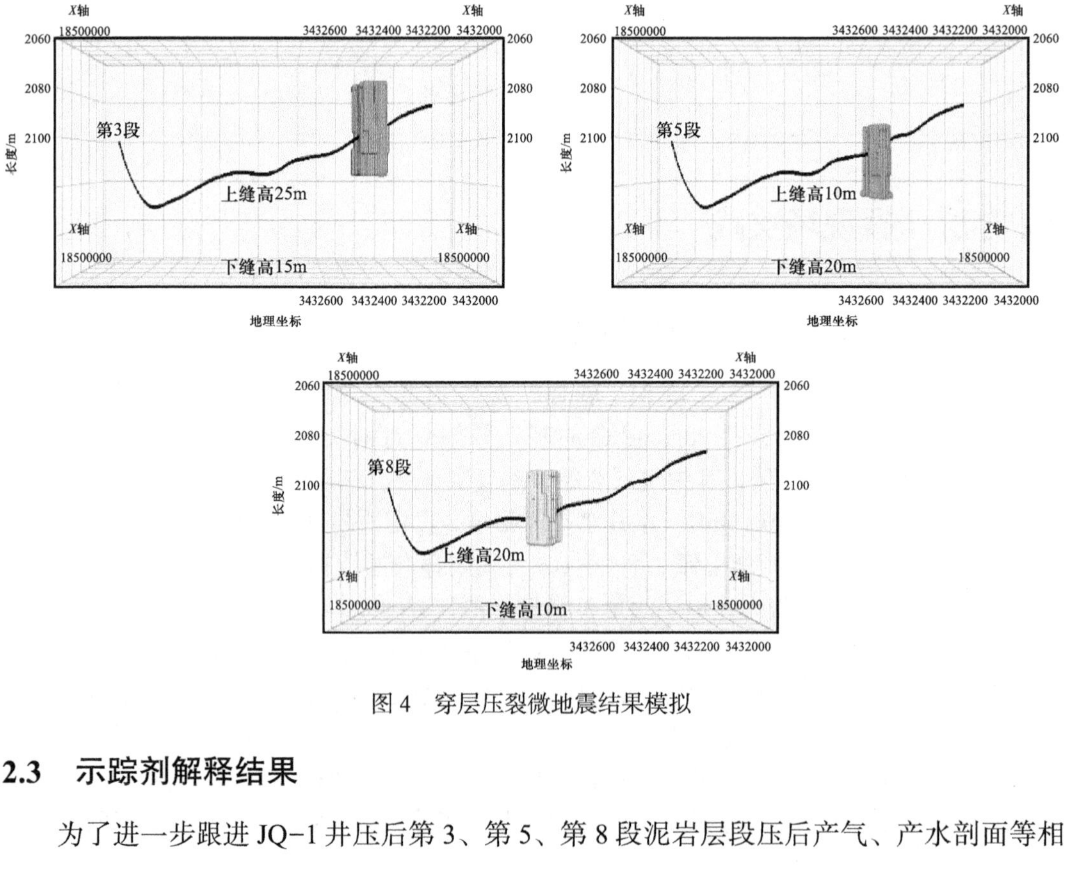

图4　穿层压裂微地震结果模拟

2.3　示踪剂解释结果

为了进一步跟进JQ-1井压后第3、第5、第8段泥岩层段压后产气、产水剖面等相关数据，开展压后分段产气、产水剖面测试，为今后此类储层的施工参数优化提供依据。第3、第5、第8段为泥岩层段，第2、第14段为对比层段。其中，第2段可对比相邻砂岩层段、泥岩层段压裂效果，第2段产气、产水畅通则证明井筒畅通，排除工程因素干扰；第14段为本井地质条件最好的层段，可监测砂岩地质条件好的层段与泥岩压后产水、气贡献。在这5段施工时，分别加入5种水相示踪剂和5种气相示踪剂。

水相示踪剂每层投加量为前置液+携砂液液量的0.5/10000；气相示踪剂根据仪器分析极限值、单段预测平均产气量、监测时间及转换系数等计算得到，本井单段气剂用量30kg。5段的压裂施工参数及示踪剂投加量见表4。严格按照设计频率取样，监测期间取得并检测水样38个、气样22个。

表4 压裂施工参数及示踪剂设计用量

投加顺序	压裂参数			水相示踪剂设计		气相示踪剂设计	
	压裂层（段）	支撑剂量 /m^3	压裂液量 /m^3	型号	用量 /L	型号	用量 /kg
1	第2段	500	1470	LSZJ−1	73.5	GSZJ−1	30
2	第3段	450	1350	LSZJ−2	67.5	GSZJ−2	30
3	第5段	300	910	LSZJ−3	45.5	GSZJ−3	30
4	第8段	450	1350	LSZJ−4	67.5	GSZJ−4	30
5	第14段	450	1350	LSZJ−5	67.5	GSZJ−5	30
合计		2150	6430		321.5		150

因无法劈分第2、第3、第5、第8、第14段这5段的日产量与其余9段日产量数据，理论上无法计算每段产液量、产气量。考虑到日产量与贡献率差别较大，为了便于分析，本井采用估算的方法区分各段日产量，评价方法如下：

第2、第3、第5、第8、第14段每日总产水量=第2、第3、第5、第8、第14段压裂液量/全井液量 × 日产水量=0.314× 日产水量。

第2、第3、第5、第8、第14段每日总产气量=（第2、第3、第5、第8、第14段段长）/压裂层段总长 × 日产气量=0.3496× 日产气量。产出贡献率如图5所示。

主力产水层段为第3段，产水贡献42.9%，第2、第8、第14段其次。主力产气层段为第3、第5段，产气贡献分别为36.6%、39.8%，第14段其次（18%），第2段产气贡献较低（5.5%），第8段监测期间未见产气。通过对比可知，第2段作为对比层段，全程都有压裂液返排，产气较晚，可能受限于井筒压力；第3段压裂液返排，产气量均较高，穿层压裂取得了很好的效果；第5段产水量较小，产气量很高，穿层压裂取得了很好的效果；第8段产水量初期较高，下降很快，中后期基本不产水，全程不产气，本段穿层压裂效果一般；第14段为产量对比层段，地质条件上本段为监测5段中条件最好层段，产液规律逐渐下降，产气量每个阶段都呈上升趋势，受限于生产监测时间较短，本段产量未完全释放。第3、第14段气水同出，第5段产气多、产水少，整体没有明显规律，与生产时间较短、产出不平稳有关。

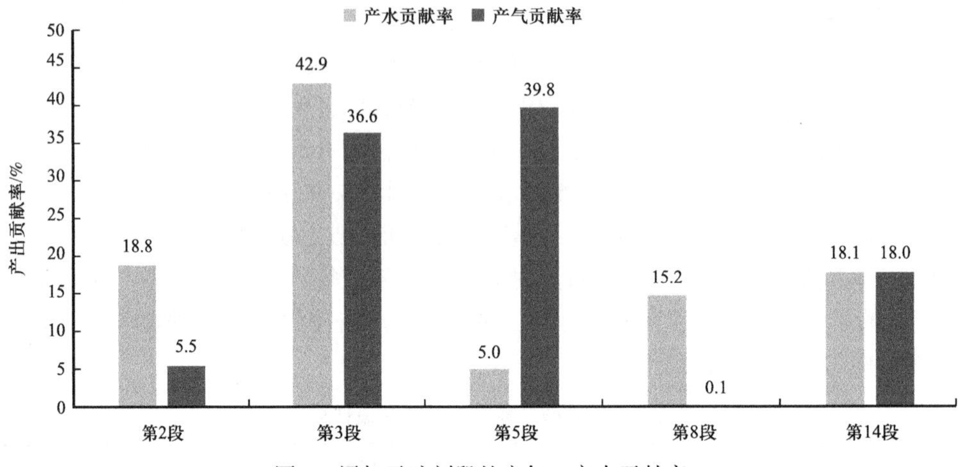

图 5 添加示踪剂段的产气、产水贡献率

测试稳定时间 8.0h，采用 13mm 油嘴，经一条测试管线用 150mm 孔板流量计装 53.975mm 孔板，稳定套压 16.96MPa，平均上压 2.75MPa，平均上温 12.34℃；测试期间返排率为 10.34%，测试产气量为 $32.134\times10^4m^3/d$，实测地层压力为 24.544MPa，压力系数为 1.18，实测流压为 21.013MPa，计算无阻流量为 $70.96\times10^4m^3/d$，取得较好的试气效果。

3 结论

（1）多段多簇密切割 + 高强度加砂的储层改造工艺在四川盆地川中古隆中斜平缓构造区与川北古中坳陷低缓构造区接合部的龙马溪组致密砂岩储层具备良好的适应性，试气效果明显。

（2）对于垂直厚度不大（小于 1m）的顶底穿层或层内夹层的泥岩段，高强度加砂压裂工艺能够很好地控制缝高，达到穿层压裂沟通相邻有效含气砂层的目的。施工压力较为平稳。

（3）微地震监测及示踪剂技术能够很好地辅助判断人工裂缝形态及储层的产气产液情况，为施工参数优化改进提供支持。

参考文献

[1] 贾爱林，位云生，郭智，等. 中国致密砂岩气开发现状与前景展望[J]. 天然气工业，2022，42（1）：83-92.

[2] 张道伟，杨雨. 四川盆地陆相致密砂岩气勘探潜力与发展方向[J]. 天然气工业，2022，42（1）：1-11.

[3] 杨春龙，苏楠，芮雨润，等. 四川盆地中侏罗统沙溪庙组致密气成藏条件及勘探潜力[J]. 中国石油勘探，2021，26（6）：98-109.

[4] 段文燊. 四川盆地中侏罗统下沙溪庙组致密气勘探潜力及有利方向[J]. 石油实验地质，43（3）：

424−431.
[5]汪海阁，周波．致密砂岩气钻完井技术进展及展望［J］．天然气工业，2022，42（1）：159−169.
[6]刘琦，杨建，刁素．新场气田沙溪庙组气藏水平井加密分段压裂先导试验［J］．钻采工艺，2016，39（2）：61−63.
[7]郭建春，路千里，刘壮，等．“多尺度高密度”压裂技术理念与关键技术——以川西地区致密砂岩气为例［J］．天然气工业，2023，43（2）：67−76.
[8]郑有成，韩旭，曾冀，等．川中地区秋林区块沙溪庙组致密砂岩气藏储层高强度体积压裂之路［J］．天然气工业，2021，41（2）：92−99.
[9]段永明，曾焱，刘成川，等．窄河道致密砂岩气藏高效开发技术——以川西地区中江气田中侏罗统沙溪庙组气藏为例［J］．天然气工业，2020，40（5）：58−65.
[10]范宇．四川盆地沙溪庙组河道致密砂岩开发工程关键技术进展及发展方向［J］．钻采工艺，2022，45（6）：48−52.
[11]王艳玲，郝春成，邵光超．致密气水平井提高缝控体积压裂技术［J］．油气井测试，2022，31（6）：40−44.
[12]黄小军，杨永华，魏宁．致密砂岩气藏大型压裂工艺技术研究与应用——以新场沙溪庙组气藏为例［J］．海洋石油，2010，30（3）：68−72.
[13]刘旭礼．井下微地震监测技术在页岩气“井工厂”压裂中的应用［J］．石油钻探技术，2016，44（4）：102−107.
[14]邱健，段树法．微地震监测技术在阳201−H2井压裂中的应用［J］．天然气勘探与开发，2013，36（4）：49−53.
[15]赵争光，秦月霜，杨瑞召．地面微地震监测致密砂岩储层水力裂缝［J］．地球物理学进展，2014，29（5）：2136−2139.
[16]温庆志，刘华，李海鹏，等．油气井压裂微地震裂缝监测技术研究与应用［J］．特种油气藏，2015，22（5）：141−144.
[17]常青，李青一，赵鹏，等．镧系金属示踪剂的研制及其在苏里格地区的应用［J］．钻井液与完井液，2018，35（3）：114−118，123.
[18]常青，刘音，卢伟，等．微量物质示踪剂对页岩油水平井压后排液诊断技术［J］．油气井测试，2021，30（3）：32−38.
[19]温守国，谢诗章，张海波，等．示踪剂技术在致密砂岩气藏压裂中的应用［J］．非常规油气，2023，10（2）：94−100.
[20]钟萍萍，陆峰，游雨奇，等．基于示踪剂监测的压裂裂缝体积的拟合方法及应用［J］．钻采工艺，2022，45（4）：109−113.

南华北盆地济源坳陷煤层气改造选层与压裂优化

王　泽[1]　池晓明[1]　王　越[1]　王雅茹[1]　张交东[2]

（1. 中国石油川庆钻探工程有限公司长庆井下技术作业公司；
2. 中国地质调查局油气资源调查中心）

摘　要：南华北盆地济源坳陷煤层气改造尚无经验可以参考，针对济源坳陷煤层气压裂改造存在的问题，分析了该区域断层、煤层厚度和有机质含量对煤层气储层改造的影响，开展压裂施工层位优选研究。该地区储层主要为煤层，具有碎、软、低渗透以及低弹性模量和高泊松比特征，不利于压裂改造。间接压裂工艺技术能够有效解决煤层压裂施工过程中造缝短的难题，但是还不能够形成好的煤层气解吸和渗流通道。间歇式压裂工艺可以在压裂过程中获得复杂、高效的裂纹体系。采用间歇式压裂和间接压裂相结合的压裂改造工艺，对济源坳陷一口井进行压裂改造，并对工艺和参数进行优化，验证了该方法在济源坳陷的可行性。

关键词：煤层气；南华北盆地济源坳陷；层位优选；压裂工艺优化

南华北盆地是中国东部的一个大型叠合盆地，构造上隶属华北盆地南部及其边缘，东到徐蚌隆起，西含豫西隆起区，南以周口坳陷南部边界断裂—长山隆起北断裂为界，北为焦作—商丘断裂，总面积约为 $15\times10^4 km^2$（图 1）。南华北盆地构造演化主要受到秦岭—大别造山带和郯庐断裂影响，现今构造走向表现为北西（NW）—北西西（NWW）。南华北盆地各板块勘探程度见表 1。

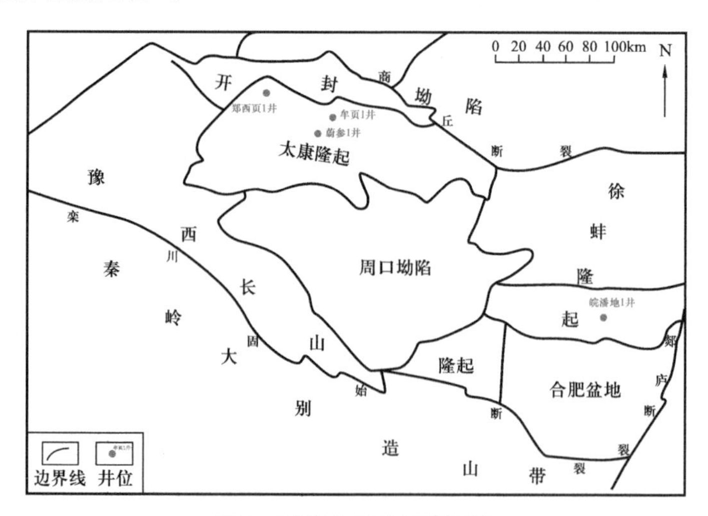

图 1　南华北盆地区域概况

表 1　南华北盆地各板块勘探程度

太康隆起	累计完钻石油探井进尺一万余米，区内华 5 井、太参 3 井、南 3 井、南 8 井分别在上古生界和下古生界见到荧光和气测显示
周口坳陷	周口坳陷主要勘探区在阜阳探区，工区内现有深钻井 21 口、浅井 8 口，总进尺 68899m
徐蚌隆起	全区共完成钻井 21 口，其中芦岭区域 11 口、宿南 10 口。21 口钻井都是直井，其中 9 口井经压裂投产，累计产气量 $503 \times 10^4 m^3$
合肥盆地	截至 2021 年，钻井 1 口（安参 1 井），进尺 5200m；完成二维数字地震测线共计 31 条 3374.75km，地震测网总体 8km × 8km
开封坳陷	开封坳陷目前开发较成熟的区域是焦作矿区，该地区煤层气赋存的地质条件、储层条件与我国已经投入大规模商业化开发的沁水盆地极其类似，是河南省最具开发前景的区块。河南省煤层气开发利用有限公司于该区域施工了 36 口井，其中 34 口已经完成压裂，并陆续投入排采，单井最高产气量达到 $1500m^3/d$。本次和中国地质调查局合作的豫济 ×× 井是济源坳陷第 1 口探井，焦作矿区邻近济源地区，地质条件相近
豫西长山隆起	暂时还未勘探

1　压裂改造存在问题

济源坳陷煤层具有碎、软、低渗透以及低弹性模量和高泊松比特征，煤体塑性大且易破碎，常规压裂裂缝很难延伸到煤层远端形成有效长裂缝，整体不利于压裂改造[1-2]。煤层顶底板富含非常规气，煤层顶底板的砂岩、泥岩中赋存天然气，是济源地区常见含气岩性组合。煤层底板泥岩黏土矿物含量高，常规压裂不易形成复杂高效裂缝[3-6]。

针对济源坳陷煤层气压裂改造存在的问题，有必要开展压裂施工层位优选和工艺优化研究。

2　施工层位优选

豫济 ×× 井位于济源坳陷西斜坡，井区附近构造相对平缓，地层向东北方向倾斜，倾角大约为 15°，地层南高北低、西高东低，本区背部由于断层的作用使得地层抬高，形成中间低、南北高的地层，形成一个小凹陷[7]。

豫济 ×× 井压裂改造选层方案重点考虑断层、煤层厚度和有机质含量三个方面，优选该井山西组为最优压裂改造层位。

2.1　断层对煤层气储层改造的影响

济源坳陷有封门口断层、西洋河断层、白坡正断层、西承留断层、逢石河断层和王爷庙断层共 6 条较大的断层[8-10]。对于石炭系—二叠系来说，断穿最深的层位基本为下石盒子组，其他断层基本都没有穿过三叠系，所以断层对煤系地层的破坏程度很低，只有部分比较大的断层对石炭系—二叠系有影响。

该井位于杜年庄断层，距离 6 条较大断层距离较远，考虑到断层影响，山西组、太原组、本溪组受断层影响较小。

2.2 煤层厚度对煤层气储层改造的影响

该地区上古生界共含煤 10 层。太原统含煤 2～3 层，厚度 0～0.80m；山西统含煤 4 层，厚 0～1.34m，不稳定；石盒子统含 2 煤组一层煤，厚度 1.0～1.6m。

山西组煤层，厚度 4.9m，煤质较好，灰分含量较低，吨煤含气量较高。

煤层底板泥岩厚 11.4m，连续发育，泥岩含砂量高，全烃高（均值 6.3%），有一定孔渗条件[11]。

2.3 有机质含量对煤层气储层改造的影响

豫济 ×× 井山西组全烃最大，平均 6.2688%，大于其他层位（表 2），厚度为 4m，是钻遇气层最厚的，所以优选山西组为压裂改造层位[12]。

表 2 豫济 ×× 井气测录井显示统计

序号	层位	岩性	顶深 / m	底深 / m	厚度	全烃 /%			比值	C_1	备注
						最大	平均	基值			
1	石千峰组	砂质泥岩	1244.50	1245.50	1.00	1.0596	0.5500	0.0403	26.29	0.9536	微含气层
2	石千峰组	泥岩	1293.50	1294.50	1.00	1.0395	0.5394	0.0393	26.45	0.9356	微含气层
3	石千峰组	砂岩	1320.50	1321.50	1.00	1.2459	0.6492	0.0524	23.78	1.1213	微含气层
4	上石盒子组	泥岩	1330.50	1331.50	1.00	1.0010	0.5158	0.0305	32.82	0.9009	微含气层
5	上石盒子组	砂岩	1404.50	1406.50	2.00	1.1376	0.5908	0.0440	25.85	1.0238	微含气层
6	上石盒子组	泥岩	1420.50	1421.50	1.00	1.0461	0.5483	0.0504	20.76	0.9415	微含气层
7	上石盒子组	砂质泥岩	1455.50	1457.50	2.00	0.8445	0.4455	0.0465	18.16	0.7601	微含气层
8	下石盒子组	砂质泥岩	1477.50	1478.50	1.00	0.6625	0.3486	0.0347	19.09	0.5963	微含气层
9	下石盒子组	砂质泥岩	1489.50	1490.50	1.00	1.0649	0.6032	0.1414	7.53	0.9584	微含气层
10	山西组	砂岩	1589.50	1591.50	2.00	0.8861	0.4572	0.0282	31.42	0.7975	微含气层
11	山西组	泥岩	1610.50	1611.50	1.00	1.0853	0.5903	0.0952	11.40	0.9768	微含气层
12	山西组	煤层＋泥岩	1635.50	1639.50	4.00	10.5470	6.2688	1.9905	5.30	9.4923	气层
13	太原组	泥岩＋石灰岩＋煤	1646.50	1647.50	1.00	3.1027	1.9172	0.7317	4.24	2.7924	后效气
14	太原组	泥岩	1655.50	1656.50	1.00	3.9393	2.0226	0.1059	37.20	3.5454	后效气
合计					22.00						

注：此表中深度从地面算起，已减去补心高 4.50m。

3 压裂工艺思路优化

济源坳陷山西组储层中煤层具有碎、软、低渗透以及低弹性模量和高泊松比特征，煤体塑性大且易破碎，压裂裂缝很难延伸到煤层远端形成长效缝，整体不利于压裂改造。间接压裂工艺技术能够有效解决压裂施工过程中造缝短的难题，但是还不能够形成好的煤层气解吸和渗流通道[13]。间歇式压裂工艺利用“岩石—流体化学作用”后效时间[14]，进而降低缝面摩阻促进剪切滑移，使得亚裂纹在有限时间内得到充分扩展，以此在压裂过程中获得复杂、高效的裂纹体系。

借鉴国内外体积压裂的经验，结合豫济 ×× 井储层情况，针对山西组煤层低弹性模量，塑性大且易破碎和泥岩、煤层互层的特点。采用间接压裂和间歇式压裂相结合的压裂改造工艺，压裂裂缝的延伸效果好，沟通煤层后能够形成好的煤层气解吸和渗流通道，提升裂缝波及范围，确保裂缝高度得到有效延伸，在压裂过程中获得复杂、高效的缝网体系。

4 压裂工艺参数优化

4.1 间歇式压裂设计优化

“间歇等停”时间优化：间歇时间越长，储层被改造得越碎，最终形成的总裂缝长度越大。

间歇时间超过 120min 后，总裂缝长度增长速率迅速放缓，这是因为间歇 120min（图 2），地层孔隙压力波及区域已足够大，后期缝网扩展区域未超出该波及区域。

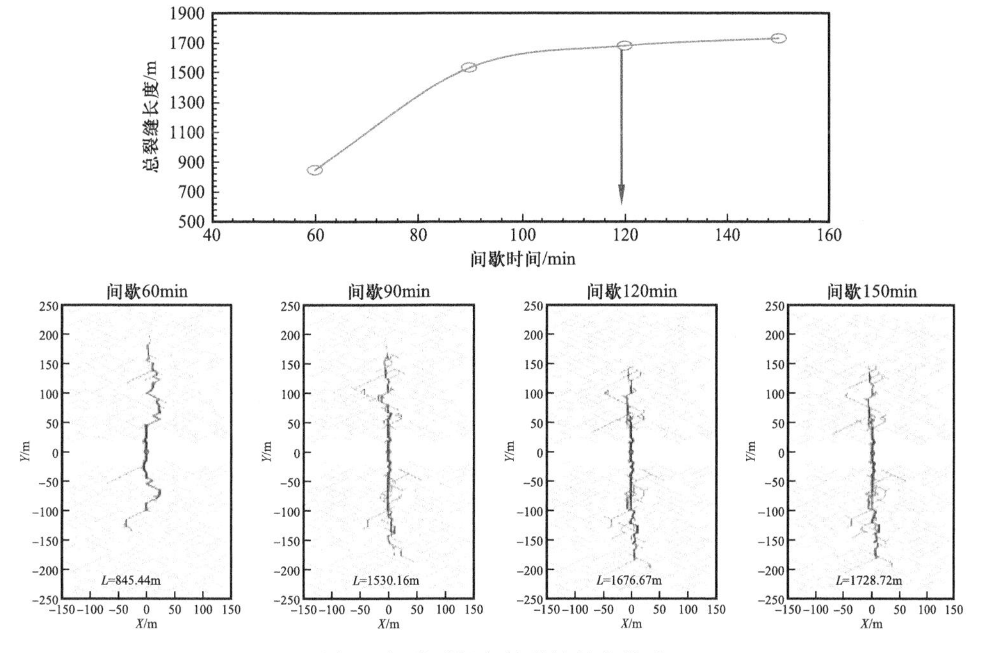

图 2 间歇时间和总裂缝长度关系

“两级注入”规模优化：在总注液时间为100min的前提下，在第一级注液50min、第二级注液50min情况下，形成的网络裂缝总长度最大。因此，压裂过程中第一阶段和第二阶段注液量比例建议控制在1∶1左右（图3）[15-18]。

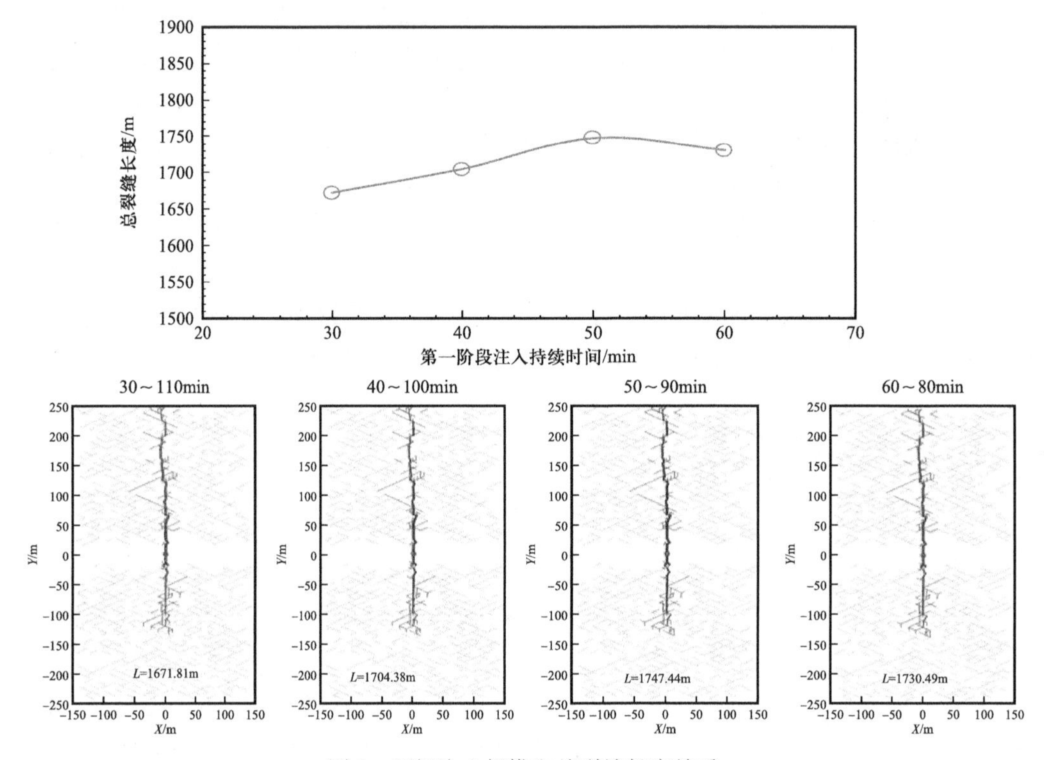

图3　两级注入规模和总裂缝长度关系

煤层顶底板富含非常规气，煤层顶底板的砂岩、泥岩中赋存天然气，是济源地区常见含气岩性组合。

4.2　支撑剂优化

结合储层地质及物性特征，采用Fracpro水力压裂设计软件产能预测模块，通过正交试验优化支撑剂体积比例[19]。选用70～140目、40～70目、30～50目支撑剂体积比例为1.25∶6.5∶1。

4.3　裂缝缝长优化

根据豫济××井测井解释成果，运用Meyer软件模拟了不同裂缝半长、不同导流能力条件下压裂后无阻流量大小[20]，对比无阻流量变化趋势，优化裂缝长度与导流能力，裂缝优化缝长210m（图4）。

4.4　施工排量优化

使用Meyer压裂软件模拟了加砂量分别为55m^3、65m^3、75m^3，施工排量分别为

11m³/min、13m³/min、15m³/min 时，对裂缝形态的影响（表 3 至表 5）。根据模拟结果，结合施工压力与施工风险，优化施工排量为 15.0m³/min，加砂 75m³。

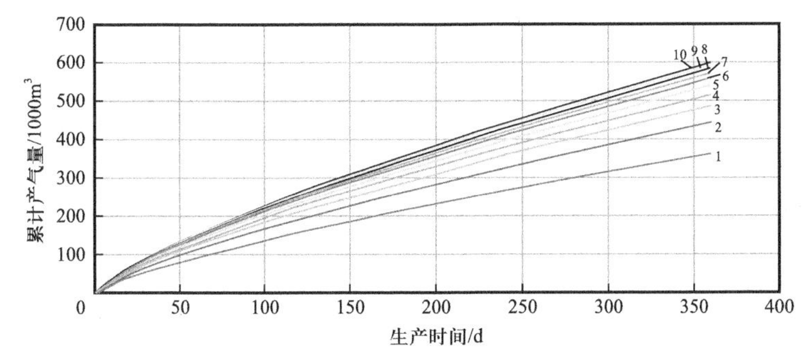

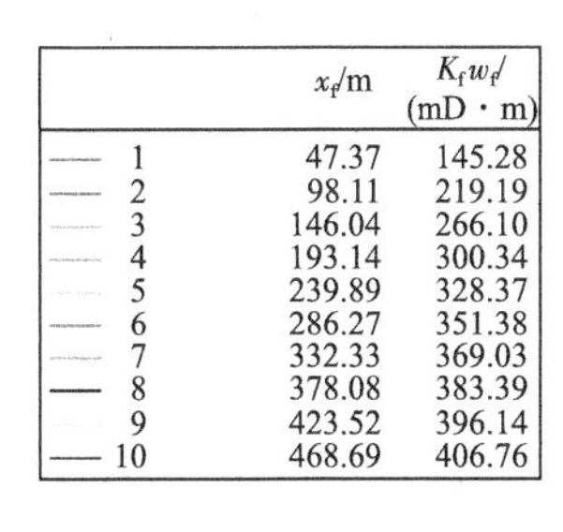

	x_f/m	$K_f w_f$/(mD · m)
1	47.37	145.28
2	98.11	219.19
3	146.04	266.10
4	193.14	300.34
5	239.89	328.37
6	286.27	351.38
7	332.33	369.03
8	378.08	383.39
9	423.52	396.14
10	468.69	406.76

图 4　山西组裂缝半长及导流能力优化结果

表 3　排量为 11m³/min 时不同加砂量下裂缝参数

砂量 /m³	支撑裂缝半长 /m	支撑缝高 /m	铺砂浓度 /（kg/m³）
55	187.15	41.72	4.10
65	183.86	41.99	4.56
75	188.33	42.17	5.01

表 4　排量 13m³/min 时不同加砂量下裂缝参数

砂量 /m³	支撑裂缝半长 /m	支撑缝高 /m	铺砂浓度 /（kg/m³）
55	193.95	43.92	4.02
65	195.55	43.20	4.47
75	197.95	44.39	4.91

表 5　排量 15m³/min 时不同加砂量下裂缝参数

砂量 /m³	支撑裂缝半长 /m	支撑缝高 /m	铺砂浓度 /（kg/m³）
55	200.55	48.37	3.94
65	201.15	49.17	4.38
75	202.32	49.37	4.82

4.5　用 Fracpro 软件模拟压裂改造参数

结合常规煤层气改造经验，借鉴新的改造理念，采用间接压裂和间歇式压裂结合新工艺，优选压裂液体系以及裂缝排量参数优化。利用 Fracpro 水力压裂设计软件模拟豫济 ×× 井压裂施工参数。射孔段 1637.0～1642.0m，山西组总加砂 75m³，总液量 1092m³，砂比 12.5%，排量 12～15.0m³/min，液氮 13.3m³。

山西组裂缝支撑缝长 202.0m，支撑缝高 51.1m，平均导流能力 125.41mD · m。

5 现场应用效果评价

5.1 施工概况

2020 年 11 月 28 日用滑溜水加石英砂压裂山西组：1629.0～1631.0m，1638.0～1641.0m（斜厚 5.0m），加 40～70 目石英砂 61.6m³、70～140 目石英砂 10.0m³，破裂压力 21.1MPa，工作压力 42.1～47.6MPa、施工排量 10.0m³/min，砂比 12.3%，入地液量 1066.3m³（前置液 476.3m³+ 携砂液 534.3m³+ 顶替液 55.7m³），停泵压力 26.6MPa、伴注氮气 15.0m³、排量 0.4m³/min，压裂后关井 1.5h 开始放喷（图 5）。

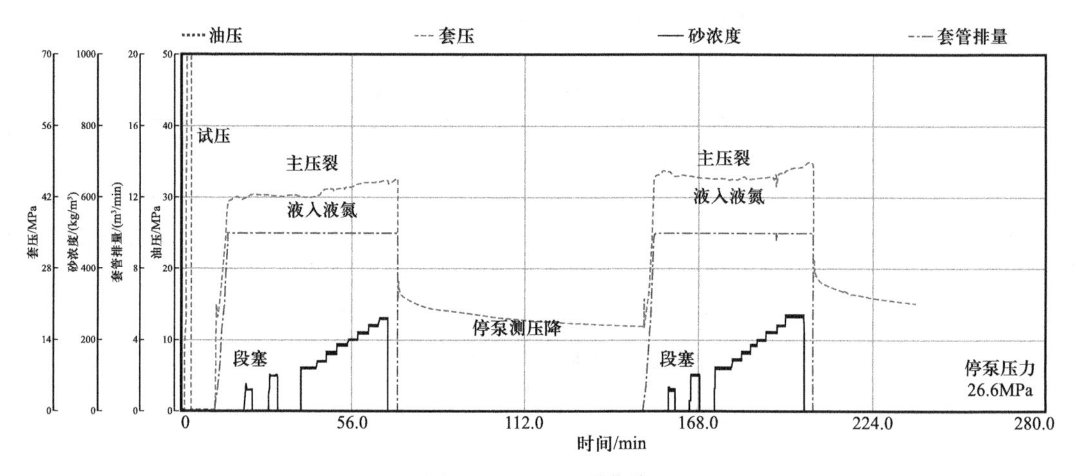

图 5　山西组压裂曲线

第一阶段测压降：时间 80min，压力由 24.3MPa 降至 16.8MPa。压裂后测压降：时间 30min，压力由 26.6MPa 降至 22.8MPa，压完关井 1.5h，16 点开始放喷。

5.2 裂缝形态拟合分析

分别采用瞬时停泵压力曲线、平方根曲线、*G* 函数曲线、双对数诊断曲线进行裂缝闭合压力、流体滤失和裂缝发育情况等分析。

平方根曲线和双对数曲线上裂缝闭合明显，*G* 函数特征并不明显，闭合压力为 34.8MPa，闭合时间 25min 左右。*G* 函数形态前期有一定变化，整体平稳，说明裂缝延伸较好，软件得到的净压力为 2.3MPa（表 6），这个净压力数值是由瞬时停泵压力减去井底闭合压力得出的。净压力高，应当能够达到形成复杂裂缝的条件。

由净压力拟合得到的裂缝剖面裂缝铺置较好，在煤层上下延伸较远，裂缝半长达到 315m，主要在砂岩延伸，裂缝高度达到 84m（图 6）。针对山西组特点（煤层弹性模量低，塑性大且易破碎），采用顶底板改造和间歇式压裂工艺。但针对煤层顶、底板砂泥岩进行间接压裂改造，探索适合于非常规天然气压裂改造方案。沟通山西组两个砂岩及煤层，使山西组储层混合层得以充分改造。

表 6　净压力数据

分析项 曲线名称	井底瞬时停泵压力 / MPa	瞬时停泵压力梯度 / (MPa/m)	井底闭合应力 / MPa	闭合应力梯度 / (MPa/m)	闭合时间 / min	隐含液体效率 / %	估算净压力 / MPa
瞬时停泵压力曲线	37.19	0.0213					
平方根曲线	37.19	0.0213	34.96	0.0213	24.47	73.724	2.23
G 函数曲线	37.19	0.0213	34.96	0.0213	25.49	73.740	2.32
双对数曲线	37.19	0.0213	34.96	0.0213	25.18	73.592	2.36
平均值	37.19	0.0213	34.96	0.0213	25.05	73.68	2.30

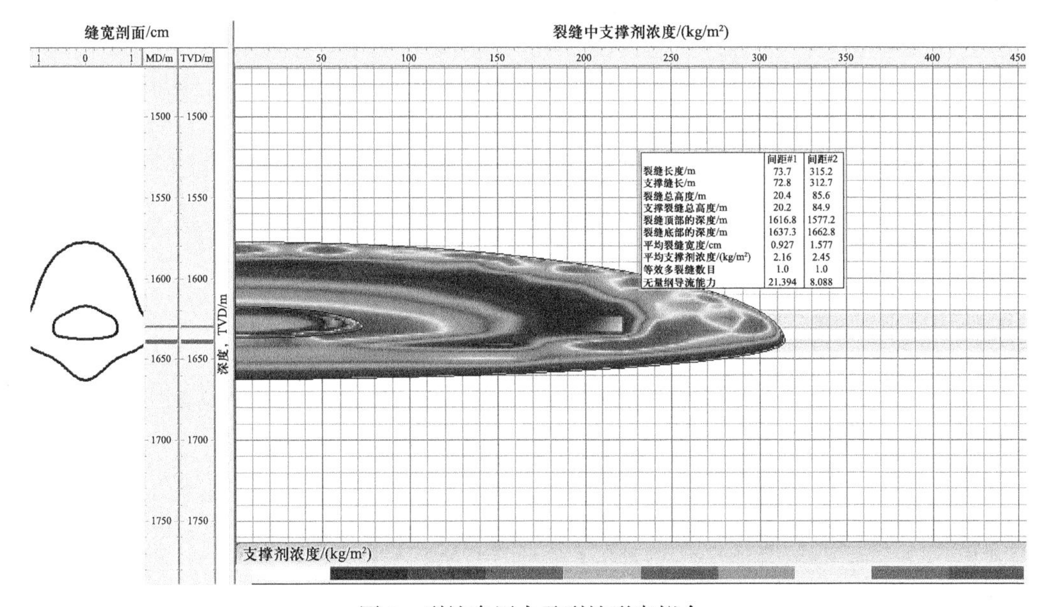

图 6　裂缝净压力及裂缝形态拟合

采用 Fracpro 软件通过施工压力和压降曲线对压裂缝网复杂度进行评价，并用软件进行压后效果分析，裂缝半长达到 315m，主要在砂岩延伸，裂缝高度达到 84m，储层改造效果超过了压裂前模拟裂缝支撑缝长 202.0m，支撑缝高 51.1m。

5.3　试气效果评价

山西组豫济 ×× 井试气排液工作共进行放喷排液 14 天，累计排出液量 521.4m^3，平均日产水 37.24m^3。求产前套压 0.15MPa，求产时间 10min，瞬时流量达 318m^3/h，瞬时压力 0.05MPa，火焰长度最大高达 2m。该井是济源坳陷第一口煤层气探井，对该区域煤层气勘探具有重要意义。

6 结论

（1）首次采用间歇式压裂与间接压裂相结合的压裂改造工艺，对山西组储层混合层进行充分改造，该工艺在济源区域具有可行性。

（2）豫济 ×× 井求产时间 10min，火焰长度 2m，对济源地区煤层气勘探具有重要意义。

参考文献

[1] 于吉．煤层气压裂工艺技术及实施要点分析［J］．化工管理，2019（13）：216-217.

[2] 孙仁远，姚世峰，梅永贵，等．煤层气压裂水平井产能影响因素［J］．新疆石油地质，2019，40（5）：575-578.

[3] 尹俊禄．煤层气井产能预测与增产技术研究［D］．荆州：长江大学，2012.

[4] 边利恒，张亮，刘清．天然裂隙对煤层气压裂效果的影响——以鄂尔多斯盆地韩城区块为例［J］．天然气工业，2018，38（S1）：129-133.

[5] 韩金轩，杨兆中，李小刚，等．我国煤层气储层压裂现状及其展望［J］．重庆科技学院学报（自然科学版），2012，14（3）：53-55.

[6] 许童玮．煤层气压裂工艺技术及实施要点分析［J］．中国石油和化工标准与质量，2018，38（19）：183-184.

[7] 周睿，江厚顺，简霖，等．煤层气压裂液伤害对比实验研究［J］．当代化工，2017，46（10）：2153-2155，2173.

[8] 管保山，刘玉婷，刘萍，等．煤层气压裂液研究现状与发展［J］．煤炭科学技术，2016，44（5）：11-17，22.

[9] 冯虎，徐志强．沁水盆地煤层气压裂典型曲线分析及应用［J］．煤炭工程，2015，47（8）：116-118.

[10] 衣丽伟，李海涛．煤层气水力压裂工艺技术探讨［J］．中国石油石化，2017（5）：44-45.

[11] 杨勇，刘红，孙瑞娜，等．煤层气压裂技术综述［J］．石化技术，2015，22（9）：122.

[12] 张军涛，郭庆，汶锋刚．深层煤层气压裂技术的研究与应用［J］．延安大学学报（自然科学版），2015，34（1）：78-80.

[13] 杜国峰．煤层气压裂技术评价方法研究［D］．成都：西南石油大学，2014.

[14] 刘智恪，谭锐，牛增前，等．山西煤层气井压裂工艺技术与研究［J］．油气井测试，2014，23（2）：45-47，77.

[15] 孙晗森．我国煤层气压裂技术发展现状与展望［J］．中国海上油气，2021，33（4）：120-128.

[16] 夏永江，管保山，梁利，等．表面活性剂对煤层气压裂伤害研究［J］．科技导报，2014，32（8）：32-38.

[17] 徐冰．煤层气压裂新技术及效果影响因素探讨［J］．中国石油和化工标准与质量，2013，33（14）：79.

[18] 李亭．煤层气压裂液研究及展望［J］．天然气勘探与开发，2013，36（1）：51-53，85.

[19] 刘光耀，赵涵，王博，等．煤层气压裂技术研究［J］．重庆科技学院学报（自然科学版），2011，13（4）：85-86，103.

[20] 戴林．煤层气井水力压裂设计研究［D］．荆州：长江大学，2012.

宁庆区块致密气藏水平井体积改造技术探索与实践

王　艳[1]　刘博峰[1]　彭　翔[1]　杨　震[1]　周子惠[1]　王　静[1]　祁玉莲[1]　王亚军[2]

（1. 中国石油玉门油田公司工程技术研究院；2. 中国石油玉门油田公司油田作业公司）

摘　要：宁庆区块致密气藏呈现非均质性强、两向应力差大、储层致密、埋深大等特点，每口井均需通过改造释放产能。该区块自矿权流转以来，一直采用直井和定向井开发，缺少致密气水平井体积改造理论及实践认识。本文以李庄XXH井太原组储层为研究对象，从储层评价、裂缝参数优化、现场试验、裂缝监测分析等方面开展致密气水平井体积改造技术探索，以实现提高裂缝导流能力、增加裂缝复杂程度为目标，优化簇间距20m，裂缝长度200～250m，裂缝导流能力5.0～7.5D·cm，加砂强度2.0t，采用"可溶桥塞分段＋高强度加砂＋动态暂堵"体积改造工艺，该井压后测试产量为$10\times10^4m^3/d$，绝对无阻流量为$53\times10^4m^3/d$，改造效果明显，为宁庆区块水平井体积改造技术进一步升级优化奠定了基础。

关键词：水平井；致密气；体积改造；暂堵；复杂裂缝

宁庆区块构造位置属于鄂尔多斯盆地天环坳陷—西缘冲断带，纵向发育多套天然气层系，天然气资源丰富。其中，上古生界底部发育太原组为层系的主力产层之自北向南形成了三角洲—障壁岛—广海陆棚沉积体系[1]，在此背景下储层平面上存在较强的非均质性，优质储层连续性差[2-3]，单井控制储量小。水平井体积压裂是致密气藏提高储量动用的有效方式[4-5]，2018年以来，鄂尔多斯盆地苏里格气田紧跟国内外非常规改造技术发展趋势，特别是与美国页岩气体积压裂改造技术接轨，开展了大量对标试验[6-10]，形成了国内领先的致密气体积改造技术，宁庆区块自矿权流转以来以直井和定向井开发为主，缺少水平井改造理论及实践认识。本文通过借鉴苏里格气田压裂模式，探索水平井压裂技术，为玉门油田油气并举目标提供重要技术力量。

1　储层特征评价

李庄XXH井完钻目的层太原组，完钻井深4875m，水平段长度665m，水平位移1065.5m，垂厚16.0m，砂体钻遇率85.1%，完井套管114.3mm，钢级P110，抗内压99.4MPa。测井解释气层310.3m/8层，差气层142.1m/8层（图1），有效储层岩性以细砂岩—中砂岩为主，1号层4560.0～4804.6m，跨度244.6m，垂厚8.8m，孔隙度5.8%～6.1%，含气饱和度65.9%～67.4%，计算储能系数0.33～0.36，划分为二类储层；2号层4389.4～4513.6m，跨度124.2m，垂厚8.8m，孔隙度4.8%～6.9%，含气饱和度65%，计算储能系数 0.27～0.39，划分为二类储层；3 号层 4220.1～4300.9m，跨度 80.8m，垂厚 5m，孔隙度 5.5%～6.1%，含气饱和度 64%，计算储能系数 0.17～0.19，划分为三类储层。最大水平主应力 82MPa，最小水平主应力 69.2MPa，两向应力差 12.8MPa；静态杨氏模量 38.1～51.6GPa，平均 45.7GPa，平均泊松比 0.21，平均脆性指数 34.9%；地层压力系数 0.8～0.86，属低压气藏，地层温度在 130℃左右。

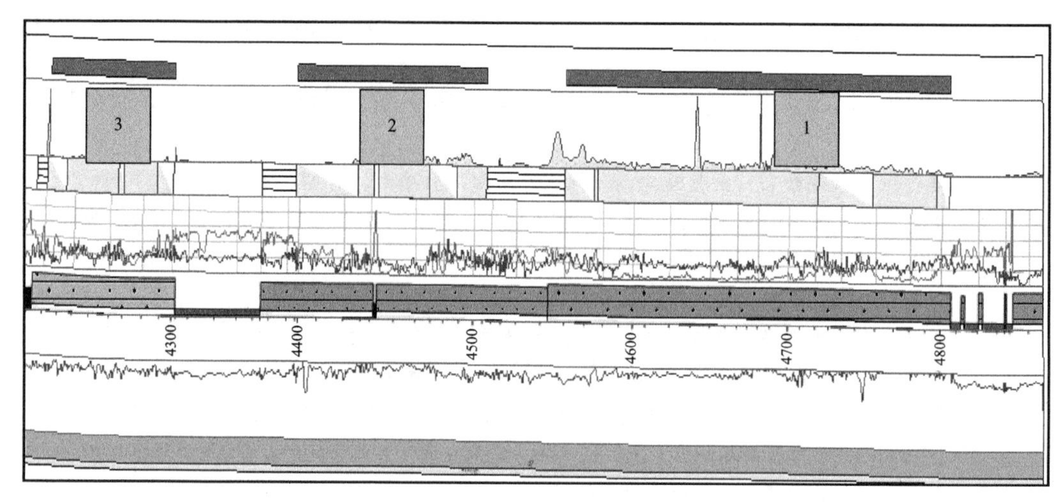

图 1　李庄 XXH 井太原组测井解释图

2　水平井裂缝参数优化设计

2.1　水平段分段及射孔优化

结合测井解释有效储层（1 号、2 号、3 号）、地质力学参数结果、声波时差、自然伽马、电阻率等因素，同时考虑 3 号层接近水平段 A 点的实际情况，为了实现水平井充分改造和井筒完整性，舍弃 3 号层。将 1～2 号层分 4 段进行改造，第 1 段以建立通道为主，单簇射孔，第 2～4 段储层品质均为二类，多簇射孔充分改造。射孔参数为 0.5m/ 簇，孔密 16 孔 /m，相位 60°。

2.2　簇间距优化

参考平台探井作为导眼井，根据测井解释结果建立纵向非均质性地质模型，采用正交网格进行产能模拟，优化确定水力裂缝参数。模型参数表见表 1，正交网格孔渗模型如图 2 所示。

利用气藏产能模拟对簇间距进行优化（图 3），对比簇间距 6m、8m、10m、15m、20m、30m、40m 时 3 年累计产气量，簇间距小于 20m 后产量增幅明显减小，20m 簇间距可以有效控制水力裂缝之间的储量。另外，考虑到施工规模一定条件下，单段簇数越多，裂缝平均长度越小，不利于控制远井区储量，因此推荐簇间距 20m。

表 1　纵向非均质性正交网格产能模拟优化模型主要参数

模型特征		储层物性（气层，加权平均）	
流体模型	气水模型	渗透率 /mD	0.56
网格类型	正交网格	孔隙度 /%	7.12
网格数（长 × 宽 × 高）	100 × 82 × 6	含水饱和度 /%	44.3
有效网格数	49200	网格尺寸（长 × 宽 × 高）/（m×m×m）	5×5×（3.2～15）

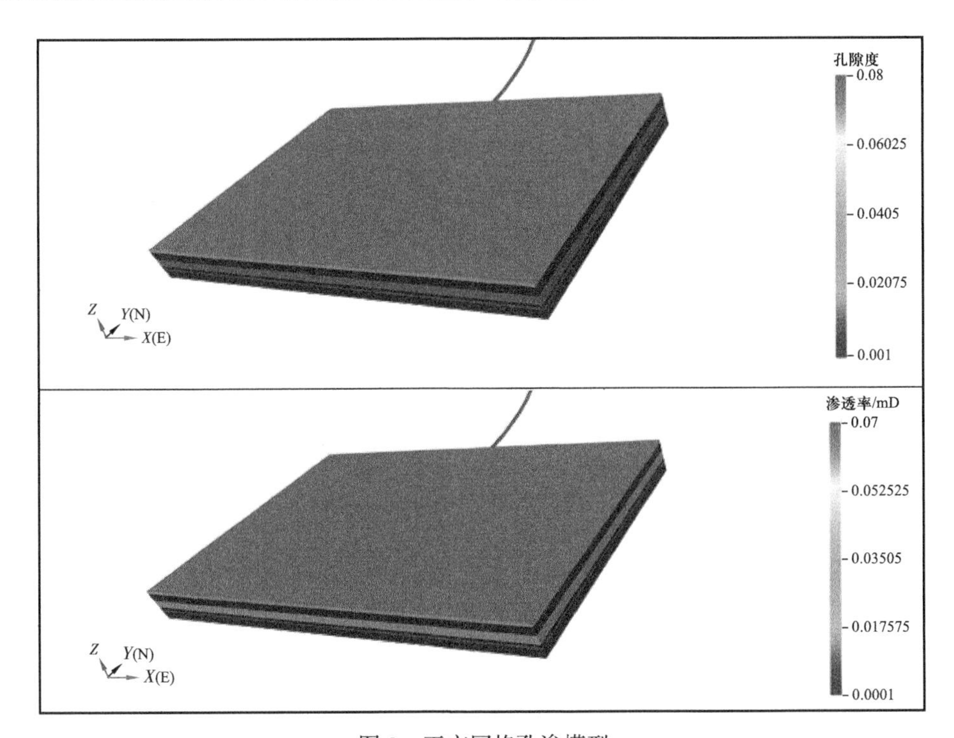

图 2　正交网格孔渗模型

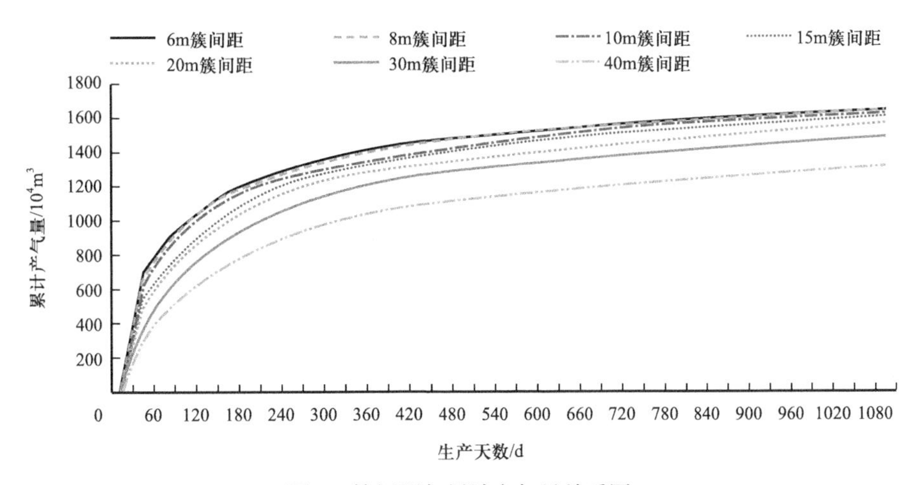

图 3　簇间距与累计产气量关系图

以本井第 2 段为例（4780～4680m，100m）进行数值模拟优化簇间距：从裂缝面积和裂缝总长度两个参数评价改造效果，由于单簇排量较低 + 应力干扰，6～8 簇均出现无法均匀扩展现象，因而优化每段 5 簇（表 2）。

表 2　不同射孔簇数条件下形成的裂缝面积与裂缝长度

簇数	簇间距/m	液量/m^3	裂缝面积/m^2	裂缝长度 1/m	裂缝长度 2/m	裂缝长度 3/m	裂缝长度 4/m	裂缝长度 5/m	裂缝长度 6/m	裂缝长度 7/m	裂缝长度 8/m	平均长度/m	平均高度/m	裂缝总长度/m
5	20	1000	26322	250	240	210	220	220				228	24	1140
6	16.7	1000	26081	200	210	160	150	180	210			185	24	1110
7	14.3	1000	25353	210	170	80	50	150	190	200		150	24	1050
8	12.5	1000	25161	200	180	70	60	50	80	180	210	129	24	1030

2.3　裂缝长度优化

通过对比水力裂缝长度 100～350m 的 3 年累计产量，缝长大于 200m 后累计产量增幅明显减小（图 4）。200～250m 的水力裂缝长度能够有效控制单个砂体宽度（取井距 500m）范围内的储量，因此设计裂缝长度为 200～250m。

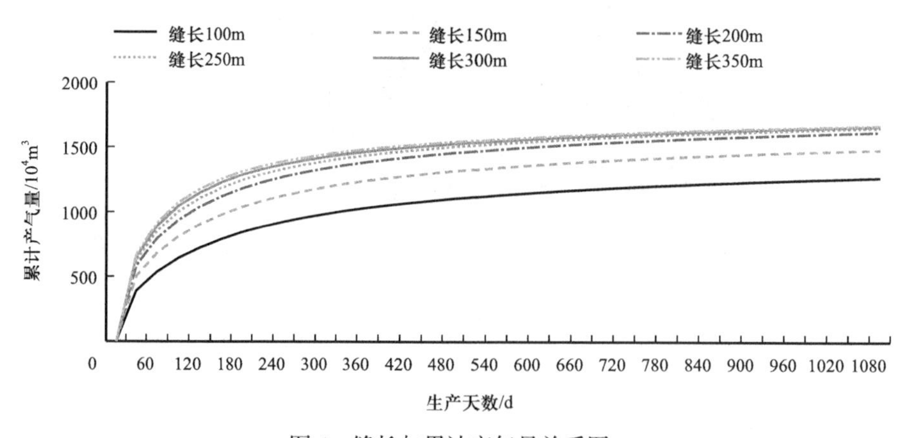

图 4　缝长与累计产气量关系图

2.4　裂缝导流能力优化

对比水力裂缝 1.0～15D·cm 导流能力的 3 年累计产量，导流高于 5D·cm 后累计产量增幅明显减小（图 5）。簇间距 20m 密切割条件下，5.0～7.5D·cm 的裂缝导流能力能够满足气井的长期生产需求，因此设计裂缝导流为 5.0～7.5D·cm。

2.5　压裂排量优选

依据地应力解释结果，太原组破裂压力梯度为 0.021MPa/m、裂缝延伸压力梯度为

0.018～0.019MPa/m，预计井底破裂压力在78MPa左右。按套管注入方式，在套管抗内压99.4MPa、限压80MPa条件下，为保证裂缝均匀扩展，需保证每簇排量在$2m^3/min$左右，优化本井施工排量为$10～12m^3/min$（表3）。

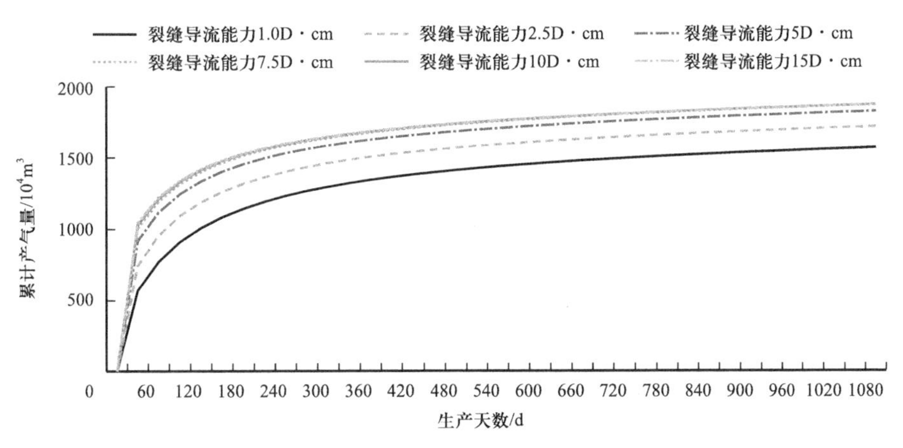

图5　裂缝导流能力与累计产气量关系图

表3　井口施工压力预测数据

地应力梯度/（MPa/m）	地层破裂压力/MPa	施工压力/MPa					
		$8m^3/min$	$9m^3/min$	$10m^3/min$	$11m^3/min$	$12m^3/min$	$13m^3/min$
0.018	66.4	49.4	54.5	60.2	66.4	73.0	80.1
0.019	70.4	53.3	58.5	64.1	70.3	76.9	84.0
0.02	74.3	57.2	62.4	68.0	74.2	80.8	87.9
0.021	78.2	61.1	66.3	72.0	78.1	84.7	91.8
0.022	82.1	65.0	70.2	75.9	82.0	88.6	95.7
0.023	86	68.9	74.1	79.8	85.9	92.5	99.6
沿程摩阻/MPa		22.0	27.2	32.9	39.0	45.6	52.7
油气层垂深/测深/m		4042/4800（B点）					

2.6　改造规模优化

2.6.1　加砂规模

根据设计裂缝导流能力5.0～7.5D·cm，结合陶粒导流能力实验结果和裂缝面积模拟结果，可以得到该井单段优化的40～70目陶粒加量为90～135t（$56～84m^3$）（图6），折合100目石英砂40%+40～70目陶粒的加量为165～216t（$103～135m^3$）。

2、3段储层物性较好，选择充分改造，单段加砂$120m^3$；第1段趾端滑套加砂$35m^3$，第4段适度规模改造加砂$90m^3$。

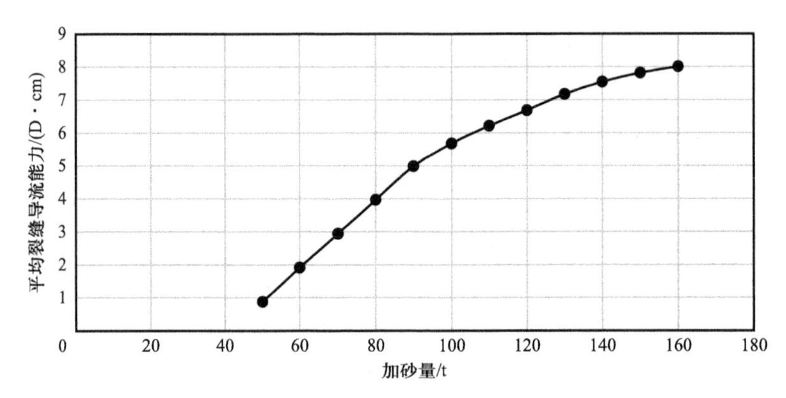

图 6　不同加砂规模下的裂缝导流能力图

2.6.2　液体规模

在优化结果每段 5 簇（簇间距 20m）基础上进行数值模拟优化液量，结果显示 1400m^3 液体虽然裂缝面积最大，但裂缝高度上穿层延伸，故裂缝总长度扩展受限，同时考虑地层压力系数低返排困难，强化少液多砂理念，故推荐液体规模 1000m^3，即用液强度 10m^3/m（表 4）。各段液量根据段长优化，第 1 段降低液量，适度改造。

表 4　射孔 5 簇时不同液量形成的裂缝面积与裂缝长度

簇数	液量 / m^3	裂缝面积 / m^2	裂缝长度 1/ m	裂缝长度 2/ m	裂缝长度 3/ m	裂缝长度 4/ m	裂缝长度 5/ m	裂缝总长度 / m	裂缝平均长度 / m	裂缝平均高度 / m
5	1000	26322	250	240	210	220	220	1140	228	24
5	1200	28711	250	240	210	230	250	1180	236	24
5	1400	32012	250	240	230	230	250	1200	240	29.3

3　水平井压裂工艺优选

3.1　压裂方式

为了实现渗流面积最大化，提高储层整体渗流能力，从而实现单井开采能力提升，采用国内成熟的电缆泵送 + 可溶桥塞分段 + 多簇射孔作为主体分段工艺，满足大排量、大液量、分簇射孔等体积改造需要，首段采用连续油管射孔，后续采用桥射联作方式，同时针对段内多簇采用动态暂堵方式实现每段充分改造。

3.2　动态暂堵方式

为了提高段内多簇启裂效率，实现水平段充分改造，本次改造暂堵方式采用绳结 + 颗粒动态暂堵。首先利用绳结对裂缝弱面形成的高渗流通道暂堵架桥，再利用颗粒暂堵剂进行封堵，大幅降低高渗透段渗流能力，提高缝内及缝口的新缝开启概率。

软件模拟对比不同暂堵时机下裂缝平均长度与极差，表明早期暂堵比中后期暂堵更有利于劣势缝有效开启及延伸，优选入井液量 400～500m^3 时进行暂堵。单段 5 簇共 40 孔，优化投球数量为 2 簇 ×8 孔 ×1.25（投球系数）=20 个，投球数量根据施工压力现场响应及时调整，优化暂堵颗粒 50kg/ 段。

4 现场试验情况

李庄 XXH 井采用“可溶桥塞分段 + 高强度加砂 + 动态暂堵”体积改造工艺，按设计 4 段 16 簇完成现场压裂施工，入井液量 3857m^3，加砂量 383.4m^3，伴注液氮 92m^3，其中 3 段共加绳结暂堵剂 65 颗，颗粒暂堵剂 150kg，暂堵响应压力 3.2～10MPa，暂堵效果明显。压裂施工曲线如图 7 所示，该井测试井口产气量为 10×10^4m^3/d，绝对无阻流量为 53×10^4m^3/d，达到了改造需求。

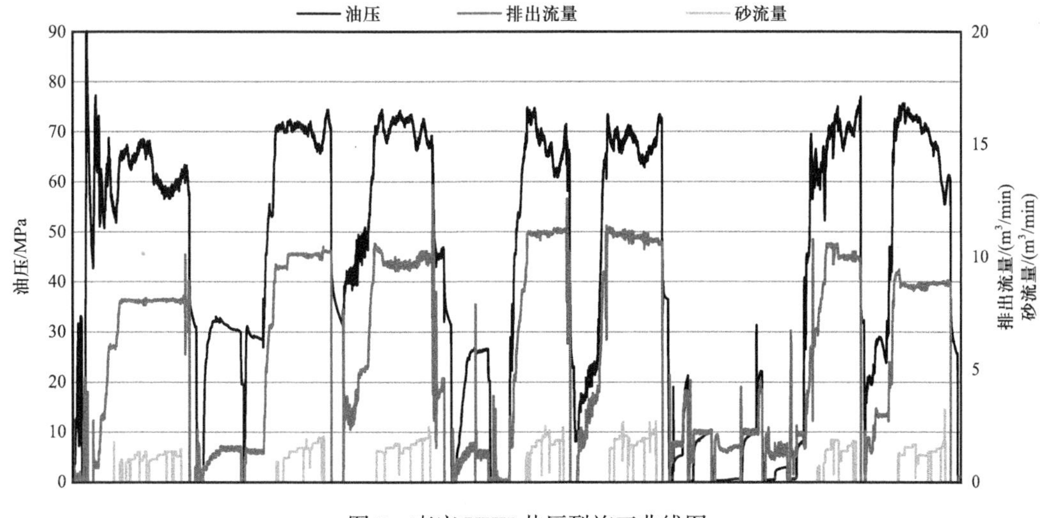

图 7 李庄 XXH 井压裂施工曲线图

5 裂缝监测分析

5.1 裂缝监测总体情况

裂缝延伸状态及缝长总体达到设计预期，呈两翼对称形态延伸，缝长 184～321m，确定了最大主应力方位北东 69°～77°（表 5）。第 1～3 段裂缝沿射孔段两翼呈对称形态延伸，第 4 段裂缝东翼延伸较长（图 8）。除去第 1 段 1 簇射孔外，各段平均缝宽 88m，与设计段长相比，缝宽略大，压裂段与相邻段之间缝网存在少量重叠，相邻段缝网之间可能沟通。

表 5　裂缝监测参数统计

压裂段号	西翼长 / m	东翼长 / m	缝长 / m	缝宽 / m	缝高 / m	裂缝网络走向（北东）/（°）	微地震事件数目 / 个	震级	SRV/ 10^4m^3	液量 / m^3	排量 /（m^3/min）	监测距离 / m
1	86	98	184	38	35	69	33	−3.29～−2.72	43.2	547	8.06	621
2	104	128	232	92	37	71	81	−3.62～−2.67	84.6	1193	10.5	568
3	114	172	286	92	43	77	51	−3.86～−3.1	68.4	1089	11.2	495
4	101	220	321	82	43	75	78	−3.9～−2.9	95.4	1118	10.5	397

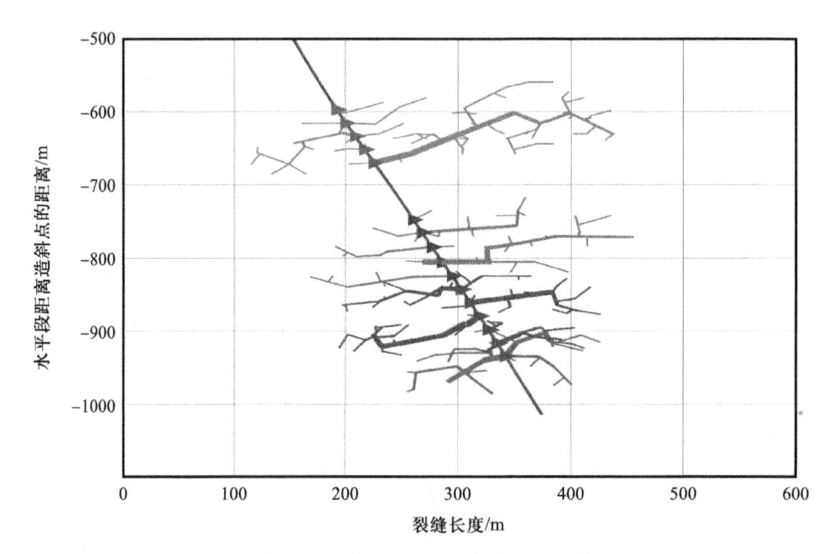

图 8　李庄 XXH 井 4 段压裂裂缝扩展模拟图

5.2　裂缝监测对暂堵效果评价

微地震事件显示，暂堵后裂缝均出现了新的延伸与扩展，分支缝网更加发育，增大了裂缝复杂指数（图 9）。

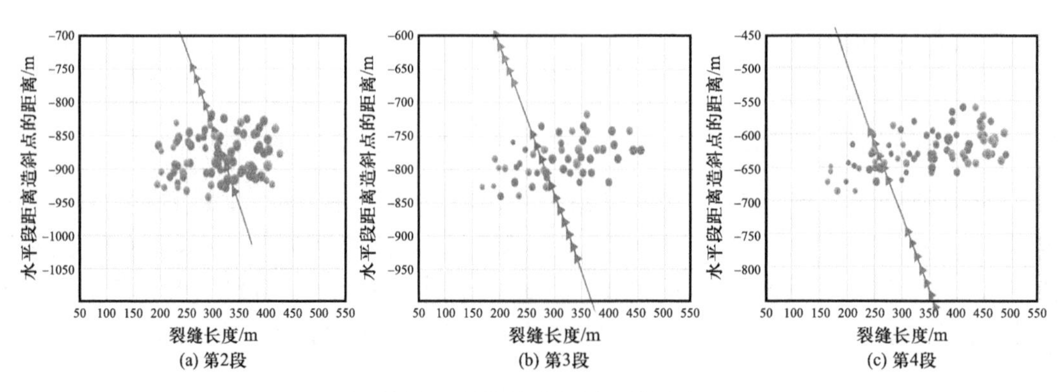

图 9　第 2～4 段暂堵前后裂缝扩展对比图

6 结论与认识

（1）致密气水平井改造技术探索试验取得初步成功，为宁庆区块高效开发奠定了技术基础。

（2）李庄 XXH 井水平段长 665m，储层整体表现为非均质性强、两向应力差大、低压低渗透、薄层特点，采用分段压裂 + 动态暂堵压裂工艺可以实现裂缝复杂化，有效提高储层动用率。

（3）XXH 井采用绳结 + 颗粒暂堵方式实现了段内充分改造的目的，暂堵剂用量与暂堵时机满足水平井每段 5 簇充分改造需求。

（4）裂缝监测显示，暂堵后裂缝出现了新的延伸，分支缝更加发育，增加了裂缝复杂指数。

参 考 文 献

[1]雷富平，刘峰，张博．宁庆区块太原组天然气成藏条件剂富集主控因素［J］．玉门石油科技动态，2023，84（2）：15-19.

[2]曾凌翔，李彬，杨南鹏，等．苏里格致密气藏水平井高效压裂主控因素［J］．天然气勘探与开发，2023，46（1）：127-131.

[3]贾爱林，位云生，郭智，等．中国致密砂岩气开发现状与前景展望［J］．天然气工业，2022，42（1）：83-92.

[4]吴奇，胥云，张守良，等．非常规油气藏体积改造技术核心理论与优化设计关键［J］．石油学报，2014，35（4）：706-714.

[5]樊建名，杨子清，里卫兵，等．鄂尔多斯盆地长 7 致密油水平井体积压裂开发效果评价及认识［J］．中国石油大学学报（自然科学版），2015，39（4）：103-110.

[6]王艳玲，郝春成，邵光超．致密气水平井提高缝控体积压裂技术［J］．油气井测试，2022，31（6）：40-44.

[7]慕立俊，马旭，张燕明，等．苏里格气田致密砂岩气藏储层体积改造关键问题及展望［J］．天然气工业，2018，38（4）：161-168.

[8]李宪文，肖元相，陈宝春，等．苏里格气田致密砂岩气藏多层分压开采面临的难题及对策［J］．天然气工业，2019，39（8）：66-73.

[9]李宪文，王历历，王文雄，等．基于小井眼完井的压裂关键技术创新与高效开发实践——以苏里格气田致密气藏为例［J］．天然气工业，2022，42（9）：76-83.

[10]贾爱林，位云生，郭智，等．苏里格致密气水平井压裂工程参数经济性研究［J］．钻采工艺，2022，45（4）：50-55.

复杂低渗透压裂技术

长庆油田水平井小套固井井筒再造体积重复压裂技术研究与试验

王 飞[1,2] 张矿生[3] 陆红军[1,2] 白晓虎[1,2] 卜 军[1,2] 何 衡[1,2]

（1. 中国石油长庆油田公司油气工艺研究院；2. 低渗透油气田勘探开发国家工程实验室；3. 中国石油长庆油田公司）

摘 要：长庆油田超低渗透油藏部分水平井初次改造程度低，前期先导试验攻关形成了水平井双封单卡体积压裂技术，然而双封单卡工艺存在起下钻次数多、放喷时间长、管外窜等问题，严重制约现场施工效率。通过压前补能、凝胶降漏、下入ϕ114.3mm 套管、热固树脂环空封固等技术重造新井筒，评价储层增产潜力，优化新老裂缝布缝与裂缝参数，配套研发小直径可溶桥塞，形成水平井套中套井筒再造体积压裂技术。在 CP50-15 井进行了现场试验，成功下入 1500mϕ114.3mm 套管并进行了环空封固，固井质量良好，采用桥射联作压裂工艺完成了 26 段压裂，施工效率达到了 3 段 /d，投产后控制放喷生产，日产油量由 1.9t 升至 15.4t。该技术对提高超低渗透油藏采收率提供了新思路。

关键词：水平井井筒再造；体积重复压裂；补能；降漏；环空封固；水平井；超低渗透油藏

长庆油田超低渗透油藏基质气测渗透率低于 1.0mD，孔隙度为 8%～12%，地层压力系数为 0.7～0.8，属于典型的低压致密非常规储层[1]。受储层物性致密和天然裂缝影响，难以建立有效驱替系统，平均单井产量为 2t，平均单井累计产油量为 4200t，地质储量采出程度仅为 2%。近年来，针对低产水平井，以恢复裂缝导流能力和动用段间剩余油为目标，开展了水平井低排量小规模常规分段重复压裂试验[2-3]，措施后日增油 5t，递减较快，平均单井累计增油 1476t。分析其原因在于常规重复压裂改造体积小，补充地层能量效率低，导致措施后递减快，稳产期短。针对上述问题，进行了重复压裂优化设计，研发了体积重复压裂管柱和工具，攻关形成了“综合补能、体积改造、渗吸驱油”水平井双封单卡体积重复压裂技术[4]。2018 年在 3 口先导试验井进行了重复压裂，单井平均改造 22 段，施工排量为 8m^3/min，加砂量为 2845m^3，入地液量为 38206m^3，重复压裂后日产油量由 2t 升至 15t，已稳产 1000 余天，重复压裂后累计产油 14000t 以上，取得了显著的增产效果。

然而，采用双封单卡压裂工艺压裂完每段后需要放喷泄压、起钻调整钻具或更换钻具，起下钻次数多，单段放喷时间达 24h 以上，正常施工情况下平均 2 天压裂 1 段。受固井质量和加密布缝射孔影响，管外窜通较多，占比 29%，对于管外窜通段，采用大卡

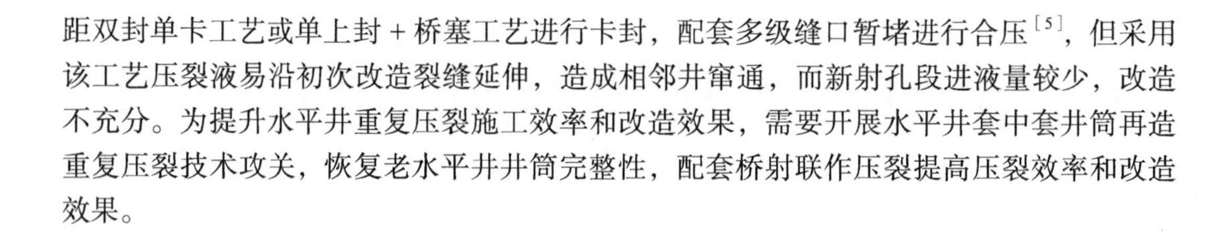
距双封单卡工艺或单上封 + 桥塞工艺进行卡封，配套多级缝口暂堵进行合压[5]，但采用该工艺压裂液易沿初次改造裂缝延伸，造成相邻井窜通，而新射孔段进液量较少，改造不充分。为提升水平井重复压裂施工效率和改造效果，需要开展水平井套中套井筒再造重复压裂技术攻关，恢复老水平井井筒完整性，配套桥射联作压裂提高压裂效率和改造效果。

1　技术难点

近年来，水平井套中套井筒再造重复压裂已成为北美主流重复压裂工艺，Haynesville、EagleFord 气田累计实施 190 井次，以 ϕ88.9mm 套管固井为主，改造水平段长 760～2591m，重复压裂后产量超过初次压裂产量，高产量稳产 3 个月以上。国内在江汉油田涪陵页岩气开展了 ϕ88.9mm 套管水平井固井，排量达到 10m^3/min 以上。受套管下入难度大、窄间隙固井质量差等因素影响，国内外尚未在 ϕ139.7mm 水平井开展 ϕ114.3mm 套中套井筒再造，为进一步提升体积重复压裂改造效果，提出了 ϕ114.3mm 套中套井筒再造重复压裂技术。该技术面临以下难题：

（1）地层漏失严重，影响固井水泥返高。超低渗透油藏属于典型的低压低渗透油藏，长期注采开发不见效[6]，水平井地层压力保持水平 60%～85%，若直接下套管和固井，固井水泥大部分会通过初次压裂裂缝漏失进入地层，影响固井水泥正常返高。另外，由于气油比达到 115.7m^3/t，在起下钻和固井过程中经常伴有气体返出，影响固井质量。

（2）老水平井井筒条件复杂，大尺寸套管下入难度大。水平井初次压裂采用水力喷砂射孔分段压裂，经过压裂改造和长期生产，套管易出现变形、腐蚀穿孔及结垢等问题，在这种井况的 ϕ139.7mm 套管内下入 ϕ114.3mm 套管，存在下入遇阻、遇卡等风险。另外，ϕ114.3mm 套管悬挂器仍然需要攻关。

（3）新下入套管与原套管间隙较窄，采用水泥类固井材料返高难保障[7]。新下入的 ϕ114.3mm 套管与原 ϕ139.7mm 套管之间单边间隙仅为 4.98mm，水泥固井材料流动性差，在窄间隙上返过程阻力大，影响固井质量。

（4）固井后形成的双层套管射孔穿透难度大，新井筒桥射联作压裂需要配套可溶桥塞。套中套固井后形成双层 P110 级套管、双层固井水泥环，射孔枪穿透深度难以保障，孔眼摩阻高[8]。

2　关键技术

2.1　地层补能、降漏技术

在超低渗透油藏注水难以建立有效的水驱驱替系统，重复压裂前地层压力保持水平较低，应用驱油压裂液，通过压前补能提升局部地层压力，根据地层压缩系数的定义，得到累计注水量与压力的关系式（1），通过式（1）计算出地层压力保持水平恢复至95%～110%所需液量。

$$Q_{注}=C_t V \Delta p \tag{1}$$

其中：

$$C_t = C_o + \frac{C_w S_{wi} + C_f}{1 - S_{wi}}$$

$$C_w = 1.4504 \times 10^{-4}\left[A + B(1.8T+32) + C(1.8T+32)^2\right](1.0 + 4.9974\times10^{-2} R_{sw})$$

$$A = 3.8546 - 1.9435\times10^{-2} p$$

$$B = -1.052\times10^{-2} + 6.9183\times10^{-5} p$$

$$C = 3.9267\times10^{-5} - 1.2763\times10^{-7} p$$

$$V = Lmh\phi$$

$$C_f = \frac{2.587\times10^{-4}}{\phi^{0.4358}}$$

式中，$Q_{注}$为累计注水量，m^3；C_t为地层压缩系数，MPa^{-1}；V为注入孔隙体积，m^3；Δp为压力差，MPa；C_o为地层原油压缩系数，MPa^{-1}；C_w为地层水压缩系数，MPa^{-1}；C_f为岩石压缩系数，MPa^{-1}；T为地层温度，℃；S_{wi}为束缚水饱和度；L为水平段长度，m；m为水平井井距，m；h为油层厚度，m；ϕ为孔隙度；R_{sw}为地层水中天然气溶解度，m^3/m^3；p为地层压力，MPa。

为提高油水渗吸置换效率，在补能液中加入石油磺酸盐类驱油剂，优化质量浓度为3.0kg/m^3。采用多级滑套不动管柱分段补能，每段内包含2～3个初次压裂改造段，为促使各段均匀进液，每段补能过程中加入2～3级组合颗粒暂堵剂进行缝口暂堵，完成补能后焖井14天，促进地层能量进一步扩散和油水渗吸置换。在压前补能的基础上，下入补能钻具至跟部射孔段上部，注入弱凝胶降低储层孔隙漏失，注入强凝胶封堵填充初次压裂人工裂缝，过顶替井筒不留塞，关井候凝72h，弱凝胶和强凝胶成胶可对储层孔隙及裂缝形成良好封堵屏障。

2.2 大尺寸套管下入技术

基于目标井井身结构和井眼轨迹，采用Landmark钻井工程软件，建立井筒分析模型，通过钩载、有效应力、摩阻3个力学指标综合研判其井筒条件是否满足ϕ114.3mm无接箍套管的下入条件（图1、图2）。采用ϕ73mm钻杆+ϕ114.3mm无接箍套管钻具组合模拟下入，上提下放摩阻和起下钻钩载在安全范围内，起下钻过程不存在螺旋屈曲，管柱可以顺利下入人工井底。为降低沿程摩阻，将金属减阻剂循环至井筒内增加原套管润滑性能，上端ϕ73mm钻杆推动ϕ114.3mm无接箍套管在水平段向前移动，管柱下端拖动装置可保障管柱在水平段顺利下入，ϕ114.3mm套管上端连接膨胀式悬挂器悬挂于造斜点位置以上20m。

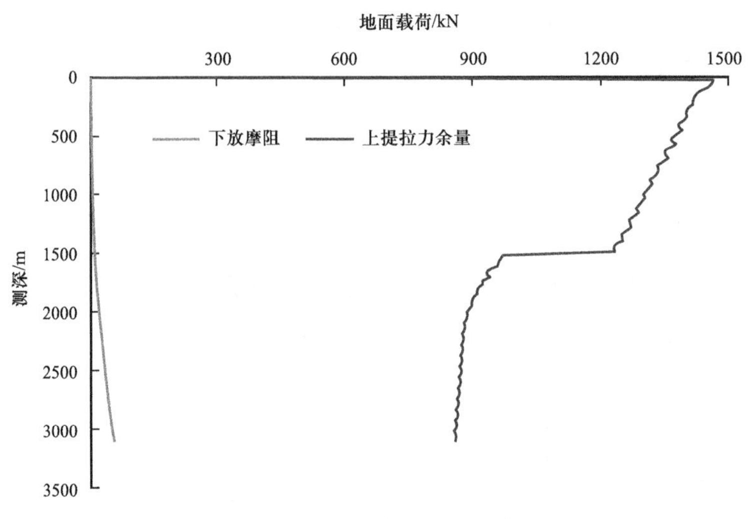

图 1 ϕ114.3mm 套管起下钻摩阻

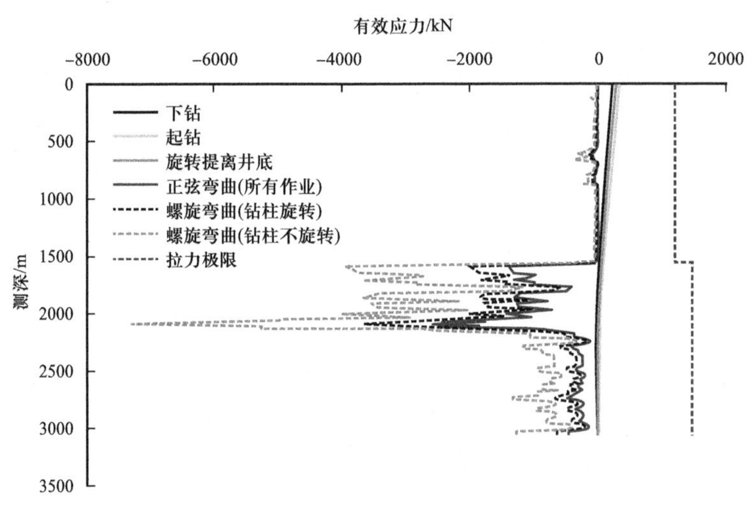

图 2 ϕ114.3mm 套管起下钻有效应力

2.3 窄间隙环空封固技术

ϕ114.3mm 无接箍套管下入人工井底后，与原 ϕ139.7mm 套管之间的间隙单边仅为 4.98mm，给固井带来了困难。水泥类固井材料流动性能差，窄间隙条件下水泥固井材料上返阻力大，挤注压力高，固井液易滤失进入水平段初次压裂裂缝。为此，根据窄间隙固井技术需求，综合考虑黏度、密度、固化时间、抗压强度等因素，研发了低黏高强度树脂固化剂。该树脂材料初始黏度为 70mPa·s，密度为 1.05～1.20g/cm^3，固化 2～10h，抗压强度达到了 100MPa（图 3、图 4）。

当固井管柱下至设计位置循环正常后，按设计量注入树脂进行固井作业，投入钻杆胶塞，小排量泵送钻杆胶塞至复合胶塞耦合并碰压。碰压后继续提高施工压力促使膨胀悬挂器膨胀坐挂，上提管柱循环洗出悬挂器喇叭口上部多余树脂，再起出井内管柱，关井候凝。膨胀悬挂器[9]通过液压或机械驱动力迫使膨胀锥运动，将膨胀管胀大并紧密贴合在上层套管内壁上承受尾管悬重，通过橡胶＋金属复合密封，密封压差不小于 60MPa，可有效防止固井树脂下沉，提升固井质量。

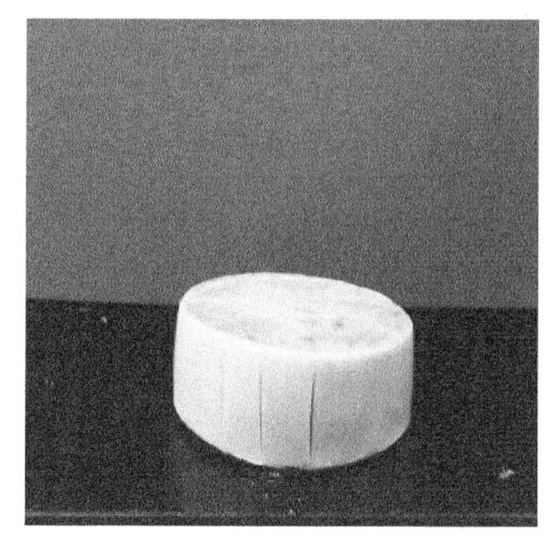

图 3　固化后的树脂样品

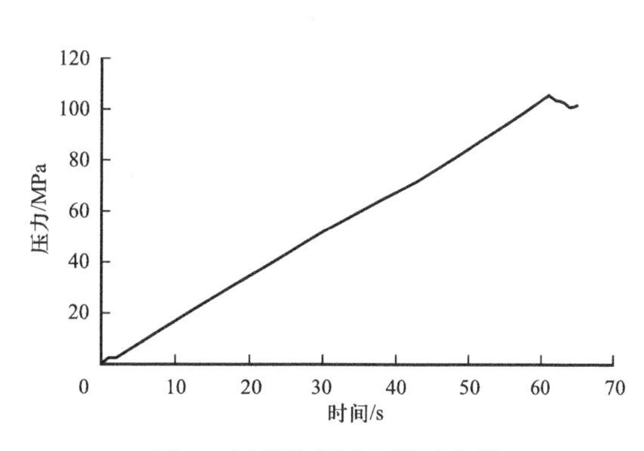

图 4　树脂抗压试验测试曲线

2.4　新井筒重复压裂改造方式

井筒再造恢复了井筒完整性，第 1 段压裂采用火力射孔、光套管压裂改造，其他段采用可溶桥塞与多簇射孔联作、光套管压裂工艺。由于初次压裂改造裂缝被封堵，在重复压裂选段过程中，在水平段选取改造不充分的老段以及物性好和剩余油富集的“甜点”位置重新布缝[10]，以少簇多段精细压裂为原则，段长 20～30m，每段 2～3 簇，设计裂缝半长为井间距离的 1/5～2/5 倍。新井筒条件下，射孔要穿过 P110 钢级的双层套管、固井用树脂和水泥环到达地层，对射孔穿深要求较高。本次研究选取了 73 型等孔径射孔弹和同轴随进式增效射孔弹两种类型射孔弹开展双层套管打靶试验，模拟枪靶片壁厚 3.5mm，枪内炸高为 13mm，枪与 ϕ114.3mm 套管的距离为 17mm，模拟 ϕ114.3mm 套管厚度为 6.35mm，ϕ114.3mm 套管与 ϕ139.7mm 套管距离为 5mm，两者之间夹环氧树脂，模拟 ϕ139.7mm 套管厚度为 7.72mm（图 5）。试验结果表明，73 型等孔径射孔弹穿过

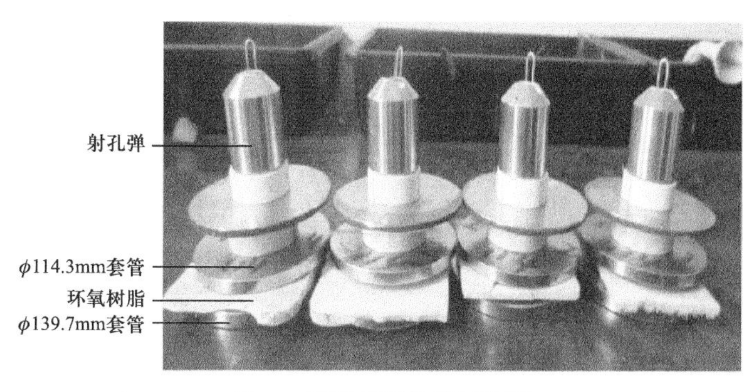

图 5　模拟双层套管射孔器

ϕ114.3mm 套管和 ϕ139.7mm 套管的平均孔径分别为 8.4mm 和 6.4mm，同轴随进式增效射孔弹穿过 ϕ114.3mm 套管和 ϕ139.7mm 套管的平均孔径分别为 8.5mm 和 5.6mm，两种射孔弹穿过 ϕ114.3mm 套管的孔径大小基本相当，73 型等孔径射孔弹穿过 ϕ139.7mm 套管的孔径比同轴随进式增效射孔弹大 0.8mm。73 型等孔径射孔弹穿深平均为 447mm，而同轴随进式增效射孔弹穿深平均为 755mm，综合考虑地层破裂压力，优选同轴随进式增效射孔弹（表 1）。

表 1　73 型等孔径射孔弹与同轴随进式增效射孔弹打靶试验结果

序号	射孔弹型	ϕ114.3mm 套管孔径 /mm	ϕ139.7mm 套管孔径 /mm	穿深 /mm
1	73 型等孔径射孔弹	7.9	6.2	370
2		8.2	7.0	470
3		9.0	6.1	500
4	同轴随进式增效射孔弹	8.3	5.6	745
5		8.8	6.0	780
6		8.5	5.4	740

2.5　重复压裂参数优化

为充分动用井间储量，设计裂缝半长为 240～280m，与井距之比为 0.4，同时为动用缝间储量，段间距由初次改造时的 60～80m 优化为 20～30m，每段设计 2～3 簇，簇间距为 5～10m。根据新井筒内径、压裂液性能和沿程摩阻，施工排量优化为 10m^3/min。模拟了不同单段入地液量条件下的改造体积，随着单段入地液量增大，改造体积呈增大趋势，当单段入地液量大于 1400m^3 时，改造体积增幅降低，因此单段入地液量优化为 1400～1600m^3（图 6）。考虑到体积重复压裂裂缝的支撑缝长和裂缝导流能力，优化加砂量为 40～50m^3/ 簇，砂比为 10%～12%（图 7）。

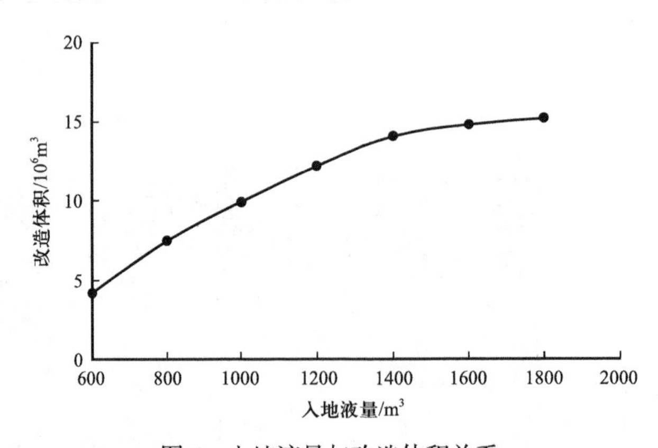

图 6　入地液量与改造体积关系

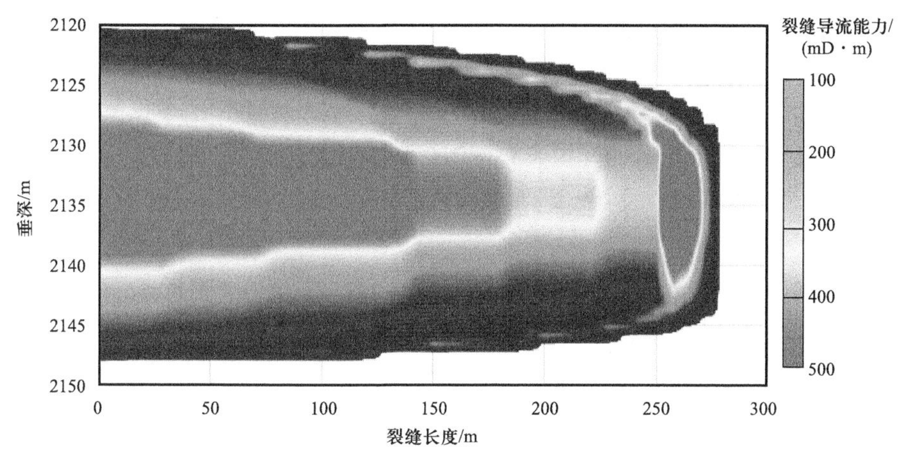

图 7　体积压裂裂缝参数模拟结果

3　应用实例

3.1　套中套井筒再造

CP50−15 井位于长庆油田，开采层位为三叠系延长组长 6_3 油藏，五点井网，水平段长 914m，2012 年 6 月初次改造采用水力喷砂射流压裂工艺，共改造 12 段，段间距为 64～94m，平均段间距为 79.5m，加砂量为 440m^3，施工排量为 6.0m^3/min，入地总液量为 4408.1m^3。2012 年 8 月 18 日投产，初期日产液 20.3m^3，日产油 11.2t，含水率为 13.8%。2020 年 5 月，重复压裂前日产液 9.0m^3，日产油 3.2t，含水率为 58.2%，累计产油 13243t，累计产水 18400m^3，该油藏原始地层压力为 15.8MPa，2020 年测得该井地层压力为 13.7MPa，地层压力保持水平 86.7%。初次改造程度低、注水开发难以建立有效驱替是低产的主要原因，为提高单井产量和储量动用程度，对该井实施 ϕ114.3mm 套中套井筒再造重复压裂试验。

根据该井累计采出液量和地层压力保持水平，优化压裂前补能液量为 8200m^3，采用多级滑套不动管柱分 3 段进行补能，补能介质采用 3kg/m^3 石油磺酸盐类压裂驱油剂。压前补能有效恢复了近井筒区域地层能量，为地层降漏创造了有利条件，测得地层吸水指数为 240L/（MPa·min）。为降低地层漏失，采用“油管 + 斜尖”的方式笼统注入 300m^3 弱凝胶和 60m^3 强凝胶，关井候凝 72h，测得地层吸水指数为 42L/（MPa·min）。基于该井井眼轨迹，建立井筒力学模型，通过 ϕ73mm 钻杆 +ϕ114.3mm 无接箍套管管柱力学模拟分析，从钩载和摩阻分布看，可安全下至人工井底。从钻柱屈曲状态看，在斜井段（1980m）、水平段（2226m、2300m、2560m）存在螺旋屈曲，在下入过程中局部出现应力集中，但不影响管柱安全下入。

井筒替入金属减阻剂，下入“浮鞋 + 浮箍 + 碰压球座 +ϕ114.3mm 无接箍套管 + 膨胀式悬挂器 +ϕ73mm 钻杆”至人工井底 2809m。对悬挂器以上管柱进行倒扣，倒扣成功后正替树脂固井液 6m^3，投钻杆胶塞顶替，正替清水 16m^3，压力升至 24MPa 进行碰压，稳住压力上提钻杆完成膨胀悬挂器坐封，随后洗井、起钻，候凝 3 天。全井筒试压至 40MPa 稳压 10min 保持不降。固井质量工程测井结果显示，第 1 界面和第 2 界面胶结质量良好，成功恢复了井筒完整性，具备开展桥射联作压裂的条件。

3.2 体积重复压裂

选取物性好、含油饱和度高、未改造区域布新缝，在老裂缝附近 5～10m 范围内重新布缝，共优选了 26 段潜力位置进行加密布缝，其中新缝 14 段、老缝 12 段，每段采用极限射孔方式射开 3 簇，共 78 簇。利用 CO_2 在地层条件下 PVT 变化产生的弹性能量对储层增能，同时 CO_2 与岩石矿物反应会增大致密砂岩溶蚀程度，使其抗压强度和弹性模量降低、泊松比增大，进而降低致密砂岩基质和层理强度，重复压裂过程有利于产生复杂裂缝[11-12]，增加裂缝带宽。因此，选取 12 段老裂缝在压裂前置液阶段注入 CO_2 增能，充分利用 CO_2 对储层增能、对原油降黏、破岩的优势，提升重复改造水平井的稳产能力。采取可溶桥塞与多簇射孔联作、光套管压裂工艺，通过“动态多级暂堵”实现段内簇间分压，顺利完成 26 段压裂施工，排量为 8～10m^3/min，加砂量为 4226m^3，入地液量为 43452m^3，施工效率达到 3 段 /d。微地震监测显示，本次压裂共产生 2739 个微地震事件，各段微地震点数量存在差异，平均微地震事件数 105 个，压裂地层破裂总体能量较强。

3.3 生产效果分析

试验井重复压裂后焖井 57 天，井口压力稳定在 10.0MPa，计算油层中深压力为 31.3MPa，地层压力保持水平由试验前的 86.7% 升至 198.1%。初期控制放喷生产，日产液 29.6m^3，日产油 20.12t，含水率为 20.0%，套压为 4.4MPa；控制放喷生产 154 天，日产液 25.9m^3，日产油 15.4t，含水率为 30.0%，累计增油 1827t。

为评价重复压裂各段的产液贡献，压裂过程中加入了不同种类的同位素示踪剂，在放喷生产阶段连续取样分析不同类型示踪剂含量。结果表明，主要产液段第 4、6、13、19、22、24 段全部为新缝，次要产液段以老缝为主，说明该井缝间剩余油富集，新缝有效动用了剩余储量。

3.4 施工周期与成本分析

套中套井筒再造重复压裂试验井施工周期为 30 天，包括地层降漏 4 天，下套管 2 天，固井候凝 3 天，通洗井、试压和测固井质量 3 天，桥射联作压裂施工 18 天。双封单卡压裂工艺施工效率为 0.3 段 /d，压裂 26 段需要 86 天，因此套中套井筒再造大幅度缩短了压裂施工周期。水平井套中套井筒再造费用构成主要包括地层降漏凝胶材料、小套管及固井附件费用、固井材料及施工作业费用，桥射联作压裂费用与双封单卡压裂费用相当。但由于水平井套中套井筒再造重复压裂技术大幅度缩短了施工周期，占井费用按每天 3 万元计算，每口井节约 168 万元，预测井筒再造重复压裂较双封单卡重复压裂单井评估的最终可采储量由 2.45×10^4t 升至 3.01×10^4t，在油价为 45 美元 /bbl 的条件下，投产回收期由 7.9

年缩短至 6.8 年，具备推广应用的价值。

4 结论

（1）水平井套中套井筒再造技术有效恢复了井筒完整性，改善了固井质量，封堵了产水裂缝，为实现水平井可溶桥塞体积重复压裂创造了井筒条件，压裂施工效率大幅提升。

（2）新井筒条件下的可溶桥塞体积重复压裂技术解决了水平井双封单卡体积重复压裂技术的局限性，实现了“细分切割”布缝设计，为挖潜段间剩余储量、提高低产水平井单井评估的最终可采储量提供了更有效的解决方案。

（3）悬挂器以上 ϕ139.7mm 套管经过长期生产，易出现不同程度腐蚀，重复压裂过程中套管腐蚀处承受高压存在破裂的风险，下步需要攻关研发 ϕ114.3mm 可回接式悬挂器，压裂前回接 ϕ114.3mm 至井口，对悬挂器以上的原套管进行保护。

参考文献

[1] 赵继勇，樊建明，何永宏，等．超低渗—致密油藏水平井开发注采参数优化实践——以鄂尔多斯盆地长庆油田为例［J］．石油勘探与开发，2015，42（1）：68-75.

[2] 夏克文，李民乐，王建国，等．水力喷砂射孔分段压裂技术在水平井中的应用［J］．油气井测试，2012，21（4）：38-39.

[3] 苏良银，庞鹏，白晓虎，等．低渗透油田水平井重复压裂技术研究与应用［J］．石油化工应用，2015，34（12）：32-35.

[4] 白晓虎，齐银，何善斌，等．致密储层水平井压裂 - 补能 - 驱油一体化重复改造技术［J］．断块油气田，2021，28（1）：63-67.

[5] 王维，王贤君，唐鹏飞，等．低渗透水平井暂堵转向重复压裂技术及现场应用［J］．石油地质与工程，2020，34（3）：99-104.

[6] 崔争攀，宋方新，于浩然，等．超低渗砂岩油藏开发中存在问题及综合治理措施——以华庆油田元427 井区长 9 油藏为例［J］．中外能源，2019，24（5）：58-63.

[7] 李旭，任胜利，刘文成，等．单一环空窄间隙条件下固井液当量循环密度及其数值模拟计算［J］．钻采工艺，2021，44（4）：23-27.

[8] 文敏，邱浩，毕刚，等．海上油气田双层套管射孔穿透性能研究［J］．西安石油大学学报（自然科学版），2021，36（6）：37-43.

[9] 唐明，滕照正，宁学涛，等．膨胀尾管悬挂器研究及应用［J］．石油钻采工艺，2009，31（6）：115-118.

[10] 黄进，吴雷泽，游园，等．涪陵页岩气水平井工程甜点评价与应用［J］．石油钻探技术，2016，44（3）：16-20.

[11] 王海柱，李根生，郑永，等．超临界 CO_2 压裂技术现状与展望［J］．石油学报，2020，41（1）：116-126.

[12] 王强，景成，俞保财，等．水平井中固体示踪剂缓释特性实验分析［J］．测井技术，2021，45（1）：16-22.

水平井重复压裂数值模拟研究与现场应用

——以长庆元284井区超低渗透长6油藏为例

梁宏波[1,2]　郭　英[1,2]　翁定为[1,2]　何春明[1,2]　李向平[3]　卜　军[3]
马泽元[1,2]　黄　瑞[1,2]

（1. 中国石油勘探开发研究院压裂酸化技术中心；2. 中国石油油气藏改造重点实验室；
3. 中国石油长庆油田公司油气工艺研究院）

摘　要：水平井开发技术已成为实现非常规油气少井高产效益开发的重要措施，早期水平井受改造理念和技术的限制，施工簇间距大、排量低，改造规模较小，长期生产后处于低产状态，亟须实施水平井重复压裂挖潜剩余油。以长庆油田超低渗透长6油藏元284区水平井为对象开展了重复压裂数值模拟研究，在建立精细油藏模型和地质力学模型的基础上，基于初次压裂裂缝形态分析，开展生产动态拟合，得到目前地应力场、地层压力和剩余油分布情况。数值模拟结果表明：（1）经长时间开发后，目标井组水平主应力差降低1.1～2.3MPa，地应力方向整体未发生改变；（2）缝间仍有大量油相滞留，缩小簇间距可大幅提升井组缝控储量，缝控区域由线性模式变为平面模式；（3）重复压裂前大规模注入0.8～1.2倍体积的采出液，可使地层压力恢复至原始地层压力的100%～110%。在上述研究分析的基础上，开展了重复压裂裂缝参数、施工规模等优化工作，指导水平井重复压裂优化设计。2021年至今，在元284区开展14口水平井井筒重构重复压裂现场试验，与初次压裂相比，簇间距由70～110m降至10m，用液强度由5m³/m增加到30m³/m，加砂强度由0.75t/m提高至4.0～5.0t/m，排量由3～6m³/min增加至10m³/min；已投产井日产油达到10t以上，复压后增产效果明显。

关键词：水平井；重复压裂；剩余油；地应力场；水平井井筒重构

近年来，随着水平井压裂技术在低品位资源油气开发的规模应用，水平井压裂技术成为非常规油气规模动用的核心利器，大幅降低了储量动用下限，实现了非常规油气规模建产。国外水平井重复压裂技术比较成熟，大量应用结果表明，采用水平井井筒重构重复压裂技术实现加密布缝是发展趋势[1]。目前国内水平井重复压裂技术整体处于探索阶段，各大油田已开展相关水平井重复压裂现场试验，主体采用动态暂堵和双封单卡重复压裂工艺技术，部分油田试验了井筒重构的水平井重复压裂技术[2-3]，在水平井重复压裂、缝控压裂[4]、精细化设计、水平井井筒高质量重构方面还需大力攻关。

早期低渗透致密油气水平井改造主体技术采用水力喷射、双封单卡、套内封隔器、裸眼封隔器等分段压裂工艺，施工簇间距大（大于30m）、排量低（5～6m³/min），改造规模较小，且以瓜尔胶体系为主，裂缝控藏能力未达最佳，长期生产后处于低产状态，水平井目前主要表现出地层能量衰竭、产能降低、采出程度低等问题[5]，需进一步实施重复压裂挖潜剩余油。以长庆油田为例，早期实施水平井压裂主体技术为水力喷砂分段工艺，受当时改造理念和技术限制，水平井初次压裂缝间距大、施工排量低、改造不彻底，压后产量递减大（第 1 年递减 60%），能量衰竭快，一次采收率小于 10%，面临水平井重复压裂需求。长庆油田现存水平井 3800 余口，低产及长停井达 1958 口，主要分布在生产时间大于 5 年的超低渗透油藏，单井累计产油量小于 5000t，亟待实施重复压裂改造挖潜剩余储量。基于现场对水平井重复压裂的大量需求，本文通过数值模拟研究技术对长庆油田元 284 井区超低渗透长 6 油藏进行水平井重复压裂机理研究与现场应用，为后期水平井重复压裂技术机理与应用提供重要技术支撑。

1 试验区概况

长庆元 284 区块属于典型超低渗透油藏，地质储量 10257.5×10^4t，含油面积 153.4km^2，开发层系为长 6_3，油层中深 2112m，储层有效厚度 19.7m。砂体连通性差，微尺度渗流导致注水有效驱替压力系统建立困难。储层平均孔隙度 11.7%，平均渗透率 0.34mD，储层物性差，采用定向井、水平井注水开发近 10 年，受单砂体和裂缝影响，注水不见效、见效即见水等矛盾日益突出，呈现多井低产（0.8t/d）、采油速度低（0.21%）、采出程度低（2.36%）特征。通过转变注水开发方式工业化试验，形成了初期体积压裂准自然能量开发及后期多方式补能，产能有所提升，但由于物性差、渗流阻力大，喉道中值半径小，注水压力流压曲线呈“张口”形，有效驱替压力系统难建立，地层压力保持水平低（88.6%），注水见效程度低，水平井见效程度仅为 9.5%。目前亟须针对以上问题研发水平井重复压裂工艺技术，提升工艺参数，实现单井提速降本增效。

2 模型建立

地质力学建模及油藏建模涉及大量的基础数据，基础数据的处理、分析及校正直接关系到模型的准确性。根据现场提供的已有数据分为地质油藏及地应力参数两大类。地质油藏参数包括储层深度、井深及轨迹、有效孔隙度、平均渗透率、油相黏度、平均地层压力、平均含油饱和度等，地应力参数包括测井数据解释、岩石力学实验、压裂停泵数据等。开展元 284 区块基础数据处理与解释，建立地质力学模型及其属性分布模型并进行校核。

根据油藏层位小层顶底深度，建立了 10 口直井和 3 口水平井油藏及地质力学模型，水平井包括川平 52−13 井、川平 52−12 井和川平 52−14 井，直井包括元 284−37 井、元 285−38 井、元 289−40 井、元 289−42 井、元 293−38 井、元 293−34 井、元 291−34 井、元 289−32 井、元 287−34 井和元 285−36 井，根据区域内各井属性参数、粗化到井所在网格，采用高斯随机函数插值方法得到三维属性体模型。模型大小为 $223\times350\times40=2248235$ 网格，*XY* 平面采用 20m × 20m 网格尺寸。

利用成像测井资料确定目标区块地应力方向为 NE85°～107°，元 284 区块目标井组地质力学模型（图 1）目的层长 6_3 最小主应力梯度为 0.015MPa/m，最大主应力梯度 0.021MPa/m，垂向应力梯度为 0.024MPa/m。长 6 砂岩储层裂缝延伸压力梯度平均为 0.017MPa/m。

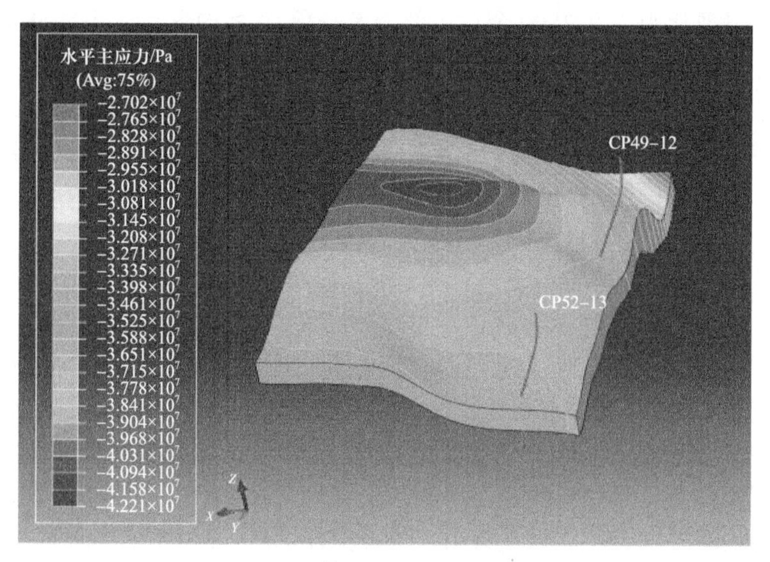

图 1　长 6_3^{11} 顶层最小水平主应力

利用初次压裂施工数据计算目标区块 10 口直井及 3 口水平井裂缝形态，建立井组裂缝形态非结构网格模型，基于初次压裂裂缝形态分析，开展生产动态历史拟合，得到地应力场、剩余油分布。结果表明，受局部区域应力场影响，裂缝会向单侧偏转，人工缝分布具有不对称性。得益于注水井补能，油藏压力减小 1.6～1.9MPa，在裂缝区最小水平主应力增加 2.2～3.6MPa，最大主应力约增加 1.5MPa，垂向主应力基本无变化。水平主应力差降低 1.1～2.3MPa，为 4.0～5.4MPa，地应力场方向整体未发生改变，人工缝区域局部发生改变。

3　重复压裂机理研究

3.1　剩余油分布规律

初次压裂施工参数为裂缝间距 70～94m，施工排量 6.0m^3/min，单段加砂量 23～40m^3，单段液量 260～460m^3，施工砂比 12.1%，压裂液为混合水。模拟分析表明，缝间剩余储量未充分开采，重复压裂具有增油潜力。研究发现簇间到主缝压降为 2.3MPa，即从簇间 11.6MPa 到主缝的 9.3MPa，含油饱和度减小了 3.5%，簇间有大量剩余油无法流动，仍有大量油相滞留（图 2）。井轨迹穿过主力油层，油层纵向起伏变化，在水平井下方发育间断性的高含水带，下方约 12m 处存在高含水条带，在重复压裂设计中应合理控制裂缝向下延伸，防止含水率进一步升高。同时，注入水易沿着动态缝或天然缝进入采油井导致含水率上升。在目的层上方 10～32m 之间分布油相富集区，可以采用穿层重复压裂技术沟通上方油相富集区。

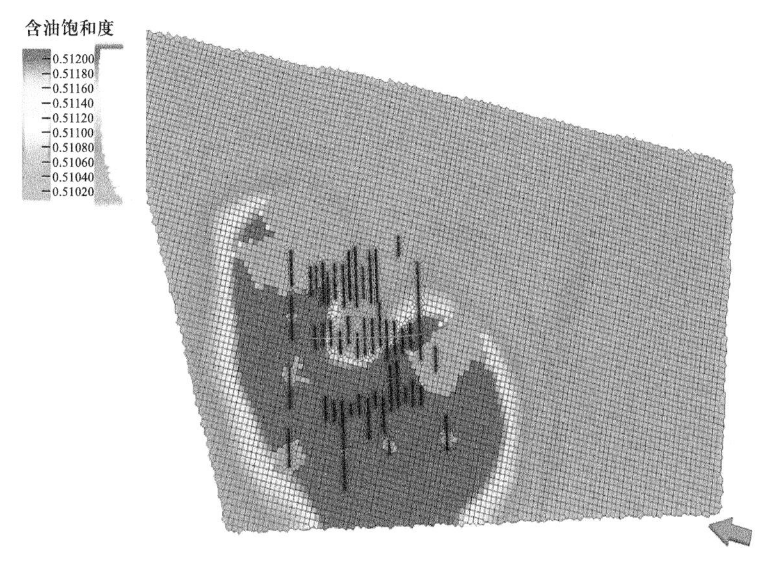

图 2　模拟井组剩余油分布

3.2　缝控储量机理研究

以非结构形态裂缝单元网格为基础，依据基质网格到裂缝网格的距离，划分为裂缝区、Region1—Region10 共 11 个区域。由于 Region1 紧邻裂缝区，与裂缝内的压力、含油饱和度变化具有良好一致性，因此将裂缝区与 Region1 体积之和定义为缝控体积，缝控储量指缝控体积内的油气储量。

随着缝间距减小，由 80m 降为 10m 时，缝控储量约增加 93% 倍，缝控区域由线性模式变为平面模式，当缝间距为 80m 时，裂缝间含油饱和度无变化或变化很小，形成以主裂缝周围为主体的线性控制区域（图 3 至图 5）；当缝间距为 10m 时，裂缝间含油饱和度变化与主缝相一致，含油饱和度等值线形成连片平面控制区域，区域内含油饱和度整体降低。对比计算结果表明，随着簇间距减小，缝控储量依次增加（图 6），缩小簇间距可大幅提升井组缝控储量。

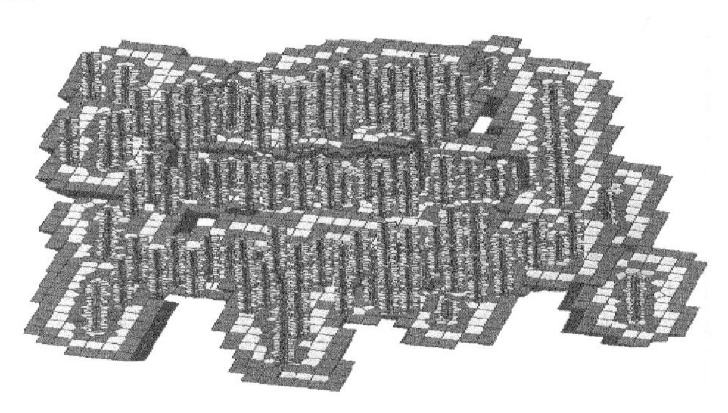

图 3　簇间距 5m 缝控体积图

图 4　簇间距 10m 缝控体积图

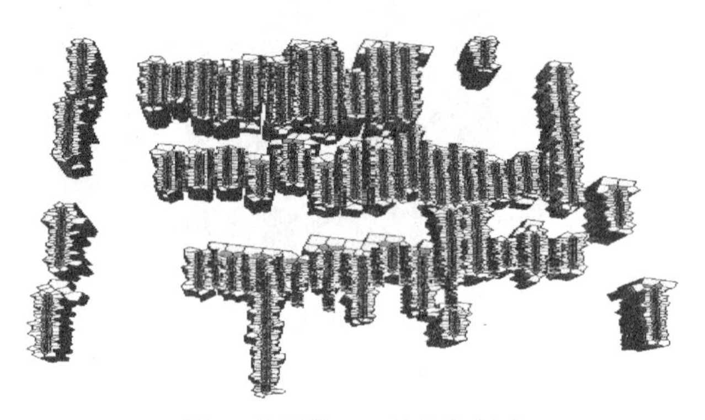

图 5　簇间距 20m 缝控体积图

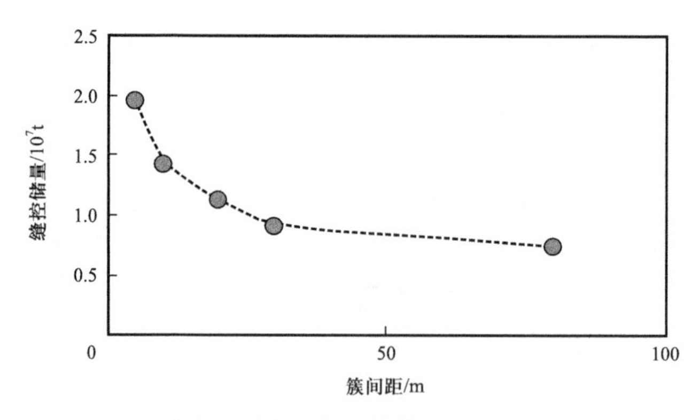

图 6　缝间距与缝控储量关系图

3.3　重复压裂能量补充

能量补充方式主要包括两种：一是通过水平井周围直井注水维持储层压力；二是在重复压裂中注入大规模的前置液补充地层能量。模拟分析表明，直井注水有效距离较短（130～220m），同时对邻近水平井更有效，而对远区水平井补能效果较差。与注水时间短且间歇性注入相比，注水时间长的水井附近低含油饱和度区面积较大，意味着注水时间长可以采出更多的油。重复压裂前大规模注入 0.8～1.2 倍体积的采出液，可使地层压力恢复至原始地层压力的 100%～110%。在模拟井组分析中，CP52−14 井实施体积重复压裂后，产能维持在10.2t/d，CP52−12井实施体积重复压裂＋侧向3口直水井能量补充，生产中压力维持好，产能由3.1t/d增至14.7t/d，增加3.7倍。因此，位于水平井轨迹端部的直井注水补充能量作用有限，体积重复压裂与侧向直井能量补充模式可大幅提高压后产能。

4 现场试验及效果

在上述研究分析基础上，开展了重复压裂裂缝参数、施工规模等优化工作，指导水平井重复压裂优化设计，开展了国内首口4in小套管固井井筒重构试验井川平50−15井现场实施。该井初次压裂为水力喷砂压裂，小直径封隔器压裂12段，排量6m^3/min，入地液量4408m^3，加砂量440m^3。重复压裂工艺采用4in可回接式悬挂器与树脂水泥浆环空固井工艺，下入4in无接箍套管1549.48m，下入人工井底3073.46m，井筒试压45MPa，共实施26段77簇重复压裂，排量由6m^3/min提升至10m^3/min，段间距由64～94m降至17～25m，簇间距由64～94m降至5～10m，加砂量提高至1179m^3，入地液量45616m^3。前置CO_2共计1007m^{3}增加储层能量，作业效率由1段/2d增至3段/d。压后日产油量由1.8t增至18.0t，含水率为26.1%，措施后累计产油6883t，用1.5年生产出过去9年累计产油的60%，控压生产539天，预计最终累计产油量将达到3.5×10^4t，较前期提高1倍以上。

自2021年至今已连续开展14口小套固井，其中重复压裂施工完成8口，6口正在进行施工。在典型井川平46−20井与川平46−21井膨胀管井筒重构重复压裂现场试验中，与初次压裂相比，重复压裂簇间距由70～110m下降为10m，用液强度由5m^3/m提升为30m^3/m，加砂强度由0.75t/m增至4.0～5.0t/m，排量由3～6m^3/min提高至10m^3/min。压后生产中日产油量均达到10t以上。水平井重复压裂小套管固井井筒重构现场技术应用为超低渗透储层高效开发提供了重要借鉴与技术支撑，对水平井后期有效提产增效具有重要现实意义。

参考文献

[1]贾承造，郑民，张永峰．中国非常规油气资源与勘探开发前景[J]．石油勘探与开发，2012，39(2)：129−136.

[2]吴奇，胥云，王腾飞，等．增产改造理念的重大变革：体积改造技术概论[J]．天然气工业，2011，31(4)：7−12.

[3]吴奇，胥云，张守良，等．非常规油气藏体积改造技术核心理论与优化设计关键[J]．石油学报，2014，35(4)：706−714.

[4]雷群，杨立峰，段瑶瑶，等．常规油气“缝控储量”改造优化设计技术[J]．石油勘探与开发，2018，45(4)：719−726.

[5]吴奇，胥云，刘玉章，等．美国页岩气体积改造技术现状及对我国的启示[J]．石油钻采工艺，2011，33(2)：1−7.

一种超高温高压基岩储层压裂工艺及应用

梁宏波[1,2] 翁定为[1,2] 何春明[1,2] 郭子义[3] 林 海[4] 王国庆[3] 王丽伟[1,2]
陈祝兴[1,2] 程 欢[5] 李文研[3] 张海宁[3]

（1. 中国石油勘探开发研究院；2. 中国石油油气藏改造重点实验室；3. 中国石油青海油田公司勘探事业部；4. 中国石油青海油田公司钻采工艺研究院；5. 中国石油青海油田公司工程技术部）

摘 要： 昆1-1井是柴达木盆地一口评价井，该井Ⅱ层组为基岩风化层，射孔井段7100.0～7116.0m，地层温度201.0℃，孔隙压力113MPa，最小主应力142MPa，是迄今为止青海油田水力压裂施工最深的一口井，施工难度极大。技术人员针对储层特点梳理压裂施工难点制定技术对策，优选低黏氯化钙加重压裂液体系（密度1.35g/cm^3）和200℃高温压裂液体系，形成了“组合管柱降摩阻＋低黏加重压裂液破岩＋高温压裂液携砂＋低砂比小增幅加砂”的技术解决方案并获得成功。昆1-1井第Ⅱ层于2022年10月顺利完成压裂施工，排量3.0～3.6m^3/min，最高施工压力116.8MPa，施工液量700m^3（$CaCl_2$加重压裂液215m^3，高温压裂液485m^3），加砂量26.9m^3，停泵压力93MPa，压后控制放喷生产，日产气19000m^3。低黏加重压裂液破岩＋高温压裂液携砂工艺技术为超高温高压深层储层改造提供了新的技术思路。

关键词： 基岩储层；超高温高压；加砂压裂；加重压裂液；高温压裂液

近年来，随着柴达木盆地油气勘探向深层进军，基岩储层成为柴达木盆地天然气增储上产重要的接替区，如阿尔金山前的东坪、昆北、牛东等区块均发现基岩气藏并获得工业油气流。但基岩储层自然产能低、埋藏深、岩相复杂、岩性致密、气水关系复杂、非均质性强，须依靠储层改造才能获得工业气流，基岩高效压裂技术成为柴达木盆地基岩勘探突破的必要条件[1-3]。

昆1-1井位于冷北斜坡低断阶昆特依一号构造高部位，其钻探目的是落实昆特依Ⅰ号圈闭基岩、侏罗系的气藏特征，为下步勘探部署及储量计算、开发建产提供依据。昆特依一号构造前期3口井已在基岩半风化层（岩性为片麻岩）获得勘探上的重大突破，产气量均达10×10^4m^3/d。而上部的基岩风化层由于天裂缝被充填、储层埋藏深、超高温高压、物性差，尚未取得勘探突破。

1 储层概况

1.1 储层岩性与物性

昆1-1井于7053m进入基岩风化层，于7168m进入基岩半风化层，基岩风化层以灰色含砾砂岩、细砂岩、粉砂岩、泥质粉砂岩为主，夹灰色泥岩、砂质泥岩及少量棕褐色泥岩、棕灰色砂质泥岩（图 1）。X 射线衍射分析结果显示，风化层整体石英含量高，长石含量低，不存在碳酸盐充填。半风化层长石含量高，存在碳酸盐胶结（充填）。

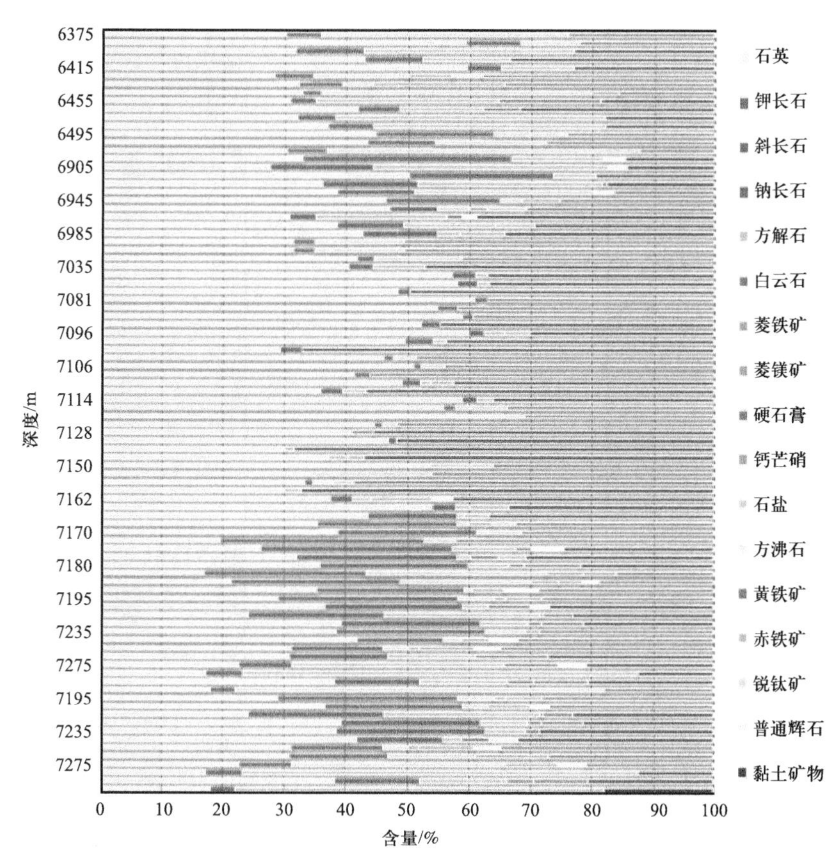

图 1　昆 1–1 井岩石矿物组成

Ⅱ层组射孔井段为 7100.0～7116.0m，厚度为 16.0m，声波时差值 259μs/m，密度值 2.683g/cm^3，中子孔隙度 19.0%，深侧向电阻率值 20.3Ω·m，孔隙度 19.3%，气测组分齐全，全烃最高值 83.8%，C_1 值 92.2%，10 次后效，槽面见 0～20% 针孔状气泡。综合解释为气层。

1.2　天然裂缝发育情况

昆 1–1 井钻探过程中钻遇基岩风化层未发生井漏，根据成像资料，目的层裂缝不发育，主要孔隙类型为基质孔隙。

1.3　地应力剖面

地应力剖面计算结果（图 2）显示，储层处于走滑应力状态：水平最大主应力＞垂向应力＞水平最小主应力。Ⅱ层组（7100.0～7116.0m）最小水平主应力 135～149MPa，最大水平主应力 151～170MPa，水平两向应力差 16～21MPa，上下隔层存在 7～14MPa 应力遮挡。

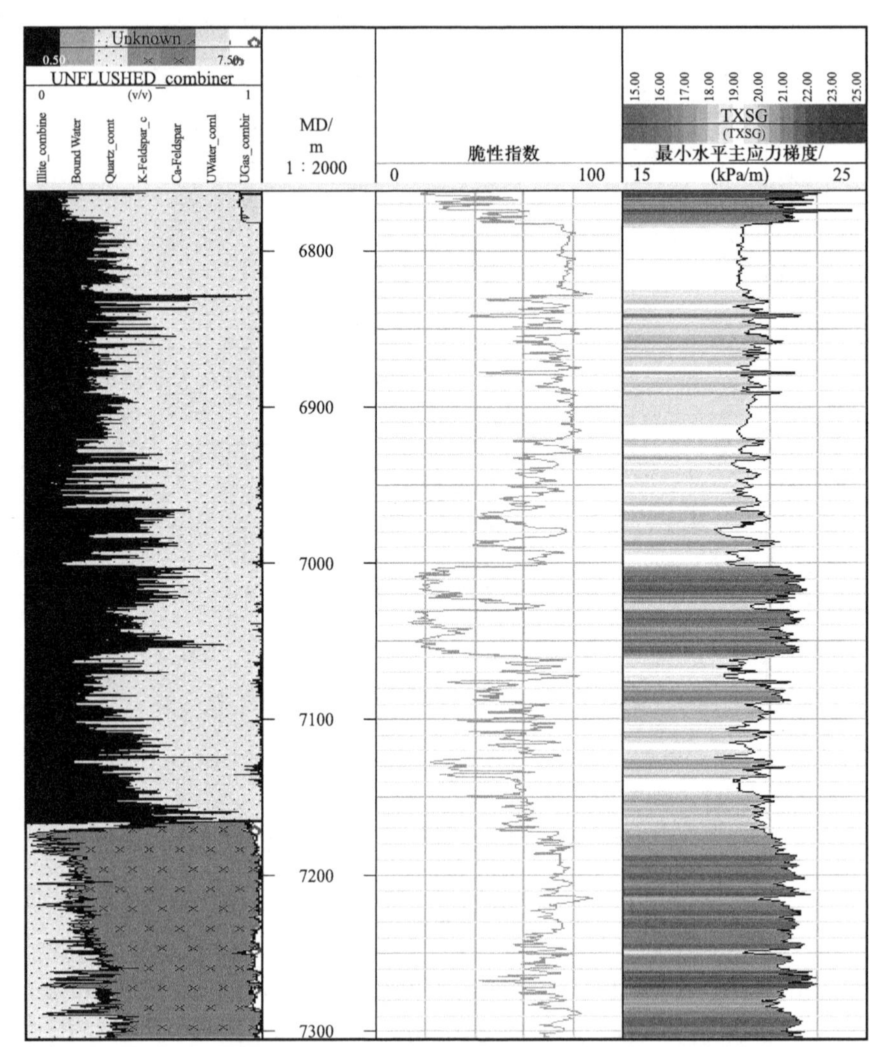

图 2　昆 1-1 井地应力剖面计算结果

1.4　储层压力与温度

根据邻井实测结果［179.023℃（6331.35m）］，计算昆 1-1 井Ⅱ层组中部温度为 201.0℃（7108.0m）。根据邻井实测压力折算地层压力系数为 1.63，计算Ⅱ层组射孔段孔隙压力为 13.22MPa。

2　以往施工情况分析

Ⅱ层组（7100.0～7116.0m）于 2020 年 8 月初进行第一次酸化：排量 0.4～0.6m^3/min；

总液量 69.8m³，其中盐水 20.0m³，前置酸 5.0m³，顶替液 29.0m³，滑溜水 15.8m³，最高压力 113.0MPa，停泵压力 106.5MPa（压力梯度 0.0254MPa/m）；2020 年 8 月底，第二次酸化排量 0.6～1.8m³/min；总液量 162.1m³，其中前置酸 50.0m³，主体酸 45.0m³，后置酸 35.0m³，滑溜水 32.1m³，最高压力 110.0MPa（压力梯度 0.0226MPa/m），停泵压力 83.4MPa（压力梯度 0.0222MPa/m）。酸化后用 3.0mm 油嘴防喷，油压快速下降，最终返排率 36.9%，多次气举无液。昆 1-1 井Ⅱ层组酸化施工曲线如图 3 所示，酸化后排采曲线如图 4 所示。昆 1-1 井前期工统计见表 1。

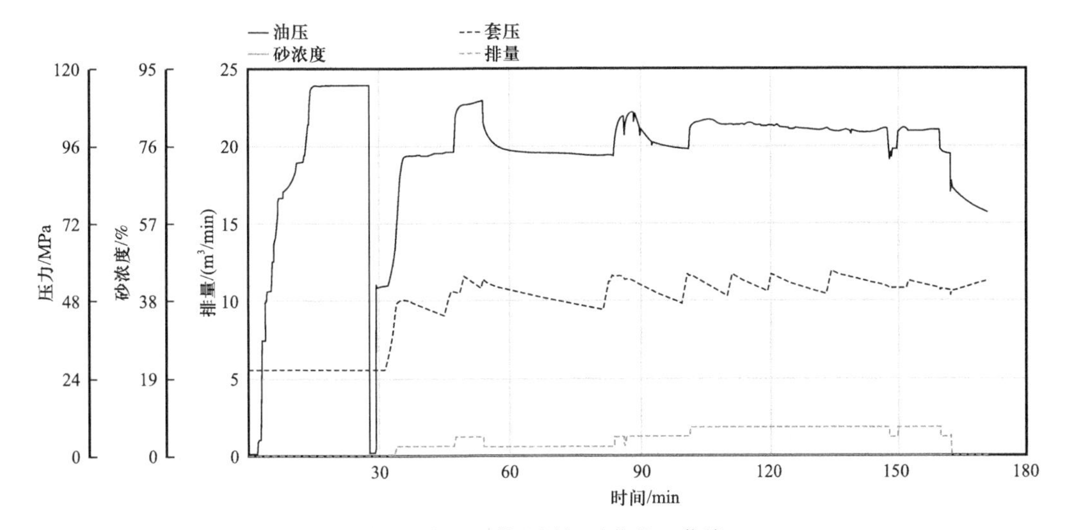

图 3　昆 1-1 井Ⅱ层组酸化施工曲线

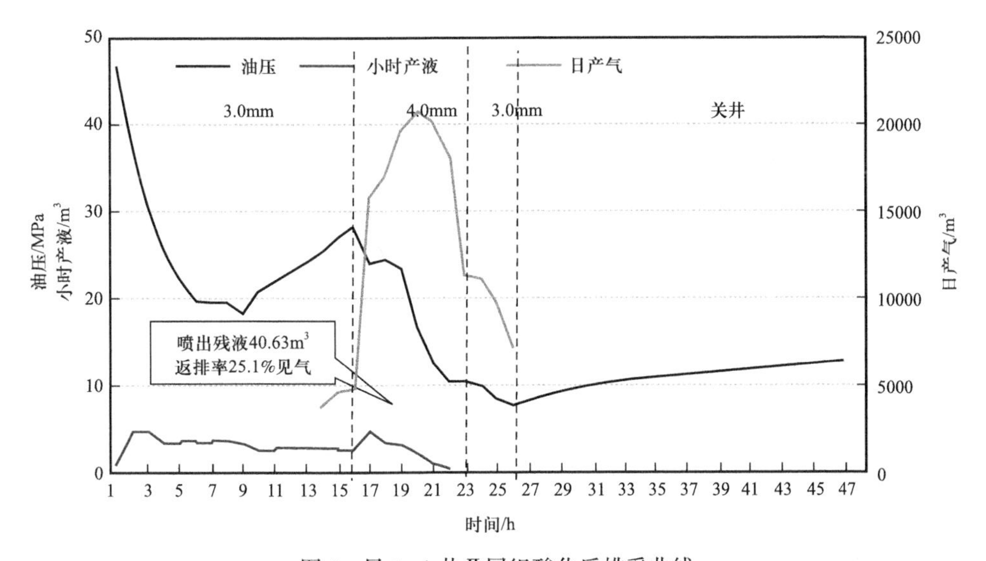

图 4　昆 1-1 井Ⅱ层组酸化后排采曲线

综合分析认为：（1）Ⅱ层组第一次酸化施工未突破近井污染，与储层未建立流动通道；（2）第二次酸化施工形成了水力裂缝（停泵有水击现象），单裂缝有效距离短、改造不充分，见气后油压快速下降、不出液，最终返排率36.9%；（3）储层整体反映高压、特低渗透的特征，储层品质差，供液能力不足。

表1 昆1-1井前期施工统计

层位	施工时间	施工类型	最高排量/（m^3/min）	最高压力/MPa	压力梯度/（MPa/m）	停泵压力/MPa	停泵压力梯度/（MPa/m）
昆1-1第Ⅰ层	2019-12-17	酸化	1.8	95.5	0.0231	54.0	0.0174
昆1-1第Ⅱ层	2020-08-3	试挤	0.6	105.0	0.0250	101.2	0.0247
	2020-08-4	酸化	0.6	113.0	0.0261	106.5	0.0254
	2020-08-31	酸化	1.8	110.0	0.0226	83.4	0.0222

3　储层综合评估

（1）昆特依构造前期试气层位于基岩半风化层，岩性为片麻岩，天然裂缝发育，已获得勘探上的重大突破，最高日产气量大于$10\times10^4m^3$。目前尚未在基岩风化层取得突破。

（2）区域内基岩风化层整体石英含量高，长石含量低，不存在碳酸盐充填。半风化层长石含量高，存在碳酸盐胶结（充填）。

（3）昆1-1井Ⅱ层组位于基岩风化层，岩性为砂岩，岩石矿物组成以石英和黏土矿物（平均45%）为主，须优化压裂液配方降低储层伤害。

（4）储层埋深大（>7000m），温度高（201.1℃），地层压力高（115MPa）。

（5）天然裂缝不发育，储层高应力，上下部存在应力遮挡，水平两向主应力差大，不易形成复杂裂缝。

（6）前期酸化施工分析表明，储层整体反映高压、特低渗透的特征，储层品质差，供液能力不足。

4　超高温高压基岩储层压裂工艺研究

4.1　压裂改造难点与对策

针对昆1-1井Ⅱ层组超深、高温、高压，施工压力高、排量受限、裂缝缝宽窄，大规模改造砂堵风险高，压裂施工难度大。通过梳理压裂改造难点，制定了工艺对策，以建立长缝增加泄流面积、提高单井产量为主要目标（表2）[4-10]。

表2 昆1-1井压裂改造难点与对策

序号	改造难点	工艺对策
1	储层埋深大（>7000m），高温（201.1℃）、高压（115MPa），强塑性，改造难度大	配备140MPa井口，加重压裂液体系破岩；降温，高温压裂液持续造缝、携砂

续表

序号	改造难点	工艺对策
2	储层物性差，天然裂缝不发育，地层供液能力不足	建立长缝增加泄流面积，提高单井产量
3	储层高应力（149MPa）、排量受限、裂缝宽度窄、砂堵风险高	低砂比、小增幅安全施工，70～140 目 +40～70 目陶粒组合小粒径支撑剂
4	黏土矿物含量 45%	优化液体体系配方，降低储层伤害
5	前期多次作业，套管强度受影响未知	$4^{1}/_{2}$in+$3^{1}/_{2}$in+$2^{7}/_{8}$in 优化管柱保护套管并降低管柱摩阻
6	风化层首次进行水力压裂，裂缝能否有效扩展，达到预期排量存在高不确定性	准备多套泵注程序并开展小压测试，根据测试情况选择最终泵注程序

4.2 加重压裂液体系

加重密度 1.35g/cm^3，优选加重压裂液配方为：46% 二水氯化钙（工业品）+0.3%～0.4% 稠化剂 +0.1% 助溶剂 +0.3% 助排剂，基液黏度 25mPa·s。优化破胶剂用量，实现彻底破胶，降低储层伤害。残胶，破胶液黏度小于 3mPa·s（表 3）[11]。

表 3　加重压裂液体系破胶实验结果

温度 /℃	破胶剂加量 /%	破胶液黏度 /（mPa·s）		
		4.0h	8.0h	14.0h
90	0.08	冻胶	5.39	2.64
	0.10	11.39	5.23	1.51
	0.15	3.24	2.32	1.74
	0.20	3.03	2.16	1.71
120	0.08	4.17	2.51	2.48
	0.10	3.29	2.76	2.28
	0.15	2.84	2.47	2.15
	0.20	1.71	2.06	2.03
150	0.08	冻胶	2.23	1.89
	0.10	2.10	2.29	1.60
	0.15	2.15	2.09	1.59
	0.20	1.87	1.86	1.59

4.3 高温压裂液体系

优选 200℃高温压裂液配方为 1.3% 稠化剂 +0.4% 助排剂 +0.6% 交联剂。200℃条件下连续剪切 60min 黏度为 110mPa·s，剪切 120min 黏度为 50mPa·s。其中，连续剪切 0～30min 黏度为 100～300mPa·s；连续剪切 31～120min 黏度为 300～50mPa·s，可满足水力加砂要求。

交联剂为温控交联剂，在常温下没有明显的交联反应，由流变曲线（图 5）可知，初始黏度为 80～100mPa·s，不可挑挂，加热后可挑挂（图 6）。

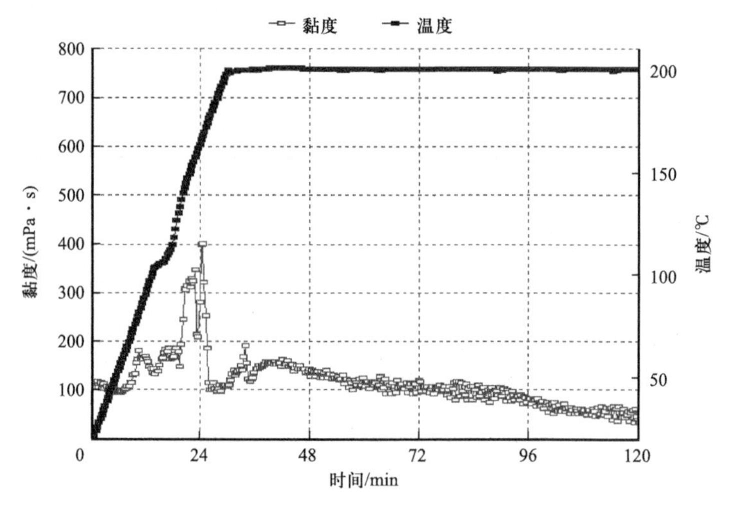

图 5　200℃ 高温压裂液流变曲线

图 6　室温下压裂液初始状态和加热后状态

破胶剂采用过硫酸铵，平均破胶剂用量为 0.1%，破胶数据见表 4，破胶彻底，破胶后表（界）面张力为 24mN/m。

表 4 破胶液性质

温度 /℃	破胶剂加量 /%	破胶液黏度 / (mPa·s)		
		2.0h	4.0h	8.0h
90	0.02	冻胶	5.39	2.64
	0.05	8.45	3.45	—
	0.10	4.24	3.34	—
	0.20	2.03	—	—
150	0.02	冻胶	2.23	—
	0.05	2.90	—	—
	0.10	2.15	—	—
	0.20	1.87	—	—

5 现场施工及压后评估分析

最高施工压力 116.8MPa，破裂压力 103.8MPa，加砂阶段最高压力 107.1MPa，最大排量 3.60m^3/min，共计加砂 26.90m^3，平均砂比 9.03%，最高砂比 13.00%，该井施工总液量 700.0m^3，净液量 673.1m^3，停泵压力 93MPa。其中，$CaCl_2$ 加重压裂液 215m^3，高温压裂液 485m^3。

根据地面压力变化，可将施工过程分为以下四个阶段（图 7）。

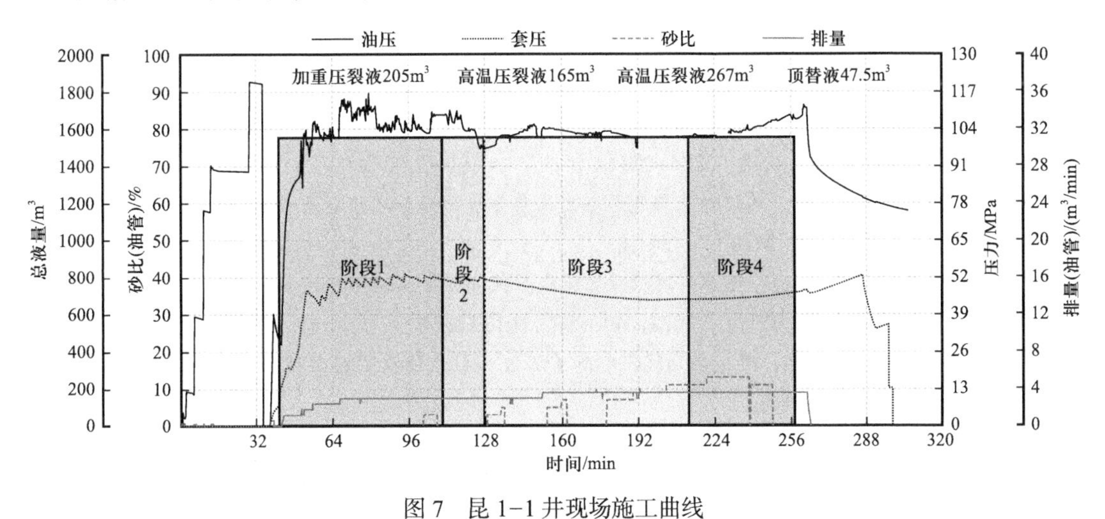

图 7 昆 1-1 井现场施工曲线

阶段 1：加重液破岩阶段，地层破裂，水力裂缝窄，裂缝摩阻大，施工压力高，水力裂缝体积小，新裂缝破裂产生较大压力波动。低黏加重压裂液（密度 1.35g/cm^3）1.0m^3/min 排量下破裂压力 103.8MPa，降低地面破裂压力 20MPa。

阶段 2：高黏高温液进入地层缝宽增加，形成主裂缝，裂缝摩阻降低，地面施工压力下降；根据施工压力计算加重压裂液体系降阻率为 40.0%，高温压裂液体系降阻率为 76.5%。

阶段 3：水力裂缝延伸阶段，高温压裂液性能稳定，施工压力稳定。

阶段 4：水力裂缝停止延伸，支撑剂由裂缝远端逐渐填充裂缝，施工压力升高。

应用现场施工秒点数据对压裂施工拟合，得到裂缝长度 225m，裂缝高度 26m，裂缝导流能力 15D·cm，裂缝净压力 16～22MPa。昆 1-1 井压后放喷求产，实现日产气 19000m^3 稳产，最终返排率为 25.22%。

6 结论与建议

（1）低黏加重压裂液可有效降低超深井地面破裂压力，昆 1-1 井Ⅱ层组采用 1.35g/cm^3 低黏加重压裂液降低破裂压力 20MPa；高温压裂液体系降阻率 76.5%，性能稳定，可实现连续携砂。

（2）“组合管柱降摩阻 + 低黏加重压裂液破岩 + 高温压裂液携砂 + 低砂比小增幅加砂”压裂工艺实现了昆 1-1 井Ⅱ层组加砂压裂，为超高温高压深井加砂压裂提供了新的技术思路。

（3）因加重压裂液摩阻高（降阻率约 40%），与常规压裂液相比，3.0～4.0m^3/min 排量下加重压裂液降低地面施工压力的优势消除，建议施工前期低排量压开地层时使用。

（4）加重压裂液由于密度大，返排液密度高，可能导致返排困难。对于压裂系数低的超深储层，采用加重压裂液后应适时进行人工措施辅助排液。

参考文献

[1] 刘永，赵文凯，郭得龙，等．高温深层底水基岩气藏压裂投产技术优化［C］// 第 32 届全国天然气学术年会（2020）论文集，2020：2224-2231.

[2] 刘永，刘世铎，林海，等．裂缝性基岩气藏水力压裂起裂压力与近井形态研究［J］．重庆科技学院学报（自然科学版），2019，21（6）：20-26.

[3] 雷群，杨战伟，翁定为，等．超深裂缝性致密储集层提高缝控改造体积技术——以库车山前碎屑岩储集层为例［J］．石油勘探与开发，2022，49（5）：1012-1024.

[4] 周建平，杨战伟，徐敏杰，等．工业氯化钙加重胍胶压裂液体系研究与现场试验［J］．石油钻探技术，2021，49（2）：96-101.

[5] 任广聪．基岩气藏缝网压裂裂缝高度扩展规律和工程优化［D］．北京：中国石油大学（北京），2019.

[6] 李瑶．东坪基岩气藏压裂参数优化研究［D］．北京：中国石油大学（北京），2018.

[7] 商恩俊．昆北油田基岩储层裂缝特征及其对开发的影响［D］．唐山：华北理工大学，2020.

[8] 任广聪，马新仿，刘永，等．裂缝性基岩地层中水力裂缝扩展规律［J］．西安石油大学学报（自然科

学版），2022，37（6）：46–52，132.
[9] 车明光，王永辉，彭建新，等．深层—超深层裂缝性致密砂岩气藏加砂压裂技术——以塔里木盆地大北、克深气藏为例［J］．天然气工业，2018，38（8）：63–68.
[10] 邓敦夏．深层超高温储层压裂改造关键技术研究［D］．成都：西南石油大学，2009.
[11] 李阳，姚飞，王欣，等．高温深层压裂技术研究［J］．钻采工艺，2004（4）：57–59.

断块砂砾岩水平井压裂关键因素分析及应用

刘又铭　赵恩东　熊廷松　郭得龙　赵文凯

（中国石油青海油田公司钻采工艺研究院）

摘　要：七个泉油田属于典型的低孔隙度、低渗透储层的构造性油藏，需要经过压裂改造才具有一定的生产能力，构造高部位受断块切割影响严重，为了优化七个泉断块区域整体压裂方案，改善注采关系，进一步提高储层动用，提高油藏采收率，采用 Petrel 平台建立三维地质模型，kinetix 模块优化分段分簇方案及措施参数，通过对压后产能分析，裂缝缝长和导流能力存在最优值且并非越大越好。通过前期 4 口井措施效果跟踪及压后拟合，其中 3 口井能实现效益开发。

关键词：低孔低渗；构造性油藏；注采关系；压后拟合

1　七个泉油藏地质特征

1.1　构造特征

七个泉构造为南陡北缓的短轴状背斜构造。构造高部位由于断层切割，地层结构比较破碎（图 1）。通过地层对比，断点 143 个，组合断层 13 条，断层走向为西北—东南向，严重影响区域注采系统。

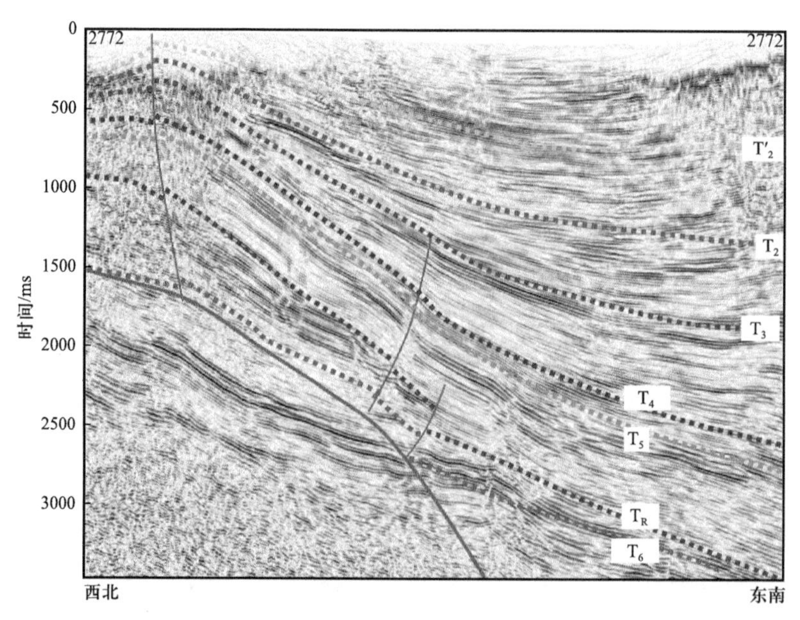

图 1　七个泉油田地震剖面图

1.2 沉积特征

沉积具有三大物源方向，主体部位受西北方向的七个泉物源控制，为冲积扇—近岸水下扇—湖泊沉积体系。

1.3 储层特征

储层岩性：E_3^1 储层以中砂岩、含砾砂岩为主；E_3^2 储层以中砂岩、粉砂岩为主，含少量砾岩；N_2^2 储层以中砂砾岩为主，其次是粉砂岩（图 2）。

孔隙结构：储层孔隙结构复杂，主要有效孔隙类型为粒间孔、溶蚀粒内孔，局部微裂缝发育，喉道以细、微细喉为主；分选性差，层内层间非均质性强。

储层物性：孔隙度主要为 1.9%～30.4%（平均 14.6%），渗透率主要为 0.7～818mD（平均 9.34mD），属低孔隙度、低—特低渗透储层。

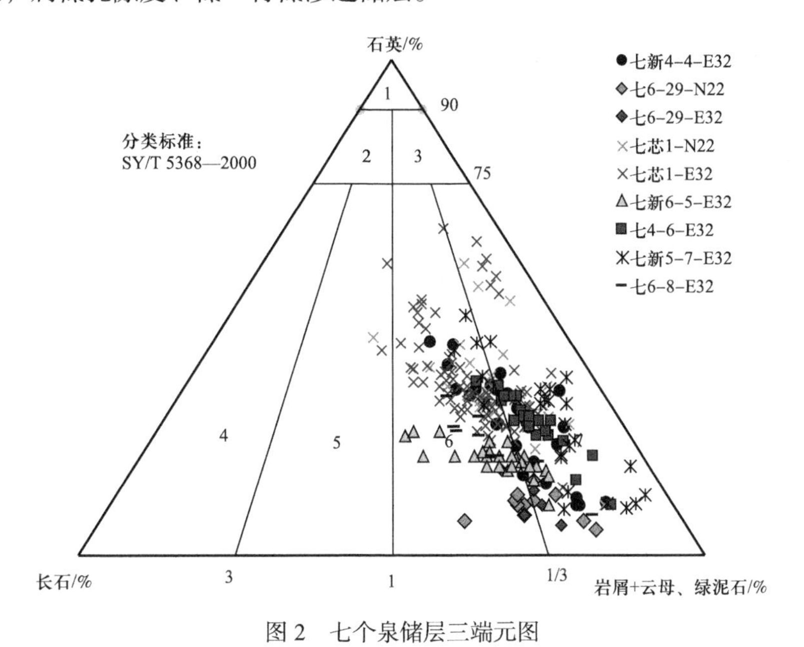

图 2　七个泉储层三端元图

1—石英砂岩；2—长石石英砂岩；3—岩屑石英砂岩；4—长石砂岩；5—岩屑长石砂岩；6—长石岩屑砂岩；7—岩屑砂岩

2　七个泉油田开发效果

七个泉油田断块区经历三个开发阶段，分别为基础井网阶段、细分层系阶段和产量下降阶段。在复杂断块条件下，七个泉油田断块区主要存在的问题是点状面积井网注水水驱效果差，难以建立有效驱替；出钻井液停井，井网难以有效控制储量，需转变思路采用水平井有效动用剩余储量。截至 2023 年 6 月，该区域油井数 49 口，仅开井 21 口，日产油 19t，15 口水井仅 5 口注水（表 1）。

表 1　七个泉油田断块区油水井开井统计

层系	油井数（开井数）/口	初期日产油量 / t	日产油量 / t	累计产油量 / 10^4t	综合含水率 / %	水井数（开井数）/口	累计注水量 / 10^4m^3
Ⅱ下	18（7）	23.3	3.9	5.2	54.2	6（2）	23.4
Ⅲ	31（14）	60.1	15.1	16.8	51.2	9（3）	44.8

2.1　直井生产特征

初期日产：Ⅲ上层系为基础井网，全井段生产，投产初期平均单井日产油量最高，达到 2.61t；Ⅲ下层系平均单井日产油 2.34t，Ⅱ下层系平均单井日产油 1.43t。截至 2023 年 6 月，平均单井日产油 0.8t，Ⅲ上层系最高 1.05t，Ⅱ下层系最低 0.57t，断块区含水率基本已超过 55%，对比生产井初期含水率，Ⅲ上层系上升幅度最大，已达 73.1%。

直井在措施改造前单井日产油 0.37～1.46t，压裂后平均单井日产油 1.44～2.98t，具有一定的措施效果。直井在前期无注水能量补充，导致压力下降较快，后期通过注水压力下降趋势有所缓解，但由于整体注水受效较差，压力持续下降，尤其在Ⅲ下层系表现更为突出（图 3）。

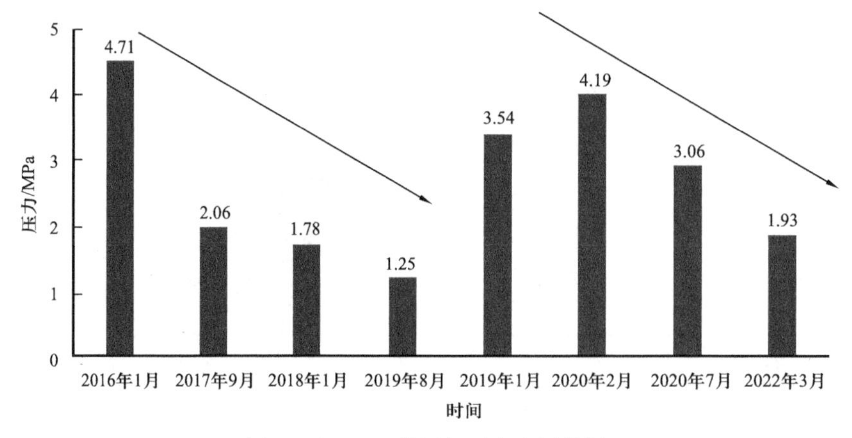

图 3　七 67-7 井历年压力监测数据

2.2　水平井试采特征

根据直井网生产情况，按照递减规律预测最终采收率分别为 16.1%、17.5% 和 18.2%，低于标定采收率 21.9%。因此，改变开发方式，采用水平井体积压裂方式投产。截至 2023 年 6 月，部署 4 口水平井，其中Ⅲ下层系 3 口水平井，Ⅲ上层系 1 口水平井（表 2）。

表 2　七个泉水平井统计

井号	层系	层位	井深 /m	水平段长 /m
七 H6-1	Ⅲ下	Ⅵ-17/18/19/20	1521.43	358.5

续表

井号	层系	层位	井深 /m	水平段长 /m
七 H6-2	Ⅲ上	Ⅵ-10/12/13/14/15	1386.92	329.72
七 H6-3	Ⅲ下	Ⅵ-16/17/18/19/20	1534.47	424
七 H6-4	Ⅲ下	Ⅵ-16/18/19/20	1678.96	453.73

采用不同的体系进行措施改造，施工排量 8～10m^3/min，总液量 20156.1m^3，总砂量 1952m^3，用液强度 12.85m^3/m，加砂强度 1.26m^3/m（表 3）。

表 3　七个泉水平井体积压裂施工参数统计

井号	排量 /（m^3/min）	液量 /m^3	砂量 /m^3	用液强度 /（m^3/m）	加砂强度 /（m^3/m）	液体体系
七 H6-1	8～10	4740.4	411.3	13.22	1.15	变黏滑溜水
七 H6-2	10	4312.6	500	13.08	1.52	0.25% 瓜尔胶
七 H6-3	8～10	4126.5	561	9.73	1.32	0.25% 瓜尔胶
七 H6-4	8～10	6976.6	479.7	15.38	1.06	变黏滑溜水
累计 / 平均	8～10	20156.1	1952	12.85	1.26	

4 口水平井有 3 口产量较稳定，平均日产油 4.0～6.0t（图 4），是直井的 2.7 倍。由于受断块控制，在七 H6-4 井施工过程中影响到了七 H6-1 井生产。

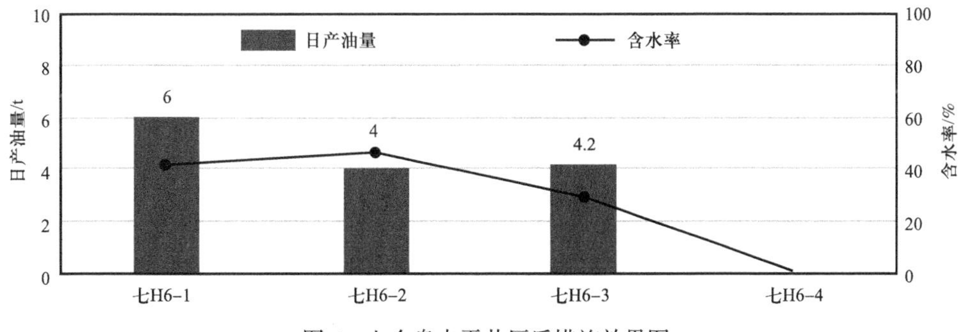

图 4　七个泉水平井压后措施效果图

2.3　水平井经济效益评价

结合压裂裂缝参数模拟、测井解释结果，计算七 H6-1 井、七 H6-2 井和七 H6-3 井单井控制储量分别为 6.5×10^4t、4.96×10^4t 和 5.7×10^4t（表 4）。

表 4　七个泉水平井单井控制储量

井号	原油地质储量 / 10^4t	含油面积 / km^2	平均有效厚度 / m	平均有效孔隙度 / %	平均含油饱和度 / %	平均地面脱气原油密度 / (g/cm^3)	平均地层原油体积系数
七 H6−1	6.5	0.063	15.5	14	55	0.85	1.014
七 H6−2	4.96	0.053	11.3	17	56	0.85	1.014
七 H6−3	5.7	0.059	15	14	53	0.85	1.014

按照七个泉油田老水平井产量递减规律，预测 15 年累计产油量分别为 1.324×10^4t、0.883×10^4t 和 0.927×10^4t，采收率分别为 20.4%、17.8% 和 16.3%。

60 美元 /bbl 油价下，水平井累计产油量达到 0.8×10^4t 有效益，初期部署的 4 口井预计 3 口水平井能实现效益开发（图 5）。

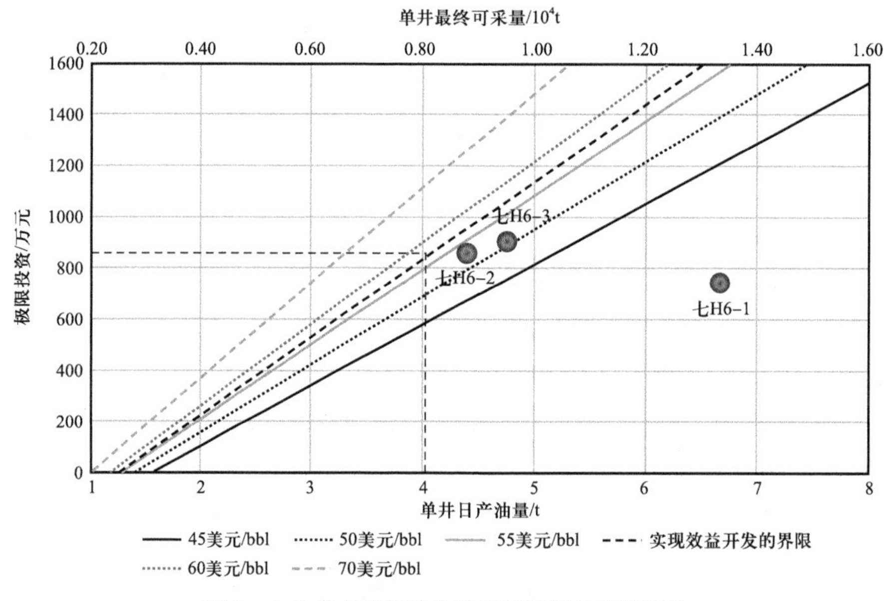

图 5　七个泉水平井单井最终可采量与投资关系

3　影响七个泉水平井压后效果的因素分析

3.1　地质因素

4 口水平井储层钻遇率为 91.5%～94.0%，较为接近；七 H6−3 和七 H6−4 两口井由于受钻井液密度调整的影响，全烃显示较七 H6−1 井和七 H6−2 井低（表 5）。因此，在后期水平井钻井过程中实时调整钻井液密度，提高全烃显示。

表 5　七个泉水平井储层钻遇率与全烃显示

井号	储层钻遇率 /%	全烃显示 /%
七 H6-1	92.6	17.6
七 H6-2	93.8	18.2
七 H6-3	91.5	11.9
七 H6-4	94.0	8.0
平均	93.0	13.9

通过比较同目的层段的Ⅲ下层系水平井七 H6-1 井和七 H6-3 井，水平段长度、压裂规模差异较小，主要不同点在于水平井方位和构造位置。七 H6-1 井压力保持水平及初期日产油量明显好于七 H6-3 井，七 H6-1 井处于高部位，油层发育，储层物性更好；其次，七 H6-1 井区域地层压力较高。由此推测影响产量的主要因素是压力和储层发育。

3.2　工程因素

七个泉 4 口水平井措施改造参数基本相同，对工艺参数进行归一化处理：从施工排量来看，基本保持在 8～10m^3/min 之间，未呈现相关性；从用液强度来看，七 H6-4 井用液强度最大，后期该井日产液量较大，但是含水率较高；从加砂强度来看，七 H6-4 井加砂强度最低，但是该井日产液量较稳定，说明七个泉水平井目的层不需要具备较高的加砂强度，从施工成本上和产后效果跟踪上分析对比，后期对加砂强度进行优化（图 6、图 7）。

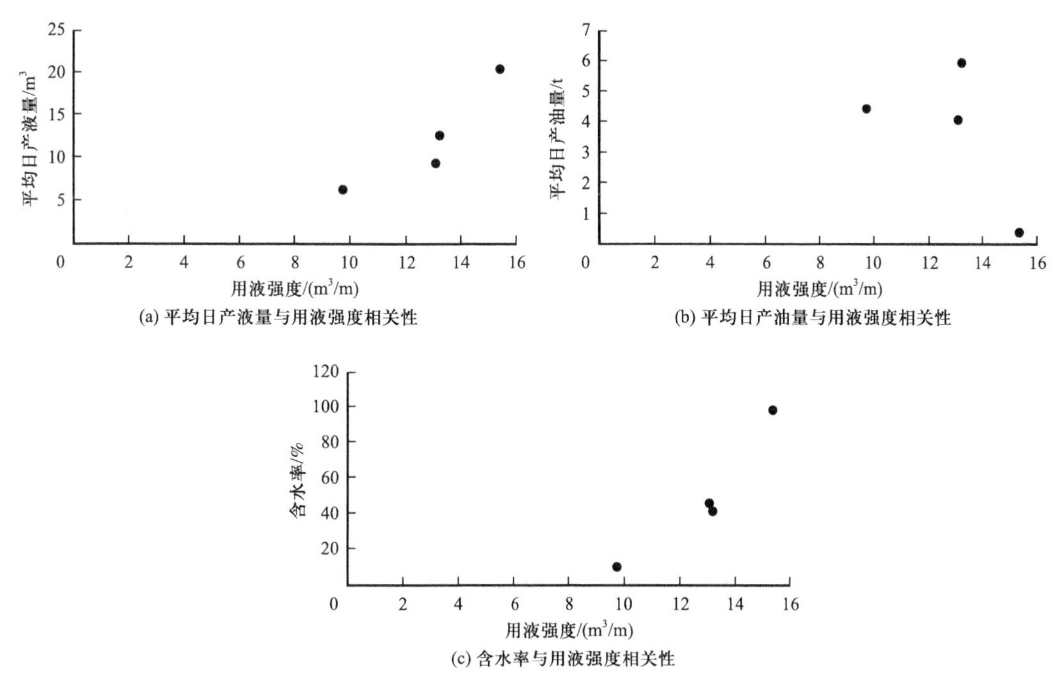

图 6　用液强度与平均日产液量、平均日产油量、含水率的散点图

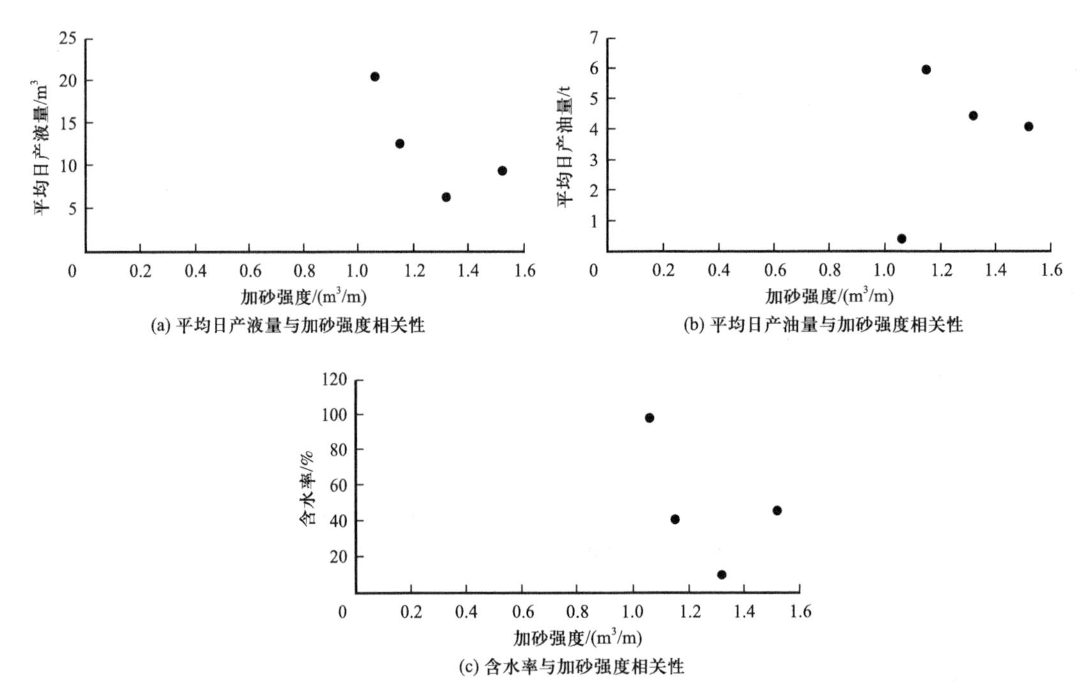

(a) 平均日产液量与加砂强度相关性

(b) 平均日产油量与加砂强度相关性

(c) 含水率与加砂强度相关性

图 7　加砂强度与平均日产液量、平均日产油量、含水率的散点图

七 H6-4 井于 2023 年 3 月 9 日压裂施工，措施改造过程中邻井七 H6-1、七 H6-2 等井生产受到影响，压力上升，导致两口井关井，后期开井生产后含水率上升，经过一段时间的排采后，七 H6-2 井含水率下降，七 H6-1 井开井后持续高含水率 93%，截至 2023 年 6 月，含水率为 85.23%，正在逐步下降（图 8）。说明施工排量较大，影响较为严重，为了防止压窜沟通邻井生产，后期结合水层位置和邻井生产层射孔情况进行段簇数优化，采取避射原则，控制措施改造规模，同时采用示踪剂方式评价措施效果，刻画油水通道，为后期水平井部署提供依据。

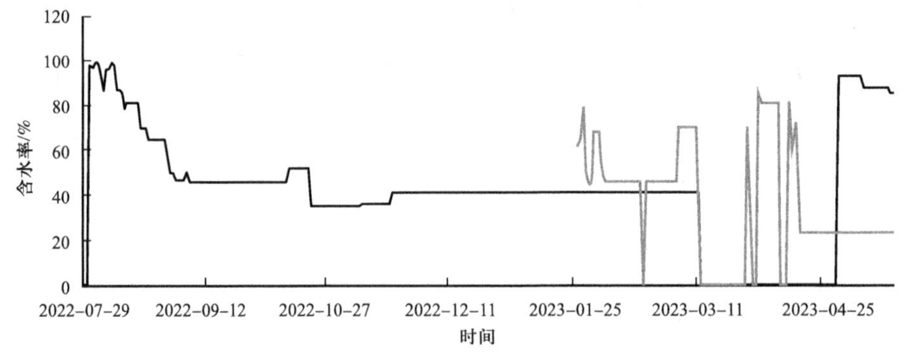

图 8　七 H6-1、七 H6-2 井含水率变化曲线图

3.3　工艺参数优化

针对水平井压后效果不一、压窜影响邻井生产的问题，开展地质工程一体化研究，采

用 Petrel 平台建立三维地质模型，kinetix 模块优化分段分簇方案及措施参数，在降低措施成本的同时提高措施改造针对性，实现油藏效益开发。通过对压后产能分析，裂缝缝长和导流能力存在最优值且并非越大越好。

段簇数优化：采用 Petrel 软件，输入地质参数和工程参数，优化段簇位置，结合前期施工情况，采取避射原则和密切割原理，进行段簇数优选，优化射孔位置，降低压窜的风险和提高改造体积（图 9）。

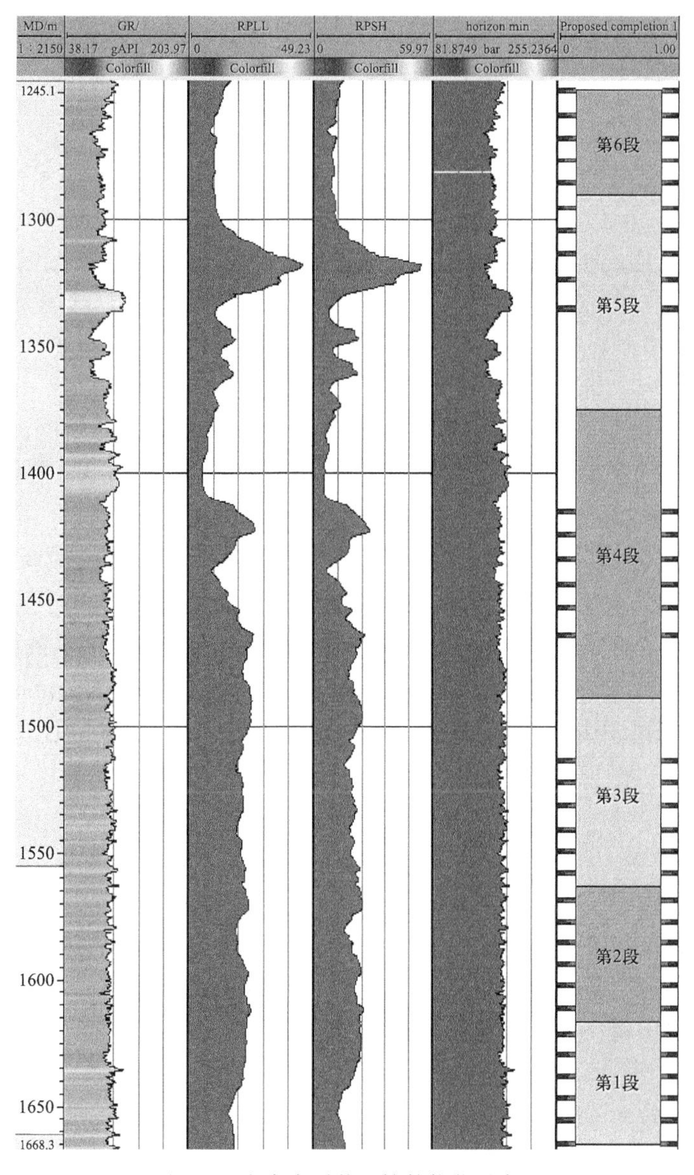

图 9　七个泉水平井段簇数优化示意图

导流能力优化：储层整体以中砂岩、含砾砂岩为主，含少量粉砂岩。对压裂改造导流能力要求不高，通过软件优化导流能力保持在 45～50D · cm 之间（裂缝宽度为 4～5mm）。

结合七个泉储层埋深，对应地层闭合压力约为 20MPa，优选 30～50 目 /20～40 目组合石英砂对地层进行支撑，满足对导流能力的需求（图 10）。

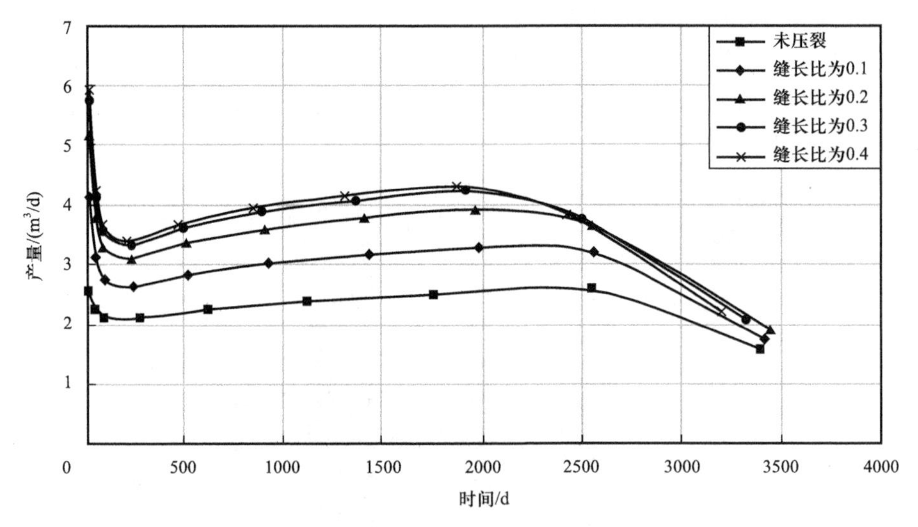

图 10　七个泉裂缝缝长对产量的影响

措施液体优选：结合七个泉油藏地质需求，该区块需要造复杂缝网，同时防止主缝延伸沟通邻井，因此优选黏度较低的变黏滑溜水。该体系具有价格低、黏度可调、低伤害、可现场混配、减阻效果好等优点。

优化结果：结合油藏压裂改造情况及压后效果分析，该区块受断块影响严重，因此，通过提高用液强度实现蓄能改善注采关系、降低施工排量降低井间干扰、优选液体体系提高改造体积等方式进一步优化施工参数。采用全程变黏滑溜水提高裂缝复杂程度，支撑剂全程采用石英砂进一步降低施工成本，施工排量优化为 $8m^3/min$，导流能力保持在 45～50D·cm 之间，用液强度由 $13m^3/m$ 提升至 $15m^3/m$，加砂强度由 $1.3m^3/m$ 优化为 $1.0m^3/m$。

4　结论

（1）钻井液密度影响全烃显示，后期在钻井过程中实时监测钻井液密度，及时调整钻井液性能，提高储层钻遇率和全烃显示，为后期改造提供依据；

（2）强化地质工程一体化，加强选井选层及段簇数优化，储层品质是影响水平井措施效果的主控因素；

（3）施工排量较大，井间干扰严重，影响邻井生产，结合储层地质需求，建议后期适当降低施工排量，避免井间干扰；加砂强度过大，不断优化加砂强度和平均砂比，降低施工成本，提高措施改造效益；

（4）针对同一层系水平井，采取同时压裂、整体闷井、统一求产的原则进行排采，降低因压裂改造带来的井间干扰，实现整体蓄能、整体收益、整体排采的目的。改善注采关系，进一步提高储层动用，实现提高油藏采收率的目的。

参考文献

[1]刘成桢．低渗透油藏水平井分段压裂改造技术研究与应用[J]．中国石油和化工标准与质量，2023，43(9)：169-171.

[2]张景，虎丹丹，覃建华，等．玛湖砾岩油藏水平井效益开发压裂关键参数优化[J]．新疆石油地质，2023，44(2)：184-194.

[3]石长富．致密油储层体积压裂技术研究[J]．化工管理，2023(13)：70-72.

[4]卢岩．致密油藏长井段多级压裂水平井技术研究[J]．中国石油和化工标准与质量，2023，43(5)：193-194，198.

[5]毕曼，来轩昂，冀忠伦，等．苏里格致密气水平井压裂工程参数经济性研究[J]．钻采工艺，2022，45(4)：50-55.

[6]冯洋，郭江涛，郑艳，等．示踪剂监测技术在页岩气水平井压裂中的应用[J]．中国石油和化工标准与质量，2023，43(2)：153-155.

[7]陈浩博．水平井重复压裂工艺[J]．化学工程与装备，2023(1)：105-107.

[8]余佩蓉，郑国庆，孙福泰，等．玛湖凹陷风城组页岩油藏水平井压裂裂缝扩展模拟[J]．新疆石油地质，2022，43(6)：750-756.

[9]陈希迪．大庆致密储层水平井提效降本压裂试验[J]．石油地质与工程，2022，36(3)：109-112.

[10]闫育东，何明勇，王彦伟．关于水平井压裂工艺技术现状及展望[J]．中国石油和化工标准与质量，2022，42(8)：186-188.

[11]胡月．油气田水平井压裂酸化技术分析[J]．中国石油和化工标准与质量，2022，42(16)：164-166.

[12]吴兵，高伟，侯山，等．苏里格致密砂岩水平井地质工程一体化压裂效果解释与评价[J]．西安石油大学学报(自然科学版)，2022，37(4)：61-68.

[13]黄越，黄晓凯，金智荣，等．苏北盆地花庄断块型页岩油压裂技术探索与实践[C]//ECF国际页岩气论坛2022第十二届亚太页岩油气暨非常规能源峰会论文集，2022：158-166.

[14]陶长州，池晓明，周隆超．油水平井压裂窜槽识别及防治对策[C]//2022油气田勘探与开发国际会议论文集Ⅳ，2022.

[15]宾凯文．致密油水平井体积压裂参数优化研究[D]．青岛：中国石油大学(华东)，2018.

特低渗透油藏中高含水井双向调堵压裂技术研究与试验

达引朋　陆红军　白晓虎　王德玉　卜向前　毛亚辉

（中国石油长庆油田公司油气工艺研究院；2. 低渗透油气田勘探开发国家工程实验室）

摘　要： 针对长庆油田特低渗透中高含水期开发阶段油藏，受储层高渗透带影响，常规重复压裂存在措施后含水率上升、增产幅度低的问题，根据典型油藏长期注采开发实际，采用油藏三维地质建模研究，结合生产资料，分析了中高含水油井调堵压裂增产机理，研究了不同调堵压裂参数对油井重复改造效果的影响，提出了油水井双向调堵重复压裂技术思路。通过室内实验，优选了自适应凝胶堵剂体系，对注水井进行深部调剖，封堵水窜通道；同时，优选评价涂覆颗粒堵剂 FK-3，对中高含水油井开展前置调堵控水压裂。现场试验结果表明，7 口高含水油井措施后单井平均日增产油 1.56t，含水率下降 17.06 个百分点，实现了中高含水井重复压裂控水增油的目的。双向调堵压裂技术研究与先导试验为特低渗透油藏中高含水井重复改造提供了新的技术思路。

关键词： 特低渗透油藏；中高含水井；双向调堵压裂；控水增油

长庆油田特低渗透主力油藏为三叠系延长组储层，埋深 1000～2600m，油层渗透率 0.5～3.0mD，孔隙度 8%～14%，地层温度 40～75℃，初期均采用压裂 + 注水开发方式[1-2]。经过 20 余年的开发，主力油藏已进入中高含水期开发阶段，平均含水率 62.1%。重复压裂作为老井措施挖潜的主要措施，随着油藏含水率的升高，常规重复压裂易造成油井措施后含水率上升，影响油藏最终采收率的提高。为此，挖潜老裂缝侧向剩余油、控制油井含水率上升已经成为此类油藏重复改造的主要研究方向。国内大庆、吉林等油田针对水淹油井开展了堵老缝压新缝技术试验，但受老缝永久封堵难度大，且同层封堵后新缝启裂不确定性、措施成本高等因素影响，单井效果差异大，有效期短[3-6]。

为此，针对特低渗透油藏中高含水油井，结合安塞油田 S127 区块长 6 油藏开发特征，分析了中高含水油井调堵压裂增产机理，研究了不同调堵压裂参数对油井重复改造效果的影响，提出了“前置调堵控含水、动态多级暂堵压裂提单产”的重复压裂技术思路；配套研发了前置调堵剂 PEG-1 凝胶，优化调堵压裂工艺，实现了老裂缝侧向高应力区剩余油的有效挖潜；现场试验 12 口井，取得了较好的控水增油效果，为中高含水油藏重复压裂提供了新的技术思路。

1 油藏开发特征

选取 S127 区块长 6 油藏西北部作为先导试验区。试验区自 2010 年进入规模开发，2010—2016 年注水强度基本保持稳定，其间试验区产能持续下降，日产液量由 420m^3 下降至 280m^3，日产油量由 226.25t 下降至 115t，产能下降近 50%，含水率由 28.33% 上升至 45.76%。2016 年之后，试验区注水强度下降，一定程度上控制了含水率上升速度，但稳产形势依然严峻。试验前产能下降态势加剧，含水率曲线出现抬头趋势，日产液量下降至 324m^3，日产油量为 84.58t，仅为生产初期的 37.38%，含水率上升至 62.11%，中高含水油井占比超过 1/4，试验区整体处于高含水生产状态（图 1）。

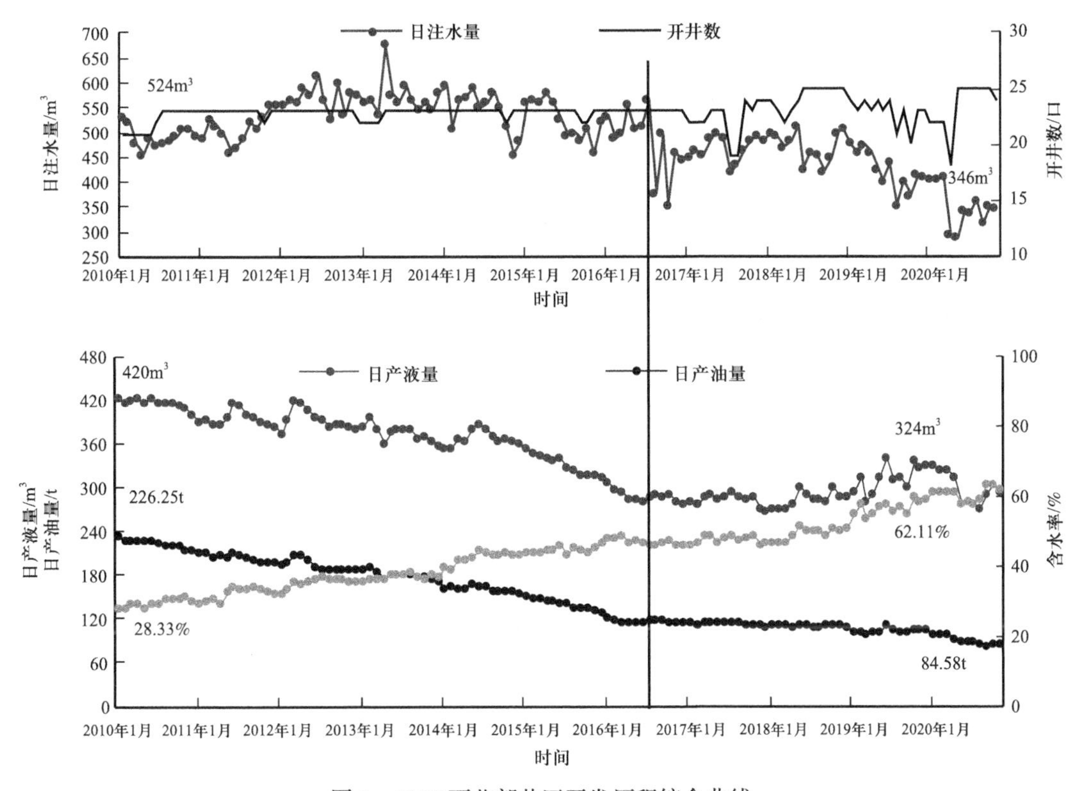

图 1　S127 西北部井区开发历程综合曲线

为分析该区油井见水响应特征，通过绘制油水井组栅状图的方式，对其注采连通性进行研究；结合吸水剖面测试资料和油井动静态资料分析，明确了试验区 11 口高含水油井见水方向（图 2）。见水方向以主向为主，局部侧向见水，见水类型以裂缝性主导见水与裂缝—孔隙复合型见水为主，分别占 42.1% 和 42.1%。各井组间均存在明显的窜流通道，致使注入水低效循环，地层压力下降，产能不断下降。有效封堵该类窜流通道，提高水驱波及效率，是后续措施增产和提高油藏采收率的关键。

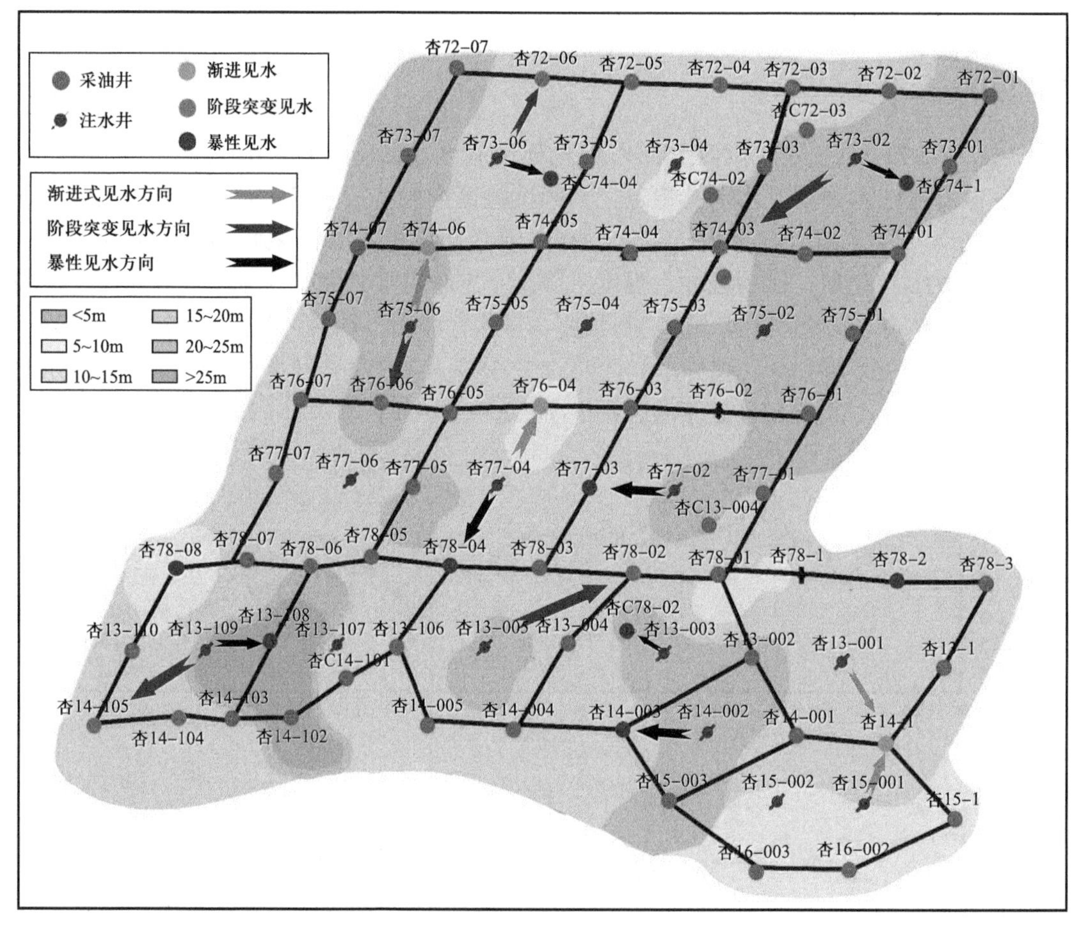

图 2　井组油井见水方向图

2　双向调堵压裂增产机理

检查井取心结果显示，油藏平面上剩余油分散不均且呈条带状分布，侧向水驱宽度为 80～100m，剩余油主要集中在裂缝侧向；纵向上储层剩余油呈互层式分布，强 / 弱水洗段交替出现，层内夹层对水驱遮挡作用明显。主要存在以下开发矛盾：油井生产时间长，多轮次措施后常规措施增油效果逐年变差，平均单井日增产油小于 0.8t；对应注水井注水量大，单井平均注水量在 $8.0 \times 10^4 m^3$ 以上，存在措施后见水风险。为了分析研究区油藏的渗流特征，明确调堵压裂的增产机理，采用 Petrel 建模软件进行了三维地质建模。

2.1　典型井组数值模拟模型建立

利用典型井组测井、地质、生产数据等资料，结合流体分析测试数据、岩心测试数据等建立目标区块的精细地质模型、精细数值模拟模型，完成研究区油水井生产数据的历史拟合。根据研究区油藏地层流体分析结果，确定该油藏流体模型主要参数，原始地层压力10.6MPa，饱和压力6.85MPa，地下原油黏度2.24mPa·s，地层原油密度0.7628g/cm^3，原油体积系数1.206，原始溶解气油比4.30，原油压缩系数1.021×10^{-3}MPa^{-1}，岩石压缩系数0.215×10^{-3}MPa^{-1}，地层水压缩系数0.1×10^{-3}MPa^{-1}。

2.2 典型井组优势渗流通道

基于目标区块的实际生产历史，对每个井组的数值模拟模型进行精细的历史拟合，通过微调各个精细数值模拟模型中渗透率、孔隙度等储层参数，使模型中各井的生产历史拟合效果更好；并且集成测井资料和生产动态资料来约束建模的整个过程，以减少建模过程中存在的不确定性，进而明确不同井组的优势渗流通道方向[7]。研究表明，目标井组储层平面非均质性较强，高渗透条带较多，油井与其邻近注水井之间共存在7条优势渗流通道，且优势渗流通道方向存在差异性（图3）。

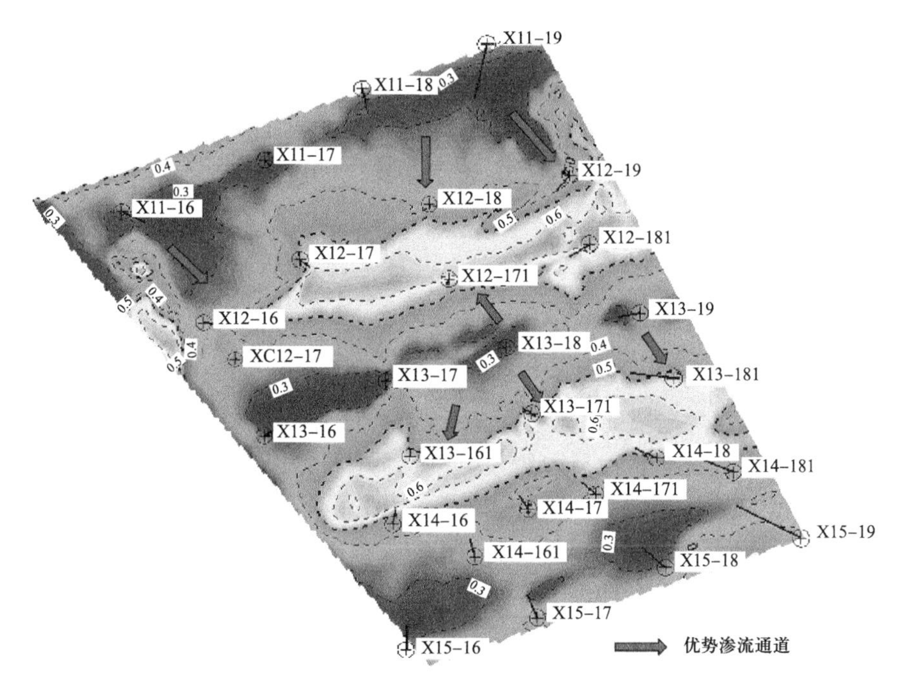

图3　S127区块长6油藏典型井组剩余油饱和度等值线图

2.3 优势通道侧向剩余油富集

生产井压裂后，经过长期注采，注入水易沿人工裂缝或高渗透通道发生水窜，导致生产井含水率较高，严重影响了油井的正常生产；生产井与加密井井排之间剩余油富集，注入水难以波及，且流向油井的能力受阻。随着距油井的距离增加，剩余油饱和度逐渐升高，垂直于裂缝方向单侧泄流半径为40～50m，沿裂缝方向泄流半径为130～140m，平均泄流半径为70～85m。

2.4 油水井双向调堵增产潜力计算

针对目标区存在优势渗流通道、侧向剩余油富集的特征，以改善井组整体渗流场为目标，油井措施挖潜设计重点考虑以下三个方面：一是对注水井水窜通道进行深部调剖，改善注水液流方向，提高注水波及体积；二是通过在压裂裂缝前端对优势渗流通道进行调堵，改变原有水驱渗流方向，减少对油井正常生产的干扰；三是可以通过对老裂缝暂堵转向压新缝，增大对采油井原有老裂缝侧向剩余油的动用能力。

以裂缝性见水油井为例，计算表明双向调堵降低含水率比单一调剖 / 堵水降低近10%，采收率可提高至20% 以上，能够有效改善渗流场、动用剩余油，实现高含水油井“降水增油”目的。

3 双向调堵压裂关键技术研究

为了充分动用剩余油，立足储层固有井网条件进行注水井深部调剖、油井前置调堵压裂工艺优化，提出了“注水井封堵水窜裂缝，低产油井前置调堵控含水、动态多级暂堵压裂提单产”的工艺思路，以实现中高含水井组改善渗流场、低产油井重复压裂控水增油的目的。

3.1 注水井深部调剖方案优化

3.1.1 调剖工艺优化

裂缝型特低渗透油藏由于基质渗透率低，采油井一般采用水力压裂措施，注水井一般采用燃爆或者水力压裂等措施。在生产过程中，注水井注入压力升高或储层压裂改造时，微裂缝易张启并延伸（图4）。微裂缝的张启导致油水井附近的高渗透通道及大裂缝连通，注入水沿微裂缝窜流至生产井，地层压力降低，Δp_2 减小，因此注水井压力便会降低，油井产量 Q 也会大大减小。为此，应采取适当措施，提高油水井间压差，提高注水井压力，增加油井产量。又因地层压力梯度与距离 R 呈双曲反比关系［式（2）］。随着 R 的减小，地层能量损耗速度逐渐加快，在井壁处达到最大。因此，为减小渗流阻力，进而减小储层能量损失，实现储层深部封堵，提高地层深部压力梯度，是治理裂缝型水窜油井的关键。

油井产量公式可表示为：

$$Q=\frac{\pi Kh\left(p_{注}-p_{生}\right)}{\mu\ln\left(\frac{R_e}{R_w}\right)} \tag{1}$$

即

$$Q=\frac{\pi Kh\Delta p}{\mu\ln\left(\frac{R_e}{R_w}\right)} \tag{2}$$

式中，Q 为油井产量，cm^3/s；K 为储层渗透率，D；h 为储层厚度，cm；$p_{注}$为上游注入端压力，10^{-1}MPa；$p_{生}$为下游采出端压力，10^{-1}MPa；μ 为原油黏度，mPa·s；R_e 为平面径向流内半径，cm；R_w 为平面径向流外半径，cm；Δp 为注入端—采出端压差，10^{-1}MPa。

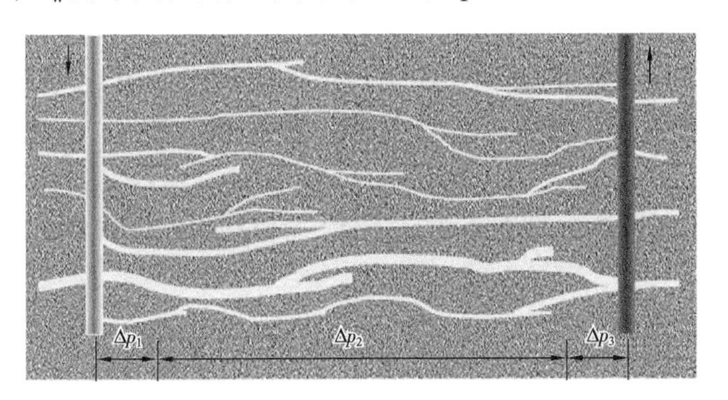

图 4　多段塞多轮次注入凝胶水驱压力梯度变化曲线

为此，提出了采用以“多段塞、变浓度的控压注入、柔性爬坡注入方式”为特征的深部调驱工艺。该工艺是以自适应深部调驱体系初始黏度低和选择性封堵的特点为基础，结合小段塞多轮次的施工工艺来确保堵剂体系有效进入地层深部实现储层深部裂缝系统的逐级有效封堵，促使后续注入水发生液流转向，提高油藏波及体积，同时有效提高储层整体压力和孔隙基质的动用程度，整体改善储层驱替系统，实现控水增油的目的。

3.1.2　调剖剂优选

注水井调剖应用最广泛的深部调剖剂是交联聚合物弱凝胶，但同时也面临以下问题；一是深部调剖工艺优化设计难度大；二是常规聚合物凝胶“要么注不进，要么堵不住，要么全堵死”；三是现用聚合物微球对大水窜裂缝封堵能力弱；四是常规调驱封堵半径小，封堵效果差，有效期短，一般仅 6～12 个月[8-9]。为此针对试验区水窜裂缝发育且方向为多方向的特征，提出了自适应性深部调剖思路，即通过选择初始黏度的调剖剂，通过在施工过程中调整堵剂黏度，改变注入压力的方式，多轮次交替注入，实现对各级裂缝的自适应逐级封堵的目的（图 5）。

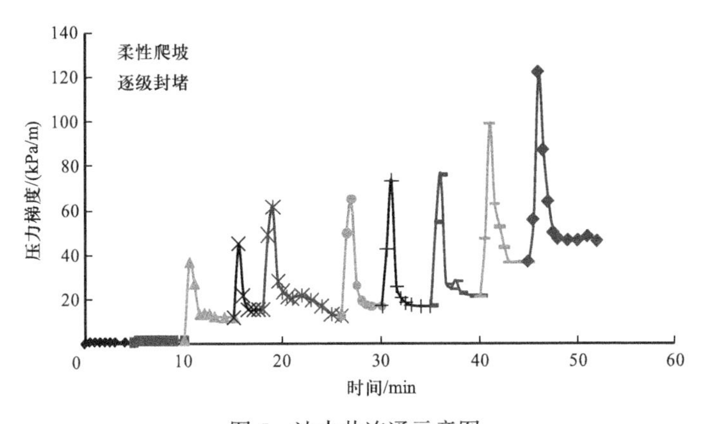

图 5　油水井连通示意图

结合试验区油藏条件（地层温度49.6℃，$CaCl_2$水型，83890mg/L，pH值5.8），通过室内实验优选了适合该区块的自适应凝胶体系：聚合物浓度为2000～4000mg/L，交联剂浓度为2500mg/L；堵剂初始黏度低（小于15mPa·s）；在注入过程中封堵剂可随水流自适应进入多尺度窜流通道，且封堵强度与成胶时间可控，封堵强度大于2.5MPa/m，封堵率大于95%，能够实现深部液流转向。为了提高堵剂长期封堵稳定性，利用可逆的物理交联，可适当减少化学键交联，降低交联剂用量，避免过度交联，降低了凝胶体系的脆性，提高了胶体的弹性，也就提高了凝胶体系的长期稳定性。室内实验表明，该堵剂体系经过80天老化后，均未出现脱水，黏度未明显降低，说明在50℃凝胶体系具有较好的稳定性（图6）。

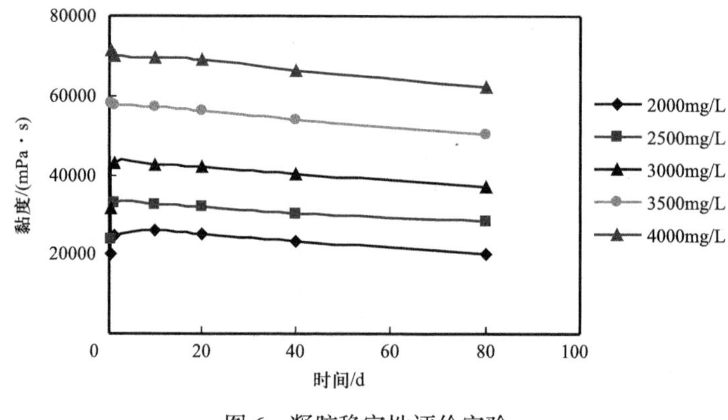

图6　凝胶稳定性评价实验

3.2　油井前置调堵压裂方案优化

为了挖潜水淹油井侧向剩余油，在注水井深部调剖对见水裂缝封堵的基础上，对低产油井老裂缝采用“自适应凝胶与固体涂覆颗粒”复合堵水压裂工艺，主要目的是在油井端裂缝深部封堵改变水驱方向的同时，涂覆颗粒堵剂固化后提高裂缝封堵承压能力，利于后续转向压裂新裂缝的形成[10]。

室内优选FK-3涂覆颗粒作为堵水压裂用裂缝固化封堵材料。室内实验表明，该堵剂12h后抗压强度达10MPa，24h后抗压强度大于12MPa；固结后水驱渗透率小于0.4mD，且瓜尔胶压裂液对其固结强度和固结后的渗透性无负面影响。同时，凝胶+FK-3涂覆颗粒组合不仅有效提高了整体封堵强度，且正、反向水驱压力差别很小。对比持续水驱压差曲线可以表明，凝胶+FK-3涂覆颗粒组合不仅大幅度提高了劈缝岩心的封堵后水驱压差，显著提高封堵强度，同时可以长期保持封堵强度，保护凝胶不被高速水驱带出裂缝岩心（图7）。

3.3　压裂参数优化

堵老缝压新缝是挖潜裂缝侧向剩余油的主要技术途径，产生新裂缝的先决条件是水平两向应力差较小。受油水井长期注采影响，储层压力、油水饱和度发生变化，引起岩石力学参数变化，变化的岩石力学参数将改变地应力场[11-13]。

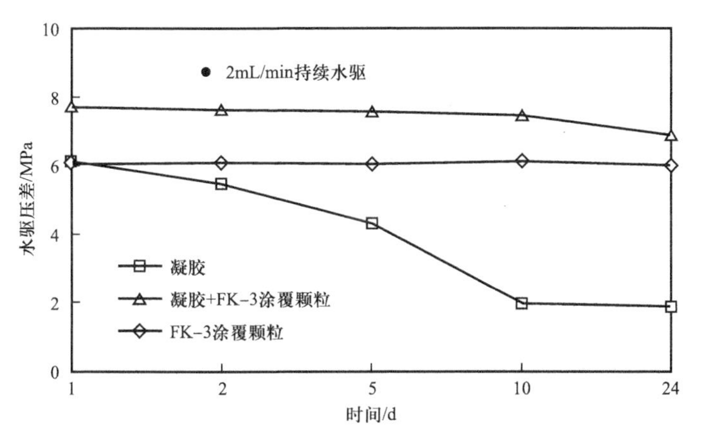

图 7　不同类型堵剂封堵后持续水驱压差曲线

结合 S127 长 6 油藏长期注采条件下两向应力差约 3MPa 实际（图 8、图 9），优化堵水压裂工艺参数如下：新裂缝转向距离 30m；涂覆颗粒封堵位置大于 25m，预留压后泄油通道。堵水压裂参数：凝胶体系 100～150m^3,FK-3 涂覆颗粒 5～10m^3，砂量 10～15m^3，排量 1.6～2.4m^3/min。

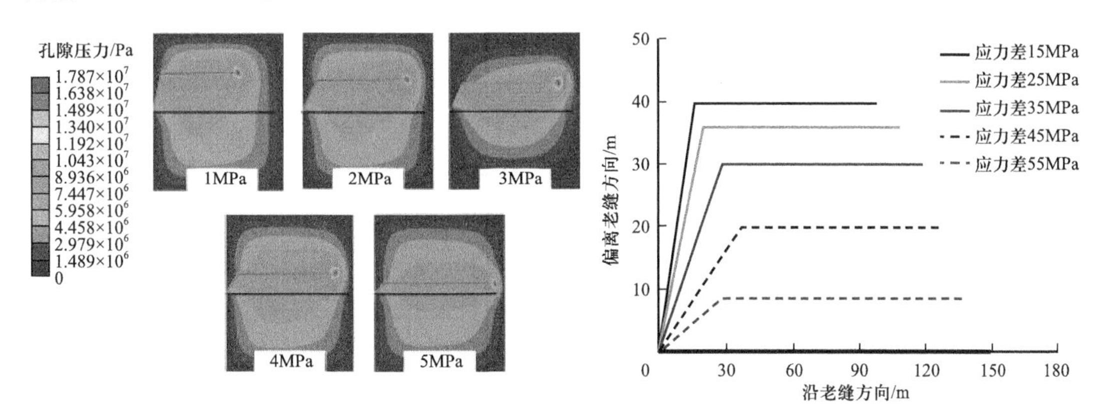

图 8　不同应力差新裂缝转向距离计算结果图

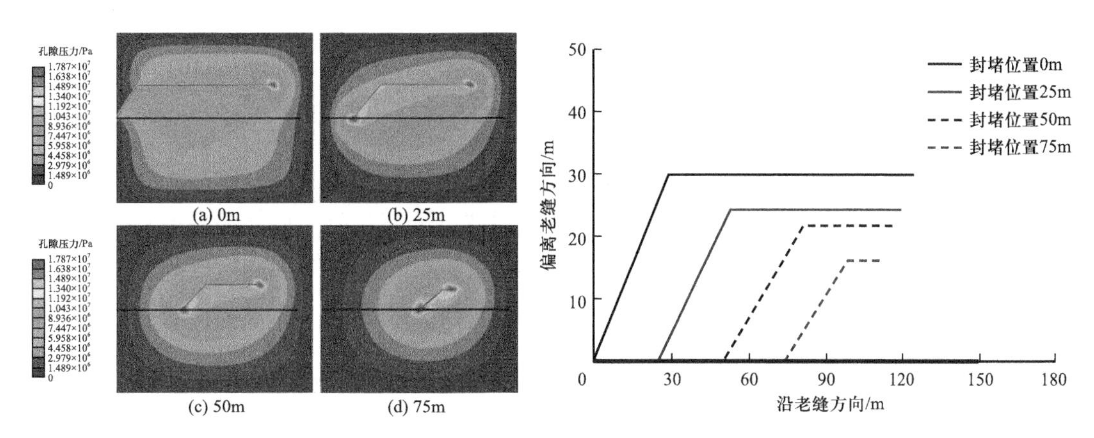

图 9　不同封堵位置裂缝转向规律模拟结果图

4　现场试验

4.1　施工工艺分析

在试验区开展了10个井组双向调堵压裂试验，平均单井注入凝胶调剖剂量970m³。挤注曲线表明，施工压力呈“多级爬坡”特点（图10）；注水井整体调控后注水压力上升1.1～3.4MPa，3h内关停井压降由措施前的1～4.4MPa下降至0～0.7MPa，表明自适应调驱后，地层压力显著提高，油藏驱替系统得到有效改善。

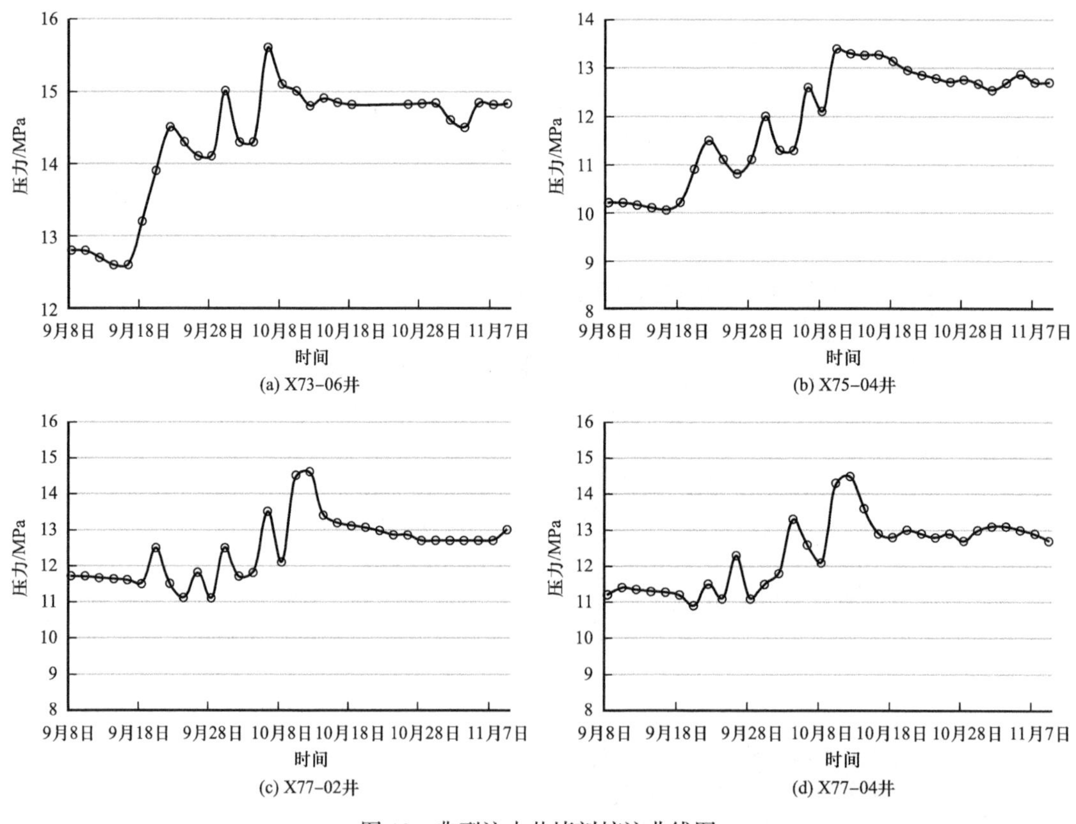

图10　典型注水井堵剂挤注曲线图

油井端根据试验井措施前注采对应关系，优化试验井平均单井前置调堵剂用量100～150m³，压裂施工排量1.6～2.4m³/min。采用“自适应凝胶与固体涂覆颗粒”复合堵水压裂工艺，裂缝转向前后施工压力上升3.4MPa，满足了产生侧向新裂缝技术条件。以X74-06井为例，该井同排量下裂缝转向前后压力上升6.2MPa，裂缝转向特征明显，*G*函数分析有多裂缝开启特征（图11、图12）。

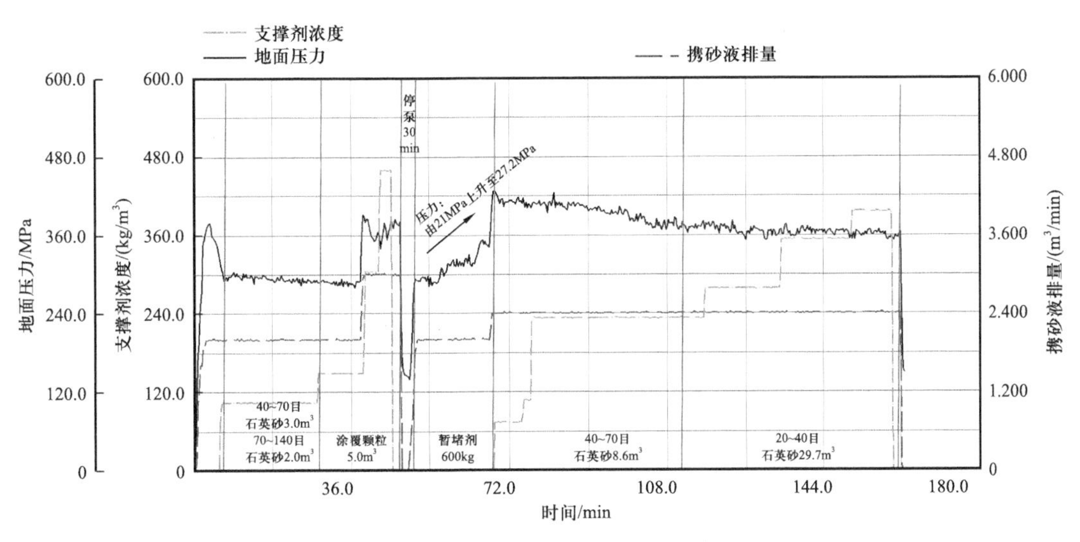

图 11　X74–06 井调堵压裂施工曲线图

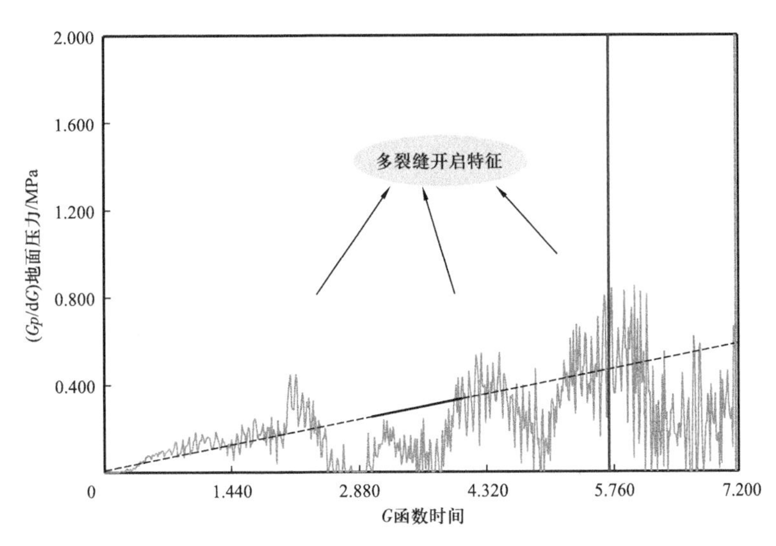

图 12　X74–06 井施工压力 G 函数分析结果图

4.2　试验效果

通过注水井自适应深部调剖，井组月度阶段递减率由 1.5% 降至 −0.8%，月度含水上升率由 0.8% 降至 −0.3%，单井组少递减原油 444.1t；对井组内对应 7 口高含水井开展油井调堵压裂措施，有效率 100%；截至 2023 年 5 月底，有效期内平均单井日增油 1.56t，含水率下降 17.06%，有效期 276 天，阶段累计增产油量 563t（表 1），取得了较好的控水增油效果，验证了技术可行性。预测有效期内单井平均累计增产油量达 800t 以上，经济效益显著。

表 1　高含水油井前置调堵压裂试验效果

井号	措施前			2023 年 5 月底			阶段含水变化 / 百分点	阶段有效期内日增油量 / t	阶段措施有效期 / d	阶段累计增产油量 / t
	日产液量 / m^3	日产油量 / t	含水率 / %	日产液量 / m^3	日产油量 / t	含水率 / %				
X74-06	4.84	0.33	91.7	4.71	2.52	42.20	−49.50	2.29	561	1283
X72-04	5.07	0.21	90.1	3.46	1.23	60.40	−29.70	1.24	536	667
X75-05	2.40	1.00	48.6	4.08	2.84	26.80	−21.80	2.73	527	1441
X73-05	2.87	0.81	66.3	4.46	2.60	37.50	−28.80	1.97	222	438
X78-4	1.39	0.58	51.2	3.52	1.66	48.50	−2.70	1.52	69	105
X75-2	1.93	0.43	75.0	4.55	1.17	70.80	−4.20	0.40	10	4
X77-4	2.10	0.72	61.5	4.32	1.34	65.10	3.60	0.75	8	6
平均	2.94	0.58	69.20	4.10	1.79	52.14	−17.06	1.56	276	563

5　结论与建议

（1）长庆特低渗透油藏中高含水期开发阶段油藏老井受长期注水开发后存在优势渗流通道影响，挖潜老裂缝侧向剩余油、控制油井含水上升是低产油井增产的主要技术方向。

（2）双向调堵压裂关键是在注水井水窜通道进行深部调剖基础上，对高含水油井进行前置调堵压裂。其中对油井老裂缝进行前置调堵和提高转向压新缝的成功率是油井控水增油的关键。前置调堵剂用量优化要考虑优势渗流通道位置，优选与储层适配的调堵剂类型，并对堵剂用量进行优化；暂堵转向压裂过程中提高缝内净压力是压开侧向新裂缝、提高措施增产效果的主要因素。

（3）特低渗透油藏调堵压裂技术试验取得了一些有益认识，但仍处于探索阶段。下一步需结合不同特低渗透油藏开发阶段、井网类型、渗流场变化特征等开展油水井双向调堵、重构渗流场等技术研究，进一步提高特低渗透中高含水期开发阶段油藏控水增油重复改造效果。

参 考 文 献

[1]王东琪，殷代印．特低渗透油藏水驱开发效果评价［J］．特种油气藏，2017，24（6）：107-110.

[2]阳晓燕．非均质油藏水驱开发效果研究［J］．特种油气藏，2019，26（2）：152-156.

[3]张玉银，赵向原，焦军．鄂尔多斯盆地安塞地区长 6 储层裂缝特征及主控因素［J］．复杂油气藏，2018，11（2）：25-30.

[4]段鹏辉，雷秀洁，来昂杰，等．特低渗透油藏定面射孔压裂技术研究与应用［J］．石油钻探技术，2019，47（5）：104-109.

[5]许建国，赵晨旭，宣高亮，等．地质工程一体化新内涵在低渗透油田的实践[J]．中国石油勘探，2018，23(2)：37-42.
[6]蔡卓林，赵续荣，南荣丽，等．暂堵转向结合高排量体积重复压裂技术[J]．断块油气田，2020，27(5)：661-665.
[7]王友启．特高含水期油田“四点五类”剩余油分类方法[J]．石油钻探技术，2017，45(2)：76-80.
[8]廖月敏，付美龙，杨松林．耐温抗盐凝胶堵水调剖体系的研究与应用[J]．特种油气藏，2019，26(1)：158-162.
[9]贾玉琴，郑明科，杨海恩，等．长庆油田低渗透油藏聚合物微球深部调驱工艺参数优化[J]．石油钻探技术，2018，46(1)：75-81.
[10]张莉，岳湘安，王友启．基于非均质大模型的特高含水油藏提高采收率方法研究[J]．石油钻探技术，2018，46(5)：83-89.
[11]侯建锋，王友净，胡亚，等．特低渗透油藏动态缝作用下的合理注水技术政策[J]．新疆石油天然气，2016，12(3)：19-24.
[12]张衍君，葛洪魁，徐田录，等．体积压裂裂缝前端粉砂分布规律试验研究[J]．石油钻探技术，2021，49(3)：105-110.
[13]董志刚，李黔．段内暂堵转向缝网压裂技术在页岩气水平复杂井段的应用[J]．钻采工艺，2017，40(2)：38-40.

致密砂岩体积压裂后出砂来源及防砂效应实验研究

高新平　杨　建　彭钧亮　苟兴豪　刘云涛

（中国石油西南油气田公司工程技术研究院；中国石油油气藏改造重点实验室）

摘　要： 致密砂岩压后出砂严重影响油气井的安全生产，明确出砂来源，针对性制定降低出砂的措施，有助于致密气经济安全高效地勘探开发。现场取压后出砂、井下岩心、压裂用石英砂样品，通过实验研究分析，明确现场出砂来源；基于压裂用石英砂性能特征，优选适用于致密气生产的压裂用石英砂粒径；研究不同石英砂粒径组合对导流能力的影响，找到最适合的导流能力等效替换方案。结果表明：（1）压后出砂样品的外观、密度、石英含量、粒径分布、微观结构与 70～140 目石英砂承压破碎实验后一致，压后出砂来源主体为 70～140 目压裂用石英砂；（2）随着闭合压力的增加，覆膜石英砂较普通石英砂有更强的抗破碎能力，30～50 目石英砂比 20～40 目石英砂承压能力更强；（3）在相同铺砂浓度的情况下，30～50 目石英砂与 40～70 目覆膜石英砂组合（7∶3）为等效导流能力的最优组合。结论认为，针对致密砂岩压后出砂提出的大粒径少砂量与现有小粒径大砂量的导流能力等效替换的对策，为解决压后出砂问题提供一种建设性的解决思路。

关键词： 致密砂岩；压后出砂；粒径组合；导流能力；等效替换

近年来，加砂压裂已成为国内外致密砂岩油气井增产的必要技术措施之一。随着石油机械和压裂技术的不断进步，加砂压裂加砂量和加砂强度不断增加，压后返排和生产过程中出砂现象越来越普遍[1-2]。加砂压裂作业是一项高投入作业，其目的是增产，压后出砂会影响增产效果，降低产出投入比例，同时压后出砂造成地面测试流程刺漏、关井，影响排采的连续性，对压后返排和采气工艺流程都增加了安全风险，不利于致密气的高效开发[3-4]。西南油气田公司 Q–J 区块是典型的致密砂岩气藏，截至 2022 年 3 月，Q–J 区块致密砂岩水平井共计实施加砂压裂 47 口井（共计 397 段），排液期间多口井不同程度出砂，最高可达 170t，出砂率 6.93%，降低了气田的开发效益。因此，明确致密砂岩压后出砂来源，有助于针对性制定降低出砂的措施，确保致密气经济安全高效地勘探开发。

1　降低致密砂岩压后出砂率的难点

1.1　出砂来源不明确

Q–J 区块致密砂岩储层岩石类型为中—细粒石英砂岩，矿物组分主要为石英，胶结物也以石英为主，储层天然孔隙及裂缝中含有可运移的石英颗粒，加砂压裂形成裂缝对储层天然孔隙及裂缝起到沟通作用，增加了储层石英颗粒运移的可能性。支撑剂在储层裂缝聚集主要依靠流体附着力、压实力、自身重力等作用来实现，同时为支撑剂回流提供契机[5-6]，Q–J 区块致密砂岩气藏使用加砂压裂进行储层改造，如果支撑剂失稳，将导致支撑剂回流。因此，在压后返排及生产过程中储层自身、压裂支撑剂是压后出砂潜在来源。

1.2 在保持导流能力的同时减少石英砂支撑剂用量

Q–J 区块致密砂岩气井使用 70～140 目石英砂 +40～70 目覆膜石英砂组合粒径连续加砂，单井石英砂支撑剂用量达 2000～5000t，当压后返排时，就有可能造成储层裂缝中石英砂支撑剂失稳，从而导致回流出砂。加砂压裂的根本目的是在储层中形成高导流能力的裂缝，在保持导流能力不变的前提下减少 70～140 目石英砂支撑剂的用量，从而降低压裂用石英砂回流出砂的风险。

2 实验研究

2.1 实验样品

基于致密砂岩井压后出砂可能的来源，现场取回 Q–J 区块构造不同位置 7 口致密砂岩气井井下岩心 7 个、压后出砂样品 7 个，以及 Q–J 区块致密砂岩气井加砂压裂使用的不同粒径石英砂样品 5 个（70～140 目、40～70 目、30～50 目、20～40 目石英砂及 40～70 目覆膜石英砂）（图 1）。

(a) 压后出砂

(b) 压裂用石英砂

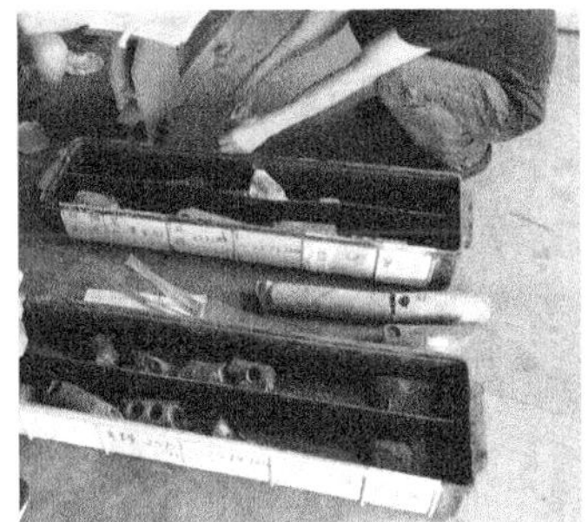
(c) 井下岩心

图 1　现场取样

2.2 实验方法

清洗压后出砂样品，将压裂用石英砂、清洗后压后出砂、井下岩心样品在储层温度下烘干 24h。将 5 个压裂用石英砂样品铺置在破碎室内进行承压破碎实验，闭合压力加载速率为 1.0MPa/min，升至 40MPa 后承压 10min，然后收集承压后的石英砂样品。井下岩心样品制岩心薄片及铸体薄片。

2.2.1 出砂来源分析

开展样品特征、密度、粒径分布、矿物成分实验分析。实验步骤：井下岩心、压裂用石英砂、压后出砂样品使用扫描电子显微镜进行外观及微观特征观察对比；使用量筒、电子天平检测压后出砂、压裂用石英砂样品密度，井下岩心采用测井密度，得到样品密度；使用标准实验筛、电子天平等分析100g压后出砂、压裂用石英砂，扫描电子显微镜分析井下岩心铸体薄片粒度，明确样品粒度分布；使用X射线衍射仪分析压后出砂、压裂用石英砂、井下岩心矿物组分及含量。对比分析压后出砂、压裂用石英砂、井下岩心样品特征、密度、粒径分布、矿物成分，与压后出砂一致的样品即为致密气井压后出砂来源。

2.2.2 导流能力测试

参照行业标准SY/T 6302—2019《压裂支撑剂导流能力测试方法》，结合Q–J区块致密砂岩气井加砂压裂施工工艺，使用支撑裂缝导流仪进行导流能力测试，闭合压力加载速率为1.0MPa/min，铺置浓度分别为1.5kg/m^2、2.5kg/m^2、5kg/m^2、7.5kg/m^2、10kg/m^2，API标准导流室。实验步骤：加载闭合压力至5MPa，进行管线排空加回压等，之后加载闭合压力至10MPa、20MPa、30MPa、40MPa、50MPa，并分别在每个压力点停留30min，分别测出每个闭合压力点下的导流能力。

导流能力等效替换包括使用全自动液压机、破碎室、标准实验筛、电子天平等在闭合压力10MPa、20MPa、30MPa、40MPa、50MPa下，分别检测压裂支撑剂的破碎率；检测在地层压力30～40MPa条件下的不同粒径石英砂支撑剂导流能力，再结合破碎率优选适用于致密气井压裂用的大粒径石英砂。按照Q–J区块致密气井加砂压裂支撑剂组合比例，检测致密砂岩加砂压裂对导流能力的要求，进行等效导流能力效果评价；再检测不同石英砂粒径组合比例的导流能力，优选出最优比例作为Q–J区块致密气井加砂压裂支撑剂使用方案。

3 实验结果与讨论

3.1 压后出砂来源

3.1.1 特征

样品外观颜色存在差异，且具有明显颗粒特征。压后出砂呈现褐灰色至灰褐色，颗粒中未发现覆膜；压裂用石英砂中覆膜石英砂受表面覆膜层影响外观颜色偏黄，其余呈灰褐色；井下岩心呈现浅灰色。对比发现，压后出砂样品颜色更接近于除覆膜石英砂外的其他压裂用石英砂样品（图2）。

微观结构观察分析表明，压后出砂与压裂石英砂都棱角分明、颗粒分散，具有破碎特征；井下岩心颗粒不明显，呈胶结结构，压后出砂样品与石英砂微观特征相似程度更高。从样品特征观察分析，压后出砂更接近于除覆膜石英砂外的其他压裂用石英砂（图 3）。

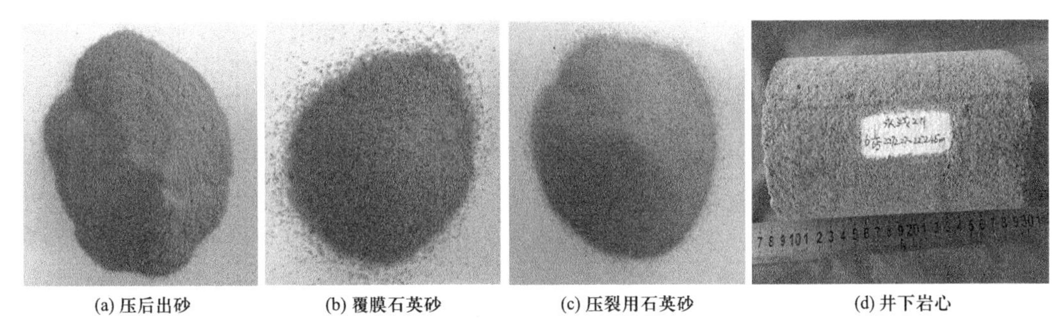

(a) 压后出砂　(b) 覆膜石英砂　(c) 压裂用石英砂　(d) 井下岩心

图 2　部分样品外观特征

(a) 压后出砂　(b) 压裂用石英砂　(c) 井下岩心

图 3　部分样品微观观察

3.1.2　矿物成分

采用行业标准 SY/T 5163—2018 规定的方法测试压后出砂、压裂用石英砂、井下岩心样品矿物成分及含量，压后出砂矿物成分中石英占 99%～100%，压裂用石英砂矿物成分中石英含量占 99%～100%，井下岩心矿物成分中石英含量占 44%～59%、长石类占 27%～37%（表 1）。对比样品矿物成分及含量，压后出砂与压裂用石英砂基本一致。

表 1　实验样品矿物成分结果

样品	压后出砂					压裂用石英砂				井下岩心				
	1 号	2 号	3 号	…	7 号	70～140 目	30～50 目	…	40～70 目覆膜	1 号	2 号	3 号	…	7 号
石英 /%	100	99	100	…	100	100	100	…	99	44	52	59	…	53
钾长石 /%	0	0	0	…	0	0	0	…	0	14	12	10	…	9
斜长石 /%	0	1	0	…	0	0	0	…	1	23	18	17	…	31

续表

样品	压后出砂					压裂用石英砂				井下岩心				
	1号	2号	3号	…	7号	70～140目	30～50目	…	40～70目覆膜	1号	2号	3号	…	7号
方解石/%	0	0	0	…	0	0	0	…	0	0	0	3	…	0
石膏/%	0	0	0	…	0	0	0	…	0	3	0	0	…	0
黏土矿物/%	0	0	0	…	0	0	0	…	0	16	18	11	…	6

3.1.3 密度及粒径分布

压后出砂平均密度为2.66g/cm^3，粒径集中在125～180μm之间。压裂用石英砂平均密度为2.69g/cm^3，70～140目石英砂粒径集中在125～180μm之间、40～70目石英砂粒径集中在250～355μm之间、30～50目石英砂粒径集中在355～425μm之间、20～40目石英砂粒径集中在500～710μm之间，40～70目覆膜石英砂粒径集中在250～355μm之间。井下岩心平均密度为2.36g/cm^3，粒径集中在50～80μm之间（图4）。压后出砂密度更接近于压裂用石英砂密度，压后出砂粒径集中分布范围与压裂用石英砂范围更接近，且与70～140目石英砂粒径范围（125～180μm）一致。

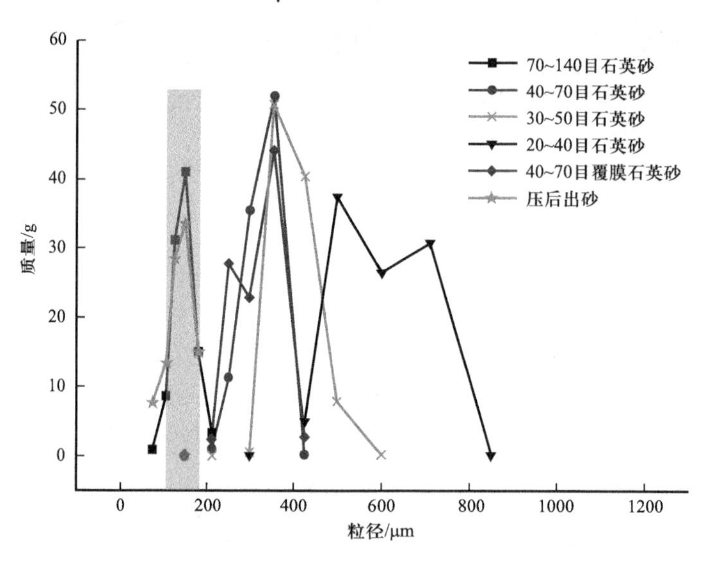

图4 压裂用石英砂样品承压后粒径分布统计

3.2 优选石英砂粒径

致密气井压后出砂样品与70～140目石英砂承压后一致，压后出砂的主要来源为70～140目压裂用石英砂，而较大粒径的石英砂支撑剂则基本未排出地层。对于不同粒径石英砂，小粒径抗冲蚀能力弱于大粒径，在返排过程中，小粒径支撑剂更容易受压裂液的冲蚀而带出井筒。单粒径条件下，大粒径支撑剂的临界流速显著高于较小粒径支撑剂；组合粒径条件下，大粒径支撑剂占比越大，其临界流速将随之升高[7]。Q–J 区块致密砂岩气井使用石英砂组合粒径加砂压裂，即 70～140 目石英砂 +40～70 目覆膜石英砂组合施工。优选大粒径石英砂替换小粒径 70/140 目石英砂进行加砂压裂，为降低压后出砂提供可能。

3.2.1 破碎率优选

破碎率是评价支撑剂性能的一个重要指标[8]。不同粒径压裂用石英砂随着闭合压力的增加，破碎率在增大；在相同闭合压力下，粒径越大破碎率越大；覆膜石英砂的破碎率最小。闭合压力 40MPa 时，30～50 目比 20～40 目石英砂破碎率小（表 2）。从破碎率方面考虑，加砂压裂支撑剂优选 30～50 目和 40～70 目覆膜石英砂。

表 2 支撑剂破碎率评价结果

石英砂粒径 / 目		70～140	40～70	30～50	20～40	40～70（覆膜）
破碎率 /%	20MPa	3.88	3.88	3.05	2.04	1.45
	28MPa	—	8.15	8.37	9.91	—
	35MPa	7.91	—	14.26	18.45	—
	40MPa	15	15	18.66	25.93	5.2

3.2.2 导流能力优选

导流能力是支撑剂性能的综合反映，选择支撑剂时还应进行导流能力评价[9]。当闭合压力低于 25MPa 时，导流能力随粒径增大而变大；闭合压力为 25～40MPa 时，由于颗粒受压破碎，导流能力下降明显，其中 20～40 目由于破碎率高，破碎产生小颗粒填充了颗粒间的空隙，导流能力下降剧烈；闭合压力大于 40MPa 时，导流能力下降平缓，其中 20～40 目石英砂导流能力低于 30～50 目石英砂、40～70 目覆膜石英砂，甚至略低于 70～140 目石英砂（图 5）。因此，从导流能力方面考虑，加砂压裂支撑剂优选 30～50 目石英砂和 40～70 目覆膜石英砂。

3.3 导流能力等效替换

加砂压裂是高效开发非常规油气藏的主要技术之一，其根本目的是在储层中形成高导流能力的裂缝。致密砂岩储层加砂压裂支撑剂优选 30～50 目石英砂和 40～70 目覆膜石英砂，为验证使用大粒径低砂量石英砂替换小粒径高砂量石英砂的可行性，进行等效导流能力替换实验。

3.3.1 致密砂岩加砂压裂对支撑剂导流能力的要求

Q–J 区块致密砂岩气井使用 70～140 目石英砂 +40～70 目覆膜石英砂（质量比 8：2）

进行连续加砂压裂，其中40～70目覆膜石英砂采用尾追形式加入，单井平均产量为$43\times10^4m^3/d$，加砂效果较好，加砂压裂裂缝导流能力满足致密砂岩气井生产的要求。采用70～140目石英砂+40～70目覆膜石英砂（质量比8：2），在地层压力为30～40MPa时，不同铺置浓度下，Q–J区块致密砂岩加砂压裂对导流能力需求见表3。

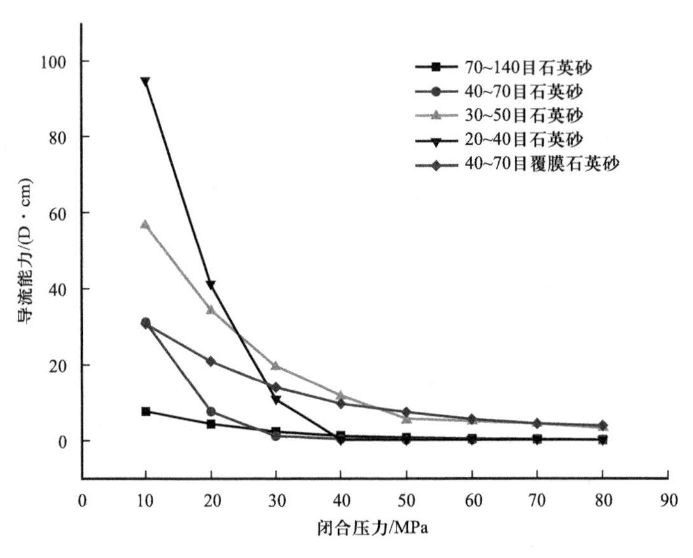

图5 不同石英砂支撑剂导流能力

表3 Q–J区块致密砂岩加砂压裂对导流能力需求

闭合压力/MPa	导流能力/（D·cm）				
	$1.5kg/m^2$	$2.5kg/m^2$	$5kg/m^2$	$7.5kg/m^2$	$10kg/m^2$
10	4.89	6.76	10.59	14.75	29.09
20	3.44	4.49	8.36	10.71	23.38
30	2.34	3.07	6.18	7.20	17.77
40	1.39	1.86	4.57	4.26	12.50
50	0.73	0.89	3.21	2.36	7.24

3.3.2 石英砂支撑剂组合等效导流能力铺砂浓度

30～50目石英砂+40～70目覆膜石英砂质量比8：2，在地层压力为30～40MPa时，检测不同铺砂浓度导流能力（表4）。为进一步量化致密砂岩气井对30～50目石英砂+40～70目覆膜石英砂质量比8：2对导流能力的要求，通过拟合导流能力与铺砂浓度关系（图6），其中闭合压力为30MPa时导流能力与铺砂浓度关系为$y=3.1087x-0.6902$，40MPa时导流能力与铺砂浓度关系为$y=1.5284x+0.0712$。

表 4　30～50 目石英砂 +40～70 目覆膜石英砂（质量比 8：2）不同铺砂浓度导流能力

闭合压力 / MPa	导流能力 /（D·cm）				
	1.5kg/m²	2.5kg/m²	5kg/m²	7.5kg/m²	10kg/m²
30	3.18	8.98	13.56	22.20	31.01
40	2.52	4.05	7.14	11.67	15.48

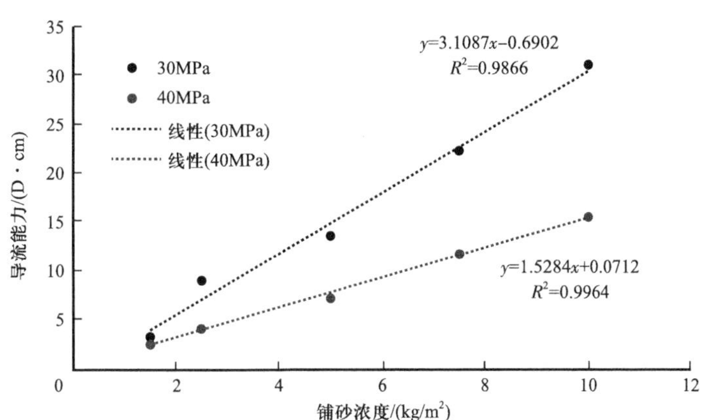

图 6　30～50 目石英砂 +40～70 目覆膜石英砂（质量比 8：2）不同铺砂浓度导流能力拟合图

使用图 6 拟合直线关系曲线，30～50 目石英砂 +40～70 目覆膜石英砂质量比 8：2 达到 70～140 目石英砂 +40～70 目覆膜石英砂质量比 8：2 等效导流能力需要的铺砂浓度下降 18.66%～66.16%（表 5），在保持致密砂岩储层裂缝导流能力不变的同时，替换了 70～140 目小粒径石英砂，降低了压后出砂风险，大量减少了加砂压裂石英砂的用量。

表 5　30～50 目石英砂 +40～70 目覆膜石英砂（质量比 8：2）等效导流能力铺砂浓度

70～140 目 +40～70 目覆膜铺置浓度 /（kg/m²）	闭合压力 / MPa	等效导流能力 /（D·cm）	30～50 目 +40～70 目覆膜铺砂浓度 /（kg/m²）	30～50 目 +40～70 目覆膜铺置浓度下降比例 / %
1.5	30	2.343	0.976	34.95
	40	1.386	0.860	42.64
2.5	30	3.073	1.211	51.58
	40	1.863	1.173	53.09
5	30	6.18	2.210	55.80
	40	4.57	2.944	41.12
7	30	7.20	2.538	66.16
	40	4.26	2.741	63.45

续表

70～140 目 +40～70 目覆膜铺置浓度 /（kg/m²）	闭合压力 / MPa	等效导流能力 /（D·cm）	30～50 目 +40～70 目覆膜铺砂浓度 /（kg/m²）	30～50 目 +40～70 目覆膜铺置浓度下降比例 / %
10	30	17.77	5.938	40.62
	40	12.50	8.134	18.66

3.3.3 30～50 目石英砂 +40～70 目覆膜石英砂组合比例优化

在 30～50 目石英砂 +40～70 目覆膜石英砂不同质量比组合下，检测地层压力为 30～40MPa 时的导流能力（图 7），30～50 目石英砂与 40～70 目覆膜石英砂质量比降低时，导流能力呈现先上升再下降趋势，其中质量比为 7∶3 时导流能力最大，相比质量比为 8∶2 时导流能力提高 18.53%（30MPa）、18.11%（40MPa）。因此，30～50 目石英砂 + 40～70 目覆膜石英砂的最佳质量比为 7∶3。

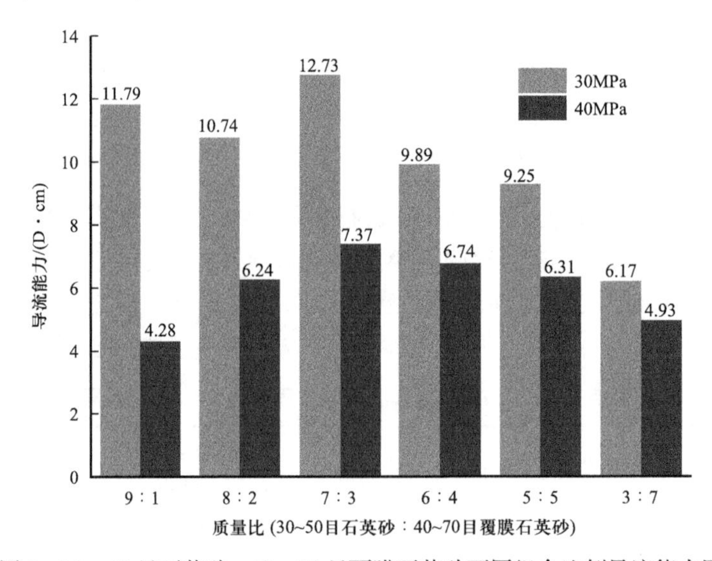

图 7　30～50 目石英砂 +40～70 目覆膜石英砂不同组合比例导流能力图

4　应用成效

2021 年 3 月，Q–J 区块致密砂岩水平井 X1 井采用 70～140 目石英砂 +40～70 目覆膜砂质量比 8∶2，实施加砂压裂 5 段，压后出砂量为 140t，出砂率约为 5.7%，单井产量 $41\times10^4m^3/d$。2021 年 7 月，水平井 X6 井采用 30～50 目石英砂 +40～70 目覆膜石英砂质量比 7∶3 进行加砂压裂施工，X6 井与 X1 井在同一个井场，加砂压裂工艺及规模、井形结构相同，X6 井压后出砂 23.2t（图 8），出砂率仅为 0.95%，单井产量 $55\times10^4m^3/d$。与 X1 井相比，X6 井压后出砂量大幅下降，单井产量提高了 34.15%，在降低了石英砂支撑剂回流出砂的同时提高了开发效益，说明针对 Q–J 区块致密砂岩压后出砂提出的大粒径少砂量与现有小粒径大砂量的导流能力等效替换可行，降低了压后出砂量。

(a) X1井压后出砂　　(b) X6井压裂用石英砂

图 8　压后出砂出口端

5　结论

（1）压后出砂样品的特征、矿物成分、密度及粒径分布，与井下岩心样品明显不同，与 70～140 目压裂用石英砂承压破碎实验后的样品一致，压后出砂来源主体为 70～140 目压裂用石英砂。

（2）在致密砂岩地层压力条件下，相同铺置浓度时，30～50 目石英砂具有比 20～40 目石英砂破碎率更小、导流能力更高的特征，优选 30～50 目石英砂作为替代 70～140 目小粒径石英砂支撑剂进行加砂压裂。

（3）按照目前加砂压裂粒径组合质量比进行导流能力等效替换，在地层条件下，加砂压裂使用 30～50 目石英砂 +40～70 目覆膜石英砂比使用 70～140 目石英砂 +40～70 目覆膜石英砂的铺砂浓度下降 18.66%～66.16%，替换了 70～140 目小粒径石英砂，降低了压后出砂风险，也大量减少了石英砂使用量。

（4）30～50 目石英砂 +40～70 目覆膜石英砂的最佳质量比组合为 7∶3，在 Q–J 区块致密砂岩水平井 X6 井现场试验，降低了压后出砂量，提高了 X6 井的开发效益，为 Q–J 区块致密砂岩气井降低压后出砂提供了一种建设性的解决思路，也为致密砂岩气藏高效开发提供了有力的技术支撑。

参 考 文 献

[1] 郭建春，路千里，刘壮，等 .“多尺度高密度”压裂技术理念与关键技术——以川西地区致密砂岩气为例［J］. 天然气工业，2023，43（2）：67-76.

[2] 郑有成，韩旭，曾冀，等 . 川中地区秋林区块沙溪庙组致密砂岩气藏储层高强度体积压裂之路［J］. 天然气工业，2021，41（2）：92-99.

[3] 徐庆祥，王绍达，张苏杰，等 . 油气井压裂后出砂原因分析及控制措施［J］. 中国石油和化工标准与质量，2021，41（19）：55-56，61.

[4]李天才，郭建春，赵金洲．压裂气井支撑剂回流及出砂控制研究及其应用［J］．西安石油大学学报（自然科学版），2006（3）：44-47.

[5]袁嘉欣．深层致密气压裂水平井支撑剂回流数学模型研究及应用［D］．北京：中国石油大学（北京），2017.

[6]王利华，邓金根，周建良，等．弱固结砂岩气藏出砂物理模拟实验［J］．石油学报，2011，32（6）：1007-1011.

[7]陶祖文，蒲杨，杨乾隆，等．压裂支撑剂回流影响因素及控制措施［J］．天然气技术与经济，2021，15（5）：28-34.

[8]梁天成，严玉忠，蒙传幼，等．水力压裂用支撑剂破碎率的影响因素分析［J］．重庆科技学院学报（自然科学版），2021，23（3）：10-12.

[9]曹科学，蒋建方，郭亮，等．石英砂陶粒组合支撑剂导流能力实验研究［J］．石油钻采工艺，2016，38（5）：685-686.

南海西部低渗透油藏压驱关键技术研究与实践

彭建峰　王立新　劳文韬　袁　辉　范远洪　杨　山

（中海石油（中国）有限公司湛江分公司）

摘　要：南海西部油田低渗透储量占比高，是未来油气上产的“主战场”。由于物性差、部分区块注采连通性差、能量补充慢，导致开发效果差。通过广泛调研和多次论证，创新提出压裂＋驱油的解决思路，在涠洲W油田X1井先导试验成功，施工规模创造海上作业纪录。压驱后产液128m³/d，产油122m³/d，日增油近百立方米，中国海油首次采用压裂＋驱油的方式解决低渗透、无注水补充区块衰竭开发问题，创造海上低渗透开发新模式，应用前景好，具有较高的推广价值。

关键词：低渗透；压驱；能量补充；先导试验

随着油田进入开发中后期阶段，产量递减越来越快，稳产面临巨大挑战。南海西部低渗透油藏储量占比高，采出程度低，具有较大增产潜力，是未来油气上产的“主战场”。W油田是中国海油首个陆相整装低渗透油田，属于复杂断块、薄互层、低渗透储层。由于注采井距大、储层物性差，部分注水受效性差，断层边部井属于近衰竭式开采，无能量补充，油田平均单井产能低，采油速度逐年递减，多口井无法连续稳定生产，稳产上产举步维艰。如何保持地层能量、把锁在储层深部的油释放出来，成为该油田高效开发的关键。通过广泛调研和多次论证，创新提出“压裂＋驱油”的解决思路，以期为此类油田高效开发提供新的技术思路[1-5]。

1　油田特征与开发问题

1.1　储层物性差

W油田位于南海北部湾盆地涠西南凹陷东南斜坡上，受长期继承性断裂活动影响形成复杂断块油田，平面上分为南块、北块、中块、西一块、西二块和西三块。南块各油组油层测井解释平均孔隙度为14.3%～24.0%，平均渗透率为1.4～476.1mD，主要为中孔隙度、中—低渗透储层。北块各油组油层测井解释平均孔隙度为9.7%～17.8%，平均渗透率为0.2～16.4mD，主要为低孔隙度、低—特低渗透储层。中块各油组油层测井解释平均孔隙度为14.0%～21.9%，平均渗透率为1.1～95.4mD，主要为中孔隙度、低渗透储层，局部为中孔隙度、中渗透储层。西一块各油组油层测井解释平均孔隙度为14.3%～22.2%，平均渗透率为1.3～165.5mD，主要为中孔隙度、低渗透储层，局部为中孔隙度、中渗透储层。西二块各油组油层测井解释平均孔隙度为15.8%～19.7%，平均渗透率为

2.8～36.3mD，主要为中孔隙度、低渗透储层。西三块各油组油层测井解释平均孔隙度为16.6%～20.5%，平均渗透率为6.2～52.5mD，主要为中孔隙度、低渗透储层。

1.2 薄互层、非均质性强

纵向上由于稳定泥岩的分隔，形成多套相互独立储层；平面上由于断层的分隔，形成彼此相互独立的断块。小层厚度薄（1～5m），渗透率级差大（15～80），储层非均质性强。

1.3 注采井距大、井间连通性差，注水不受效

由于断层、构造沉积、砂体展布等导致注采井间连通关系复杂，小层砂体静态连通率为0.2～0.9。注采井距大（500～700m），导致注水基本不受效，地层整体压力保持水平低，能量补充不足，近似衰竭式开发。

2 技术思路提出

压裂技术是低渗透油藏提高产能的有效手段，但地层增产改造的同时需要有足够的能量补充。W油田井网压裂后无法有效注水补充能量，加密井网改善注采关系无经济效益，因此提出了自注自采的增产改造思路，即压裂驱油。压裂驱油工艺是以压裂＋驱油相结合的手段，以驱油液补充地层能量，提高孔隙压力，沟通微裂缝，渗析驱替剩余油[6]；以加砂压裂造高导流支撑裂缝，强化压裂效果，提高低渗透产能。一次施工将大量驱油液快速注入地层，压后闷井、洗油、弹性返排，形成自注自采的驱替模式，如图1所示。渗吸置换过程（即压驱时）较高的施工压力将使孔喉喉道水膜变薄，在驱动压力和毛细管压力双重作用下，驱油液进入基质排油，即动态渗吸，实现基质内油水置换[7-8]。

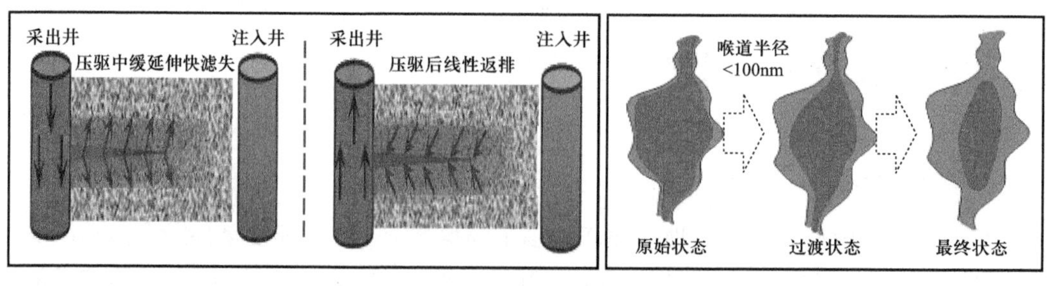

图1 压裂＋驱油渗吸置换作用原理示意图

3 方案研究与设计

3.1 先导试验选井原则

（1）具备一定储量基础，开采程度不高；

（2）储层连通性相对较差，注采受效性差；
（3）地层压力系数低，相比初期产量递减大，亟须能量补充；
（4）固井质量好，具备工程施工条件；
（5）泥岩隔层发育且较稳定，适合分段改造。

3.2 驱油压裂液优选评价

3.2.1 驱油剂优选

依据储层岩性、物性特征及“五敏”（速敏、水敏、盐敏、酸敏、碱敏）试验分析结果，结合海上压裂施工工艺特点，优选与储层配伍性良好、驱油效率高的压驱液体系[9]。

优选自渗吸驱油剂，具有超低界面张力特性，界面张力小于 0.01mN/m，采用平台纳滤海水实验，界面张力为 0.0026mN/m（表 1），在水驱基础上驱油效率提高 14.33%。

表 1 优选驱油剂的界面张力测试结果

油样	驱油剂	界面张力 /（mN/m）
原油	SLD 自渗吸（0.3%）	0.0025947
	小分子渗吸剂（0.3%）	0.0556367
	SN 驱油剂（0.3%）	0.0509778

3.2.2 海水基压裂液评价

X1 井 L_2Ⅱa、L_2Ⅱb、L_2Ⅱc 层属于中低孔隙度、低渗透储层，平均孔隙度为 14.2%，平均渗透率为 23.7mD。储层泥质含量范围为 3.3%～11.2%，储层温度为 110～120℃。压裂液优选时重点考虑液体固相含量对储层的伤害、耐温耐剪切能力等问题。

优选纳滤海水基瓜尔胶压裂液体系：0.45% 抗盐 HPG+0.1% 杀菌剂 +0.5% 黏土稳定剂 +0.3% 助排剂 +0.3% 破乳剂 +0.1% 离子稳定剂 +0.3% 耐温增强剂 +0.4% 交联剂，性能评价结果见表 2。

表 2 海水基压裂液性能评价结果

性能指标	技术要求	纳滤海水瓜尔胶压裂液（140℃）
基液黏度 /（mPa · s）	30～100	53.1
交联时间 /s	60～300	180（初步起黏时间 35s）
抗剪切性能 /（mPa · s）	≥50	142（130℃），87.1（150℃）
滤失系数 /（$m/min^{1/2}$）	$\leq 10\times10^{-4}$	8.65
破胶性能 /（mPa · s）	≤5	2.7
表面张力 /（mN/m）	≤28	25.92

续表

性能指标	技术要求	纳滤海水瓜尔胶压裂液（140℃）
残渣含量 /（mg/L）	≤600	283
防膨率 /%	≥85	91.8
天然岩心伤害率 /%	≤30	26.3
配伍性	良好	良好

3.3 压驱规模设计

3.3.1 压驱液量设计

根据本区块地质数据、驱油液相对渗透率曲线等室内实验数据建立 X1 井压裂渗吸裂缝—基质数值模拟模型，模拟不同注入规模下的储层压力恢复程度和压驱液波及范围。

根据模拟，注入压驱液量越大，波及体积越大，达到稳定波及体积所需时间越长，储层压力恢复值越高。当注入压驱液 12000m^3 时，压驱液形成的动态裂缝接近且不超过压裂所造的人工支撑裂缝长度。综合考虑海上作业平台施工能力，确定压驱注入总液量 12000m^3，如图 2 所示。

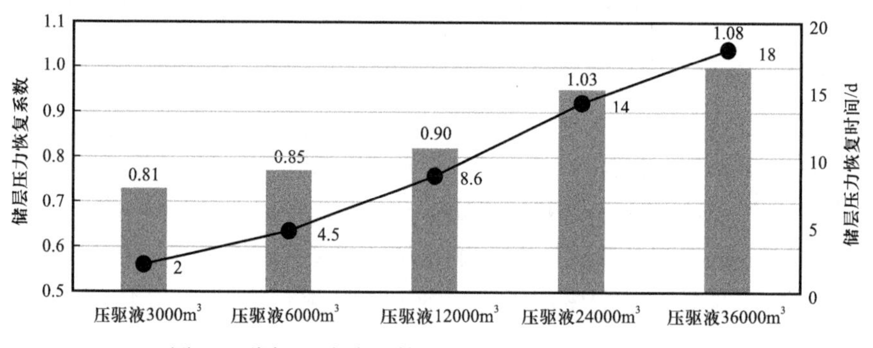

图 2 不同压驱方案的储层压力恢复系数和恢复时间

3.3.2 压裂裂缝参数设计

采用全三维压裂模拟软件 Meyer 模拟不同缝长和不同导流能力对产量的影响，确定最佳裂缝半长、最佳裂缝导流能力。以实现最大累计产油量为目标，模拟不同裂缝半长、不同导流能力的产量变化规律，优化设计半缝长 ±90m、导流能力 250～270mD · m，如图 3 所示。

3.4 管柱设计

压裂压驱注入管柱设计采用 4$^1/_2$in 油管 + 封隔器笼统注入压驱液增能 + 暂堵转向压裂实现均匀造缝，如图 4 所示。针对储层纵向油层的物性、地应力差异和射孔条件，通过两次投加复合暂堵剂（13mm 暂堵球 +1～3mm 颗粒暂堵剂），实现不同射孔段裂缝的开启和延伸，可达到纵向小层均匀改造的目的。

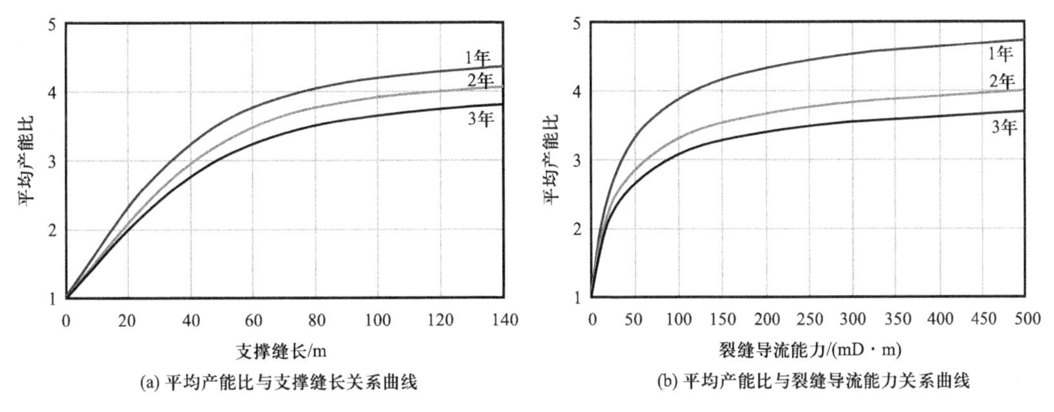

图 3　不同裂缝半长、导流能力优化

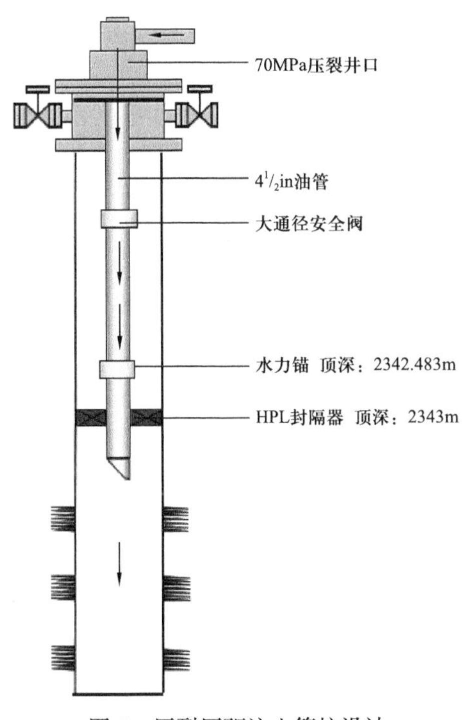

图 4　压裂压驱注入管柱设计

4　现场施工

4.1　小压测试分析

采用压驱液进行小压测试，累计测试液量 88m^3，排量 0～7m^3/min，地面施工压力最高 24.24MPa。停泵后 1h 压降曲线显示，井口压力从 13.41MPa 降至 0.13MPa，表明地层亏空较严重。

4.2 压驱施工

12000m^3 压驱液分 7 次段塞注入，压降曲线降幅明显减缓。从停泵 1h 后的压降曲线分析得出，注入大量压驱液使地层孔隙压力逐渐提高，停泵压力从第一段的 6.03MPa 涨到第七段的 12.85MPa，增加 6.82MPa。折算地层压力系数较压驱前增加 0.12，补能效果显著，如图 5 所示。

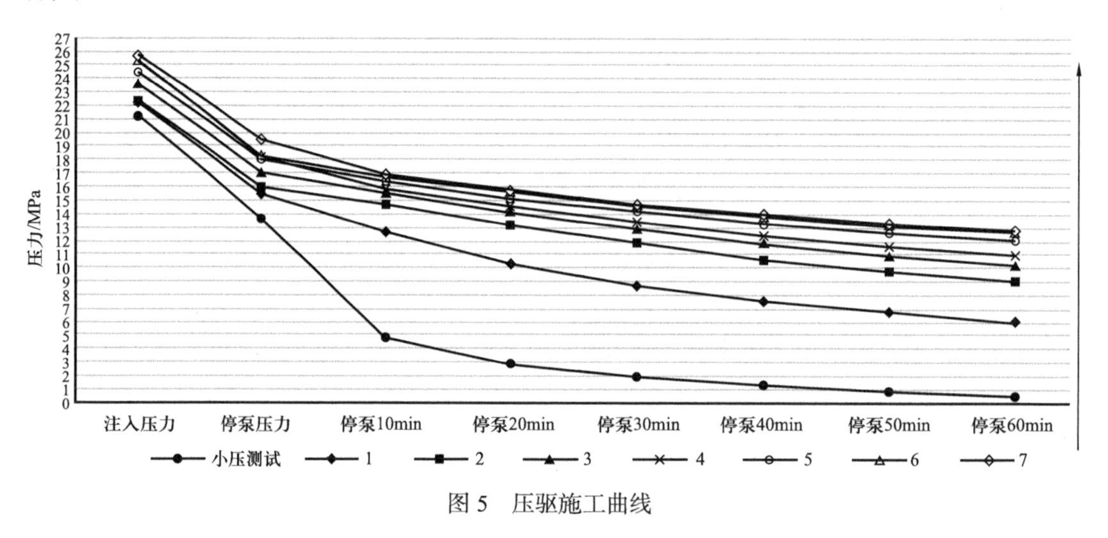

图 5 压驱施工曲线

4.3 压裂施工

分 3 级共计加砂 171.4m^3，压裂液 1266m^3，有效建立油井高速通道。第一级压裂累计注入液 469.4m^3、陶粒 62.1m^3；第二级累计注入液 466.4m^3、陶粒 58.4m^3；第三级累计注入液 330.8m^3、陶粒 50.9m^3。

5 措施效果与经济效益

X1 井措施前产液量为 27m^3/d，产油量为 24m^3/d，含水率为 11%，产能仅 4.4m^3/（d·MPa）；措施后最高产液量为 128m^3/d，产油量为 122m^3/d，含水率为 5%，产能为 29.92m^3/（d·MPa）。

压驱后与压驱前相比，日产液量增加 121m^3，日产油量增加 98m^3，产液指数由 4.4m^3/（d·MPa）提升至 29.92m^3/（d·MPa），增油效果显著；地层压力系数由 0.78 涨至 0.89，补能效果显著。截至 2023 年 5 月，已连续稳定生产 11 个月，累计增油 3.3×10^4m^3，各项指标均超过了油藏预期指标，如图 6 所示。

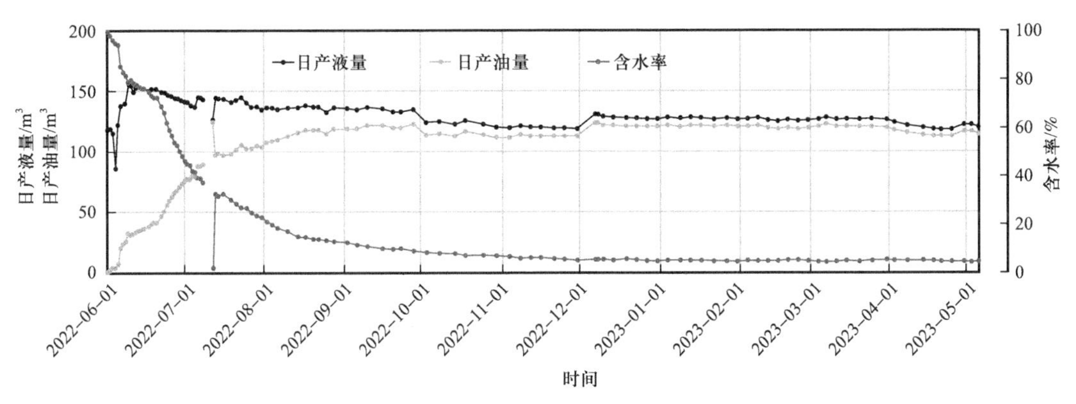

图 6　X1 井压驱后生产曲线

按照国际油价 70 美元 /bbl 计算，稳定生产一个月即可收回本井压裂压驱作业成本，经济效益良好。南海西部低渗透油藏、断块油田或能量补充不足区块储量丰富，增产潜力大，开展此项工艺推广应用前景良好。

6　结论

（1）压裂驱油就是以压裂 + 驱油相结合的手段，以驱油液补充地层能量，提高孔隙压力，沟通微裂缝，渗析驱替剩余油；以加砂压裂造高导流支撑裂缝，强化压裂效果，提高低渗透油藏产能[10-12]。

（2）压驱技术适用于具备一定储量基础、采出程度不高、单井产能低且储层连通性相对较差、需要能量补充的中低渗透储层。

（3）压驱技术补能增油效果显著，中国海油首次大规模压驱试验成功，为低渗透油藏产能释放开辟了新的途径，应用前景好，具有较高的推广价值。

（4）海上压驱规模设计方面经验欠缺，有待进一步提升，需充分结合储层物性、井网条件、采出程度、砂体展布、注采关系等因素优化压驱规模。

参考文献

[1] 胡若菡，赵金洲，蒲谢洋，等. 致密油藏缝网压裂模式的渗透率界限［J］. 大庆石油地质与开发，2015，34（5）：166-169.

[2] 蔡文斌，李兆敏，张霞林，等. 低渗透油藏水平井压裂理论及现场工艺探讨［J］. 石油勘探与开发，2009，36（1）：80-85.

[3] 陶建文，宋考平，何金钢，等. 低渗透油藏超前注水效果影响因素实验［J］. 大庆石油地质与开发，2015，26（3）：156-160.

[4] 张文，王禄春，郭玮琪，等. 特高含水期水驱油井压裂潜力研究［J］. 岩性油气藏，2012，24（4）：118-123.

[5] 何金钢，王洪卫. 三类油层压裂驱油技术设计与效果研究［J］. 西南石油大学学报（自然科学版），2018，40（5）：95-104.

[6]杨勇，胡罡，田选华．水驱油藏剩余油再富集成藏机理[J]．油气地质与采收率，2015，22（4）：79-86.
[7]兰玉波，杨清彦，李斌会，等．聚合物驱提高驱油效率机理及驱油效果分析[J]．石油学报，2006，27（1）：64-68.
[8]李扬成，汪玉梅，杨光．论压裂驱油技术在大庆油田的应用[J]．中国石油和化工标准与质量，2017，37（23）：163-164.
[9]张军涛，王锰，吴金桥．一种新型纳米渗吸剂合成与压驱工艺研究[J]．应用化工，2021，50（5）：1239-1244.
[10]樊超，李三山，李璐，等．低渗透油藏压驱注水开发技术研究[J]．石油化工应用，2022，41（1）：37-40.
[11]王静，蒋明，向洪，等．鄯善油田三类油层压驱新工艺的研究与应用[J]．石油工业技术监督，2020，36（12）：6-9.
[12]沈鹏飞，金萍，范晓东，等．致密储层采出程度影响因素[J]．大庆石油地质与开发，2017，36（1）：165-169.

水平井多级水力喷射压裂关键技术研究

全少凯　岳艳芳　韩　锐　赵维力　郭春峰　刘又玮

（中国石油川庆钻探工程有限公司长庆井下技术作业公司）

摘　要： 水平井多级拖动压裂双簇喷砂射孔是长庆油田致密油气藏增储上产和压裂改造的主流技术。该工艺存在射孔力学作用机理模糊、射孔参数计算准确性差，以及上下游水力喷射器耐冲蚀性差、冲蚀不均匀、冲蚀机理认识不清等问题。为此，系统开展了6项研究：（1）根据能量守恒原理和动量定理，建立了水力喷砂射孔力学模型，揭示了水力喷砂射孔压裂储层地质与喷射器、管柱系统力学作用机理；（2）根据流体力学理论和数值模拟方法，建立了水力喷砂射孔工艺参数优化设计方法，可以优化射孔排量和时间，优化射孔孔道参数；（3）利用计算流体力学（CFD）数值模拟方法，创新认识了水平井多级拖动压裂双簇水力喷射器冲蚀发生的部位、原因和机理，论证了上下游水力喷射器处砂浓度、流量、压力的非均匀性，得到了高速携砂射孔液、压裂液对水力喷射器本体、喷嘴冲蚀的影响规律；（4）采用室内实验与CFD数值模拟联合方法，建立了体积压裂水平井双簇水力喷射器冲蚀预测计算模型与方法，可预测油井管材、喷射器材料的冲蚀；（5）提出了采用阿基米德双螺旋结构来改善双簇水力喷射器非均匀性冲蚀的原创想法，形成了一套双螺旋透明玻璃管室内实验模拟技术；（6）研制了阿基米德双螺旋分流式水力喷射器，能有效平衡上下游水力喷射器处砂浓度、流量和压力，耐冲蚀性强，并形成了一套阿基米德双螺旋水力喷射器加工工艺技术和标准。以此为基础，系统解决了水平井多级拖动压裂双簇水力喷砂射孔工艺的理论与方法基础及工具制造问题，为水平井多级水力喷砂射孔压裂技术的发展提供了新理论与新技术支撑。

关键词： 水力喷砂射孔；水平井；多级压裂；冲蚀；力学机理

水力喷射体积压裂技术已成为国内油气增储上产和压裂改造的主流技术[1]，能够实现大规模体积压裂，特别适合于低渗透、致密和页岩油气藏的增产改造，而水力喷射器是实施这项技术的关键工具，影响井下喷砂射孔作业的质量、效率和效果[2-6]，决定水力喷射压裂的成败。

长庆油田属于典型的超低渗透油气田，伴随着油田的进一步开发，常规压裂改造模式难以实现油田的增储上产。体积压裂作为一种高效的改造方式已应用到长庆油田规模化开发中[7-9]。体积压裂的特点之一是大排量、大液量和大砂量，造成了传统的油水平井多级拖动压裂双簇水力喷射器和管柱的受力情况复杂。水力喷射压裂过程中，携砂液通过喷射器喷嘴产生高速射流，使携砂液在喷射器内部形成复杂液固两相流动，对喷嘴内壁产生了严重的冲蚀磨损，同时，高速射流液从套管壁反射回来或压裂液以一定速度沿地层边界循环返流至环空，造成喷射器本体反溅冲蚀。此外，放喷排液作业中地层流体携带砂粒高速冲击喷射器本体和喷嘴盖板，均致使喷射器外壁严重冲蚀，导致喷射器提前失效，严重制约了水平井多级拖动压裂双簇水力喷砂射孔技术的进一步发展。为此，基于水力喷射压裂研究现状及现场工艺失效统计分析，开展了水力喷砂射孔力学机理、水力喷砂射孔参数优化、双簇水力喷射压裂管柱及工具材料冲蚀实验与理论、双簇水力喷射器冲蚀模拟与结构优化、双螺旋透明玻璃管流动实验模拟，以及耐冲蚀水力喷射器研制、理论与现场试验评价等研究，从而形成水平井多级压裂水力喷射新技术、新方法和新工具，满足水平井安全高效多级压裂多簇喷砂射孔的需求，推动水平井多级水力喷射压裂技术的发展。

1 水力喷射压裂技术应用及工具冲蚀统计分析

为了解水平井多级水力喷射压裂技术及喷射器应用与冲蚀情况，对长庆油田 2015—2022 年采用水力喷射压裂的典型水平井进行了调研和统计分析，共调研统计了 35 口水平井，总结分析了水力喷射器的冲蚀情况与原因。通过数据分析和工具冲蚀观察，分析认为对于单簇或双簇水力喷射器，在进行水力喷砂射孔作业时，主要受到以下两种损伤：（1）携砂液流经喷嘴高速喷射，冲击到套管内壁反射至喷射器外壁，造成外壁反溅冲蚀；（2）水力喷射器射孔时，喷嘴内部形成高速涡流，冲蚀喷嘴内部材料，如图 1 所示。在放喷排液作业时，从地层返排出来的携砂液流经喷嘴，再从管柱内高速流出地面，同样会造成水力喷射器本体、内腔冲蚀。此外，观察发现，在水平井双簇水力喷射体积压裂管柱中，上游喷射器的损坏程度远大于下游喷射器，而且部分井由于上游喷射器严重冲蚀而导致施工失败，无法继续施工。

图 1　水力喷射器内部损伤扩大至外表造成外部穿孔

2 水力喷砂射孔机理与力学模型

根据能量守恒原理、动量定理和流体力学理论、射流实验力学理论，建立了水力喷砂射穿套管、水泥环及地层系统能量方程，推导了水力喷砂射穿套管、水泥环及地层各阶段临界冲击力、临界冲击速度和射孔时间等关键力学参数计算公式，据此建立了水力喷砂射孔工艺力学分析图版，揭示了水力喷砂与储层岩石力学作用机理。

水力喷砂射孔过程中射流液流束射穿套管—水泥环—地层系统总能量方程为：

$$E_{pzi} = \psi\xi K_t \delta_c{}^3 \sigma_{cs} \tan\alpha + \psi'\xi' K_t{}' \delta_w{}^3 \sigma_{ws} \tan\beta + F_{qr} L' \qquad (1)$$

式中，ψ 为射流液流束形状系数，根据射流试验确定；ξ 为射流液流束与套管接触系数，由试验确定；δ_c 为套管壁厚，mm；K_t 为局部挤压切割套管应力集中系数；σ_{cs} 为套管材料屈服强度，MPa；α 为射流液流束在套管上凿孔端部形状半角，(°)；ψ' 为射流液流束在水泥环内流动形状系数，根据射流试验确定；ξ' 为射流液流束与水泥环接触系数，由试验确定；δ_w 为水泥环厚度，mm；K_t' 为局部挤压水泥环切割应力集中系数；σ_{ws} 为水泥环材料抗压强度，MPa；β 为射流液流束在水泥环上凿孔端部形状半角，(°)；F_{qr} 为地层对射流液流束的阻力，kN；L' 为射开地层的长度，mm。

采用最小能量法反推确定最小喷嘴流量、流速和最佳喷嘴直径，从而确定井口施工泵压、排量和管内流体摩阻，为井底压力的有效计算提供依据。综合以上力学参数，即可建立射流液流束射穿套管—水泥环—地层系统各阶段能量、冲击力、冲击速度及最大阻力随射孔时间的力学分析图版，如图 2 所示，从而为分析水力喷砂射孔工艺过程提供参考依据。

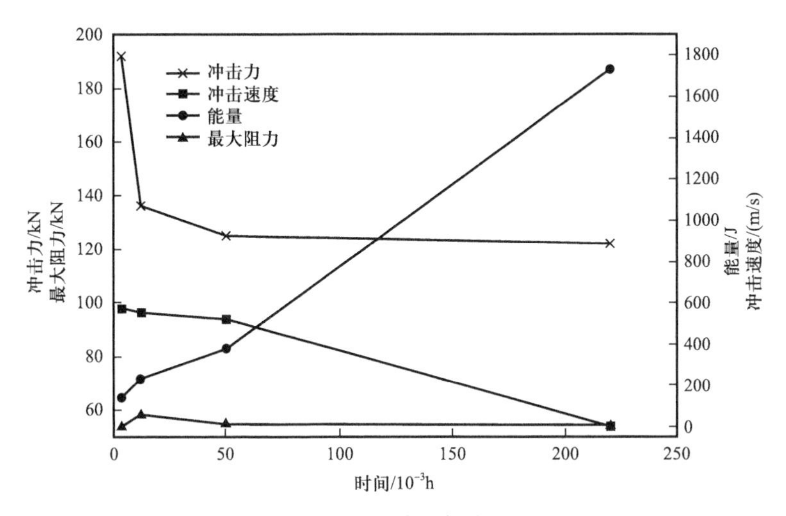

图 2　某致密油井水力喷砂射孔力学分析图版

3　水力喷砂射孔工艺参数优化设计方法

根据流体力学、数值模拟和射孔实验方法，建立了水力喷砂射孔工艺参数优化设计方法，可以优化射孔排量和时间，优化射孔孔道参数（射孔长度和宽度）。在一定排量、喷嘴直径及压力条件下，要射开地层一定深度，就需要一定的喷射时间。

根据室内实验及理论分析，水力喷砂射孔过程中喷射深度和喷射时间为：

$$L_{ps\max} = \frac{6.4 d_{pz} v_{ps}}{v_{cps} + \Delta v_{ps}} \qquad (2)$$

$$t = 2.535 \times 10^5 H_R \times \left\{ \frac{6.4 d_{pz} v_{ps}}{\left(2.18 H_R + \Delta v_{ps}\right)^2} \ln\left(\frac{L}{2.18 H_R + \Delta v_{ps}}\right) - \frac{L}{2.18 H_R + \Delta v_{ps}} \right\} \quad (3)$$

式中，L_{psmax} 为最大喷射深度，mm；v_{cps} 为临界喷射速度，m/s；Δv_{ps} 为射孔时由于回流导致的速度损失，m/s；t 为喷射时间，s；H_R 为材料的洛氏硬度。

采用数值方法计算得到一定喷射时间条件下喷射深度与排量、泵压的关系曲线，如图 3 和图 4 所示。由图 3 和图 4 可以看出，喷射时间一定时，喷射深度随排量、泵压的增大而增加；在一定初始泵压范围内，喷射深度增加的幅度较大，随后增加幅度较小；在一定排量和泵压作用下，延长喷射时间，可以增加喷射深度，但喷射时间增加到一定程度时，喷射深度增加很小，这主要是由于水力能量受限所致。

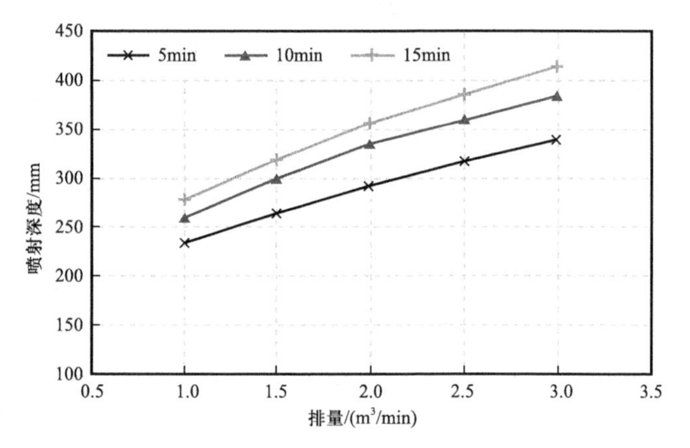

图 3　恒定喷射时间下喷射深度随排量变化曲线

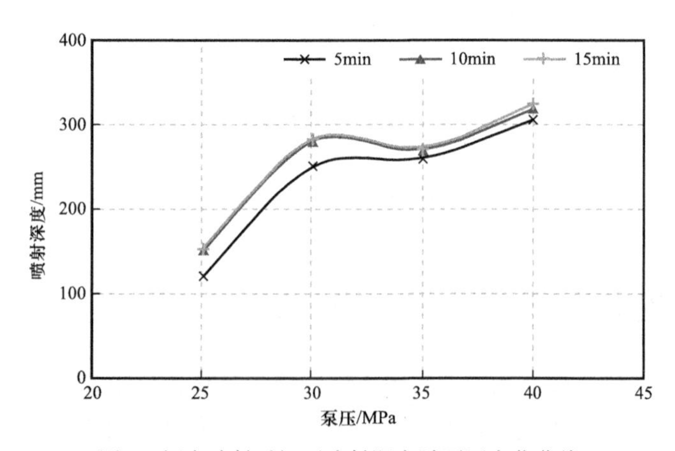

图 4　恒定喷射时间下喷射深度随泵压变化曲线

4　射孔压裂工况下双簇水力喷射器冲蚀机理

根据 CFD 数值模拟方法[10-14]，创新认识了水平井多级拖动压裂双簇水力喷射器冲蚀发生的部位、原因和机理，论证了上下游水力喷射器处砂浓度、流量、压力的非均匀性，得到了高速携砂射孔液、压裂液对水力喷射器本体、喷嘴冲蚀的影响规律。

采用 SolidWorks 软件建立几何模型，利用网格划分工具 Gambit 软件进行网格划分，导入 Fluent 软件进行流场模拟，如图 5 至图 7 所示。模型设计参数：单级水力喷射器长度 395mm，内径 36mm，外径 100mm；上游和下游各 3 个喷嘴，呈周向间隔 120° 分布；喷嘴直径为 5.5mm 和 6.3mm 两种组合；两级喷射器连接油管长 20m，油管内径 62mm，喷射器和油管连接处采用 45° 倒角变径，油管外径 78.6mm。流体介质为液固两相流，液相为水，固相为石英砂，石英砂粒径为 20～40 目，密度为 2650kg/m^3；排量为 2.8m^3/min，砂浓度为 160kg/m^3。

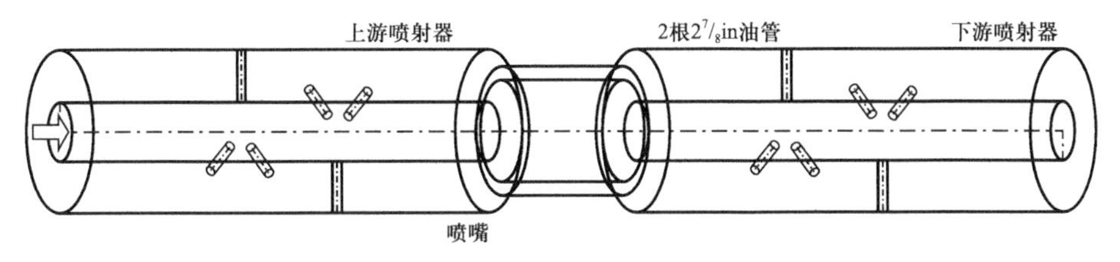

图 5　双簇水力喷射器物理模型

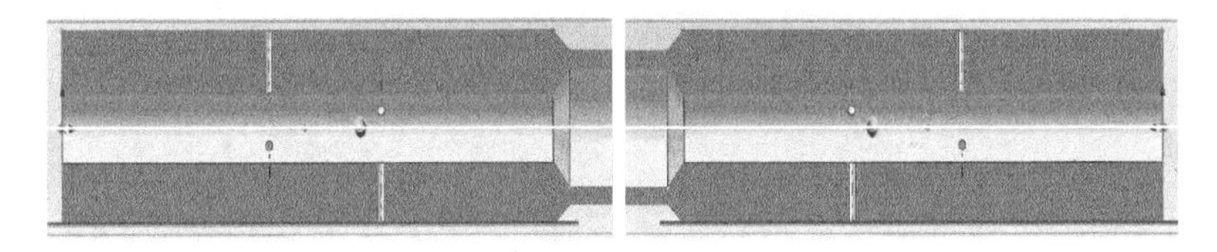

图 6　双簇水力喷射器局部正视剖面图

图 7　双簇水力喷射器局部网格划分图

通过模拟，得到 12 个喷嘴静压力、质量流量和砂浓度分布（表 1），得到双簇水力喷射器内部冲蚀速率曲线，如图 8 和图 9 所示。结果表明，喷射器内部速率较小且变化不大，由于喷嘴区域结构突缩，压力剧增，导致喷嘴区域速率急剧增大，喷嘴出口区域为速率最大区域。远离喷嘴出口的环空区域，速率较小且变化不大。同一轴向位置 3 个喷嘴的流速分布基本相同，唯一不同是喷嘴 2 和喷嘴 3 受重力影响流速会增大。12 个喷嘴截面质量流量相差不大，上游 6 个喷嘴截面质量流量比下游 6 个喷嘴大；12 个喷嘴截面静压力相差不大；12 个喷嘴截面砂浓度相差较大，下游 6 个喷嘴截面砂浓度明显比上游 6 个喷嘴大。喷枪外壁的冲蚀主要由于携砂液冲击到套管反溅导致，喷枪内壁的冲蚀主要由于 12 个喷嘴入口附近结构突变导致。12 个喷嘴的质量流量、静压力相差不大，而砂浓度有较大差异，喷嘴 11 的砂浓度明显高于其他喷嘴。因此预测，喷嘴 11 的入口区域为最大冲蚀速率发生部位。

表 1　双簇水力喷射器 12 个喷嘴截面处关键流体参数模拟结果

喷嘴	喷嘴 1	喷嘴 2	喷嘴 3	喷嘴 4	喷嘴 5	喷嘴 6
质量流量 /（kg/s）	3.958	3.931	3.979	3.979	3.985	3.992
静压力 /MPa	27.853	27.641	28.247	27.650	27.807	27.768
砂浓度 /（kg/m^3）	106.232	98.204	97.789	130.532	152.866	113.130
喷嘴	喷嘴 7	喷嘴 8	喷嘴 9	喷嘴 10	喷嘴 11	喷嘴 12
质量流量 /（kg/s）	3.846	3.846	3.869	3.743	3.719	3.742
静压力 /MPa	27.408	27.364	27.589	27.358	27.255	27.404
砂浓度 /（kg/m^3）	167.793	201.410	138.025	272.824	276.695	244.403

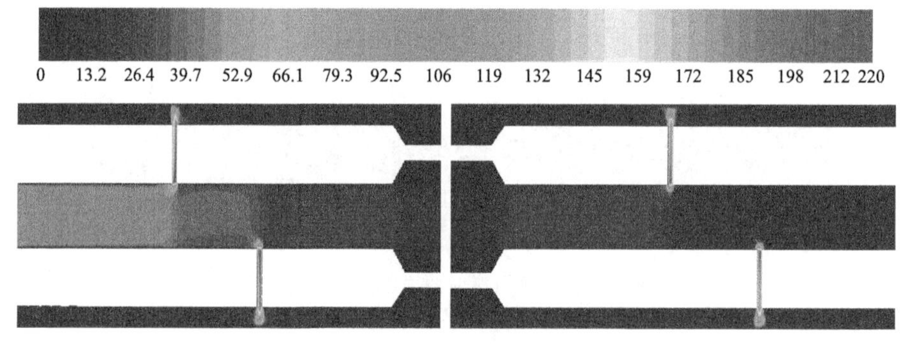

图 8　双簇水力喷射器截面速度云图

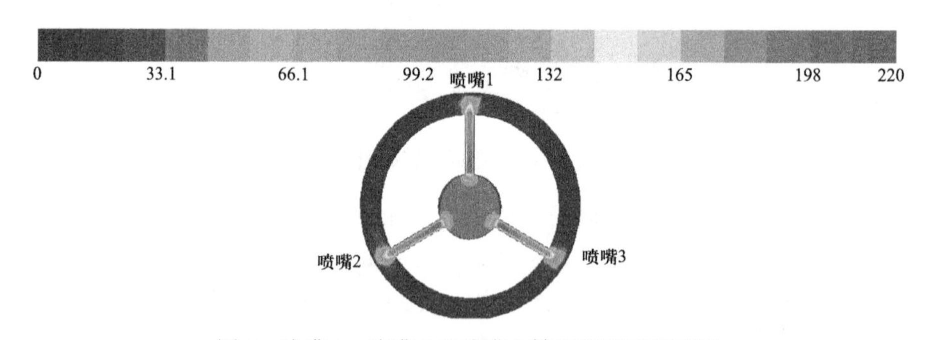

图 9　喷嘴 1、喷嘴 2 和喷嘴 3 轴向截面速度云图

双簇水力喷射器射孔过程中，下游喷射器喷嘴的颗粒浓度明显大于上游喷嘴的颗粒浓度。因此，利用 CFD 方法研究不同喷嘴数量对双簇水力喷射器流场及冲蚀速率的影响，如图 10 和图 11 所示。结果表明，水平井多级分簇喷砂射孔上下游水力喷射器处砂浓度、流量、压力呈现显著的非均匀性。通过减少或增大（改变）上下级两个喷射器喷嘴数量和喷嘴直径的方式，并不能显著改善上下级喷射器喷嘴流场分布及冲蚀速率的非均匀性。

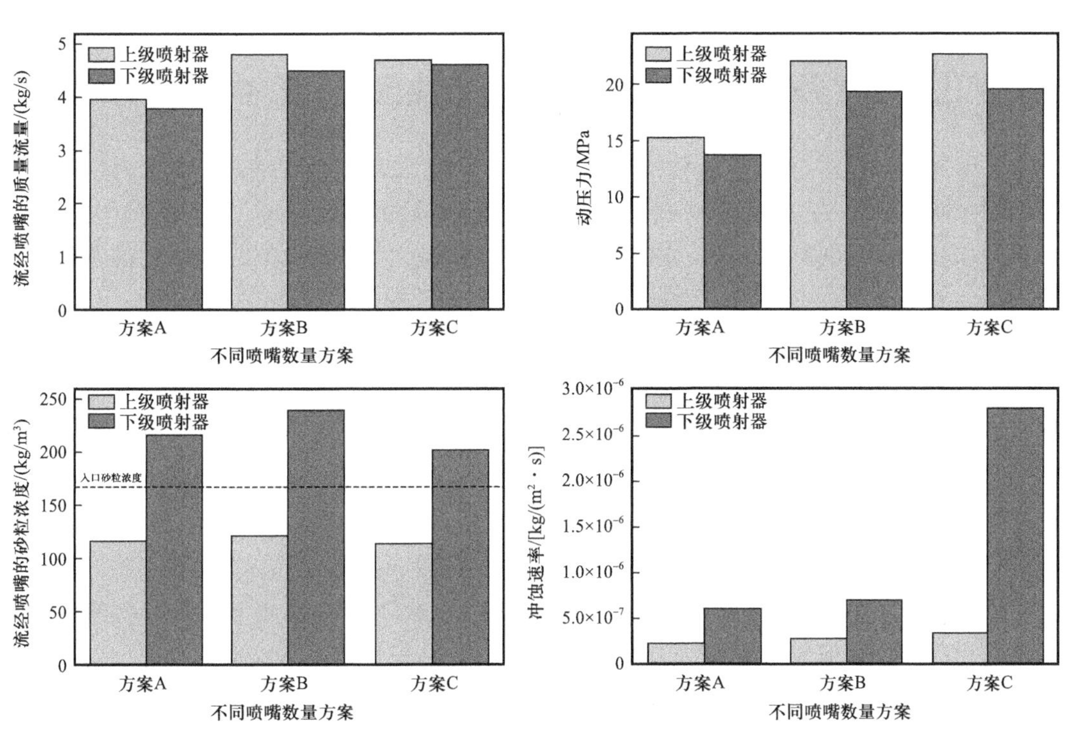

图 10 喷嘴数量对双簇水力喷射器流场及冲蚀速率的影响

（方案 A 6mm+6mm；方案 B 6mm+4mm；方案 C 4mm+4mm）

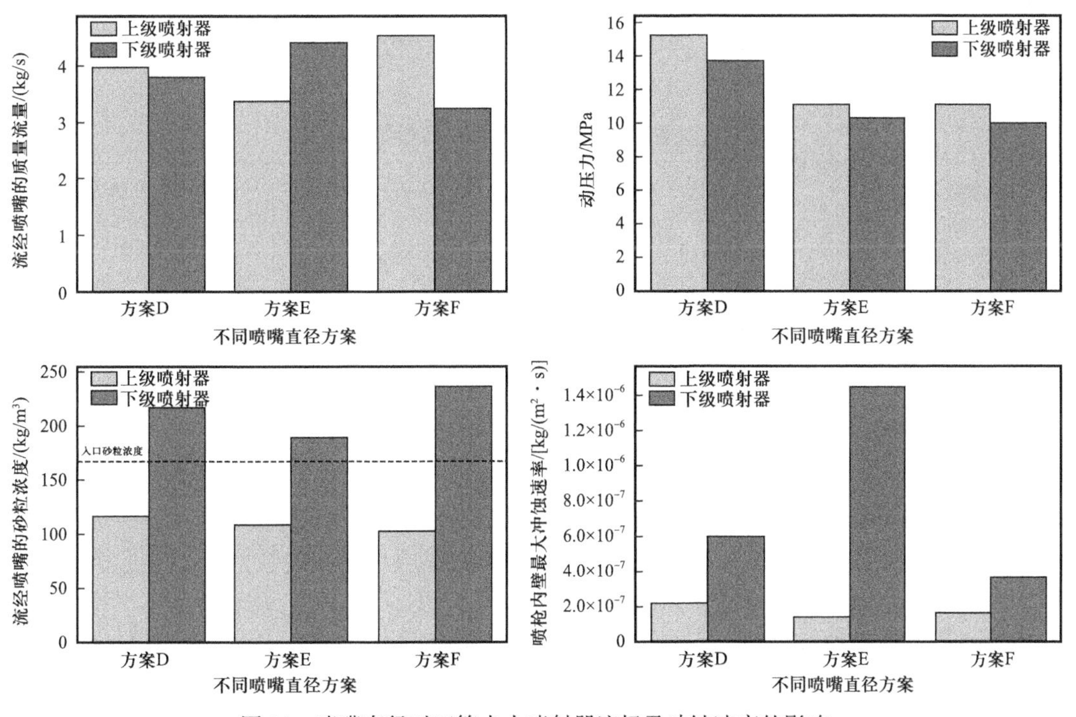

图 11 喷嘴直径对双簇水力喷射器流场及冲蚀速率的影响

（方案 D 5.5mm+5.5mm；方案 E 5.5mm+6.3mm；方案 F 6.3mm+6.3mm）

5 射孔压裂工况下双簇水力喷射器冲蚀预测计算模型与方法

采用室内实验与CFD数值模拟联合方法，建立了体积压裂水平井双簇水力喷射器冲蚀预测计算模型与方法，可预测油井管材、喷射器材料的冲蚀。双簇水力喷射器本体常用材料为35CrMo，而喷嘴和盖板分别使用钨钢和钴基合金。35CrMo为韧性材料，而钨钢和钴基合金则属于脆性材料。韧性材料和脆性材料的冲蚀速率和冲蚀机理不同。利用喷射式冲蚀实验装置，首先对35CrMo、钴基合金和钨钢材料，研究喷射流速（压裂排量）、砂比、液体冲击角度等因素对其冲蚀速率的影响，在此基础上，建立冲蚀预测模型，为冲蚀数值模拟提供研究基础。

通过实验，考虑液体排量、冲击角度和压裂砂比三个因素，建立水力喷射器冲蚀速率计算模型：

$$E=\mathrm{ER}_{45}f(\theta)f(\lambda) \tag{4}$$

式中，E为材料的冲蚀速率，mm/h；ER_{45}（$\mathrm{ER}_{45}=Kv^n$）为45°时材料的冲蚀速率随流速变化关系；K、n值与材料特性（主要是硬度）、液体特性以及砂粒特性有关，由实验确定；$f(\theta)$和$f(\lambda)$分别为液体冲击角度和砂含量影响函数，由实验数据无量纲化后拟合得出。

将冲蚀速率随流速和冲击角度变化的曲线进行数据拟合。将35CrMo以及盖板钴基合金材料冲蚀速率随流速的变化关系进行幂律函数拟合，拟合参数值见表2。可以看出，实验结果与拟合结果吻合得较好，拟合相关系数均大于0.96，在大部分实验点其拟合误差较小，满足工程需要。

表2 流速对冲蚀速率的影响拟合参数（Kv^n）

参数	K值	n值	相关系数R^2
35CrMo拟合值	2.6×10^{-6}	3.562	0.980
钴基合金	1.092×10^{-6}	2.968	0.962

6 双螺旋结构改善双簇水力喷射器非均匀性冲蚀实验评价技术

根据上述研究结果，创新提出在双簇水力喷射器入口增加双螺旋短节的技术方案。该技术原理是通过携砂液流经双螺旋短节产生的旋流作用来减小砂粒由于惯性向下游的堆积，增加双簇水力喷射器上游的喷嘴砂含量，从而降低不均匀性，防止下游喷嘴由于压裂过程中冲蚀严重而较早失效。为了评价该技术的有效性和可行性，在大型环路式液固两相流体流动与冲蚀实验系统上完成了旋流短节流动实验，如图12和图13所示。实验结果表明，在没有增加双螺旋短节的直管中，支撑剂大多集中在管道中心部位，导致实际进入喷射器上游喷嘴的支撑剂含量明显减小。而增加双螺旋短节后，支撑剂颗粒群在离心力作用下向管壁聚集，可以明显增加进入上游喷射器喷嘴的砂含量，从而改善上下级砂子的不均匀性，使上下级喷嘴的冲蚀更加均匀，延长喷射器的寿命。

(a) 流速为1.0m/s

(b) 流速为0.5m/s

图 12　直管段携砂流动照片

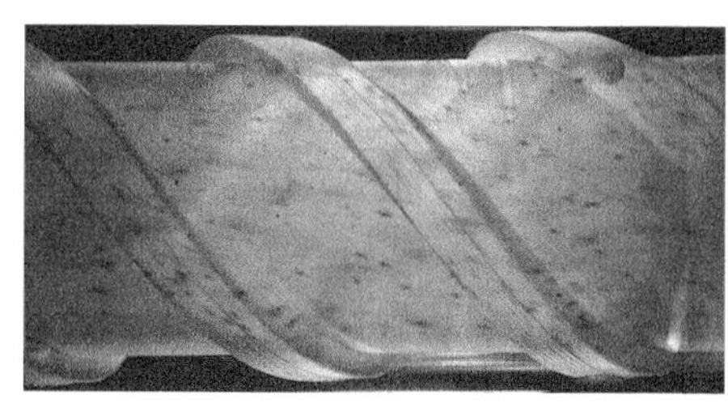

(a) 流速为1.0m/s

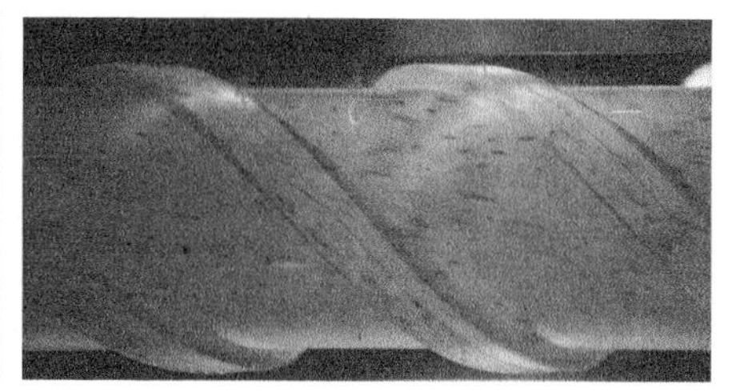

(b) 流速为0.5m/s

图 13　双螺旋管段携砂流动照片

7　双螺旋水力喷射器研制与现场试验评价

根据前期理论、数值模拟、实验结果、参数模拟分析和阿基米德双螺旋线原理，研制了双螺旋水力喷射器，并将该工具应用到数口致密油水平井水力喷砂环空加砂分段多簇体积压裂现场试验中，开展了射孔、压裂、放喷一体化过程工具冲蚀性能和试验效果评价工作，验证了双螺旋喷射器的耐冲蚀性、机械完整性和力学性能。图 14 所示为某致密油水平井射孔压裂试验用双螺旋水力喷射器。该井是一口鄂尔多斯盆地伊陕斜坡开发采油水平井，完钻井深 2915m，造斜点 360.52m，入窗点 1978.48m，水平段长 936.5m，有效钻遇率 97.2%，原始地层压力 14.5MPa，采用 $5^{1}/_{2}$in × 7.72mm P110 套管完井，采用水力喷砂环空加砂分段多簇体积压裂方式进行长 6 储层改造，设计压裂改造 10 段，每段设计 2 簇。该井在完成一趟管柱射孔—压裂—放喷排液全过程中，利用双螺旋水力喷射器进行射孔—

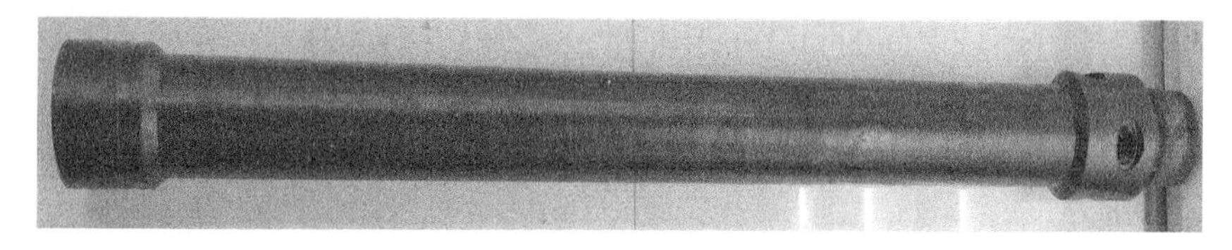

图 14　某致密油水平井射孔压裂试验用双螺旋水力喷射器实物图

压裂—放喷排液一体化作业，射孔—压裂—放喷一体化过程使用时间约 78h，累计入地总液量为 4457.5m^3，入地总砂量为 376m^3，放喷出砂量约 11.9m^3，出砂率为 3.17%。

根据水力喷射器冲蚀预测计算方法，结合射孔压裂数据，计算了双螺旋水力喷射器不同选定点的冲蚀量，并与现场实测结果（图 15）进行了对比，对比结果见表 3。由表 3 可以看出，利用水力喷射器冲蚀预测计算方法计算喷射器相应部位的冲蚀量与实测结果基本吻合，预测准确度大于 80%，这表明水力喷射器冲蚀预测计算方法较为准确可靠。总体而言，双螺旋水力喷射器整体射孔、压裂性能较好，降低了水力喷射器各喷嘴及上下游喷射器冲蚀非均匀性。试验结果表明，双螺旋水力喷射器能够满足致密油水平井一趟钻 10 层段射孔—压裂—放喷排液施工作业，降低因单个喷射器喷嘴损坏而增加重复起下钻的工作量和劳动强度，显著提高了一趟钻拖动压裂射孔施工成功率。

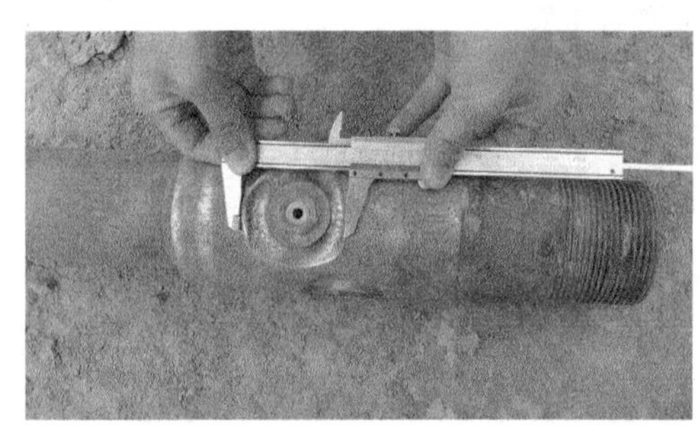

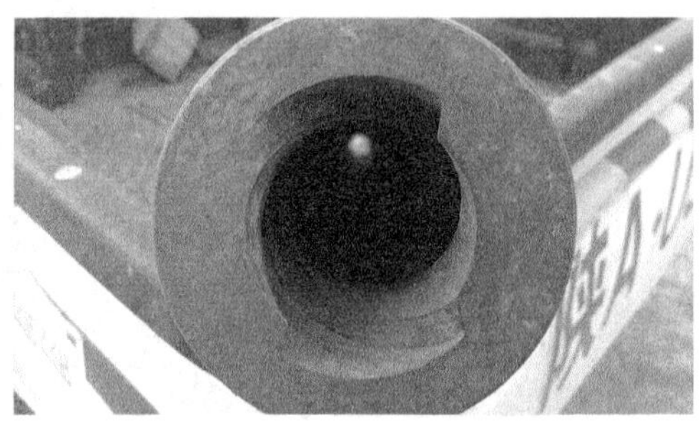

图 15　某致密油水平井射孔压裂试验后双螺旋水力喷射器冲蚀实测图和内部螺旋孔道端面图

表 3　某致密油水平井射孔压裂试验用双螺旋水力喷射器冲蚀计算预测与实测对比结果

计算选定点	计算预测最大值 /mm	实测最大值 /mm	预测准确度 /%
喷嘴套上（半径≤20mm）	0.0010	0	100
距离喷嘴中心圆区域（半径 20～25mm）	5.2761	5.9843	88.16
距离喷嘴中心圆区域（半径 25～35mm）	5.4529	6.1547	88.59
距离喷嘴中心圆区域（半径 35～45mm）	0.9236	1.1384	81.13
距离喷嘴中心圆区域（半径 45～60mm）	0.0042	0	100

8　结论及建议

（1）构建了水力喷砂射孔力学模型及分析图版，能较好地揭示水力喷砂射孔压裂储层地质与喷射器、管柱系统之间的力学作用机理。

（2）建立了水力喷砂射孔工艺参数优化设计方法，可以优化射孔排量、压力，优化射孔时间，优化射孔长度和宽度，形成了《水力喷砂定点射孔工艺参数设计与分析推荐作法》。

（3）创新认识了水平井多级拖动压裂双簇水力喷射器冲蚀发生的部位、原因和机理，明确了水平井多级拖动压裂双簇喷砂射孔上下游水力喷射器处砂浓度、流量、压力的非均匀性，确定了砂浓度 $C_{上游}<C_{下游}$、流量 $Q_{上游}>Q_{下游}$、压力 $p_{上游}>p_{下游}$等根本性冲蚀结论。

（4）建立了适用于体积压裂水平井喷射压裂冲蚀计算模型 $E=Kv^nf(\theta)f(\lambda)$。该模型基于室内实验研究，可以预测常用油井管材、喷射器材料的冲蚀速率随流速（排量）、砂比（砂浓度）及液体（颗粒）冲击角的变化规律。

（5）形成了一套基于室内实验和计算流体力学方法的体积压裂水平井喷射工具冲蚀预测计算方法，计算结果与实测结果基本吻合，冲蚀预测准确度大于 80%，为水平井喷射压裂参数优化、喷射器结构设计提供计算方法。

（6）提出了“采用阿基米德双螺旋结构来改善双簇水力喷射器非均匀性冲蚀”的原创想法，形成了一套双螺旋透明玻璃管室内实验模拟技术。

（7）创新研制了具有自主知识产权的双螺旋分流式水力喷射器，可以显著降低双簇水力喷射器上下游喷嘴处砂浓度、流量、压力的非均匀性，使上下游喷射器处冲蚀更加均匀，延长了双簇水力喷射器的使用寿命，降低了因单个喷射器损坏而增加重复起下钻的工作量和劳动强度，提高了一趟钻施工成功率。

参 考 文 献

[1] Bertel N，Dimitra T，Maciej J，et al. Combining steam injection with hydraulic fracturing for the in situ remediation of the unsaturated zone of a fractured soil polluted by jet fuel [J]. Journal of Environmental Management，2010，92（3）：695–707.

[2] 田守嶒，李根生，黄中伟，等. 水力喷射压裂机理与技术研究进展 [J]. 石油钻采工艺，2008，30（1）：58–62.

[3] 李根生，牛继磊，刘泽凯，等. 水力喷砂射孔机理实验研究 [J]. 石油大学学报（自然科学版），2002，26（2）：31–34.

[4] 付钢旦，李宪文，任勇，等. 水力喷砂射孔参数优化室内实验研究 [J]. 特种油气藏，2011，18（3）：97–99.

[5] 牛继磊，李根生，宋剑，等. 水力喷砂射孔参数实验研究 [J]. 石油钻探技术，2003，31（2）：14–16.

[6] 李宪文，赵振峰，付钢旦，等. 水力喷砂射孔孔道形态研究 [J]. 石油钻采工艺，2012，34（2）：55–59.

[7] Rubinstein J L，Mahani A B. Myths and facts on wastewater injection，hydraulic fracturing，enhanced oil recovery，and induced seismicity [J]. Seismological Research Letters，2015，86（4）：1060–1067.

[8] 胥元刚，张琪. 变裂缝导流能力下水力压裂整体优化设计方法 [J]. 大庆石油地质与开发，2000，19（2）：40–42.

[9] Hals K，Berre I. Interaction between injection points during hydraulic fracturing [J]. Water Resources Research，2012，48（11）：484–494.

[10] 范薇，胥云，王振铎，等. 井下水力喷砂压裂工具典型结构及应用 [J]. 石油钻探技术，2009，37（6）：74–77.

[11] 刘娟，许洪元，齐龙浩，等. 几种水机常用金属材料的冲蚀磨损性能研究 [J]. 摩擦学学报，2005，

25（5）：470-474.

[12]郑玉贵，姚治铭，柯伟．流体力学因素对冲刷腐蚀的影响机制［J］．腐蚀科学与防护技术，2000，12（1）：36-40.

[13]Zhang Y，McLaury B S，Shirazi S A. Improvements of particle near-wall velocity and erosion predictions using a commercial CFD code［J］. Journal of Fluids Engineering，2009，131（3）：303-310.

[14]Chen X，McLaury B S，Shirazi S A. Application and experimental validation of a computational fluid dynamics（CFD）-based erosion prediction model in elbows and plugged tees［J］. Computers & Fluids，2004，33（10）：1251-1272.

哈34断块重复压裂技术探索与实践

肖梦媚　龙长俊　刘国华　李　凝　王　鑫　曲凤娇

（中国石油华北油田公司油气工艺研究院）

摘　要：以二连油田哈34断块为研究对象，针对其非均质性强、夹隔层薄、地层能量不足的油藏特征与储层特点，通过明确重复压裂候选井各无量纲参数界限，建立重复压裂选井选层模型；利用Eclipse油藏模拟软件，建立蓄能数值模型，确定最优蓄能液量；利用Eclipse软件建立重复压裂模型，进行裂缝导流能力优化，利用Meyer压裂软件模拟裂缝尺寸进而计算暂堵剂用量，优选暂堵剂，并开展封堵性、解堵性性能评价实验；建立双重介质油水两相渗流数学模型，设置内边界为封闭边界模拟闷井过程，利用Matlab软件编程计算优化闷井时间。最终组合形成了以“选井选层、压前蓄能、暂堵转向、适度规模、压后闷井”为主体的老井增能暂堵重复压裂技术序列。该技术兼顾地层能量补充与储层改造体积增大，通过压前注水增能快速提升地层压力并延长压裂有效期，层间暂堵与缝内暂堵相结合有效增加缝控储量，压后闷井进一步渗吸扩压提高采收率。现场试验压后效果明显，重复压裂后平均单井增油3.67t/d，平均单井产量提升了4.5倍，研究成果对同类型油藏重复压裂优化设计具有借鉴意义。

关键词：重复压裂；闷井蓄能；暂堵转向；数值模拟

哈34断块为典型低渗透砂岩油藏，储层物性差、非均质性强，目前已进入中、高含水期开发阶段，效益挖潜挑战大。前期水力压裂井随着生产时间延长，受地层能量下降、裂缝闭合与失效等因素影响，产量递减严重，调整注采系统等措施也难以达到理想开发效果。重复压裂是提高老井剩余油挖潜程度的重要措施，区块前期重复压裂井效果不佳，分析原因如下：（1）重复压裂井投产后效果差异大，需进一步完善选井选层及工艺设计优化方法；（2）前期重复压裂采用常规压裂加砂模式，仅使老裂缝延长或重新填砂，造成大部分剩余油聚集区未得到有效沟通，油井改造不充分；（3）储层地层能量不足，压裂投产后产量下降速度快不能稳产，亟须攻关储层配套的重复压裂技术，通过技术突破实现老油田产量接替。

因此，以哈34断块作为试验区开展老井重复压裂设计时，着重以恢复地层能量和提升裂缝改造体积为发力点，通过地质工程一体化精细开展重复压裂选井选层技术研究，通过数值模拟计算确定最优蓄能液量、最优裂缝导流能力、压裂裂缝规模、最优闷井天数，并对优选暂堵转向剂开展性能评价实验确保暂堵效果，通过打好技术序列组合拳，有效提高缝控体积和储量动用程度，延长储层改造有效期，为老油田高效开发提供有力的技术支撑。

1 研究区概况

1.1 储层特征

哈 34 断块主要开采层位为阿尔善组，沉积相为扇三角洲扇中，储层单层厚度变化大，总体上单层厚度较小，平均单层厚度为 2.7m，平均单井厚度为 84.0m。以中细砂岩为主，其次为粉砂岩，平均地层测试有效渗透率为 9.3mD，平均孔隙度为 11.5%，属于低孔隙度、低—特低渗透储层。断块各块平面上和纵向上非均质性较强，平均地层压力为 16.96MPa，压力系数为 0.89，体积系数为 1.06，地层温度为 68.4℃。

1.2 开发特征

哈 34 断块地质条件差、自然投产产能低，早期压裂开发受技术理念和设备能力制约，存在未改造或改造不充分井段，导致部分措施井采收率低。也有部分措施井压后初期效果较好，后期产量递减严重，断块低部位生产见水较快，见水后液量保持相对稳定，但动液面下降较快，断块天然能量不足，且大部分井注水不见效，无法通过注水开发形成有效注采井网，采出程度较低，稳产难度大。

2 重复压裂选井选层研究

2.1 重复压裂选井选层评价模型

现有重复压裂选井选层方法，大多是利用各种数据分析方法，通过对研究区块大量重复压裂井的地质资料、生产动态、施工参数等资料进行数据处理，进而得出选井选层标准[1-4]，对于重复压裂井各项资料相对较少的研究区块，选井选层工作受到限制。

因而通过参考 Roussel[5] 提出的无量纲参量选井选层方法，基于研究区块压力参数、油藏参数、岩石力学参数、压裂施工参数、流体物性参数和生产动态参数，引入四个无量纲量：多孔弹性应力转向参数 Π_{pore}、完井参数（初压、复压）F_{co}、油藏衰减参数 R_{Dep}、产量递减参数 D_{ip}。通过 Π_{pore} 来衡量裂缝是否会发生转向，$\Pi_{pore}<0.2$ 时则重复压裂易生成转向裂缝，通过对目标区块重复压裂候选井各无量纲参数值进行数据处理与分析，明确重复压裂选井各无量纲参数界限，进而建立目标区块选井选层模型，如图 1 所示。

2.2 重复压裂目标井基本情况

2021—2022 年，在哈 34 断块开展直井重复压裂技术研究。通过分析区块前期地质生产资料，利用所建立的重复压裂选井选层评价模型，优选 A1 井开展重复压裂改造试验。该井是哈 34 断块的一口采油井，油层中部深度 1897.44m，预测压力值 16.8MPa，预测压力系数 0.88。用压裂软件模拟地应力情况，得到最小水平主应力在 29.6～30.9MPa 区间，最大最小主应力差值为 4.5MPa（图 2）。该井压裂投产初期日产油 4.1t，压后两个月产量下降严重，截至 2022 年 9 月，日产油仅 0.4t。为实现产能有序接替，提高油层动用程度，根据 A1 井具体情况，确定了“压前蓄能、暂堵转向、压后闷井”的重复压裂工艺改造思路，通过优化蓄能液量、裂缝导流能力、暂堵剂量、压裂裂缝规模、闷井天数等参数，确保施工改造效果。

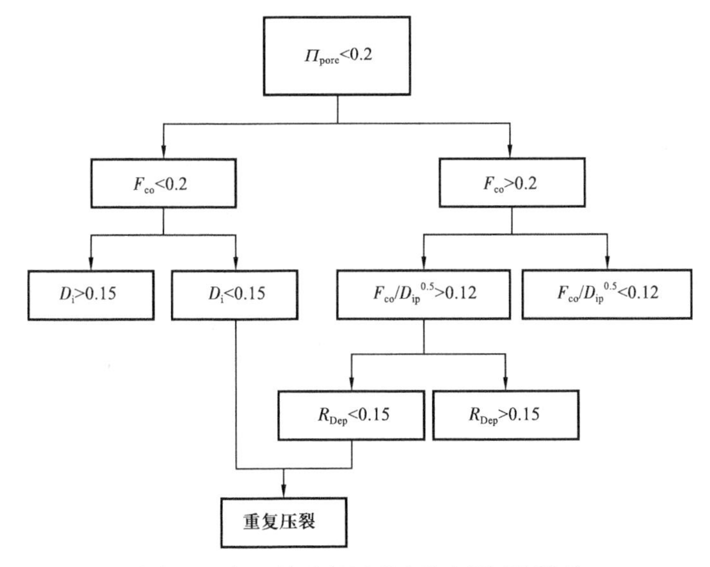

图 1　目标区块重复压裂选井选层评价模型

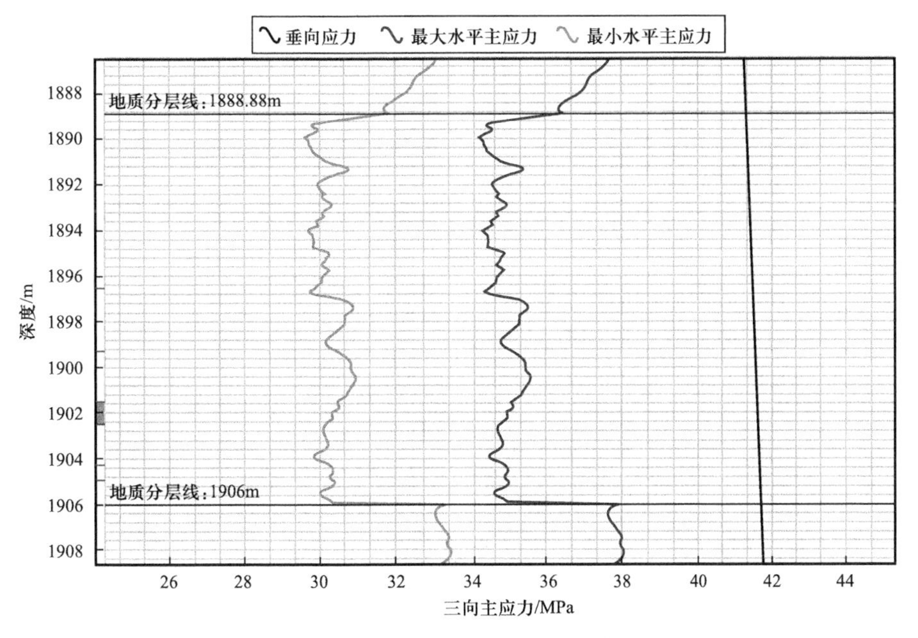

图 2　重复压裂目标井地质力学参数

3　重复压裂井压前蓄能研究

3.1　重复压裂井压前蓄能机理

针对哈 34 断块注采井网不完善、地层能量低、稳产难度大等问题，通过实施压前注水蓄能，一方面可以利用油层亲水性特征，依靠毛细管压力吸水排油特征实现油水渗吸置换，有效促进储层流体饱和度的重新分布；另一方面可以使储层低应力区人工缝网压力得以恢复，有利于形成新缝，提高裂缝复杂度和裂缝改造体积，同时也可以为后期原油流动采出提供驱替压力。

3.2　蓄能液量优化

利用 Eclipse 油藏模拟软件，根据 A1 井动静态资料，建立蓄能数值模型，A1 井蓄能前地层压力为 16.8MPa，分别模拟注入 1000m^3、2000m^3、3000m^3、4000m^3 蓄能液后地层压力情况，如图 3 所示，蓄能后地层压力分别为 17.9MPa、19.1MPa、20.4MPa、20.8MPa，压力分别抬升 1.1MPa、2.3MPa、3.6MPa、4.0MPa。

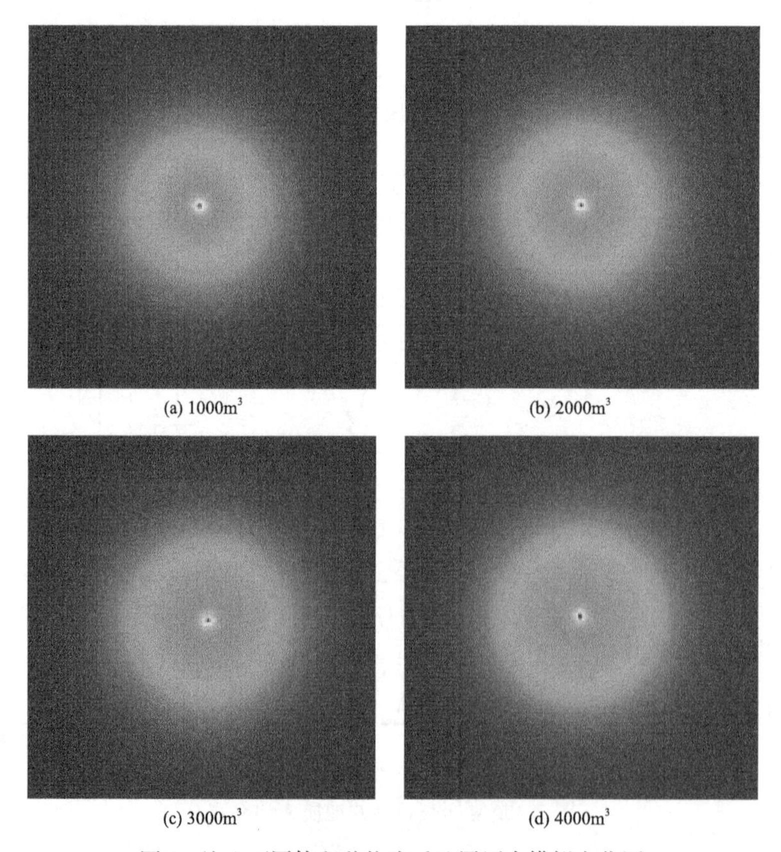

图 3　注入不同体积蓄能液后地层压力模拟变化图

得到地层压力与蓄能液体积关系图，从图 4 中可以看出，地层压力抬升与注入蓄能液体积呈正相关关系，随着蓄能液体积增加，压力抬升变缓，因此优化 A1 井蓄能液为 $2000m^3$。

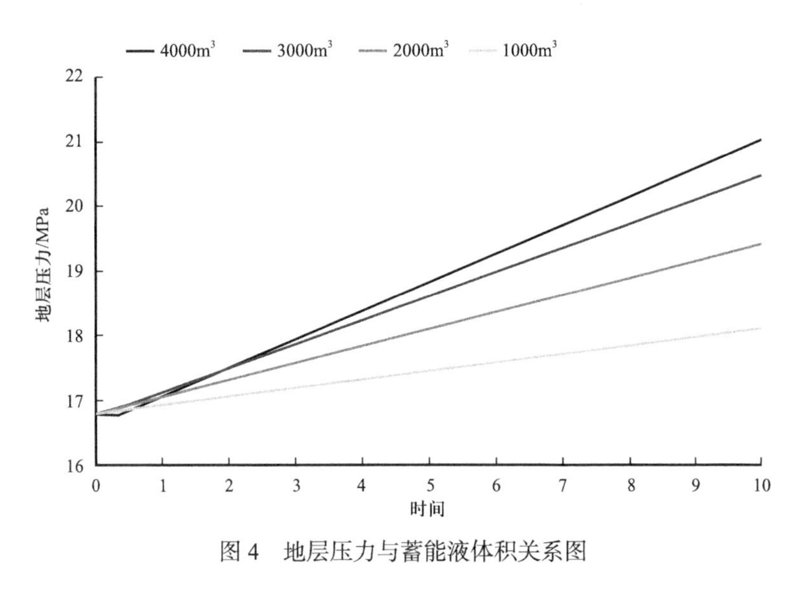

图 4　地层压力与蓄能液体积关系图

4　重复压裂井施工参数优化

4.1　导流能力优化

重复压裂规模直接影响油井增产效果，利用 Eclipse 建立重复压裂模型（图 5），模拟采用定井底流压生产。

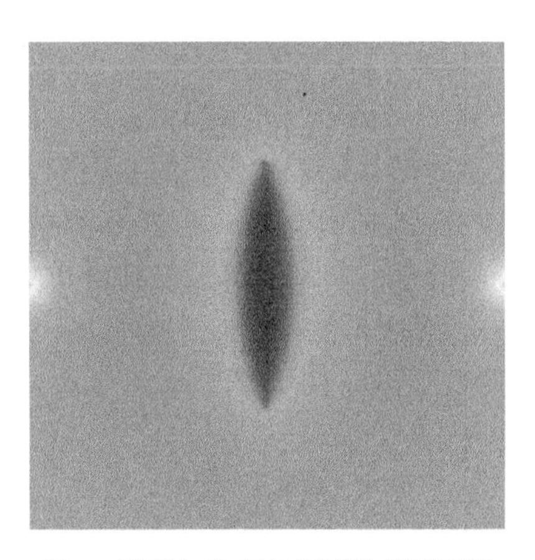

图 5　油藏初次直井压裂数值模型图

确定 A1 井与上次压裂时间间隔，当生产天数达到该时间时进行重复压裂模拟，得到不同裂缝导流能力情况下油井日产量与时间的关系曲线（图 6），当导流能力超过

20D·cm 后，增加幅度变缓，从而确定最优导流能力为 20D·cm。以最优导流能力为导向，通过压裂软件优化加砂规模，确定 A1 井加砂量为 $80m^3$。

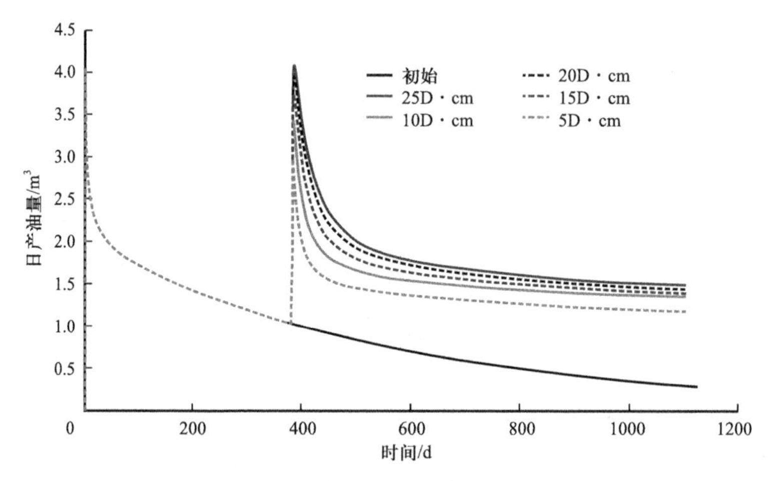

图 6　不同裂缝导流能力情况下油井日产量与时间的关系

4.2　层间暂堵与缝内暂堵优化

4.2.1　层间暂堵与缝内暂堵机理

基于宽带压裂技术[6]，将层间暂堵与缝内暂堵相结合，纵向上采用投球暂堵技术实现软分层，通过投大粒径可降解暂堵球封堵低应力射孔孔眼和高渗透层，压开高应力新层；平面上通过在压裂过程中加入暂堵剂，利用压裂液自然优选储层“甜点”的特点[7]，临时封堵已压开裂缝，遵循流体向阻力最小方向流动的原则，改变压裂液流动方向和裂缝延伸方位，提升缝内净压力后，迫使分支缝形成扩展，达到增大裂缝复杂程度[8]、沟通侧向剩余油的目的，从而提高单井产量。

4.2.2　暂堵剂优选与评价

暂堵剂既需要在储层条件下封堵采出程度较高的原裂缝，迫使裂缝转向，又需要在压裂施工结束后降解返排，为油气产出打开通道。根据哈 34 断块油层闭合压力、温度等参数筛选材料体系，开展暂堵剂封堵性、解堵性等性能评价实验，优选了一种适合目标储层的清洁环保型水溶性暂堵剂。该暂堵剂的主要物理性能有：暂堵剂密度 $1.45g/cm^3$，常温下为 1～3mm、3～5mm 固体颗粒、20～60 目粉末，易泵送，进入地层后，适应地层温度 60～120℃，耐压超过 45MPa（图 7）。

使用地层水配制浓度为 10g/L 的暂堵剂水溶液，测试 60℃下优选暂堵剂在不同渗透率岩心中的封堵和解堵性能，将暂堵剂水溶液注入岩心裂缝内升温到 60℃并老化 30min 后，依据式（1）、式（2）计算优选暂堵剂的封堵率和解堵率。从表 1 可以看出，优选暂堵剂的平均封堵率为 94.1%，平均解堵率为 92.9%，具有优良的封堵和解堵性能。

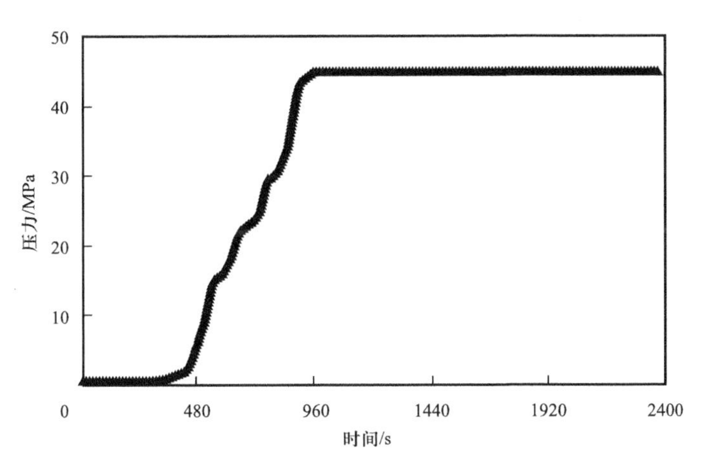

图 7　优选暂堵剂承压测试曲线

$$F=(K_1-K_2)/K_1\times 100\% \quad (1)$$

$$\delta=K_3/K_1\times 100\% \quad (2)$$

式中，F 为封堵率，%；K_1 为封堵前岩心水测渗透率，D；K_2 为封堵后岩心水测渗透率，D；δ 为解堵率，%；K_3 为冲刷后岩心渗透率，D。

表 1　暂堵剂的封堵率和解堵率

岩心编号	渗透率 /mD			封堵率 /%	解堵率 /%
	封堵前	封堵后	解堵后		
1	9.65	0.51	9.08	94.7	94.1
2	7.32	0.46	6.85	93.7	93.6
3	10.15	0.69	9.23	93.2	90.9
4	8.74	0.47	8.12	94.6	92.9
平均	8.97	0.53	8.32	94.1	92.9

4.2.3　暂堵剂用量设计方法

暂堵剂投放浓度是保证暂堵改造效果的关键因素[9]，暂堵剂用量偏少则达不到封堵效果，不利于形成分支缝网；暂堵剂用量偏多则经济效果差，且增加现场作业时间和作业难度。为了保证暂堵剂具有一定承压能力，需要确定其在裂缝形成的暂堵压实后滤饼厚度，通过暂堵剂滤饼承压强度的评价结果推算暂堵剂用量。结合压裂裂缝剖面数据和暂堵剂密度，利用式（3）得到暂堵剂用量：

$$G=(2hw\Delta d)\rho_{视}(1+k)\times(1.3\sim1.5)/10 \quad (3)$$

式中，G 为暂堵剂质量，kg；h 为动态裂缝高度，m；w 为动态裂缝宽带，cm；Δd 为滤饼厚度，cm，取值 2.3；$\rho_{视}$为暂堵剂视密度，g/cm^3，根据室内实验评定，取值 1.45；

k 为嵌入裂缝比例，%，取值 60；1.3～1.5 为泵送损耗附加系数。

4.2.4 暂堵剂用量优化

试验井 A1 井压裂隔层厚度薄，机械封隔分层单压效果差。因而通过投送暂堵球实现层间暂堵、投送暂堵剂实现缝内暂堵，降低各簇裂缝的非均匀扩展程度，提升缝网复杂度。为封堵低应力储层，根据相应厚度的射孔炮眼数量计算投球数量为 120 个。利用压裂软件模拟裂缝尺寸（图 8），通过式（3）计算暂堵剂用量，优化暂堵剂设计用量为 300kg。

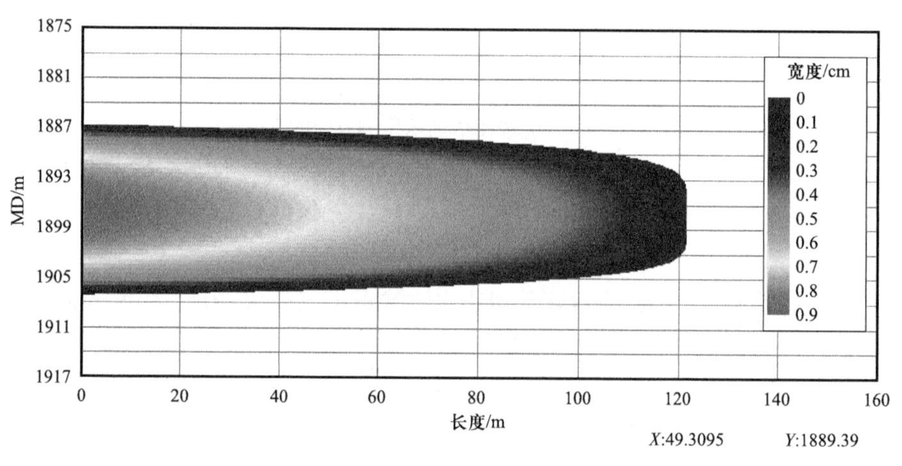

图 8 裂缝尺寸模拟

5 重复压裂井压后闷井研究

5.1 压后闷井机理

压裂施工结束后，可以通过关井闷井方式释放近井能量，加快裂缝中的压裂液扩散和压力传播，增加基质孔隙中的流体压力，使得自发渗吸的压裂液流动到低压孔隙区，置换剩余油到压裂裂缝等高渗透区，降低压裂裂缝中含水饱和度，降低开井后初期含水率，且在压差作用下压裂液沿裂缝远端延伸，向远井地带扩散，可以波及更大范围的储层，进而提升单井的控制储量，起到驱油和扩缝作用。

5.2 闷井天数优化

建立双重介质油水两相渗流数学模型，并利用 Matlab 软件进行编程计算，基质系统油相渗流数学模型为：

$$\nabla\left(\frac{K_{mo}K_{mro}}{u_o B_o}\nabla p_{mo}\right)+\frac{\alpha K_f K_{fro}}{u_o B_o}\left(p_{fo}-p_{mo}\right)=\frac{\partial}{\partial t}\left(\frac{\phi_m S_{mo}}{B_o}\right) \quad (4)$$

基质系统水相渗流数学模型为：

$$\nabla\left(\frac{K_{\mathrm{mo}}K_{\mathrm{mrw}}}{u_{\mathrm{w}}B_{\mathrm{w}}}\nabla p_{\mathrm{mw}}\right)+\frac{\alpha K_{\mathrm{f}}K_{\mathrm{frw}}}{u_{\mathrm{w}}B_{\mathrm{w}}}\left(p_{\mathrm{fw}}-p_{\mathrm{mw}}\right)=\frac{\partial}{\partial t}\left(\frac{\phi_{\mathrm{m}}S_{\mathrm{mw}}}{B_{\mathrm{w}}}\right) \tag{5}$$

考虑裂缝应力敏感性，得到裂缝系统油相渗流数学模型为：

$$\nabla\left(\frac{K_{\mathrm{f}}K_{\mathrm{fro}}}{u_{\mathrm{o}}B_{\mathrm{o}}}\nabla p_{\mathrm{fo}}\right)-\frac{\alpha K_{\mathrm{f}}K_{\mathrm{fro}}}{u_{\mathrm{o}}B_{\mathrm{o}}}\left(p_{\mathrm{fo}}-p_{\mathrm{mo}}\right)=\frac{\partial}{\partial t}\left(\frac{\phi_{\mathrm{f}}S_{\mathrm{fo}}}{B_{\mathrm{o}}}\right) \tag{6}$$

裂缝系统水相渗流数学模型为：

$$\nabla\left(\frac{K_{\mathrm{f}}K_{\mathrm{frw}}}{u_{\mathrm{w}}B_{\mathrm{w}}}\nabla p_{\mathrm{fw}}\right)-\frac{\alpha K_{\mathrm{f}}K_{\mathrm{frw}}}{u_{\mathrm{w}}B_{\mathrm{w}}}\left(p_{\mathrm{fw}}-p_{\mathrm{mw}}\right)=\frac{\partial}{\partial t}\left(\frac{\phi_{\mathrm{f}}S_{\mathrm{fw}}}{B_{\mathrm{w}}}\right) \tag{7}$$

其中：

$$K_{\mathrm{f}}=K_{\mathrm{f0}}\mathrm{e}^{-\alpha_{\mathrm{f}}\left(p_{\mathrm{f0}}-p_{\mathrm{f}}\right)} \tag{8}$$

式中，p_{mo}、p_{mw}、p_{fo}、p_{fw}分别为基质或裂缝油相、水相压力，MPa；S_{mo}、S_{mw}、S_{fo}、S_{fw}分别为基质或裂缝含油饱和度、含水饱和度；K_{mo}、K_{fo}分别为基质或裂缝原始渗透率，mD；K_{mro}、K_{mrw}、K_{fro}分别为基质或裂缝油相相对渗透率、水相相对渗透率；K_{f}为裂缝渗透率，mD；ρ_{mo}为基质中油相密度，kg/m^3；u_{w}为水相黏度，mPa·s；B_{w}为水相体积系数，m^3/m^3；p_{fo}为天然裂缝初始压力，MPa；α_{f}为应力敏感系数，MPa^{-1}；ϕ_{f}为裂缝孔隙度。

用模型模拟压裂过程后，再设置内边界为封闭边界，模拟闷井过程，利用IMPES法求解上述数学模型，通过毛细管压力辅助方程消去油相压力，通过饱和度方程消去油相饱和度和水相饱和度，从而推出水相压力线性代数方程式并进行求解。再根据水相流动方程式和饱和度关系式计算水相饱和度和油相饱和度，计算程序框图如图9所示。

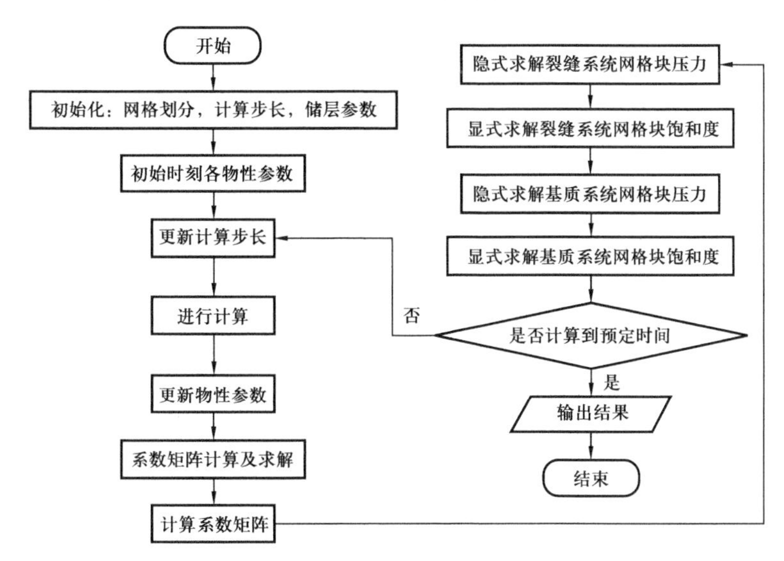

图9　计算程序框图

模型求解后得到不同关井时刻储层含水饱和度分布图，从图 10 中可以看出，水力裂缝中压裂液在毛细管压力作用下渗吸进入储层，关井时间越长，水相传播范围越大，关井 5 天后，压裂液向储层渗吸运移速度幅度变缓，因此优选闷井时间为 5 天。

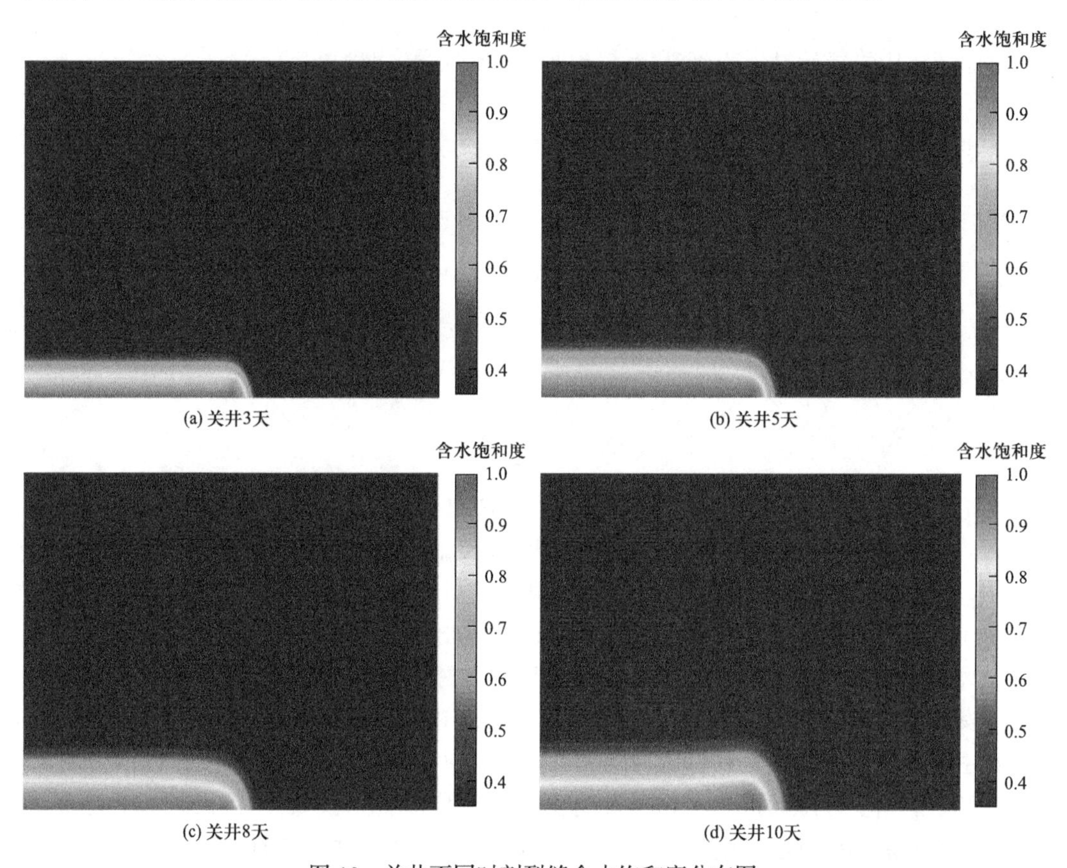

图 10　关井不同时刻裂缝含水饱和度分布图

6　现场应用效果

试验井 A1 井采用光油管压裂工艺，压前注水蓄能 2000m^3，施工排量 5.0～5.5m^3/min，注入压裂液 741m^3，投暂堵球 120 个，暂堵剂 300kg，加 20～40 目石英砂 80m^3。现场施工顺利。

从施工曲线（图 11）看出，第一阶段加砂结束，投暂堵球封堵炮眼后，在同排量条件下施工压力上涨明显，套压较暂堵前提升了 3.4MPa，表明低应力层段已被封堵，人工裂缝在高应力段开启，实现了层间暂堵作用。第二阶段加砂结束，加入暂堵剂后，同排量条件下套压上升明显，人工裂缝由缝内低应力区转向至高应力区，达到了预期暂堵转向造新缝的目的，暂堵转向成功。

图 12 为该井重复压裂暂堵前后生产曲线，从图中看出，重复压裂后日产油量由 0.4t 提高到了 5.8t，较压前增产了 13.5 倍，增产效果显著。

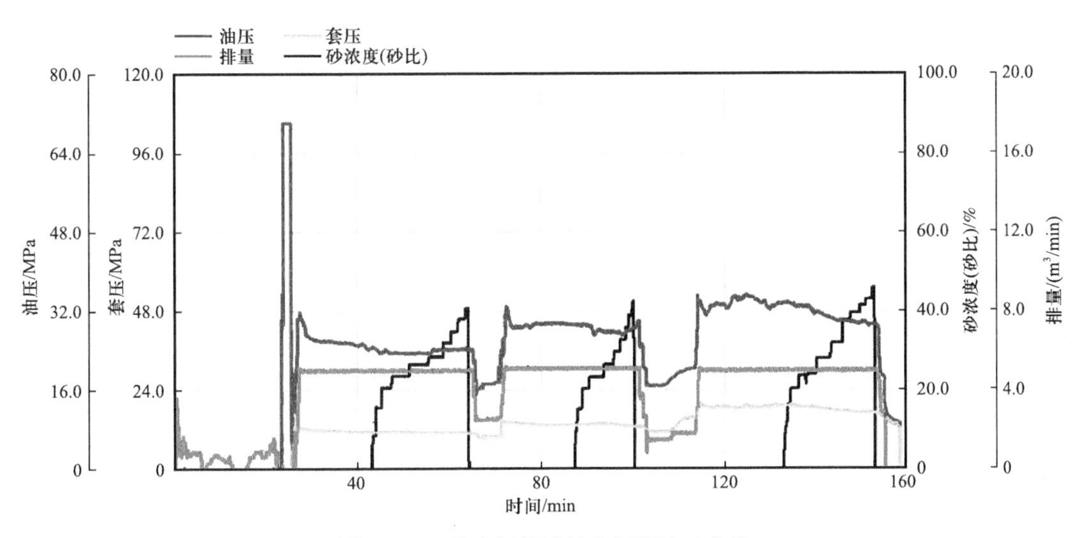

图 11　A1 井重复暂堵转向压裂施工曲线

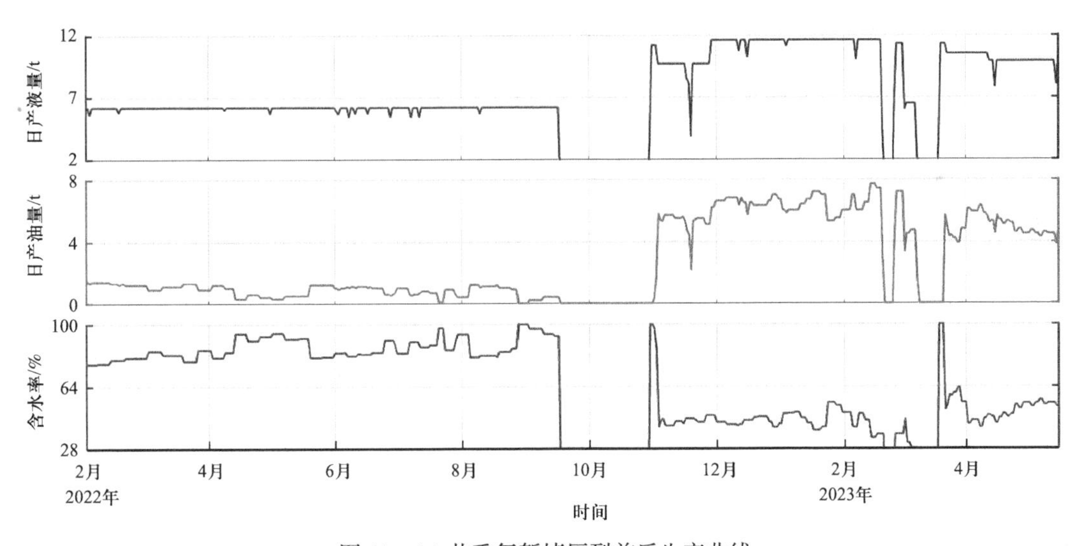

图 12　A1 井重复暂堵压裂前后生产曲线

2021—2022 年，对哈 34 断块其他 6 口试验井实施重复压裂改造，压后初期平均单井增油 3.67t/d，平均单井产量较压前提升了 4.5 倍，平均单井累计增油 805.5t（表 2），增油效果明显。

表 2　2021—2022 年试验井重复压裂前后产量对比

井号	压前 1 个月标定情况		压后 1 个月初产情况		2023 年 6 月底产出情况		累计增油量/t
	产液量/（t/d）	产油量/（t/d）	产液量/（t/d）	产油量/（t/d）	产液量/（t/d）	产油量/（t/d）	
A1	6.3	0.4	9.7	5.82	9.85	4.73	934.4
A2	3.62	1.55	8.8	4.06	9.24	2.28	351.2

续表

井号	压前1个月标定情况		压后1个月初产情况		2023年6月底产出情况		累计增油量/t
	产液量/(t/d)	产油量/(t/d)	产液量/(t/d)	产油量/(t/d)	产液量/(t/d)	产油量/(t/d)	
A3	5.45	1.42	7.6	3.75	12.87	3.22	203.2
A4	1.43	0.45	14.2	5.68	12.12	2.96	648.8
A5	1.79	0.72	25.9	3.48	19.38	4.75	1127.5
A6	5.81	0.53	7.6	4.45	9.43	3.55	1660.1
A7	2.05	0.67	15.8	4.18	7.61	3.1	713.5
平均	3.8	0.82	12.8	4.49	11.5	3.51	805.5

7 结论

（1）二连油田哈34断块储层物性差、非均质性强，针对储层特点攻关形成了集压前补能、层间与缝内暂堵、压后闷井于一体的增能暂堵重复压裂技术，通过压前注水增能快速提升地层压力并延长压裂有效期，层间暂堵与缝内暂堵相结合有效增加缝控储量，压后闷井进一步渗吸扩压提高采收率。

（2）通过对目标区块重复压裂候选井各无量纲参数值进行数据处理与分析，明确重复压裂候选井各无量纲参数界限，建立目标区块选井选层模型。开展压前蓄能、层间暂堵与缝内暂堵、压后闷井机理分析，优选缝内暂堵转向剂并开展评价实验，得出暂堵剂施工用量计算方法。

（3）针对重复压裂试验井进行施工参数优化设计，利用Eclipse油藏模拟软件，根据目标井动静态资料，建立蓄能数值模型，优化试验井蓄能液为2000m^3，建立重复压裂模型，优化最优导流能力为20D·cm；利用Meyer压裂软件模拟裂缝尺寸并计算暂堵剂用量，优化试验井暂堵剂用量为300kg；建立双重介质油水两相渗流数学模型，利用Matlab软件编程计算，优化闷井天数为5天。

（4）在哈34断块开展增能暂堵重复压裂改造试验，暂堵压裂压力反应均比较明显，对区块其他6口试验井实施重复压裂改造后，平均单井产量较压前提升了4.5倍，增油效果显著，通过试验井暂堵增压反应和压后投产效果，证实所形成的增能暂堵重复压裂方法合理有效，可为以后同类型油藏直井重复压裂改造提供借鉴。

参考文献

[1]周志军，麻慧博，胥伟，等.应用模糊综合评判方法识别低效循环井[J].数学的实践与认识，2009，39（3）：80-86.

[2]张伟锋，刘继梓，赵信，等.胡尖山长4+5油藏重复压裂选井选层研究[J].化学工程与装备，2015

（10）：132−137.

［3］杜卫平 . 重复压裂选井选层人工神经网络方法［J］. 钻采工艺，2003（4）：117−118.

［4］Cheung C M，Goyal P，Tehrani A S，et al. Deep learning for steam job candidate selection［C］. SPE 187339−MS，2017.

［5］Roussel N P，Sharma M M. Selecting candidate wells for refracturing using production data［J］. SPE Production & Operations，2013，28（1）：36−45.

［6］Kraemer C，Lecerf B，Torres J，et al. A novel completion method for sequenced fracturing in the Eagle Ford shale［C］. SPE 169010，2014.

［7］曾斌，李文洪 . 自然选择甜点暂堵体积重复压裂在新疆油田的成功应用［J］. 当代化工，2019，48（1）：130−134.

［8］魏天超，刘宇，于英，等 . 水平井全井多级暂堵转向分段重复压裂工艺试验及应用［J］. 采油工程，2018（4）：7−10.

［9］Lu Cong，Luo Yang，Li Jun feng，et al. Numerical analysis of complex fracture propagation under temporary plugging conditions in a naturally fractured reservoir［J］. SPE Production & Operations，2020，8（1）：1025−1036.

大斜度井精细分段低伤害压裂技术研究

刘　彝[1]　姜喜梅[1]　许　婧[1]　都芳兰[1]　刘　京[1,2]

（1. 中国石油冀东油田公司采油工艺研究院；2. 中国石油纳米化学重点实验室）

摘　要：冀东油田属于典型的复杂断块油藏，储层埋藏深（3300～4400m）、温度高（120～150℃），敏感性强，油层厚度薄（1.2～4m），纵向跨度大（200～300m）。主要采用人工岛、陆岸平台开发，井斜角平均35°以上，单井自然产能低，须压裂改造后才能获得产能。针对隔层薄（1～2m）、纵向跨度大、井斜角大（平均35°）、部分老井井筒套变等导致纵向挖潜难度大的难题。室内采用真三轴物理模拟实验研究，明确了影响压裂裂缝形成的主要因素为水平应力差、方位角、井斜角等，得到了各因素对压裂过程影响的基本规律。大斜度井压裂过程中受多种因素综合作用在井筒附近形成裂缝弯曲和多裂缝，导致缝宽窄、缝面不规则、滤失大，加砂困难。配套了大斜度井防砂卡扩张式可控封隔器，具有逐级坐封、逐级压裂、逐级解封的功能，并研制了一种缝口暂堵转向体系，暂堵体系配方为变形粒子（5～6mm）：纤维：粉末（0.106～0.212mm）=5：1：1，最高突破压力56.3MPa，变形粒子遇水膨胀，膨胀速度0.15～0.3倍/min，具有强变形性，杨氏模量80MPa，泊松比达0.48，并优化了一种高温超低浓度低伤害压裂液体系，可降低残渣含量30%以上。通过结合现场实践，应用射孔优化、机械分段、暂堵转向压裂、支撑剂段塞处理等关键工艺，形成了高温大斜度井精细分段低伤害压裂技术。

关键词：大斜度井；薄互层；多级暂堵转向；精细分段；超低浓度压裂液

冀东滩海深层油藏地处渤海附近的滩涂和浅海，采用丛式平台、人工岛、陆岸平台的大斜度井开发，油藏埋藏深（3300～4400m）、温度高（120～150℃），井斜角大（30°～70°，40°以上占50%），敏感性强，油层厚度薄（1.2～4m），纵向跨度大（200～300m），纵向、平面非均质性强，纵向精细挖潜难度大。裂缝的启裂始于井筒，油水井的井筒参数，即方位角、井斜角、射孔方式等对裂缝扩展有较大的影响。矿场实践证实，斜井压裂中产生的多裂缝会造成支撑缝长短、裂缝宽度小和导流能力低，易使支撑剂过早发生桥塞，形成砂堵，从而影响压裂效果。

1　不同井筒参数对人工裂缝扩展的影响分析

为便于对比，把裂缝形态的各因素数字化，然后求平均值进行归一化。按形成裂缝的复杂性由弱到强进行分级，把相应级数进行数字简化并平均。断裂特征分为平行、斜面、高斜面、无规律四等，分别用1～4表示；裂缝类型分为单一、主次、复杂三等，分别用1～3表示；扭曲程度分为小和大，用1和2表示。因此，根据表1中的实验结果可以作出各单因素影响规律曲线。

表 1 不同井筒参数压裂真三轴模拟实验结果统计

序号	变量名	变量值	近井缝数	远井缝数	断裂特征	裂缝类型	扭曲程度
1	应力差 / MPa	1	3	2	无规律	主次	大
2		4	1	1	平行	单一	小
3		6	1	1	平行	单一	小
4	方位角差 / (°)	30	2	1	平行	主次	大
5		45	3	1	斜面	主次	大
6		90	3	3	高斜面	复杂	大
7	井斜角 / (°)	20	2	1	平行	单一	小
8		30	2	1	平行	主次	小
9		40	3	2	斜面	主次	大
10		60	3	2	高斜面	复杂	大

（1）应力差的影响（图 1）：水平应力差越大，裂缝空间展布形态的复杂程度就越小，裂缝倾向于沿水平最大地应力方向形成单一主裂缝。高应力差（大于 4MPa），裂缝启裂通常为与水平最大主应力夹角较小的射孔孔眼，裂缝形态通常为多层沿水平最大主应力方向的裂缝，转向程度较小。

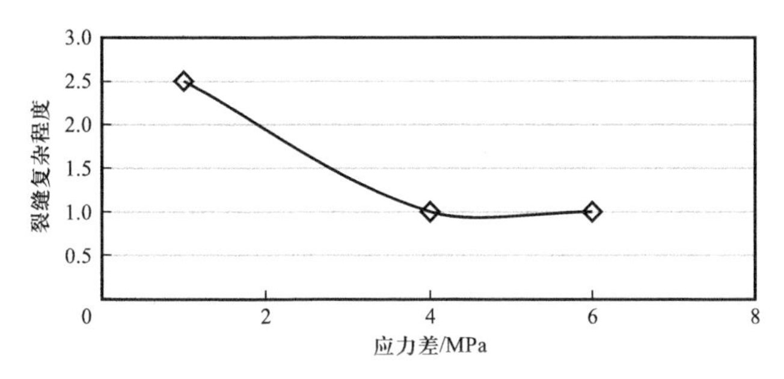

图 1 应力差对裂缝复杂程度的影响曲线

（2）方位角的影响（图 2）：在应力差不占绝对主导的情况下（3MPa），当井斜角为 40°、射孔相位为 60°时，井眼方位与水平最大主应力夹角越大，裂缝的扭曲程度越大，次级裂缝越多，裂缝越复杂。当夹角大于 60°时，可能出现多条相互干扰的扩展缝。

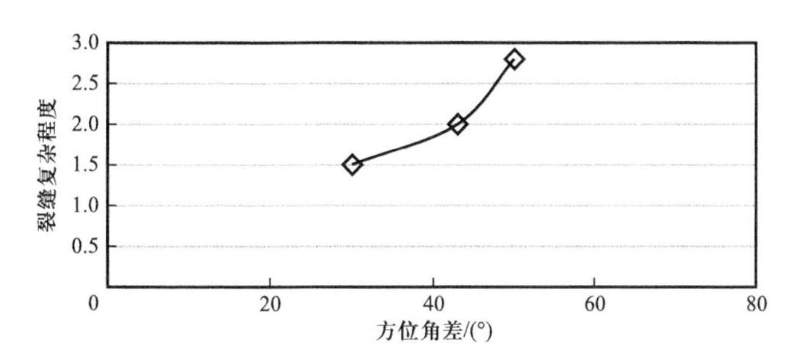

图 2 方位角差对裂缝复杂程度的影响曲线

（3）井斜角的影响（图3）：当应力差为3MPa、方位角为120°、射孔相位角为60°时，井斜角小于30°时裂缝扭曲小，次级裂缝较少，裂缝简单；井斜角为30°～60°时裂缝扭曲大，缝面粗糙，次级缝多，裂缝复杂。

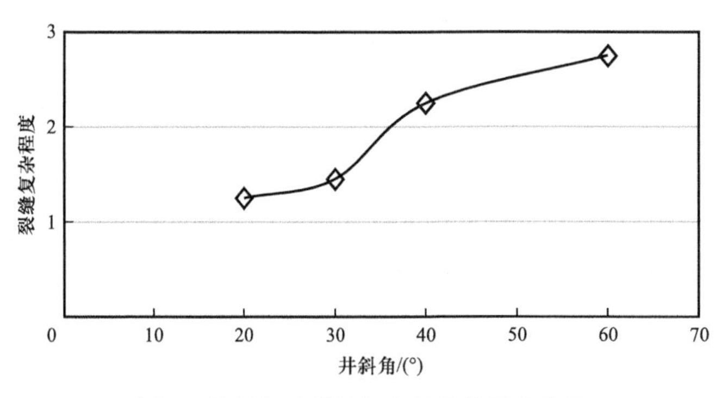

图3　井斜角对裂缝复杂程度的影响曲线

2　大斜度井配套分段压裂工具

针对纵向精细分段压裂，试验了Y241系列封隔器，Y241系列封隔器在斜井（井斜20°）存在投球不到位、压裂完地层返吐支撑剂、存在压后工具无法起出的问题。研究了K344扩张式系列分层工具，该机械滑套分层压裂工艺管柱主要由水力锚、K344-YL型压裂封隔器、滑套喷砂器、安全接头、水力锚等组成，耐温150℃以下，最高应用到140℃储层，封隔器和水力锚通过打压同时坐封和锚定，施工卡管柱风险小；压后各层可以同时排液，减少了液体对储层的伤害；发生砂堵时可对整个施工管柱反洗，不影响第二层压裂施工。K344-YL型封隔器分层压裂工艺可不动管柱，具有逐级坐封、逐级压裂的功能，施工针对性强，安全可靠，可以实现对各目的层段的有效改造。

技术优势：（1）逐级坐封，可以通过套压监测准确了解工具密封状况；（2）解决了启停泵所有封隔器频繁坐封、解封问题，避免胶皮疲劳引起的工具失效；（3）停泵即解封，利于施工中出现砂堵等异常情况的应急处理，不影响后续各段施工。

现场一趟管柱压裂最高5段，最大井斜48°，最大井深4717m，最高耐温140℃。

通过对工具增加嵌入硬质合金套厚度，并提高中心管的壁厚，将封隔器在使用过程中承受的最大拉力由40tf提高至100tf，提高产品整体耐磨、耐冲蚀性能，可实现单喷额定过砂量100m^3。

3　薄互层层间暂堵转向压裂技术

为提高纵向小层动用程度，针对无法下入封隔器进行分层压裂的井、特殊完井和套变井，需要采用层间化学暂堵转向压裂技术进一步细分层段。本文引入有机硅单体，聚合了一种强变形凝胶，通过剪切、造粒、烘干后得到不同粒径强变形可膨胀缝口暂堵剂。硅单体会自聚形成纳米级微粒分散到有机聚合物水凝胶中，将纳米材料的刚性、尺寸稳定性与水凝胶的保湿性能相结合，从而让水凝胶具有很强的弹性、变形性，即使在受到高压的作用下，也不易失水而受到结构破坏，通过抗压能力实验优化得到最佳缝口暂堵体系为：变形粒子（5～6mm）：纤维：粉末（0.106～0.212mm）=5：1：1，最高突破压力为56.3MPa（表2）。该变形粒子可吸水膨胀，凝胶的弹性模量仅为80MPa，材料刚度越大，亦即在一定应力作用下，发生弹性变形越小；相反，弹性模量越小，说明在一定应力作用下，发生弹性变形越大。变形水凝胶的泊松比为0.48，所有材料泊松比最大值为0.5，在一定程度上也可反映该凝胶的可压缩能力强和弹性好。当应力解除后，水凝胶可完全恢复至初始状态，无任何痕迹。因此，该暂堵剂具有高强度、强变形、可吸水膨胀和易返排的特点[1-4]。

表2　不同暂堵剂组合下的突破压力

暂堵剂的配比	刚性颗粒	刚性颗粒：纤维=2：2	刚性颗粒：纤维=3：1	变形粒子（QBZU）	变形粒子：纤维：粉末=2：2：1	变形粒子：纤维：粉末=5：1：1
突破压力/MPa	无明显起压	8.6	20.3	35.6	21.0	56.3

产生这种实验现象的原因主要为：（1）由于刚性颗粒不具有吸水膨胀性能，颗粒与颗粒之间会有缝隙，虽然可以利用纤维的缠绕弥补一部分空间，但始终无法充满整个空间，有间隙就会有压力传递，导致驱替压力降落；（2）刚性颗粒虽然硬度非常大，但是由于不具有弹性，因此，不会产生反作用力，不能有效转移应力；（3）QBZU具有吸水膨胀性能，通过吸水膨胀，可以将一个有限的空间完全充填至没有一点缝隙，以一个整体抵抗驱替压力，从而该暂堵剂可以适应不同形状的裂缝和孔眼；（4）QBZU颗粒吸水膨胀后，具有很强的变形性和弹性，当应力作用于它时，会产生一个反作用力，以抵抗机械应力和将作用力转移至应力相对更小的方向[5-6]。

QBZU系列强变形水溶性暂堵剂分为颗粒型和粉末型：颗粒暂堵剂粒径为5～6mm，用于封堵裂缝缝口；粉末暂堵剂粒径为0.106～0.212mm，通过吸水膨胀可弥补大颗粒堆积时的空隙，并通过表面的黏附性将大颗粒、小颗粒和粉末暂堵剂黏结在一起成为一个整体，不同粒径的暂堵剂性能参数相近（表3）。

表3　强变形缝口暂堵转向剂的性能评价

外观	密度/（g/cm^3）	粒径	膨胀速度/（倍/min）	抗压强度/MPa	杨氏模量/MPa	泊松比	降解性能/%
白色颗粒	1.18	5～6mm（颗粒）、0.106～0.212mm（粉末）	0.15～0.3	56.3	80	0.48	95.8

4 超低浓度压裂液的研究与性能评价

4.1 稠化剂的优化评价

由图 4 和图 5 可知，超级瓜尔胶粉水不溶物含量低，相同浓度下表观黏度高，且残渣含量与一级羟丙基瓜尔胶相比，低 25% 以上。

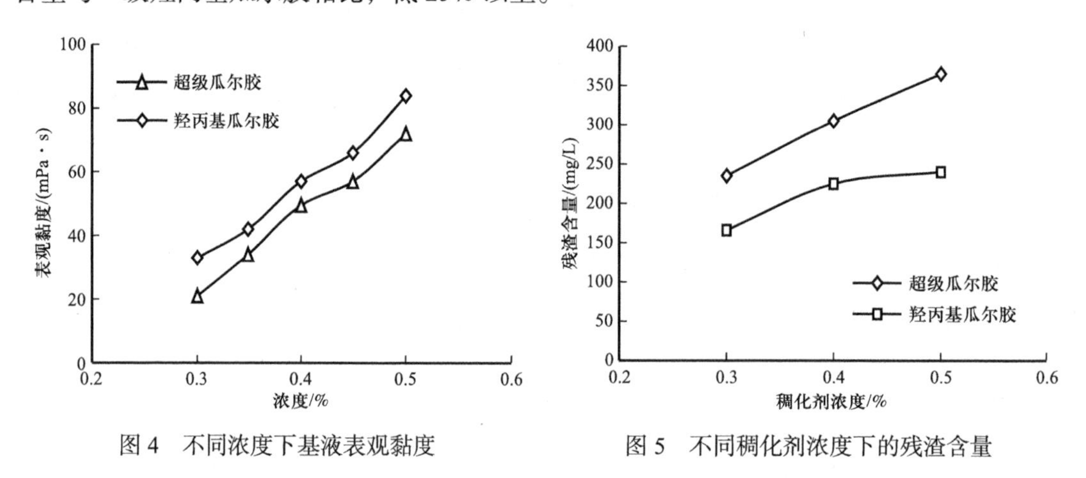

图 4 不同浓度下基液表观黏度

图 5 不同稠化剂浓度下的残渣含量

4.2 超级瓜尔胶与多头硼酸压裂液性能评价

由图 6 至图 9 可知，用 GHPG 作稠化剂，90℃条件下可将瓜尔胶浓度由 0.25% 降至 0.23%，130℃条件下可将瓜尔胶浓度由 0.4% 降至 0.37%。最终确定 90～130℃压裂液配方为：0.23% GHPG+0.1% Na_2CO_3+0.1% 杀菌剂 +0.25% 调理剂 +0.8% 交联剂 +0.025% 柠檬酸；0.37% GHPG++0.12% Na_2CO_3+0.1% 杀菌剂 +0.4% 调理剂 +0.8% 交联剂 +0.025% 柠檬酸。

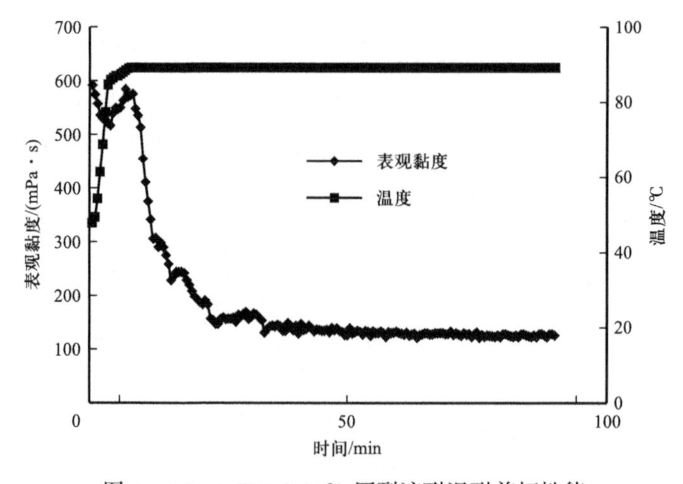

图 6 0.23% GHPG 90℃ 压裂液耐温耐剪切性能

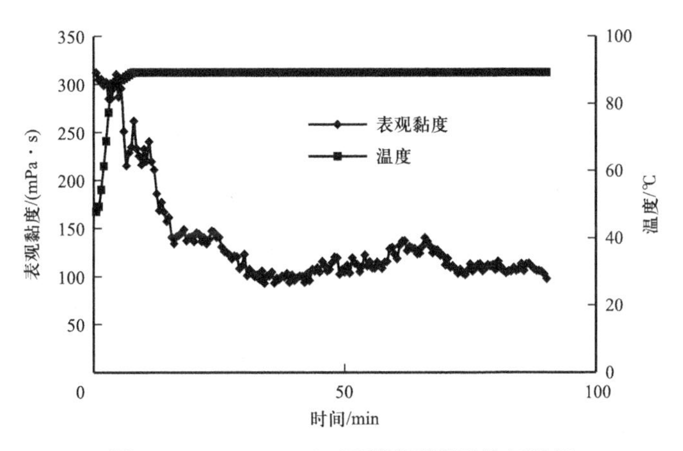

图 7　0.25%HPG 90℃ 压裂液耐温耐剪切性能

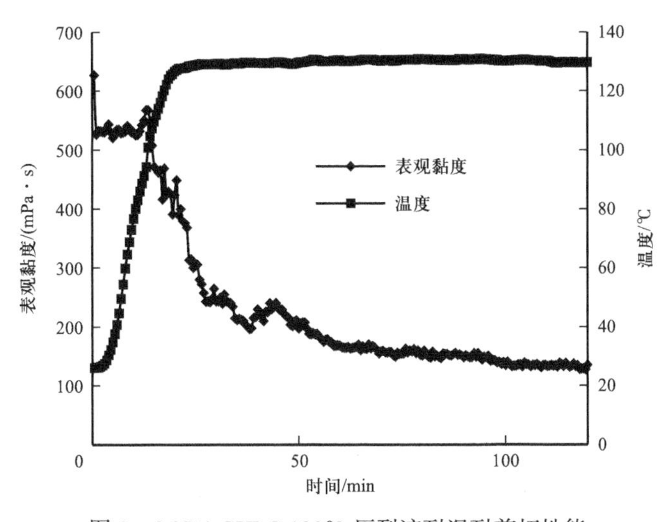

图 8　0.37% GHPG 130℃ 压裂液耐温耐剪切性能

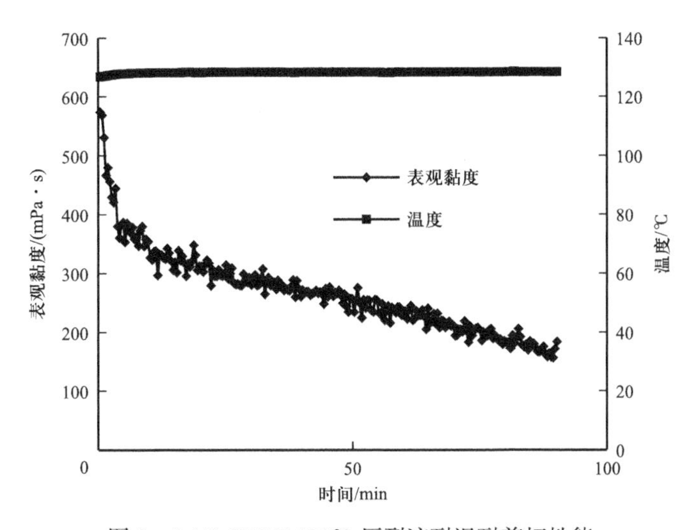

图 9　0.4% GHPG 130℃ 压裂液耐温耐剪切性能

5 斜井压裂技术实践

5.1 斜井射孔参数优化

多缝启裂在斜井是普遍存在的，关键问题是如何让多缝经近井相互作用后形成一条主缝，缝长、缝宽得到充分扩展，实现顺利加砂，得到一条理想的支撑裂缝。当两条裂缝距离足够远时，基本上两条裂缝不会发生干扰现象；当两条裂缝从远距离逐渐靠近时，主裂缝内缝间的干扰因子值逐渐增大。射孔参数是控制多缝启裂间距的有效办法，根据研究结果及实施经验，斜井射孔长度一般控制在 1～3m 之间，孔密 16 孔 /m，60°相位[7-10]。

5.2 砂段塞处理裂缝

斜井进行水力压裂时，会在每个孔眼处形成一个微裂缝，然后均会发生不同程度的转向，即在斜井压裂过程中会形成多裂缝。转向和多裂缝给压裂带来两个方面的问题：一是缝不规则，粗糙，摩阻大；二是滤失面多，液体效率低，缝宽窄，这都会导致加砂难度大大增加。通过在前置液中泵注几段少量低浓度支撑剂的混砂液，对裂缝进行冲刷、打磨、切割，使裂缝表面平滑、规整降低或消除由此带来的额外摩阻，同时部分砂粒在通道的弯曲或分支等水力作用稍弱部位堆积，封堵部分裂缝，促进主缝发育。存在近井弯曲的井在砂段塞泵注过程中就能看到明显压力显示，一般采用 5%～8% 砂比（图 10）。

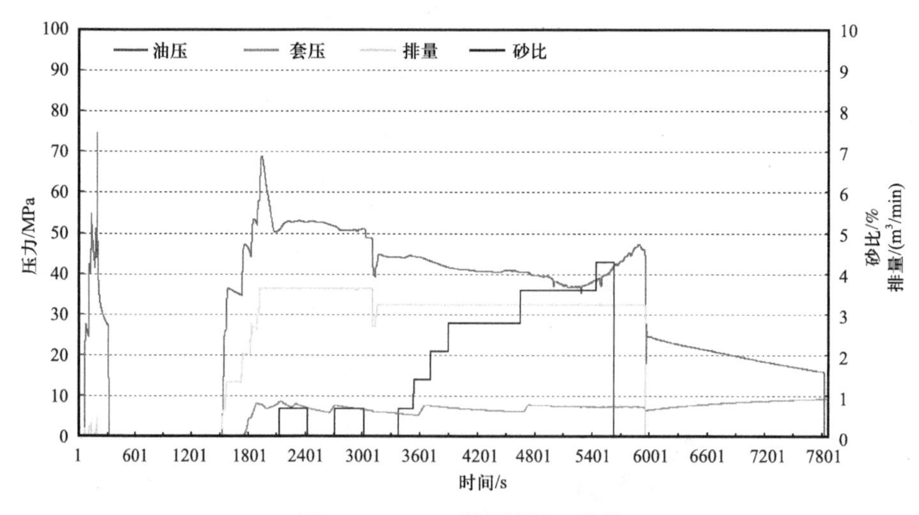

图 10 ×××3 井压裂施工曲线

6 现场应用

该技术大斜度井（井斜大于 30°）推广应用 400 余井次，现场取得了良好的压裂改造效果，施工成功率达 96% 以上，对大斜度井薄互层采用机械 + 暂堵转向分段压裂改造，工具起出率99%，最高分段数为6段，最深4800m，重点区块破裂压力梯度为0.018MPa/m，采用变排量施工，施工排量为3.0～5.5m^3/min，施工压力为65～75MPa，井斜度越大，井段越长，支撑剂段塞数量越多，通过支撑剂打磨后，施工压力下降3～10MPa，说明储层非均质性较强，通过优化射孔段，前置液的瓜尔胶浓度提高0.03%～0.05%不等。压后初期平均单井日产油3.8t，取得了良好的增产效果。

7 结论

（1）大斜度井压裂裂缝受水平应力差、方位角、井斜角影响较大，在井筒附近存在裂缝转向和多缝启裂，导致缝宽小、缝面不规则、缝长偏小，加砂难度增大。

（2）层间或段间机械分段压裂、控制射孔、段塞打磨等压裂工艺可以有效地规避多缝干扰，处理加砂通道；配套斜井压裂液技术，增强压裂液携液能力，可以明显提高斜井加砂成功率。

（3）通过室内实验优化得到簇间暂堵剂配比：变形粒子（5～6mm）：纤维：粉末（0.106～0.212mm）=5：1：1，最高突破压力为56.3MPa，变形粒子具有可吸水膨胀和强弹性的优良特征，从而大幅提高应力转向的可能性；缝内暂堵剂为微米级粉末，最高封堵强度达54MPa。

（4）配套了大斜度井防砂卡扩张式可控封隔器，具有耐磨、耐冲蚀性能，可实现单喷最高额定过砂量100m^3，具有逐级坐封、逐级压裂、逐级解封的功能，大大提高了工具安全起出效率。

参考文献

[1]王彦玲，原琳，任金恒.转向压裂暂堵剂的研究及应用进展[J].科学技术与工程，2017，17（32）：196-204.

[2]姜伟，管保山，李阳，等.新型水溶性暂堵剂在重复压裂中的暂堵转向效果[J].钻井液与完井液，2017，34（6）：100-104.

[3]薛世杰，程兴生，李永平，等.一种复合暂堵剂在重复压裂中的应用[J].钻采工艺，2018，41（3）：96-98.

[4]肖沛瑶.压裂暂堵剂及其适用范围分析[J].石油化工应用，2018，37（10）：9-12.

[5]谢水祥，蒋官澄，陈勉，等.有机硅吸水膨胀型选择性堵水剂的合成与性能评价[J].石油钻探技术，2012，40（1）：92-97.

[6]周丹，熊旭东，何军榜，等.低渗透储层多级转向压裂技术[J].石油钻探技术，2020，48（1）：85-89.

[7]陈小新，魏英杰，陈波，等.斜井压裂成功的典型做法[J].钻采工艺，2002，26（1）：99-100.

[8]Mcda niel B W，Mcmechan D E，Stegent N A. Prove proppant placement during hydraulic fracturing applications[C]. SPE 71661，2001.

[9]廖华林，李根生.淹没条件下超高压水射流冲蚀切割破岩实验研究[J].天然气工业，2006，26（5）；61-63.

[10] 贾长贵，李明志，李凤霞，等.低渗裂缝型气藏斜井压裂技术研究［J］.天然气工业，2007，27（5）：106-108.

[11] 谢水祥，蒋官澄，陈勉，等.有机硅吸水膨胀型选择性堵水剂的合成与性能评价［J］.石油钻探技术，2012，40（1）：92-97.

[12] 周丹，熊旭东，何军榜，等.低渗透储层多级转向压裂技术［J］.石油钻探技术，2020，48（1）：85-89.

低渗透油藏注水压驱增产技术研究与应用

叶志权[1, 2]　王　渊[1, 2]　肖文梁[1, 2]　盛志民[1, 2]

（1. 中国石油西部钻探工程公司井下作业公司；
2. 中国石油油气藏改造重点实验室页岩油储层改造分研究室）

摘　要：随着油田勘探开发技术的不断进步，低渗透油藏成为油气资源主要上产力量，常规注水驱油开发工艺中，注采端难以建立有效的驱替关系，经常出现“注不进，采不出”“注得进，驱不到”等情况。通过分析注水驱油影响因素，开展压驱增能增产机理研究，形成一套油藏设计理念，运用数值模拟技术，优化压裂工艺设计，完善地面工艺流程设计，形成了压驱增产施工流程以及设备配套工艺，进而完成注水压驱一体化方案研究。利用多维度数学模型，建立一种阶梯降排量泵注程序，施工全阶段采用阶梯降排量施工，提高缝带宽度，利于均衡驱替。该技术在三个井组开展现场应用，压驱注水量相比常规注水提升 100 倍，地层能力快速恢复，井组供液情况明显改善，增油效果明显。

关键词：低渗透油藏；压驱；注水；均衡驱替；阶梯降排量；剩余油

低渗透油藏作为目前生产主力油藏，剩余储量巨大，是今后增储上产的重要接替潜力[1-3]。注水驱油被普遍认为是低渗透油藏提高采收率行之有效的方式之一。但该类油藏剩余储量存在储层物性差、剩余油分布零散等特点，常规注水驱油开发工艺中，注采端难以建立有效的驱替关系[4-6]，经常出现“注不进，采不出”“注得进，驱不到”等情况，因此，亟须研发能够提高注水驱替效果、有效动用零散剩余油的储层高效改造技术。

1　注水压驱增能一体化

注水压驱技术主要是借鉴压裂思路，突破传统注水压力不能超过破裂压力的理念，通过利用大排量、高压泵注设备，以高于极限压力的泵注压力，短期泵注大量水，用关井、闷井、压力驱散的方式，为井组对应油井提供能量，提高井组开发效果[7-9]。在油藏开发过程中，随着油气生产的进行，地层能量会释放出来，使地层能量亏空，通过压驱高压注入大量的水能快速补充地层能量。在低渗透油藏压驱注水开发过程中，注入井附近压力较高，接近破裂压力，孔隙空间膨胀，储层的弹性能被有效储存起来，注入井附近储层物性有所改善。由于压驱注水注入了大量高压流体，增大了注入流体渗滤距离，扩大了波及体积，剩余油重新分布。同时，在较大的压差作用下减小了注采距离，改变了常规压差下的油水运动规律，减弱了非均质性的影响，提高了波及系数及驱油效率。试验结果表明，压驱增加了新的渗流通道，扩大波及体积 13%，提高驱油效率 11%（图 1）。

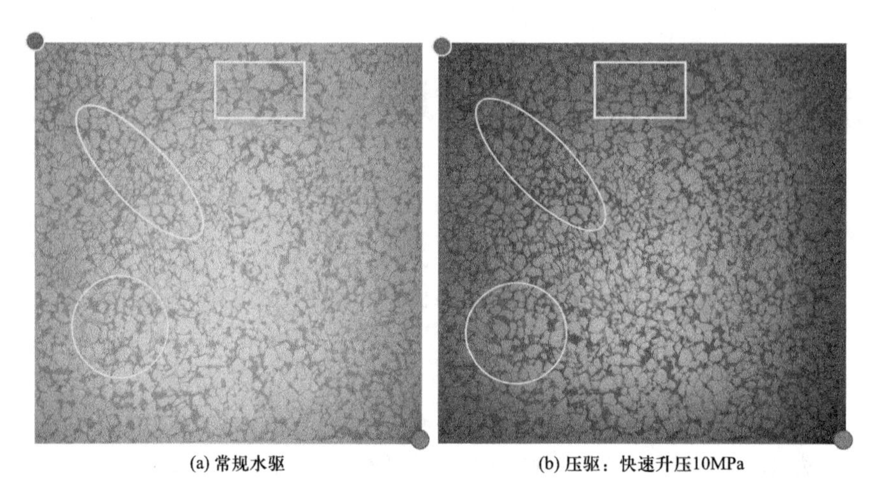

图 1　压驱后渗流通道对比（模型尺寸为 10cm×10cm，原油黏度为 3mPa·s）

王静等[10]通过建立老油区地质力学理想模型，研究了压驱工艺裂缝扩展和渗流机理，结合施工参数优化图版形成了适用于鄯善老油区压驱工艺的最优施工方案参数，在两口停产待报废井采取先驱油补能后加砂压裂的工艺，开采效果明显，证实了压驱工艺可行性；吴效运等[11]针对滨南采油厂深层特低渗透油藏开发效果差、开发难度大的问题，通过开展特低渗透储层渗流机理研究，明确压驱开发方式的机理，为特低渗透油藏的效益化建产提供理论依据和技术支持；黄越等[12]为解决江苏油田注水开发难题，开展压驱机理、压驱选井、压驱注入量、注入排量、闷井时间、压驱液优化等方面研究，并在现场 3 井次压驱施工。众多学者在压驱注水方面开展相关研究[13-18]，大多是从理论研究、实验模拟等方面开展工作，对于地面流程及施工相关具体参数优化研究相对较少，笔者通过开展压驱适应性调查，优化压驱施工相关参数，根据施工情况进行地面工艺流程设计，并开展现场应用探讨压驱工艺可行性。

2　施工参数优化

（1）压驱注入量：主要是根据地层亏空体积，通过物质平衡法计算，拟建立人造高压油藏，实现压驱后提高油气渗漏能力。根据物质平衡方程法，在压驱实施过程中对应油井停采情况下，油藏压力恢复水平与注入量有关。根据公式 $V=\eta\pi r^2h\phi$（η 为驱替面积系数，r 为驱替半径，h 为油层厚度，ϕ 为孔隙度），可确定不同驱替半径下的注入量等。在此基础上，应用物质平衡方程预测不同压驱半径下的油藏压力恢复水平。根据油藏恢复水平选择确定注入量，按照驱替半径 $r=0.2R$、$0.4R$、$0.6R$（R 为油水井距离）逐级实验，根据井组动态变化，边注边观察，分周期逐级追加注入。

（2）压驱排量：通过数值模拟可以看出，高的注入排量增加了驱替压力，天然裂缝更容易开启扩展，形成裂缝沟通网络。通过调研，国内其他油田电泵压驱排量为 0.8～1.5m^3/min，为提高压裂泵车日注量，参照模拟结果，在施工压力允许情况下，初期压驱井排量均按照 1.5m^3/min 设计，现场实施时根据井组动态随时调整。

（3）闷井时间：主要根据井口压力是否稳定和排出液氯离子含量是否稳定来判断压驱液和地层流体是否实现置换，达到平衡。结合数值模拟，压驱井初步确定闷井一个月，结合井口压力变化调整。

（4）泵注程序：采用阶梯降排量泵注方式，前期大排量造缝，提高缝带范围，但总量控制，防止造缝过长导致窜流；后期中小排量补能，增加补能段塞水量，强化地层能量恢复；中期投球转层（表 1）。施工全阶段采用阶梯降排量施工，提高缝带宽度，利于均衡驱替。

表 1　压驱泵注程序

序号	施工阶段	净液量 /m^3	排量 /（m^3/min）	累计液量 /m^3	泵压 /MPa	时间
1	试注	30	0.4～1.0	30	＜30	1h
2	S_{3+4+5} 层施工	2000	0.8～1.0	2030	＜30	1～2d
3		7970	0.6～0.8	10000	＜30	8～10d
4	观察周边油井动态反应；投球打滑套，进行 S_{1+2} 层压驱					
5	S_{1+2} 层施工	5000	1.0～1.2	15000	＜40	3～4d
6		35000	0.6～0.8	50000	＜40	33～44d
7		观察周边油井动态反应，根据实际情况调整配注量				
8	停泵，测 5h 压降					
合计			0.6～1.2	50000	＜40	45～58d

3　地面流程优化

为降低施工成本，根据压驱特点优化地面流程，其主要包括供电部分、低压供水部分和高压注水部分（图 2），具体现场摆放如图 3 所示。

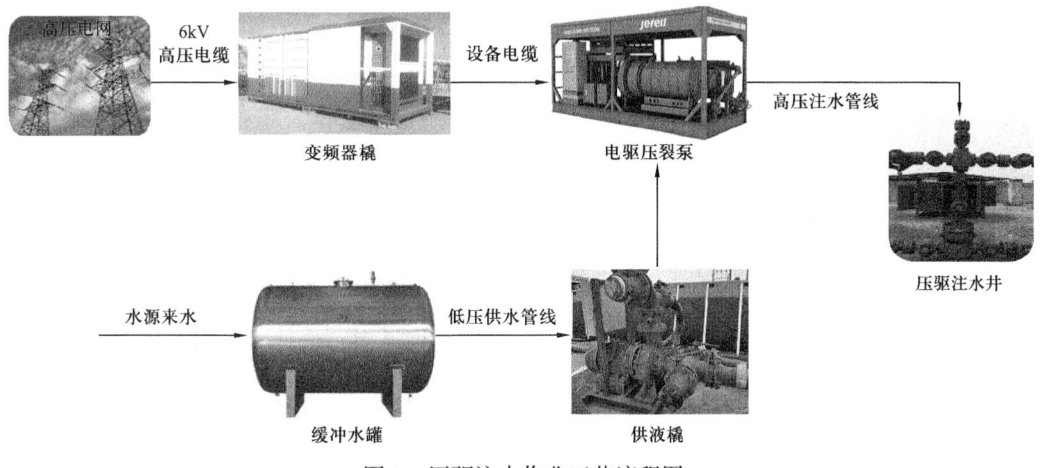

图 2　压驱注水作业工艺流程图

（1）供电部分：从油田高压电网接电，连接到井场，配备 6kV 高压真空断路器。通过高压变频器将电压转换为 3300kV，为电驱压裂泵橇供电。

（2）低压供水部分：主要由水源、缓冲水罐、供液橇和供水管线组成。其中，要求水源的供水能力不低于 $1000m^3/d$，$60m^3$ 缓冲水罐两座；供液橇上水能力不低于 $2m^3/min$，供水压力约 0.5MPa。

（3）高压供水部分：由与电驱压裂泵橇配套的高压注水管线组成，最大承压能力达到 105MPa。高压注水管线连接至高压注水井口。

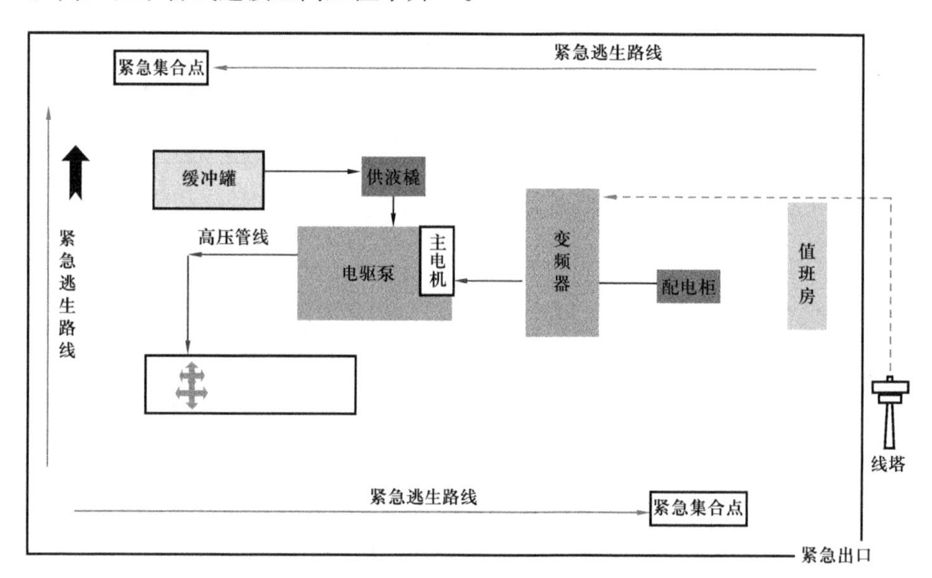

图 3　压驱注水施工现场设备布置图

4　现场试验及应用情况

2022 年，新疆油田应用注水井压驱一体化工艺累计在 3 个井组（21 口油井和 3 口水井）进行施工。压驱一体化工艺相比常规注水工艺更有效，压驱注水能力是常规注水能力的近 100 倍，且压驱注水后能明显改善井组注水供液能力（压驱后注水能力提升近 10 倍），能快速恢复地层能量，可有效解决井组"注不进、采不出"的难题。

A 井组在 2022 年 5 月 2 日实施压驱扩容增产，5 月 13 日结束 S_{3+4+5} 层压驱，累计注水 $1\times10^4m^3$；5 月 13 日开始 S_{1+2} 层压驱作业，6 月 6 日 10：00 停泵，累计注水 $5.04\times10^4m^3$（图 4）。压驱试验前，井组内 9 口油井日产液 28.6t，日产油 3.6t；压驱试验后，日产液 52.3t，日产油 10.2t。

B 井组在 2022 年 7 月 21 日实施压驱扩容增产，8 月 12 日结束 S_{3+4+5} 层压驱，累计注水 $3.40\times10^4m^3$；8 月 12 日开始 S_{1+2} 层压驱作业，9 月 18 日 23：30 停泵，累计注水 $8.9\times10^4m^3$（图 5）。压驱试验前，井组内 7 口油井平均日产液 3.65t，日产油 0.31t；压驱试验后，日产液 12.8t，日产油 2.95t。

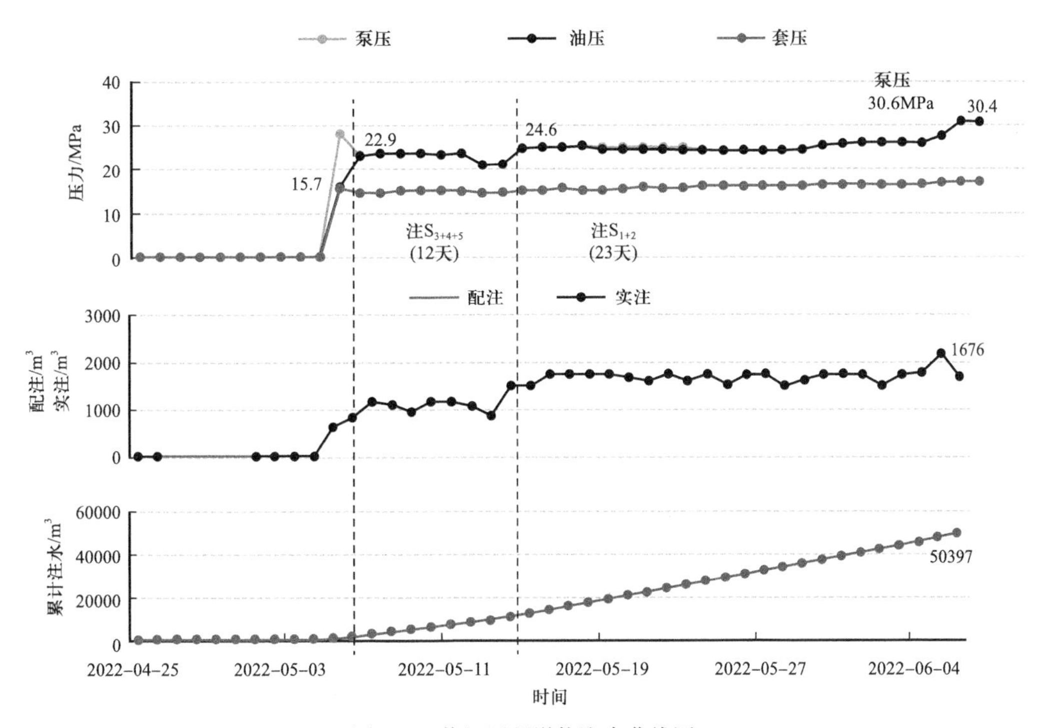

图 4　A 井组压驱增能注水曲线图

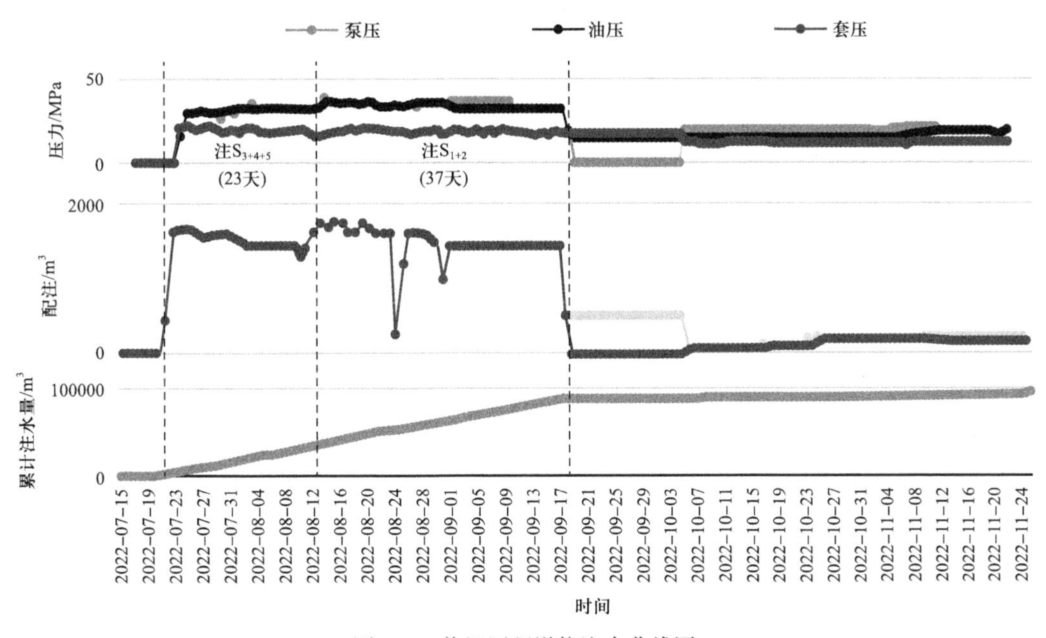

图 5　B 井组压驱增能注水曲线图

C 井组在 2022 年 9 月 20 日实施压驱扩容增产，10 月 17 日结束 S_{1+2} 层压驱，累计注水 $3.02\times10^4m^3$（图 6）。压驱试验前，井组内 5 口油井平均日产液 3.65t，日产油 0.31t；压驱试验后，日产液 12.83t，日产油 2.95t。

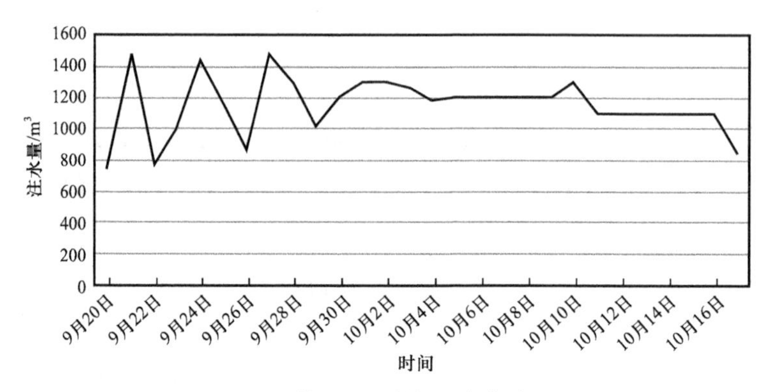

图6　C井组压驱增能注水曲线图

5　总结及认识

（1）压驱技术结合常规注水和压裂的思路方法，快速补充地层能力，改善储层渗流情况，解决了注采驱替难题。

（2）压驱技术以单元井组为单位，整体进行开发，降低了储层改造成本，大幅增加注水能力，提高井网采收率。

（3）采用优化的阶梯降排量泵注程序，大排量启泵，破坏原有注水通道，提高缝带范围，形成新缝网；后期降低补能，利于均衡驱替。

参 考 文 献

[1]王二虎．低渗透油藏高效注采工艺技术的应用［J］．现代工业经济和信息化，2022，12（7）：160-161，229.

[2]甘庆明，牛彩云，吕亿明．低渗透油藏压裂水平井油藏工程探究［J］．电子测试，2014，310（24）：139-140，126.

[3]冯晓伟，涂彬，寸少妮，等．特低渗油藏低强度注水驱油效率与参数设计研究［J］．当代化工研究，2020，66（13）：25-26.

[4]郭红强，马赞，白惠文，等．低渗油藏水驱油影响因素及机理数值模拟分析［J］．承德石油高等专科学校学报，2020，22（6）：15-20，37.

[5]高嘉珮．陇东油田高压注水井降压增注技术研究与应用［D］．西安：西北大学，2019.

[6]张艺川．萨中水驱三类油层反向压驱［J］．化学工程与装备，2022（9）：124-125，130.

[7]樊超，李三山，李璐，等．低渗透油藏压驱注水开发技术研究［J］．石油化工应用，2022，41（1）：37-40.

[8]王锋．压驱工艺优化及现场应用［J］．石化技术，2022，29（4）：10-11.

[9]高建东．牛35区块压驱注水方案设计及应用［J］．内江科技，2022，43（4）：28-29.

[10]王静，蒋明，向洪，等．鄯善油田三类油层压驱新工艺的研究与应用［J］．石油工业技术监督，2020，36（12）：6-9.

[11]吴效运，李晓文，刘方方．深层特低渗油藏压驱开发技术机理及应用研究［J］．内蒙古石油化工，

2021，47（10）：66-69.
[12]黄越，金智荣，乔春国，等.江苏油田小断块低渗油藏压驱注水技术实践[J].石油化工应用，2022，41（6）：48-51.
[13]张冶，程毅.大庆喇嘛甸油田聚驱后压堵驱剩余潜力挖潜可行性[J].大庆石油地质与开发，2022，41（6）：109-116.
[14]刘洪亮，张予生，刘海涛，等.吐哈油田注水驱油实验和数值模拟研究[J].测井技术，2012，36（3）：230-233.
[15]程航.特高含水期水驱高效压裂工艺技术[J].大庆石油地质与开发，2013，32（2）：150-153.
[16]张军涛，王锰，吴金桥.一种新型纳米渗吸剂合成与压驱工艺研究[J].应用化工，2021，50（5）：1239-1244.
[17]刘义坤，王凤娇，汪玉梅，等.中低渗透储集层压驱提高采收率机理[J].石油勘探与开发，2022，49（4）：752-759.
[18]董杰.特低渗油藏水驱后调剖－驱油方法研究[D].北京：中国石油大学（北京），2018.

海上油田低渗透压裂多级加砂控缝高工艺技术研究与应用

张 亮 江鹏川 崔国亮 孙晓锋 张少朋 邓九涛 宁 龚 杨 爽

（中海油能源发展股份有限公司工程技术分公司）

摘 要：近几年，随着海上油气田增储上产的推进，水力压裂储层改造技术成为海上低渗透油气藏增储上产的重要手段。渤海油田典型低渗透油气藏存在改造目的层邻近水层，常规压裂改造容易沟通上下水层的难题，常规压裂改造技术会导致压裂后增油的同时含水率上升明显。为提高压裂目标井储层改造效果，有效降低压后含水率，延长压后增产稳产时间，提高最终改造效果和压裂经济效益。结合渤海油田低渗透改造目标储层地质油藏和孔渗特点，进行了多级加砂控缝高工艺技术的研究，并通过优选配套压裂液和控水支撑剂，进行邻水层油气藏的控缝高压裂改造现场应用。本文以海上典型 A*7 井为例，介绍了多级加砂控缝高工艺的设计基本原理、现场应用和控缝高压裂增产效果。A*7 井实施控缝高压裂改造后使压裂缝底端抬高 7m，避开水层。该井投产 120 天后，含水率仅为 2% 并稳中有降，与之相比，同层邻井的含水率达 21%，说明该井多级加砂控缝高工艺技术实施效果显著，可为类似油气藏控水压裂改造研究与应用提供相应参考借鉴。

关键词：水力压裂；多级加砂；控缝高；提高采收率

随着海上勘探开发的不断深入，低渗透、特低渗透储层逐渐成为海上增储上产的主力。据不完全统计，海上“三低”（低渗透、低压、低丰度）油田探明地质储量 $1.92\times10^8m^3$，动用储量 $0.88\times10^8m^3$，预测采收率仅 8%，远低于全国平均水平（20%）。这代表着海上低渗透、特低渗透储层开发尚未进入规模化和有效开发阶段。为改变该现状，需针对该类储层进行压裂改造，以提高产能，提升采收率[1-2]。

海上部分低渗透、特低渗透储层存在底水发育、砂泥岩互层 / 遮挡层与储层应力差较小、两者皆有的特征，致使对其进行水力压裂时存在裂缝穿透目的层进入遮挡层，在目的层外延伸的概率。这将引发一系列恶果：（1）缝高过大，实际缝长远小于设计缝长，增产效果不理想；（2）缝高过大，压裂物料的损耗超预期，存在物料准备不足风险；（3）目的层附近有水层发育时，缝高过大存在沟通水层，使含水率急剧上升甚至出现水淹，致使油气井报废的风险。因此，针对其进行压裂时需根据储层情况控缝高，将裂缝控制在生产层内或不沟通水层[3-6]。基于此，本文探索开发了多级加砂控缝高工艺，通过控制压裂工艺来限制裂缝纵向延伸，对此类油气藏增产改造有重要意义。

1　多级加砂控缝高工艺步骤及关键点

压裂缝高受多因素影响，影响因素分可控因素与不可控因素[3]。其不可控因素分地应力、杨氏模量、泊松比、界面强度、非均质、断裂韧性等；可控因素分施工排量、施工泵压、施工规模、射孔位置、液体黏度、液体密度、滤失性质等。

控缝高压裂工艺技术是在压裂过程中通过射孔优化、人工隔层控缝高技术，注入冷水冷却地层控制缝高，低黏度、变排量控缝高技术，控制施工排量和压裂规模等诸多技术工艺，阻碍和减缓人工裂缝的纵向延伸，形成最优的裂缝形态，达到避免沟通水层、提高产能目标的一种压裂工艺技术。

多级加砂控缝高工艺技术分以下三步：

第一步：持续低排量破裂地层，后以阶梯式提高施工排量（前期的低排量有助于抑制缝高增长）。

第二步：先于小型压裂测试或主压裂前置液阶段，用活性水或弱交联压裂液，泵注渗透率低的颗粒，如 70～140 目、100～200 目的粉砂或陶粒，顶替其进入地层，停泵砂沉后进行主压裂加砂施工。

第三步：停泵时需停至裂缝闭合，促使粉砂和粉陶下沉至下部裂缝进行充填，形成人工隔层，当再次启泵进行主压裂泵注时，由于人工隔层的阻隔作用（图 1），裂缝向下延伸趋势降低，抑制缝高增长。

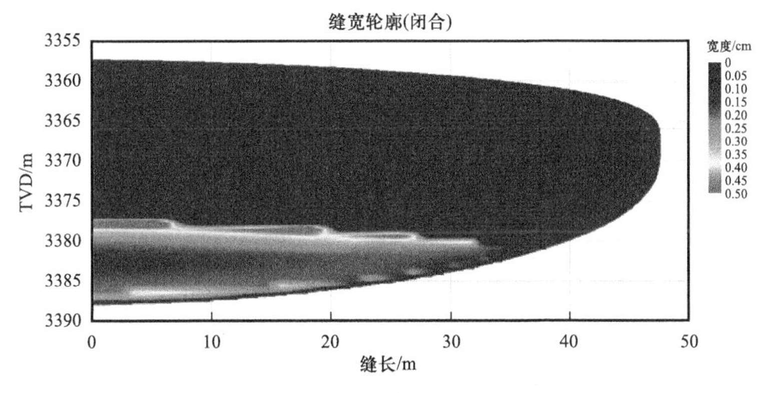

图 1　多级加砂控缝高工艺技术形成下部隔挡示意图

多级加砂控缝高工艺技术的关键点主要有以下两点：

第一：在初始阶段泵入所加陶粒或石英砂需满足低渗透条件，理论上陶粒或石英砂的粒径越小越好，但现场使用需结合实际压裂设备的下砂能力进行综合考量。海上油田普遍采用 70～140 目、100～200 目石英砂或粉陶作为下沉剂。

第二：为保证在先期泵入陶粒或石英砂阶段及停泵裂缝闭合之前，陶粒或石英砂快速下沉到裂缝近井地带下部，形成有效的低渗透隔挡带，需确保所用携砂液黏度较低，海上通常采用线性胶或弱交联的交联胶进行先期泵注携砂。

2 多级加砂控缝高工艺技术现场应用

渤海某油田主力含油层系为明化镇组下段和沙河街组二段、三段，其中 A*7 井所选压裂层位为沙二段，埋深 3200～3400m。沙二段具有中孔隙度、中—低渗透率的特点，其平均孔隙度为 15.8%，平均渗透率为 31.5mD，在平面上看，整体由南西向北东呈物性变差趋势。

A*7 井钻后实际钻遇 4 个小层（图 2），其中 1、2 小层为油层，3、4 小层为水层，且 2 小层底部距离 3 小层（水层）顶部垂深仅 5.8m。

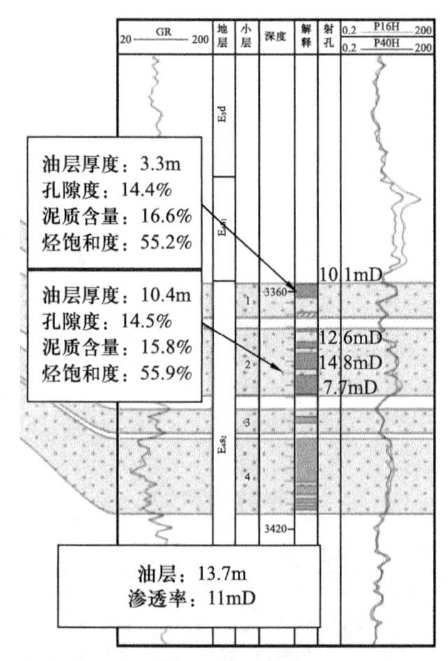

层位	小层	测井解释											储层原始状态结论
		斜深/m		厚度/m	垂深/m		厚度/m	电阻率/(Ω·m)	孔隙度/%	渗透率/mD	含烃饱和度/%	泥质含量/%	
E_3s_2	1	3540.5	3544.0	3.5	3358.4	3361.7	3.3	11.4	14.4	10.1	55.2	16.6	油层
		3548.0	3549.3	1.3	3365.5	3366.7	1.2	6.2	8.3	0.8	30.6	23.7	差油层
	2	3552.3	3553.0	0.7	3369.6	3370.2	0.6	4.7	8.6	0.4	23.4	26.7	差油层
		3555.9	3557.5	1.6	3373.0	3374.5	1.5	11.2	15.2	12.6	57.0	17.0	油层
		3558.9	3563.4	4.5	3375.8	3380.1	4.3	11.5	14.3	14.8	55.1	15.6	油层
		3565.0	3569.8	4.8	3381.6	3386.2	4.6	12.5	14.1	7.7	55.7	14.7	油层
	3	3576.0	3577.5	1.5	3392.0	3393.4	1.4	4.7	14.3	11.2	13.3	20.8	水层
	4	3581.7	3593.3	11.6	3397.4	3408.3	10.9	7.2	15.5	25.5	27.5	13.4	水层
		3594.4	3596.8	2.4	3409.4	3411.6	2.2	6.4	16.2	23.4	29.7	16.6	水层
		3598.1	3599.0	0.9	3412.8	3413.7	0.9	6.0	18.3	79.9	26.7	10.1	水层
		3599.9	3600.8	0.9	3414.5	3415.4	0.9	6.1	16.8	34.2	30.2	17.5	水层
	5	3613.0	3614.0	1.0	3426.9	3427.8	0.9	9.7	17.8	64.4	35.2	2.6	水层
		3617.0	3618.1	1.1	3430.6	3431.7	1.1	4.6	19.3	161.3	20.5	11.6	水层
		3623.1	3624.3	1.2	3436.4	3437.5	1.1	4.4	–	–	–	11.5	水层

图 2 A*7 井钻后储层剖面和测井解释

对 A*7 井进行测井，所得测井数据分别是伽马（GR）、中子孔隙度（TNPH）、体积密度（RHON）、声波时差（DTCO）。将测井数据导入 Meyer 压裂数值模拟软件，建立储层岩石力学剖面（图3），所得结果如下：第1小层（TVD 3358.4～3361.7m）应力为47.1～48MPa，油层；第2小层（TVD 3373.0～3386.2m）应力为45.3～47.1MPa，油层；第3小层（TVD 3392m以下）应力为45.4～47.3MPa，水层。

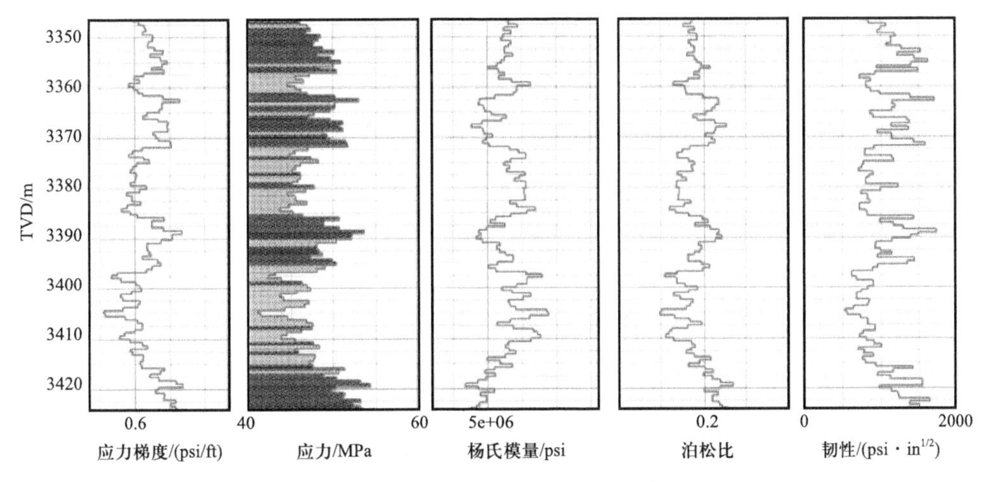

图3　A*7井钻后储层岩石力学剖面

利用tNavigator的裂缝片技术开展裂缝参数优化研究（图4），研究发现，当裂缝半长超过60m时，累计产油量反而下降，当导流能力达到40D・cm时，对应的累计产油量增加幅度明显变缓。因此，推荐压裂裂缝半长为60m，压裂裂缝导流能力为40D・cm。

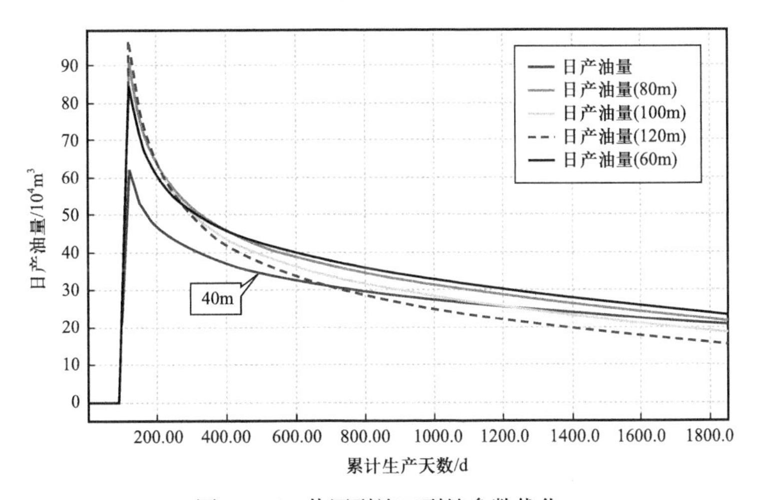

图4　A*7井压裂施工裂缝参数优化

计划对1、2小层进行压裂改造，因2小层距离3小层水顶垂深5.8m，如不采用砂控缝高压裂技术，裂缝下部将延伸至3396m，完全沟通水层3小层（图5）。因此，设计增加多级加砂控缝高工艺技术，在一级加砂泵注程序（即小型压裂阶段），采用线性胶泵注70～140目的石英砂，在裂缝下部形成人工隔挡，一级加砂泵注程序之后停泵进行小型压裂分析，在二级加砂泵注程序（即主压裂施工）中再次泵注20～40目支撑剂，裂缝下部被限制于3389m（图6），距离下部水层3m，未沟通下部水层。总泵注施工程序见表1。

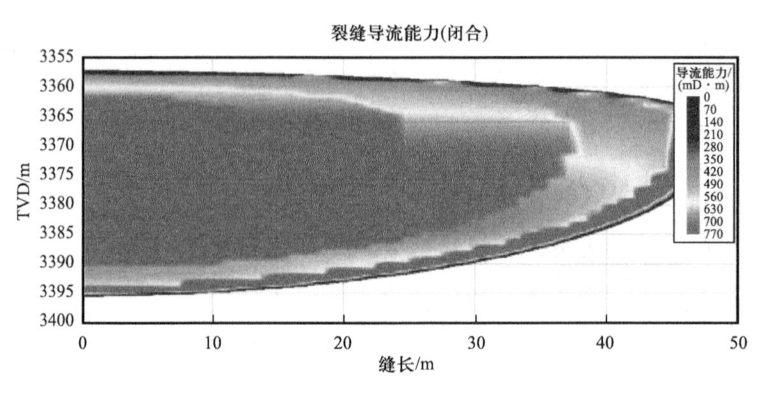

图 5　未采取控缝高技术（裂缝底部 3396m）

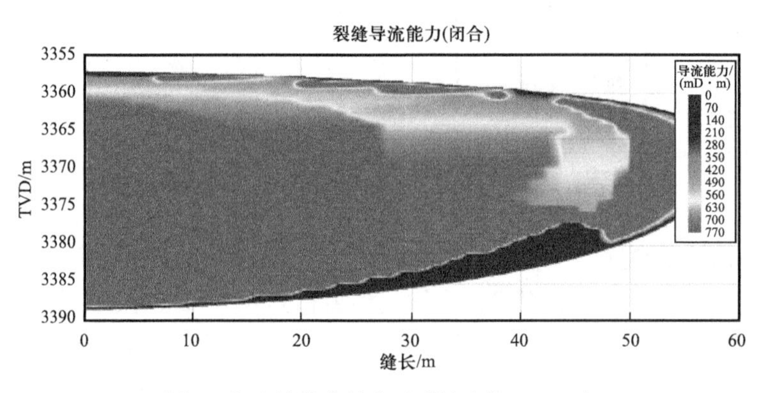

图 6　加入控缝高技术（裂缝底部 3389m）

表 1　多级加砂泵注程序表（第 2～3 阶段为一级加砂，第 7～17 阶段为二级加砂）

阶段	排量 /（m^3/min）	阶段液体体积 /m^3	阶段时间 / min	阶段类型	液体类型	支撑剂类型	支撑剂浓度 /（100kg/m^3）	支撑剂损害因子	总时间 / min
1	3	20	6.66667	前置液	H026	BMC07	0	0	6.66667
2	3	24	8.2717	段塞	H026	BMC07	0.9	0	14.9384
3	3	30	10.6038	段塞	H026	BMC07	1.6	0	25.5421
4	3	38	12.6667	洗井	H026	BMC07	0	0	38.2088
5	0	0	25	关井	H026	BMC07	0	0	63.2088
6	3	25	8.33333	前置液	H559	ZCY1.7	0	0	71.5421
7	3	5	1.71333	段塞	H559	ZCY1.7	0.84	0	73.2555
8	3	25	8.33333	前置液	H559	ZCY1.7	0	0	81.5888
9	3	0	0	段塞	H559	ZCY1.7	1.344	0	81.5888
10	3	0	0	前置液	H559	ZCY1.7	0	0	81.5888
11	3	10	3.52	支撑剂	H559	ZCY1.7	1.68	0	85.1088

续表

阶段	排量 /（m^3/min）	阶段液体体积 /m^3	阶段时间 / min	阶段类型	液体类型	支撑剂类型	支撑剂浓度 /（100kg/m^3）	支撑剂损害因子	总时间 / min
12	3	15	5.42	支撑剂	H559	ZCY1.7	2.52	0	90.5288
13	3	20	7.41333	支撑剂	H559	ZCY1.7	3.36	0	97.9421
14	3	25	9.5	支撑剂	H559	ZCY1.7	4.2	0	107.442
15	3	18	7.008	支撑剂	H559	ZCY1.7	5.04	0	114.45
16	3	8	3.18933	支撑剂	H559	ZCY1.7	5.88	0	117.639
17	3	4	1.62667	支撑剂	H559	ZCY1.7	6.6	0	119.266
18	3	37	12.3333	洗井	H559	ZCY1.7	0	0	131.599

在海上石油平台作业现场，按设计泵注程序进行加砂压裂施工，共计泵入陶粒24.2m^3，最高砂比为40%，最大施工压力为31.4MPa，施工曲线如图7与图8所示。

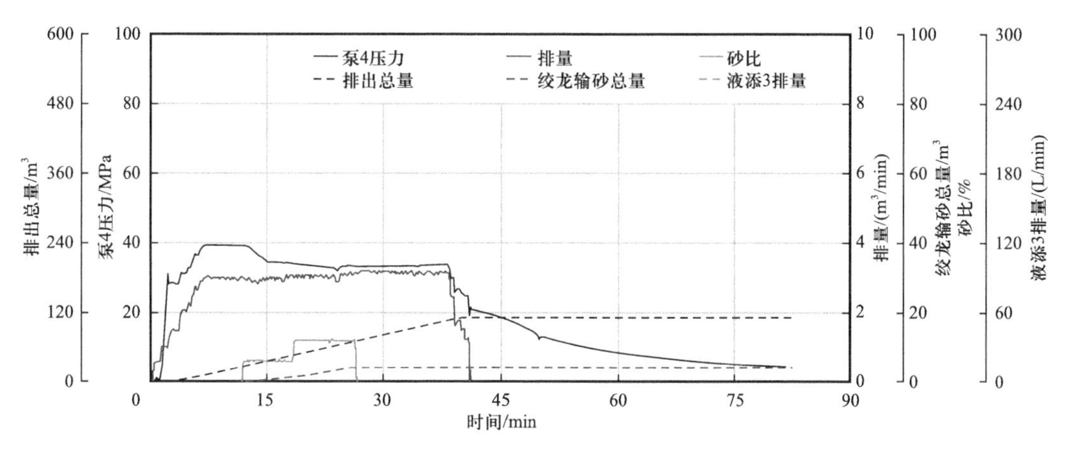

图7　一级加砂施工曲线

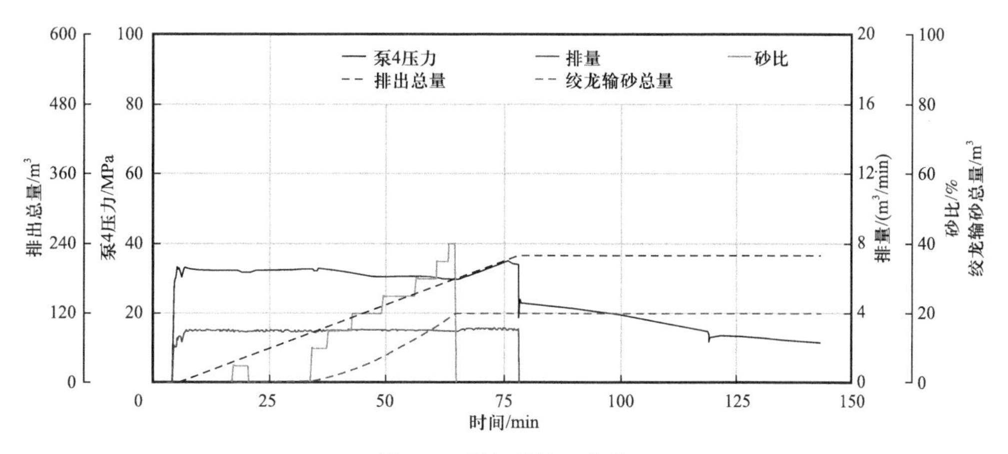

图8　二级加砂施工曲线

3 多级加砂控缝高工艺技术现场运用效果

A*7井2022年6月18日压后投产，井筒水返排9天结束。A*7井压裂泵入地层总液量221m^3，投产后累计排水236m^3，截至6月27日，判断基本排完井筒水。A*7井排液初期含水率为80%～90%，后期含水率稳定在4%～5%较长时间，随后含水率进一步下降，投产第120天后含水率为2%，邻井A*9井（对比参考井）投产初期含水率为21%，A*7井含水率明显低于A*9井，判断压裂未压开水层，多级加砂控缝高工艺达预期目标，控缝高成功（图9）。

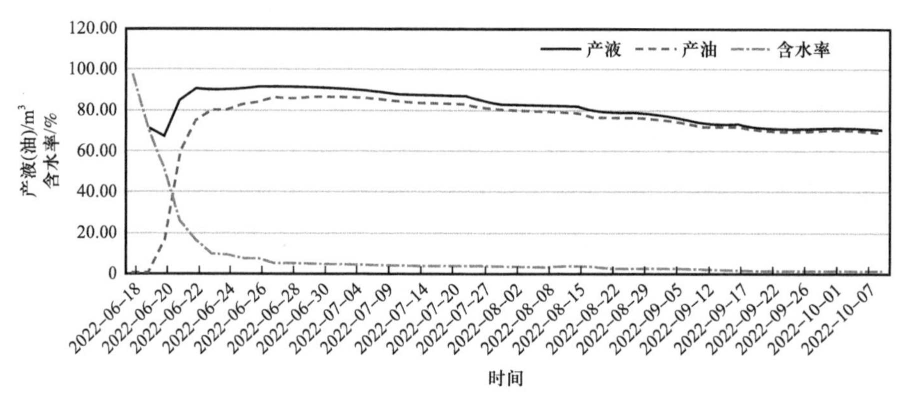

图9 A*7井压后初期产量、含水率运行曲线

4 总结与分析

（1）多级加砂控缝高工艺技术在低渗透压裂施工过程中，具备工艺流程简便、易操作、施工成本低等特点，在效果方面，前期可通过现较为常用的商用压裂模拟软件进行模拟设计，在节省用料与施工时间的条件下有效地限制裂缝向下延伸。

（2）相较于其他控水措施[5, 7-10]（如通过改造储层孔喉通道和人造裂缝通道的表面润湿性控水等），多级加砂控缝高工艺技术控水有效性更长，且效果显著。其原因在于改变表面润湿性的实质是化学性质的改造，有效性受化学药剂属性有效期与储层表面稳定性的双重影响，而多级加砂控缝高工艺技术实质是物理性质的改造，改造属性更稳定可靠。

（3）多级加砂控缝高工艺技术只能对水层在下部的储层有效。理论上，一级加砂采用密度更高、颗粒更小的陶粒，用黏度较低的压裂液泵送控缝高效果更好，但需根据实际储层物性和压裂规模进行设计模拟。

（4）多级加砂控缝高工艺技术由于需泵入不同目数与密度的陶粒，施工要求较高，在地面压裂设备方面，混砂车的性能尤其重要。当细粉状的陶粒通过混砂车加入时，混砂车需具备更高的输砂性能与砂量监测精准度，以满足此项工艺技术。此外，还需特别注意保持细粉砂和细粉陶粒的干燥程度，避免细粉砂和细粉陶粒凝结成团，对施工造成影响。

参考文献

[1]《海洋完井手册》编委会. 海洋完井手册[M]. 北京：石油工业出版社，2019.

[2] Michael J Economides，Tony Martin. 现代压裂技术[M]. 卢拥军，邹洪岗，等译. 北京：石油工业出版社，2012.

[3] 张峰志. 底水油层控水压裂机理及工艺参数优化[D]. 西安：西安石油大学，2014.

[4] 朱彧，张传华. 高含水井厚油层控水压裂增产技术探讨[J]. 内蒙古石油化工，2013，39（14）：105-106.

[5] 王理国. 低渗储层控水压裂工艺参数优化[D]. 西安：西安石油大学，2014.

[6] 李勇明，李莲明，郭建春，等. 二次加砂压裂理论模型及应用[J]. 新疆石油地质，2010，31（2）：190-193.

[7] 沈焕文，王治国，王碧涛，等. 特低渗油藏大剂量微球深部调驱提高采收率技术实践[J]. 石油化工应用，2022，41（9）：69-71，86.

[8] 沈焕文，马学军，刘萍，等. 特低渗油藏聚合物微球驱提高采收率技术实践[J]. 石油化工应用，2016，35（2）：44-48.

[9] 刘洪见. 低渗油藏压裂用相渗改善剂的合成及控水效果模拟[D]. 青岛：中国石油大学（华东），2011.

[10] 杨立安，张矿生，李建山，等. 一种低渗油藏压裂完井水平井分段控水酸化方法：CN111502628B[P]. 2022-07-05.

低渗透油藏老井挖潜与治理

徐亚军　樊庆虎　肖文梁　陈　亮　李　岗　刘永平

（中国石油西部钻探工程公司井下作业公司）

摘　要： 新疆油田五2东克拉玛依组是典型的低渗透油藏，黏土矿物发育，有较强的水敏性，其地质条件复杂，薄互层交替，开发过程中主要表现为“注不进，采不出”，低产低效井逐年增多，导致油田开发效益不断降低。为进一步挖掘油藏潜力，探索低产低效井综合挖潜与治理对策，从储层地质特性、注采关系、生产动静态分析、剩余潜力分析等方面，结合地质工程一体化工作思路，形成了以驱油、蓄能、多级转向压裂为主的治理措施，在现场应用中取得了较好的治理效果，为区块老井挖潜打下了坚实的基础。

关键词： 低渗透；低产低效井；综合挖潜；剩余潜力；治理措施

低渗透油藏储层渗透率、储量丰度、单井产能都比较低[1]，在我国各大油田中有近2/3为低渗透油藏，因此对低渗透油田的开发有着重要意义。然而，随着油田的不断开发，油藏注采关系复杂，受储层敏感性影响，水井注不进、油井采不出的现象逐渐呈现，水井附近地层能量充足，油井附近地层能量匮乏，水驱效果较差，油井供液能力不断下降，导致低产低效井逐年增多。新疆油田有着丰富的低渗透油藏资源，具备较大开发潜力[2]，但低渗透油藏天然能量不足，地层压力系数低，使得流体自身的流度逐步降低，如五2东克拉玛依组为典型的低渗透油藏，区块水驱效果较差，压裂后产量递减快，导致产能难以稳定[3]；纵向发育多套小层，常规的压裂措施难以使储层充分动用，致使油井产量和最终采收率低[4-7]，为了解决这一难题，通过效益选井、多措施治理，盘活一批老井，为低渗透油田效益开发开辟了新思路。

1　区域情况

五2东区 T_2k_1 油藏储量面积16.58km^2，地质储量661.1×10^{4}t（Ⅰ＋Ⅱ级）。油藏沉积厚度66～100m，平均87.3m。根据沉积旋回，自下而上为 S_7^4、S_7^3、S_7^2、S_7^1、S_6 五个砂层，细分为9个单砂层，主力油层为 S_7^{3-3}、S_7^{4-1}、S_7^{4-2} 层，全区发育稳定，次主力层为 S_7^{3-1} 和 S_7^{3-2} 层，目前油井纵向上小层全部动用，如图1所示。

储层埋深1900m，油层厚度0.6～30.0m，平均9.7m，总体上为“西部厚、南部薄”的特征。主力层 S_7^{4-2}、S_7^{4-1}、S_7^{3-3} 层厚度大，连片分布，非主力层 S_7^{3-2}、S_7^{3-1}、S_7^{2-3} 层连片性差。油层北部和东南部厚度较小，往西南部厚度增大。

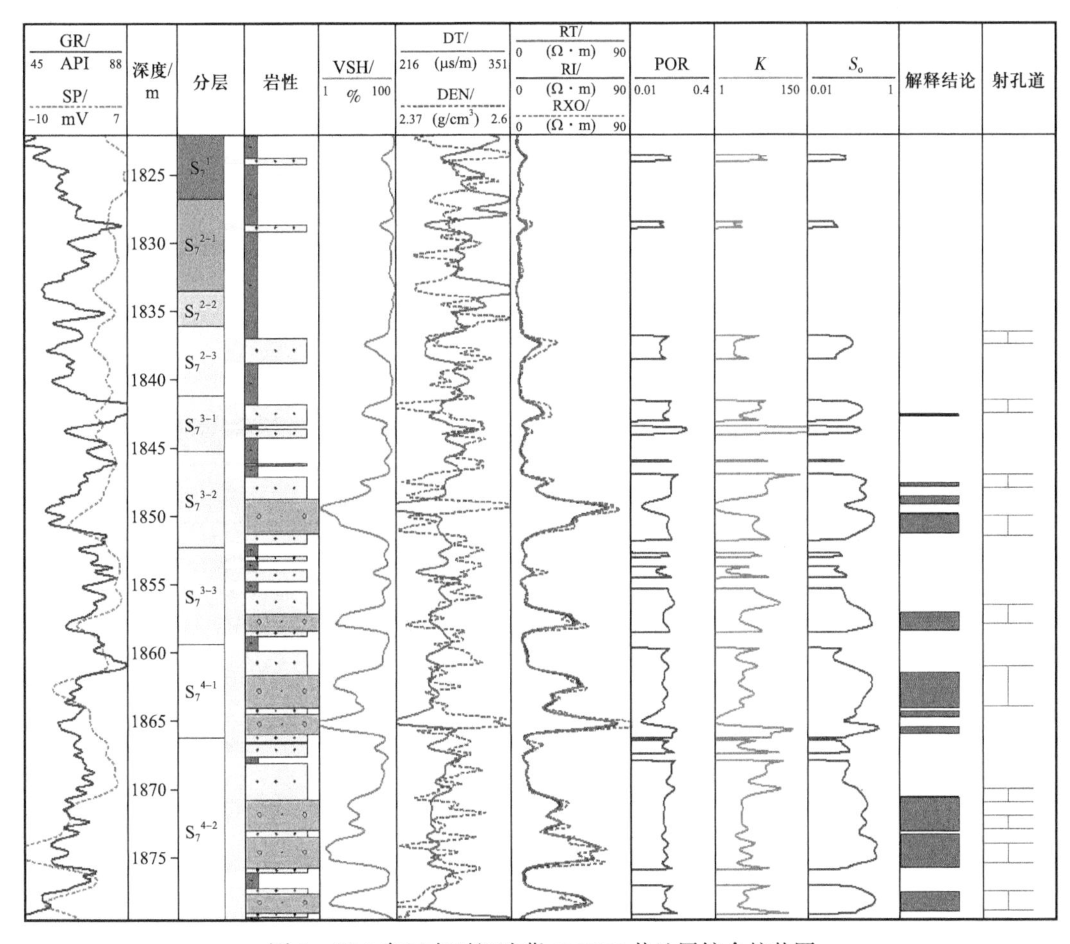

图 1　五 2 东区克下组油藏 52XXX 井地层综合柱状图

1.1　生产特征

五 2 东 T_2k_1 油藏为低孔隙度、低渗透率、水敏性油藏，整体呈现水驱效果差，普遍低产、低液，多数井关停。统计区块油井 119 口，日产油量大于 1t 井仅 15 口（水平井 5 口，直井 10 口），日产油量小于 1t 井 104 口，占比高达 87.4%（表 1）。

表 1　水平井、直井产量

井型	平均日产液量 / t	平均日产油量 / t	平均日产水量 / t	平均累计产油量 / 10^4t
水平井	11.8	4	7.8	1.34
直井	2.3	0.3	2	0.27

1.2　注采特征

五 2 东 T_2k_1 油藏注入井 51 口，开井 28 口，日配注 838m³，实注 530m³，日欠注

$308m^3$，受储层水敏性影响及薄互层连通差影响，欠注井较多，导致井区能量补充较差。从井区吸水资料及产出资料分析，主要吸水层、产出层为全区发育主力层 S_7^4，S_7^3 次之，如图 2 所示。

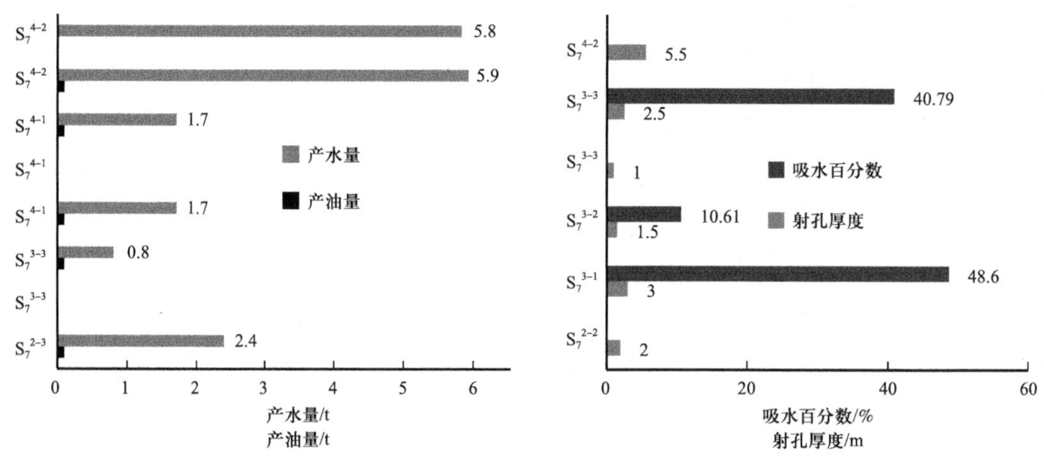

图 2　5XXX 井产液剖面和吸水剖面

2　低产低效井挖潜

2.1　前期重复压裂效果评价

五 2 东 T_2k_1 油藏 2021 年重复压裂井 10 口，均采用暂堵转向压裂工艺，平均单井日增油 2.1t（表 2），重复压裂后基本无自喷期，高产期平均 3 个月左右，递减较快。重复压裂参数及效果分析表明：压裂效果和初期产状、改造规模相关性较强；初期产能较好，正常生产含水率较低井，重复压裂后增油效果好，如图 3 所示；反之，重复压裂效果越差，如图 4 所示。

2.2　老井挖潜思路

依据前期重复压裂井情况，结合地质条件、生产动态、静态条件以及井况条件，以"分类评价、效益选井、分批实施，扩大应用"为思路，对低产低效井进行精细评价，确定主体选井思路：

（1）以物质基础为保障，采出程度低，剩余油相对富集井 / 层；

（2）初期产能较高井 / 层，目前产量较低，邻近区域生产同层井高产；

（3）初次压裂规模较小，纵向上小层多，发育厚度相对较大，产吸资料分析有未动用层、未改造充分井；

（4）能量补充是稳产的关键，井网完善井组内注水受效差、供液不足井；

（5）固井质量合格，目的层段管外无窜槽。

表 2　重复压裂效果统计

序号	井号	射孔厚度 / m	压裂					措施后			累计增油 / t	累计有效天数 / d	单井日增油 / t
			用液量 / m^3	加砂量 / m^3	暂堵剂 / kg	压裂规模 / (m^3/m)	破裂压力 / MPa	日产液量 / t	日产油量 / t	含水率 / %			
1	A1	17.0	697.9	83.0	1000	4.9	47	18.5	11.9	35.7	998	207	4.8
2	A2	11.5	645	66.5	750	5.8	40	11.7	5.3	54.7	422	256	1.6
3	A3	12.5	726	61.5	750	4.9	62	16.3	8.1	50.3	503	262	1.9
4	A4	18.0	674.4	72.0	850	4.0	50	17.4	3.8	78.2	818	244	3.4
5	A5	11.5	403.9	40.4	150	3.5	47	21.0	5.4	74.3	443	292	1.5
6	A6	23.0	715.3	92.0	600	4.0	37	10.0	3.5	65.0	284	86	3.3
7	A7	14.5	497.2	50.8	300	3.5	37	16.5	5.8	64.8	218	138	1.6
8	A8	15.5	410.7	46.0	480	3.0	41	4.4	2.3	47.7	247	174	1.4
9	A9	14.0	606	65.0	690	4.5	42	22.7	5.7	74.9	301	233	1.3
10	A10	12.5	707.7	50.0	600	4.0	55	5.3	1.1	79.2	136	220	0.6
小计			573.6	59.5	524	3.8	—	13.9	3.9	71.6	350	198	2.0

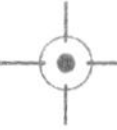

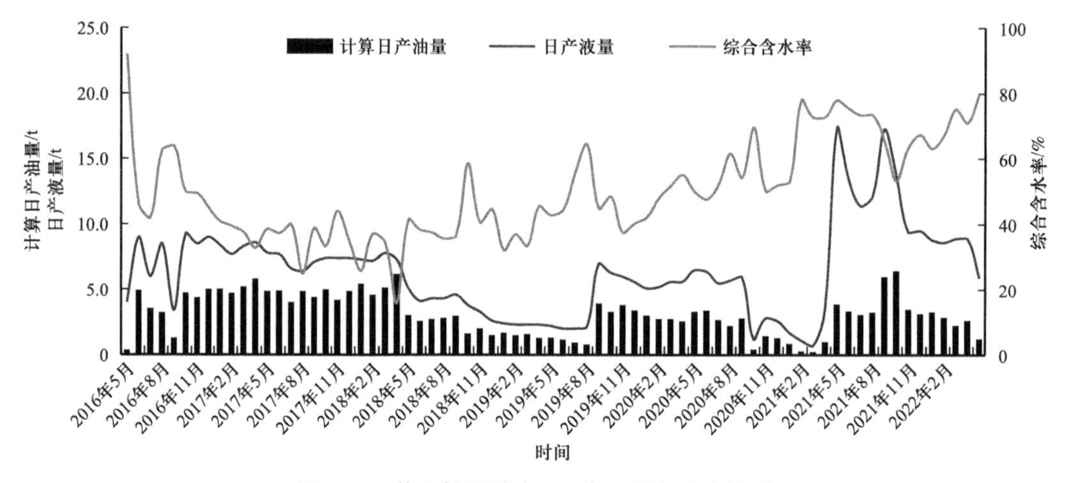

图 3　A4 井重复压裂（2021 年 2 月）生产情况

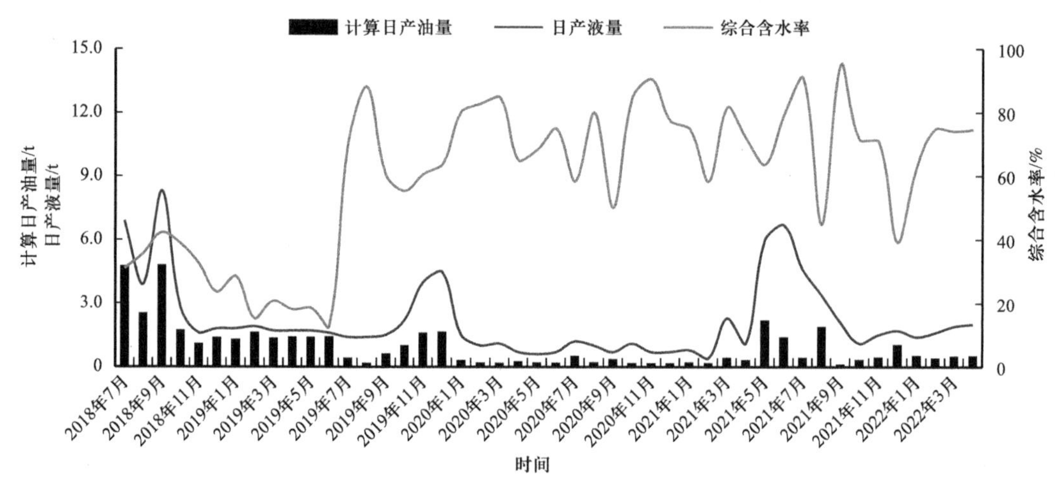

图 4　A10 井重复压裂（2021 年 3 月）生产情况

2.3　潜力分析

2.3.1　生产动态

X1 井 2017 年 12 月 6 日压裂投产，自喷生产 20 天，日产液 10.1t，日产油 3.4t，转抽后稳定日产液 10.0t，日产油 3.5t；300 天后供液不足，调开生产，低液高含水，目前捣开油管自喷生产，长期低产低效，该井累计生产 667 天，累计产油 1424t，如图 5 所示。

2.3.2　连井对比

同构造部位的 X3 井压裂改造后累计产油 2624t；X2 井压裂改造后累计产油 1213t，通过连井剖面对比，X1 井的物质基础介于 X2 井与 X3 井之间，且处于剩余油富集区域，采出程度仅为 7.7%，剩余可采储量 2282t，物质基础丰富，挖潜潜力大（图 6）。

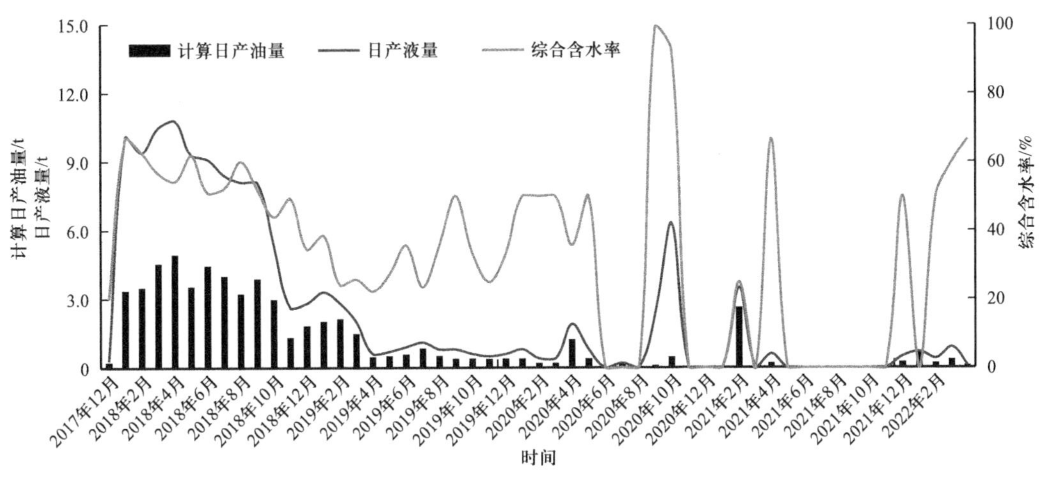

图 5　X1 井综合生产曲线图

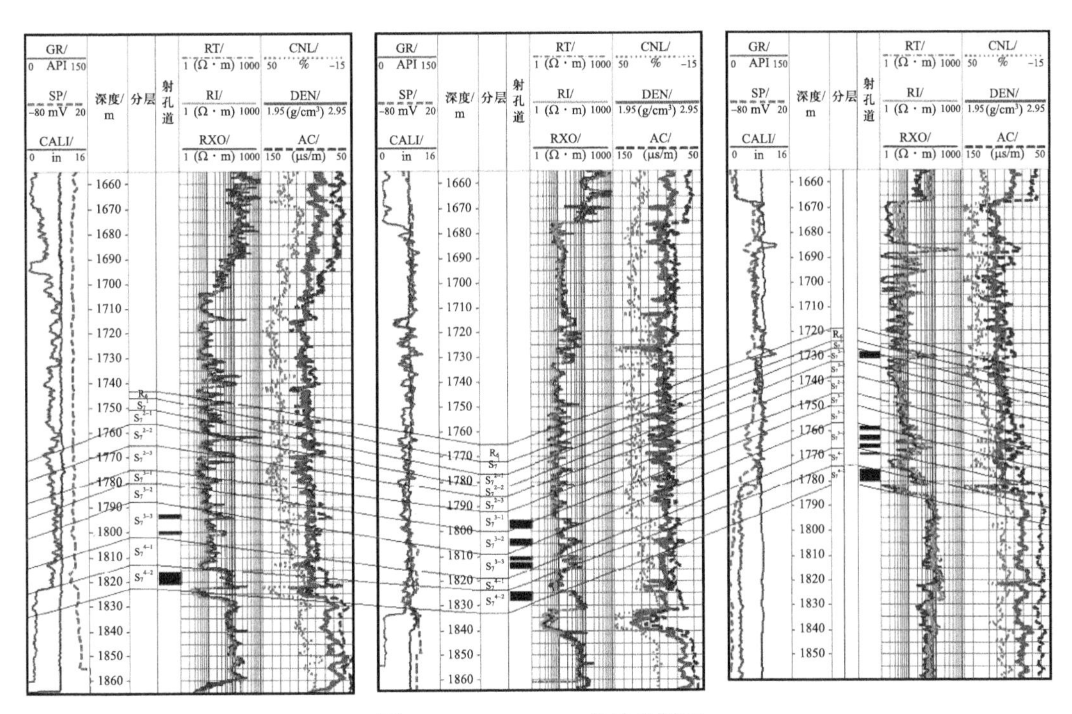

图 6　X2—X1—X3 井连井剖面

3　增产难点及治理思路

3.1　增产难点分析

（1）本区块储层受水敏性影响及薄互层发育，井间连通差，注入压力高，多数水井长期欠注，整体呈现为“注不进，采不出”。

（2）本区块首次压裂规模小，裂缝缝长及扩展面积有限，远端供液速度慢，原油流度低，整体产量递减快，稳产期短，目前多数井长期供液不足，捣开生产。

（3）纵向薄互层发育，动用小层多、跨度大，储层非均质性强，普通压裂难以保证纵向上各小层全部充分改造。

3.2 治理措施

针对储层改造难点，通过前期重复压裂井的效果分析，制定了以下改造思路：

（1）蓄能 + 驱油结合，选用返排液 +0.4% 驱油剂 +1% 原液大排量注入，一方面补充地层能量，减少储层伤害，置换基质孔隙的油；另一方面增大缝内的净压力，扩展老缝，改善注采关系。

（2）采用多级暂堵压裂工艺[8-11]，通过缝口剖面 + 缝内平面 + 三维立体改造，使储层在纵向上改造更充分，激活较多的天然裂缝及分支裂缝，增大泄油面积，提高压后效果。

4 现场应用及效果

在前置蓄能压裂过程中，压力呈下降趋势，反映裂缝得到了有效的扩展，暂堵剂到位过后升压 3～20MPa，升压明显，如图 7 所示，产生了新裂缝，储层得到充分改造。

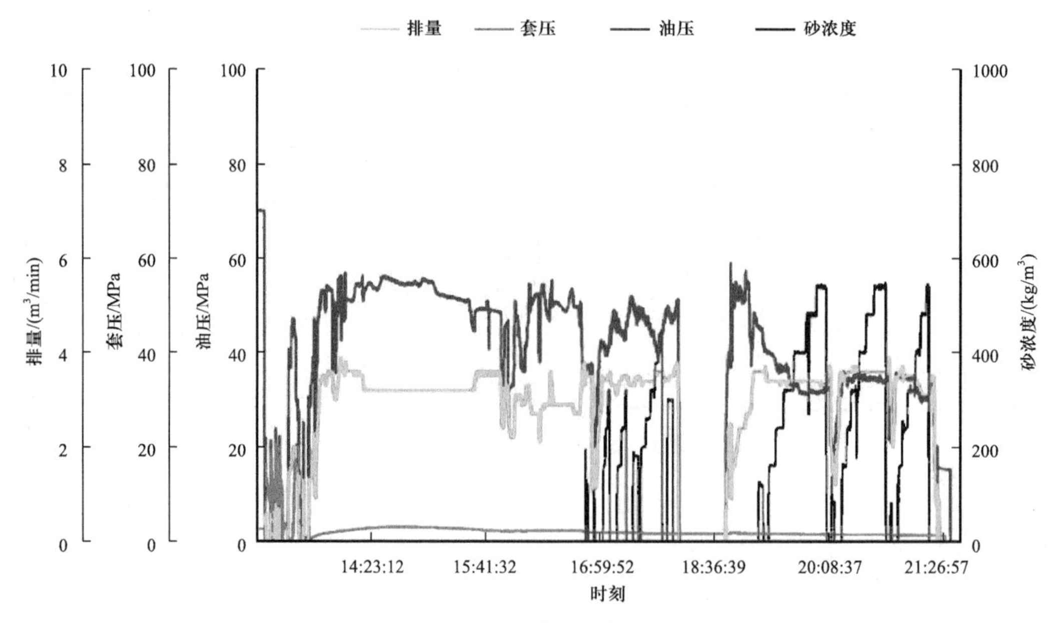

图 7　X1 井压裂施工曲线图

截至 2022 年 12 月，已实施低产低效井挖潜治理 4 井次，累计增油 2670t，平均单井日增油 2.6t，如图 8 所示，增产效果显著，为区块老井挖潜打下了坚实的基础。

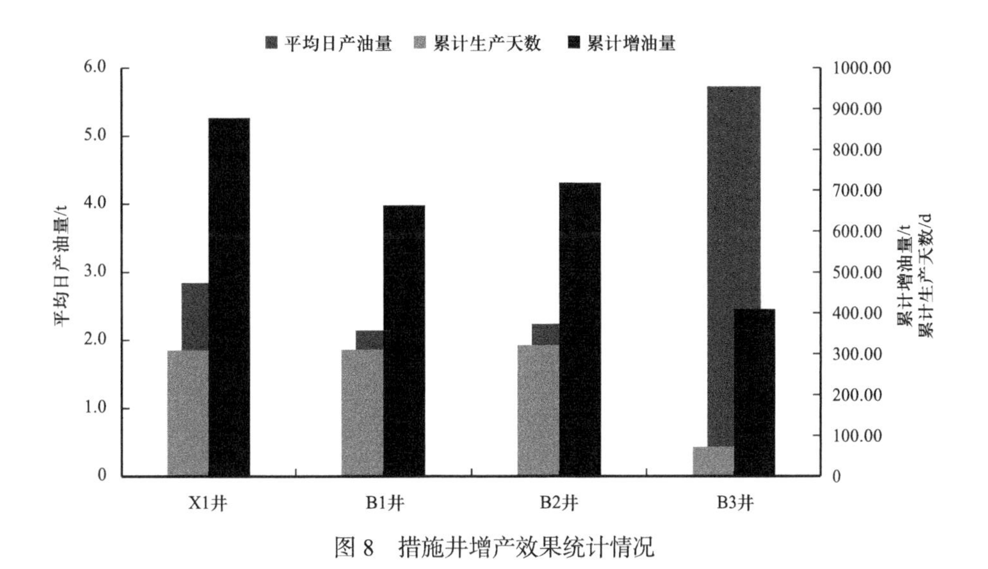

图 8　措施井增产效果统计情况

5　结论及认识

（1）井区储层黏土矿物发育，水敏性强；纵向上薄互层发育，井间连通差，是井区“注不进，采不出”、低产低效主要原因。

（2）以物质为基础、能量为保障，动静态相结合、地质工程一体化，充分利用各项资料，对低产低效井精细评价，有效选井选层，是老井治理挖潜工作的重中之重。

（3）以驱油 + 蓄能 + 暂堵转向压裂为主的工艺体系，适宜五 2 东区克下组低产低效油藏，该技术实施效果显著，增油明显，使低效储层得以充分改造，为该区的老井挖潜奠定良好基础。

参考文献

[1]郭艳丽．低渗透油藏地质研究［J］．化学工程与装备，2016（12）：151-152.

[2]马国财．低渗透油藏地质特征与开发对策分析［J］．化工设计通讯，2019，45（4）：238.

[3]王刚．低渗透油田缝内转向压裂增产技术研究与应用［J］．化学工程与装备，2017（4）：63-65.

[4]翁定为，雷群，胥云，等．缝网压裂技术及其现场应用［J］．石油学报，2011，32（2）：280-284.

[5]李宪文，张矿生，樊凤玲，等．鄂尔多斯盆地低压致密油层体积压裂探索研究及试验［J］．石油天然气学报，2013，35（3）：142-147.

[6]石道涵，张兵，何举涛，等．鄂尔多斯长 7 致密砂岩储层体积压裂可行性评价［J］．西安石油大学学报：自然科学版，2014，29（1）：52-55.

[7]刘立峰，张士诚．通过改变近井地应力场实现页岩储层缝网压裂［J］．石油钻采工艺，2011，33（4）：70-73.

[8] 周丹，熊旭东，何军，等．低渗透储层多级转向压裂技术［J］．石油钻探技术，2020，48（1）：85-89.

[9]霍斐斐，王海军，翁旭，等．转向重复压裂技术在陕北低渗透油田的应用［J］．石油地质与工程，

2011，25（4）：95-97.
[10]王萌萌，王威振，侯斯滕，等.转向压裂技术在准东油田的应用与研究[J].现代化工，2015，35（10）：190-195.
[11]王彦玲，原琳，任金恒.转向压裂暂堵剂的研究及应用进展[J].科学技术与工程，2017，17（32）：196-204.

超低渗透油藏水平井连续油管水力喷射缝网压裂技术研究与应用

武 龙[1,2] 张 斌[3] 邹鸿江[1,2] 张世阔[3] 雷 阳[3] 张军峰[1,2]

（1. 中国石油川庆钻探工程有限公司钻采工程技术研究院；2. 低渗透油气田勘探开发国家工程实验室；3. 中国石油长庆油田公司第十采油厂）

摘 要： 为提高超低渗透Ⅰ＋Ⅱ类储层平面动用程度，针对连续油管水力喷射体积压裂改造特殊性，优化完善暂堵剂体系和暂堵关键参数设计，形成了超低渗透油藏水平井连续油管水力喷射缝网压裂技术。该工艺已完成现场试验 9 口井 70 段，地面施工压力平均上升 5.2MPa，日产油量较常规工艺提升 0.9t，取得了显著的增油效果。微地震解释证实，该技术可实现缝内转向，增加裂缝复杂程度，三段解释暂堵前后裂缝复杂程度分别增长 28.5%、57.1% 和 85.7%，同时可实现两翼裂缝均匀改造，最终在有限改造规模条件下增大改造体积，实现储层充分动用。该技术的成功应用为超低渗透Ⅰ＋Ⅱ类储层进一步提高改造效果提供了有效的技术途径。

关键词： 水平井；连续油管；水力喷射；缝网压裂；自降解暂堵剂

2020 年针对大斜度井井筒条件和常规油管水力喷射拖动压裂工艺的特殊性，为进一步提高超低渗透油藏大斜度井 / 水平井层内平面动用程度，优化形成了针对大斜度井常规油管水力喷射暂堵缝网压裂技术，在里 × 区块现场试验取得了较好的增油效果，同时也验证了工艺的可行性与适用性。近年来，随着连续油管工具和渗吸驱油压裂液的应用，在超低渗透Ⅰ＋Ⅱ类储层水平井和大斜度井中主要采用连续油管水力喷射密切割分段压裂改造，为实现在有限的改造条件下进一步提升改造效果，探索通过连续油管水力喷射复合缝内暂堵压裂技术，在储层形成复杂裂缝网络，进一步提高超低渗透储层动用程度[1-6]。

1 水平井连续油管水力喷射缝网压裂技术研究

1.1 暂堵剂体系评价

为实现水平井连续油管水力喷射压裂形成复杂缝网的工艺目标，避免因暂堵剂在井内连续油管底部封隔器等工具位置堆积造成卡钻等施工风险，同时满足可在缝内持续封堵、压后地层条件下自动溶解的技术需求，研发了具有“高封堵强度、非线性降解”特征的新型暂堵剂产品。暂堵剂粒径 0.2～4.0mm，视密度 1.15～1.20g/cm^3，抗压强度 52.8MPa，60℃下 4 天在水（压裂液）中可完全溶解。暂堵剂产品根据尺寸分为 4 种，如图 1 所示。

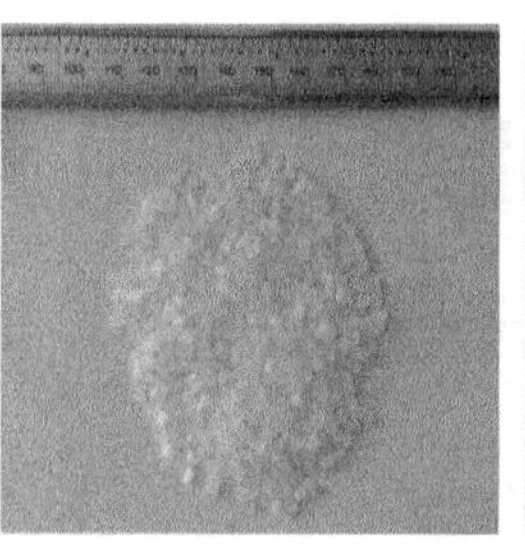
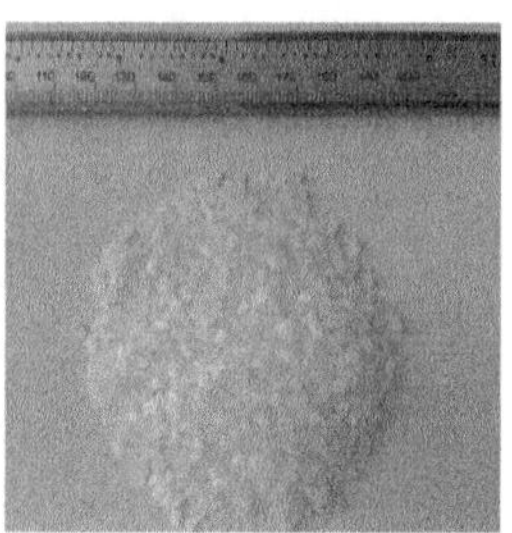

图 1　暂堵剂实物照片

1.1.1　强度性能测试

暂堵剂需具有一定的塑性强度满足裂缝内封堵升压的要求，室内评价在 30MPa 压力下不同粒径自降解暂堵剂几乎不破碎，只是外观发生轻微形变，在 52MPa 下破碎率仅为 0.4%。通过形变率测试自降解暂堵剂耐压强度，结果显示暂堵剂颗粒在 28MPa 下形变率为 1.2%，52MPa 下形变率为 6.6%，颗粒越大形变率越高，温度增加自降解暂堵剂形变率增加，60℃下形变率增大 0.5%～1%，结果分别如图 2 和图 3 所示。

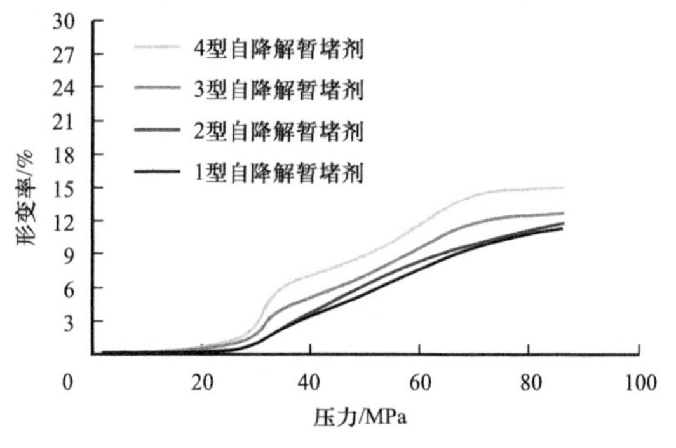

图 2　自降解暂堵剂形变测试曲线（常温）

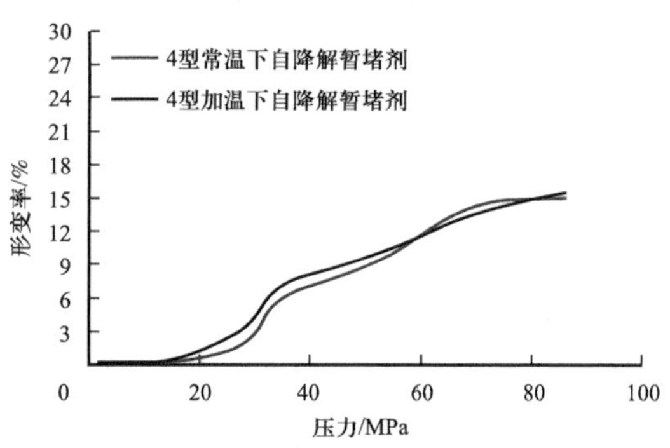

图 3　自降解暂堵剂形变测试曲线（60℃）

1.1.2　缝内封堵性能评价

暂堵剂在缝内的封堵主要是通过堆积对裂缝支撑剂端面形成封堵，室内采用 20～40 目石英砂填砂管，用 0.35% 瓜尔胶溶液悬浮携带 5% 的自降解暂堵剂驱替测试暂堵剂对支撑剂端面的封堵率，结果见表 1。

表 1　自降解暂堵剂对填砂管封堵测试

压裂液类型	封堵率 /%				
	1 型	2 型	3 型	4 型	组合（1：1：1：1）
交联瓜尔胶	88.4	84.9	45.0	39.3	75.1

粉末型自降解暂堵剂的封堵率最高，达到 88.4%，组合粒径样品对填砂管封堵率可达到 75.1%。

1.1.3 溶解性能评价

室内测试10%浓度的暂堵剂颗粒在不同温度下的溶解性能，60℃条件下，10h降解率为8.5%，120h降解率为99.6%，满足现场施工要求，如图4所示。

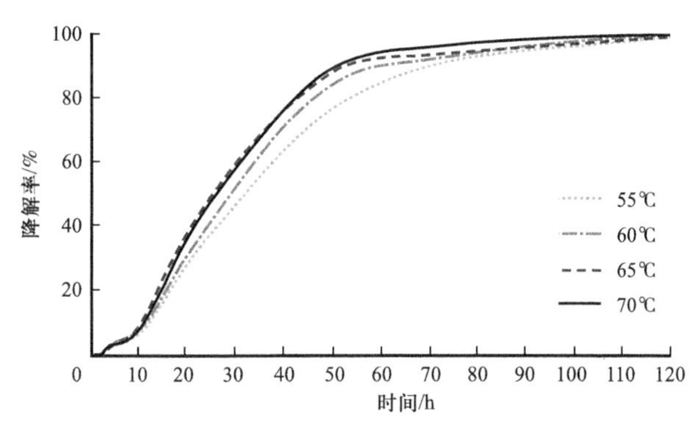

图4 暂堵剂降解性能测试

1.2 缝网压裂参数优化

1.2.1 水平井连续油管压裂施工工艺

针对超低渗透Ⅰ+Ⅱ类储层主要采用连续油管底封拖动水力喷射环空加砂压裂方式改造，通常选用2in连续油管、CT底封隔器、单喷射器，喷嘴数量为4个，喷嘴直径ϕ4.5mm，施工排量通常为4m^3/min或6m^3/min，施工管柱如图5所示。

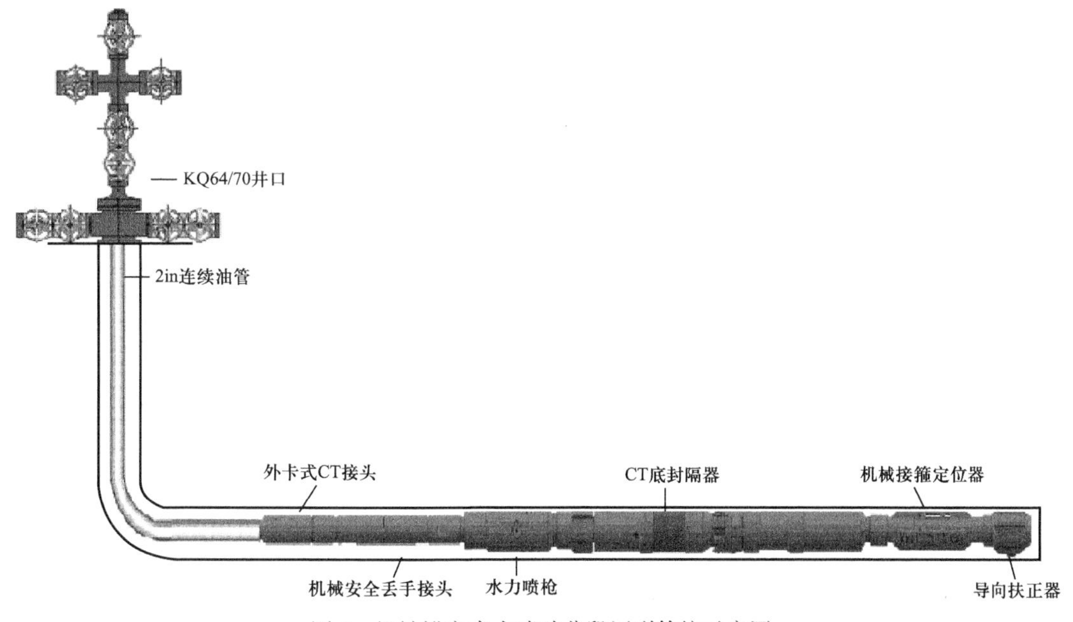

图5 机械锚定水力喷砂分段压裂管柱示意图

1.2.2 暂堵剂加入关键参数优化

1.2.2.1 暂堵时机优化

结合低渗透油藏特征和水平井压裂施工特点，提高压裂后在储层中形成复杂缝网的规模，确定在加砂后顶替加入暂堵剂，单级暂堵在加砂 1/2 后执行，多级暂堵根据总砂量和暂堵级数均匀分配。

1.2.2.2 暂堵剂加入排量和加入数量优化

在层内形成复杂缝网是通过缝内暂堵颗粒堆积封堵进而提高缝内静压力实现，因此根据暂堵剂室内评价结果、储层物性特征和不同连续油管压裂施工排量下，优化形成了两种复杂缝网压裂施工模式和暂堵剂加入数量。

高排量加入低排量封堵模式为在加入暂堵剂时保持正常施工排量，同时以正常排量顶替，在进入地层前降低至正常施工排量的一半，以提高暂堵剂堆积封堵效率，该模式优化暂堵剂加入数量为 100～300kg。

低排量加入低排量封堵模式为在加入暂堵剂前降低排量至正常施工排量的一半，在暂堵剂进入地层封堵后再恢复至正常排量，这样可提高暂堵剂加入浓度，该模式优化暂堵剂加入数量为 20～100kg。

1.3 技术难点和解决方案

水平井连续油管水力喷射缝网压裂需复合缝内暂堵技术，与常规压裂相比，底部封隔器、喷嘴喷射等影响会进一步增加施工风险，结合施工中技术难点和可能出现的风险优化形成了最优解决方案，见表 2。

表 2 连续油管水力喷射缝网压裂技术难点和解决方案

技术难点和风险	解决方案
排量高，喷射冲蚀，封堵难度大	提高暂堵剂单段用量及不同粒径组合，施工过程中择机快速加入，同时在暂堵剂进入地层封堵过程中适当降低施工排量，提高封堵效率
封隔器底封砂堵、卡钻风险高	暂堵转向过程停砂，施工压力稳定后继续加砂
开启微裂缝后能否形成有效支撑	暂堵后首先加入粉砂，提高对已开启微裂缝的支撑和延伸效率
喷嘴小、管径细，超压后反洗困难	使用自降解暂堵剂体系，无须外加溶解剂，制定超压应急预案，通过憋压、控放等措施避免反洗，同时提高暂堵前顶替液量，降低井筒沉砂风险

2 现场试验及分析认识

2.1 总体应用情况

2022 年，水平井连续油管缝网压裂技术在里 × 区块和元 × 区块长 6 层水平井累计实施9口井（70段）应用，平均暂堵升压5.2MPa。里×区块4口井平均升压5.8MPa，元×区块平均升压5.1MPa，分别如图6和图7所示，结合两区块水平主应力差和现场压裂施工曲线，整体缝网压裂工艺成功率88.6%。

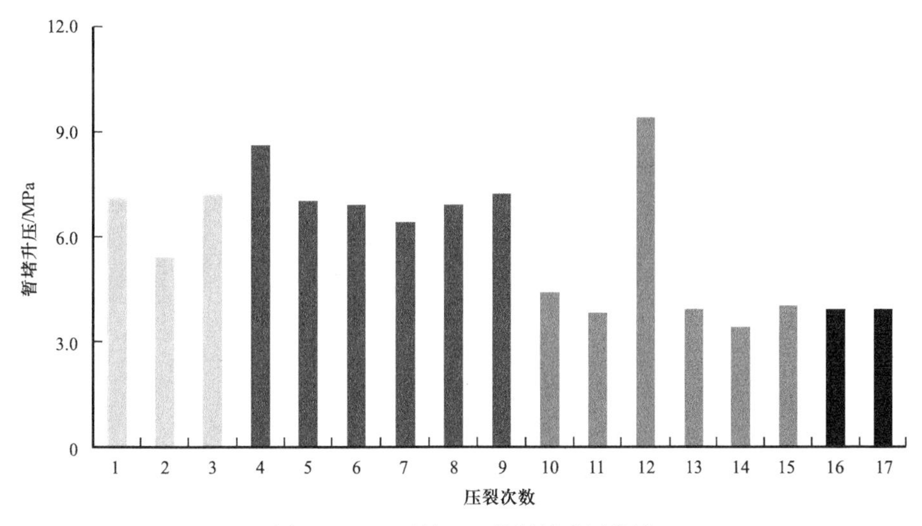

图6　里×区块4口井暂堵升压统计

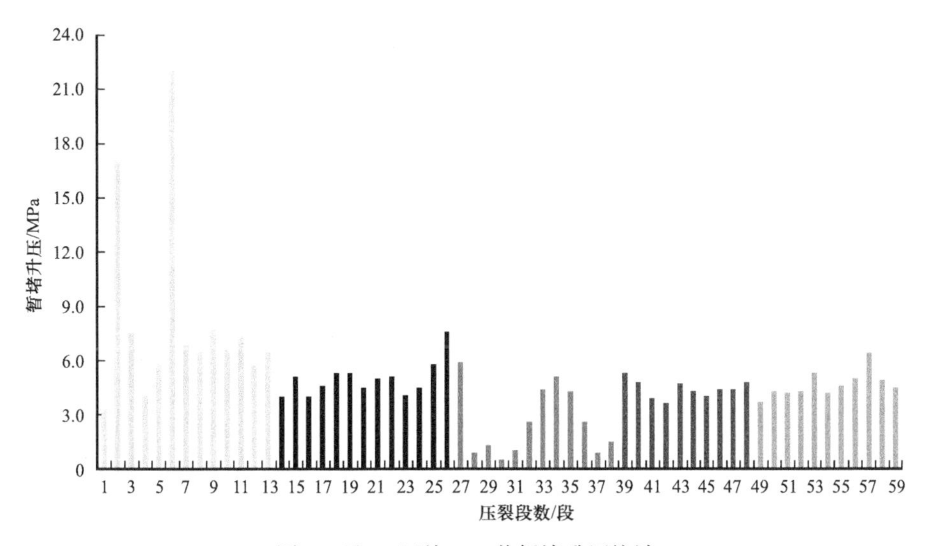

图7　元×区块5口井暂堵升压统计

2.2　暂堵剂高排量加入低排量暂堵效果分析

里×区块实施4口井均采用暂堵剂高排量加入低排量暂堵模式施工，平均升压5.8MPa，平均暂堵剂用量189kg，如图8所示，其中1口井微地震监测结果显示在层内形成复杂裂缝网络。根据暂堵剂量和升压效果对比，两者之间具有一定正相关性，在该区块可根据升压需求，在设计暂堵剂加入量范围内进行现场调整。

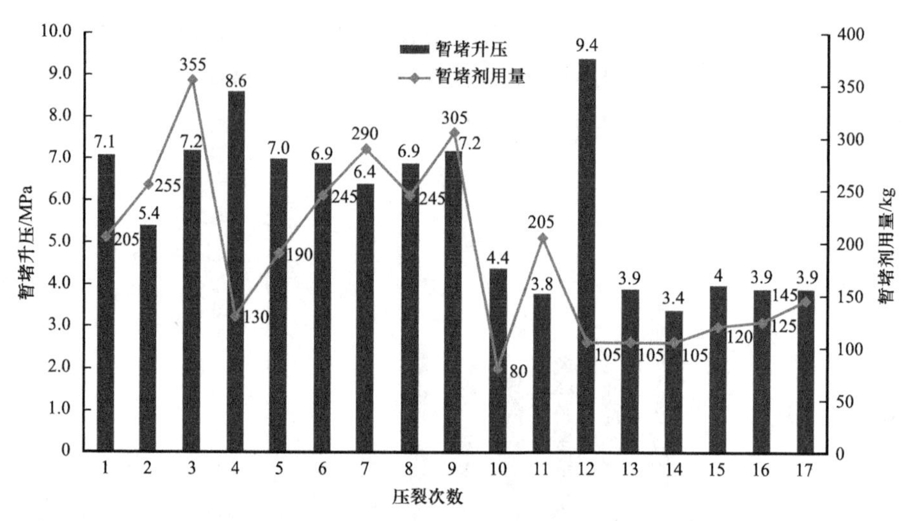

图 8　里 × 区块 4 口井 11 段 17 次暂堵剂用量及暂堵升压效果

2.3　暂堵剂低排量加入低排量暂堵效果分析

元 × 区块实施 5 口井均采用暂堵剂低排量加入低排量暂堵模式施工，其中 CP**-26 井平均暂堵剂用量 52kg，平均升压 5.8MPa，如图 9 所示。该模式施工在低排量注入过程中裂缝缝宽变窄，同时排量降低加入可保证进入裂缝中的暂堵剂浓度，因此少量暂堵剂即可达到较高的封堵效率，建议在后期施工中优选该模式实现缝网压裂的工艺目标。

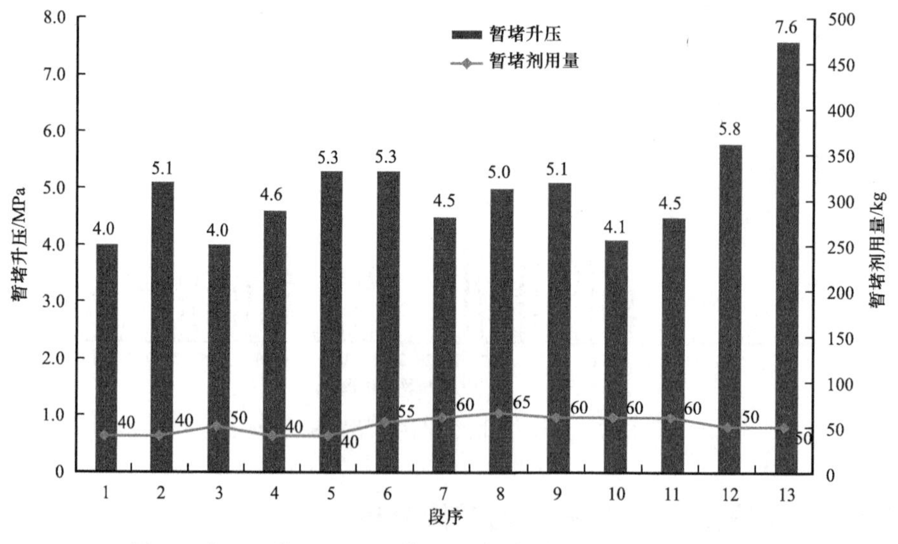

图 9　元 × 区块 CP**-26 井 13 段暂堵剂用量及暂堵升压效果

2.4　典型施工曲线分析

以 CP**-26 井长 6 层第 8 段压裂施工曲线为例，如图 10 所示，正常施工排量为

3.6m³/min+0.4m³/min，第一阶段加砂结束后，排量降低至2.0m³/min+0.4m³/min加入暂堵剂55kg直至进入裂缝升压，恢复排量后有明显新的破压显示和较高的裂缝延伸压力，表明层内新缝开启和有效支撑，实现复杂缝网的工艺目标。

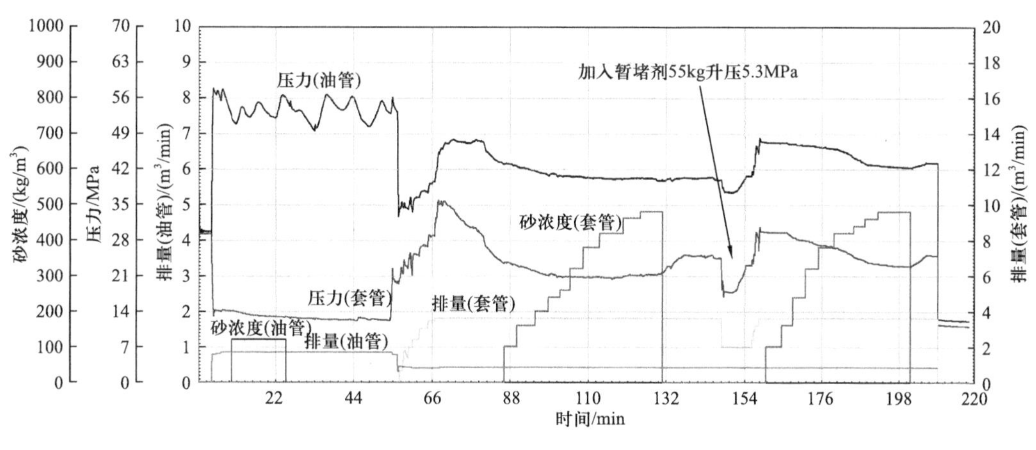

图10　CP**-26井第8段压裂施工曲线

3　微地震监测对比分析

3.1　对比井改造参数及整体监测结果

现场试验过程中，在里×区块对同井场两口井实施微地震监测，其中B**-109X井共5段，中间3段实施缝网压裂，B**-110X井共6段，均为常规连续油管水力喷射环空加砂压裂，两口井在加砂规模相同条件下，缝网压裂微地震解释改造体积（SRV）较常规压裂高38.7%，裂缝复杂指数较常规压裂分别提高28.5%、57.1%和85.7%，解释结果见表3和图11。

表3　两口对比井施工参数及微地震解释结果对比

井号	井段	压裂施工参数				微地震解释			备注
		砂量/m³	油管排量/（m³/min）	环空排量/（m³/min）	入地液量/m³	微地震事件数目	SRV/10⁴m³	裂缝复杂指数	
B**-109X	第1段	45	0.2	3.8	335.5	79	280	0.7	
	第2段	70	0.2	5.8	889.5	97	305	0.9	二级暂堵
	第3段	70	0.2	5.8	889.5	101	334	1.1	二级暂堵
	第4段	70	0.2	5.8	889.5	54	385	1.3	二级暂堵
	第5段	45	0.2	3.8	334.7	64	186	0.7	
	合计	300	0.2	3.8～5.8	3338.7	395	1490	—	

续表

井号	井段	压裂施工参数				微地震解释			备注
		砂量/m^3	油管排量/(m^3/min)	环空排量/(m^3/min)	入地液量/m^3	微地震事件数目	SRV/10^4m^3	裂缝复杂指数	
B**−110X	第1段	50	0.2	3.8	363	54	185	0.7	
	第2段	60	0.2	3.8	439.1	60	191	0.7	
	第3段	40	0.2	3.8	295.9	59	134	0.7	
	第4段	40	0.2	3.8	295.7	55	147	0.7	
	第5段	60	0.2	3.8	438.4	70	197	0.7	
	第6段	50	0.2	3.8	361.9	79	220	0.7	
	合计	300	0.2	3.8	2194	377	1074	—	

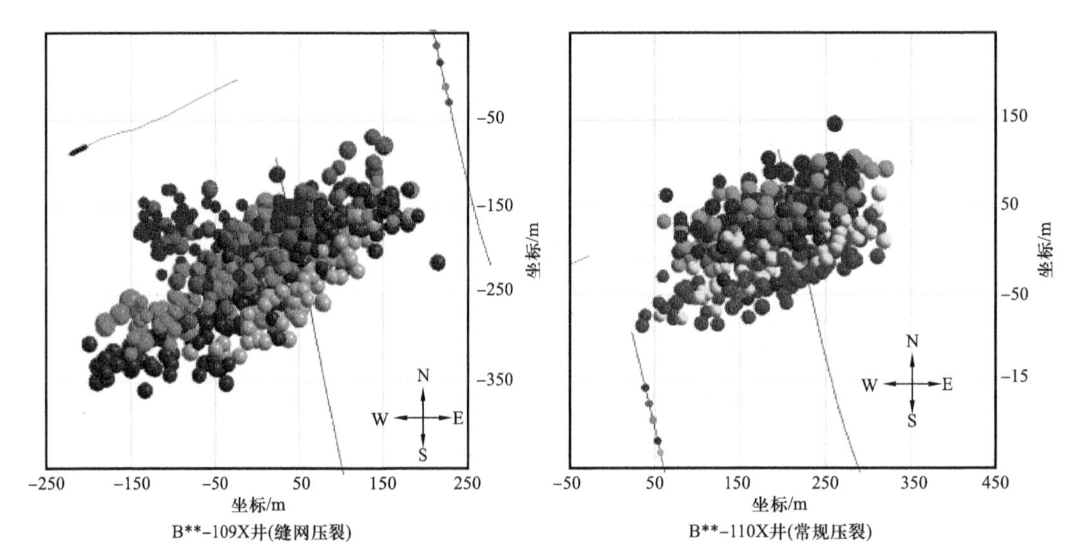

图 11　两口对比井微地震解释结果

不同颜色的球表示不同压裂段的微地震监测事件，一种颜色代表一段的压裂监测事件

3.2　典型井段微地震解释结果分析

对比 B**−109X 井实施缝网压裂 3 段暂堵前后微地震解释结果，除第 2 段在一级暂堵后，事件点增长较少外，其他两段在一级、二级暂堵后增长都比较明显，相应改造体积和裂缝复杂指数同样有明显增长，见表 4。

根据 B**−109X 井暂堵前后微地震解释结果判断暂堵后裂缝明显转向，如图 12 所示，其中第 2 段暂堵前裂缝走向为北偏东 68°，暂堵后裂缝走向为 58°；第 4 段暂堵前裂缝走向为北偏东 57°，暂堵后裂缝走向为 62°。

表 4　B**-109X 井实施缝网压裂 3 段暂堵前后微地震解释对比

压裂段	SRV/m^3				裂缝复杂指数			
	暂堵前	一级暂堵后	二级暂堵后	总增长倍数 /%	暂堵前	一级暂堵后	二级暂堵后	总增长倍数 /%
2	195	211	305	56.4	0.54	0.6	0.9	66.7
3	172	293	334	94.2	0.54	0.83	1.1	103.7
4	170	341	385	126.5	0.58	1.09	1.3	124.1

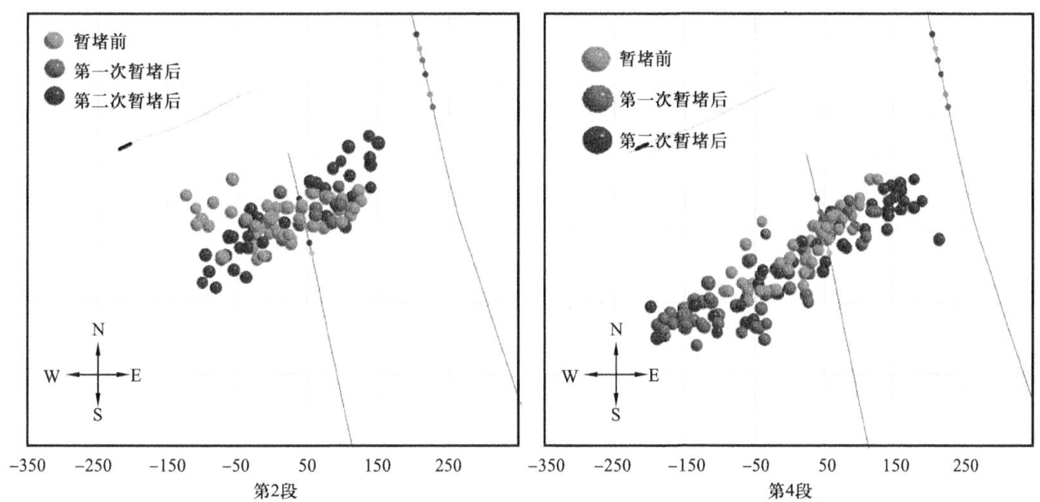

图 12　B**-109X 井第 2 段和第 4 段暂堵前后微地震解释

3.3　效果对比分析

两口井投产 8 个月后，实施缝网压裂的 B**-109X 井较常规压裂的 B**-110X 井，日产液量提升 0.93m^3，日产油量提升 0.9t，动液面提升 234m。

4　结论

（1）针对连续油管水力喷射体积压裂改造特殊性，优化完善暂堵剂体系和暂堵关键参数设计，形成了超低渗透油藏水平井连续油管水力喷射缝网压裂技术，有效提升储层平面动用程度。

（2）现场施工压力显示和微地震解释证实该技术可实现缝内转向，增加裂缝复杂程度，同时可实现两翼裂缝均匀改造，最终在有限改造规模条件下增大改造体积，实现储层充分动用。

（3）完成现场试验 9 口井 70 段，对比井日产油量较常规工艺提升 0.9t，取得了显著的增油效果，该技术的成功应用为超低渗透Ⅰ＋Ⅱ类储层进一步提高改造效果提供了有效的技术途径，具有广阔的应用前景。

参考文献

[1]杨丽.暂堵转向技术在致密油直井缝网压裂中的应用[J].西部探矿工程，2023，35(1)：64-66，71.

[2]赵子轩.老井连续油管压裂暂堵剂的室内优选评价[J].化学工程与装备，2021(1)：43-46.

[3]尹虎琛，徐洋，王忍峰.径向缝网压裂工艺技术在超低渗储层的应用[J].钻采工艺，2019，42(6)：58-61，4.

[4]董志刚，李黔.段内暂堵转向缝网压裂技术在页岩气水平复杂井段的应用[J].钻采工艺，2017，40(2)：38-40，7-8.

[5]刘建升，杨永刚，张红岗，等.微地震监测技术在暂堵压裂工艺中的应用[J].石油化工应用，2016，35(8)：68-73.

[6]李立政，卢秀德，孙兆岩.连续油管分段压裂技术在低渗透油气藏中的应用实践[J].钻采工艺，2015，38(2)：78-81，10.

桥塞暂堵常压下钻工艺技术开发与应用

牛朋伟　李景彬　廖作杰　费节高　高金洪

（中国石油川庆钻探工程有限公司长庆井下技术作业公司）

摘　要：长庆油田油气井直井（定向井）压裂改造施工后通常采用带压作业方式下生产管柱，为解决带压下钻作业设备有限的实际问题，针对油气井压裂后快速完井投产效率的现场需求，开发了桥塞暂堵常压下钻工艺，包含井筒暂堵桥塞工具技术、电缆电动工具送封桥塞技术和高压暂堵井口常压下钻安全操作技术。该工艺通过电缆传输送封工具下入泵开式暂堵桥塞封堵井下高压，井口常压下入生产管柱，能代替部分带压作业实现快速完井投产。该工艺在长庆油田累计推广应用53口井，最高下深3992m，最高施工井口压力24.2MPa，能够降低施工难度，同等条件下单井下钻耗时较带压下钻作业大幅减少，并作为工艺补充缓解带压作业设备紧张问题，提高现场施工效率和完井投产效率。

关键词：完井；井筒暂堵；泵开；桥塞；常压下钻

近年来，长庆油田为了实现大排量体积压裂改造工艺目的，在气田开发中增产改造工艺以连续油管底封拖动压裂和电缆传输泵送桥塞分层段压裂为主[1]。采用上述工艺的所有气井都需要带压作业下入生产管柱完井，即压后带压下钻工艺模式。以长庆油田$4^1/_2$in小井眼气井施工为例，压裂完成后通常采用$2^3/_8$in常规油管作为采气管柱，下入深度一般为3000～4000m，主要依靠地面带压作业装置带压下钻作业。由于长庆油田区域作业市场上带压作业装备资源非常有限，利用带压设备配合下生产管柱作业成本相对较高、生产周期较长，往往造成其他高风险井等停，严重影响排液投产生产进度，也制约着小井眼气井等新开发模式在长庆油田的快速规模化推广。因此，为了丰富作业手段，实现油气低成本高效开发，保障压后快速投产，开发一种压后高效下生产油管的工艺需求较为迫切。

1　工艺设计

鉴于前述现状，新工艺基本设计要求应包括：（1）提升下钻效率，能缩短施工周期；（2）控制作业成本，不能高于现用工艺；（3）不影响排采投产效果；（4）基础支撑技术可靠，不额外增加作业风险。

通过优化整合现场试油气、电缆作业等现有成熟作业资源进行工艺创新，开发并逐步完善了一种桥塞暂堵常压下钻工艺技术，其工艺方案如图1所示。将井筒暂堵桥塞由电缆快速传输坐封到所有施工层段上方封隔下部高压，井口常压下入生产管柱后，通过井口憋压泵开连通排液通道，其施工流程如图2所示。

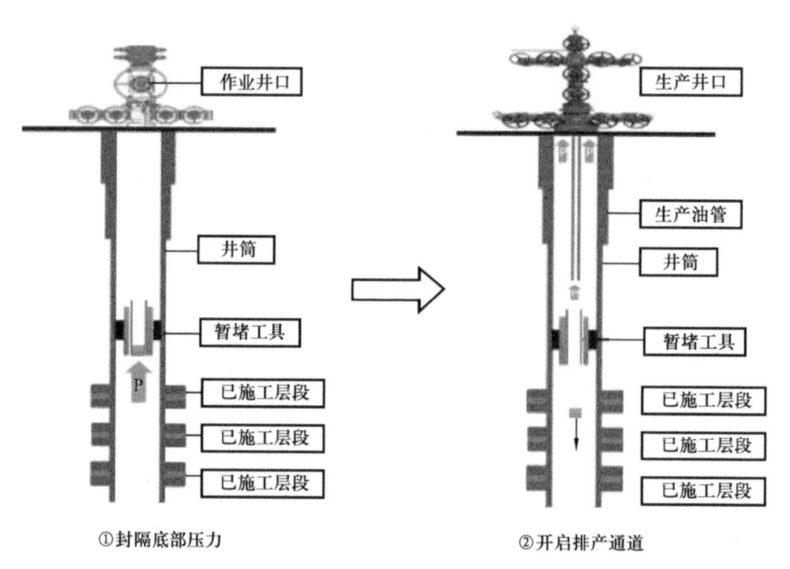

图 1　工艺方案图

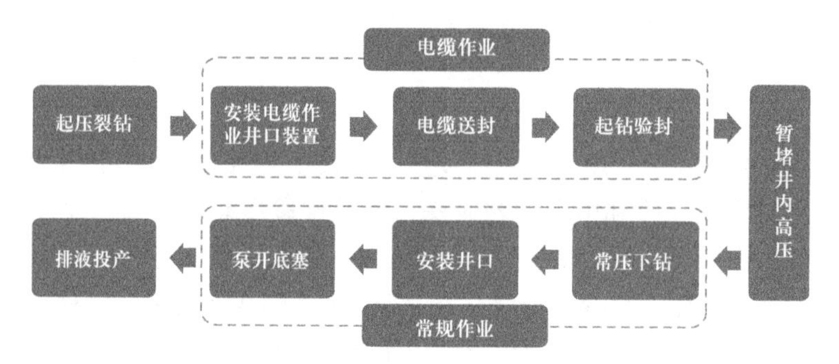

图 2　桥塞暂堵常压下钻工艺流程示意图

2　井筒暂堵桥塞工具技术

针对现场井筒暂堵需求进行分析，井筒暂堵桥塞设计不同于常规桥塞，须具有以下几点特性：（1）快捷性，可通过电缆传输等快速投放；（2）可靠性，能够可靠封堵井筒承受上下双向压差；（3）可泵通性，中心通道可泵开；（4）可调性，泵开压力可根据井况调节；（5）可解除性，能解除保持井筒通径。以此为基础，设计开发了以下多种井筒暂堵桥塞以满足不同工况需求。

2.1　可钻式井筒暂堵桥塞设计

可钻式井筒暂堵桥塞技术特点为：（1）采用贯穿式中心受力结构设计，整体短小轻便；（2）丢手采用预定应力棒设计，坐封载荷稳定可靠；（3）采用内置暂堵塞、外置启动剪钉设计，泵开压力现场可快捷调节；（4）整体采用铸铁等易钻金属材料，可通过钻铣解除；（5）适用于井口压力≤25MPa 油气井。其结构如图 3 所示。

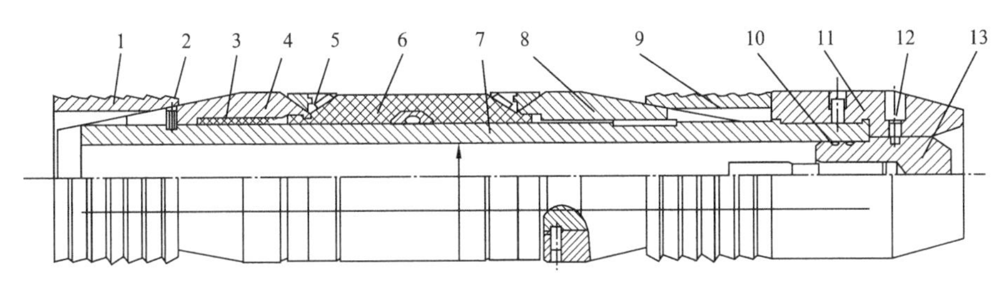

图 3 可钻式井筒暂堵桥塞结构示意图

1—上卡瓦；2—销钉；3—锁环；4—上锥体；5—护肩；6—胶筒；7—中心管；8—下锥体；9—下卡瓦；10—O 形密封圈；11—支撑座；12—启动剪钉；13—暂堵底塞

以 5.5in 可钻式井筒暂堵桥塞为例，其主要参数见表 1。

表 1 5.5in 可钻式井筒暂堵桥塞工具技术参数

参数	数值	参数	数值
总长 /mm	420	最大外径 /mm	110
泵开后通径 /mm	50	工作耐温 /℃	120
最小坐封力 /kN	130	额定承受压差 /MPa	35
上 / 下卡瓦锚定力 /kN	500/500	泵开压差 /MPa	7～35（可调）

2.2 可溶式井筒暂堵桥塞设计

可溶式井筒暂堵桥塞技术特点为：（1）丢手机构采用应力槽设计；（2）采用内置暂堵塞、外置启动剪钉设计，泵开压力现场可快捷调节；（3）整体采用可溶金属材料，后期可通过溶解液或钻铣解除；（4）适用于井口压力≤25MPa 致密油井。结构如图 4 所示。

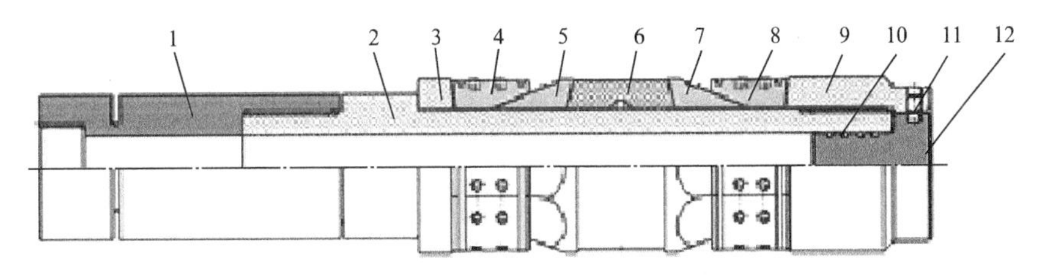

图 4 可溶式井筒暂堵桥塞结构示意图

1—丢手接头；2—中心管；3—活动套；4—上卡瓦；5—上锥体；6—胶筒；7—下锥体；8—下卡瓦；9—支撑座；10—O 形密封圈；11—启动剪钉；12—暂堵底塞

以 5.5in 可溶式井筒暂堵桥塞为例，其主要参数见表 2。

2.3 大通径井筒暂堵桥塞设计

针对长庆油田小井眼气井设计的大通径井筒暂堵桥塞，技术特点为：（1）采用贯穿式中心受力结构防退设计，整体安全轻便；（2）丢手机构采用预定应力棒设计，坐封载荷稳定可靠；（3）采用内置暂堵塞、外置启动剪钉设计，泵开压力现场可快捷调节；（4）中心管采用高强度轻金属材料，中心通道大，与生产油管等通径不影响后续作业，也可钻铣解除；（5）适用于井口压力≤25MPa气井小井眼直定井。结构如图5所示。

表2　5.5in可溶式井筒暂堵桥塞工具技术参数

参数	数值	参数	数值
总长 /mm	550	最大外径 /mm	110
泵开后通径 /mm	40	工作耐温 /℃	90
上 / 下卡瓦锚定力 /kN	500/500	额定承受压差 /MPa	35
可靠承压时间 /d	≥6	泵开压差 /MPa	16～32（可调）

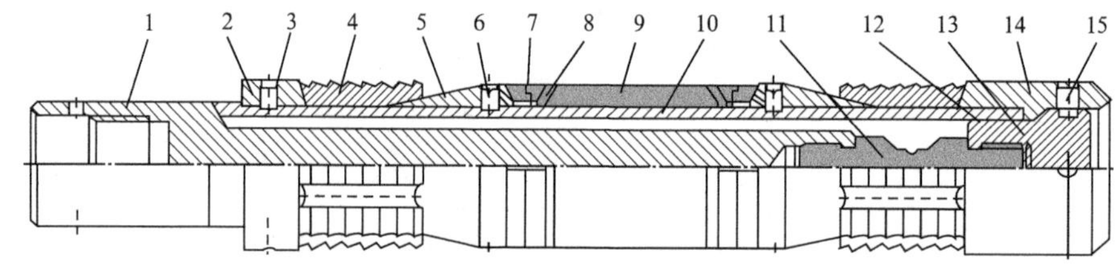

图5　大通径井筒暂堵桥塞结构示意图

1—丢手杆；2—活动套；3—剪钉；4—卡瓦；5—锥体；6—剪钉；7—护伞；8—护环；9—胶筒；10—中心管；11—应力棒；12—密封圈；13—底塞；14—支撑座；15—启动剪钉

以4.5in大通径井筒暂堵桥塞为例，其主要参数见表3。

表3　4.5in大通径井筒暂堵桥塞工具技术参数

参数	数值	参数	数值
总长 /mm	415	最大外径 /mm	90
泵开后通径 /mm	50	最高工作耐温 /℃	120
最小坐封力 /kN	130	额定承受压差 /MPa	35
上 / 下卡瓦锚定力 /kN	500/500	泵开压差 /MPa	18～24（可调）

3　电缆电动工具送封暂堵桥塞技术

以往常规桥塞通常采用油管传输液压坐封，或电缆传输火工坐封[2-3]，随着井下电气技术的不断发展，出现了成熟的电缆传输电动坐封工具技术，以电能为动力源，实现电能/坐封机械能的转换。为切实提高作业效率，采用电缆电动工具送封暂堵桥塞技术进行送封作业，在满足常规电缆桥塞作业安全要求基础上全程带压下入暂堵桥塞。其特点为：（1）电缆传输，快速投送桥塞；（2）纯电坐封，避免火工作业；（3）工具内置电源，安全可靠；（4）工具长度短，井口装置低。工具结构如图6所示。

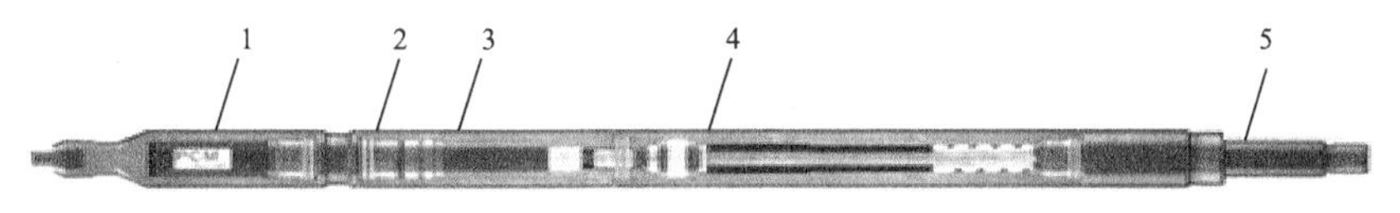

图 6　现场应用的某型纯电桥塞坐封工具结构示意图

1—电池仓；2—动力马达；3—变速机构；4—传动机构；5—桥塞接口

4　高压暂堵井口常压下钻安全操作技术

为了避免在下钻过程中出现暂堵失效等异常现象井口失控，将施工井控风险控制到最小，设计配置了井口承重防顶卡瓦装置，用于出现异常情况时限制井内管柱上顶。工作原理：液压启动后，卡瓦牙将油管抱死，使上顶力传递至井口装置，实现防油管上顶，处置完毕后，可复位释放油管，其安装位置如图 7 所示。

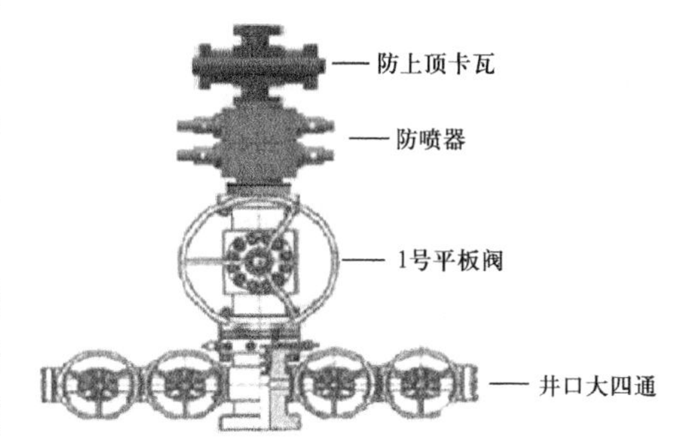

图 7　井口承重防顶卡瓦安装位置示意图

当下钻过程中发现暂堵失效，井筒压力携气液逸出，现场立即停止作业，安全关井步骤为：（1）抢装油管旋塞阀；（2）远控关闭防喷器；（3）关闭防顶卡瓦；（4）关闭油管旋塞阀；（5）关闭套放阀门。

5　工艺现场应用

截至 2021 年 12 月，桥塞暂堵常压下钻工艺在长庆油田已累计应用 53 井次，应用工具 53 套，施工最高下深 3992m，最高初始井口压力 24.2MPa，坐封丢手及泵塞成功率 100%，其中 17 口井实现“前一天送封，第二天泵通排液”，较带压下钻缩短 1～2 天时间。

5.1　典型应用案例

以典型井长庆油田 SN20-** 井为例，该井为气井开发井、定向井，前期采用桥射联作工艺压裂，最后一层射孔段上沿 3785m，压裂后未放喷排液，井口初始压力 11MPa（图 8）。

图 8　SN20-** 井现场施工照片

该井送封 4.5in 大通径暂堵桥塞至深度 3662m，起钻后验封成功。次日下钻至 3760m，井口憋压至 22MPa 顺利泵开，放喷后点火成功，桥塞暂堵常压下钻作业工作顺利完成。

5.2 现场异常分析及措施

5.2.1 验封异常

当施工井井筒液体内悬浮、井壁附着很多支撑剂时，由于桥塞胶筒密封长度有限，固体杂质会导致密封面微渗 / 漏压，造成验封不合格。以 GQ38-*** 井为例，该井初始压力为 6.5MPa，暂堵井筒后泄压至零，灌液后 24h 观察井口压力升至 2MPa。该井中途因其他问题曾下至 700m 左右起钻一次，发现工具串有支撑剂黏附，如图 9 所示。

图 9　黏附支撑剂的工具串照片

建议措施：（1）施工前井筒充分关井静置，使固体杂质充分沉淀；（2）在井筒暂堵作业前，压裂后不放喷的井需要确保压最后一层时顶替到位；（3）验封前必须使用清水缓慢灌液，使井筒气液充分置换。

5.2.2 泵开压力不稳定

统计 2021 年施工情况发现，施工井最终泵开压力差异较大，泵开压力及安装剪钉情况如图 10 所示。

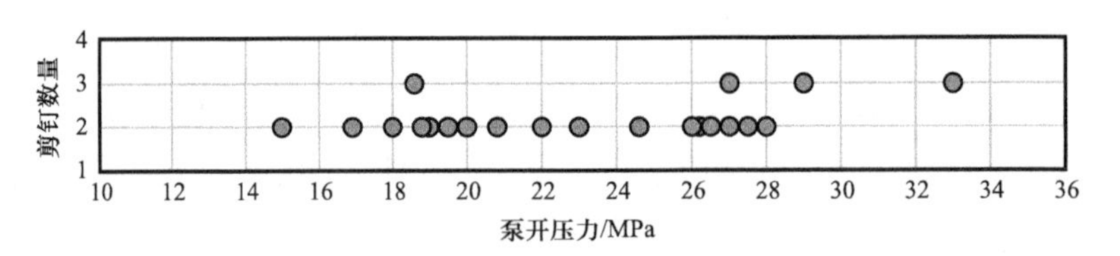

图 10　部分井最终泵开压力与安装剪钉数量散点图

统计其中同区块相似井况的 20 口井，应用暂堵桥塞完全相同，泵开压力与桥塞下深情况如图 11 所示，泵开压力在 15～28MPa 范围内波动。

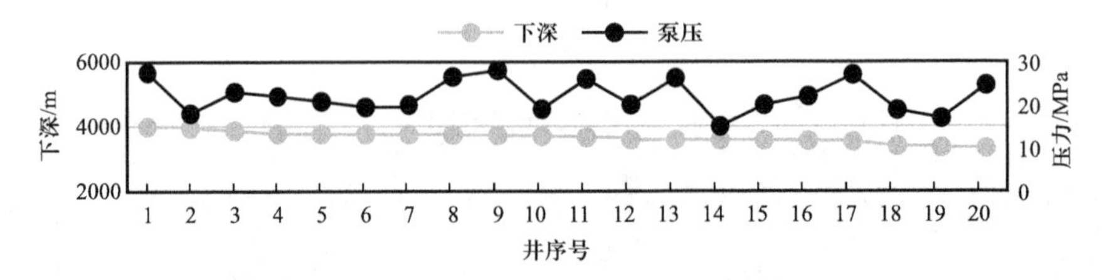

图 11　部分井最终泵开压力与桥塞下深折线图

由此可知，泵开压力与地层压力系数、泵压方式等多重影响因素有关，受现场工艺限制很难精确控制。建议措施：综合考虑地层压力和井口限压等因素，通过适当减少启动剪钉数量，降低桥塞本身的泵开压力，控制最终泵塞压力在合理范围以内。

5.2.3 井筒通井遇阻

全年累计有 8 口井因存在通井异常而放弃施工，其中 3 口起出钻具发现有明显冰渣，如图 12 所示。通过电缆传输送封暂堵桥塞，当井筒内存在套管变形、水化物冰堵或前期所用可溶桥塞溶解失效上顶，会使暂堵桥塞不能顺利传输至设计位置，造成遇阻或憋卡。建议措施：（1）在桥塞暂堵作业前严格验证井筒通过性；（2）针对冬季气温环境影响，可利用成熟井筒除冰措施保障施工安全。

图 12 井筒结冰照片

5.3 工艺拓展应用案例

5.3.1 井口装置不带压换修作业

S14-03-**** 井初始压力为 12MPa，井口大四通顶丝无法退出，不能正常坐油管悬挂器，无法采用带压下钻，为避免压井作业伤害储层，送封暂堵桥塞暂堵井筒，泄压后由井口厂家整改更换顶丝再进行常压下钻作业。该井封堵 4 天后完成下钻，井口泵压 19MPa 泵通，顺利进行后续施工。

5.3.2 配合高价值管柱下入作业

储气库 SD39-**** 井设计下光纤油管，为确保油管完好及施工安全，无法采用带压装置带压下入，送封 5.5in 可钻式暂堵桥塞，封堵井筒 4 天后完成常压下钻，泵压 3.7MPa 顺利泵通，保障了后续作业顺利进行。

6 认识及结论

（1）开发的桥塞暂堵常压下钻工艺技术，能够替代部分带压作业实现井筒暂堵常压下入生产管柱，形成了“前一天暂堵下钻，第二天泵塞排液”的桥塞暂堵常压下钻完井模式，能缓解带压作业设备紧张的问题，也具备降本增效的技术潜力。

（2）在现场实施桥塞暂堵常压下钻工艺过程需要注意：施工前应验证井筒及砂面位置符合作业要求；实施过程须确保井内液体干净；应依据井况合理设置暂堵桥塞底塞启动销钉控制后期泵塞压力。

参考文献

[1]杨小城，李俊，邹刚．可溶桥塞试验研究及现场应用［J］．石油机械，2018，46（7）：94-97.

[2]王海东，唐凯，欧跃强，等．大通径桥塞与可溶球技术在页岩气X井的应用［J］．石油矿场机械，2016，45（4）：78-81.

[3]陈海力，邓素芬，王琳，等．免钻磨大通径桥塞技术在页岩气水平井分段改造中的应用［J］．钻采工艺，2016，39（2）：123-125.

海上低渗透油气藏高效规模化压裂工艺研究

武广瑷　姜　浒　张安顺　吴百烈　艾传志　彭成勇　文　恒

（中海油研究总院有限责任公司）

摘　要：海上低渗透油气田自然产能低，必须采取储层改造措施才有可能经济开发。本文总结回顾了海上压裂历程及取得的成果，明确了当前面临的技术难题。整体上，海上低渗透压裂开发效果仍不尽如人意，主要体现在压裂理念仍遵循传统、压裂规模受限于现场装备能力、综合作业成本高、压后产能不及预期、压裂有效期短等方面。围绕海上压裂理念与方法、压裂作业模式、压裂装备与工具等开展技术攻关，力争全面解决压裂占用钻机导致综合成本高、改造规模小导致产能释放不足、装备能力受限导致作业低效等难题。创新海上低渗透压裂理念，改变传统“两高一低”（高黏高砂比、低排量）模式为“两低一高”（低黏低砂比、高排量），实现海上低渗透缝网压裂与蓄能一体化；创新性地设计了不占钻机批量化压裂方案，实现同一平台压裂与钻完井并行作业，在节省昂贵海上钻井平台费用的同时加快投产进度；采用压裂船施工，大幅提升压裂规模和作业效率；采用海水基一体化变黏压裂液体系，简化现场备料工作，降低材料成本。相比传统海上压裂模式，以上措施预计实现综合降本幅度近40%。本文成果将会大大推动海上压裂理念和技术的进步与革新，为解放海上低渗透油气资源提供先导示范和技术保障。

关键词：海上低渗；压裂；一体化管柱；海水基压裂液；压裂船

海上低渗透油气储量规模巨大、分布广、潜力巨大，但整体动用程度较低，产量贡献不高，规模化开发进展较为缓慢。中国海油自2006年在海上首次实施压裂以来，先后在22个海上油气田70余口井（截至2022年底）实施了压裂作业，形成了基于海上钻井平台、生产平台或船舶为作业载体的常规压裂模式，但在压裂作业规模、工艺水平、作业效率、储层保护、增产效果等方面都存在诸多挑战，未能充分发挥压裂改造对低渗透油气藏的增产增效作用。为推进海上低渗透储量的有效开发，突破海上低渗透油气田开发困局，需要借鉴陆地油气田储层改造经验并进一步转变压裂理念，提升压裂装备能力，实现具备“万方液、千方砂”的大型压裂作业能力，推动低渗透油气藏开发是未来的发展方向[1-6]。

1　海上压裂现状及潜力分析

1.1　海上压裂现状

中国海油自2006年首次在海上实施压裂作业以来，经历了初步探索、持续探索到扩大试验阶段，压裂工艺从单层压裂到多层压裂、定向井到水平井、完井压裂到重复压裂、淡水基到海水基压裂液等技术攻关（图 1）。

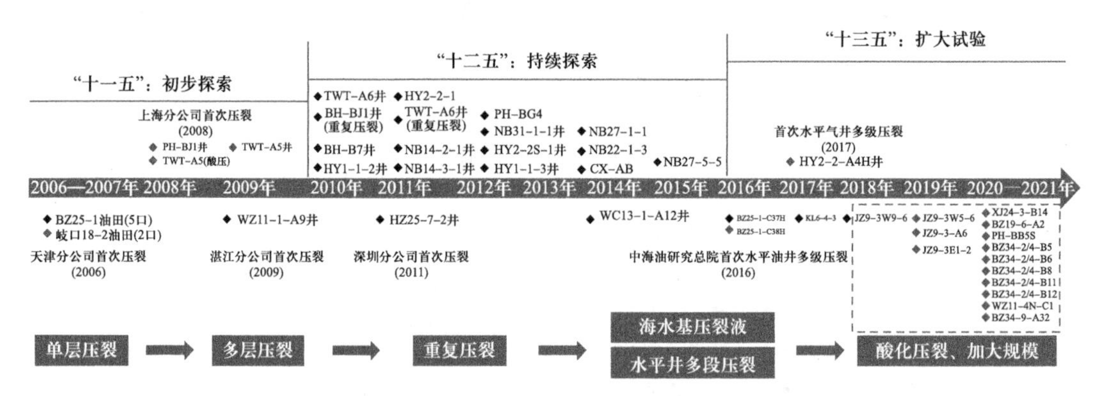

图 1　中国海油海上水力压裂发展历程

先后在 22 个海上油气田 70 余口井实施了压裂作业，形成了海上常规压裂模式（图 2、表 1）。（压裂载体：主要采用平台或拖轮，4～6 台 2250 型或 2500 型橇装压裂泵，单批次 1～2 口井。压裂规模：均为常规压裂规模，以中低排量 + 高黏携砂 + 造单缝工艺技术路线，排量 3.0～4.0m^3/min，加砂量 25～30m^3，总液量 200～300m^3。压裂工艺：管柱和工艺相对比较单一，探井为射孔压裂测试一体化管柱压裂方式，开发井为套管射孔分层压裂滑套、连续油管水力喷射。压裂液：淡水基瓜尔胶压裂液、海水基瓜尔胶压裂液），但在这种模式下目前看来存在多重困境，主要表现为规模、效率、储保、成本难兼顾，具体如下：

（1）压裂施工规模受限：平台或拖轮甲板面积小（<1000m^2），压裂泵、液罐、支撑剂数量受限，影响压裂施工规模和效果。

（2）压裂作业低效：拖轮模式平均 11.4 天，平台模式平均 17.1 天，其中主要为动复员、施工等待等非作业时间。

（3）压裂综合成本高昂：钻井船 + 拖轮作业模式下压裂成本>钻井船作业模式下压裂成本>修井机 + 拖轮作业模式下压裂成本，在压裂总成本中，其中钻井船、拖轮的支持费用占压裂总成本的 46%，老井眼处理（如原管柱磨套铣和打捞等）的费用占压裂总成本的 30%，直接用于储层改造方面的费用仅占压裂总成本的 24%。

（4）压裂过程事故频发：近 3 年统计 12 口压裂井 7 口出现事故，其中设备故障占 71%，受空间限制，平台经常备用装备不足，缺乏专业的、完善的应急处理能力和硬件，导致压裂工期大大延长，影响效果，增加成本。

（5）储层伤害：低渗透储层物性差，更易被伤害，在较低的配液和施工效率、事故、高浓度瓜尔胶体系以及缺乏辅助返排措施（如液氮）等情况下，导致压裂液不能及时返排，从而导致压裂液残渣堵塞地层孔喉和支撑缝通道、水锁等储层伤害。

1.2　海上低渗透油气储量规模巨大，将成为未来增储上产主力军

总体来说，中国海上低渗透油气储量规模大、分布广，但动用程度较低，产量贡献不

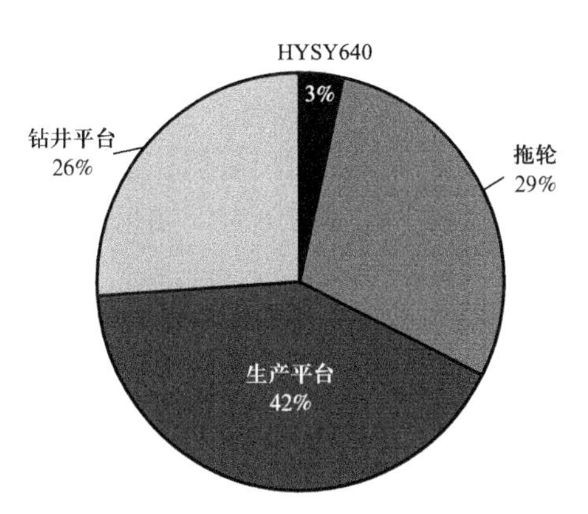

图 2 海上压裂作业载体占比

表 1 海上压裂关键施工参数统计

项目	最大施工压力 /MPa	排量 /（m^3/min）	液量 /m^3	加砂量 /m^3
南海	58.50	3.3	184.75	11.20
东海	64.92	3.0	321.88	29.29
渤海	63.67	3.4	318.62	29.84

高，规模化开发进展较缓慢。目前仅实现了 20mD 以上储量有效动用（动用率 28%），年产规模约 140×10^4t；追切需要攻关海上低渗透及潜山油气田有效开发，保障 20～50mD 储量开发得更好，实现 5～20mD 有效开发，下探渗透率 5mD 以下经济界限。

为推进海上低渗透有效开发，中国海油全力推动海上压裂工作，早日实现对日益枯竭的中高渗透资源有效接力。以渤海为例，渤中 25-1 油田沙三段低渗透油藏设计 17 口开发井，动用探明地质储量超过千万吨，其中生产井 12 口，12 口井压裂预计将增油 $260 \times 10^4 m^3$。若渤中 25-1 低渗透储量通过压裂实现成功开发，将为后续渤海垦利 16-1、渤中 34-2/4，南海陆丰古近系，东海西湖凹陷等海上低渗透油气田群开发提供重要借鉴。

1.3 打破常规理念、装备能力提升是海上低渗透油气开发必由之路

陆上油气田压裂经验表明，压裂理念的创新和装备能力提升是商业化开发非常规油气资源的必由之路。陆地油气田多年来在非常规油气开发的成功经验表明，大排量、大砂量、大液量的体积压裂改造复杂缝网的压裂理念能够实现产能的数倍提升。结合陆地油气田经验，海上低渗透油气田开发需要采取“一个转变，两条路径”方式改变现状，即由常规压裂向体积压裂理念转变，通过加大压裂规模（大排量、大液量、大砂量）、采用低成本海水基压裂液体系（海水基交联压裂液、海水基可变黏压裂液或二者组合）等办法实现降本和增效。而建造具备强大泵注能力和支撑剂储存量的大型压裂船是实现以上转变的必要前提。

现阶段海上压裂作业量较少，采用平台或拖轮压裂综合费用较高、耗时较长。大型

压裂船可实现批量化作业，对于降低压裂成本具有显著效果。以渤海某油田沙三段压裂为例，采用“凯旋一号”钻井平台压裂两口调整井（单井压裂3层）的平均工期15d/井，平均单井费用超过2000万元。如果采用大型压裂船，按一次动复员压裂作业2口定向井进行估算，则压裂总工期为5天，折算单井压裂工期仅为2.5天，单井压裂费用可降至1000万元以内。

根据国外海上油气田增产方式调研，压裂船具有灵活、高效、专业、多功能等优势，是目前海上增产的主流。国内规模化开发低渗透油气资源，建造压裂船降本增效优势明显，且后续压裂增产工作量巨大，是未来发展的必由之路。

2 海上高效规模化压裂新模式

以渤海某油田为例，目标层段为构造油藏及岩性—构造油藏，油藏埋深−3900～−3200m，储层温度130～145℃，储层原始地层压力系数1.51～1.59（49～57MPa）、压力系数现状1.5，动用井区平均孔隙度13.8%、平均渗透率8mD，属于低孔隙度、特低渗透油层。目标储层段毛厚约200m，净毛比（NTG）平均52%，夹层密度2～5条/10m；储层厚度横向变化大，多薄层，砂泥互层严重（纵向分3期，共10个小层），横向连通性差；下部分布水层。压裂目标井均为定向井，压裂需避开底部含水层及疑似含水层，并通过裂缝在纵向上有效沟通所有含油小层。

2.1 大通径多级压裂—自喷生产一体化技术（压裂作业不占钻机时间）

鉴于以下原因的综合考虑与权衡：（1）实现通过裂缝在纵向上有效沟通所有含油小层的油藏目标；（2）一体化管柱是保障多井批量化连续压裂作业模式的基础，采用压裂管柱进行返排和初期自喷生产，可节省压井作业和更换井口、管柱的时间（约2.5d/井），避免压井风险并有利于储层保护；（3）压裂、返排均不占井口，可节省钻机时间（约5d/井），本井压裂与其他井的钻完井可并行作业，可加快油田投产进度；（4）可进行井组批量作业，减少压裂装备等候时间或动复员成本。

结合海上施工时效要求高的特点，确定了采用定向井大通径多级压裂—自喷生产一体化技术以充分改造储层的实施策略：定向井采用7in尾管固井，射孔完井；采用管内封隔器+投球滑套进行压裂分段（图3）（邻近底水的层位只射孔不压裂；仅对需要压裂的层段进行压裂施工，无须压裂的层段只投球打开滑套，自然生产），下入7个滑套（6个投球滑套+1个压差滑套，配套金属可溶球；滑套可关闭，某个层段气窜或出水后，可通过关闭滑套实现选择性生产）；压裂前下入大通径多级压裂+自喷生产一体化管柱后，压裂中和压裂后均无须动管柱作业，实现不占钻机时间。

（1）采用$4^1/_2$in油管（钢级P110，磅级12.75lb/ft）压裂，可实现大排量（不小于$8m^3/min$）、低摩阻；直接采用压裂管柱进行压裂后初期的自喷生产，避免压力系数1.5情况下的压井风险，节省工期、费用；等产量衰减后再压井、下入专用气举生产管柱。

（2）设计井下安全阀，紧急情况下可关闭井下通道。

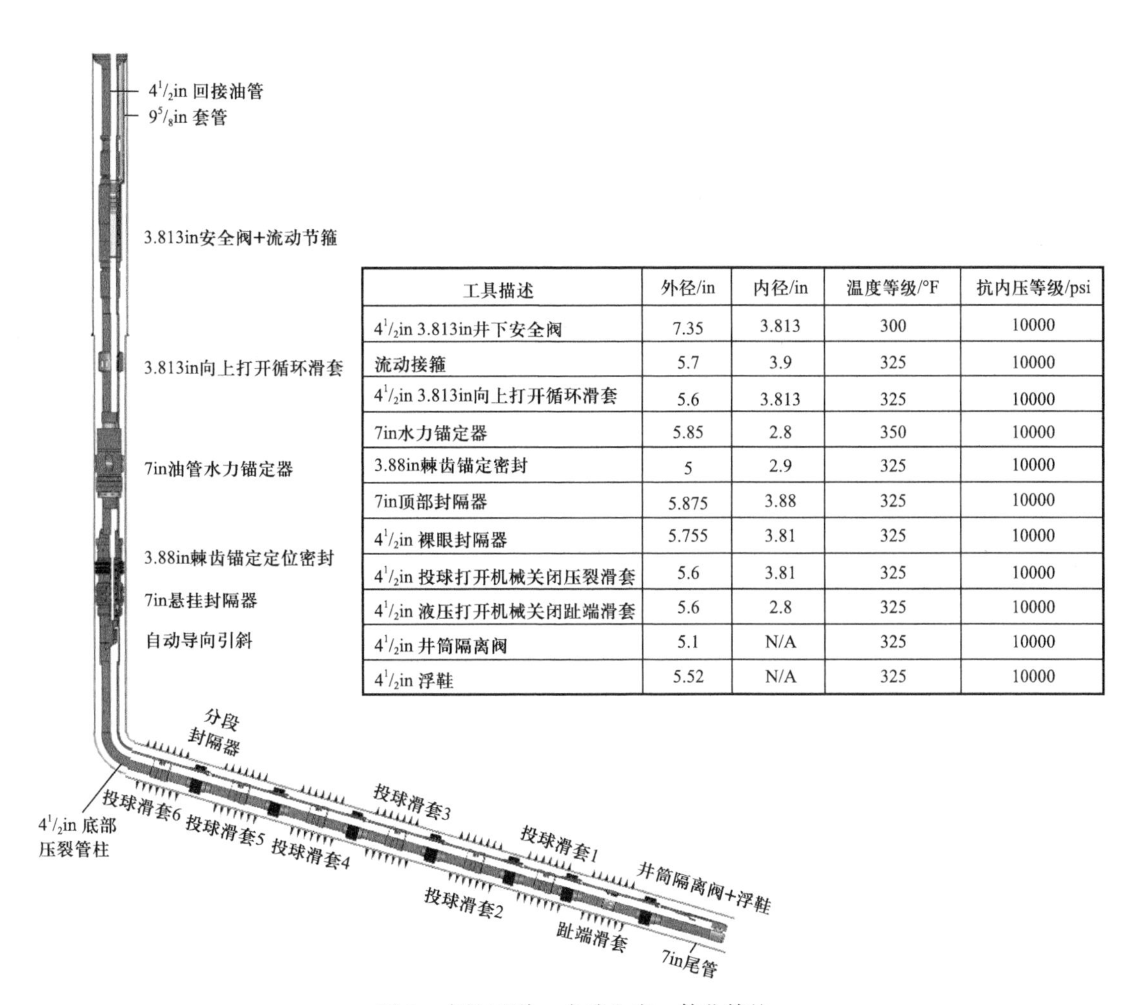

工具描述	外径/in	内径/in	温度等级/°F	抗内压等级/psi
4 1/2in 3.813in井下安全阀	7.35	3.813	300	10000
流动接箍	5.7	3.9	325	10000
4 1/2in 3.813in向上打开循环滑套	5.6	3.813	325	10000
7in水力锚定器	5.85	2.8	350	10000
3.88in棘齿锚定密封	5	2.9	325	10000
7in顶部封隔器	5.875	3.88	325	10000
4 1/2in 裸眼封隔器	5.755	3.81	325	10000
4 1/2in 投球打开机械关闭压裂滑套	5.6	3.81	325	10000
4 1/2in 液压打开机械关闭趾端滑套	5.6	2.8	325	10000
4 1/2in 井筒隔离阀	5.1	N/A	325	10000
4 1/2in 浮鞋	5.52	N/A	325	10000

图 3　多级压裂 + 自喷生产一体化管柱

2.2　海水基一体化可变黏压裂液体系

鉴于变黏压裂液体系在储层伤害、施工便利性、液体成本等多方面的优势，结合陆地压裂经验，低黏 + 大排量一体化压裂作业是发展趋势，且压裂船具有大排量、大液量压裂施工作业的能力，推荐压裂液体系采用海水基一体化可变黏压裂液（压裂液配方为 2% 降阻剂 +0.2% 交联剂 +0.5%pH 值缓冲剂 +0.1% 表面活性剂 +0.1% 防乳化剂，满足 150℃ 耐温；0.2%APS/4h 破胶，黏度为 1.48mPa·s），可配合压裂船实现低黏大排量的新压裂模式。

（1）变黏压裂液可快速水溶，现场配液程序简单；耐盐乳液稠化剂在海水中具有较好的增黏性能，通过浓度调节可以实现滑溜水至线性胶的在线配制和切换，彻底改变了以前海上压裂需要提前配液的模式，在满足压裂工艺要求的同时，减少设备、人员、场地，简化作业及施工工艺流程，降低作业成本。

（2）海水提供钠钾阳离子，能有效抑制黏土膨胀，防止压裂液引起水敏伤害。

（3）变黏压裂液施工结束后仅剩余海水，不会存在剩余压裂液，避免施工后收液情况，符合环保要求。

（4）变黏压裂液兼顾减阻（降阻率＞70%）、携砂、低伤害（破乳率达 100%，与地层水混合后无絮凝、无沉淀产生；室内实验测试的岩心伤害率约 20%）的优点。

（5）变黏压裂液体系可根据现场施工情况，随时调整滑溜水、胶液的配比量，施工更加安全高效。

（6）低黏高降阻率压裂液有助于大排量改造，扩大改造体积。

2.3 压裂船多井批量化连续压裂作业模式

据统计，海上已经施工的压裂井，拖轮施工平均施工周期 11.4 天，平台施工平均施工周期 17.1 天（施工周期：从设备动员开始至设备返回码头）；为了进一步提高压裂施工作业效率，减少占用平台时间，消除平台空间对压裂施工的限制，增大压裂作业规模，方便施工，并降低压裂施工成本，推荐采用大型压裂船进行压裂施工，可实现“大排量、大液量、大砂量”的压裂作业，所有压裂装备及材料均由压裂船提供，通过高压软管与平台压裂管汇和井口相连；多井批量化连续压裂作业模式，压裂作业不占钻机时间，不影响其他井钻完井施工（图 4）。

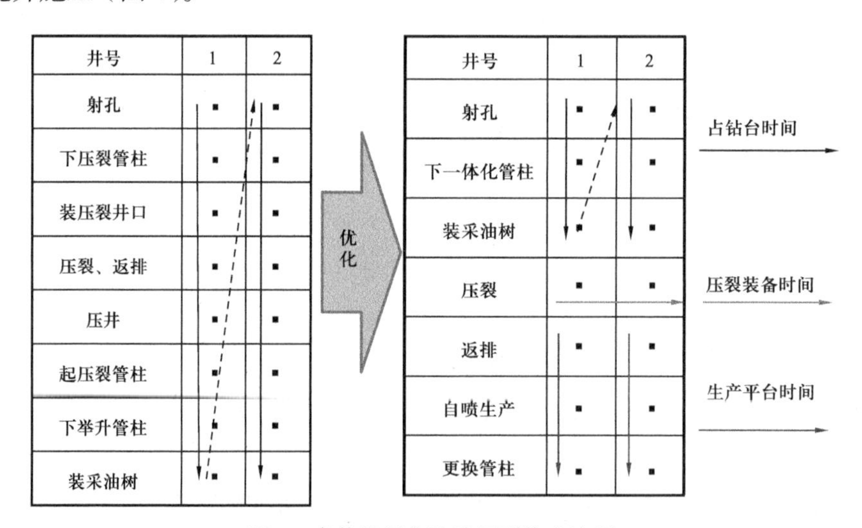

图 4　多井批量化连续压裂作业流程

（1）压裂船通过高压软管（承压 105MPa 并配套快速解脱装置）连接集成式压裂管汇，管汇预接多口压裂井的采油树，倒换管汇阀门即可实现待压裂井的快速切换；高压流程批量化连接井口装置，井口及井间采用高压远程操控阀门控制与隔离；不停泵遥控投球实现连续施工（图 5）。

（2）高压管线布置于生产平台中层甲板（图 6），压裂期间不占钻台，井架可自由移动。

（3）钻完井、压裂作业可并行开展，加快油田建产进度。

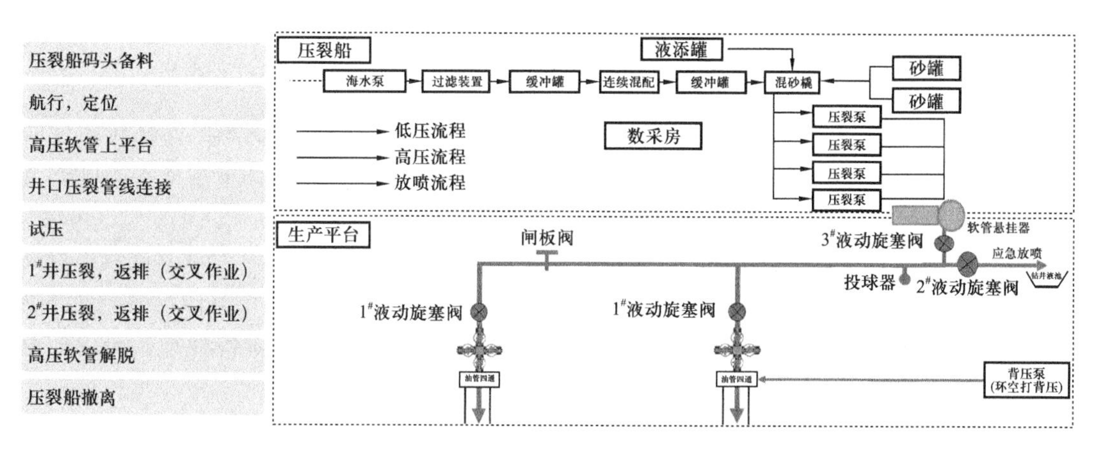

图 5　压裂船批量化压裂施工流程

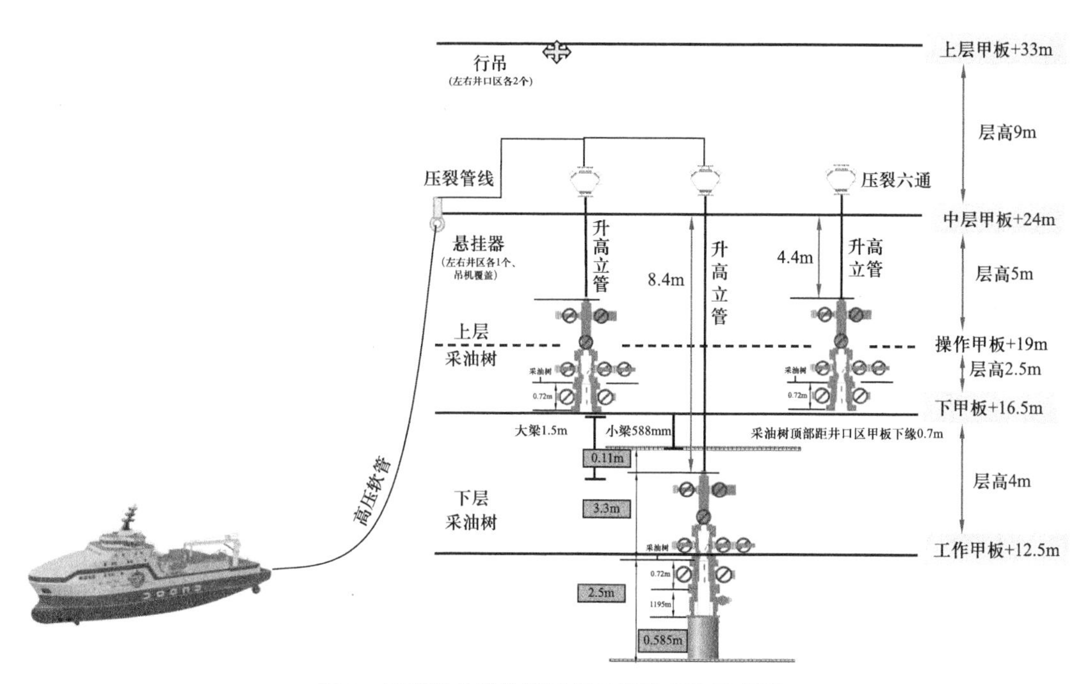

图 6　压裂船批量化压裂施工管线布置示意图

2.4　压裂返排液就地低成本环保处理技术

鉴于目标油田压裂返排液处理面临如下挑战：

（1）返排液量大：低黏大排量压裂模式，单井压裂液量 2000～4000m^3，按返排率 40% 考虑，单井返排液量超过 800m^3；拉运回陆地进行处理不切实际。

（2）返排液成分复杂：COD 含量高、悬浮物含量高、稳定性强，如不处理直接进入生产水处理流程，对地面工艺流程有潜在伤害。

（3）海上尚无相关标准：压裂返排液处理方法与常规生产水处理流程不同，需单独考虑处理流程，且需针对不同的压裂液配方，选用相匹配的返排液处理流程。

制订了压裂返排液就地低成本环保处理方案（图 7）：

（1）返排相关设备（返排控制系统、返排液处理系统，均采用橇装单元优化组合而成）均临时摆放于生产平台上甲板（临时作业、设备吊装需求），在保证地层不出砂的情况下，采用分阶段控制、逐级放大的返排制度进行快速返排。

（2）以“除油絮凝—一级 / 二级絮凝—过滤—催化氧化”为主要流程对返排液进行高效环保处理；可根据返出液的特点以及处理后水质要求进行不同的优化组合，满足悬浮物含量不大于 5mg/L、石油类不大于 15mg/L，COD 不大于 2000mg/L 等各种指标要求；返排液待处理合格后再进入生产平台生产水系统。

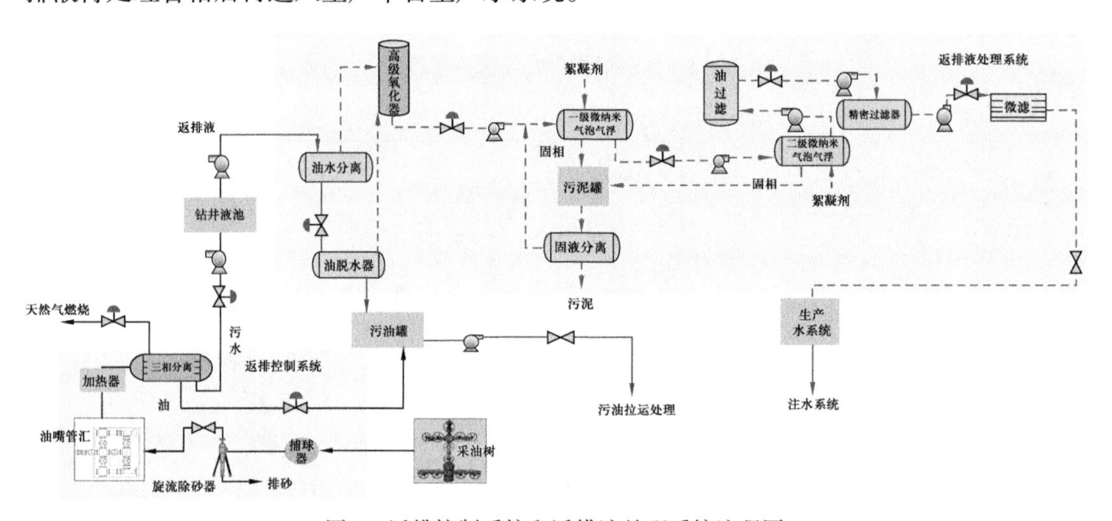

图 7　返排控制系统和返排液处理系统流程图

3　结论

（1）围绕海上压裂理念与方法、压裂作业模式、压裂装备与工具等开展技术探索攻关，力争全面解决压裂施工占用钻机导致综合成本高、改造规模小导致产能释放不足、装备能力受限导致作业低效等技术经济难题。

（2）创新海上低渗透压裂理念，改变传统“两高一低”（高黏高砂比、低排量）模式为“两低一高”（低黏低砂比、高排量）模式，实现海上低渗透缝网压裂与蓄能一体化。

（3）采用海水基一体化变黏压裂液体系，简化现场备料工作，降低材料成本。

（4）创新性地设计了不占钻机批量化压裂方案，实现同一平台压裂与钻完井并行作业，大幅提高海上压裂作业效率，在节省昂贵海上钻井平台费用的同时，加快投产进度；

（5）采用压裂船批量化连续压裂施工，大幅提升压裂规模和作业效率。

（6）相比传统海上压裂模式，以上措施预计实现综合降本幅度近 40%。

本文成果将会大大推动海上压裂理念和技术的进步与革新，为解放海上低渗透油气资源提供先导示范和技术保障。

参考文献

[1]贺平．浅谈海上油气田工程压裂作业船及装备配置技术[J]．中国设备工程，2018，3（上）：142-143.

[2]薄玉宝．海上油气田工程压裂作业船及装备配置技术探讨[J]．海洋石油，2014，34（1）：98-102.

[3]杜福云，黄杰，阮新芳，等．海上水平井分段压裂技术现状与展望[J]．海洋石油，2021，41（1）：22-26.

[4]李垚璐，戴彩丽，姜学明，等．查干凹陷致密砂岩油藏“两大一低”深度压裂技术[J]．断块油气田，2020，27（4）：536-540.

[5]魏娟明．滑溜水－胶液一体化压裂液研究与应用[J]．石油钻探技术，2022，50（3）：112-118.

[6]王永辉，卢拥军，李永平，等．非常规储层压裂改造技术进展及应用[J]．石油学报，2012，33（增刊1）：149-158.

高温深层改造

海外复杂油气藏储层改造难点与对策

黄生松　孙　亮　王　超

（中国石油长城钻探工程有限公司）

摘　要：随着中国石油海外业务的发展，钻探面临越来越多低渗透、低孔隙度、特殊岩性等复杂油气藏，给储层改造带来了一系列的问题与挑战。针对海外项目生产需求，按照地质工程一体化原则，从设计优化—工艺优选—材料研发三个方面制订针对性的储层改造方案。针对乍得变质岩潜山油藏酸溶性矿物影响自然产量、单井产量差异大等难题，形成了酸性压裂液压裂技术、前置酸酸化＋冻胶携砂压裂技术和水平井缝控体积压裂技术三项储层改造技术措施；针对秘鲁 10 区老井压力系数降低快、产量递减快等问题，形成了 CO_2 增能压裂技术、压驱一体化工艺和暂堵转向压裂工艺三项储层改造技术措施；针对伊拉克哈法亚碳酸盐岩裸眼完井压后无法实现井筒全通径、高含水影响单井产量等问题，形成了控水—酸压一体化工艺和套管完井—可溶桥塞分段压裂两项储层改造技术措施，实现了复杂油气藏高效改造，为海外油气勘探开发和增储上产做出新的贡献。

关键词：海外；复杂油气藏；储层改造；地质工程一体化

根据“走出去”的方针，中国石油从 1993 年开始向海外发展油气业务，经过 20 多年的发展，目前已经建成了亚太、中亚－俄罗斯、中东、非洲和美洲五大油气合作区，在全球 32 个国家运行 88 个油气合作项目。随着乍得、伊拉克和秘鲁等油田的开发，潜山油藏变质岩、致密砂岩、边底水碳酸盐岩等复杂岩性逐渐成为油气勘探开发和储层改造的重点领域，逐步形成了以砂岩高速开发、碳酸盐岩整体开发和超重油水平井开发为代表的海外油气田开发特殊技术系列[1]。

上述这些特色技术在海外区块整体开发中取得了较好的应用效果，而随着油气田区块的高速开发，部分油气田进入开发中后期，由于复杂岩性、高含水率、开发井水侵、单井采收率低等一系列问题，导致海外油气井储层改造过程中往往缺乏整体性的考虑，不能完全解决所面临的多因素储层改造难题，因而需要探索海外复杂油气藏储层改造技术。为此，长城钻探工程有限公司在辽河油田、西南和西部技术服务的基础上，以乍得变质岩潜山油藏、秘鲁 10 区致密砂岩油藏和伊拉克碳酸盐岩储层为例，通过深入调研生产需求，分析诊断储层改造的主控因素，创新地质工程一体化的模式，从设计优化—工艺优选—材料研发三个方面制订针对性的储层改造方案，实现了复杂岩性油气藏的高效改造。

1　乍得潜山油藏储层改造技术

乍得潜山油藏在地质上落实了五个潜山带，发现三级石油地质储量 6×10^{8}bbl，占整个油田储量的17%，储层以裂缝型、裂缝—孔洞型为主，压裂改造是实现储层油气有效动用的关键。

1.1 潜山油藏储层特点

乍得Bongor盆地位于乍得的西南部，整体呈NWW向，具有典型性的被动裂谷特征，目前最具勘探前景的为Baobab、Lanea、Mimosa、Phoenix和Raphia潜山[2]，其中断层发育，以近东西向和北西向为主。圈闭埋藏浅，多数小于1800m。

取心资料表明，该盆地基岩潜山主要是由正变质岩和岩浆岩组成。储集空间按照形态可分为孔隙和裂缝两种类型，其中以裂缝型、裂缝—孔洞型为主，平均基质孔隙度为2.8%，平均基质渗透率为0.7mD。天然裂缝发育，以张开的网状或高角度裂缝群为主，裂缝中充填了方解石、绿泥石和铁质[3]。

1.2 潜山油藏储层改造难题

乍得潜山油藏的储层特点带来了压裂改造的一些难题：（1）潜山油田裂缝发育，裂缝内多充填方解石等酸溶性矿物，如图1所示，压裂后对导流能力影响较大；（2）单井采收率低；（3）单井产量差异性大。

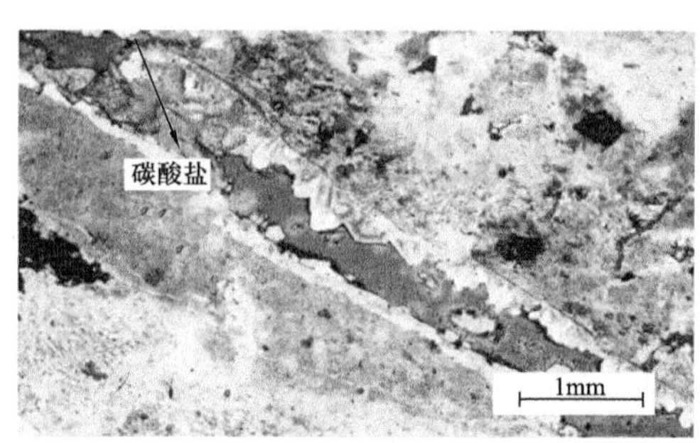

(a)半充填

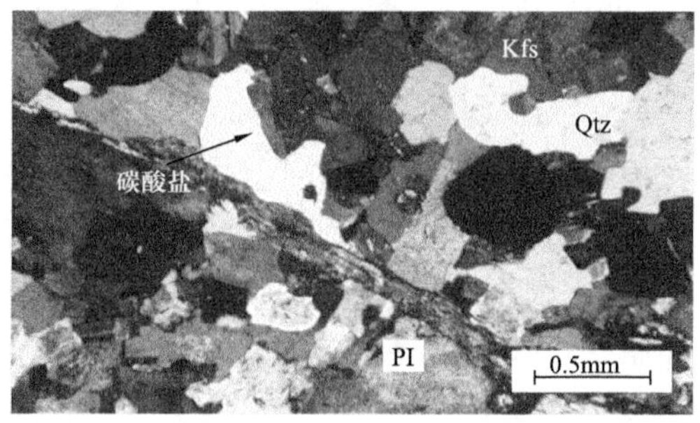

(b)全充填

图1 构造缝方解石充填

Kfs—钾长石矿物；Qtz—石英矿物；PI—斜长石矿物

1.3 溶蚀扩孔+体积压裂改造模式

针对乍得潜山油藏储层改造的难题，提出了酸性压裂液溶蚀扩孔压裂技术、前置酸酸化+冻胶携砂压裂技术和水平井缝控体积压裂技术三项储层改造措施，通过溶蚀孔隙—裂缝中的充填物，提高压裂后导流能力；通过体积压裂，增加缝控体积，提高稳产能力，实现了潜山油藏特殊储层改造技术。

1.3.1 酸性压裂液体系

采用酸性交联剂，在pH值为3～6时，羧甲基羟丙基瓜尔胶增稠剂溶解速度快，携砂性能好，适用于乍得潜山油藏含酸性填充物裂缝储层。酸性压裂液增加了活性、酸穿透性，增大了作用距离，使酸蚀裂缝最大化，获得高导流能力裂缝；同时酸性压裂液的酸性环境抑制黏土矿物膨胀运移，减轻对储层的伤害。

1.3.2 前置酸化 + 冻胶携砂压裂工艺

前置液与固体酸混合，其前缘产生的稠化酸对储层裂缝中的充填物进行溶解，如图 2 所示，提高了地层的渗透能力，实现了天然裂缝的自然延伸和拓展，方便了砂液的填充[4]。固体酸配合增稠剂调整释酸温度，形成黏度控酸 + 固体酸控释放双重延缓酸蚀半径效应，提高压后导流能力。

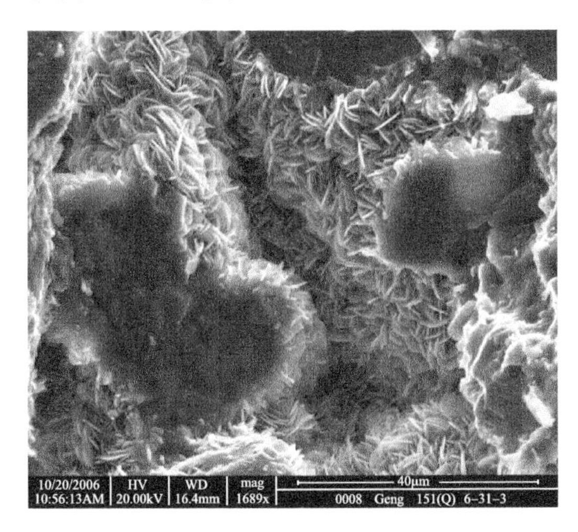

(a) 固体酸溶蚀前

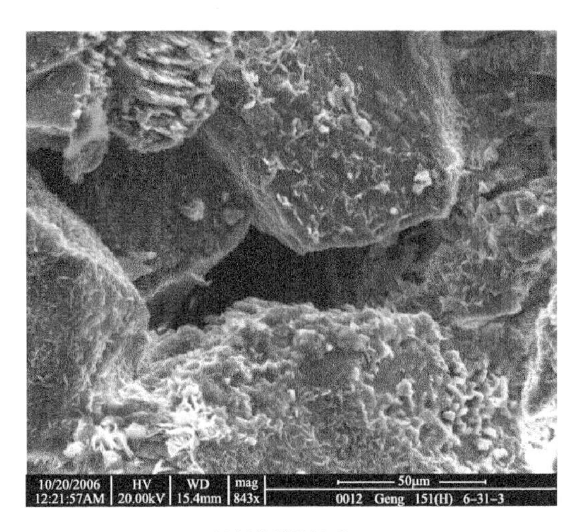

(b) 固体酸溶蚀后

图 2 固体酸溶蚀前后对比

固体酸腐蚀性小，无 HCl 气味，现场应用更环保和安全；通过前置酸酸化，酸岩反应速率慢，实现深度解堵。

1.3.3 水平井缝控体积压裂

由于潜山油藏、页岩油气藏等非常规油气藏具有低孔隙度、低渗透率等特征，不经过特殊储层改造无法获得工业产能，水平井钻井和水平井缝控体积压裂是提高非常规储层油气采收率的两项关键技术[5]。

确定了缝控体积压裂改造基本思路之后，以“接触面积最大、渗流距离最短”为方向，以累计产量最高为目标进行了压裂施工参数优化，如图 3 所示。研究表明，单段长度 80～100m，簇间距 10～20m，施工排量 10～16m^3/min，加砂强度在 3.0t/m 以上。在设计优化的基础上，结合密切割实现对储层的均匀改造、高排量施工最大限度地提高缝控体积、高强度加砂保障裂缝长期导流能力，形成了压前储层评价技术、耐高温压裂液技术、变质岩潜山裂缝诊断技术、压裂裂缝延伸控制技术和压裂裂缝评价技术等潜山油气藏缝控体积压裂特殊技术，进一步提高了裂缝沟通能力和稳产能力。

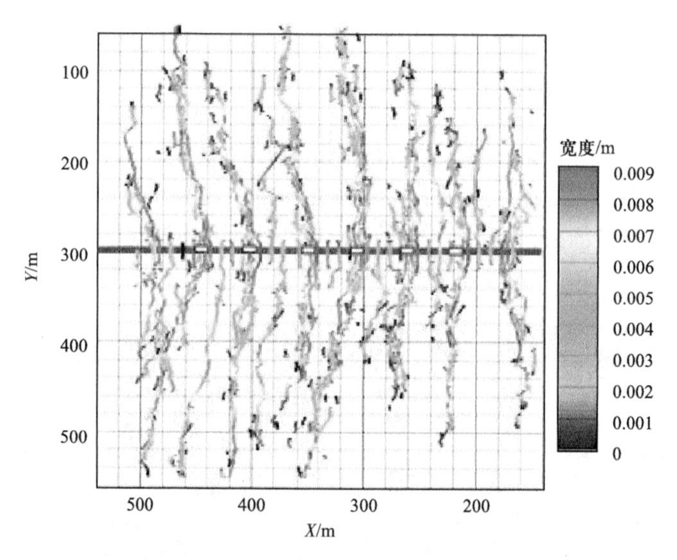

图 3　多簇裂缝间距 20m 形成复杂缝网

2　秘鲁 10 区致密砂岩油藏储层改造技术

秘鲁 10 区位于安第斯山脉以西滨海沙漠地区，属于典型的复杂断块油田[6]，储层主要以低孔隙度、低渗透致密砂岩为主，依靠天然能量衰竭开发为主。

2.1　油藏地质特征

秘鲁 10 区所在塔拉拉盆地位于太平洋板块与南美板块的接合部，地壳活动频发，平均单井钻遇 3～4 个断点，主断裂总体上呈现北东—南西向展布。从上到下共有 7 套含油层系，其中 Mogollon 组为水下扇沉积体系，Echinocyamus 组为三角洲沉积，属于典型的巨厚油层。

秘鲁 10 区主要储层孔隙度为 5.0%～13.0%，渗透率为 0.1～10.0mD，属于致密砂岩储层；储层温度为 45～65℃，属于低温地层系统；储层原始压力系数为 0.9～1.34，目前仅剩余 50%，压力系数低。

2.2　秘鲁 10 区储层改造面临的难题

秘鲁 10 区储层特点和开发模式带来了储层改造的一些难题：（1）该区块测井年度跨度大，测井系列变化多，系统的测试资料少，绝大多数井没有压裂、流量等关井动态分析数据，给老井挖潜带来挑战；（2）井网密度超过 18 口 /km^2，衰竭开发模式下，90% 以上的油井因地层能量低而采取间歇抽油生产或者捞油生产，投产收益低；（3）断层发育，小断块难以形成注采井网，地层亏空导致水窜气窜加剧；（4）以往储层改造规模小，改造不重复，且巨厚油层分段少，平均采收率低。

2.3 重复压裂改造模式

针对秘鲁 10 区储层改造的难题，提出了 CO_2 增能压裂技术、压驱一体化工艺和暂堵转向压裂工艺”三项储层改造措施，通过增能压裂，增加储层的驱油能力；通过暂堵转向压裂，增加新的改造体积，挖潜剩余油的潜力。

2.3.1 CO_2 增能压裂技术

液体 CO_2 增能压裂时将液体 CO_2 作为压裂前置液，结合增溶剂、降凝剂等进行储层改造，充分利用了液体 CO_2 特殊的理化性质，实现压裂改造、地层能量补充和混相等一系列增产效果。

通过注入 CO_2，解堵疏通孔喉，改善地层渗流能力，利用 CO_2 高膨胀能力与低界面张力，增强地层的驱油能力。同时，液体 CO_2 具有极低的地面温度，低温形成的热应力可有效降低地层破裂压力[7]，增加裂缝的复杂程度，从而有效改造地层压力系数低的储层，提高油井产能。

2.3.2 压驱一体化工艺

针对低渗透老区常规注水无法受效、地层能力持续亏空问题，加强区块地质研究，分析砂体连通性，开展孔隙压力和应力场分布特征研究，根据油水井对应的关系，针对性进行储层改造。

通过正向压裂驱油技术，如图 4 所示，建立了有效驱替系统的通道，提高了水驱效率，进一步补充了地层能量，增加水驱油的开发效果。

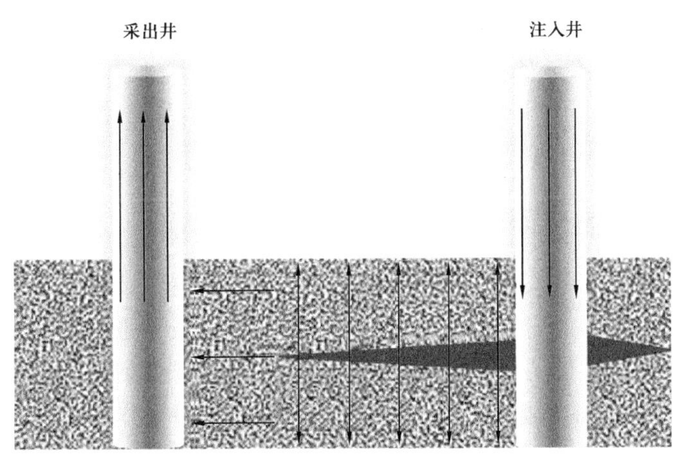

图 4　正向压裂驱油技术示意图

2.3.3 暂堵转向工艺

老井重复改造过程中加入暂堵剂，暂堵剂进入已压开的裂缝，产生高强度的滤饼桥堵，迫使缝内静压力上升，产生新的裂缝，如图 5 所示。在主裂缝周围产生更多的新裂缝和次生裂缝，形成复杂的缝网结构[8]。

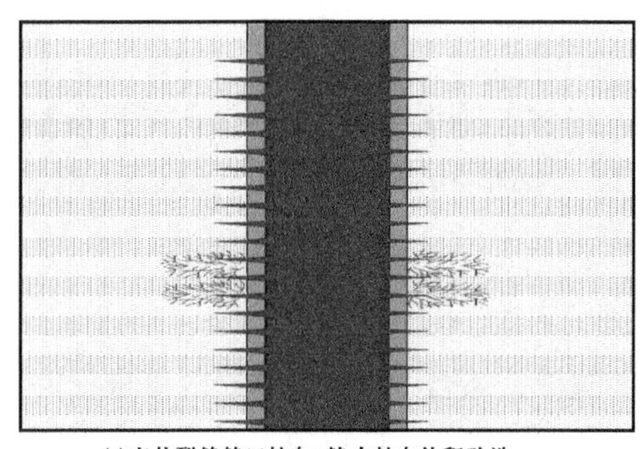
(a)直井裂缝缝口转向+缝内转向体积改造

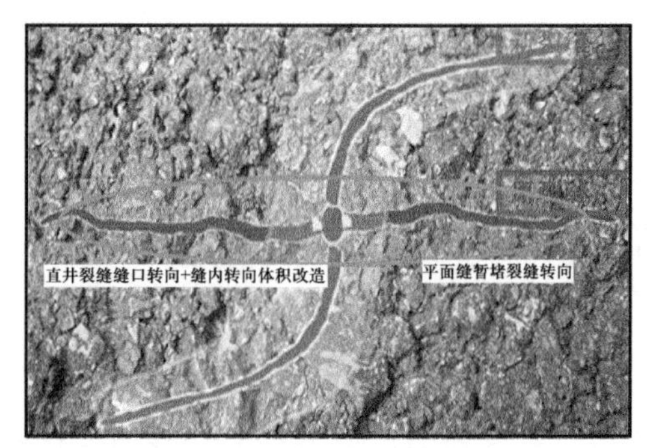

(b)平面缝暂堵裂缝转向

图5　暂堵转向示意图

针对暂堵转向技术开展了高强度暂堵剂研究、暂堵剂用量研究、转向裂缝启裂机理和二次完井管柱研究，形成了高效暂堵转向压裂工艺，增加了新的改造体积，提高老井重复压裂的改造效果，提高单井的产能，通过暂堵转向挖潜了剩余油潜力。

3　伊拉克哈法亚 Sadi 油藏储层改造技术

哈法亚油田位于伊拉克东南部米桑省内，地质储量 20.9×10^8t，主要为孔隙型碳酸盐岩储层。主力油层 8 套，Sadi 是主力油层之一，属构造弱边底水油藏。

3.1　油藏地质特征

Sadi 油藏埋深 2600m 左右，属于北西—南东向的背斜构造，区块内断层不发育。Sadi 油藏平均厚度约 50m，渗透率为 0.1～1.3mD，孔隙度为 16%～19%，属于特低渗透、中孔隙度的碳酸盐岩油藏[9]。Sadi 层为纯石灰岩储层，$CaCO_3$ 含量占 90% 以上，泥土矿物含量低；储层杨氏模量小（小于 10000MPa）。

3.2　Sadi 油藏储层改造面临的难题

Sadi 储层特点带来了储层改造的一些难题：（1）工作液进入地层后滤失大。储层在纵向、平面上非均质性强，酸岩反应后酸蚀蚓孔极其发育，导致酸压过程中滤失大。（2）保持裂缝长期导流能力难。储层杨氏模量低，酸蚀后裂缝自支撑岩石力学能力弱，酸蚀后裂缝容易重新闭合[10]。（3）前期完井方式一般为裸眼水平井完井，裸眼完井储层改造时受井筒尺寸影响，施工规模和施工排量受到限制；压裂后无法实现全通径，对后续作业不利。（4）采用注水井开发策略，注入水优先进入高渗透层，造成部分井含水上升快、过早水淹等问题，影响了单井产量。

3.3　控水—酸压一体化工艺和套管完井压裂工艺

针对 Sadi 油藏储层改造的难题，提出了控水—酸压一体化工艺储层改造思路，通过封堵高含水层，提高酸压改造效果；通过套管完井压裂，增加储层改造规模，从而提升碳酸盐岩储层改造效果。

3.3.1 控水—酸压一体化工艺

采用弱凝胶优先堵水，有效减轻了转向难度，配合具有合适黏度的阳离子聚丙烯酰胺高浓度盐水溶液作为转向剂，注入地层后高分子阳离子易于吸附在孔喉内壁，被地层缓慢增黏，提高水层的流动阻力，封堵含水高渗透层，提高酸压转向效果。

酸压主酸采用乳化酸，乳化酸为油包酸，酸为分散相，水层内两相流，流动阻力大。油层内为准单向流，流动阻力相对低，因此油层更容易吸收更多的酸液，有利于控水增油，提高二次封堵效果。

3.3.2 套管完井压裂工艺

水平井套管完井后，通过可溶桥塞—分段多簇压裂 / 酸压复合技术，在压裂施工上可采用“大规模、高排量、压后可逐段评价”的工艺模式，提高改造规模，提高人工裂缝缝控储量，提高储层改造效果[11]。压后井筒全通径，便于后续措施作业。

4 结论

（1）针对乍得潜山变质岩裂缝发育、裂缝内多充填方解石等酸溶性矿物、压裂后对导流能力影响较大、单井采收率低、单井产量差异性大等问题，通过酸性压裂液体系和前置酸化方式，溶蚀孔隙—裂缝中的充填物，提高压裂后导流能力；通过水平井缝控体积压裂工艺，提高储层改造体积，实现了潜山油藏特殊储层改造技术。

（2）针对秘鲁 10 区油井地层能量低、投产收益低、以往储层改造规模小、改造不重复、巨厚油层分段少、平均采收率低等问题，采用 CO_2 增能压裂技术，补充了老井地层能力，增加储层的驱油能力；采用压驱一体化工艺，建立了有效的水驱通道，提高了注水效率；采用暂堵转向压裂工艺，挖潜剩余油的潜力。

（3）针对伊拉克哈法亚碳酸盐岩油藏裂缝长期导流能力低、裸眼井压裂后无法实现全通径和高含水层影响单井产量等问题，采用控水—酸压一体化工艺储层改造思路，实现了控水增油，降低高含水层对产量的影响；通过套管完井—可溶桥塞分段压裂工艺，实现了井筒全通径大规模储层改造，提升碳酸盐岩储层改造效果。

（4）随着海外油气业务的不断发展，勘探对象越来越复杂，复杂油气藏已成为海外重要油气勘探的领域，对复杂油气藏储层改造的需求也越来越大。中国石油长城钻探工程有限公司秉承地质研究和压裂工艺实施一体化原则，落实“一项目一策略”储层改造技术措施，扩大海外项目低渗透储层分段改造应用规模，为海外油气田效益开发增添新工艺、新动能、新活力。

参 考 文 献

［1］穆龙新，陈亚强，许安著，等．中国石油海外油气田开发技术进展与发展方向［J］．石油勘探与开发，2020，47（1）：120-128.

[2] 闫林辉，常毓文，田中元，等．乍得 Bongor 盆地基岩潜山储集空间特征及影响因素 [J]．东北石油大学学报，2019，43（2）：59-67.
[3] 窦立荣，魏小东，王景春，等．乍得 Bongor 盆地花岗岩基岩潜山储集特征 [J]．石油学报，2015，36（8）：897-904，925.
[4] 何火华，黄伟，王鹏．水平井前置酸加砂压裂技术优化研究 [J]．非常规油气，2020，7（2）：109-113.
[5] 蒲春生，郑恒，杨兆平，等．水平井分段体积压裂复杂裂缝形成机制研究现状与发展趋势 [J]．石油学报，2020，41（12）：1734-1743.
[6] 曹辉，胡恒，寄晓宁．秘鲁西北部 T 油田钻井液技术研究与应用 [J]．西部探矿工程，2020，32（11）：94-96.
[7] 张冕，罗明良，雷明，等．液体 CO_2 前置增能压裂技术研究进展 [C] //2020 油气田勘探与开发国际会议论文集，2020.
[8] 徐建国，刘光玉，王艳玲．致密储层缝内暂堵转向压裂工艺技术 [J]．石油钻采工艺，2021，43（3）：374-378.
[9] 聂臻，于凡，黄根炉，等．伊拉克 H 油田 Sadi 油藏鱼骨井井眼分布方案研究 [J]．石油钻探技术，2020，48（1）：46-53.
[10] 曾庆辉，河东博，朱大伟，等．哈法亚油田孔隙性石灰岩储层酸压先导性试验 [J]．石油钻采工艺，2021，43（2）：226-232.
[11] 赵贤正，才博，金凤鸣，等．富油凹陷二次勘探复杂油气藏改造模式——以冀中坳陷、二连盆地为例 [J]．石油钻采工艺，2016，38（6）：823-831.

超深高压裂缝性致密巨厚储层分层压裂技术实践认识

邹国庆　李兴亭　郇国庆　仝　汉

（中国石油塔里木油田公司油气田产能建设事业部）

摘　要：Z 气田属于典型的超深高温高压巨厚裂缝性致密气藏，改造难度大。分层压裂改造是开发该类储层、提高气田整体开发效果的有效手段。通过开展分层加砂压裂技术研究实践，形成了适应 Z 气田超深高压裂缝性致密储层的分层压裂改造配套成熟技术，包括加重压裂液、酸液预处理、支撑剂段塞、高压施工设备和井口等配套技术。改造后的施工参数和开发生产效果对比表明，超深高温高压巨厚裂缝性致密气藏加砂压裂用液规模越大，砂量越大，每米的改造强度越强，形成的人工支撑裂缝越长，沟通天然裂缝系统也越充分，分层效果明显，储层有效动用程度越大，单井产量越高，增产效果越显著。该工艺的成功应用，解决了 Z 气田压裂增产的技术难题，为气田高效开发提供了有力的技术支撑，对同类区块也具有重要推广和借鉴意义。

关键词：高温高压；超深井；裂缝；致密储层；分层压裂；暂堵

1　概况

Z 气田储层埋藏深（6600～6950m），厚度大（280～300m），地层温度高（120～126℃），地层压力高（111～116MPa）；储层物性差，平均孔隙度 5.8%～7.5%，渗透率 0.01～1mD，天然裂缝发育；属于超深高温高压巨厚裂缝性致密气藏。目的层为白垩系砂岩储层，包括两套目的层系，分别为白垩系巴什基奇克组和巴西改组。该类气藏压裂改造难度大，主要体现在：（1）储层埋藏深、地应力高，施工压力高；（2）天然裂缝发育，压裂液滤失大且形成裂缝形态复杂加之施工压力高、施工排量受限等综合影响，加砂压裂易砂堵；（3）储层厚度大，笼统改造效果差；（4）改造管柱受力工况复杂，井筒完整性难度大；（5）地层温度高，压裂液抗温耐剪切性能要求高。

2　分层压裂技术

针对水力压裂改造提产的难点，通过开展分层加砂压裂技术研究实践，形成适应 Z 气田超深高压裂缝性致密储层的分层压裂改造配套成熟技术。

2.1 分层方法

Z 气田储层厚度大，天然裂缝发育，隔夹层多，隔夹层的孔隙度和渗透率低，局部泥质含量高，通过采用应力解释和优化射孔模拟方法，计算产、隔夹层的应力值和应力差值大小，判断隔层遮挡的有效性，确定分层段数。优化射孔井段，模拟计算人工裂缝顶底界，使人工裂缝高度能够覆盖测井解释的产能段，能够实现地质要求。

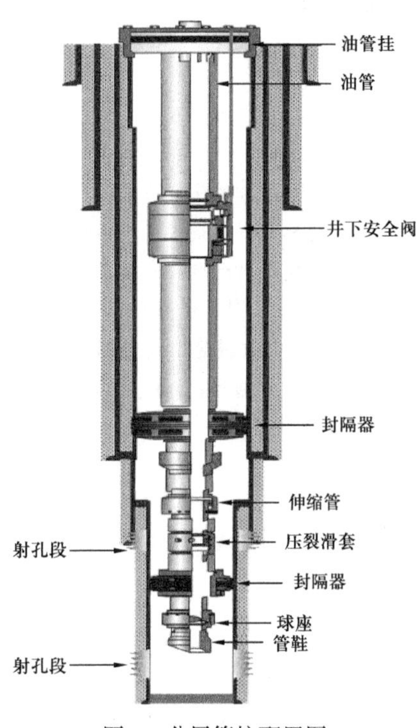

图 1 分层管柱配置图

2.2 管柱优化配置

2.2.1 管柱配置

针对 Z 气田储层实际情况，优选了机械双封隔器与滑套组合分层 + 暂堵分级改造工艺。综合考虑储层温度、压力和施工安全性因素，分层使用组合封隔器，最上部 $8^1/_8$in 大套管内封隔器采用 $8^1/_8$in 永久封隔器，耐压差 105MPa，耐温 177℃；$5^1/_2$in 套管内采用 $5^1/_2$in 永久封隔器，耐压差 91MPa，耐温 232℃；压裂滑套耐压差 70MPa，耐温 177℃；两个封隔器之间配备了伸缩管，耐压差 70MPa，耐温 232℃（图 1）。

为了降低井口施工压力，根据井身结构，选用 114.3mm（包括 12.7mm、9.65mm 和 8.56mm 三种壁厚油管组合）和 88.9mm（7.34mm 壁厚油管）大管径油管组合。从图 2 可看出，采用大管径管柱组合，有效降低了井筒摩阻。

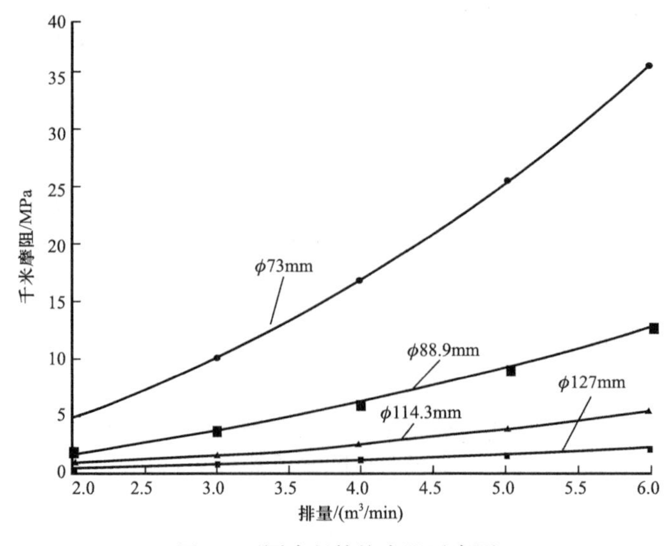

图 2 不同直径管柱摩阻示意图

2.2.2 强度校核

由于 Z 气田属于超深高温高压储层，因此改造时管柱受力工况复杂，需进行强度校核，保证井筒完整性。针对管柱结构配置，形成了以井筒评价和管柱力学校核为核心的井筒安全评估与控制方法，根据井筒安全评价结果（图 3）进行储层改造压力控制，并根据压力进行施工排量和其他施工参数调整。

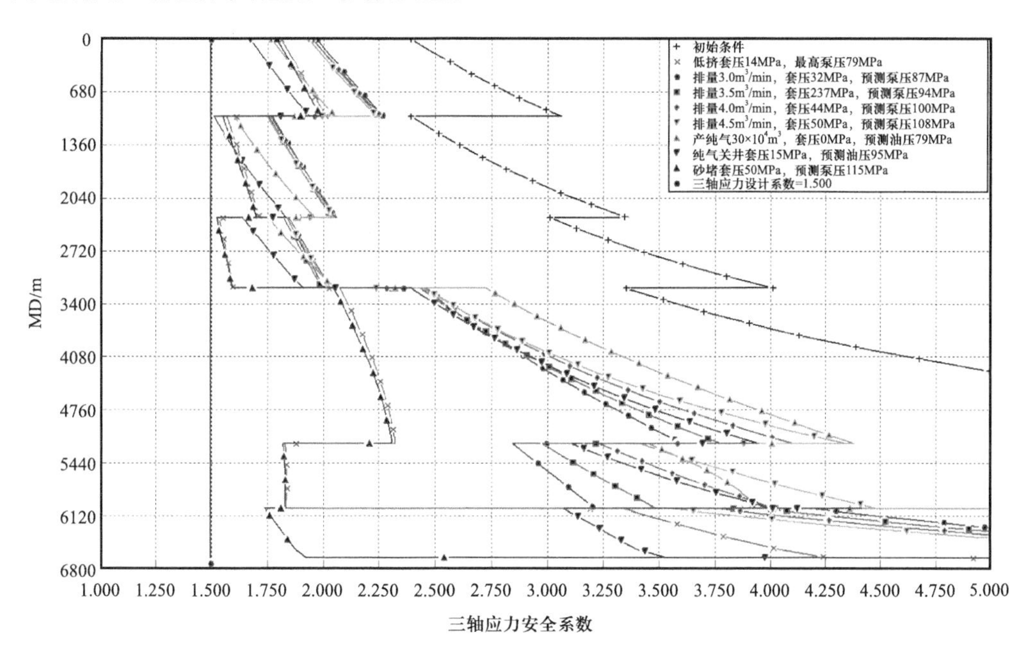

图 3　各工况下的管柱三轴应力安全系数

2.2.3 配套技术

Z 气田采用库车山前井多年成熟的压裂技术，包括加重压裂液体系、酸液预处理、支撑剂段塞、高压施工设备和井口四大配套技术。

（1）加重压裂液体系。针对储层高施工压力，采用耐高温抗剪切 KCl 加重压裂液体系。加重密度达 1.1g/cm^3，耐温 140℃。

（2）酸液预处理。通过压前采用酸液预处理地层，降低近井筒钻井液污染堵塞与地层破裂压力，为主压裂施工降低难度。

（3）支撑剂段塞。因为储层厚，射孔层段多，压裂初期裂缝开启易产生多裂缝，采取适当提高前置液比例、前置液支撑剂段塞打磨、小阶梯加砂模式，一方面降低滤失、减少近井弯曲摩阻，另一方面测试地层在不同加砂浓度下的敏感性，为后面提高加砂浓度顺利完成提供依据。

（4）高压施工设备和井口。针对高施工压力，采用了 140MPa 压裂车组和 140MPa 高压井口，满足了施工要求，而且有利于加砂压裂施工排量的优化。

3 现场实践

Z气田投入开发的井有4口，分别为Z1、Z2、Z3、Z4，4口井时间跨度分别从2014年到2022年，其中Z1井最早，投产前采用酸化提产效果明显，但与加砂压裂相比，幅度还是较少，后面进行了修井作业，采用了分层改造工艺。

对比巴什基奇克组各井物性，4口井中除Z2井孔隙度为4.8%外，其余3口井孔隙度均在7.5%左右，ϕH[1]值也是相对应，说明基质物性除Z2井稍差外，其余基本相近；再对比裂缝密度，Z3井为0.39条/m最低，其次为Z1井和Z2井，最高的为Z4井，井漏Z2井钻井液相对密度为1.89，漏失量为50.5m^3。巴西改组只有两口井钻到位，对比巴什基奇克组各井物性，两口井孔隙度相差不大，物性较差，天然裂缝密度相差也不大（对比数据见表1和表2）。

由于先改造下部的巴西改组，放喷不充分，生产数据没有可比性，暂不对比。

表1　Z气田巴什基奇克组各井改造相关数据统计对比

序号	井号	目的层段/m	孔隙度/%	ϕH	天然裂缝条数/条	天然裂缝密度/（条/m）	力—缝夹角/（°）	钻井液相对密度	井漏/m^3
1	Z1	6760～6855	7.9	750	62	0.47	65	1.88	0
2	Z2	6632～6746	4.8	473	60	0.46	30	1.89	50.5
3	Z3	6615～6765	7.3	799	58	0.39	0～45	1.88	3.5
4	Z4	6642～6780	7.5	851	82	0.59	0～45	1.88	14.9

表2　Z气田巴西改组各井改造相关数据统计对比

序号	井号	目的层段/m	孔隙度/%	ϕH	天然裂缝条数/条	天然裂缝密度/（条/m）	力—缝夹角/（°）	钻井液相对密度	井漏/m^3
1	Z3	6885～6923	5.9	61.9	11	0.45	0～45	1.88	14.5
2	Z4	6898～6924	5.8	81.4	9	0.35	0～45	1.88	10.9

从上部巴什基奇克组各井改造规模、加砂量和放喷求产数据来看，改造规模越大，加砂量越高，改造越充分，改造后的产能越高。Z2井加砂压裂规模1675m^3，加入陶粒支撑剂105m^3，改造后放喷求产，油压85.3MPa、折日产油量72.4m^3、日产气量64.9×10^4m^3，改造后效果最好（表3）。从改造段用砂、用液强度对比（表4）看出，Z3井改造段用液强度为11.5m^3/m，用砂强度为0.7m^3/m，用砂、用液强度为最高，改造最充分。

统计从改造完后到2023年6月的生产情况，发现Z2井的压力为75.7MPa，日产油量68.2t，日产气量75×10^4m^3，累计产油量为5.27×10^4t，累计产气量为5.69×10^8m^3，是4口井中压力和日产量最高、累计产量最多的一口井（表5）。

[1] ϕH表示孔隙度与厚度的乘积。

表 3　Z 气田巴什基奇克组各井改造效果数据统计对比

序号	井号	改造方式	改造液量 / m^3	加砂量 / m^3	延伸压力梯度 /（MPa/100m）	改造后油压 /MPa	改造后日产油量 /m^3	改造后日产气量 /10^4m^3
1	Z1	加砂压裂	1102	54.8	2.2	31.3	18.6	16.3
2	Z2	加砂压裂	1675	105	2.1	85.3	72.4	64.9
3	Z3	加砂压裂	1316	77.8	2.1	76.9	44.3	32.0
4	Z4	加砂压裂	1275	86.8	2.1	78.6	35.1	40.2

表 4　Z 气田巴什基奇克组各井改造用砂、用液强度对比

序号	井号	改造方式	改造液量 / m^3	加砂量 / m^3	改造段长度 / m	射孔厚度 / m	用液量 /（m^3/m）	用砂量 /（m^3/m）
1	Z1	加砂压裂	1102	54.8	125	36	8.8	0.4
2	Z2	加砂压裂	1675	105	185.5	91.5	9.0	0.6
3	Z3	加砂压裂	1316	77.8	114.5	57.5	11.5	0.7
4	Z4	加砂压裂	1275	86.8	164	83	7.8	0.5

表 5　Z 气田巴什基奇克组各井改造效果数据统计对比

井号	油压（2023 年 6 月）/MPa	日产油量（2023 年 6 月）/t	日产气量（2023 年 6 月）/10^4m^3	累计产油量 / 10^4t	累计产气量 / 10^8m^3
Z1	43.78	13.33	14.0	2.03	1.88
Z2	75.73	68.22	75.0	5.27	5.69
Z3	73.84	42.47	54.1	1.56	1.99
Z4	73.11	38.45	55.7	1.26	1.82

4　结论

Z 气田的 4 口井都采用了机械分层 + 暂堵工艺改造，通过对比储层物性参数和改造参数，以及开发后的生产情况，得出了以下结论：

（1）针对巨厚砂岩裂缝性致密储层，采用机械分层 + 暂堵转向工艺进行加砂压裂改造后，增产效果明显，获得了高产。

（2）对巨厚砂岩裂缝性储层，通过不同井之间的压裂规模和加砂量得出的参数说明，压裂规模越大，加砂量越多，储层改造越充分，天然裂缝沟通越多，单井产能越高、高效生产时间越长。

（3）巨厚致密裂缝性储层，改造规模与边底水密切相关，如果边底水不发育，才能加大加砂压裂施工规模，否则要考虑避水问题，适当降低改造规模，确保高产高效。

考虑岩石蠕变特性的超深储层减产机制及复压改造效果分析

——以顺北油田为例

史佳朋[1]　赵　兵[1]　刘绍成[2]　房好青[1]　张振南[2]

（1. 中国石化西北油田分公司石油工程技术研究院；2. 上海交通大学船舶海洋与建筑工程学院）

摘　要：顺北油田部分油井投产后会出现产量递减快、储层动用低等现象。考虑到顺北油田储层埋深大、地温高，岩石基质会产生明显的蠕变行为。为了研究蠕变对油井产量的影响以及相应的改造方案，采用蠕变单元劈裂法（EPM）来考虑蠕变对裂缝闭合的影响，对生产过程中的储层演化以及不同改造方案进行模拟研究。结果表明，在油井生产过程中，岩石蠕变会使井周区域裂缝闭合严重，导致运油通道受阻，这是油井减产快的主要原因。针对这一原因，列举了几种复压改造方案并对每一种方案进行数值模拟研究。通过对比发现，对于蠕变较强的储层，改造缝宽比改造范围更为有效，而且改造区域主要在于井周附近。井周附近的缝宽增加将会显著延长油井稳产时间，大幅提高采收率。此研究结果将为顺北油田储层改造提供有意义的参考和借鉴。

关键词：顺北油田；蠕变；重复压裂；储层演化；改造方案

塔里木顺北油田是我国现已发现的特大型碳酸盐岩油藏，与常规油气资源相比，顺北油田属于超深储层，目前国内外尚无成熟的开采方法及理论[1-2]。一些油井建成投产后出现减产快，甚至停产等问题，无法达到预期的开发效果。针对油井减 / 停产问题，一些学者认为这是由于生产过程中裂缝会逐渐闭合，导流能力大幅下降，从而导致油气资源无法运出造成油井减产[3-5]。这种解释是油井减产的共性机制，不能很好解释顺北油田油井减 / 停产的特性问题。与一般油田不同，顺北油田具有高地应力、高地温等特性，在高温高压储层环境中，岩石具有显著的蠕变特征[3-4]。由于蠕变效应，裂缝会加速闭合，降低裂缝导流能力，对油气资源生产产生重要影响[6-10]。但具体来讲，蠕变究竟如何影响裂缝闭合还不是很清楚。

目前，为了进一步提高储层动用程度和油井产量，一般是在原有压裂井的基础上再次或者多次进行压裂施工[11]，即重复压裂，以此来提高储层缝网质量及改造范围，恢复并增加裂缝导流能力，达到提升单井长期产能的目的[12-16]。国内外学者针对重复压裂改造工艺、改造时机等开展了大量的研究工作[17-19]。但对于超深蠕变性很强的储层，究竟如何改造，改造重点区域放在井周还是远井区域，是以改造缝宽为主还是以改造范围为主，改造效果如何等，这些问题还有待于进一步深入研究。为此，本文以顺北油田为例，采用数值模拟方法，探究超深蠕变性储层减 / 停产机理，并分析不同改造方案的效果，给出改造策略和改造方案。

1 顺北储层特征

顺北地区奥陶系储层形成主要与走滑断裂带剪切—走滑活动有关，构造活动产生物质挤压或拉张作用，形成横向宽度小而垂向深度大的空腔型洞穴。走滑断裂带储层具有横向分段、段内分隔、非均质性强的特点，内部储层不连通，使得断裂带内部油藏呈现分段性[20]。以顺北油田某试验区为例，单个断裂滑动面由角砾岩带、裂缝集中带、基岩带三部分构成，其中角砾岩带和裂缝集中带是主要油气储集空间。角砾岩带是以砾石堆积形成的空隙为储集空间，孔隙度 8%～20%，渗透率 50～500mD。裂缝集中带的储集空间主要为裂缝，孔隙度 2%～5%，渗透率 1～5mD。试验区内水平主应力为 141.25～191.52MPa，水平主应力差最大为 50.27MPa，最大垂向应力为 189.91MPa，杨氏模量为 36～60GPa。油藏埋深 7300m 以下，裂缝发育，主要表现为裂缝型储层特征。试验区内油井投产后产能差异较大，产量递减快，年平均递减率达到 45%，有多口井面临重复改造的问题。

2 蠕变裂缝闭合模拟方法

单元劈裂法（EPM）[21-24]是近年来提出的一种裂纹模拟方法。当裂纹穿过一完整单元（如三角单元）时，将裂纹面与单元棱边交点作为虚结点，如图 1 所示，虚结点位移与同侧实结点位移相关联，即虚结点位移可由相关实结点位移表示出来，因而虚结点的引入并没有额外增加自由度。劈裂单元的刚度矩阵可由虚结点构成的接触点对导出。如此一来，允许裂纹直接穿过单元，而不增加额外自由度，可以有效地模拟多重复杂裂缝网络，避免了网格重构问题。

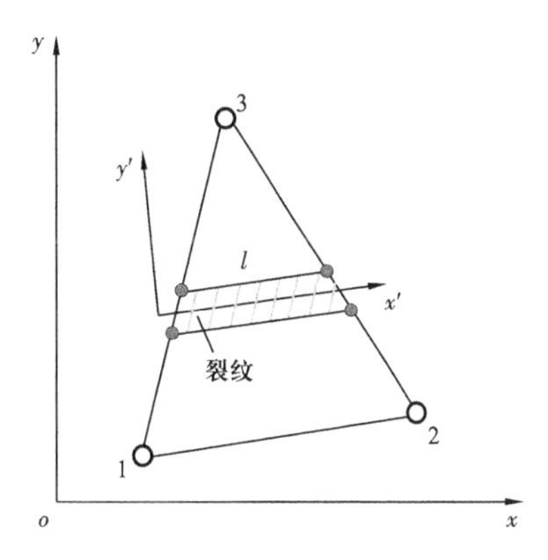

图 1　被裂纹穿过的三角单元

刘绍成等[10]将裂缝闭合蠕变模型[24]引入 EPM 中，对裂缝蠕变闭合进行了数值模拟研究。裂缝张开度随时间表达式[10]如下：

$$w_{\mathrm{f}} = w_0 - [0 \quad -1 \quad 0 \quad -1 \quad 0 \quad 2]\boldsymbol{\Omega}^{\mathrm{T}}\boldsymbol{\Theta}^{\mathrm{T}}\bar{\boldsymbol{K}}\boldsymbol{\Theta}\boldsymbol{\Omega}\boldsymbol{u}^{\mathrm{R}}(H - N\mathrm{e}^{-\nu t} - Q\mathrm{e}^{-\alpha t}) \tag{1}$$

式（1）中的蠕变参数为：

$$\begin{cases} H = \dfrac{\beta R\left(E_{\mathrm{m}} + E_{\mathrm{s}}\right)}{2E_{\mathrm{m}}E_{\mathrm{s}}} + \dfrac{3\beta R\left(E_{\mathrm{m}} + E_{\mathrm{s}}\right)}{2\left[3K_{\mathrm{v}}\left(E_{\mathrm{m}} + E_{\mathrm{s}}\right) + E_{\mathrm{m}}E_{\mathrm{s}}\right]} \\ N = \beta R / 2E_{\mathrm{m}} \\ Q = \dfrac{3\beta R E_{\mathrm{s}}^{2}}{2\left(3K_{\mathrm{v}} + E_{\mathrm{s}}\right)\left[3K_{\mathrm{v}}\left(E_{\mathrm{m}} + E_{\mathrm{s}}\right) + E_{\mathrm{m}}E_{\mathrm{s}}\right]} \\ v = E_{\mathrm{m}} / \eta \\ \alpha = \dfrac{3K_{\mathrm{v}}\left(E_{\mathrm{m}} + E_{\mathrm{s}}\right) + E_{\mathrm{m}}E_{\mathrm{s}}}{\left(3K_{\mathrm{v}} + E_{\mathrm{s}}\right)\eta} \end{cases} \tag{2}$$

式中，w_0 为裂缝初始张开度；$\boldsymbol{\Omega}$ 为实虚结点位移转换矩阵；$\bar{\boldsymbol{K}}$ 为局部裂缝接触单元刚度矩阵；$\boldsymbol{\Theta}$ 为整体坐标到裂缝局部坐标的转换矩阵；$\boldsymbol{u}^{\mathrm{R}}$ 为实结点位移；t 为时间；E_{m} 为储层岩石弹性模量；E_{s} 为支撑剂或裂缝壁面凸起的弹性模量；K_{v} 为岩石体积模量；η 为储层岩石黏性系数；β 为支撑面积系数，即支撑面积占裂缝壁面总面积比例；R 为支撑剂或凸起半径。

劈裂单元的等效渗透率[20]为：

$$K = K_{\mathrm{m}} + K_{\mathrm{f}} = K_{\mathrm{m}} + \frac{w_{\mathrm{f}}^{3}}{12c\sqrt{V}} \tag{3}$$

式中，K_{m} 为基质渗透系数：V 为单元面积，m^2；c 为单元几何系数；w_{f} 为裂缝张开度。

连续介质渗流方程为：

$$\frac{K}{\mu}\nabla^{2} p + q = s \cdot \frac{\partial p}{\partial t} \tag{4}$$

式中，μ 为流体黏性系数。

对式（4）进行有限元离散，可得矩阵形式的单元渗流方程：

$$\boldsymbol{K}p + \boldsymbol{S}\dot{p} = \boldsymbol{Q} \tag{5}$$

式中，p、$\dot{p}$ 分别为单元结点水压力场及其一阶导数；$\boldsymbol{K}$ 为渗透系数矩阵；$\boldsymbol{S}$ 为贮水系数矩阵；$\boldsymbol{Q}$ 为节点流量向量。根据文献［20］，可以得出矩阵形式的水力耦合方程：

$$\begin{cases} \boldsymbol{M}\ddot{\boldsymbol{u}} + \boldsymbol{C}\dot{\boldsymbol{u}} + \boldsymbol{F}(\boldsymbol{u}) - \boldsymbol{B}p = \boldsymbol{R} \\ \boldsymbol{B}^{\mathrm{T}}\dot{\boldsymbol{u}} + \boldsymbol{S}\dot{p} + Kp = \boldsymbol{Q} \end{cases} \tag{6}$$

式中，$\boldsymbol{u}$、$\dot{\boldsymbol{u}}$、$\ddot{\boldsymbol{u}}$ 分别为整体坐标系下单元结点位移、速度、加速度向量；$\boldsymbol{M}$ 为单元质量矩阵；$\boldsymbol{C}$ 为阻尼矩阵；$\boldsymbol{F}$ 为结点力矩阵；$\boldsymbol{R}$ 为结点外力；$\boldsymbol{B}$ 为水力耦合矩阵。

$$\boldsymbol{B} = \frac{L}{6}\boldsymbol{\Theta}^{\mathrm{T}} \begin{bmatrix} 0 & -1 & 0 & -1 & 0 & 2 \\ 0 & -1 & 0 & -1 & 0 & 2 \\ 0 & -1 & 0 & -1 & 0 & 2 \end{bmatrix}^{\mathrm{T}} \tag{7}$$

数值实现中，采用 Newton−Raphson 方法迭代求解式（6）全耦合控制方程。采用

EPM 对裂缝进行建模，不需要对网格预先处理，可以直接通过裂缝几何覆盖得到相应的劈裂单元，如图 2 所示。在数值计算中，不同单元采用不同的力学与渗流计算模型。

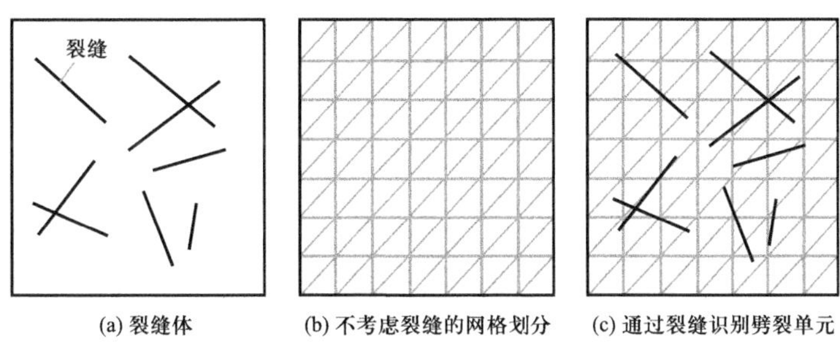

(a) 裂缝体　(b) 不考虑裂缝的网格划分　(c) 通过裂缝识别劈裂单元

图 2　单元劈裂法实现过程

3　目标井减产机理分析

3.1　目标井生产模拟

一般对于水平井［图 3（a）］，会有多段射孔簇，每个射孔簇都会与外部储层缝网相联。水平井的产量取决于每段射孔簇流向井筒的油量。每个射孔簇可以取一个垂直剖面进行分析。由于储层天然裂缝复杂，经压裂处理后会使天然裂缝与水力裂缝形成一个复杂的相互连通的裂缝网络。为了抓住主要矛盾，本文将复杂的裂缝网络概化为图 3（b）所示的裂缝网络，计算域为 100.0m × 100.0m，模拟储层厚度为 50m，网格节点 222855 个，网格单元 445507 个，水力裂缝 8 条，天然裂缝 40 条。岩石力学计算参数参考顺北油田试验区内典型低产井测井数据，见表 1。参考顺北油田某井的实际生产曲线，本文给定单个射孔簇流向井筒的流量作为输入条件，生产时间为 30 天。

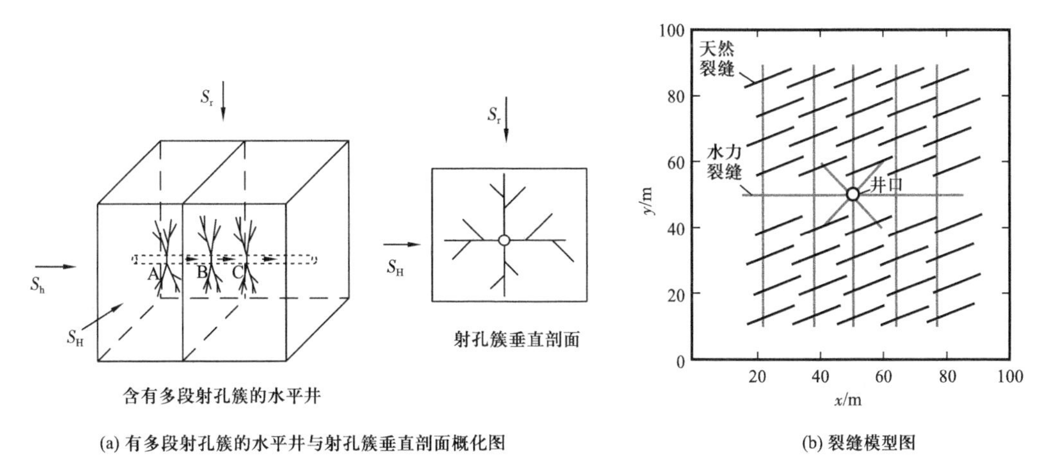

(a) 有多段射孔簇的水平井与射孔簇垂直剖面概化图　(b) 裂缝模型图

图 3　用于油井生产阶段模拟的计算模型

A，B，C—簇名；S_v—垂向应力；S_h—最小水平主应力；S_H—最大水平主应力

表 1　模型基本参数

参数	取值	参数	取值
储层大小 /（m×m×m）	100×100×50	基质初始渗透率 /m²	2.0×10^{-15}
储层埋深 /m	7656	岩石模量 /GPa	45
地层压力 /MPa	90.0	泊松比	0.25
井筒半径 /m	0.025	最大主应力 /MPa	170.0
天然裂缝条数 / 条	40	最小主应力 /MPa	150.0
水力裂缝条数 / 条	8	岩石黏性系数 /（GPa·s）	1.0×10^{8}
裂缝张开度 /m	1.73×10^{-3}	流体黏度 /（mPa·s）	10

3.2　储层演化规律

通过所建立的模型计算得到储层生产后不同时刻地层压力分布、储层渗透率分布以及裂缝张开度演化结果（图 4）。由图 4（a）可以看出，井周附近地层压力发生显著变化，而远离井筒的区域地层压力下降幅度较小，这说明此时油井将出现迅速减产，甚至停产

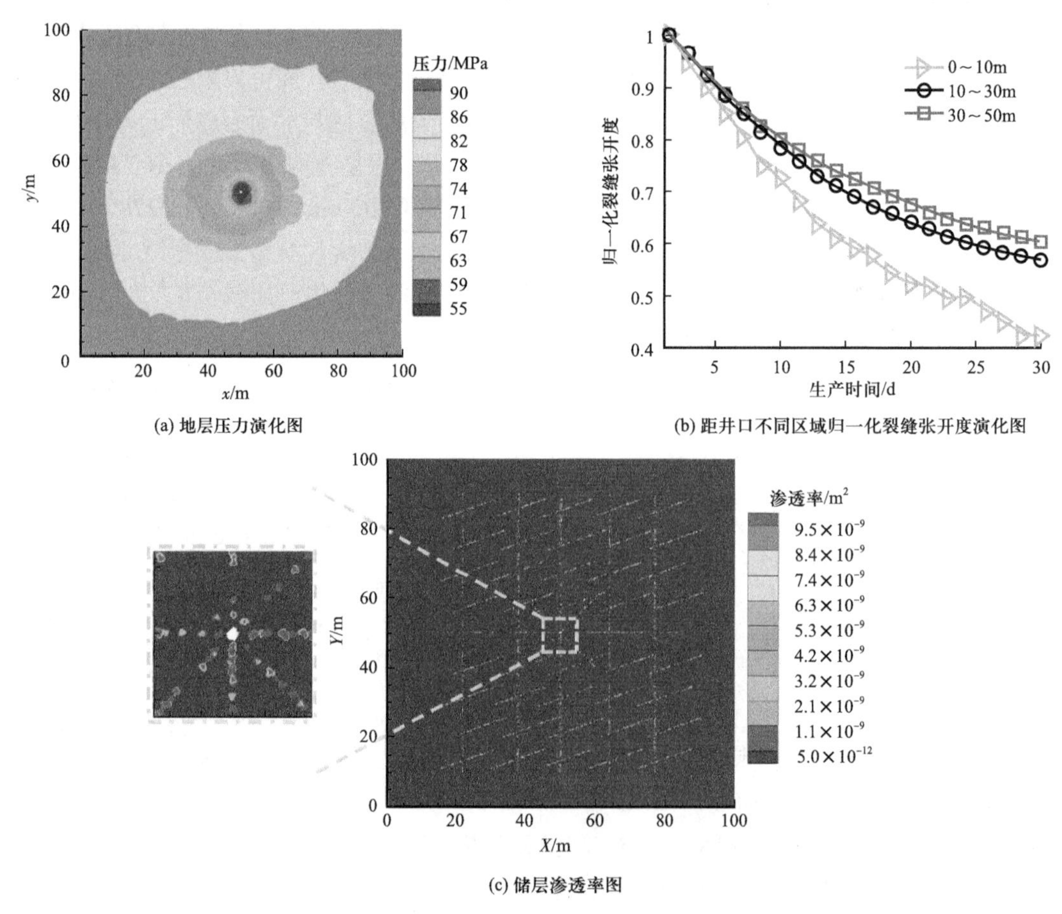

(a) 地层压力演化图

(b) 距井口不同区域归一化裂缝张开度演化图

(c) 储层渗透率图

图 4　生产 30 天时储层演化结果

等现象，其原因已蕴含于图 4（b）和图 4（c）之中。为考察井周不同区域的裂缝闭合情况，按距井的径向距离将井周分为 3 个环形区域，即 0～10m、10～30m、30～50m。从图 4（b）可看出，三个区域的裂缝平均闭合程度有很大区别。总体趋势是越靠近井周，裂缝闭合程度越高。这说明减产是由于井周裂缝闭合引起的，由于井周裂缝闭合远端的油运移不过来，因此，在井周有较大区域油尚未动用，具有非常高的重复改造价值。这一点从图 4c 中也可以得到印证，从中可以看出，井周裂缝在抽采 30 天时已大幅闭合。综上所述，目标井出现减 / 停产的主要原因是井周附近区域的裂缝由于岩石蠕变效应，而过早地闭合了。这使得远处的油无法运移过来，储层整体动用程度低，大量油无法得到有效开采。当然，此结论的前提是假设储层中油的储量丰富。如果是储层中没有足够的油储量，而导致油井减 / 停产，那将另当别论。

4　复压方案与效果分析

根据前文的分析可知，减 / 停产主要是井周附近裂缝闭合造成的。针对此原因，本文所提出的重复压裂改造方式以恢复不同区域内老缝导流能力[25]为主，且改造范围集中在井周及近井区域。为了确定最佳改造方案，通过改造范围以及改造缝宽，共设置了如下九种改造方案，见表 2。为综合评价上述九种复压方案的改造效果，本文进行两类模拟。第一类：在给定井口排量下，研究再生产过程中井底压力的变化情况。第二类：在给定井底压力情况下，研究相同时间内的产量情况。以目标井初产 30 天时的状态作为重复压裂初始状态。通过对上述两类模拟的研究结果进行分析评价，从而确定最佳的改造方案。

表 2　重复压裂改造方案

方案	改造半径（以井筒为中心）/m	改造缝宽大小 /mm
一	10	2
二	20	2
三	30	2
四	10	4
五	20	4
六	30	4
七	10	5
八	20	5
九	30	5

4.1　储层演化模拟

为了分析复压后的再生产阶段地层压力演化结果，给定与初次生产相同的井口流量为输入边界条件，生产时间与初次生产一致，均为 30 天。模拟结果如图 5 和图 6 所示。

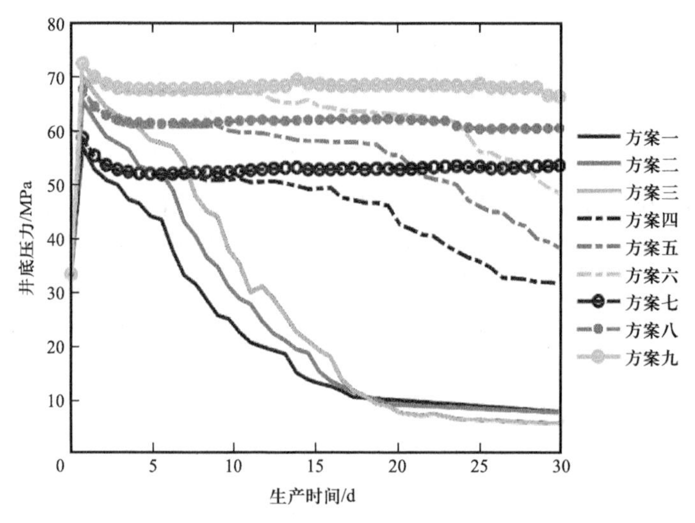

图 5　不同重复压裂方案井底压力图

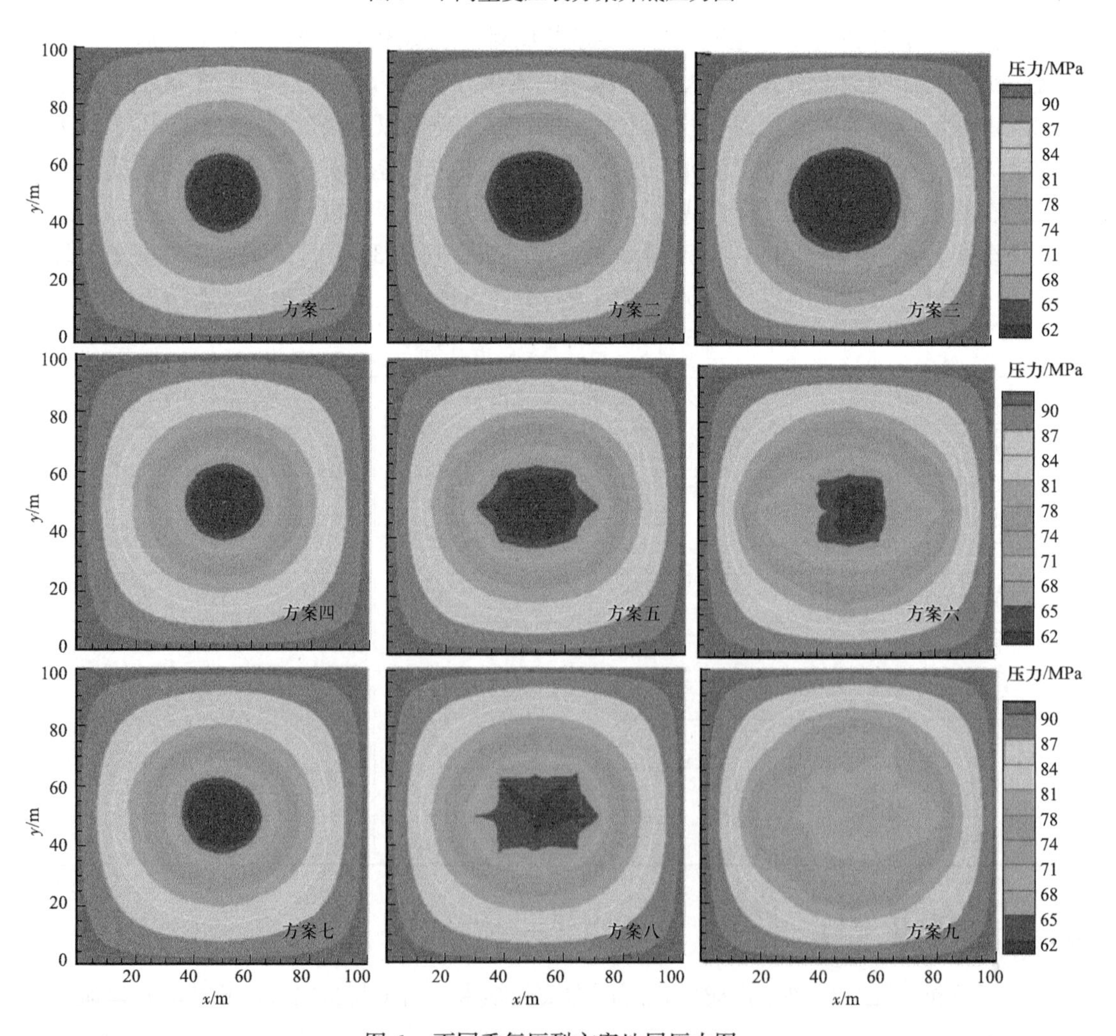

图 6　不同重复压裂方案地层压力图

由井底压力图（图 5）可知，改造缝宽及增大改造范围均能提高改造效果，但提高缝宽的改造效果较提高范围的改造效果更为显著。随着改造范围以及改造缝宽的增加，井底压力均有所提升。在改造缝宽一定时，随着改造范围的增大，井底压力也在上升，井底压力曲线形状基本一致。在缝宽为 2mm 时，不同改造范围条件下的井底压力随着时间均呈快速下降趋势，且稳产时间短。这表明改造缝宽较小时改造效果不佳；在缝宽为 4mm 时，不同改造范围条件下的井底压力随时间下降较为缓慢；在缝宽为 5mm 时，随着改造范围增大，井底压力保持稳定，有利于生产。

由图 6 可知，当缝宽一定时，改造范围越大，油藏动用区域越大；当改造范围一定时，随着改造缝宽的增加，储层地层压力也越高，有利于生产。

4.2 产量分析

为研究相同时间内不同复压方案的产量情况，定井底压差为 35MPa，生产时间与初次生产一致均为 30 天，模拟结果如图 7 所示。由图 7 可知，复压改造范围和缝宽大小均可使产能有较大提升，且改造缝宽比改造范围对复压产能提升更显著。由日产量图［图 7（a）］可知，当改造缝宽为 2mm 时，不同改造范围下的产量递减均较快，在生产 15 天时日产量趋于一致；当改造缝宽为 4mm 时，不同改造范围下产量递减速度有所减慢，在生产 30 天时日产量趋于一致；当改造缝宽为 5mm 时，不同改造范围下产量递减较为缓慢，当生产 30 天时产量较为接近。

由累计产量图［图 7（b）］可知，重复压裂改造方案九累计产油量最多，方案一累计产油量最少。在缝宽为 2mm 时，随着改造范围增大，增产幅度较小；当缝宽为 4mm 和 5mm 时，随着改造范围增大，增产效果也更加显著。相同生产时间下方案一至方案九产油量分别为初次生产产量的 0.92 倍、0.98 倍、1.03 倍、1.31 倍、1.53 倍、1.96 倍、1.53 倍、2.03 倍、2.8 倍。

由模拟结果可以看出，提高改造范围和改造缝宽均能达到增产作用，但提高改造范围对增产效果提升影响较小，而提高改造缝宽将显著提高增产效果。因此在重复压裂改造过程中，应当重点提高改造缝宽，且出于经济考虑，改造重点应集中在井周区域。

5 结论

通过蠕变单元劈裂法，考虑了蠕变对裂缝闭合的影响，对生产过程中的储层演化进行了模拟。结果发现，对于超深蠕变性较强的储层，其主要减产原因是井周裂缝过早闭合引起的。针对这一减产原因，分别对不同改造方案进行模拟。结果表明，改造缝宽比改造范围更为有效。改造范围应集中在井周附近，提高井周区域缝宽会显著延长油井稳产时间，对油井增产效果更为显著。

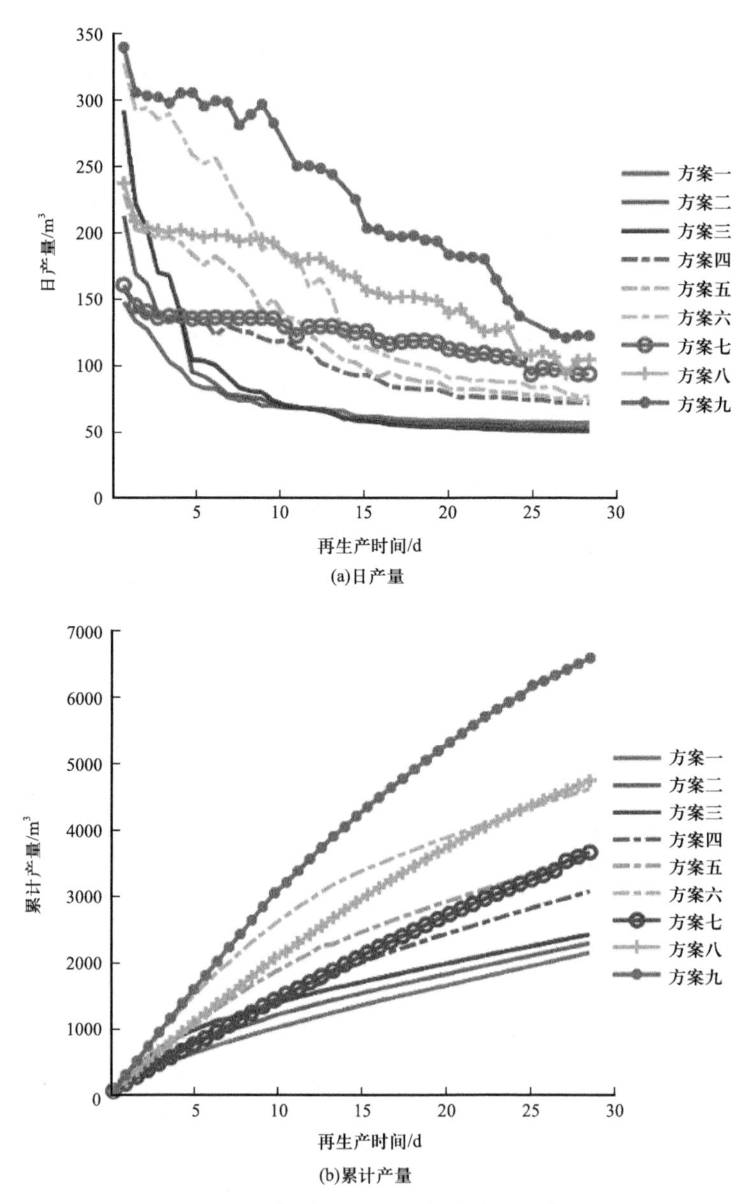

图7 不同重复压裂改造方案产能变化

参考文献

[1]鲁新便.塔里木盆地塔河油田奥陶系碳酸盐岩油藏开发地质研究中的若干问题[J].石油实验地质，2003，25(5)：508-512.

[2]漆立新.塔里木盆地顺北超深断溶体油藏特征与启示[J].中国石油勘探，2020，25(1)：106-115.

[3]Jiang J, Yang J. Coupled fluid flow and geopechanics modeling of stress-sensitive production behavior in fractured shale gas reservoirs[J]. International Journal of Rock Mechanics & Mining Sciences，2018，101：1-12.

[4] Reinicke A, Rybacki E, Stanchits S, et al. Hydraulic fracturing stimulation techniques and formation damage mechanisms—Implications from laboratory testing of tight sandstone–proppant systems [J]. Chemie der Erde – Geochemistry – Interdisciplinary Journal for Chemical Problems of the Geosciences and Geoecology, 2010, 70 (3): 107–117.

[5] Dong C, Ye Z, Pan Z, et al. A permeability model for the hydraulic fracture filled with proppant packs under combined effect of compaction and embedment [J]. Journal of Petroleum Science and Engineering, 2017, 149: 428–435.

[6] 谢和平. 深部岩体力学与开采理论研究进展 [J]. 煤炭学报, 2019, 44 (5): 1283–1305.

[7] Wei J, Liu S, Yang R, et al. Mechanism of aging deformation zoning of surrounding rock in deep high stress soft rock roadway based on rock creep characteristics [J]. Journal of Applied Geophysics, 2022, 202: ARTN104632.

[8] Zhang S, Xu S, Teng J, et al. Effect of temperature on the time–dependent behavior of geomaterials [J]. Comptes Rendus Mécanique, 2016, 344 (8): 603–611.

[9] Xu T, Zhou G L, Heap M J, et al. The influence of temperature on time–dependent deformation and failure in granite: a mesoscale modeling approach [J]. Rock Mechanics and Rock Engineering, 2017, 50 (9): 2345–2364.

[10] 刘绍成, 张振南, 赵兵, 等. 考虑岩石蠕变的压裂水平井产能数值模拟及其影响因素 [J]. 断块油气田, 2023 (4): 678–684.

[11] 杨金林, 许海东, 白振强. 重复压裂现状及分析 [J]. 重庆科技学院学报 (自然科学版), 2006 (1): 10–13.

[12] 任岚, 黄静, 赵金洲, 等. 页岩气水平井重复压裂产能数值模拟 [J]. 天然气勘探与开发, 2019, 42 (2): 100–106.

[13] 房平亮, 冉启全, 刘立峰, 等. 致密储层低产井重复压裂方式及裂缝参数优化 [J]. 科学技术与工程, 2017, 17 (24): 32–37.

[14] Krenger J T, Fraser J, Gibson A J, et al. Refracturing design for underperforming unconventional horizontal reservoirs [C] //SPE Eastern Regional Meeting, 2015.

[15] Hlidek B T, Potts D, Quinlan A. Cost effective monitoring and visualization system used for real–time monitoring of downhole operations from the wellhead [C] //SPE Annual Technical Conference and Exhibition, 2016.

[16] Shah M, Shah S, Sircar A. A comprehensive overview on recent developments in refracturing technique for shale gas reservoirs [J]. Journal of Natural Gas science & Engineering, 2017, 14 (3): 599–610.

[17] 郭建春, 陶亮, 曾凡辉. 致密油储集层水平井重复压裂时机优化——以松辽盆地白垩系青山口组为例 [J]. 石油勘探与开发, 2019, 46 (1): 146–154.

[18] 岳迎春, 郭建春. 重复压裂转向机制流 – 固耦合分析 [J]. 岩土力学, 2012, 33 (10): 3189–3193.

[19] Tavassoli S, Yu W, Javadpour F, et al. Well screen and optimal time of refracturing: A Barnett shale well [J]. Journal of Petroleum Engineering, 2013 (10): 1–10.

[20] 鲁新便, 胡文革, 汪彦, 等. 塔河地区碳酸盐岩断溶体油藏特征与开发实践 [J]. 石油与天然气地质, 2015, 36 (3): 347–355.

[21] Zhang Z, Chen Y. Simulation of fracture propagation subjected to compressive and shear stress field using virtual multidimensional internal bonds [J]. Int J Rock Mech Min Sci, 2009, 46 (6): 1010–1022.

[22]张振南，陈永泉．一种模拟节理岩体破坏的新方法：单元劈裂法［J］．岩土工程学报，2009，31（12）：1858-1865.

[23]Zhang Z，Wang D Y，Ge X R. A novel triangular finite element partition method for fracture simulation without enrichment of interpolation［J］. International Journal of Compational Methods，2013，10（4）：1350015-1-1350015-25.

[24]张振南，王毓杰，牟建业，等．基于单元劈裂法的全耦合水力压裂数值模拟［J］．中国科学：技术科学，2019，49（6）：716-724.

[25]李宾元．压裂裂缝导流能力与时间关系的力学计算［J］．石油钻采工艺，1984（2）：55-58.

深层碳酸盐岩酸压效果评价研究现状及展望

谢信捷　管　彬　任　勇　王素兵　何　乐　赵智勇

（中国石油川庆钻探工程有限公司井下作业公司）

摘　要： 压后评估是储层改造的重要环节，相比常规加砂压裂，碳酸盐岩储层的强非均质性以及酸压工艺的特殊性，给压后评估工作带来了极大的困难与挑战，单一的压后评价手段已难以满足目前的生产需求。本文叙述了目前国内外主流的酸压压后效果评价以及产能主控影响因素分析方法的研究进展，讨论了未来酸压后评估的发展趋势，对进一步深化认识碳酸盐岩储层地质特征以及实现精细化酸压改造有一定的指导意义。

关键词： 碳酸盐岩；酸压效果；压后评价；现状；展望

碳酸盐岩储层是油气勘探开发的重点和热点领域之一，其油气资源量约占全球油气资源量的70%，探明可采储量约占全球油气探明可采储量的50%[1]。我国碳酸盐岩油气资源丰富，近年来，随着深层油气勘探开发理论与技术的不断创新，先后发现并探明开发了安岳、普光、元坝、塔中、龙岗等一批深层碳酸盐岩油气田，对国内天然气产量的持续快速上升发挥了非常重要的作用[2]。据第四届成都天然气论坛资源评价数据（2019年）显示，仅四川盆地海相碳酸盐岩待发现资源量近 $10\times10^{12}m^3$。因此，加快深层碳酸盐岩油气藏勘探与开发，对于提升我国油气自给能力、保障国家能源安全具有重要意义[3]。

酸化压裂是实现碳酸盐岩油气藏高效开发的关键技术之一[4]。深层碳酸盐岩由于埋藏较深，储层具有温度高、应力高等特征，酸压改造面临施工排量建立困难、酸液有效作用距离受限、裂缝导流能力保持难度大等工程挑战[5]。与此同时，由于储层缝洞发育非均质性较强，依靠钻、录、测井等传统分析手段难以对远井地带储层缝洞体发育特征进行有效识别，导致在酸压施工过程中遭遇缝洞的未知性与施工压力响应不确定性极强，使得实施改造措施后单井测试产量差异较大且与前期地质评价匹配度较低，主控因素不明确，亟须开展压后评估工作，深化对储层地质特征的认识与工艺适应性分析。

1　酸压压后效果评价方法研究现状

酸压压后效果评价方法众多，总体来看，可分为两大类[6]：一种是基于现场压裂施工资料以及生产数据的分析方法（如数值模拟分析法、试井解释分析法等）；另一种是基于专业监测设备的工程测量分析方法（如示踪剂评价分析法、高频停泵压力分析法、广域电磁分析法、阵列声波测井分析法、远探测声波测井分析法等）（表1）。

表 1　酸压压后效果评价方法一览表

<table>
<tr><th>压后分析方法</th><th>类别</th><th>评价内容</th><th>工程目标</th><th>地质目标</th></tr>
<tr><td rowspan="2">数值模拟</td><td rowspan="3">施工及生产资料分析法</td><td rowspan="2">净压力拟合与 G 函数分析，得到裂缝特征参数、天然裂缝沟通情况</td><td>建立响应特征评价图版</td><td rowspan="2">储层滤失、天然裂缝特征认识</td></tr>
<tr><td>指导优化用酸强度，交替注入参数</td></tr>
<tr><td>试井解释</td><td>有效裂缝长度、裂缝导流能力、泄流半径</td><td>指导优化用酸强度，交替注入参数</td><td>储层横向流动特征深化认识</td></tr>
<tr><td>示踪剂评价</td><td rowspan="5">工程测量分析法</td><td>定量评价各层段的油、气、水产出</td><td>指导优化分段参数和工艺参数</td><td>储层纵向差异化特征精细评价</td></tr>
<tr><td rowspan="2">广域电磁法</td><td rowspan="2">酸压缝长、波及面积、扩展方位、裂缝动态变化</td><td rowspan="2">指导优化用酸强度、交替注入参数、暂堵转向措施</td><td>最大水平主应力方位</td></tr>
<tr><td>缝洞分布情况</td></tr>
<tr><td>温度测井</td><td>近井缝高、缝宽参数</td><td>指导优化分段方式、射孔位置、控缝高参数</td><td>最小水平主应力剖面</td></tr>
<tr><td>远探测声波测井分析法</td><td>井旁缝洞储集体的发育规模及其距井筒的距离</td><td>指导优化工艺参数，对比改造前后远井天然裂缝沟通情况</td><td>远井天然裂缝特征（<30m）</td></tr>
</table>

1.1　压裂施工及生产资料分析法

1.1.1　数值模拟分析法

压降曲线是指压裂施工停泵后井底压力或井口压力随时间变化的关系曲线[7]。通过对压降曲线的分析，可以确定裂缝延伸情况、闭合压力等。目前，国内外对压降曲线分析的研究基本上都是基于 Nolte 理论。该分析方法主要是应用地层流体渗流连续性方程和物质平衡原理，建立 G 函数及其导数分析图版以评价压裂参数特征。而净压力是指酸压裂缝内流体流动压力与地层岩石闭合压力的差值，由于现场施工中净压力无法直接获取，一般通过监测井底压力或地面施工泵压间接计算获得[8]，进而通过建立的数学模型或主流的商业软件对净压力进行拟合，反演得到酸压裂缝形态。

目前国外主流的商业软件（表 2）无法综合考虑天然裂缝的刻蚀性滤失以及黏性指进效应对于酸压效果的影响，已无法完全满足深层碳酸盐岩复杂储层（高温、高压、强非均质性）、复杂工艺（如前置酸多级交替注入酸压工艺）条件下的酸压模拟需求。与此同时，由于酸压工艺往往涉及多种液体，不同类型液体作用下的管柱摩阻以及酸岩反应动力学差异也影响了模拟的精度。

1.1.2　试井解释分析法

试井解释分析法[8-9]是利用油气井生产动态测试资料来分析储层各种物理参数以及油气井的产能。不稳定试井能够解释出酸压井措施前后的裂缝半长、传导系数、表皮系数、内区范围、流度比等储层参数，并分析气井产能，因此可以利用试井解释资料来评价储层渗流能力、井筒周边的污染情况、酸压裂缝与天然裂缝的沟通情况及酸压井产能，结合试井曲线，定性、定量地判断储层参数及无阻流量的变化情况，从而评价措施效果。与此同时，通过对比试井解释有效裂缝长度与数值模拟反演结果，从而对数学模型进行修正（图1）。

表2　国外主流酸压软件概况

软件	水力裂缝	天然裂缝	缝内流动反应	优势	缺点
FracproPT	椭圆拟三维	综合滤失系数	二维酸液流动反应无黏性指进模型	具有完善设计模块，计算效率高	精度低，裂缝形态受限
Mfrac	拟三维正交缝网	综合滤失系数	二维酸液流动反应无黏性指进模型	通过正交裂缝模拟复杂缝网，计算效率高	缝高计算存在较大误差
StimPlan	平面三维	离散天然裂缝	二维酸液流动反应无黏性指进模型	有限元精度高，完善的测井、材料数据库	工作量大，计算效率低
GOHFER	平面三维	离散天然裂缝	二维酸液流动反应无黏性指进模型	具备较为成熟的酸压、酸蚀裂缝导流能力模型	非均质问题，储能能力较弱

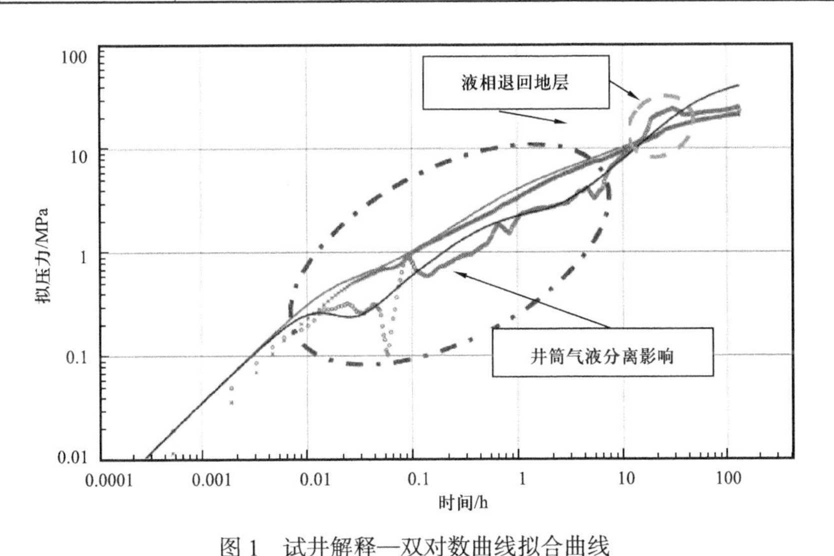

图1　试井解释—双对数曲线拟合曲线

1.2　工程测量分析法

1.2.1　示踪剂产剖测试分析法

传统的生产测井只能识别储层机械分段的改造效果，不具备评价暂堵分段改造效果的能力，一种新型安全、环保的化学示踪剂产剖测试技术很好地解决了这一难题。示踪剂产剖测试的具体工艺流程是在暂堵酸化的每一段酸液分别注入一种特定的气溶性和水溶性化学示踪剂，各级示踪剂随着工作液注入施工井后，沿压开裂缝进入地层，前一级压裂结束，投放暂堵球，如果暂堵转向有效，酸压改造新储层，则后一级酸压工作液沿着在新储层中形成的裂缝进入地层，压裂结束后，两级酸压工作液将同时返排，井口采集样品中两类水溶性示踪剂检测浓度均较高。前一级压裂结束，投放暂堵球，如果暂堵转向无效，未形成新的裂缝，则后一级酸压工作液沿着老的裂缝进入地层，会将前一段酸液及所含的标记示踪剂推向远端，导致前段示踪剂浓度在示踪剂产出剖面上显示初期低，后续逐渐增加[12]。

1.2.2 广域电磁分析法

广域电磁法分析是一种监测压裂缝形态的新型手段，该技术通过井筒供入交流电，井筒和压裂液形成一体化的地下导体，在地表部署测点，通过监测压裂液入地后产生的电性变化引起的电磁响应，获取电磁时间域差分异常，反映压裂液波及范围，进而分析缝长特征[11]，但是难以获得缝高方向的裂缝参数，需结合其他裂缝监测手段综合分析裂缝形态（图 2）。

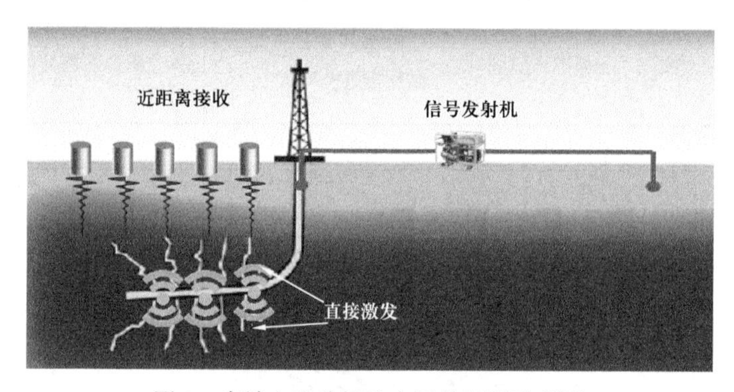

图 2　广域电磁分析法水平井监测示意图

1.2.3 温度测井分析法

温度测井分析法可确定酸压裂缝高度和吸液段，其原理在于酸压过程流体的注入将对近井地带地层温度产生影响，在酸压前进行井温测井以确定地层的井温，酸压后进行地层温度测井，压裂液在裂缝面上将通过线性流动进行热交换，施工后裂缝温度的恢复程度将不一样，根据压后产生的温度异常的范围可以确定裂缝的高度（图 3）。前人基于大量分析数据，认识到碳酸盐岩酸压裂缝高度的延伸有以下几个特点[12]：

（1）裸眼封隔器往往无法限制裂缝高度的延伸，酸压施工时，即使裸眼封隔器坐封状况良好，酸压形成的裂缝将通过地层纵向上突破封隔器的限制；

（2）岩性有变化的地层是有效性的隔挡层，如泥岩、泥质条带、一定厚度的致密高阻层等；

（3）裂缝高度的延伸取决于储层物性和地层应力双重控制，在物性较差的储层主要受应力控制，而在裂缝发育的储层段主要受孔洞缝发育状况控制；

（4）射孔对酸压的导引作用有限，酸压裂缝走向主要与地层应力场有关。

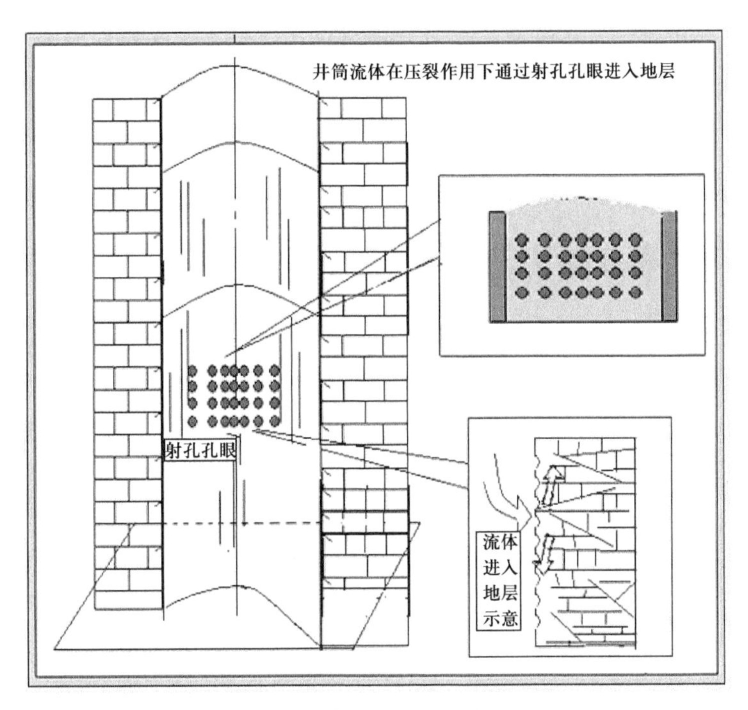

图 3　流体井温测井示意图

1.2.4　远探测声波测井分析法

准确的储层综合评价是储层改造的前提，常规测井可以准确描述近井筒储层的发育情况，而远探测声波反射波成像测井不仅能对井筒之外约 30 m 范围内与水平面夹角的探测范围为 20°～90°的断层、界面、缝洞储集体进行清晰成像，能够给出井旁构造距井筒的距离、裂缝纵向发育高度、裂缝角度等基本信息；并且还能定性识别井旁缝洞储集体的发育规模及其距井筒的距离[13]（图 4），其探测范围填补了常规测井和三维地震探测之间的空

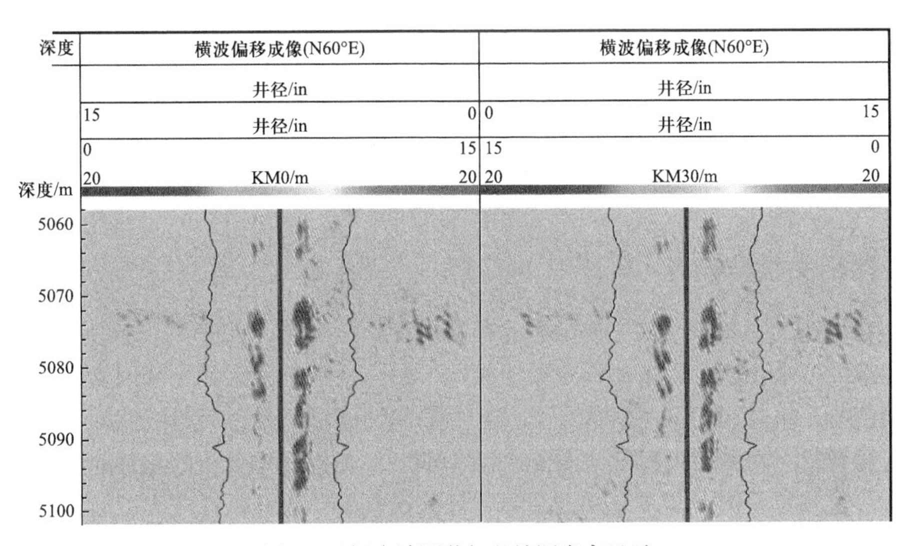

图 4　远探声波测井解释缝洞发育显示

白。应用该项技术可更加准确地确定射孔和改造层段，结合井旁储层发育的规模可以优化设计改造液用量。与此同时，针对改造后的酸压井层，该项技术可有效分析酸压裂缝与储层天然缝洞体的沟通交互情况，进一步验证酸压工艺措施的有效性，更好地优选酸压工艺类型、优化工艺参数。

2 主控影响因素分析方法研究现状

影响酸压后产能因素众多，主要可细分为地质因素与工程因素。其中，地质因素主要包括地层压力、储厚、岩石孔隙度、渗透率、含油气性、矿物组分、缝洞发育情况等，工程因素主要包括用液规模、液体性能参数、施工排量等。对于不同区块，影响酸压后产能的主控因素可能存在差异。因此，基于储层地质特征条件，开展主控因素分析研究，有针对性地优化酸压工艺参数是十分必要的。酸压效果主控影响因素分析方法见表3。

表3 酸压效果主控影响因素分析方法

压后分析方法	类别	评价内容	实现方法
线性相关性分析法	统计分析法	地质—工程因素与产量之间的复杂特征关系	建立各影响因素与产量之间线性数学模型数量关系式
灰色关联分析法			用灰色关联度来描述因素间关系的强烈、大小和次序，对于影响因素和总量间不存在严格的单因素数学关系时，应用灰色关联方法进行分析是非常有效的
神经网络分析法	人工智能分析法		由大量的节点（或称神经元）之间相互连接构成的运算模型，其从信息处理的角度对人脑神经元网络进行抽象，并按不同的连接方式组成不同的网络架构
支持向量机			支持向量的含义是符合特定条件的训练样本点，机的含义是机器学习，也就是解决问题的算法。在进行模式识别、分类和回归分析时，该方法运用较多
随机森林			是一种集成学习算法，通过随机选取样点和特征的重采样训练多个分类回归树，综合多个分类回归树的预测结果，提高预测精度并解决过拟合问题

2.1 线性相关性分析法

线性相关指的是两个或多个变量之间存在一种线性关系，其中一个变量的值可以通过另一个变量的值来预测。由于油气藏酸压改造参数包括地质因素和工程因素等参数，各种参数互相影响，单独利用某一参数难以判断参数间的内在关系，简单线性回归也难以真正地反映实际数据之间的相关程度（图5）。梁海鹏[14]根据概率分析的相关原理，采用了复相关系数、复测定系数、调整复测定系数、标准误差等参数分析气藏改造后的工程、地质主控因素。

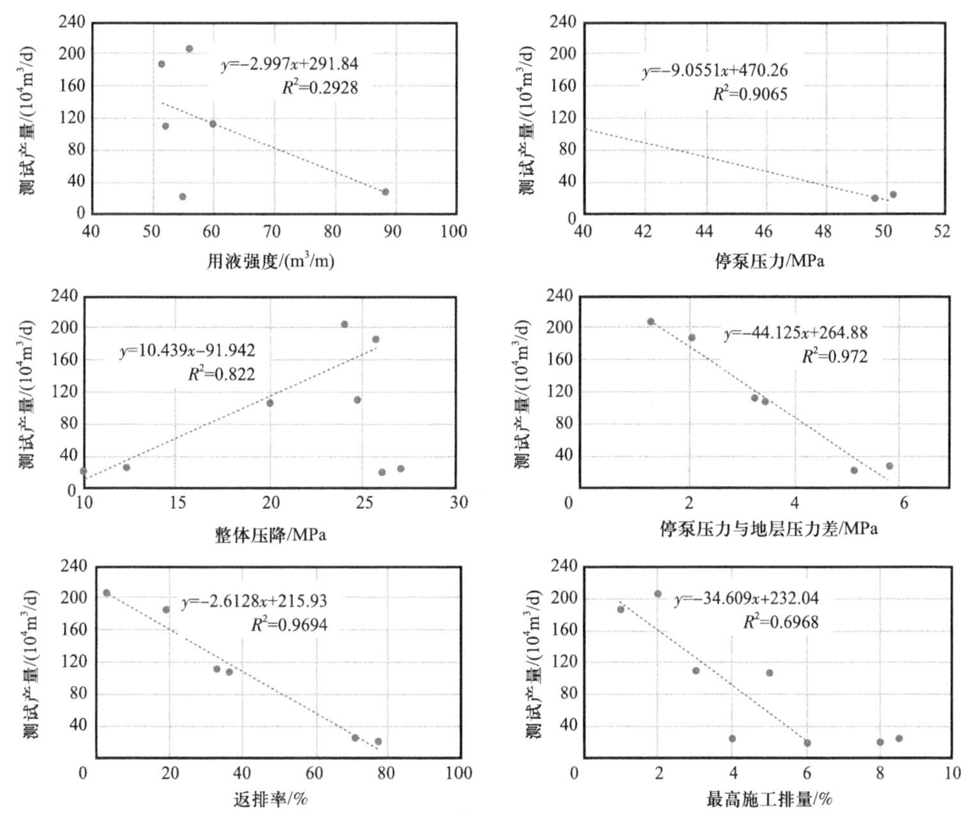

图 5 测试产量单因素相关性分析示意图

2.2 灰色关联分析法

灰色关联分析是一种多因素统计分析方法，它以各因素的样本为依据，用灰色关联度来描述因素间关系的强烈、大小和次序，对于影响因素和总量间不存在严格的单因素数学关系时，应用灰色关联方法进行分析是非常有效的。灰色关联分析法计算过程较为简单，主要包括确定分析序列、原始数据预处理、计算关联系数、求关联度、排关联序等步骤，被广泛用于压后效果评估。宋毅等[15]基于灰色关联分析法，对靖边气田下古储层目的层有效厚度、加砂规模、交联酸酸液用量、地层压力对携砂酸压后产能的影响比较大，且影响程度大小按此顺序依次变小。压后产能与影响因素关联度分析如图 6 所示。

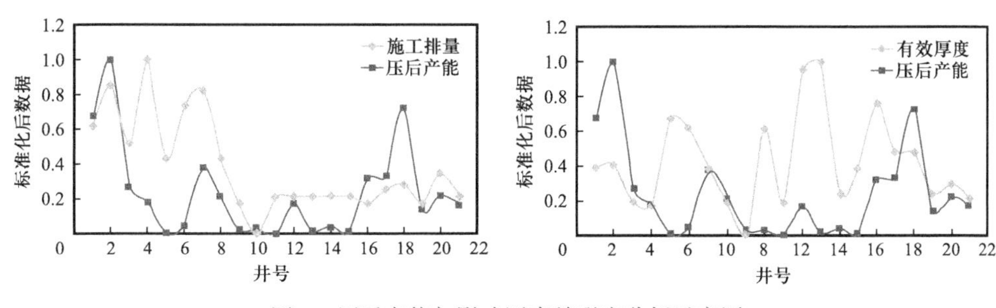

图 6 压后产能与影响因素关联度分析示意图

2.3 人工智能分析法

2.3.1 神经网络

神经网络方法是一种由大量的节点（或称神经元）之间相互连接构成的运算模型，其从信息处理的角度对人脑神经元网络进行抽象，并按不同的连接方式组成不同的网络架构。神经网络技术作为现代人工智能领域的一个重要组成部分，具有非线性映射能力强和并行信息处理能力强的特点。在实际中得到了广泛的应用，主要用来实现模式识别、数据分类、函数拟合等功能[16]。它具有如下优点：分类准确度高，并行分布处理能力强，分布存储及学习能力强，对噪声神经有较强的鲁棒性和容错能力，能充分逼近复杂的非线性关系，具备联想记忆的功能等。同时也存在如下缺点：需要大量的参数，不能观察学习过程，输出结果难以解释，会影响到结果的可信度和可接受程度；学习时间过长，甚至可能达不到学习的目的。

2.3.2 支持向量机

支持向量机，是基于统计学习理论逐渐发展起来的一种判别方法[17]。支持向量的含义是符合特定条件的训练样本点，机的含义是机器学习，也就是解决问题的算法。在进行模式识别、分类和回归分析时，该方法运用较多。经过多年的发展，支持向量机被证实在解决小样本、非线性以及高维模式的识别问题中具有一定的优势，可以应用于函数拟合等其他机器学习问题中[18]。

2.3.3 随机森林

随机森林（random forest，RF）是由 Breiman 在 2001 年首次提出来的一种集成学习算法。其在以决策树为基学习器构建 Bagging 集成的基础之上，进一步在决策树的构建中引入了随机特征子集，使得其具有较好的抗噪能力与较高的鲁棒性。随机森林既可以用于分类任务，也可以用于回归任务，在分类任务中输出为所有子树投票最多的一类；在回归任务中输出则为所有子树返回值的平均值。随机森林凭借其优秀的抗噪能力、较高的精确度、不易陷入过拟合等优势，广泛应用于煤层气、页岩油压裂主控因素分析[19-20]，对于碳酸盐岩酸压改造主控因素分析具有重要的借鉴意义。

3 展望

基于酸压压后评估研究现状的认识，并结合深层、超深层碳酸盐岩压后评估需求，对未来的研究方向提出以下几点看法：

（1）单一的压后评估手段均存在局限性，需要融合多种评价方法对改造效果进行协同评估。例如，可以同时采用温度测井和试井解释技术，对裂缝形态进行评估，并将评估结果与基于数值计算方法拟合的裂缝参数进行对比，反向修正数值计算模型。

（2）压后施工拟合及压降分析是目前应用最普遍、经济的方法，但是该方法的理论是建立在均质储层的基础上来实现的，故拟合结果与试讲解释结果往往存在一定差距。可以基于远探声波测井解释数据，重新建立地质模型；与此同时，建立可以考虑天然裂缝刻蚀性滤失、黏性指进等过程的酸压数学模型。

（3）碳酸盐岩储层有着较强的非均质性，酸压施工过程中压力响应不确定性极强，但目前酸压工艺参数相对固定，无法实现在线调整，导致酸压工艺与储层地质特征存在不匹配的情况发生。故亟须提高后评估的分析与计算效率，对现场压裂施工数据进行实时分析，实现酸压裂缝扩展模式的实时判别与裂缝形态的动态反演。

参考文献

[1] 李阳，康志江，薛兆杰，等．中国碳酸盐岩油气藏开发理论与实践［J］．石油勘探与开发，2018，45（4）：669–678.

[2] 马新华，杨雨，文龙，等．四川盆地海相碳酸盐岩大中型气田分布规律及勘探方向［J］．石油勘探与开发，2019，46（1）：1–13.

[3] 何登发，马永生，刘波，等．中国含油气盆地深层勘探的主要进展与科学问题［J］．地学前缘，2019，26（1）：1–12.

[4] 侯启军，何海清，李建忠，等．中国石油天然气股份有限公司近期油气勘探进展及前景展望［J］．中国石油勘探，2018，23（1）：1–13.

[5] 郭建春，苟波，秦楠，等．深层碳酸盐岩储层改造理念的革新——立体酸压技术［J］．天然气工业，2020，40（2）：14.

[6] 刘子龙．博孜 1 区块地质工程一体化综合压后评估［D］．成都：成都理工大学，2021.

[7] 王玉普，孙丽，张士诚，等．裂缝性地层压降曲线分析方法及其应用［J］．中国石油大学学报（自然科学版），2004，28（1）：55–57.

[8] 冯旭东．哈拉哈塘碳酸盐岩缝洞型油藏酸压效果评价研究［D］．成都：成都理工大学，2013.

[9] 周鹏遥，刘洪涛，张星．试井资料与生产数据结合进行措施井效果评价的新方法［J］．油气井测试，2016，25（5）：16–19，23，75–76.

[10] 白华，陈杉沁，王小明，等．SECTT 产出剖面动态监测技术在碳酸岩气井暂堵酸化评价中的应用［J］．新疆石油天然气，2020，16（3）：46–50.

[11] 何继善．广域电磁法理论及应用研究的新进展［J］．物探与化探，2020，44（5）：985–990.

[12] 陈波，袁栋．塔河油田酸压监测及压后评估技术［J］．试采技术，2005，26（2）：4.

[13] 范文同，刘冬妮，程红伟，等．远探测声波技术在碳酸盐岩储层改造中的应用［J］．工程地球物理学报，2016，13（6）：701–706.

[14] 梁海鹏．M 区块灯四气藏储层改造后评估技术研究［D］．成都：成都理工大学，2018.

[15] 宋毅，伊向艺，卢渊，等．基于灰色关联分析法的酸压后产能主控因素研究［J］．石油地质与工程，2009，23（1）：82–84.

[16] 韩立群，施彦．人工神经网络理论及应用［M］．北京：机械工业出版社，2017.

[17] 张美娟．基于深度学习的智能手机入侵检测系统的研究［D］．北京：北京交通大学，2016.

[18] 张国宣．基于统计学习理论的支持向量机分类方法研究［D］．合肥：中国科学技术大学，2004.

[19] 李铁军，李成玮，李曙光，等．鄂尔多斯盆地 DJ 区块煤层压裂主控因素及最优区间［J］．科学技术与工程，2021，21（29）：12559–12565.

[20] 薛婷，黄天镜，成良丙，等．鄂尔多斯盆地庆城油田页岩油水平井产能主控因素及开发对策优化［J］．天然气地球科学，2021，32（12）：1880–1888.

杨税务潜山超高温非均质储层改造技术创新与实践

高跃宾[1, 2]　才　博[1, 2]　王孝超[3]　刘玉婷[1, 2]　张浩宇[1, 2]
严星明[1, 2]　李　帅[1, 2]

（1. 中国石油勘探开发研究院；2. 中国石油油气藏改造重点实验室；
3. 中国石油华北油田公司）

摘　要： 杨税务潜山碳酸盐岩储层具有埋藏深（4700～5500m）、物性差（孔隙度2%～7.2%，渗透率小于1mD）、温度高（170～200℃）、天然裂缝较发育、地应力高、施工压力高、非均质性强等特征，给储层改造带来了诸多挑战。通过攻关研究，优选液体体系，采用地质与工程相结合的方法，利用压裂改造停泵压力测试、压降分析等手段，配套管柱安全校核，形成复合暂堵转向体积改造技术，在杨税务潜山完成8井次现场实践，改造后初期产量和累计产量均大幅度提升，打开了杨税务潜山勘探的新局面。同时形成的技术体系对裂缝型碳酸盐岩储层具有广泛的适用性，为国内类似特征储层酸压和加砂压裂改造提供了技术借鉴。

关键词： 高温；非均质；碳酸盐岩；测试压裂；酸压；加砂压裂

渤海湾盆地陆上油田历经50余年勘探开发，资源探明率超过50%，向深层（>4500m）进军已成为渤海湾盆地各油田可持续发展的重要战略[1]。冀中凹陷北部杨税务等潜山具有亿吨级储量，是渤海湾地区油气接替的新领域[2-4]。该凹陷的勘探始于20世纪80年代，先后钻探务古1井、务古2井、务古4井均见到一定显示，但单井产量低、效果差，因此，针对上述储层特点及改造技术需求，先后采用小规模加砂压裂、稠化酸酸压、加砂压裂与清洁酸液复合酸压工艺技术，虽取得一定增产效果，但见效时间短，无稳定产量，改造结果不尽如人意[5]。近年来，深层储层改造技术不断取得进步[6-10]，也给本区块改造带来新的启示。

1　储层特点及改造现状

1.1　储层地质特点及改造技术历程

渤海湾盆地“摔碎的盘子又被踢了一脚”的构造特征，促使油藏类型更为复杂，冀中北部凝析气储层具有典型低孔隙度（5%～8%）、低渗透率（0.1～0.3mD）特点，以微细裂缝为主，且充填程度高，裂缝连通性差，地应力梯度高（0.023MPa/m），地层两向应力差高（7～10MPa）。2010年以前，先后采用加砂压裂、稠化酸酸压、清洁酸酸压等工艺技术，虽取得一定增产效果，但见效时间短，无稳定产量。2016 年，鉴于上述储层的突出地质特点，借鉴页岩储层体积压裂改造的理念和方法，同时结合碳酸盐岩储层自身的特点，提出了深度沟通和体积改造相结合的改造模式。安探 1x 井通过大规模（$3200m^3$）、高排量（$12m^3/min$）实施，压后人工裂缝改造长度 240～350m，裂缝高度 120～230m，裂缝网络宽度上近 130～200m，改造体积比以往改造技术增加 3.5～4.3 倍，实现了长—宽—高三维立体改造，压后采用 16mm 油嘴求产，井口压力 20MPa，日产气 $40.9\times10^4m^3$，日产油 $71m^3$，打开了杨税务潜山勘探的新局面。

1.2 酸液体系评价及优选

近年来，对于深井碳酸盐岩储层的酸压改造，国内外逐步形成了以控制酸液滤失和降低酸岩反应速率实现深穿透的深度酸压为主体的各种酸压改造技术，如稠化酸酸压、化学缓速酸酸压、泡沫酸酸压、乳化酸酸压、高效酸酸压、多氢酸酸压、固体酸酸压、交联酸酸压等。针对低摩阻、控制酸岩反应速率、自转向等技术需求，优选了清洁酸液体系，该体系在 180℃条件下，$170s^{-1}$ 剪切速率持续剪切 60min，黏度能达到 30mPa·s 左右，满足高温压裂施工的需要。同时模拟了酸液与岩石反应黏度测试，酸浓度为 3% 黏弹性表面活性剂（VES）时酸液黏度为 34mPa·s，酸浓度为 5% 时，黏度达 100mPa·s，可满足多种工艺暂堵转向的技术需求。

随着温度的增加，稠化酸、交联酸和清洁酸三种酸液的酸岩反应速率均急剧增加，酸岩反应速率中稠化酸＞交联酸＞清洁酸。其中，在 110℃下，稠化酸的反应速率约是交联酸的 2.3 倍，是清洁酸的 3.6 倍；综合对比三种酸液各浓度条件下的反应速率，稠化酸的反应速率约是交联酸的 1.8 倍，是清洁酸的 3.1 倍；交联酸的反应速率约是清洁酸的 1.74 倍。

变温度下的反应动力学方程为：

$$J=1.76\times10^{-4}\exp\left(-12568/RT\right)C^{1.1038}$$

从酸液的反应动力学方程和反应速率等参数评价对比看，清洁酸的反应速率和反应活化能等均有利于降低酸在高温下与岩石的反应速率，提高酸液的作用距离等，因此清洁酸液体系利于提高酸液的改造距离提高压后产量。

2 复合暂堵转向体积改造技术

2.1 转向压裂工艺

杨税务潜山天然裂缝发育，既包括大量充填和部分充填的微细裂缝，又包括近旁的大尺度天然裂缝，改造的目标就是要实现不同尺度天然裂缝的溶蚀与沟通。对于微细裂缝，通过对裂缝性页岩和致密砂岩开展大型全三维水力压裂物理模拟实验表明，采用低黏滑溜水、提高缝内净压力有利于实现天然裂缝的激活[11]。而对于裂缝性碳酸盐岩岩样滤失实验表明，采用低黏酸液有利于酸蚀蚓孔的产生和延伸，能够大幅提高天然裂缝的连通性。因此，对于微细裂缝的改造采用低黏滑溜水和低黏酸液组合泵注工艺，首先大排量注入低黏滑溜水，激活天然裂缝（图 1），同时降低地层温度，然后大排量注入低黏清洁酸，溶蚀沟通天然裂缝（图 2），构建水力缝网 + 酸蚀蚓孔溶蚀网相结合的天然裂缝流动通道，实现天然微细裂缝的充分改造；而对于大尺度天然裂缝的沟通，主要通过高黏压裂液与高黏酸液交替注入来实现[12]。

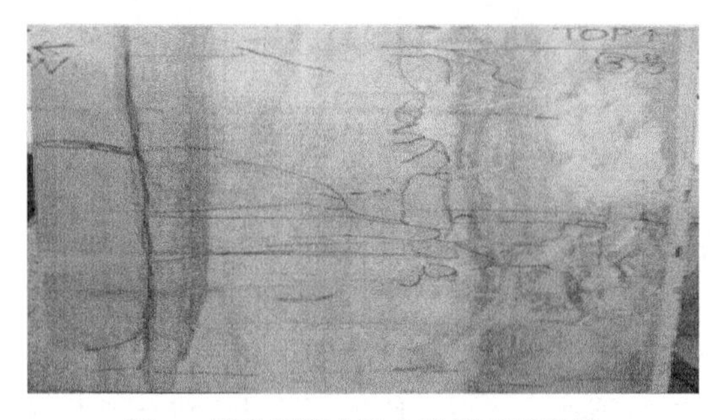

图 1　低黏滑溜水注入激活天然裂缝

图 2　天然裂缝的溶蚀沟通与激活

杨税务潜山改造井段跨度达到 150m 以上，为提高储层纵向动用程度，需要采用暂堵转向改造工艺。国内外的物理模拟实验和现场实践表明，纤维暂堵体系能够有效封堵已改造层段，从而压开新层，但单纯的纤维封堵强度不高，结合组合粒径颗粒能够进一步提高封堵强度（图 3）。为了提高暂堵强度，同时实现近井筒区域的支撑，优选出纤维 + 暂堵颗粒 + 支撑剂复合暂堵体系，纤维和暂堵颗粒均为水溶性材料，当暂堵体系降解后，支撑剂能够对缝口形成有效支撑，从而进一步提高了改造效果。

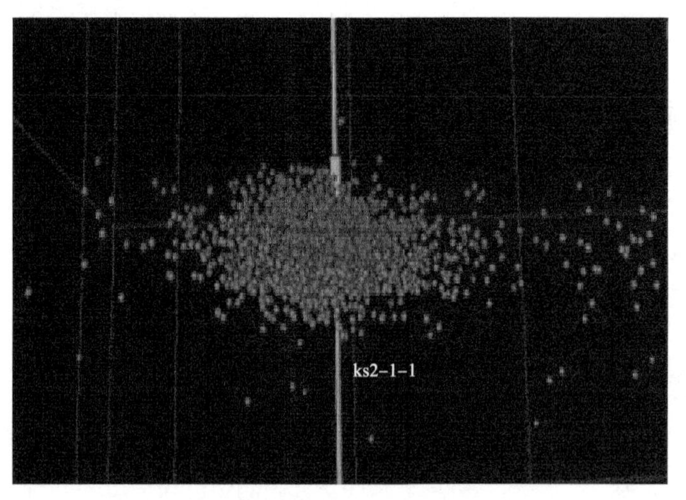

图 3　物理模拟实验实现堵老缝造新缝

2.2　主、支缝酸蚀裂缝导流能力保持技术

对于天然裂缝性储层，作用于天然裂缝的闭合应力比主裂缝更高，导流能力保持难度更大。天然裂缝导流能力主要依靠酸液对天然裂缝溶蚀形成的酸蚀蚓孔提供流动通道，而

流动能力的保持主要依靠溶蚀通道形成后产生桥墩状支撑来实现。渗透率测试结果表明，酸蚀蚓孔形成后渗透率达到 10D，且渗透率在围压 5～50MPa 范围内仅降低 30%，桥墩状支撑点的形成有利于裂缝流动能力的长时间保持，有利于改造后的长期稳产[13-14]。

主裂缝的导流能力主要依靠酸液对裂缝面非均匀刻蚀（图 4），本区块储层矿物以石灰岩为主，白云岩含量变化较大，矿物分布非均质性较强。物理模拟实验表明，酸液对裂缝面刻蚀后，裂缝面主要以点状支撑为主，导流能力保持难度较大，特别是近井筒区域大量酸液对裂缝面强度弱化，使得导流能力保持难度更大。因此，近井筒区域采用酸刻蚀与支撑剂复合支撑模式。导流能力测试结果（图 5）表明，在闭合应力低于 30MPa 时，酸蚀裂缝导流能力高于支撑裂缝；闭合应力大于 30MPa 时，支撑裂缝导流能力及其保持能力都远高于酸蚀裂缝，有利于实现压后的高产与稳产。

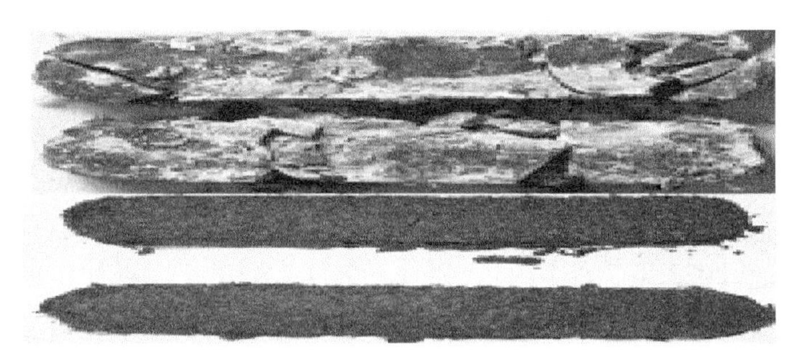

图 4　酸岩反应溶蚀前后岩心实验图

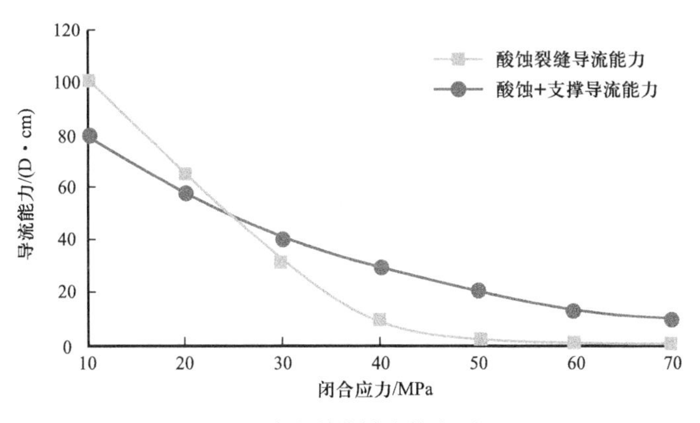

图 5　酸蚀裂缝导流能力测试

3　配套技术

鉴于以往井压裂改造中反应的岩石力学、地应力等特点，结合本区天然裂缝、应力分布地质力学特点，压裂设计中针对测试压裂反应的储层地质力学特征，开展了多种预案设计工作。为分析储层天然裂缝发育程度和地层滤失、应力等参数，指导主压裂施工方案，采用阶梯升降排量测试技术。为保护管柱安全，同时又能保证改造的地质效果，采用逐级降低限压的技术措施。为提高体积压裂改造效果，采用限压不限排量的施工策略，将井口压力设定在100MPa以下，现场实施表明，在95MPa时排量达到了11m^3/min，确保实现天然裂缝最大限度沟通。考虑到大规模体积压裂改造，由于储层应力敏感性强，对井的长期稳产影响大等因素，模拟了不同井口油压下地层中支撑剂应力受力情况，制定合适油嘴和井口压力值，严格控制放喷油嘴大小，以获长期稳产，采用2mm—3mm—5mm—8mm—16mm不同油嘴控制放喷，确保了产量压力平稳，利于单井的累计产量和最终采收率的提升；采用实时监测（微地震监测）与压裂压力分析相结合的裂缝监测与评估方法，通过微地震监测结果分析压裂施工过程中人工裂缝延伸扩展特征，通过对施工排量、不同泵入阶段、暂堵转向时机等实时调整，以达到改造的最佳效果。

4 现场应用及效果

上述技术在杨税务非均质碳酸盐岩施工8口井，其中安探1x井压后日产气$40.9\times10^4m^3$，日产油71.16m^3；安探3x井压后日产气$50.3\times10^4m^3$，日产油35m^3；安探101x井压后日产油58.8m^3，日产气$38\times10^4m^3$，截至2023年7月10日，累计产气$2.2\times10^8m^3$，累计产油5.3×10^4t；安探401x井压后日产油12.96m^3，日产气$52.53\times10^4m^3$，截至2023年7月10日，累计产气$1.7\times10^8m^3$，累计产油3.5×10^4t，突破了冀中坳陷北部40余年奥陶系超高温深潜山油气藏的高产与稳产难关。

5 结论与认识

（1）坚持体积改造为主，创新复合暂堵转向体积改造技术，是实现杨税务潜山的重要策略。

（2）通过管柱优化、加砂压裂与酸压、低黏与高黏多级组合，是实现从能改造到改造好、安全改造的重要转变，实现井的全生命期生产的重要技术。

（3）配套研发低成本液体，改变以酸为主到以压裂为主的工艺技术，是实现低成本效益改造的重要保障。

（4）形成的技术体系对裂缝性储层具有广泛的适用性，对鄂尔多斯、四川、塔里木等盆地同类型储层酸压改造具有一定的借鉴意义。

参考文献

[1]孙赞东，贾承造，李相方，等.非常规油气勘探与开发：上册[M].北京：石油工业出版社，2011.
[2]邹才能，陶士振，侯连华，等.非常规油气地质[M].北京：地质出版社，2011.
[3]贾承造，郑民，张永峰.中国非常规油气资源与勘探开发前景[J].石油勘探与开发，2012，39（2）：129-136.
[4]赵贤正，朱洁琼，张锐锋，等.冀中坳陷束鹿凹陷泥灰岩—砾岩致密油气成藏特征与勘探潜力[J].石油学报，2014，35（4）：613-622.
[5]王立中，王杏尊，卢修峰，等.乳化酸+硝酸粉末酸压技术在泥灰岩储层中的应用[J].石油钻采工

艺，2005，27（3）：63-66.
[6] 蒋廷学，张以明，冯兴凯，等．高温深井裂缝性泥灰岩压裂技术［J］．石油勘探与开发，2007，34（3）：348-353.
[7] Bale A，Smith M B，Klein H H.Stimulation of carbonates combining acid fracturing with proppant（CAPF）：A revolutionary approach for enhancement of final fracture conductivity and effective fracture half-length［C］.SPE 134307，2010.
[8] 王永辉，卢拥军，李永平，等．非常规储层压裂改造技术进展及应用［J］．石油学报，2012，33（s1）：149-158.
[9] Ming，T. Design and application of expandable casing drilling technology of deepsidetrack horizontal well in Tahe Oilfield［C］.IPTC 16760，2013.
[10] 才博，张以明，金凤鸣，等．超高温储层深度体积酸压液体体系研究与应用［J］．钻井液与完井液，2013，30（1）：69-72.
[11] Ding Y H，Zhao X Z，Cai B，et al. A novel massive acid fracturing technique with improving stimulated reservoir volume in HTHP reservoir in China［C］. SPE 172771，2015.
[12] 才博，丁云宏，卢拥军，等．复杂人工裂缝网络系统流体流动耦合研究［J］．中国矿业大学学报，2014，43（3）：470-474.
[13] Cipolla C L，Lolon E P，Ceramics C，et al.Fracture design considerations in horizontal wells drilled in unconventional gas reservoirs［C］.SPE 119366，2009.
[14] Bunger A P，Zhang X，Jeffrey. Parameters affecting the interaction among closely spaced hydraulic fractures［C］.SPE 140426，2011.

超深致密气储层基于不同天然裂缝形态体积改造技术研究

杨战伟[1] 才 博[1] 邓校国[3] 彭 芬[4] 付 杰[3] 王 辽[1] 高 莹[1]
韩秀玲[1] 杨 帅[2]

（1. 中国石油勘探开发研究院；2. 中国石油勘探与生产分公司；3. 中国石油南方勘探公司；
4. 中国石油塔里木油田公司）

摘 要：超深储层天然裂缝决定了单井产量，但其发育形态复杂，对改造技术要求高。结合储层天然裂缝发育特征，基于耶格（Jaeger）单弱面理论及摩尔应力圆强度准则，改造过程存在水力裂缝直接穿越且天然裂缝不发生位移、天然裂缝剪切滑移、天然裂缝张性开启三种情况。超高闭合应力作用下，剪切滑移天然裂缝、酸液未处理或酸液处理的张性激活天然裂缝，可作为油气流动通道，流体通过能力有限。获得高强度支撑的张性开启天然裂缝具有较高导流能力，可与人工裂缝共同构成油气渗流主通道，是构成储层内部高效缝网的主框架，为提高裂缝储层改造体积的关键。论证了改造过程提高井底净压力对张性开启天然裂缝的作用，研究了缝内暂堵技术措施、加重压裂液及滑溜水与低黏高效携砂压裂液等提高改造体积配套技术，现场取得较好的应用效果。本文研究对超深高应力裂缝性储层改造具有借鉴意义。

关键词：超深；高应力；天然裂缝；体积改造；加重压裂

国内超深致密天然裂缝发育气藏，以库车山前库车坳陷为典型代表，包括克拉苏构造带、秋里塔格构造带、北部构造带，20 世纪后，逐步成功勘探开发了大北、迪那、克深、博孜、秋里塔格及博孜大北过渡带等区块。截至 2020 年底，已探明油气地质储量超 $1.5\times10^{12}m^3$，建设产能近 $300\times10^8m^3/a$，已成为塔里木油田建成 $3500\times10^4t/a$ 大油气田的主体。主力区块库车山前储层基质致密，平均孔隙度为 4.1%，平均渗透率为 0.05mD，天然裂缝发育强非均质性导致低自然产能井占比高，储层改造已成为效益开发的必要技术手段。高产井试井渗透率为基质渗透率 200 倍，试井产能分析裂缝对产能贡献率达到 95%。因此，对于库车山前高温高压高应力特征更加明显的裂缝型超深储层，如何通过人工裂缝沟通天然裂缝，在井底建立裂缝网络系统，实现对目标储层的有效控制，已成为本区块高效改造的关键，对库车山前超深层效益勘探开发同样具有重要意义。

天然裂缝形态对有效改造体积的影响，学者开展了大量研究，雷群等[1]以库车山前碎屑岩储层为例，开展了超深裂缝性致密储层提高缝控改造体积技术，验证了暂堵转向、多级压裂激活天然裂缝并实现多级转向的有效性，观察到水力裂缝与天然裂缝相互激活并形成“裂缝群”的耦合效果；程正华等[2]研究认为，天然裂缝与最大水平主应力夹角为

30°～60°时，形成的水力压裂裂缝最为复杂。当水平主应力差为3.0～4.5MPa时，水力压裂裂缝复杂程度最高，延伸范围最大；王志民等[3]研究证实，超深储层具有高温高压高应力条件，裂缝发育且非均质性强，增产机理异于中—浅储层，激活天然裂缝是超深裂缝性气藏改造提产的关键；杨战伟等[4]通过总结库车山前超深层常用的缝网改造技术，基于影响储层改造纵向及横向缝网形成的地质条件及力学条件研究，分析了人工裂缝与天然裂缝耦合延伸形成复杂缝网的地质及工程因素。综合研究认为，对于超深巨厚天然裂缝较发育储层，理论上通过压裂可实现横向缝网与纵向多层改造，但目前的缝内暂堵转向及缝口暂堵分层技术有效性不足。目前学者研究超深裂缝性储层改造、天然裂缝对改造体积的影响，大多集中于天然裂缝与人工裂缝耦合延伸形成复杂缝网的机理，以及理论分析通过激活天然裂缝扩大改造体积的技术途径。但缺乏天然裂缝形态的具体分析，超深储层天然裂缝发育形态复杂，裂缝走向、倾角、开度、充填程度、胶结强度等均有明显区别，且对人工裂缝扩展有显著影响。本文在研究库车山前不同天然裂缝形态基础上，论证了改造过程天然裂缝的开启规律，证实了开启且具有导流能力的天然裂缝能够与人工裂缝相互连通，通过暂堵转向等工艺措施在地下储层形成复杂缝网系统，是实现超深裂缝性储层改造增产的关键。在此基础上形成了裂缝性储层提高改造体积工艺技术及高效改造液技术，对库车山前及国内类似低渗透致密裂缝性碎屑岩储层高效勘探开发具有重要的借鉴意义。

1　天然裂缝形态特征及对储层改造影响

1.1　天然裂缝形态特征

白垩系巴什基奇克组发育的天然裂缝主要为构造成因的张裂缝及剪切缝；裂缝产状主要为裂缝倾角大于60°的高角度缝，无水平缝发育；裂缝多数被方解石及泥质充填，沿缝面充填物有溶蚀，部分裂缝张开，裂缝有效（图1）。

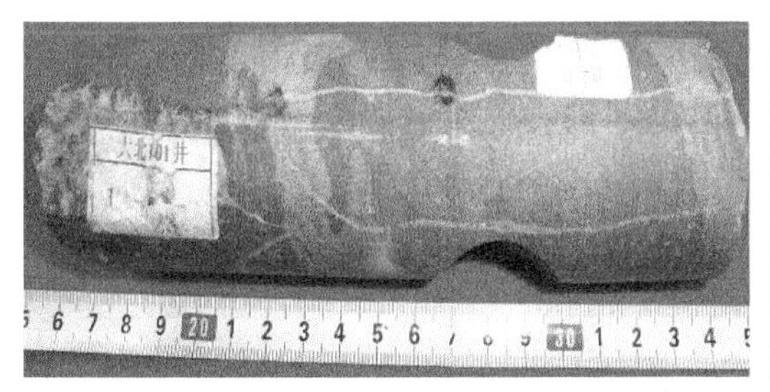

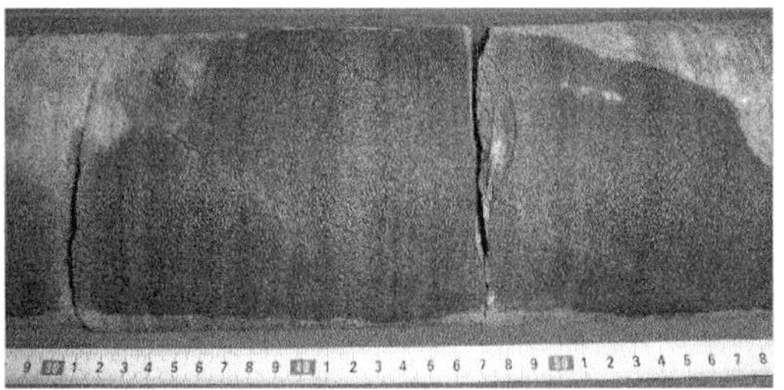

图1　高角度缝，方解石全充填及半充填形态图

库车山前天然裂缝开度分布范围较广，取心后地面观察测试最大开度达6～8mm，修正后地下储层天然裂缝开度最大5mm左右，微观裂缝的开度主要是在镜下用薄片法进行统计分析，经过修正后得到地下裂缝开度，如图2所示。

成像测井结果表明，目的层段存在大量的高角度裂缝及微裂缝，共有四种组合形式：近东西向两组裂缝呈共轭状的共轭缝组合；裂缝组系产状相近，且呈平行状，裂缝类型既有斜交缝，也有高角度缝的平行单斜状组合；以高角度缝为主导，其他各种走向的裂缝交织成网状的高角度缝主导的网缝带；岩石发生小尺度错动，呈碎块状的小断层型组合。裂缝走向以近东西向为主，裂缝倾角 50°～80°，裂缝类型为高角度构造缝和斜交构造缝。根据裂缝线密度的计算公式，对电成像图上人工拾取的裂缝进行统计，裂缝线密度介于 0.5～3.5 条 /m。

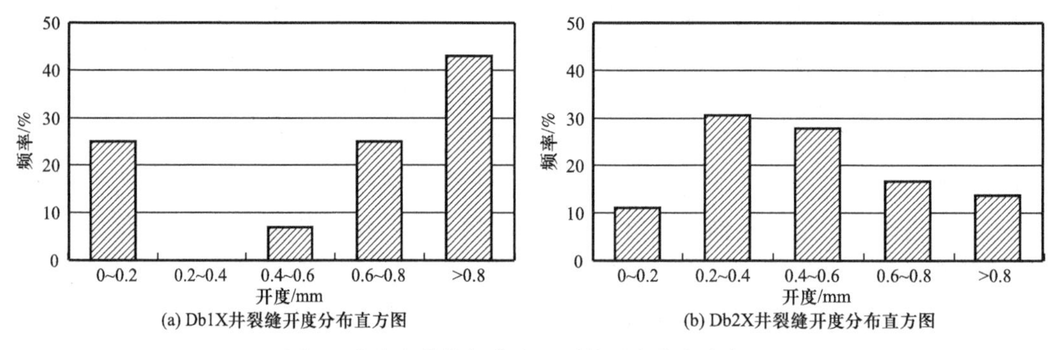

图 2　库车山前某气藏宏观裂缝开度分布直方图

通过对气藏砂岩储层岩心、测井、试油等地质资料的综合对比分析，在结合理论研究的基础上，解释库车山前某气藏白垩系巴什基奇克组裂缝孔隙度主要分布在 0～1.0% 之间，最大值 2.2%，平均值不到 0.3%，整体较小，对储层的储集性能影响不大。裂缝渗透率主要分布在 0～300mD 之间，裂缝发育对改善储层物性具有非常重要的作用。

1.2　裂缝开启规律

研究天然裂缝的开启，首先分析压裂过程储层岩体中水力裂缝如何启裂并延伸的。断裂力学是 20 世纪 50 年发展起来的固体力学分支，包括微观断裂力学和宏观断裂力学，井底的水力裂缝包含微观断裂，但主体属于宏观断裂力学。固体断裂分为脆性断裂和韧性断裂，岩石一般认为是脆性断裂，研究岩石破裂机理主要以线弹性断裂力学为基础的断裂理论分析方法[5-6]。线弹性断裂力学（LEFM）与 Griffith 理论有关，即脆性材料抗张强度低是由于裂纹传播而引起的，裂缝延伸期间做的功与新产生的裂缝面的表面能相等。但 Griffith 理论不能解释裂缝顶端应力奇异性问题，Barenblatt 则指出裂纹尖端压缩应力的奇异性恰好等于张应力的奇异性，提出了裂缝尖端光滑闭合的 Barenblatt 模型。

在裂缝性储层改造施工过程中，人工裂缝与天然裂缝交会后，可改变天然裂缝的受力状态。人工裂缝内的高压液体滤失到天然裂缝内，其缝内流体压力开始升高，则天然裂缝处弱面的强度条件随之发生变化，可认为储层改造的过程，摩尔应力圆是动态变化的，其不断沿横轴向左移动（图 3）。根据天然裂缝摩尔 - 库伦破坏准则，当摩尔应力圆与破坏包络线远离不发生交会时，含弱面的天然裂缝保持稳定状态，不发生相对位移；当摩尔应力圆与破坏包络线相切时，天然裂缝开始发生剪切破坏，天然裂缝被剪切激活，形成剪切滑移裂缝[7-8]；随着缝内孔隙压力增加，摩尔圆继续向左移动，摩尔应力圆与破坏包络线发生交会，则部分天然裂缝发生张性激活，处于张性开启状态。如图 3 所示，当天然裂缝

内流体压力为 p_0 时，摩尔应力圆与破坏包络线相离，没有天然裂缝被剪切激活，缝内流体压力进一步升高至 p_1 时，摩尔应力圆与破坏包络线相切，此时只有与最大水平主应力夹角为 θ_1 的天然裂缝被剪切激活，当缝内流体压力达到 p_2 时，摩尔应力圆与破坏包络线相交，与最大水平主应力夹角为 θ_2～θ_2' 范围内的天然裂缝都会被剪切激活，而且此时缝内流体压力已经大于最小水平主应力，天然裂缝张开，形成张性激活[9-10]。对于储层改造，天然裂缝剪切激活及张性激活均有利于形成缝网结构，扩大改造体积，但二者对有效改造体积贡献有明显差异。对于超深高应力储层，两者所具备的导流能力决定了其是否能发挥提高有效改造体积的作用。

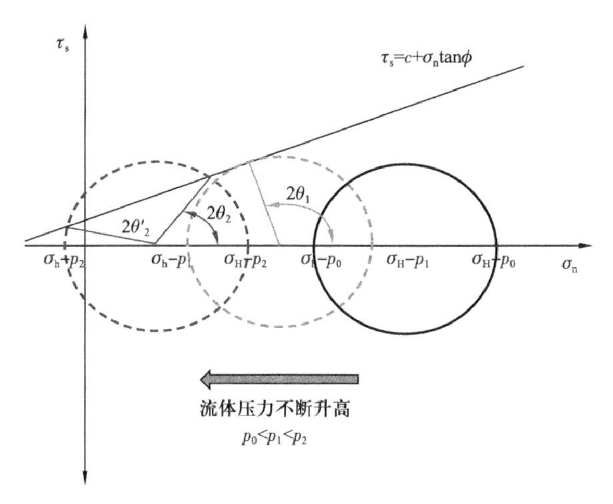

图 3 天然裂缝摩尔应力圆及库伦破坏包络线

1.3 裂缝充填对渗透能力影响

对多块岩样进行了裂缝充填与不充填、充填程度以及不同充填物对应力敏感性的研究，测试不同充填程度下裂缝渗透率。两块岩样的覆压测试数据分别是两块岩样的无量纲渗透率随有效覆变化关系曲线（图 4），两块岩样既有相同点，又有不同点：

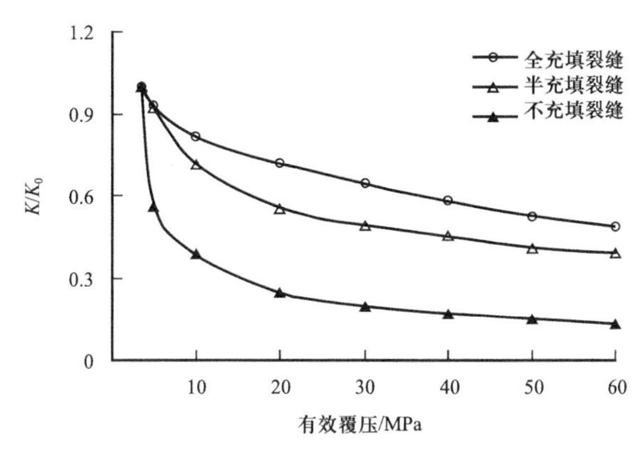

图 4 裂缝充填程度对裂缝渗透率的影响

K_0—无覆压时原始渗透率；K—不同有效覆压条件下裂缝渗透率

（1）两块岩样裂缝半充填时，其渗透率值都在不充填与全充填之间；

（2）对于A岩样，半充填裂缝与不充填裂缝的渗透率有较大差距，半充填裂缝的覆压曲线与全充填裂缝的覆压曲线更靠近；而对于B岩样，半充填裂缝与不充填裂缝的渗透率很接近，两者的覆压曲线靠得很近。两块岩样覆压关系曲线存在差异的主要原因是裂缝的延展方向不同，当裂缝平行于渗流通道时，裂缝的充填程度对渗透率有很大影响。

1.4 酸蚀及支撑裂缝导流分析

为对比分析，进行了支撑导流能力实验，设置了不同浓度的支撑剂浓度测试其导流能力，分别模拟了不同加砂浓度下支撑裂缝的导流能力，模拟加砂浓度分别为100～150kg/m^{3}和300kg/m^3，相应设置平板内的支撑剂铺置浓度为1kg/m^{2}和2kg/m^2。两种实验对比分析实际施工中酸压改造及低砂比加砂压裂改造中人工裂缝导流能力的大小，进而判断有效人工裂缝状况。

实验结果（图5）对比表明，酸压裂缝随着闭合应力的增加，人工裂缝导流能力大幅下降，30MPa闭合应力下，导流能力下降至原始导流能力不足1%，支撑裂缝在高闭合应力30MPa下，保持在原导流能力20%左右，随着人工裂缝导流能力下降，必然导致有效缝长的降低，直接导致沟通的天然裂缝减少，有效改造体积减小，有效裂缝与储层接触面积降低，影响改造后增产效果。因此，改造形成和沟通有效裂缝系统（天然裂缝+人工裂缝）为影响改造效果的主控因素。

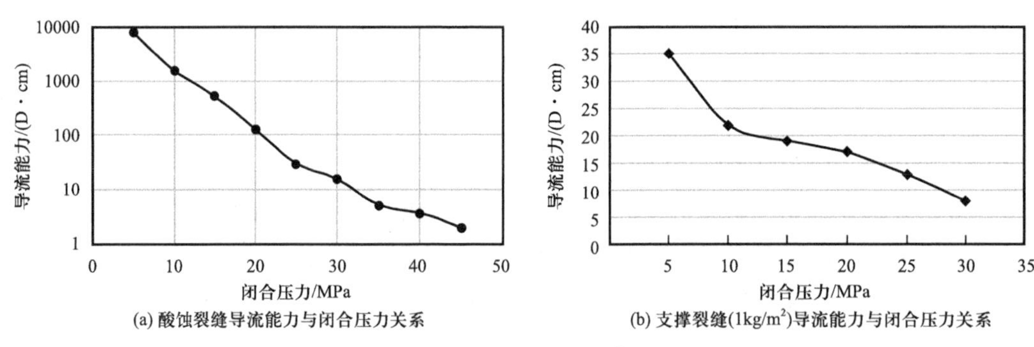

(a) 酸蚀裂缝导流能力与闭合压力关系　(b) 支撑裂缝(1kg/m^2)导流能力与闭合压力关系

图5　酸蚀裂缝与支撑裂缝（1kg/m^2）导流能力对比

2 提高超深裂缝储层改造体积技术

2.1 缝内暂堵开启天然裂缝

不同储层改造措施对开启天然裂缝影响较大[11-12]，通过选取库车山前白垩系（克深气田主力产层）含天然裂缝露头岩样，开展缝内暂堵天然裂缝转向开启的物理模拟实验，证实该暂堵转向开启天然裂缝及扩大改造体积的有效性。采用1m正立方体全三维应力加载水力压裂实验装备，模拟两向应力差20MPa。岩样加工整理后实际尺寸为

762mm×762mm×914mm，含有多条不规则天然裂缝，为全胶结状态。液体为0.35%瓜尔胶压裂液基液，选取了粉末与2mm直径纤维组合暂堵剂，设计理想的暂堵位置为人工裂缝横向扩展1/2处。

观察实验后岩心内部裂缝形态，水力裂缝主扩展方向为最大水平主应力方向，水力裂缝与天然裂缝（图6）交会后，沿天然裂缝延伸一段距离，之后转向最大水平主应力方向扩展，直至延伸至岩样边界。观察暂堵纤维在裂缝内的分布，人工裂缝及开启的天然裂缝内均有分布，对比模拟压裂的压力曲线，泵注暂堵剂后，压力升高4.5MPa，证实开启的人工裂缝内净压力提高4.5MPa左右。部分暂堵纤维进入天然裂缝，说明天然裂缝获得张性开启。通过该实验，证实缝内暂堵转向的技术，是提高人工裂缝内净压力、张性激活天然裂缝的有效手段，天然裂缝张性开启后，配合泵注支撑剂，使开启的天然裂缝获得有效支撑，提高天然裂缝的有效性，是提高有效缝控体积的有效技术手段。实际应用中，暂堵方式、暂堵剂类型及用量需根据储层特征及改造需求开展精细化设计。

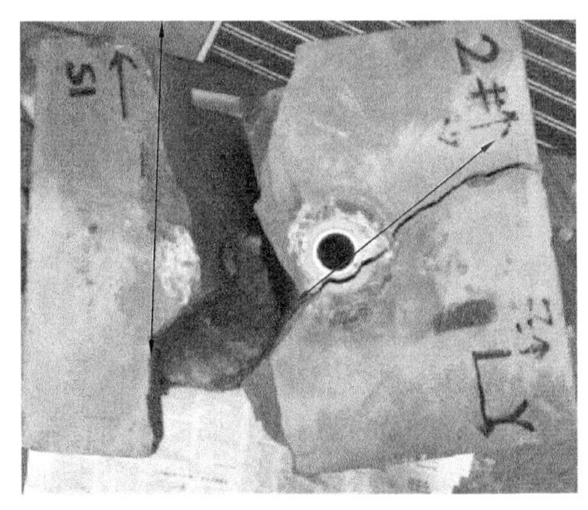

图6　压裂暂堵转向岩样内部俯视及侧视图

2.2　提高缝控体积液体技术

加重压裂液的直接作用是提高井底施工压力，压开常规压裂液难以压开的超高应力储层。其具有提高井底净压力的优点，也提高了水力裂缝内净压力，有助于激活张性开启与人工裂缝交会的侧向天然裂缝[13-14]。国内加重压裂液初期以氯化钠/氯化钾盐水加重技术为主，应用在库车山前库车北部侏罗系超高应力储层改造中。随之开发了具有更高密度的溴盐及硝酸钠加重压裂液技术，加重液密度为1.2～1.55g/cm^3，耐温达150～160℃[15-16]。硝酸钠加重压裂液具有经济成本低的优势得到广泛应用，随着安全环保要求的提高，近几年中国石油勘探开发研究院研发了两套绿色环保型加重压裂液体系：瓜尔胶氯化钙加重压裂液及聚合物/氯化钙加重压裂液体系，均采用工业氯化钙作为加重剂，加重密度最高达1.35g/cm^3，最高耐温200℃，具有良好的高温剪切流变性能，携砂性能良好，破胶彻底，储层伤害低。同时配套研发了耐盐缓蚀剂，解决了高盐溶液在高温下对完井管柱的应力腐蚀[17]。

在分析现场低黏压裂液携砂能力不足的基础上，研发了高弹性低黏高携砂能力压

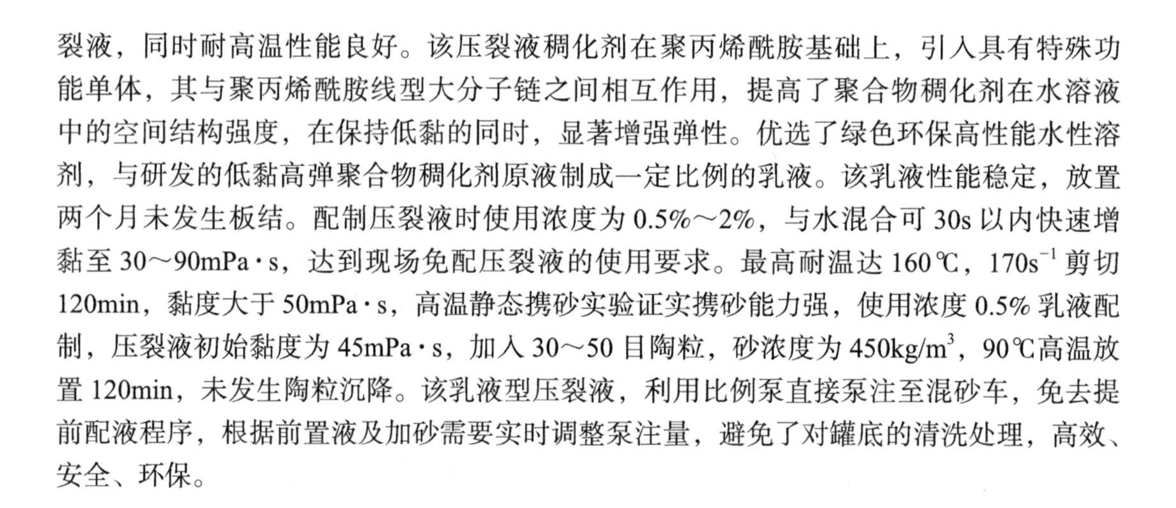

裂液，同时耐高温性能良好。该压裂液稠化剂在聚丙烯酰胺基础上，引入具有特殊功能单体，其与聚丙烯酰胺线型大分子链之间相互作用，提高了聚合物稠化剂在水溶液中的空间结构强度，在保持低黏的同时，显著增强弹性。优选了绿色环保高性能水性溶剂，与研发的低黏高弹聚合物稠化剂原液制成一定比例的乳液。该乳液性能稳定，放置两个月未发生板结。配制压裂液时使用浓度为0.5%～2%，与水混合可30s以内快速增黏至30～90mPa·s，达到现场免配压裂液的使用要求。最高耐温达160℃，$170s^{-1}$剪切120min，黏度大于50mPa·s，高温静态携砂实验证实携砂能力强，使用浓度0.5%乳液配制，压裂液初始黏度为45mPa·s，加入30～50目陶粒，砂浓度为$450kg/m^3$，90℃高温放置120min，未发生陶粒沉降。该乳液型压裂液，利用比例泵直接泵注至混砂车，免去提前配液程序，根据前置液及加砂需要实时调整泵注量，避免了对罐底的清洗处理，高效、安全、环保。

3 应用及分析

为获得更好的勘探认识，对库车坳陷克深13号构造的一口预探井实施了加重压裂液加砂压裂重复改造。泵注密度为$1.35g/cm^3$加重压裂液总液量$557.9m^3$，挤入地层总砂量$20.3m^3$，最大排量$4.8m^3/min$，最大泵压116.5MPa。改造后6mm油嘴求产，油压74.2MPa，日产气$34.4\times10^4m^3$。相比复合酸压改造，加重压裂液加砂压裂改造后，油压增加69%，产量增加4.4倍（图7）。该井勘探突破直接促进了对克深13区块的储量落实与建产开发，截至2020年底，本区块共规划布井12口，规划产能$9.5\times10^8m^3/a$。分析重复改造，密度为$1.35g/cm^3$加重压裂液，对该井增加的井底净压力相比非加重液体，排量同样为$4.0m^3/min$左右，增加超过20MPa，净压力增加值可实现与水力裂缝交会的大部分天然裂缝张性开启。由于改造过程泵注支撑剂，张性开启的天然裂缝获得支撑，显著增加了有效缝控体积。

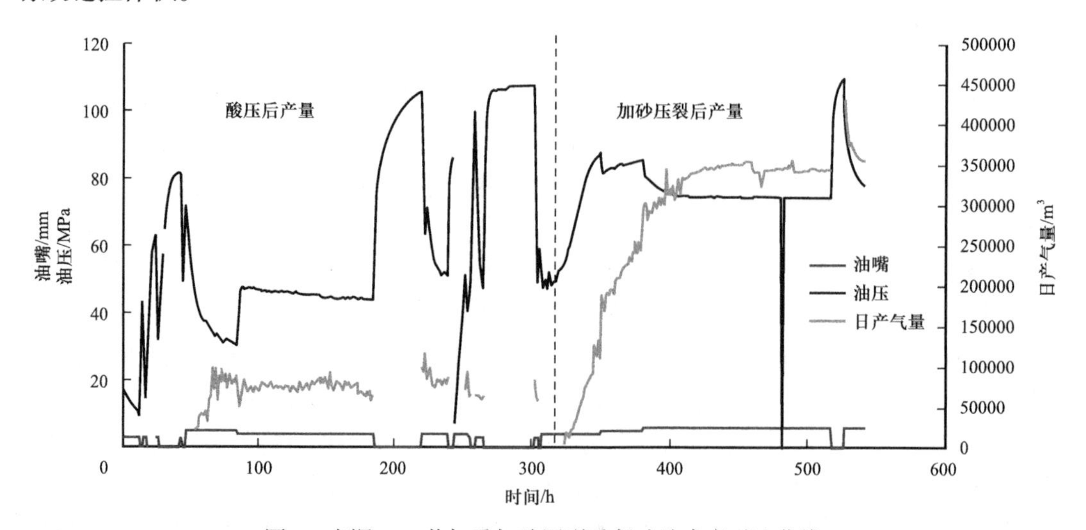

图7 克深13A井加重加砂压裂重复改造求产对比曲线

4 结论及认识

（1）库车山前主力产层白垩系碎屑岩储层基质致密，天然裂缝较发育形态多样、特征复杂，超深高应力储层条件限制了改造手段，天然裂缝高效利用难度大，其利用程度决定了超深裂缝储层有效改造体积大小。

（2）超深储层天然裂缝能否激活动用，受发育特征及施工参数双重影响。储层改造过程天然裂缝可能发生三种形态变化，其中张性激活开启且获得高强度支撑具备形成主裂缝的导流能力，是提高改造体积的必要条件。

（3）改造施工中提高井底净压力是张性激活天然裂缝的有效手段，采取缝内暂堵及改造液加重技术可实现该目标，滑溜水及低黏高携砂压裂液有利于开启且使天然裂缝获得支撑，使其与水力主裂缝共同构成改造缝网主通道，提高有效改造体积，现场取得较好的应用效果。

参考文献

[1] 雷群，杨战伟，翁定为，等．超深裂缝性致密储集层提高缝控改造体积技术——以库车山前碎屑岩储集层为例［J］．石油勘探与开发，2022，49（5）：1012-1024.

[2] 程正华，艾池，张军，等．胶结型天然裂缝对水力压裂裂缝延伸规律的影响［J］．新疆石油地质，2022，43（4）：433-439.

[3] 王志民，张辉，徐珂，等．超深裂缝性砂岩气藏增产地质工程一体化关键技术与实践［J］．中国石油勘探，2022，27（1）：164-171.

[4] 杨战伟，才博，胥云，等．库车山前超深巨厚储层缝网改造有效性评估［J］．中国石油勘探，2020，25（6）：105-111.

[5] Van Domelen M S，Jacquier R C，Sanders M W. State-of-the-art fracturing in the North Sea［C］. OTC 7890，1995.

[6] Maldonado B，Arrazola A，Morton B. Ultradeep HP/HT completions：Classification，design methodologies，and technical challenges［C］. OTC 17927，2006.

[7] Brown A，Farrow C，Cowie J. The Rhum field：A successful HP/HT gas subsea development（case history）［C］. SPE 108942，2007.

[8] Haddad Z，Smith M，Moraes F D D，et al. The design and execution of frac jobs in the ultra deepwater lower tertiary wilcox formation［C］. SPE 147237，2011.

[9] Chuprakov D，Prioul R. Hydraulic fracture height containment by weak horizontal interfaces［C］. SPE 173337，2015.

[10] Wang L W，Cai B，Qiu X H，et al. A case study：Field application of ultra-high temperature fluid in deep well［C］. SPE 180546，2016.

[11] Wang Y H，Zhang F X，Cheng X S，et al. Proppant fracturing for ultra-high pressure deep gas reservoir［C］. SPE 130905，2010.

[12] 周建平，杨战伟，徐敏杰，等．工业氯化钙加重胍胶压裂液体系研究与现场试验［J］．石油钻探技

术，2021，49（2）：96-101.

[13] Bagal J，Gurmen M N，Holicek R A，et al. Engineered application of a weighted fracturing fluid in deep water [C]. SPE98348，2006.

[14] Rivas L，Navaira G，Bourgeois B. Development and use of high-density fracturing fluid in deep water gulf of Mexico frac and packs [C]. SPE 116007，2008.

[15] 杨战伟，胥云，程兴生，等. 水力喷射酸压技术在轮南碳酸盐岩水平井中的应用 [J]. 钻采工艺，2012，35（1）：49-51.

[16] Ciezobka J，Courtier J，Wicker J. Hydraulic fracturing test site（HFTS）：Project overview and summary of results [C]. SPE 2937168，2018.

[17] 孟选刚，吴玟，彭芬，等. 某超深井油管腐蚀开裂分析及对策研究 [J]. 钻井液与完井液，2021，38（3）：380-384.

束鹿凹陷深层无限级滑套压裂工艺成功应用

刘其伦　史原鹏　吴　刚　钟小军　王孝超　冯汉斌

（中国石油华北油田公司）

摘　要：SY302X 井是为了评价 SL 凹陷中洼槽沙三下亚段砾岩体致密油气藏，水平井段长 1160m，储层钻遇率 95.60%。为充分改造储层，最大限度释放储层产能，探索效益提高单井 EUR 工程技术系列，华北油田总结以往 SL 凹陷大型体积酸压改造的经验，开展精细评价，明确地质“甜点”，优选措施改造工艺，最终确定采用变黏滑溜水＋无限级滑套压裂的施工方案。针对施工周期长，施工压力高、难度大的难题，本井使用 140MPa 高压管汇橇、140 型高压井口、5500m^3 储液池、连续输砂装置等最新装备，最终完成无限级滑套 26 段压裂，单段最大液量达 1850.2m^3，单段最大加砂 51m^3，单日最高完成 4 段压裂，全井累计泵注液体 $2.41\times10^4m^3$，累计加砂 956.6m^3。

关键词：滑套；无限级；压裂；水平井

1　前期认识

SL 凹陷页岩油改造经历了小规模酸化、大规模酸压、小规模压裂、水平井桥塞分段及直井桥塞分层压裂四个阶段（图 1），通过不断地探索、丰富、完善，逐渐形成桥塞分段（分层）体积改造工艺[1]，有力地支撑了前期 SL 凹陷页岩油的勘探工作。

主体采用水平井（大斜度井）多段、直井多层速钻桥塞分段压裂工艺[2]；形成酸压与加砂相结合体积改造技术（表 1），打破了 SL 页岩油“口口见油，口口难获工业油气流”的历史[3]，突破油气流稳产难关，实现产量的突破[4]。

表 1　SL 凹陷泥灰岩致密油改造对比

井号		ST1H	ST2X	ST3	SY1
井层参数	井型	水平井	大斜度井	直井	直井
	层段长度 / m	340	1280	274	642
改造措施	分压工艺	速钻桥塞＋分簇射孔＋体积改造	速钻桥塞＋分簇射孔＋体积改造	速钻桥塞＋分簇射孔＋体积改造	速钻桥塞＋分簇射孔＋体积改造
	分压段数	3 段（8 簇）	7 段（31 簇）	5 层（22 簇）	9 层（23 簇）

续表

井号		ST1H	ST2X	ST3	SY1
施工参数	排量 /（m^3/min）	9.1～12.7	5.6～8.27	6.8～9.7	6～12
	液量 /m^3	4620	8826	4815	14421
	砂量 /m^3	128.9	69.3	94.8	888.5
改造效果		初期日产油 226m^3，日产气 $6.9\times10^4m^3$，累计产油 8008m^3	初期日产油 21.1m^3，结蜡修井，累计产油 6498m^3	初期日产油 67.32m^3，目前自喷 7m^3/d，累计产油 7442m^3	初期日产油 23.7m^3，目前日产油 12.8t，日产水 7.5m^3，含水率 34%，累计产油 1421t

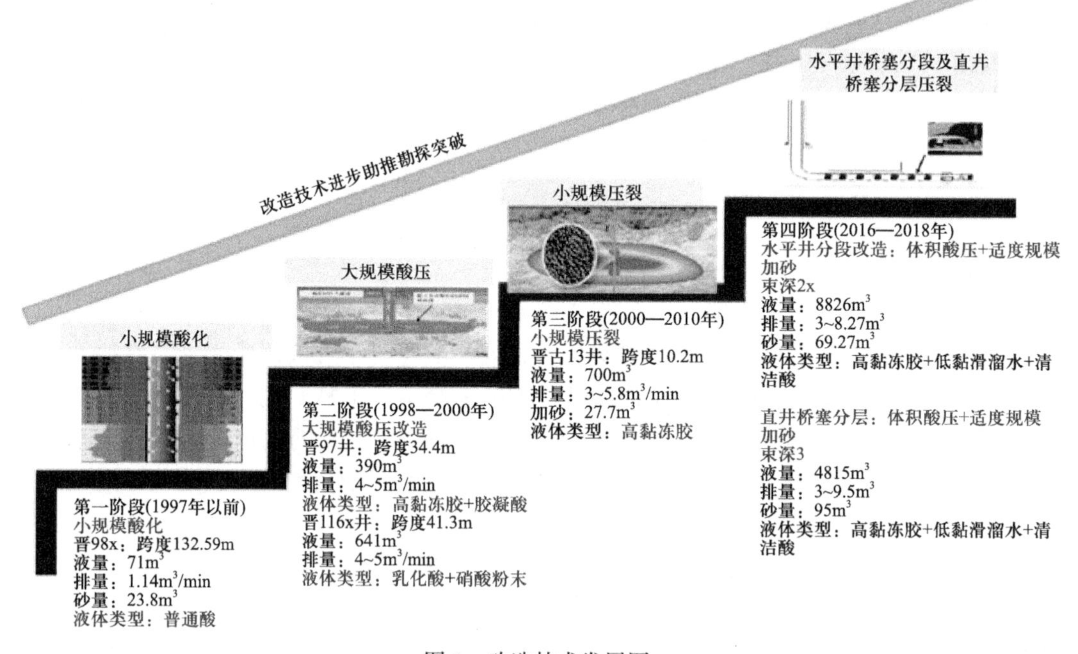

图 1　改造技术发展图

2　SY302X 井基本数据

2.1　钻井概况

本井地理位于位于河北省辛集市南智丘镇大车城村北 860m，构造位于冀中坳陷 SL 凹陷中洼槽含油层“甜点区”。本井的钻探目的是评价 SL 凹陷中洼槽沙三下亚段层序

Ⅱ ST 3 砾岩体致密油气藏，落实储量规模，提高单井产量[5]。

SY302X 井采用三开完井，油层套管的钢级为 Q125V，壁厚为 12.7mm，套管承压为抗内压 110.7MPa（表 2），满足大排量、大规模改造要求。地质导向情况：水平井段 4231～5391m，段长 1160m，目的层箱体钻遇率 100%，储层（1109m）钻遇率 95.60%。

表 2　SY302X 井钻头及套管程序数据

序号	开次	开钻日期	钻头程序	套管程序
1	导管	2022-07-16	ϕ660.00mm × 37.00 m	ϕ508.00mm × 37.00m
2	一开	2022-07-25	ϕ444.5mm × 659.00m	ϕ339.70mm × 658.35m
3	二开	2022-07-31	ϕ311.2mm × 3549.00m	ϕ244.5mm × 3548.34m
4	三开	2022-08-26	ϕ215.9mm × 5391.00m	

2.2　储层特征

本井油气显示集中在沙三下亚段，全井解释 1048m/127 层，油层 130m/25 层，油水同层 18m/4 层，差油层 697m/59 层，含油水层 10m/2 层，水层 5m/1 层，干层 188m/36 层。4231m 着陆，着陆后共解释：680m/43 层，油层 49m/4 层，差油层 567m/28 层，干层 64m/11 层。

测井共解释 1424.0m/70 层，其中 Ⅱ 类储层 405.6m/23 层，Ⅲ 类储层 1018.4m/47 层（表 3）。本井水平段为主要含油气层段，与 ST3 井对比较清楚，共划分四个“甜点段”。其中，“甜点”1（4226.6～4282.0m，共 52.2m）和“甜点”4（5013.8～5112.0m，共 56.4m）为优质储层段。

表 3　SY302X 井测井解释层位

完井 3458.34～5391m　共解释 1424.0m/70 层			
层位	总计	Ⅱ类储层	Ⅲ类储层
沙三下亚段	1424.0m/70 层	405.6m/23 层	1018.4m/47 层

从前期试油效果看，主力油气全烃峰型呈块状或多尖峰状显示，峰型呈块状表明油气储集饱满且孔隙较发育，峰型呈尖峰状表明油气储集欠饱满且裂缝较发育，试油表明块状峰型的储层油气更富集。SY302X 井气测多表现为箱状，块状、尖峰状显示，反映较好含油气特征。

根据岩屑录井矿物分析，本井改造段岩性以褐灰色荧光细砾岩和含砾泥灰岩为主，优质储层段主要矿物为方解石和白云石，含量在 60%～80% 之间，含有少量的黄铁矿。

SY302X 井测井孔隙度 2.1%～7.9%（平均 4.3%），脆性矿物含量 6%～87%，对比 SY1 井层序 2、3、4、5 段核磁有效孔隙度主要分布在 1.2%～3.2%（基质孔极低），核磁渗透率分布在 0.01～1mD 之间，大多低于 0.1mD，SL 凹陷裂缝、溶蚀孔是致密油重要的储集和渗流空间。储层的基质储渗性较差。

SL 凹陷储层岩石力学参数测试结果表明：储层岩石杨氏模量较高，压裂改造的缝宽度受限，加砂的难度较大；储层岩石泊松比在 0.2～0.28 之间，较高的泊松比使得储层地应力较高；储层岩石抗压强度在 200MPa 以上，反应出储层压开难度较大，地层破裂压力较高。

前期体积压裂 3 口井停泵压力梯度差异大，总体反映储层应力较高：ST1H 井改造段品质较好，停泵压力梯度在 0.0178～0.0218MPa/m 之间；ST2X 井改造段品质较差，停泵压力梯度在 0.0211～0.0284MPa/m 之间，主体位于 0.025MPa/m；ST3 井改造段储层同样较差，停泵压力梯度在 0.0227～0.0269MPa/m 之间，沟通缝洞段停泵压力梯度为 0.0196MPa/m。SY1 井改造段品质差异大，停泵压力梯度在 0.0194～0.0239 之间，主体位于 0.020～0.021MPa/m。

从 RoqSCAN 及荧光薄片分析看，本井的天然裂缝是较发育的。在 4250～4300m 井段，孔隙较为发育，平均孔隙度 5.1%，微裂缝发育，平均有效裂缝数 38 条，裂缝密度 103 条 /cm^2；在 4650～4750m 井段，孔隙亦较为发育，平均孔隙度 5.0%，微裂缝相对发育，平均有效裂缝数 27 条，裂缝密度 77 条 /cm^2。

SL 凹陷页岩油原油性质差异大，ST1 井原油密度在 0.83g/cm^3 左右，50℃黏度在 5mPa·s 左右（含气）；晋 97 井原油密度在 0.87～0.9g/cm^3 之间，50℃黏度在 20～35Pa·s 之间，原油凝点较高。

SL 凹陷页岩油前期试油井地层压力系数较高，压力系数在 1.28～1.5 之间，地层含气越高，储层压力系数越高，属于正常地温梯度范围，但由于储层埋藏较深，因此储层温度在 130～150℃之间（表 4）。

表 4　储层温压情况

井号	深度 /m	渗透率 /mD	表皮参数	地层压力 /MPa	压力系数	地层温度 /℃
ST1H	4006	—	—	67.81	1.5	141.00
晋 97	3838～3886.6	0.05	0.18	49.89	1.33	128.00
晋 98x	3959.86～4092.45	0.15	− 1.66	46.61	1.28	126

3　SY302X 井改造思路

3.1　SY302X 井改造难点

改造难点一：储层基质物性差，孔隙度低，渗透性差，裂缝和层理是主要的储集空间，实现高产和稳产面临挑战。

改造难点二：本区块前期施工压力高，施工排量受限，本井岩石力学测试同样存在高杨氏模量、高泊松比特征，计算应力较高，施工难度大，如图 2 所示。

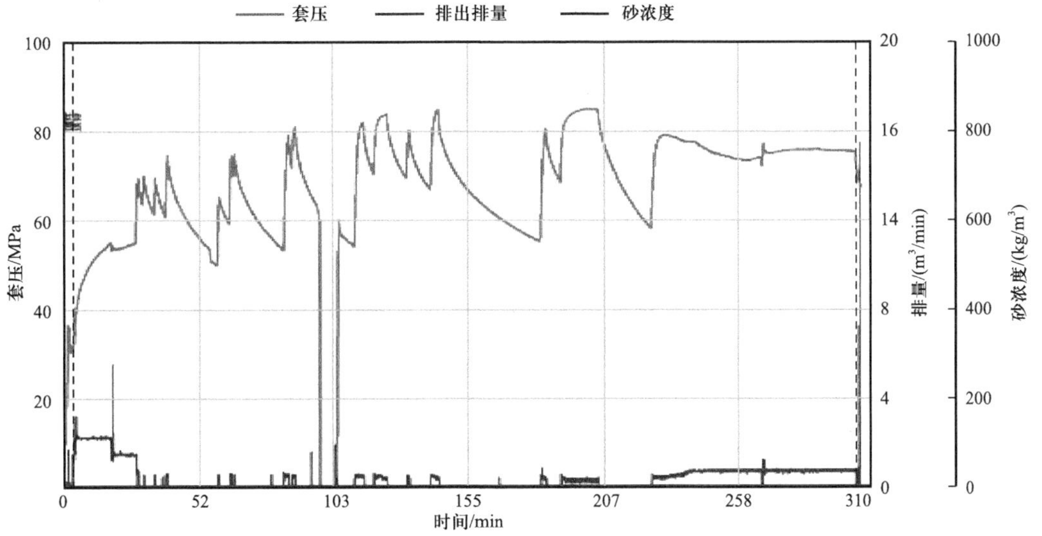

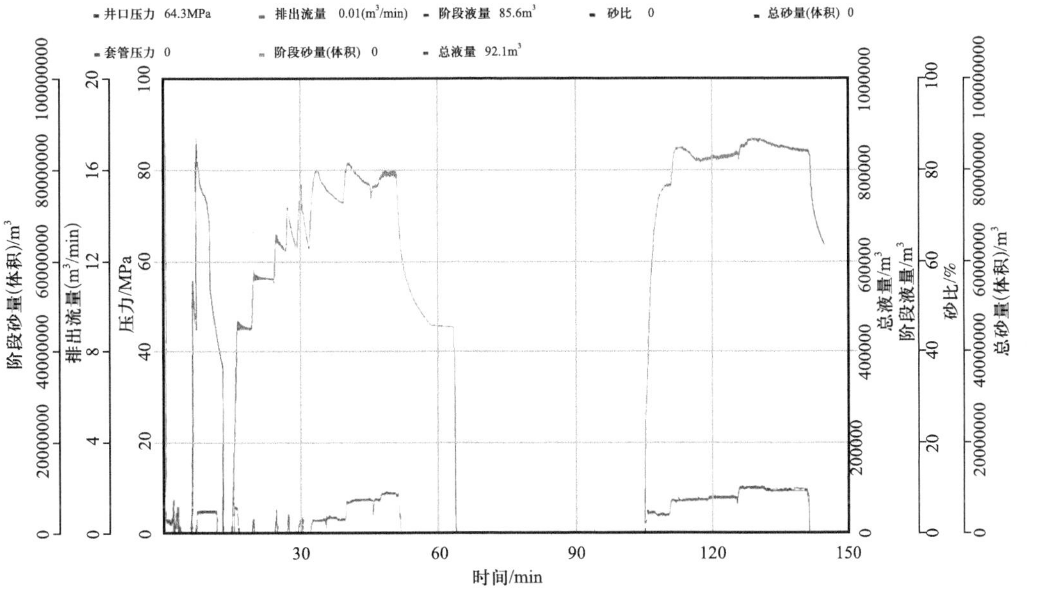

图 2　区块邻井及 SY302X 井试挤施工曲线

改造难点三：本区块前期采用酸压为主、加砂为辅的改造模式，但高应力下导流能力保持性较差，需探索以加砂为主体的改造模式，但加砂难度大，如图 3 所示。

改造难点四：本井储层纵向岩性、物性、储层类型、脆性存在较大差异，针对性改造措施选择难度大。

3.2　SY302X 井改造技术对策

技术对策一：基于储层认识，本井改造追求裂缝与储层接触面积最大化，提高裂缝复杂度，实现“人造渗透率”，提高储层整体渗流能力，提高改造效果[6]。

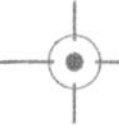

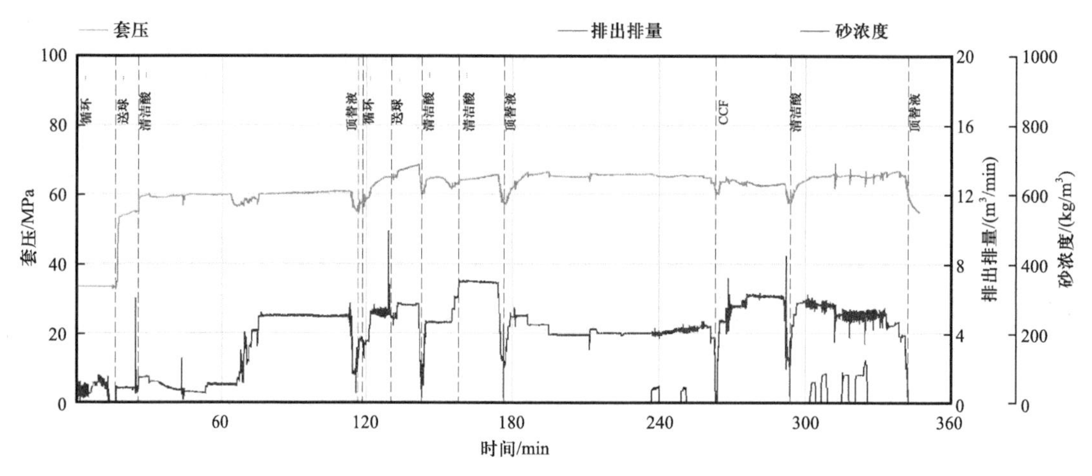

图 3　改造模式现场试验

技术对策二：通过配套承压等级更高的井口、地面管汇，提高本井施工限压，为施工排量提升创造条件[7]，同时在裂缝启裂困难的情况下，采用酸处理，降低地层破裂压力。

技术对策三：采用提高施工排量、小粒径、中低砂比、变黏滑溜水体系相结合的方式，降低施工难度，提高施工成功率[8]。初期：小粒径 + 低砂比 + 低黏滑溜水 + 大排量注入。中期：小粒径 + 中砂比 + 中黏滑溜水 + 大排量注入[9]，如图 4 所示。后期：中小粒径 + 中高砂比 + 高黏滑溜水 + 大排量注入。

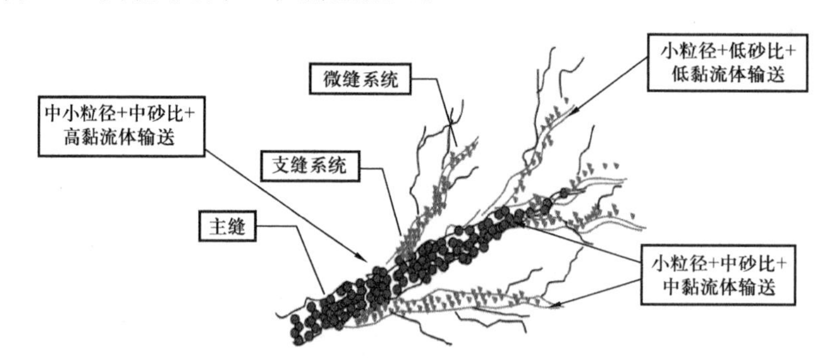

图 4　排量、支撑剂粒径和液体黏度结合形成不同施工阶段

技术对策四：通过套管滑套精细分层[10]，针对各层段的岩性、物性、裂缝发育程度采用“一段一策”的改造方式，提高改造针对性。

SY302X 井储层改造在充分借鉴本区块前期改造经验的基础上，结合本井的特点思路按照“差异化设计、高效动用、规模优化、安全施工”的理念进行设计与实施，优选改造井段、改造工艺、压裂材料，以实现最大限度认识储层真实产能，提高单井产量的目的。

3.3　分段压裂工具优选

本井选用无限级套管滑套为主体分段工艺。由压裂滑套和螺卡系统构成，压裂滑套（外径 165mm，内径 109.6mm，长度 1.16m），分段数不受限制，可实现不停泵连续单段压裂作业施工，减少射孔程序时间和风险，如图 5 所示。

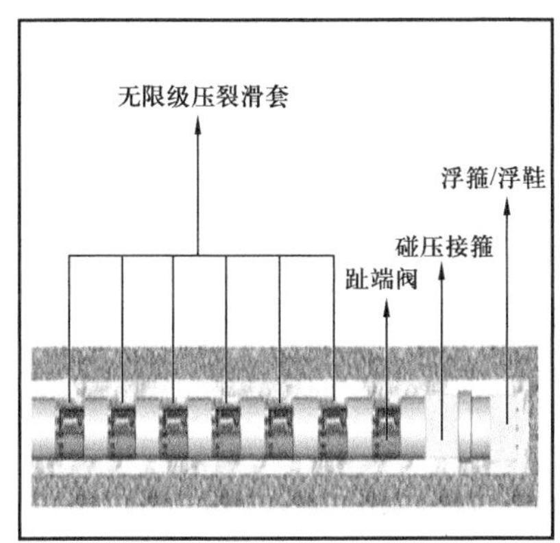

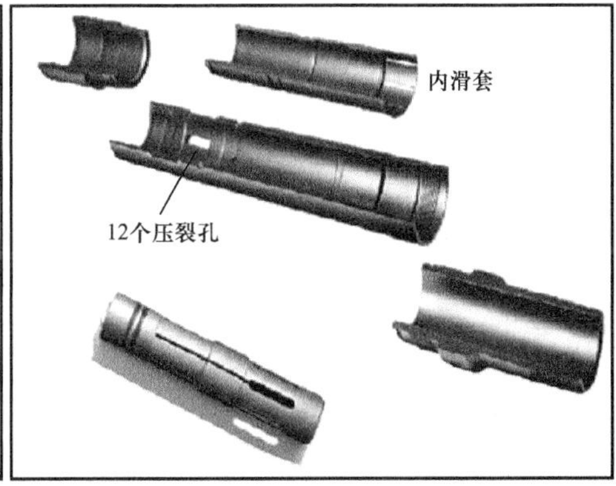

图 5　本井压裂滑套

3.4　压裂液及支撑剂优选

本区块加砂难度较大，同时复杂缝下需要支撑剂粒径与裂缝开度匹配，更好地实现分支缝和裂缝端部的支撑，因此，采用 70～140 目 +40～70 目两种粒径组合模式，在保证主缝充分充填的基础上，最大限度提高支缝的铺置程度和长期有效性。其中，70～140 目选用石英砂，40～70 目选用石英砂 + 陶粒组合，陶粒选用 69MPa 等级陶粒，就能够满足需求。通过提高石英砂量，弥补强度不足，按 1.5 倍加量替代。

结合本井防膨实验和本井降阻及携砂的需求，初步确定免配压裂液主体配方。

低黏压裂液配方：0.1%～0.2% 降阻剂 +0.1% 破乳助排剂 +0.5% 黏土稳定剂，主要实现 10% 以内的支撑剂携砂。

中黏压裂液配方：0.3%～0.4% 降阻剂 +0.1% 破乳助排剂 +0.5% 黏土稳定剂，初始黏度 45mPa·s，剪切 30min 降到 20mPa·s 内，在高排量下满足 10%～20% 支撑剂携砂。

高黏滑溜水：0.6%～1.0% 降阻剂 +0.1% 破乳助排剂 +0.5% 黏土稳定剂，在较低排量下满足不同砂比携砂液的加砂要求。

3.5　压裂工艺

高角度裂缝发育页岩储层，以提高裂缝复杂度和有效改造体积为目标；采用控近扩远技术模式，降低砂堵风险：初期变排量注入结合前置小粒径段塞控制天然裂缝开启条数，降低近井复杂，控制缝高过度延伸；中期采用大排量注入，提高缝内净压力，提高裂缝复杂度，结合段塞实现缝网支撑；后期采用大排量高黏滑溜水连续携砂，实现支缝高效支撑，如图 6 所示。

水平层理缝（纹层）发育页岩油，层理和天然裂缝对裂缝形态影响大，层理限制缝高扩展：层理发育岩样，高排量、高净压力裂缝穿过层理，低排量、低净压力裂缝被层理限制；层理和天然裂缝均发育岩样，水力裂缝沟通天然裂缝，被层理缝限制，裂缝形态更为复杂，但缝高延伸受限，如图 7 所示。

针对层理较发育的泥灰岩储层，以突破层理，实现改造体积最大化为目标，采用逆混合工艺实施：初期利用高黏滑溜水大排量注入，提高初始阶段裂缝纵向的扩展能力；中期利用低黏滑溜水大排量注入，激活层理和天然裂缝，提高裂缝复杂度；后期利用高黏滑溜水大排量连续携砂支撑主缝，提高主缝导流能力。

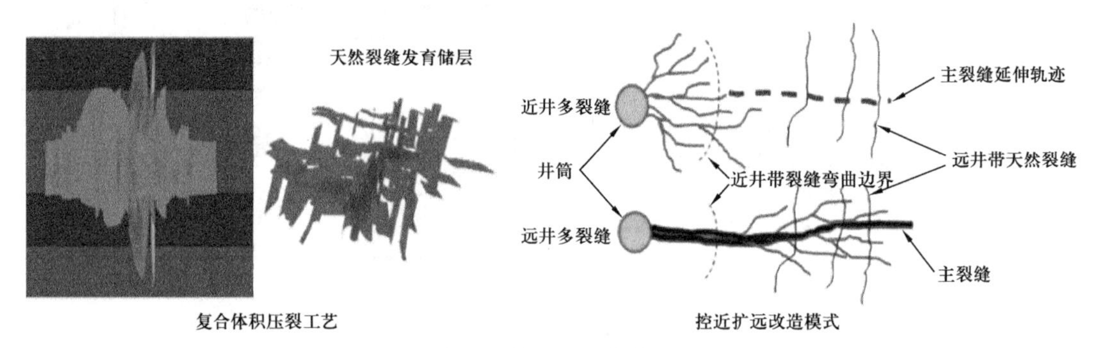

图 6　施工工艺优化

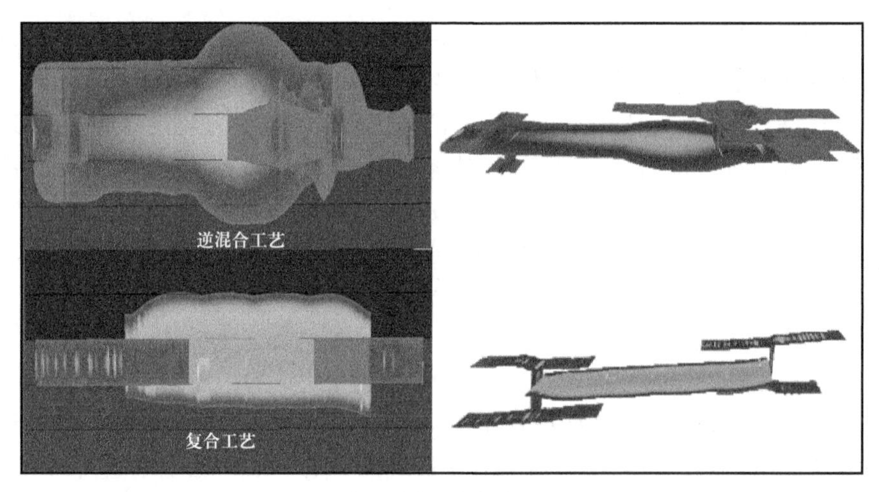

图 7　层理发育储层

4　施工数据及微地震监测

本井共进行 26 段压裂，累计泵注液量 $2.41\times10^4m^3$，累计加砂 $965.6m^3$，压裂数据见表 5。

表 5　SY302X 井压裂数据表

压裂序号	层号	井段 /m	施工液量 / m^3	酸液 / m^3	加砂量 / m^3	最高施工压力 / MPa
第一段小型测试	154、155	5222.690～5240.046	92.2	—	0	87.5
第一段压前测试	154、155	5222.690～5240.046	173.87	—	0	97.64
第一段	154、155	5222.690～5240.046	1519.25	10.26	40.15	97.64

续表

压裂序号	层号	井段 /m	施工液量 / m^3	酸液 / m^3	加砂量 / m^3	最高施工压力 / MPa
第二段	未解释层	5185.318～5186.478	720.84	—	25.17	93.84
第三段	152	5172.567～5173.727	669.85	—	25.11	92.84
第四段	151	5160.303～5161.463	739.74	—	25.09	94
第五段	未解释层	5113.566～5114.726	738	—	30.02	90.09
第六段	147	5100.805～5101.965	934.56	—	40.33	94.43
第七段	147	5089.122～5090.282	515.84	—	10.15	99.42
第八段	146	5076.651～5077.811	878.56	—	40.16	92.89
第九段	146	5064.125～5065.285	937.2	—	35.15	93.18
第十段	145	5051.482～5052.642	1084.07	—	50.07	93.85
第十一段	144	5038.710～5039.870	1004.29	—	50.07	95.38
第十二段	143	5026.094～5027.254	853.31	—	25.1	98.17
第十三段	143	5013.384～5014.544	838.59	—	35.09	92.47
第十四段	140	4849.197～4850.357	872.24	—	40.14	92.2
第十五段	140	4825.003～4826.163	964.74	—	50.18	98.78
第十六段	126	4418.890～4420.050	984.75	—	40.07	94.85
第十七段	126	4406.414～4407.574	1693.63	—	40.25	92.04
第十八段	126	4393.910～4395.070	835.7	—	40.19	93.46
第十九段	125	4381.159～4382.319	677.69	—	20.05	95.16
第二十段	125	4309.675～4310.835	1022.79	—	50.08	95.57
第二十一段	124	4297.459～4298.619	783.22	—	40.24	92.67
第二十二段	124	4285.285～4286.445	839.8	—	45.19	93.05
第二十三段	123	4272.528～4273.688	723.18	—	26.27	95.37
第二十四段	122	4259.778～4260.938	934.31	—	45.16	96
第二十五段	122	4247.030～4248.190	1145.9	—	45.08	100.81
第二十六段	122	4234.274～4235.434	932.8	—	51.04	88.07
合计			24110.92		965.6	

本井改造体积共计 5387.49 × $10m^3$，具体详见表 6。

表 6 SY302X 井微地震数据表

压裂序号	缝络长 / m	缝络宽 / m	缝络高 / m	改造体积 / 10^3m^3	整体方位
第一段	223	104	12	278.3	近东西
第二段	137	34	12	55.89	近东西
第三段	196	69	12	162.29	近东西
第四段	211	62	12	138.38	近东西
第五段	193	59	12	137.88	近东西
第六段	231	100	14	323.40	近东西
第七段	162	52	13	109.50	近东西
第八段	246	79	13	252.64	近东西
第九段	217	94	12	244.77	近东西
第十段	307	118	14	507.16	近东西
第十一段	186	68	12	151.77	近东西
第十二段	175	47	14	115.15	近东西
第十三段	179	62	12	133.17	近东西
第十四段	157	78	11	134.71	近东西
第十五段	187	73	12	163.81	近东西
第十六段	173	61	10	105.53	近南北
第十七段	149	85	13	164.60	近东西
第十八段	219	77	13	219.21	近东西
第十九段	192	68	10	130.56	近东西
第二十段	195	75	13	190.13	近东西
第二十一段	220	97	13	277.42	近东西
第二十二段	209	87	13	236.38	近东西
第二十三段	224	87	10	194.88	近东西
第二十四段	220	94	13	268.84	近东西
第二十五段	228	101	14	322.40	近东西
第二十六段	251	113	13	368.72	近东西

5 总体认识

（1）从施工时效来看，从送螺卡至施工结束停泵，每段施工 2h 左右，从理论上来讲，早 8 点至晚 18 点最高可连续施工 5 段，施工时效大幅度提高。

（2）从精准压裂的角度来看，相比常规套管桥塞射孔工艺，可实现单个射孔簇精准压裂，提高密切割压裂裂缝启裂效率，提高改造效果。

（3）从液体材料与地层的匹配来看，该套变黏滑溜水体系排量稳定条件下可以实现稳定加砂。

（4）施工难易程度受储层地质条件影响较大，第十段地质显示相比其他段好，反映在压裂施工压力方面，相比第二十五、第二十六段，第十段施工改造体积更大，压裂施工难易程度跟测录井地质认识一致。泵注液量接近的四段，即第十段、第二十六段、第六段和第二十五段，第十段气测显示最好，压裂裂缝效果最好，与气测结果基本符合（表 7）。

表 7 第十段、第二十六段、第六段、第二十五段对比表

段序	微地震事件 / 个	缝络长 /m	缝络宽 /m	缝络高 /m	改造体积 /$10m^3$	液量 /m^3	滑套
第十段	192	307	118	14	507.16	1061.98	11
第二十六段	168	251	113	13	368.72	1045.07	40
第六段	186	231	100	14	323.4	904.30	7
第二十五段	165	228	101	14	322.4	1087.51	39

参考文献

[1] 林会喜，宋明水，王圣柱，等．叠合盆地复杂构造带页岩油资源评价——以准噶尔盆地东南缘博格达地区中二叠统芦草沟组为例［J］．油气地质与采收率，2020，27（2）：7-17.

[2] Song Mingshui，Liu Huimin，Wang Yong，et al. Enrichment rules and exploration practices of Paleogene shale oil in Jiyang Depression，Bohai Bay Basin，China［J］. Petroleum Exploration and Development，2020，47（2）：242-253.

[3] 支东明，宋永，何文军，等．准噶尔盆地中—下二叠统页岩油地质特征、资源潜力及勘探方向［J］．新疆石油地质，2019，40（4）：389-401.

[4] 王小军，杨智峰，郭旭光，等．准噶尔盆地吉木萨尔凹陷页岩油勘探实践与展望［J］．新疆石油地质，2019，40（4）：402-413.

[5] 杨国丰，周庆凡，卢雪梅．页岩油勘探开发成本研究［J］．中国石油勘探，2019，24（5）：576-588.

[6] 李晓光，刘兴周，李金鹏，等．辽河坳陷大民屯凹陷沙四段湖相页岩油综合评价及勘探实践［J］．中国石油勘探，2019，24（5）：636-648.

[7] 高辉，何梦卿，赵鹏云，等．鄂尔多斯盆地长 7 页岩油与北美地区典型页岩油地质特征对比［J］．石

油实验地质，2018，40（2）：133-140.
[8] 王敏，王永诗，朱家俊，等．基于孔隙度－饱和度参数分析页岩油富集程度——以沾化凹陷沙三下亚段为例［J］．科学技术与工程，2016，16（32）：36-41.
[9] 张金川，林腊梅，李玉喜，等．页岩油分类与评价［J］．地学前缘，2012，19（5）：322-331.
[10] 苏思远．页岩油富集临界条件及有利区预测［D］．北京：中国石油大学（北京），2019.
[11] 孙超．东营凹陷页岩油储集空间表征及其形成演化研究［D］．南京：南京大学，2018.
[12] 陈美玲．济阳坳陷古近系页岩油“甜点”地球物理响应特征研究［D］．荆州：长江大学，2017.
[13] 武夕人．饶阳凹陷中北部页岩油资源潜力分级评价与有利区预测［D］．青岛：中国石油大学（华东），2020.

资源新类型及改造新工艺

低渗透层内微小裂缝液态炸药爆炸压裂设计原理与工艺研究

刘 敬[1] 吴晋军[1, 2] 段俊瑞[1, 2]

（1. 西安石油大学；2. 中国石油油气藏改造重点实验室高能气体压裂分室）

摘 要：为了研究适合于低渗透油层（裂缝）内再产生次生裂缝网的油气田增产技术，开展了低渗透油层内微小裂缝液态炸药爆炸增产技术研究。文中介绍了液态炸药的实验研究方法与设计原理等；运用爆炸相关理论计算了液态药的爆压、爆温及爆速等，结合液态炸药现场试验的设计参数探讨了井下压力及温度的计算方法，并对现场试验工艺进行了分析。研究结果：微粉悬浮液态炸药适合于地层临界尺寸大于2mm缝宽的爆炸造缝需求，确定了其配方与性能参数及工艺设计条件；液态炸药爆速1500～3000m/s，爆炸性能设计参数适中可控，适用于不同的岩性特征；爆速爆温计算与检测结果基本相符，井下压力温度计算与目前经验法计算趋势相近；经在侧钻水平井工艺试验应用验证了现场使用的安全性及可操作性。此项研究为优化液态药设计性能参数及工艺方法，实现在低渗透油层内微小裂缝爆炸增产的技术与工艺试验应用研究进一步奠定了基础。

关键词：低渗透油层；微小裂缝；液态炸药；实验方法；设计原理；工艺与试验

低渗透、特低渗透油田的有效开发已成为世界油气田开发的最大难点[1]。20世纪50年代，美国开始采用硝化甘油在低产的洛克斯芳林格斯油岩油田一口井层厚12.8m范围内找到了可注入液态炸药的地层，向其中注入了5t硝化甘油，爆炸后油井产量增加了8倍，随后至70年代，美国、加拿大已成功进行了层内爆炸技术在油田现场的试验应用，形成了硝化甘油基、水基稠化、硝基烷烃基等的液体炸药，解决了适用于地层内微小裂缝临界尺寸爆炸的关键技术，如硝化甘油基炸药能在临界尺寸0.8mm缝宽的裂缝实验模型上成功起爆，并向进一步缩小临界尺寸的研究空间发展。从其在油田现场试验应用10口井效果看，层内爆炸使油井产量增加1.5～7.0倍，气井产量增加1.5～14倍，油气井平均产量增加5.6倍[2-4]。纵观美国、加拿大层内爆炸所用的几种液体炸药都属于工业用炸药，其爆速高，爆炸威力大，对油井及套管破坏性大，特别是油井现场使用的安全性难以保障，结合我国油田油井安全工艺要求几乎难以实现，更不可能应用推广。

中国科学院渗流流体力学研究所建立了200mm尺度模拟实验装置，进行了特种炸药的挤注、起爆和爆燃实验，其峰值压力约100MPa，证实“层内爆炸”原理基本可行[5]，但模拟实验尺度与地层实际裂缝宽度出入较大。西安石油大学在高温高压釜实验装置研制的微粉悬浮液态炸药，实现了在爆炸临界尺寸2mm模拟裂缝中稳定起爆，系统研究了液态炸药的配方及临界爆炸尺寸实验、起爆工艺及匹配条件等关键技术问题，并通过安全性检测后，首先在侧钻水平井进行了现场工艺的试验应用取得成功[6]。结合微粉悬浮液态炸药实验研究基础及现场试验，根据爆炸学相关理论开展液态炸药主要性能参数及井下压力、温度的计算方法研究与探讨，为优化液态药配方、设计性能参数及工艺方法等研究提供参考。

1 微粉悬浮液态炸药实验研究

1.1 微粉悬浮液态炸药实验方法

综合考虑国内外研究现状确定层内爆炸的研究思想，根据低渗透油层内爆炸实施的工艺特点及安全可靠性要求，首先解决适用于微小裂缝爆炸临界尺寸条件的液体炸药，其爆炸临界尺寸尽可能小，才能更好满足更容易实现地层深处层内微小裂缝爆炸造缝的要求；其次，液体炸药性能稳定，能满足一定的泵压挤入及地层高压、高温不自爆的安全性施工要求，保证液体炸药能挤入和充满地层裂缝；还有液体炸药爆炸性能参数可控、与地层岩性合理匹配能产生裂缝网络，而不能破坏性太大或产生压实作用等。为此，层内爆炸液态炸药实验研究并没有完全参照美国的做法。

液态炸药的爆热、比容、爆速和爆压等主要参数是反映其做功能力的重要因素，是决定是否适用于能使地层岩石产生和形成多体系裂缝网络的实验研究需解决的关键问题。为此，结合工程实践经验，经过一系列筛选及室内实验研究，初步确定了微粉悬浮液态炸药组分的基本配方、起爆匹配条件。首先在地面靶场常温常压下对液态炸药进行多种起爆方法试验无法引爆，证明其满足油田现场安全工艺施工的条件。随后重点开展了微粉悬浮液态炸药在 ϕ125mm 高温高压釜（图 1）的一系列爆炸模拟实验研究，其实验原理是通过模拟油层温度、压力参数，制作微小裂缝尺寸实验模型、沟槽加陶粒实验模型等，通过把微粉悬浮液态炸药挤入不同微小裂缝沟槽模型中，在高温高压条件下进行一系列爆炸模拟实验，研究解决其爆炸临界尺寸、液态炸药配方及爆炸性能参数优化设计、地层裂缝匹配条件等关键技术问题。从液态炸药组分筛选、压力突变、试验参数与条件组配等多方面的实验方法和实验数据进行综合分析，逐步确定了液态炸药在微小裂缝稳定爆炸的优化性能设计参数与工艺设计方法。表 1 和表 2 为悬浮液态炸药部分实验数据，可以看出，在高温高压条件下，悬浮液态炸药在 2mm 沟槽模拟裂缝中的爆炸压力突变值，并通过观察试样模型证明正常爆炸；表 2 为在 2mm 沟槽中铺加陶粒模拟水力裂缝的爆炸实验，部分陶粒脱落。图 2 为高温高压条件下的 2mm 沟槽悬浮液态炸药爆炸 p—t 实验测试曲线，进一步说明了悬浮液态炸药在 2mm 沟槽铺加陶粒模拟水力缝的 p—t 过程。通过模拟实验并结合射孔技术、爆炸压裂及高能气体压裂等工程实践分析[7-10]，其岩层内爆炸形成缝网的主要参数爆速控制在 1500～3000m/s 较为合理，爆炸性能设计参数适中可控，能较好地适用于不同岩性特征的低渗透油层缝网改造要求；通过优化配方应尽量提高液态炸药比容、爆热，有利于提高其对地层的做功能力，实现使地层产生多裂缝网络的增产效果和目的。

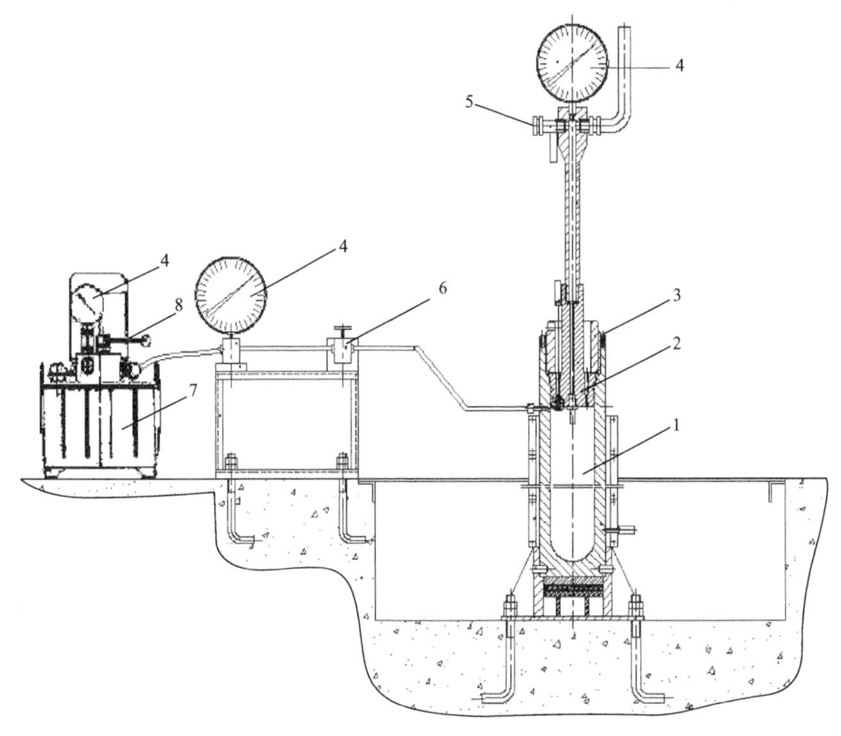

图 1　ϕ125mm 高温高压反应釜实验装置原理图

1—釜体；2—封头；3—承压螺套；4—压力表；5—排气阀；6—针阀；7—高压油泵；8—卸荷手柄

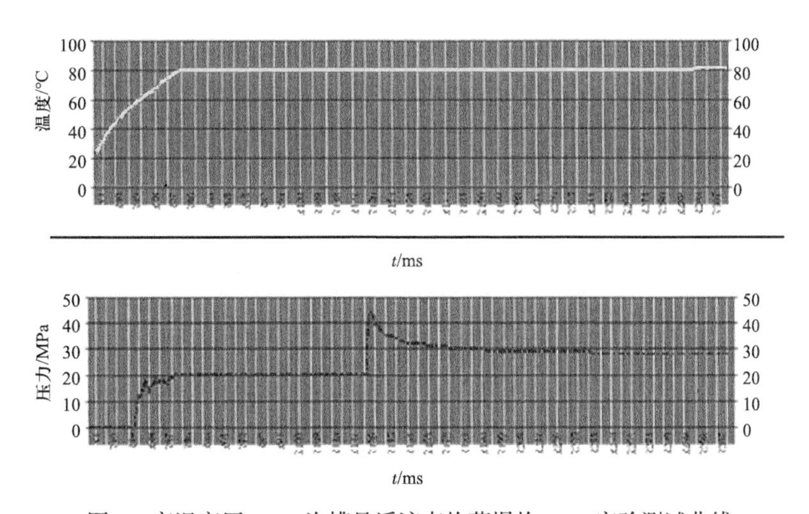

图 2　高温高压 2mm 沟槽悬浮液态炸药爆炸 $p—t$ 实验测试曲线

表 1　高温高压条件下的 2mm 沟槽悬浮液态炸药部分实验数据

序号	起爆前压力 /MPa	起爆后压力 /MPa	压力突变值 /MPa	传爆情况	备注
1	41.18	49.12	7.94	全爆	
2	39.85	52.96	13.11	全爆	

续表

序号	起爆前压力 /MPa	起爆后压力 /MPa	压力突变值 /MPa	传爆情况	备注
3	37.76	46.93	9.17	全爆	
4	20.28	36.75	16.67	全爆	
5	39.66	53.53	13.87	全爆	
6	21.42	24.08	2.66	未全爆	药量少，实验压力低
7	38.52	46.88	8.36	未全爆	传爆药量少，部分起爆

表 2　高温高压条件下的 2mm 沟槽加陶粒 / 悬浮液态炸药部分实验数据

序号	加陶砂 /g	砂药比 /%	起爆前压力 /MPa	起爆后压力 /MPa	压力突变值 /MPa	传爆情况
1	6	10	10.59	34.15	23.56	全引爆
2	8.4	15	14.39	50	35.61	全引爆
3	19.2	31	18.19	44.79	26.60	全引爆

1.2　设计原理

微粉悬浮液态炸药是主要由氧化剂、燃烧剂、悬浮剂和敏化剂等组成的混合液态炸药，以悬浮剂（胶凝剂）稠化的无机氧化剂水溶液和液态燃剂组成混合液相，微粉爆炸敏化剂均匀分布其中，在悬浮剂的作用下形成悬浮浆状乳化炸药，其主要化学组分为 NH_4NO_3、$C_3H_5N_3O_9$、TNT、RDX、HMX 等。其反应机理是在一定的压力温度和引爆条件下，能在组分间进行氧化还原反应，以产生高压爆轰冲击波、爆生气体。作用原理是利用微粉悬浮液态炸药爆炸产生的应力波、爆炸生成的高温高压气体作用主裂缝两壁，使地层裂缝周围再产生大量次生径向裂缝，形成多体系密集型裂缝网络，以沟通更多的天然裂缝松弛了地层应力，扩大地层有效渗流、导流范围；爆轰冲击波的传播及脉冲振动作用，有效地改变了地层岩石的地应力结构，并增加裂缝周围一定范围内的基质孔隙的连通性，达到有效改善地层深处较大范围渗透性的目的。

工艺设计原理是结合人工裂缝尺寸在满足液态炸药爆炸临界尺寸的条件下，综合考虑选井选层，确定微粉悬浮液态炸药设计施工方案，目前端部脱砂压裂技术使地层产生的粗短裂缝来解决缝宽 2mm 的水力裂缝问题具有可行性；现场配制微粉悬浮液态炸药、隔离液、顶替液设计用量。施工工艺通过柱塞泵按照设计方案依次完成各注入药剂的液量，把微粉悬浮液态炸药挤入大于爆炸临界尺寸 2mm 的人工裂缝或天然裂缝中，达到设计工艺要求；采用特殊起爆装置引爆微粉悬浮液态炸药，完成现场施工。

1.3　隔离液配制

微粉悬浮液态炸药属于水基型，需要憎水性的隔离液与压挡液柱（水）完全隔开。经过一系列实验研究形成了以油基、PAM、$CaCl_2$等复合配制而成的隔离液，能配制不同的密度较好满足液态炸药挤注工艺的要求。其特点是隔离层次清晰、稳定性好和调节性强，能保证隔离液的作用效果，微粉悬浮液态炸药、隔离液试验隔离效果如图 3 所示。

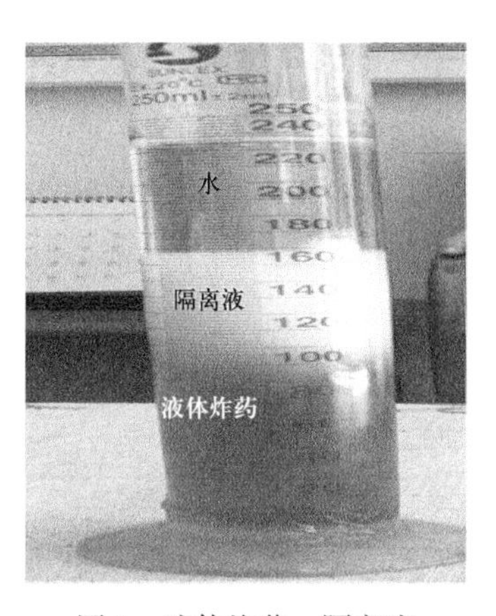

图 3　液体炸药—隔离液隔离试验效果

1.4　液态炸药爆轰参数实验测试及起爆条件

微粉悬浮液态炸药参照有关国家爆炸品性能检测标准，对 2 号微粉悬浮液态炸药爆轰性能检测：爆热为 4685kJ/kg，比容为 507L/kg，爆速为 2200m/s，其爆炸性能参数设计适中，可适用于低渗透油层内的缝网改造，并根据地层岩性匹配参数可适当调整。

试验证明，其必须在高压高温条件下通过特殊起爆方式方能引爆。经实验测试，在压力 10MPa 和温度 140℃条件下，并通过专用起爆装置才能引爆，引爆条件十分苛刻，地面条件下不会燃烧或爆炸，具备了现场使用安全可靠的工艺施工应用条件。

2　悬浮液态炸药爆轰参数计算

悬浮液态炸药配方组分较为复杂，其爆轰参数实际计算过程十分烦琐，为了便于说明计算方法，对计算过程进行了简化。本次爆轰参数计算均以悬浮液态炸药敏化剂含量 5% 配方为例。

2.1　爆温计算

炸药的爆热与爆温的关系式[11]如下：

$$Q_v = \overline{C_v} t \tag{1}$$

式中，$\overline{C_v}$为 0～t℃范围内全部爆轰产物的平均热容，kJ/（kg·℃）；t为所求的爆温值，℃。

一般热容与温度的关系为：

$$\overline{C_v} = a_0 + a_1 t + a_2 t^2 + a_3 t^3 + \cdots \tag{2}$$

对于一般不太复杂的计算，取其中第一、二项，即认为热容与温度为直线关系，则

$$\overline{C_v} = a_0 + a_1 t \tag{3}$$

这样

$$Q_v = \overline{C_v} t = (a_0 + a_1 t) t \tag{4}$$

$$a_1 t^2 + a_0 t - Q_v = 0 \tag{5}$$

于是爆温的计算式为：

$$t=\left(-a_0+\sqrt{a_0^2+4a_1Q_v}\right)/(2a_1) \tag{6}$$

爆轰产物的平均热容一般采用卡斯特平均热容式求出：a_0=854.48，a_1=0.33。

在微粉悬浮液态炸药的计算中，按照热化学理论计算一般爆轰参数的方法，由实测爆热 Q_v=4685kJ/kg，计算出微粉悬浮液态炸药的爆温，见表3。

表3　微粉悬浮液态炸药爆轰参数计算

敏化剂含量/%	比容/（L/kg）	爆热/（kJ/kg）	爆温/℃
5	507	4685	1502.3

2.2　爆速及爆压计算

爆速、爆压的理论计算比较复杂，通常在工程应用中采用经验法进行计算，计算结果与实际值偏差往往较大。参照爆炸理论相关计算分析[11]，ω—Γ法适合于单体炸药、混合炸药的爆轰参数计算，近年来在国内外得到了比较广泛的应用，其计算结果与实际测试结果较为相符。微粉悬浮液态炸药在组分上与乳化炸药组分比较接近，ω—Γ法在计算中除了应用相关的基本参数值，如爆热 Q、初始密度 ρ_0 外，还引入了势能因子 ω 和绝热指数 Γ。

2.2.1　爆速

计算爆速的公式[11]为：

$$D=aQ^{1/2}+b\omega\rho_0 \tag{7}$$

式中，D 为爆速，m/s；Q 为爆热，kcal/g；ρ_0 为初始密度，g/cm^3；ω 为势能因子；a、b 为常数，分别为58.0和52.3。

由式（7）可看出，爆速 D 由两部分组成：一为能量项 $aQ^{1/2}$，二为势能项 $b\omega\rho_0$。

计算势能因子 ω 的公式为：

$$\omega=\frac{\sum n_iR_i}{M} \tag{8}$$

式中，R_i 为 i 产物组分的余容，其值可由表4查出，n_i 为产物组分的物质的量，mol；M 为炸药的摩尔质量，g/mol。

表4　爆轰产物的余容值

爆轰产物	H_2O	CO_2	N_2	H_2	O_2	CH_4	CO	C（固）
余容值/（cm^3/g）	250	800	380	214	350	528	390	

爆热 Q 可由式（9）求得：

$$Q = \frac{-\left(\sum n_i \Delta H_i - \Delta H_f\right)}{M} \tag{9}$$

式中，n_i 为 i 产物组分的物质的量，mol；ΔH_i 为 i 产物组分的生成焓；ΔH_f 为炸药的摩尔生成焓；M 为炸药的摩尔质量。

对于混合炸药采用公式：

$$Q_{总} = \sum x_i Q_i$$

$$\omega_{总} = \sum x_i \omega_i$$

式中，x_i 是组合炸药中 i 组分的质量分数。爆速计算由表 5 查出各爆轰产物的生成焓。

表 5　爆轰产物的生成焓

爆轰产物	H_2O	H_2	C	O_2	N_2	CO_2
生成焓 /（kJ/mol）	57.8	0	0	0	0	94.5

微粉悬浮液态炸药由可燃剂、氧化剂、敏化剂和水组成，各组分的物质的量计算，见表 6。

表 6　各组分的物质的量计算

组分	C 含量 / mol	H 含量 / mol	N 含量 / mol	O 含量 / mol	摩尔质量 /（g/mol）	生成焓 /（kJ/mol）	x_i/%
可燃剂	3	8	0	3	92	−159	9.4
氧化剂	0	4	2	3	80	−80	57.4
敏化剂	4	8	8	8	296	+25.017	5
水	0	2	0	1	18	± 57.8	28.2

计算 Q_i 值：可燃剂 156.5kcal/g，氧化剂 445kcal/g，敏化剂 1504.1kcal/g，水 0。

由此计算总爆热：$Q_{总} = \sum x_i Q_i$ =404.8kcal/g。

ω_i 值计算：可燃剂 10.11；氧化剂 13.19；敏化剂 13.92；水 13.89。

于是 $\omega_{总} = \sum x_i \omega_i$ =13.03。

由式（7）计算出爆速：D=2052.85m/s。

2.2.2　爆压计算

根据爆轰理论得到爆压的计算公式[11]为：

$$p = \frac{\rho_0 D^2 \times 10^{-6}}{\Gamma + 1} \tag{10}$$

式中，p 为爆压，GPa；Γ 为绝热指数。

绝热指数 Γ 与爆轰产物组分和初始密度有关，计算公式为：

$$\Gamma = \gamma + \Gamma_0\left(1 - e^{-0.546\rho_0}\right) \tag{11}$$

式中，γ 为比定压热容与比定容热容的比值。

$$\Gamma_0 = \frac{\sum n_i}{\sum\left(\frac{n_i}{\sum \Gamma_{0i}}\right)} \tag{12}$$

爆轰产物的 Γ_{0i} 值计算列于表 7。

表 7　爆轰产物的 Γ_{0i} 值

爆轰产物	N_2	H_2O	CO_2	O_2	H_2	CO	CH_4	C（固）
Γ_{0i} 值	3.8	2.68	3.1	3.35	4.4	2.67	2.93	0.5

由式（12）计算爆炸组分 Γ_0：可燃剂 1.99；氧化剂 3.1；敏化剂 2.76；水 0.7。

于是，$\sum \Gamma_0 = 2.83$ 代入式（11）得出：

$$\Gamma = \gamma + \Gamma_0\left(1 - e^{0.546\rho_0}\right) = 2.69$$

爆轰压力的计算结果 $p = \frac{\rho_0 D^2 \times 10^{-6}}{1 + \Gamma} = 1.46\text{GPa}$

密闭爆发器悬浮液态炸药的爆发计算数据见表 8。

表 8　密闭爆发器悬浮液态炸药的爆压计算数据

敏化剂含量 /%	$1.30g/cm^3$		$1.32g/cm^3$		$1.35g/cm^3$	
	Γ	p/GPa	Γ	p/GPa	Γ	p/GPa
5	2.702	1.361	2.717	1.396	2.740	1.459

3　试验井井下压力及温度计算

结合 CZ44-58 侧钻水平井现场微粉悬浮液态炸药试验探讨井下压力、温度的计算方法，该试验井设计装药量 2.6t。参照研究的爆轰产物的种类以及压力和温度的数值范围，通过对理想气体状态方程式进行修正，选择了范德瓦尔方程式作为较适用的实际气体状态方程式[11]：

$$\left(p + \frac{a}{V^2}\right)(V - b) = nRT \tag{13}$$

式中，常数 a 和 b 叫作范德瓦尔常数，与分子大小和相互作用力有关，其值分别为 $1.5\times10^8\mathrm{Pa\cdot m^6/kmol^2}$ 和 $3.1\times10^{-3}\mathrm{m^3/kmol}$，其值随物质不同而异，是由实验方法确定的。$\frac{a}{V^2}$ 是考虑到分子之间吸引力的修正值，b 是考虑到分子本身所占有体积的修正值。

悬浮液态炸药爆炸后所产生的总热量 $Q_{总}$，一是用于加热爆轰气体产物，使其温度升高；二是高温爆轰气体迅速膨胀对周围岩层介质做功，主要包括压裂岩层破岩造缝、推动液柱对其做功。根据扶余层岩石的力学特性［弹性模量为（1.0～1.5）$\times10^4$MPa，泊松比为 0.18～0.30，单轴抗压强度 45MPa］可知，其属中等强度的岩石，应选用爆速和爆压相对较低的炸药设计参数较合理，3 号液态炸药爆炸性能属于低速爆轰范畴，作用时间为毫秒级，据此做以下假定：（1）爆炸过程近似地视为定容过程；（2）爆轰产物的热容只是温度的函数，而与爆炸时所处的压力等其他条件无关。

井下最大压力 p_{max} 和最高温度 T_{max} 计算结合相关爆破工程实际经验，以及本次井下爆炸采用封闭式井口试验分析，考虑到井筒内液柱部分漏失，作用地层有效热量设定为 85%$Q_{总}$，并按照 3 号液态炸药爆轰性能实测值爆热 4685kJ/kg、爆速 2200m/s 计算：

由式（6）计算 T_{max}=1502.3℃；由式（13）计算 p_{max}=804.56MPa。

这一计算结果是建立在爆炸过程为定容过程的基础上的，对于高爆速炸药这一假定是合理的，而且与上述绝热条件下密闭爆发器悬浮液态炸药爆炸的爆压理论计算值出入很大，主要原因是炸药不同特性与设定条件几乎完全不同，目前又没有现成工程理论计算方法；液态炸药井下爆炸产生的高温高压气体能量并不是一直保持在密闭装置中，而是在爆炸气体能量聚集至压力上升到岩石破裂压力时瞬时破岩释放能量，能量释放过程实际上就是地层产生多裂缝的过程。为此，考虑到悬浮炸药井下爆炸作用特点，作为低爆速炸药，作用时间为毫秒级，爆轰产物所占的体积 V_m 一般大于悬浮炸药体积 V_z 的 4～5 倍，由爆炸经验类比计算：取 $V_m=4V_z$，p_{max}=212.51MPa；取 $V_m=5V_z$，p_{max}=170.61MPa。由此根据上述计算分析，本次试验井井下的最大压力在 171～213MPa 之间，与目前经验法计算的峰值压力范围反映趋势相近，但需要经过现场试验检测数据才能不断完善。

压力控制与对套管影响分析，CZ44−58 井采用 J55 筛管完井，J55 屈服强度极限为 379～552MPa，本次施工井下的最大压力在 171～213MPa 之间，远小于 J55 屈服强度极限强度。根据设计方案，本次施工重点考虑对直井段套管的影响，施工后通井检测直井段套管没有发现问题，与实际设计情况基本相符。

4　现场工艺试验及分析

结合相关技术研究理论与实践[7−10, 12]的知识积累设计了施工方案，在大庆油田侧钻水平井 CZ44−58 进行了国内首次现场试验。CZ44−58 井所处区块油层平均孔隙度为 12.6%，平均空气渗透率为 1.94mD，属于低孔隙度、特低渗透砂岩油层，升南试验区扶余—杨大城子油层原始地层压力系数为 1.00～1.26，结合邻井实测 5 口井破裂压力成果，葡萄花油层最小破裂压力梯度为 1.66MPa/100m，扶杨油层最小破裂压力梯度为 1.65MPa/100m。该井完钻垂深 1984.62m，开窗位置 1816.2～1820.7m，水平生产段 2042～2191.0m，压裂水平井段长 143m，完井方式采用 ϕ88.9mm 大孔径筛管完井。该井完井后没有进行水力压裂措施，水平段储层岩性致密，地层破裂压力估算为 41.3MPa，没有人工裂缝或者天然裂缝，直接进行微粉悬浮液态炸药爆炸压裂施工试验，悬浮液态炸药爆炸作用过程完全在水平井裸眼（大孔径筛管）段完成的。本次方案设计悬浮液态炸药充满水平井段井筒，设计装药量 2.6t，隔离液 1.3t，顶替液 5.5m^3。施工工艺设计方案施工程序如图 4 所示。

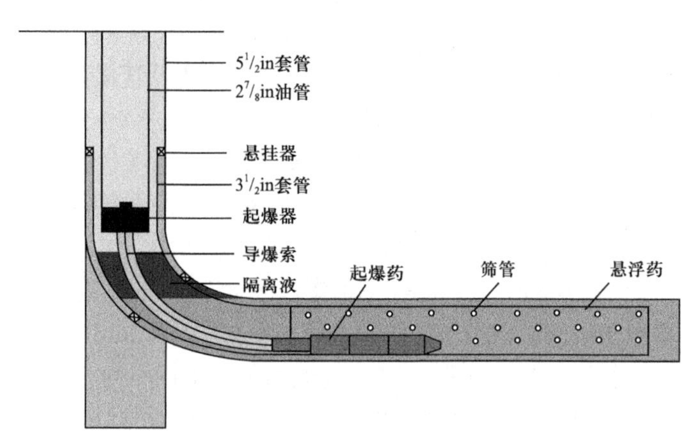

图 4　水平井 CZ44-58 微粉悬浮液态炸药爆炸压裂施工工艺设计示意图

施工方案分两大步骤：首先完成悬浮液态炸药泵注入程序，先下注入管柱，依次进行隔离液—悬浮液态炸药—隔离液—顶替液设计用量注入，然后起出管柱；其次，完成起爆装置施工程序，下起爆管柱，连接撞击起爆器—传爆管线—专用起爆装置，到达设计点火位置后，安装 750 型高压井口装置准备起爆。起爆后井口最大压力约 17MPa，点火工艺一次成功，由地震裂缝动态检测仪器检测悬浮液态炸药爆炸时地层反响较大，爆炸作用地层明显。结合爆炸作用岩石破坏准则及考虑应力波损伤作用等开展了水平井液态炸药爆炸裂缝模型计算方法研究[13]，计算结果为沿水平井井壁产生径向裂缝半径长度约 2.68m 的柱状网络裂缝改善区，如考虑爆炸弹性地震波振动区，作用范围明显更大。通过现场试验证明了该项技术施工工艺的安全可靠性及可操作性，对液态炸药在低渗透油层内微小裂缝内爆炸的技术研究及现场工艺试验应用有重要指导意义。

5　结论

（1）低渗透油层内微小裂缝液态炸药爆炸增产技术试验研究，所研制的微粉悬浮液态炸药适合于地层临界尺寸大于 2mm 缝宽的爆炸造缝需求，确定了液态炸药的配方与性能参数、设计原理及工艺条件，为低渗透、特低渗透油田深层次开发提供了新的技术途径与研究方向。

（2）微粉悬浮液态炸药经国家民爆检测中心检测试验，符合安全使用要求，液态炸药主要参数爆速控制在1500～3000m/s之间，爆炸性能设计参数适中可控，能适用于不同岩性特征的低渗透油层爆炸缝网改造。运用爆炸力学相关理论探讨了液态炸药爆轰参数的计算方法，计算的爆速、爆温与民爆检测结果基本相符，井下压力、温度的计算结果与实际经验估算趋势相近，可为进一步优化液态炸药性能参数及工艺设计方法提供参考。

（3）侧钻水平井工艺试验应用的成功，验证了现场使用的安全性及可操作性，证明了现场使用其设计原理可行，施工工艺安全，可操作性强，有利于进一步开展油田现场试验应用。

（4）建议进一步开展该项技术的现场工艺应用试验，加强岩性参数匹配的爆炸实验数据检测，完善裂缝模型设计和计算方法研究等，不断优化设计方案及配套工艺，使该项技术能尽快地在低渗透、特低渗透油气田试验应用并发挥作用。

参考文献

[1]康毅力，罗平亚.中国致密砂岩气藏勘探开发关键工程技术现状与展望[J].石油勘探与开发，2007，34（2）：239-245.

[2]Mehdi Azari，等.Mt.Simon地层中两个储气田的试井和提高产能的实例[C].刘文涛，何江川，译.SPE 39208，1998.

[3]Schmidt R A，Boade R R，Bass R C. A new perspective on well shooting-behavior of deeply buried explosions and deflagrations[J]. Journal of Petroleum Technology，1981，33（7）：1305-1311.

[4]李传乐，王安仕，李文魁.国外油气井"层内爆炸"增产技术概述及分析[J].石油钻采工艺，2001，23（5）：77-78.

[5]丁雁生，陈力，谢燮，等.低渗透油气田"层内爆炸"增产技术研究[J].石油勘探与开发，2001，28（2）：90-96.

[6]吴晋军.低渗油层层内深度爆炸技术作用机理及工艺试验研究[J].西安石油大学学报（自然科学版），2011，26（1）：48-50.

[7]吴晋军，廖红伟，张杰.水平井液体药高能气体压裂技术试验应用研究[J].钻采工艺，2007，30（1）：50-53.

[8]吴晋军，苏爱明，王继伟，等.多级强脉冲加载压裂技术的试验研究与应用[J].石油矿场机械，2005，34（1）：31-33.

[9]李克明，张曦.高能复合射孔技术及应用[J].石油勘探与开发，2002，29（5）：91-92.

[10]赵敏，周万富，熊涛，等.射孔参数对注水井流动效率的影响[J].石油勘探与开发，2006，33（3）：360-363.

[11]刘殿中，杨仕春.工程爆破实用手册[M].北京：冶金工业出版社，2004.

[12]王安仕，秦发动.高能气体压裂技术[M].西安：西北大学出版社，1998.

[13]吴晋军，赵国华，刘立才，等.水平井液体炸药爆炸压裂裂缝模型计算方法研究[J].石油钻采工艺，2011，33（5）：82-85.

高温作用下干热岩人工裂缝内暂堵剂的运移规律

汪道兵[1] 冯雨晴[1] 周福建[2] 翁定为[3] 刘雄飞[2] 宇 波[1]

（1. 北京石油化工学院机械工程学院；2. 中国石油大学（北京）非常规油气科学技术研究院；3. 中国石油勘探开发研究院压裂酸化技术中心）

摘 要： 暂堵转向压裂是提高干热岩采热效率的新技术之一，目前干热岩温度对于干热岩人工裂缝内暂堵剂运移的影响规律研究较为缺乏。本文基于CFD−DPM耦合的固液两相流模型，构建了高温作用下干热岩人工裂缝内暂堵剂运移的数理模型，分析了不同温度下裂缝内暂堵剂的压力、速度、温度的变化规律。数值模拟结果表明，干热岩人工裂缝温度会对暂堵剂在裂缝内的运移造成不同程度的影响。随着温度的升高，颗粒间的相互作用力会增大，暂堵剂所受到的压力大小会因温度增加而增加，较高的温度容易在裂缝内形成较大的压差。

关键词： 干热岩；暂堵剂；多相流；高温作用；水力压裂

干热岩是一种非常具有经济价值的热岩体，埋藏深度一般3～10km，据保守估算，干热岩的能量是世界上所有石油、天然气等能源的30倍[1-2]，大约有2.5×10^{25}J的干热岩储量，可等同于860×10^{12}t标准煤[1-2]。目前利用水力压裂方式在地下造缝，在干热岩体上形成渗透裂缝，再将地面表层的水分通过注入井流经干热岩裂缝中吸收热量，从采热井中提出高温的水蒸气，供地热能和其他能源的综合使用[1-2]。

但传统的水力压裂技术不易在干热岩储层中产生复杂的人工裂缝，同时岩石基质渗透率很差，很难达到经济、高效取热的目的。为了改善人工裂缝的复杂性，须强行增大压裂改造的体积，使裂缝发育程度增大，增加单井采热效率，暂堵转向技术是一种行之有效的途径[3-8]，对于干热岩人工裂缝的开发具有重要作用。

暂堵剂转向压裂是使裂缝在储层内转向扩展新裂缝的重要技术，包括运移和封堵两种过程。因此，暂堵剂运移至所需位置形成正确封堵，提高裂缝内净压力是这项技术的关键。干热岩储层区别于常规油气藏，主要为具有较高温度的花岗岩或者致密变质岩，在干热岩的高温条件下，由于热流的作用，暂堵剂会发生一定形变，进而引起暂堵剂的流动性质发生变化。因此，研究温度对于干热岩人工裂缝内暂堵剂运移的影响规律具有重要意义。

1　干热岩人工裂隙的物理模型

1.1　假设条件

因实际干热岩人工裂缝网络结构复杂，但在数值模拟中无法完全涵盖所有的实际条件，同时，因为模拟软件计算量较大，所需时间较长，为了保证模拟的准确性及节约一部分计算时间，现对干热岩人工裂缝模型做出如下简化（图 1）：

（1）在不考虑干热岩人工裂缝内弯矩的情况下，将其简单划分为一个长方体。

（2）在不计干热岩壁厚的情况下，将其简化为薄壁结构。

（3）假设干热岩裂缝内的流体为不可压缩牛顿流体，同时，暂堵剂的注入量、暂堵剂注入温度及入口流体温度保持不变。

（4）假定暂堵剂为球状，在流动模拟中，其颗粒的大小及特性基本不会改变。

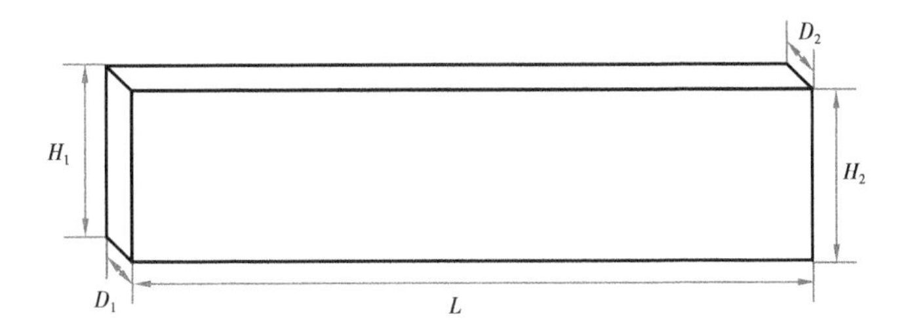

图 1　干热岩人工裂缝模型

L—缝长；H_1—入口处缝高；D_1—入口处缝宽；H_2—出口处缝高；D_2—出口处缝宽

1.2　物理模型

通过 ICM CFD 软件建立裂缝的三维模型，先分别在 x 轴、y 轴、z 轴方向上，建立长度为 200mm、宽度为 4mm、高度为 50mm 的人工裂缝模型，网格单元尺寸为 1mm × 1mm × 1mm。确定长方体的 8 个顶点位置，将两点之间依次连接，再依次确定各个面、建立体。之后新建 Part，根据物理模型进行流动入口、流动出口、壁面的设置（图 2）。

图 2　干热岩人工裂缝物理模型的网格划分示意图

2 人工裂缝内暂堵剂运移过程数学模型

人工裂缝内暂堵剂运移过程数学模型主要由两种方程组成：（1）连续相控制方程，包括连续性方程、动量守恒方程和能量守恒方程等；（2）离散相的控制方程，包括颗粒运动方程、颗粒角动量方程。

2.1 连续相数学模型

（1）流体连续性方程：

$$\frac{\partial\rho}{\partial t}+\nabla\cdot(\rho\boldsymbol{v})=S_{\mathrm{m}} \tag{1}$$

式中，ρ 为流体密度，g/cm^3；∇ 为拉普拉斯算子；$\boldsymbol{v}$ 为流体速度，m/s；t 为时间，s；S_m 为源项，g/（cm^3·s）。

（2）流体动量守恒方程：

$$\frac{\partial}{\partial t}(\rho\boldsymbol{v})+\nabla\cdot(\rho\boldsymbol{v}\boldsymbol{v})=-\nabla p+\nabla\cdot\left(\overline{\overline{\tau}}\right)+\rho\boldsymbol{g}+\boldsymbol{F} \tag{2}$$

式中，p 为缝内流体压力，MPa；$\boldsymbol{g}$ 为重力加速度，m/s^2；$\boldsymbol{F}$ 为外部力，N；$\overline{\overline{\tau}}$ 为应力张量，MPa，其表达式见式（3）。

$$\overline{\overline{\tau}}=\mu\left[\left(\nabla\boldsymbol{v}+\nabla\boldsymbol{v}^{\mathrm{T}}\right)-\frac{2}{3}\nabla\cdot\boldsymbol{v}I\right] \tag{3}$$

式中，μ 为流体黏度，mPa·s；$\boldsymbol{I}$ 为单位张量；上标 T 表示速度向量的转置。

（3）流体能量守恒方程：

$$\frac{\partial}{\partial t}(\rho E)+\nabla\cdot\left[\boldsymbol{v}(\rho E+p)\right]=\nabla\cdot\left[k_{\mathrm{eff}}\nabla T-\sum_j h_j\boldsymbol{J}_{\mathrm{J}}+\left(\overline{\overline{\tau}}_{\mathrm{eff}}\cdot\boldsymbol{v}\right)\right]+S_{\mathrm{h}} \tag{4}$$

式中，T 为流体温度，K；p 为出口压力，MPa；E 为能量常数，W/m^3；k_{eff} 为有效导热率，W/（m·K）；$\boldsymbol{J}_{\mathrm{J}}$ 为流体扩散通量，kg/（m^2·s）；$\overline{\overline{\tau}}_{\mathrm{eff}}$ 为有效切应力张量，MPa；S_{h} 为体积热源，W/m^3；h_j 为流体质量分数为 j 时的焓，J。

（4）湍动能 k 方程及耗散率 ε 方程：

$$\frac{\partial}{\partial t}(\alpha_1\rho_1 k)+\nabla\cdot(\alpha_1\rho_1 v_1 k)=\nabla\cdot\left(\alpha_1\frac{\mu_{\mathrm{t}}}{\sigma_k}\nabla k\right)+G_{\mathrm{k,l}}+\Pi_k-\alpha_1\rho_1\varepsilon \tag{5}$$

$$\frac{\partial}{\partial t}(\alpha_1\rho_1\varepsilon)+\nabla\cdot(\alpha_1\rho_1 v_1\varepsilon)=\nabla\cdot\left(\frac{\alpha_1\mu_{\mathrm{t}}}{\sigma_\varepsilon}\nabla\varepsilon\right)+\alpha_1\frac{\varepsilon}{k}\left(C_{1\varepsilon}G_{\mathrm{k,l}}-C_{2\varepsilon}\rho_1\varepsilon\right)+\Pi_\varepsilon \tag{6}$$

式中，k 为连续相湍动能，m^2/s^2；ε 为湍动能耗散率，W/m^3；μ_{t} 为连续相黏性系数；

Π_k、Π_ε 为固液两相交换系数；$G_{k,1}$ 为湍动能源项；σ_k、σ_ε 为湍动能对应无量纲普朗特数，分别为 1.0 和 1.3；$C_{1\varepsilon}$、$C_{2\varepsilon}$ 为经验常数，分别为 1.44 和 1.92。

2.2 离散相数学模型

离散相为颗粒，通过牛顿第二运动定律求解其受力和速度等相关信息，方程如下：

$$m_{\mathrm{p}} \frac{\mathrm{d}\boldsymbol{v}_{\mathrm{p}}}{\mathrm{d}t} = m_{\mathrm{p}} \frac{\boldsymbol{v} - \boldsymbol{v}_{\mathrm{p}}}{\tau_{\mathrm{r}}} + m_{\mathrm{p}} \frac{\boldsymbol{g}\left(\rho_{\mathrm{p}} - \rho\right)}{\rho_{\mathrm{p}}} + \boldsymbol{F} \tag{7}$$

$$\tau_{\mathrm{r}} = \frac{\rho_{\mathrm{p}} d_{\mathrm{p}}^2}{18\mu} \frac{24}{C_{\mathrm{d}} Re} \tag{8}$$

$$Re \equiv \frac{\rho d_{\mathrm{p}} \left|\boldsymbol{v}_{\mathrm{p}} - \boldsymbol{v}\right|}{\mu} \tag{9}$$

式中，m_{p} 为暂堵剂质量，g；$\boldsymbol{v}_{\mathrm{p}}$ 为暂堵剂速度，m/s；ρ_{p} 为暂堵剂密度，g/cm^3；d_{p} 为暂堵剂直径，m；$\boldsymbol{v}$ 为流体速度，m/s；μ 为流体黏度，mPa·s；ρ 为流体密度，g/cm^3；τ_{r} 为暂堵剂弛豫时间，s；Re 为雷诺数；C_{d} 为常数，取 0.5；$\boldsymbol{F}$ 为附加力，可根据实际情况选择，N。

暂堵剂旋转通过求解暂堵剂角动量的附加常微分方程：

$$I_{\mathrm{p}} \frac{\mathrm{d}\boldsymbol{\omega}_{\mathrm{p}}}{\mathrm{d}t} = \frac{\rho}{2}\left(\frac{d_{\mathrm{p}}}{2}\right)^5 C_{\infty} \left|\boldsymbol{\Omega}\right| \cdot \Omega = \boldsymbol{T} \tag{10}$$

$$\boldsymbol{\Omega} = \frac{1}{2}\nabla \times \boldsymbol{v} - \omega_{\mathrm{p}} \tag{11}$$

$$I_{\mathrm{p}} = \frac{\pi}{60} \rho_{\mathrm{p}} d_{\mathrm{p}}^5 \tag{12}$$

式中，$\boldsymbol{T}$ 为力矩，N·m；$|\boldsymbol{\Omega}|$ 为流体与暂堵剂之间相对角速度的绝对值，rad/s；I_{p} 为惯性矩，g·m^2；$\boldsymbol{\omega}_{\mathrm{p}}$ 为暂堵剂角速度，rad/s；C_{∞}为旋转阻力系数。

2.3 边界条件

裂缝入口采用速度边界条件，设定条件如下：流速 0.5m/s；湍流强度 5%；水力直径 0.008m。裂缝出口采用压力边界条件，设定条件如下：出口压力 30MPa；湍流强度 5%；水力直径 0.008m，符合无滑移的边界。裂缝壁面光滑，为研究干热岩裂缝内不同温度对于暂堵剂运移的影响，设置干热岩壁面的温度分别为 500K、600K 和 700K，暂堵剂会因与裂缝壁面产生碰撞而被反射。有关输入参数见表 1 至表 3。

表 1　入口边界条件

类型	速度 / （m/s）	湍流强度 /%	水力直径 /m
裂缝入口	0.5	5	0.008

表 2　出口边界条件

类型	压力 /MPa	湍流强度 /%	水力直径 /m
裂缝出口	30	5	0.008

表 3　壁面边界条件

温度 /K	类型	与暂堵剂接触
500	光滑	反射
600	光滑	反射
700	光滑	反射

3　数值模拟结果与分析

3.1　多相流模型及相关参数

3.1.1　多相流计算模型

采用 DPM 模型，以颗粒相作为暂堵剂，以水为连续相，根据物质的具体情况，输入相关物质参数。有关输入参数见表 4 和表 5。

表 4　流体参数

黏度 / （mPa·s）	速度 / （m/s）	密度 / （kg/m^3）
1	0.5	998

表 5　暂堵剂参数

直径 /m	速度 / （m/s）	密度 / （kg/m^3）
0.003	0.5	2500

3.1.2　湍流模型

在 Fluent 软件中选用 Standard $k-\varepsilon$ 湍流计算模型，湍流相关公式的参数见表 6。

3.2　数值模拟方案

为研究不同温度暂堵剂运移的影响，依次改变干热岩裂缝内的温度，其他设置均保持不变。建立3组不同的干热岩温度下的物理模型，分析干热岩裂缝对暂堵剂运移的影响。表7为ANSYS Fluent软件内的各项参数。

表6 湍流相关公式的参数

参数	$C_{1\varepsilon}$	$C_{2\varepsilon}$	C_{μ}①	σ_k	σ_ε
取值	1.44	1.92	0.09	1.0	1.3

① C_{μ}为常数项系数。

表7 数值模拟方案中的输入参数

温度/K	入口速度/（m/s）	出口压力/MPa
500	0.5	30
600	0.5	30
700	0.5	30

3.3 数值模拟结果与分析

3.3.1 颗粒在裂缝内的运移过程

通过图3可以看到暂堵剂在温度作用下沿干热岩裂缝内运移的过程。在0.2s时，进入干热岩裂缝内的暂堵剂颗粒较少，颗粒间相互作用力较小，少部分速度较快的颗粒在裂缝入口处。随着时间增加，颗粒数量慢慢增加。在0.8s时，沿着裂缝方向运移的颗粒数量已经到达裂缝中间位置，速度较快的暂堵剂颗粒数量随之增多，颗粒整体速度呈加快状态。在2.6s时，干热岩裂缝中充斥着暂堵剂颗粒，而速度较快的暂堵剂数量显著增加，表明暂堵剂颗粒在裂缝内的速度已基本保持在较高的水平。

3.3.2 裂缝内颗粒随温度流动状态

以温度为500K的模型为例，观察暂堵剂颗粒在干热岩人工裂缝内的颗粒流动时的温度变化。由图4可以观察到，颗粒颜色反映了颗粒在裂缝内运移过程中的温度大小。在0.2s时，暂堵剂颗粒刚进入裂缝内，颗粒数量较少，温度较低。在接近流动入口处，温度范围为400～450K。在0.8s时，裂缝内颗粒整体数量显著增多，其中裂缝入口处颗粒分布较为密集。同时，暂堵剂颗粒整体温度较高，部分的颗粒温度在350K及以上。在2.6s时，暂堵剂颗粒在裂缝内均匀分布，除裂缝入口处存在少量灰色颗粒以外，裂缝内以黑色颗粒为主，在靠近裂缝出口处存在部分浅灰色颗粒。在3.8s时，颗粒温度已基本接近干热岩裂缝的温度。通过0.2～3.8s的颗粒温度图（图4）可知，在温度作用下，暂堵剂颗粒的温度在较短时间内就可以升高至接近裂缝的温度。

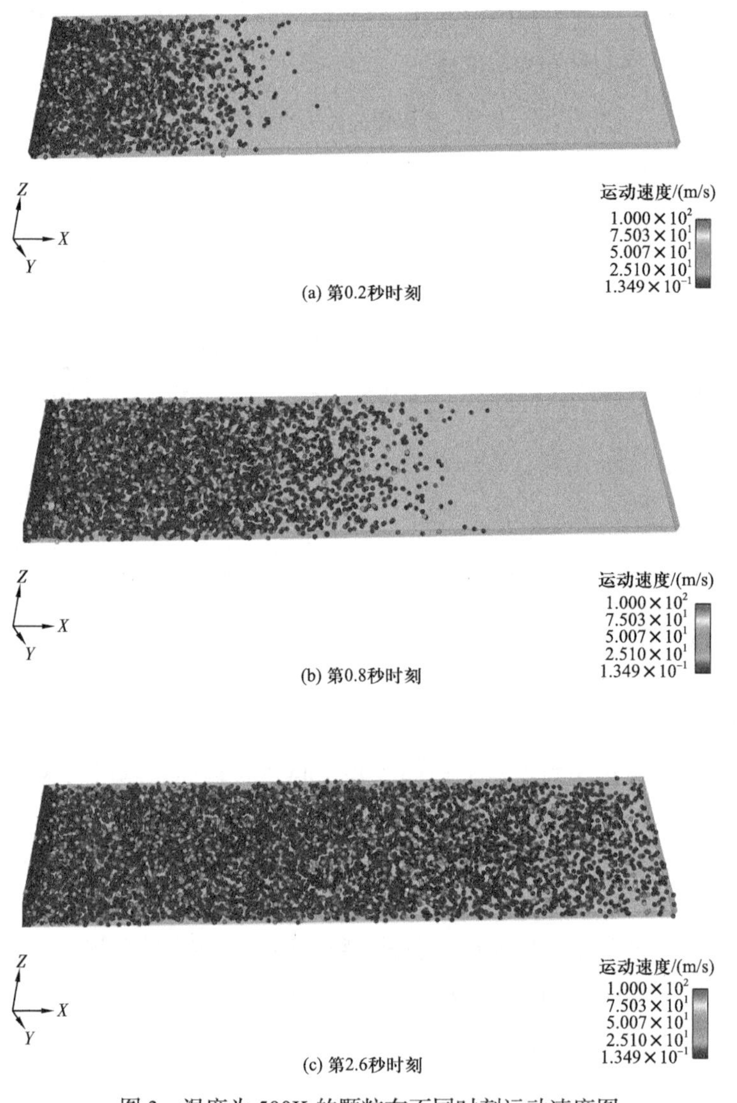

(a) 第0.2秒时刻

(b) 第0.8秒时刻

(c) 第2.6秒时刻

图 3　温度为 500K 的颗粒在不同时刻运动速度图

3.3.3　干热岩裂缝温度对暂堵剂运移特性的影响

3.3.3.1　裂缝温度对压力的影响

（1）比较温度为 500K 的裂缝流动区域内总体的压力云图和流线图。

以 500K 高温下的裂缝流场中总体压力分布云图为例，如图 5（a）所示，结合图例可知，最大压力为 3×10^7Pa，在云图中显示为红色；最小压力为 2.9998×10^7Pa，在云图中显示为蓝色。从压力分布云图中可知，裂缝入口处的压力较低，裂缝出口处的压力较高，沿着裂缝流动方向，压力整体呈增大的趋势。为便于分析裂缝内的压力分布，在压力分布云图中添加流线便于观察。由图 5（b）可知，在裂缝入口处的低压区，形成了圈状的流线，且流线较为密集。圈状流线的出现主要由于裂缝内的流体设置为湍流，由于湍流中形成的旋涡，因此该部分的流线呈现圈状。在裂缝出口处的高压区，流线分布较为稀疏。

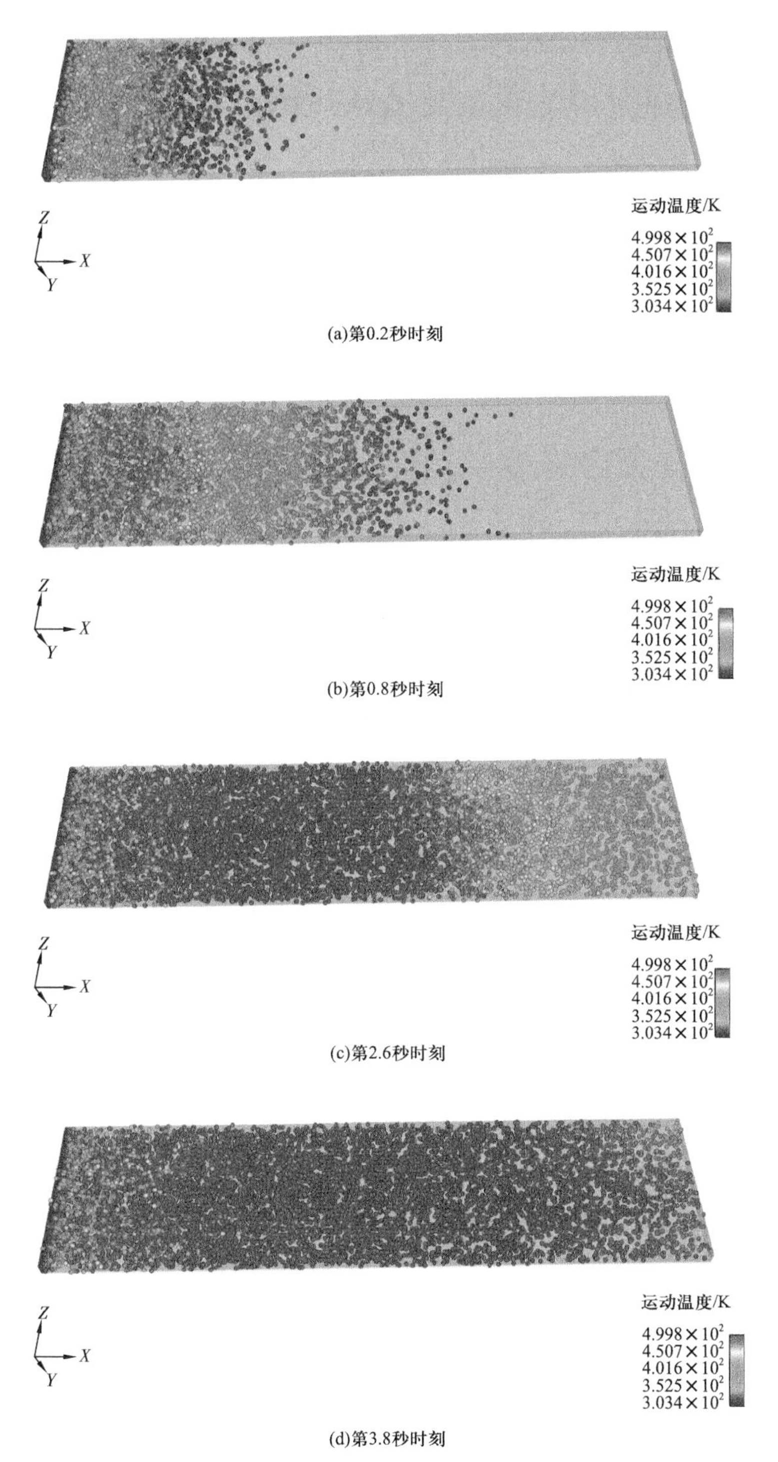

(a)第0.2秒时刻

(b)第0.8秒时刻

(c)第2.6秒时刻

(d)第3.8秒时刻

图 4　温度为 500 K 的颗粒在不同时刻运动温度图

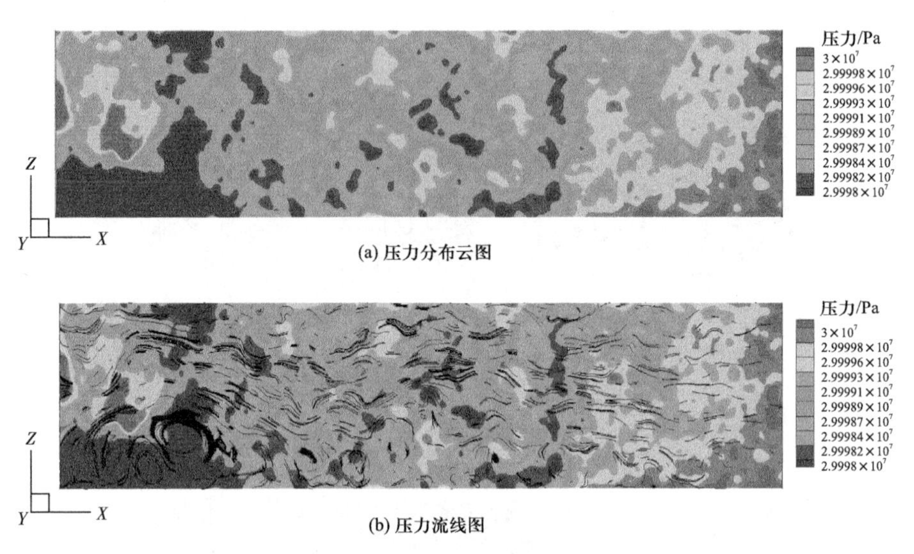

(a) 压力分布云图

(b) 压力流线图

图 5　温度为 500K 的压力分布云图与压力流线图

（2）分析不同温度下压力随时间变化的曲线。

如图 6 所示，在 0～4s 内，初期暂堵剂颗粒在干热岩裂缝内出现了少量颗粒，且压力的增长区域平稳；在 4～8s 内，颗粒数目增加，颗粒之间的交互作用力增加，压力增大；颗粒数量逐渐增多，颗粒间相互作用力增大，压力的增长趋势逐渐加快；在 8～10s 内，压力的增加趋向于直线的增长。

由图 6 中可以看出，受到温度的影响，暂堵剂颗粒受到的压力变化十分明显。500K 和 700K 的暂堵剂颗粒压力曲线变化趋势重合度较高，600K 的压力变化与另外两个温度相比，变化趋势较为平缓。在 10s 时，500K 温度下暂堵剂颗粒的受力为 2.021N，600K 温度下暂堵剂颗粒的受力为 1.197N，700K 温度下暂堵剂颗粒的受力为 2.072N。从第 5 秒开始，不同温度下的暂堵剂颗粒受力大小逐渐呈现较为明显的差异，最大压力差为 0.875N。

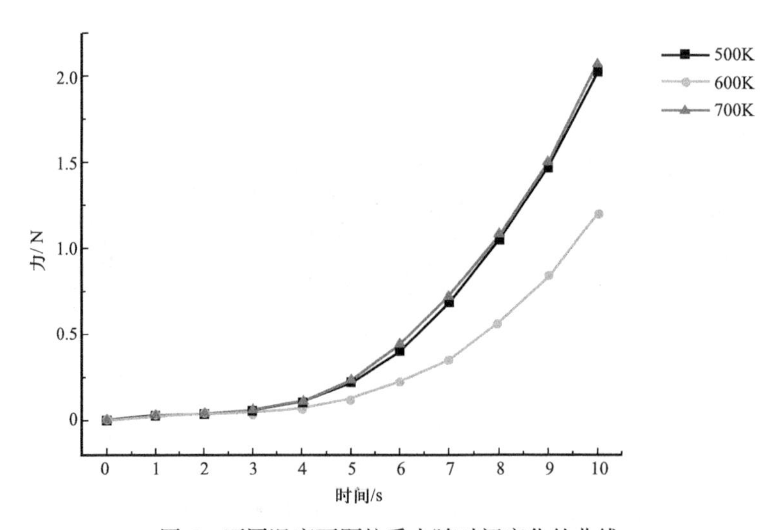

图 6　不同温度下颗粒受力随时间变化的曲线

（3）比较温度分别为 600K 和 700K 的总体压力分布云图和流线图。

通过 500K 的压力分布云图［图 5（a）］可知，低压区的流线分布比较集中。通过 600K 和 700K 的压力分布云图和流线图的比较（图 7 和图 8），在两组不同的颗粒模型中，裂缝的出口均为高压区，属于一个比较大的区域。从 600K 的压力分布云图上可以看出，在裂缝入口处，出现了比较均衡的流线流动。从 700K 的压力分布云图可以看出，在裂缝的上方为高压带，在下部位低压区，低压区存在环形的流线分布。在高压区和低压区的边界处，由于压差的增大，已形成新的裂缝。干热岩裂缝温度增高后，颗粒间的相互作用力会增大，根据压力分布云图及流线图可知，暂堵剂所受到的压力大小会因温度增加而增加，较高的温度容易在裂缝内形成较大的压差。

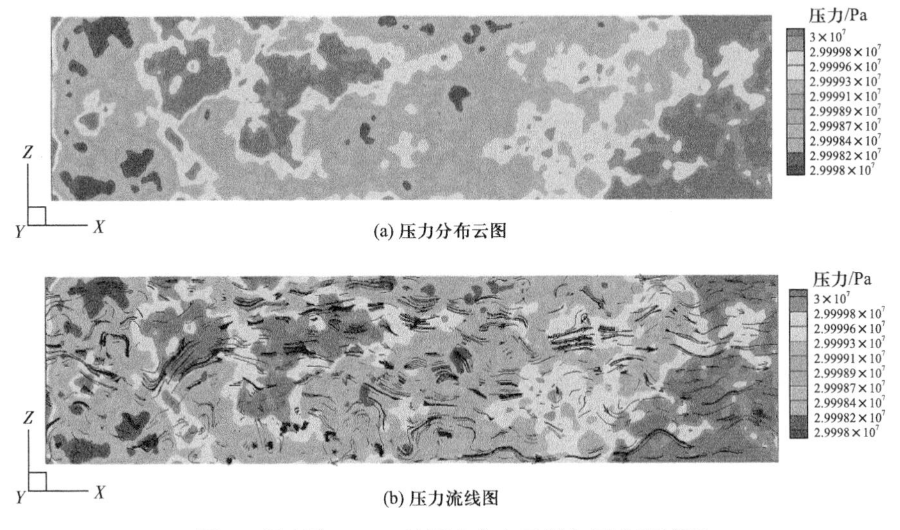

图 7　温度为 600 K 的压力分布云图与压力流线图

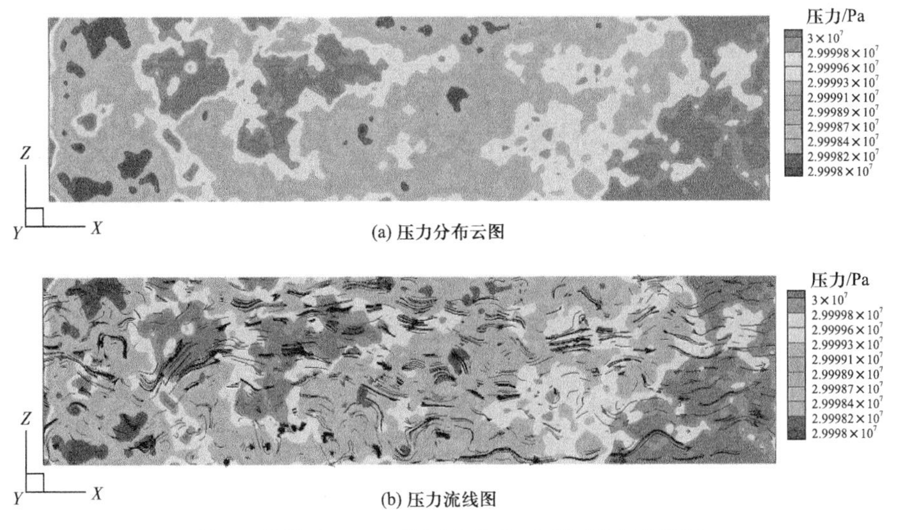

图 8　温度为 700 K 的压力分布云图与压力流线图

3.3.3.2 裂缝温度对速度的影响

（1）分析温度为 500K 的裂缝流动区域内总体的速度云图和流线图。

以 500K 高温下的裂缝流场中总体速度分布云图为例，如图 9 所示，结合图例可知，最大速度为 2.5m/s，但通过云图观察到，图中的最大速度为 2.22m/s。从速度云图中可知，裂缝内沿着裂缝流动的方向，入口处速度较快，上边界的颗粒流动速度比下边界的流速更快。在裂缝中，由于颗粒的运移，颗粒数目增加，颗粒间的交互作用力也随之增加。颗粒所受压力随之增加，因此越接近裂缝出口处，颗粒速度越慢。

为了方便对裂缝内部的速度场进行研究，增加了流线以便观测。由图 9（b）可知，两个湍流旋涡在裂缝入口下缘处形成，并以环状流线形式存在。从流线型曲线上可以看出，流线越是集中的区域，流动速度就会加快，而流线越是稀少的区域，流动速度就会变得缓慢。

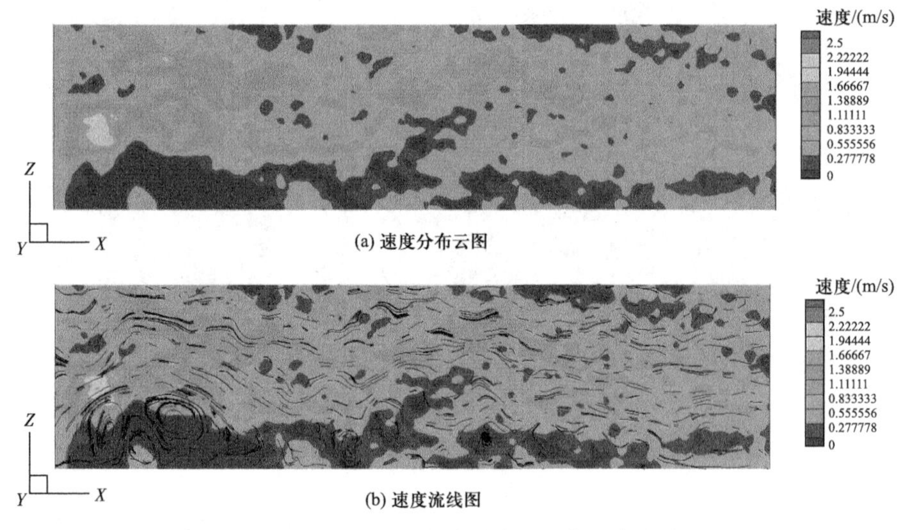

图 9　温度为 500 K 的速度分布云图与速度流线图

（2）分析不同温度下速度随时间变化的曲线。

如图 10 所示，在 0～1s 内，暂堵剂颗粒刚开始进入干热岩裂缝内，颗粒数量较少，速度增长幅度在 1s 内快速上升；在 1～6s 内，颗粒数目逐渐增加，颗粒间的交互作用力增加，颗粒的速度增加幅度减缓；在 6～8s 内，干热岩裂缝内已基本被暂堵剂颗粒填满且分布均匀，增速相对平稳；在 8～10s 内，暂堵剂颗粒速度稍有上升。由图 10 可以看出，由于受到温度的影响，暂堵剂颗粒速度变化十分明显。500K 和 700K 的暂堵剂颗粒速度曲线变化趋势重合度较高，对比分析 600K 的速度曲线变化趋势较为平缓。在 10s 时，500K 下暂堵剂颗粒的速度为 28.33m/s，600K 下暂堵剂颗粒的速度为 21.78m/s，700K 下暂堵剂颗粒的速度为 28.81m/s。从第 5 秒开始，不同温度下的暂堵剂颗粒速度变化逐渐呈现较为明显的差异，最大速度差为 7.03m/s。

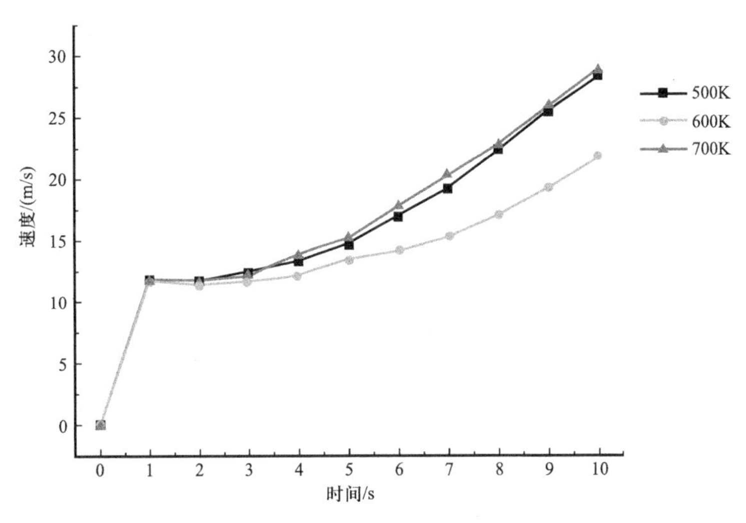

图 10　不同温度下速度随时间的变化曲线

（3）比较温度为 600K 和 700K 的总体速度云图和流线图。

通过 500K 的速度分布云图［图 9（a）］可知，低速度区内的流线更为集中。对比分析 600K 和 700K 的速度分布云图和流线图（图 11 和图 12）可以观察到，两组颗粒模型的裂缝内速度在靠近入口处的速度较大，在靠近上边界的地方流速更大。通过速度的流线图可以观察到，在流速较大的区域，流线的分布更密集；通过流线轨迹可观察到，受湍流影响，颗粒的流动呈上下一定范围波动。

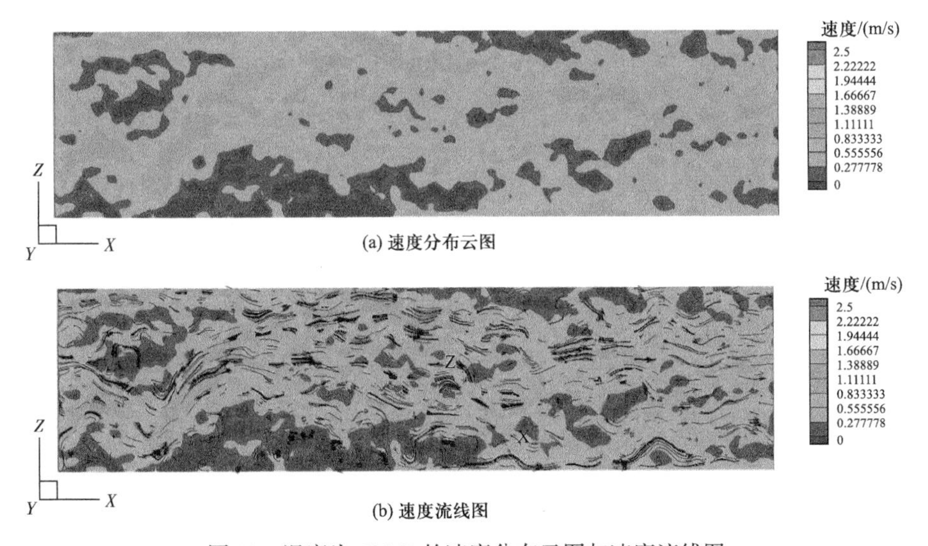

图 11　温度为 600 K 的速度分布云图与速度流线图

3.3.3.3　裂缝温度对温度分布的影响

（1）分析温度为 500K、600K、700K 的裂缝流动区域内整体的温度云图。

模拟结果通过以下分析进行说明：不同干热岩人工裂缝温度下流动区域内的温度分布云图；对比分析裂缝温度为 500K、600K、700K 的流动区域内整体的温度云图。

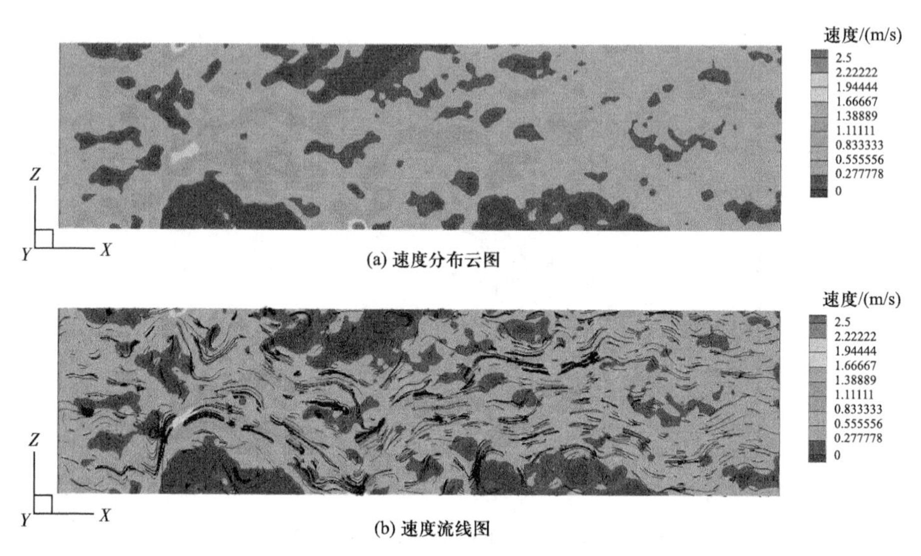

图 12 温度为 700 K 的速度分布云图与速度流线图

如图 13 所示，结合图例可知，高红色为高温，蓝色为低温。从温度云图中可知，裂缝入口处温度较低。随着暂堵剂颗粒从裂缝入口处流至出口处，温度逐渐升高，且云图中

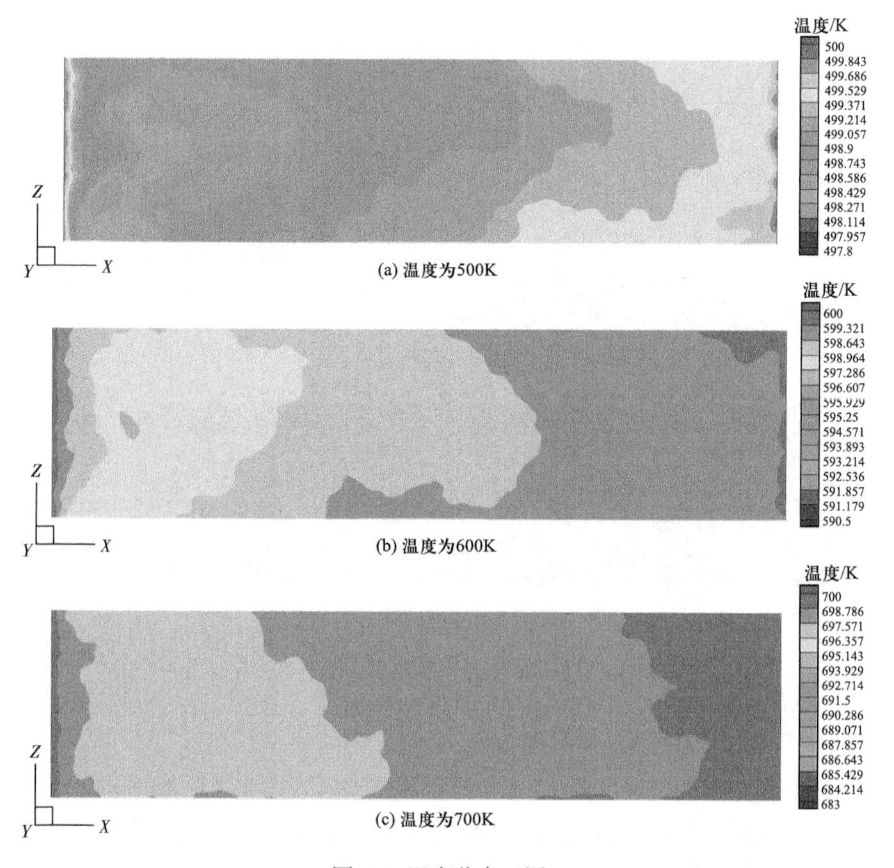

图 13 温度分布云图

颜色分布层次清晰。从温度为500K的云图中可以观察到，较低温度区域在入口处下边界位置，温度为498.271K；较高温度区域在裂缝出口处，温度为499.843K左右。其中，裂缝内温度大多集中在498.9K左右，最大温差为1.572K。从温度为600K的云图中可以观察到，较低温度区域在靠近入口处的位置，温度为597.607K；较高温度区域在裂缝出口处，出口上边界位置高温区域较大，温度为599.321K左右。其中，裂缝内温度大多集中在597.964～598.643K之间，最大温差为1.714K。从温度为700K的云图中可以观察到，较低温度区域在靠近入口处的位置，温度为696.375K；较高温度区域在裂缝出口处，温度为698.786K左右。其中，裂缝内温度大多集中在697.571K左右，最大温差为2.411K。

（2）分析不同温度下温度随时间变化的曲线。

对不同温度下的裂缝内温度场进行分析，得出了在不同温度下温度与时间的关系曲线。如图14所示，在0～1s内，暂堵剂颗粒刚开始进入干热岩裂缝内，颗粒数量较少，在裂缝温度的作用下，温度急速上升；在1～10s内，裂缝内暂堵剂颗粒与暂堵剂的携带液之间存在热量交换，颗粒数目增多，颗粒的升温幅度相对平缓。结合温度分布云图可知，裂缝温度为500K时的最大温差为1.572K，裂缝温度为600K时的最大温差为1.714K，裂缝温度为700K时的最大温差为2.411K。裂缝内暂堵剂颗粒的温度增长幅度随裂缝温度的增加而增加，裂缝温度越高，温差越大。

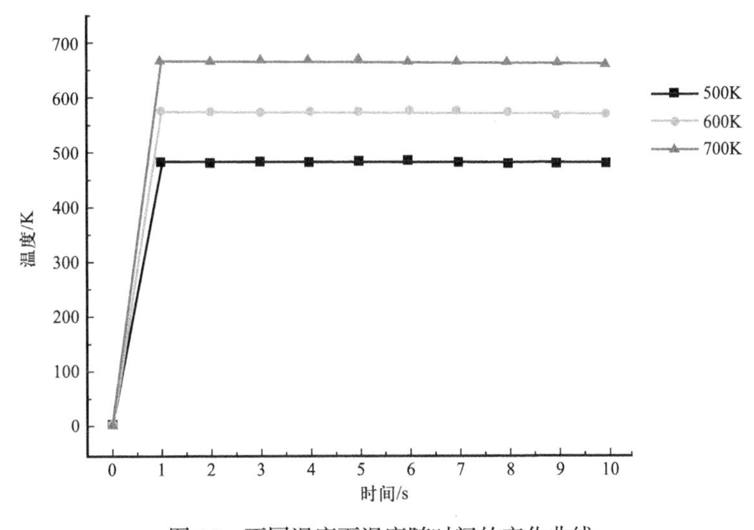

图14　不同温度下温度随时间的变化曲线

4　主要结论

本文在国内外学者对暂堵剂在干热岩人工裂缝内运移过程的研究基础上，开展了在不同温度下，暂堵剂在干热岩人工裂缝内运移过程的模拟研究。建立了在干热岩人工裂缝内暂堵剂运移过程的固液两相流模型，采用ANSYS Fluent软件，对不同温度下的裂缝内暂堵剂的运移进行了仿真模拟，分析了不同温度下裂缝内暂堵剂的压力、速度、温度的变化规律。取得的主要结论为：干热岩人工裂缝温度会对暂堵剂在裂缝内的运移造成不同程度的影响。

在压力方面，裂缝温度由500K升至700K时，最大压差为0.875N，随着温度的升高，颗粒间的相互作用力会增大，暂堵剂所受到的压力大小会因温度增加而增加，较高的温度容易在裂缝内形成较大的压差。

在速度方面，不同温度下的暂堵剂颗粒速度变化逐渐呈现较为明显的差异，裂缝温度由500K～700K时，最大速度差为7.03m/s。受湍流影响，流速较快的颗粒会在裂缝边界内的范围上下波动。

在温度方面，裂缝温度由500K升至700K时，温度为700K时，温差为2.411K。裂缝内暂堵剂颗粒的温度增长幅度随裂缝温度的增加而增加，裂缝温度越高，温差越大。

参考文献

[1] 陆川，王贵玲．干热岩研究现状与展望［J］．科技导报，2015，33（19）：13-21.

[2] 秦浩．热流作用下干热岩裂缝内暂堵剂运移与封堵规律研究［D］．北京：北京石油化工学院，2021.

[3] 汪道兵，周福建，葛洪魁，等．纤维暂堵人工裂缝附加压差影响因素分析［J］．科技导报，2015，33（22）：73-77.

[4] 郑臣，汪道兵，秦浩，等．粗糙裂缝压裂暂堵剂运移规律数值模拟［J］．东北石油大学学报，2022，46（1）：88-103.

[5] Tsuji Y，Kawaguchi T，Tanaka T. Discrete particle simulation of two-dimensional fluidized bed［J］. Powder Technology，1993，77（1）：79-87.

[6] 刘嘉．纤维颗粒复合暂堵转向技术优化研究［D］．北京：中国石油大学（北京），2017.

[7] Bakshi A，Altantzis C，Bates R B，et al. Eulerian-Eulerian simulation of dense solid-gas cylindrical fluidized beds：Impact of wall boundary condition and drag model on fluidization［J］. Powder Technology：An International Journal on the Science and Technology of Wet and Dry Particulate Systems，2015，277（7）：47-62.

[8] Hwang In Sik，Jeong Hyo Jae，Hwang Jungho. Numerical simulation of a dense flow cyclone using the kinetic theory of granular flow in a dense discrete phase model［J］. Powder Technology：An International Journal on the Science and Technology of wet and Dry Particulate Systems，2019，356：129-138.

干热岩储层改造关键技术研究现状及未来展望

贾　靖[1,2,3]　李帝铨[1]　余红广[2,3] 樊庆虎[2,3]　王李昌[1]　杨敏杰[2,3]

（1. 中南大学地球科学与信息物理学院；2. 中国石油西部钻探工程公司井下作业公司；
3. 中国石油油气藏改造重点实验室页岩油储层改造分研究室）

摘　要：基于国内外文献调研，围绕增强地热系统采热桩效能、干热岩压裂参数及地热井布局，对干热岩储层改造关键技术的研究进展进行了评价。初步揭示采热桩热提取效能的主要影响因素为地温梯度、循环管内流体流速、地面与循环流体之间的初始温度差、土壤热容、固井水泥环热容、循环管半径、入口流速和地下水的流动等。初步明确井位、生产井深度、人工裂缝方位与复杂程度是增强地热系统热生产效率的重要影响因素，井数的增加不一定能提升增强地热系统的采热能力，三角形三井布局是较合理的注采井配置，热突破和窜流应尽可能地避免。深入讨论缝间距、裂缝渗透率、缝长、流体注入速率和注入流体温度等压裂参数对增强地热系统性能的影响。提出干热岩储层改造技术未来的研究重点是明确热致应力在长期（>30 年）冷热流体循环中对增强地热系统（EGS）人工裂缝网络稳定性的影响规律。

关键词：增强地热系统；干热岩储层改造；采热桩；热突破；热致应力

干热岩（hot dry rock，HDR）是一种不含水或少量含水的热岩体，以各类变质岩或结晶类岩体为主，普遍埋藏于距地表 3～10km 深处，温度不低于 180℃。与其他碳基燃料能源相比，干热岩储能巨大、对环境影响小，被认为是最具开发前景的可再生能源之一[1]。我国陆区 3～10km 深处干热岩资源相当于 856×10^{12}t 标准煤燃烧所释放的能量，根据国际干热岩标准，以其 2% 作为可采资源量计，约为 2015 年全国能源总消耗量的 4000 倍[2]。随着国民经济水平的提高，我国深部地热能开发利用技术日趋成熟，干热岩的热能开发也已提上日程。“十二五”以来，科技部启动“863 计划”项目“干热岩热能开发与综合利用关键技术研究”、制订《全国干热岩勘查与开发示范实施方案》，计划 2030 年前后实现干热岩地热发电商业化运营。

增强地热系统（enhanced geothermal system，EGS）是从深层干热岩中提取地热能的主要手段。EGS 的基本原理是通过储层增产改造手段（通常是水力压裂）来增加岩石基质的渗透率，并通过注入井和生产井之间的封闭流体循环来提取热能。低温流体（包括水、氮气或超临界二氧化碳等）注入水力压裂产生的高导流能力通道后，将被温度较高的围岩加热，然后在生产井采出，用于发电或其他用途[3-4]。干热岩储层改造的两个关键技术问题是有效井间裂缝网络的建立以及确保长期（>30 年）冷热流体循环中储层裂缝的稳定性。在国内外文献调研的基础上，本文对干热岩储层改造技术的最新进展进行了体系化评价，并尝试对干热岩储层改造的关键技术进行提炼，以明确干热岩储层改造技术未来的研究重点。

1　增强地热系统采热桩采热效能的研究现状

在增强地热系统中，使用采热桩（geothermal energy piles，GEP）作为与岩层或土壤进行热交换的媒介（图 1）。在计算采热桩的采热效能时，热源通常基于无限线源或圆柱体源构建。

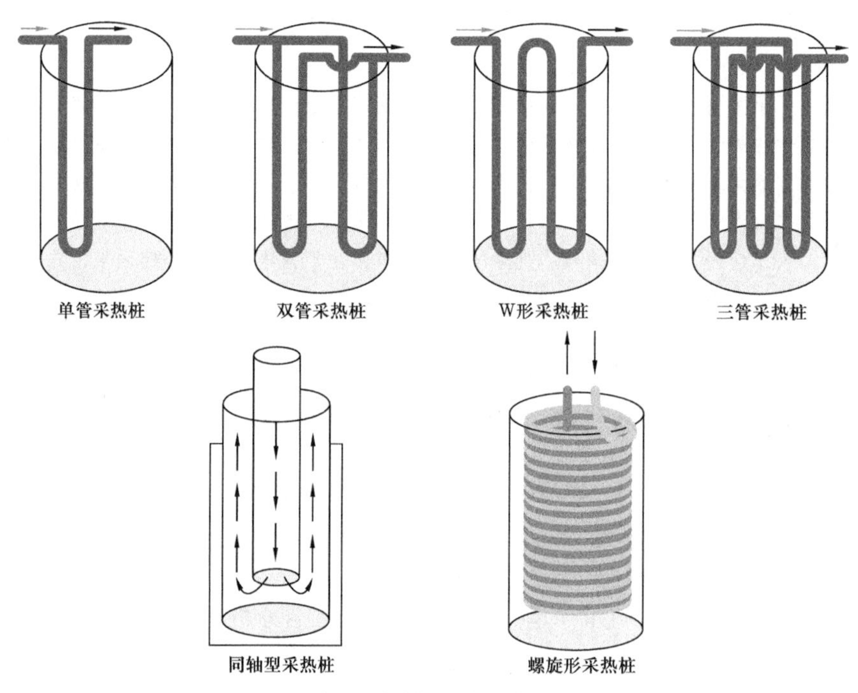

图 1　采热桩的主要类型

1987 年，Eskilson 最早基于无限线源模型建立了采热桩井壁温度的解析表达式。2002 年，在 Eskilson 解析模型的基础上，Zeng 等[5]进一步定义了井壁中心温度和井壁平均温度。2012 年，Bu 等[6]建立了采热桩内岩石与流体间热交换的有限体积模型，提出采热桩的采热效率主要受地温梯度和循环管内流体流速的影响。2013 年，Ghasemi-Fare 等[7]开发了一个圆柱体热源模型，以研究采热桩轴向和径向上的温度分布，根据文中敏感性分析的结果：影响采热桩能量输出的决定性因素依次为地面和循环流体之间的初始温度差、土壤的热导率和循环管半径。2014 年，Hu 等[8]提出了一种圆柱源与线源的耦合模型（图 2），相比于无限线源模型，耦合模型避免了无限线源模型中的稳态热传递假设，能够模拟传热初期的瞬态热传递，并且由于考虑了采热桩的热容，该模型还可用于大直径桩的传热模拟。

2013 年，为了描述干热岩储层中地下水的平流，Zhang 等[9]基于无限线源模型推导了多孔介质中平流条件下的热传导方程，证明当存在地下水的平流时可以更快地进入稳定传热状态。2014 年，Zhang 等[10]进一步提出可以用有限和无限固体圆柱源模型来研究地下水平流对采热桩采热效能的影响，并证明地下水的平流可以显著地提高采热桩的采热效能。2015 年，Wang 等[11]基于 ANSYS 软件进一步对 Zhang 等在 2013 年的研究进行了验证，证实当地下水流速小于 1.0×10^{-5}m/s 时 Zhang 等的模型是正确的。2016 年，Dai 等[12]分析了不同储热周期（12h、8h、4h 和 1h）下采热桩内的温度分布，证实储热时间越长，土壤与井壁间的温差越大。2017 年，Saadi 和 Gomri[13]研究了季节对增强地热系统的影响，证实季节变迁仅对较浅的地热井存在影响。2018 年，Song 等[14]发现固井水泥环的导热系统对采热桩的热传递有很大影响。

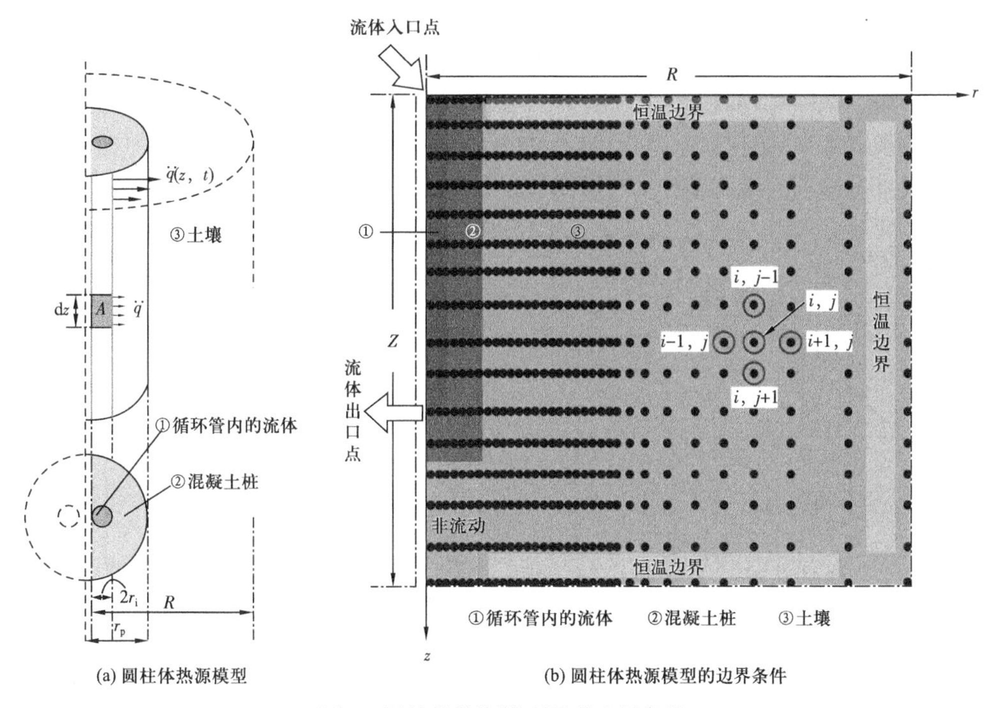

图 2 圆柱体热源模型及其边界条件

$\ddot{q}(z,\ t)$—代表流体的流速随高度 z 和时间 t 的变化；dz—微小的高度变化；A—流动截面积；r_i—循环管内径；r_p—混凝土桩半径；R—系统总半径；r 轴—径向；z 轴—垂向；Z—系统总高度；i，j—格点坐标，用于网格划分和计算，指示二维网格中的某一特定格点位置，以进行数值模拟中流体流动的计算

2019 年，Liu 等[15]建立了一个同轴型采热桩传热效率的二维有限体积模型，以模拟循环管入口流速变化对采热桩传热效率的影响，数值实验结果表明：当入口流速从 41.39m³/h 降低至 4.52m³/h 时，采热桩的热损失率提高了 63.7%。因此，建议采用一种有效的方式对内管进行隔热处理，以降低较低入口流速下的热损失。2021 年，Wang 等[16]基于有限元法建立了多分支水平地热井传热模型，分析了井筒尺寸、注入流量、分支井数量、储层温度和保温材料导热性能等因素的影响，最终确定了一个使热提取性能达到最佳的水平段长度。

综合来看，目前增强地热系统采热桩采热效能的研究，主要集中在提高传热性能，精确计算热提取效率，以及建立更准确的耦合模型等方面。采热桩热提取效能的主要影响因素包括地温梯度、循环管内流体流速、地面与循环流体之间的初始温度差、土壤热容、固井水泥环热容、循环管半径、入口流速和地下水的流动等。多数研究仅考虑了单一影响因素下短期的热响应，并未考虑多因素耦合下的长期热响应，以及长时间流体循环过程中地热储层采热效能的变化。

2 井缝布局对增强地热系统采热效能影响的认识进展

2015 年，Chen 和 Jiang[17] 对增强地热系统的井位优化布置进行了研究，针对双井、三井和五井的情况，研究人员设计了四类不同的布局（图 3）。研究发现，三角形三井布局具有最高的采热效能，而直线形三井布局采热效能最低。相较于标准的双井布局，五井布局将热提取效能提高了 3.2%，但相较于三角形三井布局，五井布局仅将热提取效能提高了 0.5%，说明单纯增加地热井数量不一定能提升增强地热系统的热提取性能，还需要对地热井与裂缝的布局进行综合优化。此外，注入井最好设置在储层边缘的位置，以保证注入流体具有足够长的渗流路径和尽可能低的滤失。

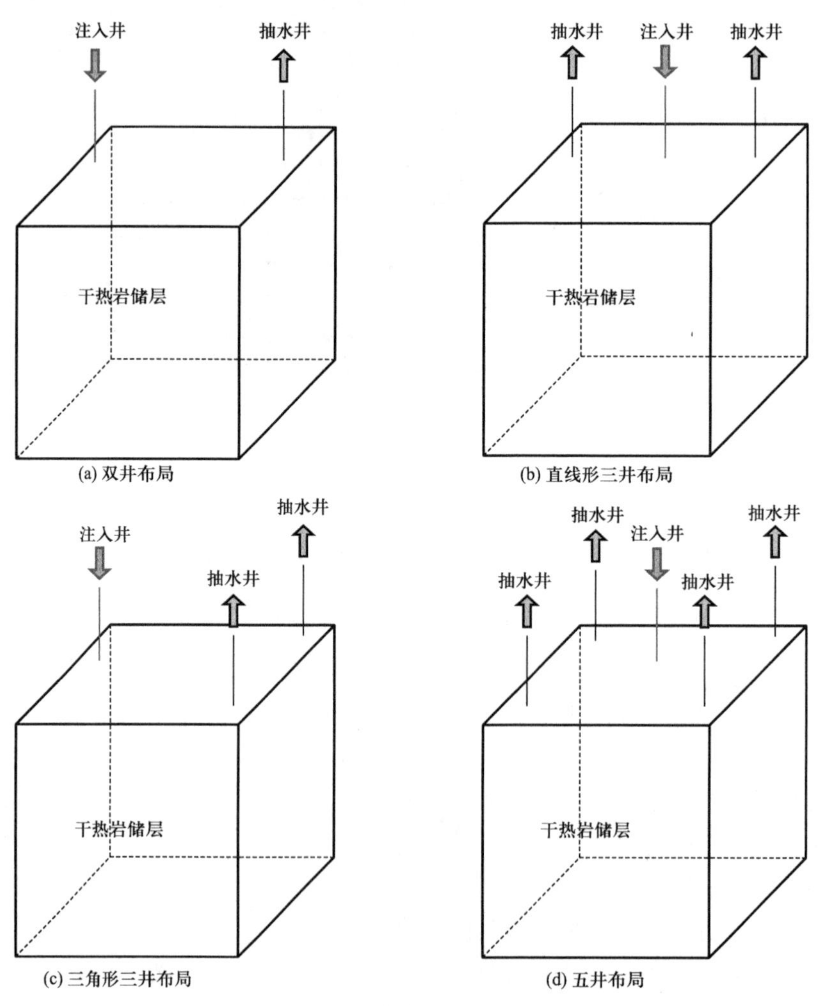

图 3　四类不同的布局图

2016 年，Huang 等[18] 研究了井深对增强地热系统采热效能的影响，研究发现，热提取与生产井深度有关。模拟生产井在人工裂缝系统中部和底部时的采热效能，模拟结果显示，生产井在人工裂缝系统中部时采热效能最高，因为生产井处于中部时注入流体在裂缝系统中流动的路径更长，有效热交换面积更大。

2018 年，Song 等[19] 建立三维模型对多分支直井增强地热系统（multilateral-well enhanced geothermal system，MLWGS）进行了研究（图 4），该模型自上而下地模拟了上覆盖层、改造体积（SRV）、干热岩层及下伏层。研究证实，多分支直井的采热效能高于标准双井布局，建议增加分支井长度以提高井的平均生产温度并延长使用寿命。

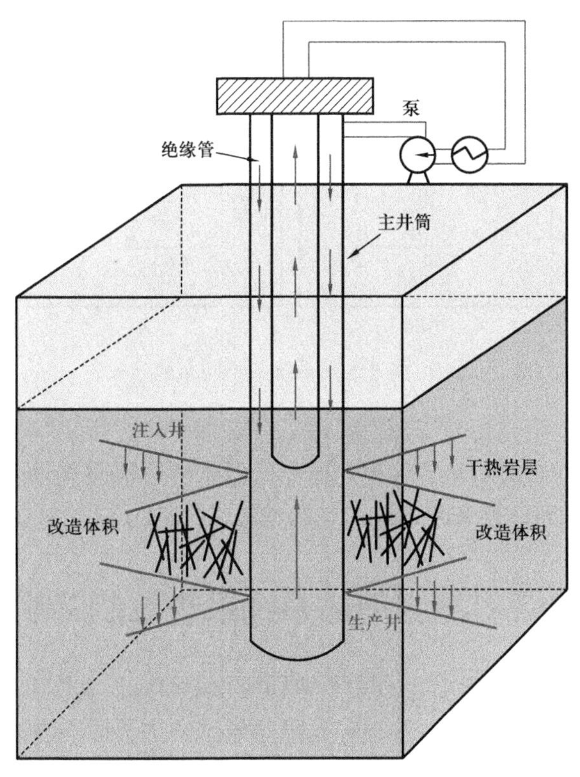

图 4　多分支直井采热系统示意图

当注入的冷水比预期更快地到达生产井时，增强地热系统中就会出现热突破现象，导致输出温度降低、产热量减小。2019 年，Shi 等[20] 研究了裂缝网络几何形态、主压裂级段裂缝数量和裂缝复杂程度对多井地热系统（MLWGS）采热效率的影响（图 5）。COMSOL 模拟结果表明，裂缝的几何参数和复杂度是多井地热系统采热效率最大的影响因素。非正交裂缝对采热效能的提升大于正交裂缝，增加裂缝的复杂程度可以增加工作流体与岩石的接触面积、提高采热效率，但过多的分支裂缝易导致热突破现象的出现，同时过多的分支裂缝也会降低工作流体在储层中的流动速度。Li 等[21] 应用离散裂缝模型分析了干热岩储层的产热能力，发现对于连通井，生产井和注入井之间的锯齿形裂缝容易导致窜流，并提出减少窜流影响的几种方法：（1）将水平井设置在更远处，形成足够长的流动通道；（2）交替关闭 / 开启注入井和产出井的活动段；（3）通过参数优化，选择合理的流体循环策略。

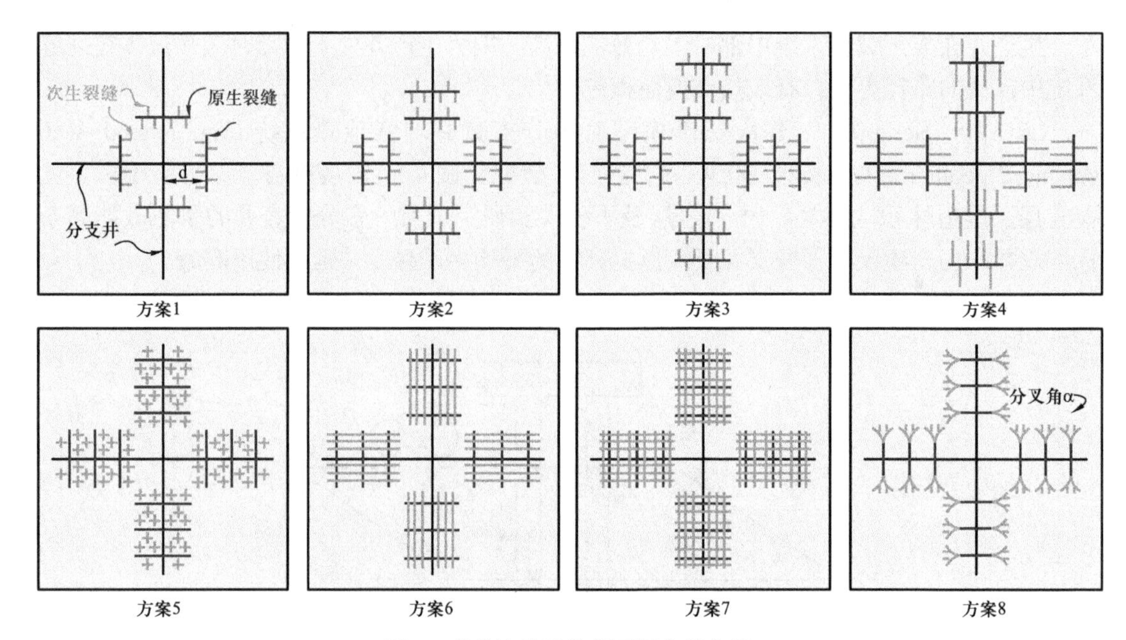

图5　多井地热系统的不同布缝方案

综合来看，目前的研究多基于数值模拟，需要进一步进行实验验证。虽然关注了裂缝网络的几何形状和井的布局对采热效率的影响，但未考虑地质背景或岩石物性等因素。为了提高增强地热系统的可靠性和稳定性，有必要深入研究热突破和窜流的成因及预防措施。

3　干热岩压裂参数对增强地热系统采热效能影响的认识进展

2013年，Zeng等[22]基于TOUGH2模拟了Desert Peak地热田单一垂直裂缝在20年内的产热能力。研究表明，裂缝的渗透率是采热效率的主要影响参数，在设计干热岩压裂参数时，合理优化裂缝渗透率与注入速率有可能获得理想的采热状态。

2018年，Xu等[23]讨论了缝间距、裂缝渗透率和注入流体温度对增强地热系统性能的影响。结果表明，在一定范围内，降低缝间距可以有效提高产出水的温度和热生产率，较高的裂缝渗透率可以有效降低流动阻力并降低内部的能量消耗，注入温度过低可能引发结垢或化学沉积，但注入温度过高又会影响发电量。已经对不同概念GWS设计的热量提取进行了各种努力的评估。

2019年，Asai等[24]研究了注入流量、注入温度、缝宽和裂缝渗透率等参数对增强地热系统性能的影响。研究发现，增强地热系统对注入流量和注入温度非常敏感，注入流量的增加可能导致更快的温度降。当裂缝导流能力保持不变时，改变缝宽不会引起温度降。作者还提及：当增强地热系统对裂缝导流能力的需求较高时，建议减小缝宽，将缝宽保持在1～10mm。2019年，Zhang等[25]基于局部热非平衡理论建立了热流固耦合模型，并研究了不同裂缝网络形态对增强地热系统采热效率的影响。裂缝网络形态包括裂缝数量、平均缝长、缝长方差和裂缝方向等。研究发现：裂缝数量的增加会增加有效流通通道的数量，从而提高采热效率；平均缝长的增加会增加有效流通通道的长度，从而提高采热效率；缝长方差的增加会增加裂缝的分布不均匀性，从而降低采热效率；裂缝方向会影响流体的流动方向和流动阻力，从而影响采热效率，当裂缝方向与注入—产出井的连通方向呈45°角，可以获得最佳的采热效率。

2020 年，Ma 等[26]提出了一种多井注入的增强地热系统模型。模拟结果表明，注入流量和注入温度是影响增强地热系统采热性能的主要因素，增加注入温度可以降低注入压力，继而增加单位时间内的注入质量（注入质量流率，kg/s）。假设持续生产 30 年，当注入温度从 273.15K 增加到 293.15K 时，热能提取率从 77.7％降至 71.8％；当注入质量流率从 80kg/s 增加到 160kg/s 时，热提取率从 57.6% 增加到 84.7%。同年，Ma 等在另一篇文章中分析了压裂参数对裂缝性储层中的增强地热系统热生产性能的影响[27]。热提取率随着裂缝长度的增加而增加，但裂缝孔径与热提取率负相关。增加裂缝数量可以在一定程度上改善热量提取性能，但过多的裂缝可能会适得其反。本研究中取得最高热提率的裂缝参数组合是裂缝孔径 0.05mm，平均缝长 120m，裂缝总数 94。不同地热井布局如图 6 所

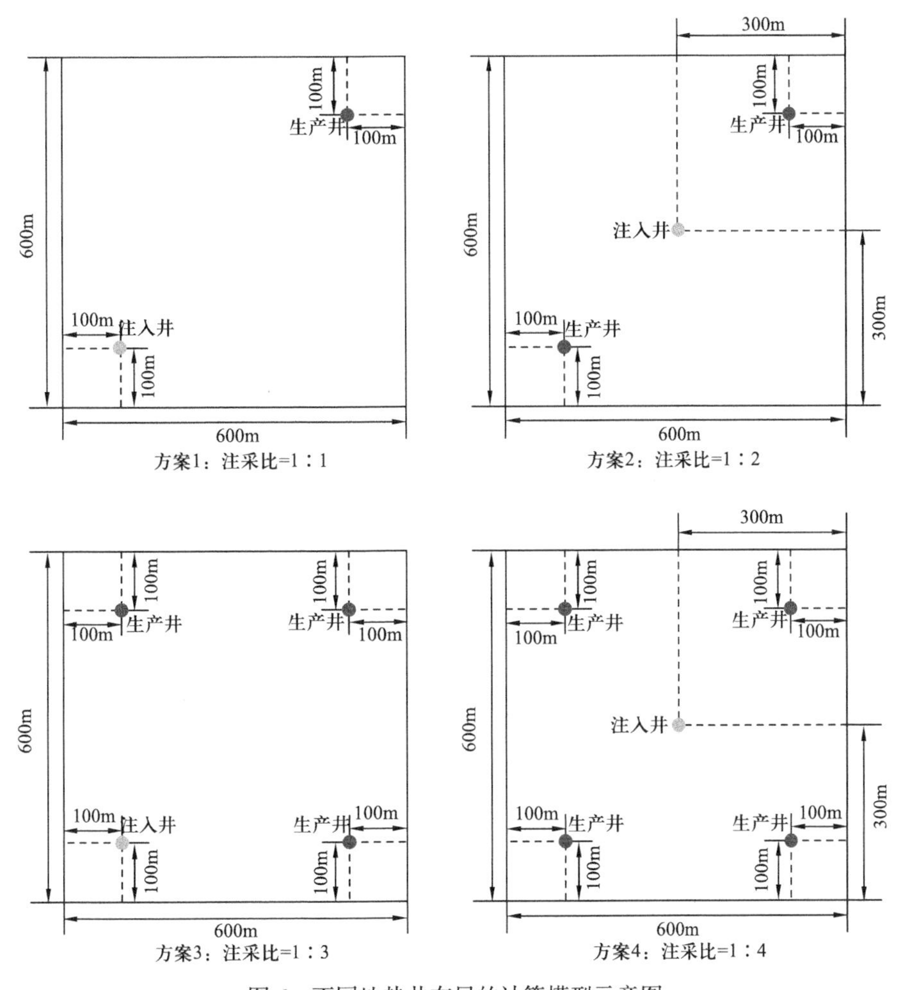

图 6　不同地热井布局的计算模型示意图

示，图中案例 1 具有最高的热提取率。

综合来看，裂缝导流能力、注入流量和温度、裂缝间距以及裂缝网络形态都会对增强地热系统的性能产生影响，优化这些因素可以提高增强地热系统的热能提取效率。但现有的研究大多没有考虑热致应力在长期开采过程中对储层的影响。对于增强地热系统，经过流体的长时间循环后，很容易出现较大幅度的温度变化及热致应力，这对裂缝的生长和地热储层的稳定性有重大影响。

4 结论与建议

（1）目前，增强地热系统主要的试验手段是基于多物理场耦合的数值模拟技术，常用的流固热耦合问题的求解方法是有限元法和有限体积法。相比于有限元法，有限体积法将求解域分割成小的控制体，计算相邻控制体之间的通量和源项的贡献，从而得到方程在每个控制体上的平均值。有限体积法适用性广、守恒性好、数值稳定性高、离散误差可控，且易于处理复杂几何形状，是流固耦热耦合问题求解的优秀解决方案。

（2）在地热能开采系统中，使用采热桩作为热交换器与周围土壤或岩石交换热量。采热桩热提取效能的主要影响因素包括地温梯度、循环管内流体流速、地面与循环流体之间的初始温度差、土壤热容、固井水泥环热容、循环管半径、入口流速和地下水的流动等。多数研究仅考虑了单一影响因素下短期的热响应，并未考虑多因素耦合下的长期热响应，以及长时间流体循环过程中地热储层采热效能的变化。

（3）增强地热系统井与裂缝布局的研究，重点包括井位、生产井深度和人工裂缝系统的几何参数与复杂程度等因素。3 口井的三角形布局是最有效的，增加井的数量并不一定会提高性能，减少热突破的方法包括将水平井设置得更远、交替注入及选择合理的流体循环策略。注入井最好设置在储层边缘的位置，以保证注入流体具有足够长的渗流路径和尽可能低的滤失。研究还发现，生产井在人工裂缝系统中部时采热效能最高，多分支直井的采热效能高于标准双井布局。裂缝的几何参数和复杂度是多井地热系统采热效率最大的影响因素。非正交裂缝对采热效能的提升大于正交裂缝，增加裂缝的复杂程度可以提高采热效率，但过多的分支裂缝易导致热突破现象的出现，同时过多的分支裂缝也会降低工作流体在储层中的流动速度。

（4）裂缝导流能力、注入流量和温度、裂缝间距以及裂缝网络形态都会对增强地热系统的性能产生影响，优化这些因素可以提高 EGS 的热能提取效率。为了提高增强地热系统的可靠性和稳定性，有必要深入研究热突破和窜流的成因及预防措施。

（5）多数研究仅考虑了单一影响因素下短期的热响应，并未考虑多因素耦合下的长期热响应，以及长时间流体循环过程中地热储层采热效能的变化。冷热流体的交替循环很容易导致较大幅度（≥100℃）的温度变化，这种幅度的温度变化会引起较大的热致应力，在干热岩储层长期（＞30 年）采热过程中，考虑热致应力对增强地热系统人工裂缝网络稳定性的影响是十分必要的，但目前尚无解析或数值方法对热致应力对增强地热系统人工裂缝网络稳定性的长期影响规律进行研究，建议在相关领域开展深入研究。

参考文献

[1] Wan Z, Zhao Y, Kang J. Forecast and evaluation of hot dry rock geothermal resource in China[J]. Renewable Energy, 2005, 30(12): 1831-1846.

[2] Liu Y, Wang G, Zhu X, et al. Occurrence of geothermal resources and prospects for exploration and development in China[J]. Energy Exploration & Exploitation, 2020, 39(2): 536-552.

[3] Guo T, Gong F, Wang X, et al. Performance of enhanced geothermal system (EGS) in fractured geothermal reservoirs with CO_2 as working fluid[J]. Applied Thermal Engineering, 2019, 152: 215-230.

[4] Zhang F, Jiang P, Xu R. System thermodynamic performance comparison of CO_2-EGS and water-EGS systems[J]. Applied Thermal Engineering, 2013, 61 (2): 236-244.

[5] Zeng H Y, Diao N R, Fang Z H. A finite line-source model for boreholes in geothermal heat exchangers[J]. Heat Transfer—Asian Research, 2002, 31 (7): 558-567.

[6] Bu X, Ma W, Li H. Geothermal energy production utilizing abandoned oil and gas wells[J]. Renewable Energy, 2012, 41: 80-85.

[7] Ghasemi-Fare O, Basu P. A practical heat transfer model for geothermal piles[J]. Energy and Buildings, 2014, 66: 470-479.

[8] Hu P, Zha J, Lei F, et al. A composite cylindrical model and its application in analysis of thermal response and performance for energy pile[J]. Energy and Buildings, 2014, 84: 324-332.

[9] Zhang W, Yang H, Lu L, et al. The research on ring-coil heat transfer models of pile foundation ground heat exchangers in the case of groundwater seepage[J]. Energy and Buildings, 2014, 71: 115-128.

[10] Zhang W, Yang H, Lu L, et al. The analysis on solid cylindrical heat source model of foundation pile ground heat exchangers with groundwater flow[J]. Energy, 2013, 55: 417-425.

[11] Wang D, Lu L, Zhang W, et al. Numerical and analytical analysis of groundwater influence on the pile geothermal heat exchanger with cast-in spiral coils[J]. Applied Energy, 2015, 160: 705-714.

[12] Dai L H, Shang Y, Li X L, et al. Analysis on the transient heat transfer process inside and outside the borehole for a vertical U-tube ground heat exchanger under short-term heat storage[J]. Renewable Energy, 2016, 87: 1121-1129.

[13] Saadi M S, Gomri R. Investigation of dynamic heat transfer process through coaxial heat exchangers in the ground[J]. International Journal of Hydrogen Energy, 2017, 42: 18014-18027.

[14] Song X, Wang G, Shi Y, et al. Numerical analysis of heat extraction performance of a deep coaxial borehole heat exchanger geothermal system[J]. Energy, 2018, 164: 1298-1310.

[15] Liu J, Wang F, Cai W, et al. Numerical study on the effects of design parameters on the heat transfer performance of coaxial deep borehole heat exchanger[J]. International Journal of Energy Research, 2019, 43: 6337-6352.

[16] Wang G, Song X, Shi Y, et al. Heat extraction analysis of a novel multilateral-well coaxial closed-loop geothermal system[J]. Renewable Energy, 2021, 163: 974-986.

[17] Chen J, Jiang F. Designing multi-well layout for enhanced geothermal system to better exploit hot dry rock geothermal energy[J]. Renewable Energy, 2015, 74: 37-48.

[18] Huang X, Zhu J, Li J, et al. Parametric study of an enhanced geothermal system based on thermo-hydro-mechanical modeling of a prospective site in Songliao Basin[J]. Applied Thermal Engineering, 2016,

105: 1-7.

[19] Song X, Shi Y, Li G, et al. Numerical simulation of heat extraction performance in enhanced geothermal system with multilateral wells[J]. Applied Energy, 2018, 218: 325-337.

[20] Shi Y, Song X, Li J, et al. Analysis for effects of complex fracture network geometries on heat extraction efficiency of a multilateral-well enhanced geothermal system[J]. Applied Thermal Engineering, 2019, 159: 113828.

[21] Li S, Feng X T, Zhang D, et al. Coupled thermo-hydro-mechanical analysis of stimulation and production for fractured geothermal reservoirs[J]. Applied Energy, 2019, 247: 40-59.

[22] Zeng Y C, Wu N Y, Su Z, et al. Numerical simulation of heat production potential from hot dry rock by water circulating through a novel single vertical fracture at desert peak geothermal field[J]. Energy, 2013, 63: 268-282.

[23] Xu T, Yuan Y, Jia X, et al. Prospects of power generation from an enhanced geothermal system by water circulation through two horizontal wells: A case study in the Gonghe Basin, Qinghai Province, China[J]. Energy, 2018, 148: 196-207.

[24] Asai P, Panja P, McLennan J, et al. Efficient workflow for simulation of multifractured enhanced geothermal systems (EGS)[J]. Renewable Energy, 2019, 131: 763-777.

[25] Zhang W, Qu Z, Guo T, et al. Study of the enhanced geothermal system (EGS) heat mining from variably fractured hot dry rock under thermal stress[J]. Renewable Energy, 2019, 143: 855-871.

[26] Ma Y, Li S, Zhang L, et al. Numerical simulation study on the heat extraction performance of multi-well injection enhanced geothermal system[J]. Renewable Energy, 2020, 151: 782-795.

[27] Ma Y, Li S, Zhang L, et al. Study on the effect of well layout schemes and fracture parameters on the heat extraction performance of enhanced geothermal system in fractured reservoir[J]. Energy, 2020, 202: 117811.

基于膏体推进剂的多脉冲高能气体压裂技术

曹新发[1] 张文刚[1] 纪东坤[1] 阳世清[2] 夏文武[3] 孙同成[4]

（1. 中国航天科技集团公司四院 42 所；2. 国防科技大学；3. 北京宇箭动力科技有限公司；
4. 中国石化西北油田分公司）

摘　要：以膏体推进剂作为能量源的油气储层高能气体压裂改造的工具设计、工作原理和设计中的问题应对策略，压裂工具弹体采用 89 型 32CrMo4 钢管，外径 89mm，壁厚 8.9mm，长度 1220mm，内径 71mm，管壁设计有带封堵的开口；内置长度 1000mm、外径 70mm 药柱，药柱采用燃速 30～50mm/s 的膏体推进剂；药柱中心装配 960mm × 10 mm × 10 mm 传火药柱，工况传火速度可达 200000～300000mm/s。根据试验、计算数据和燃面移动轨迹分析，膏体推进剂工作条件下的最高燃速将超过 1500mm/s。工具点火后，约 2ms 达到峰值压力，产生多重径向开裂，后续持续约 20ms 的高压工作时间，使裂缝向远端扩展。采用的膏体推进剂爆热 4600～5000kJ/kg，通过 230℃ /170h 恒温慢烤燃试验，未发生爆燃和剧烈放热反应，表明此工具能适应常规和高温高压储层工作条件。高温高压储层压裂改造试验结果显示，压力曲线和造缝类型与预计基本一致，通过声波远探测工具和声波时差法测定的主缝长度为 26m。

关键词：高能气体压裂；压裂工具；膏体推进剂

目前，基于推进剂的油气储层压裂改造工具已经在美欧油气储层改造中广泛应用。这类油气储层改造工具的造价低，应用中施工方法简单，压裂改造后可使油井产油率平均提高 3～10 倍，甚至可使一些长期关停的废井恢复生产。

推进剂的安全使用、燃速和能量是高能气体压裂技术的关键。在安全使用性能方面，作为能量源的推进剂必须适应储层的高温高压条件；推进剂燃速是决定工具能否制造对储层具有体积改造效应的多重径向裂缝的关键。在国外推进剂压裂工具研发早期，美国 Sandia 国家实验室的 Chu 和 Cuderman 等在 NTS 隧道压裂试验基地（美国国家试验基地）的凝灰岩和红灰岩压裂试验研究发现，推进剂压裂工具工作时，造缝形态取决于达到岩石破裂压力的升压时间和井筒直径大小，岩层产生多重径向裂缝的条件由井筒内达到岩石破裂压力的升压时间决定，见式（1）。

$$\frac{\pi}{2C_R} < \frac{t_m}{D} < \frac{8\pi}{C_R} \tag{1}$$

式中，C_R 为雷诺表面波速；D 为井筒直径。

式（1）左边代表爆炸产生粉碎性破裂的边界条件，右边是水压裂产生单向裂缝的边界条件[1-5]。

式（1）的 t_m 就是推进剂燃速决定的。国外固体推进剂压裂工具生产商 GasGun 对其压裂工具的基本性能要求为压力加载速度在10^4MPa/s以上（对应升压时间），峰值压力大于80MPa。而推进剂燃速是设计工具压力加载速度和峰值压力的重要参数；能量是决定改造效果的重要参数，能在储层制造多重径向裂缝的高能气体压裂工具，改造体积由裂缝从井筒向外扩展的长度决定，裂缝延伸长度越大，改造体积越大，改造效果越好。美国Sandia国家实验室压裂技术试验研究结果显示，对于NTS隧道凝灰岩，试验数据中裂缝平均长度与推进剂所负载的能量关系如下[6]：

$$R = 10^{-3}\sqrt{E_{\mathrm{p}}} \tag{2}$$

式中，R为裂缝长度，m；E_{p}为压裂工具单位长度推进剂的能量，J。

国外推进剂压裂工具一般使用军用双基推进剂（DB）作为能量源。由于各种硝酸酯分解温度均在140℃左右，安全性能较差，其压裂工具的使用温度在140℃以下。国内大部分油气资源储层温度高，国外高能气体压裂工具不能完全满足国内油气井工况温压条件，因此，至今未能在国内油气开采领域大规模使用推广。

本研发团队根据国内油气藏的特点，结合国外在油气井高能气体压裂改造技术的理论研究成果、使用经验，以及推进剂能量、燃速和安全性能调节方面的知识，研发了一种能广泛适合国内外各种地质条件的油气储层的压裂改造工具。本文将介绍和论述这种高能气体压裂工具的设计研发，研发过程中遇到问题的解决方案和理论依据，对工具性能和效果的预测及储层改造试验结果。

1 多脉冲高能气体压裂工具的材料和结构

压裂工具具有模块化的结构，简化了施工作业的工艺，压裂工具弹体采用89型32CrMo4钢管，外径89mm，壁厚8.9mm，长度1220mm，内径71mm，管壁设计有带封堵的开口；内置长度1000mm、外径70mm药柱，药柱采用30～50mm/s燃速的膏体推进剂；药柱中心装配960mm×10mm×10mm传火药柱，传火速度可达200000～300000mm/s。工具顶端接驳点火装置，压裂工具结构如图1所示。

膏体推进剂灌装在PFA材质的药筒中，防止与推进剂不相容的铁和铁氧化物与推进剂接触，药筒长1000mm、外径70mm、壁厚1.6mm，推进剂灌装完成后成为一个完整的功能部件。

药柱中心装配960mm×10mm×10mm传火药柱，传火速度可达200000～300000mm/s，能在几毫秒时间内实现整个膏体推进剂药柱的中心贯穿点火，实现推进剂药柱的燃烧模式由端面燃烧变为内孔增面燃烧。目前，国内使用的军用特种高能推进剂标准条件下燃速最高大约为60mm/s，如果采用端面组织燃烧方式，将无法实现岩石多重径向开裂所需的压力加载速度和峰值压力。

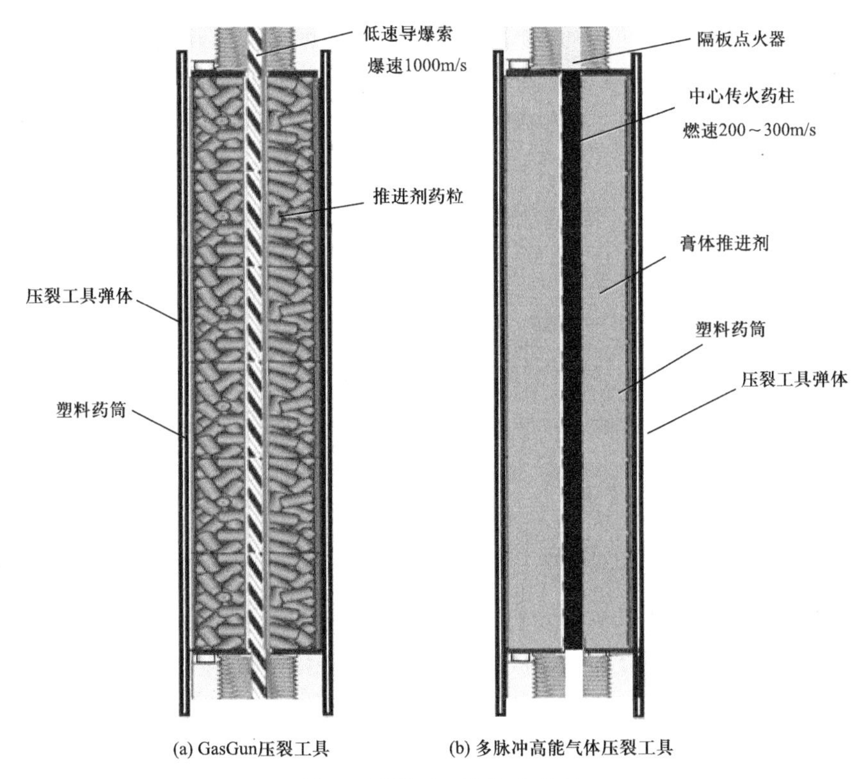

(a) GasGun压裂工具　　(b) 多脉冲高能气体压裂工具

图 1　压裂工具结构示意图

2　推进剂的选型

国内外经验表明，推进剂作为压裂工具的能量源，在燃烧过程中不能产生对能量效率和岩石微孔结构不利的凝聚相产物。由于压裂工具的造缝长度由每米推进剂载荷能量决定，推进剂燃速是设计压裂工具的压力加载速度和峰值压力的重要参数，推进剂必须能适应压裂工具的工况条件，下面将从这三个方面讨论推进剂选型。

2.1　膏体推进剂能量性能特征

造缝能量等于单位长度推进剂质量与爆热的乘积，根据式（2），单位长度压裂工具负载的能量决定压裂造缝的长度。因此，除推进剂负载量外，推进剂爆热是决定压裂工具储层改造效率的另一重要参数。根据压裂工具对推进剂高能和燃烧物凝聚相产物的要求，在现在技术成熟的军用推进剂中，硝酸酯增塑硝化纤维基推进剂（DB）、丁羟黏合高氯酸铵基固体推进剂（HTPB/AP）和多乙烯多铵高氯酸盐基膏体推进剂（PEPA/AP）三类推进剂可用作压裂工具的能量和气源材料，三类推进剂的能量调节范围和 89 型压裂工具储层改造效果预算值列于表 1 中。

从表 1 可以看出，三类推进剂能量特征接近，膏体推进剂 PEPA/AP 和固体推进剂 HTPB/AP 能量性能略优于国外目前使用的硝酸酯增塑硝化纤维基推进剂 DB。按美国早期

NTS 在其基地凝灰岩压裂研究中的经验公式（2），预算的造缝长度均在 4～5.5m 之间研究，DB 压裂工具的造缝长度 4.0～5.0m，在美国 GasGun 标定的产品造缝长度范围 3～6m 之内。因此，从表 1 可以看出，能量性能方面，三类推进剂均可作为油气储层压裂改造工具的能源材料。

表 1　推进剂能量特性及其压裂工具造缝长度

推进剂代号	主要组分	密度 / （g/cm^3）	爆热 / （J/g）	造缝长度 /m①
DB	硝化纤维素、硝酸酯	1.66	3230～5200	4.0～5.0
HTPB/AP	聚丁二烯、高氯酸铵	1.72	4500～5200	4.5～5.3
PEPA/AP	多乙烯多铵高氯酸盐、高氯酸铵	1.72	4800～5800	5.0～6.0

① 按本文中 89 型压裂工具的推进剂装载量，根据式（2），美国 NTS 凝灰岩条件进行压裂缝长度预算。

2.2　膏体推进剂燃速特征调节

推进剂燃速是决定推进剂基压裂工具压力加载速度和峰值压力的重要参数。根据美国 NTS 推进剂储层压裂工具研究的理论成果，压裂工具使用推进剂的燃速决定储层改造的类型，从式（1）可以看出，压裂工具使用推进剂的燃速过快，将会使岩石发生类似炸药压裂作用的过度粉碎性破裂，而过度粉碎性破裂将会破坏储油气储层本身的多微孔结构，在井筒周围形成低渗透的致密压实带，阻滞油气渗流效果。燃速过小则会导致峰值压力过低，只能形成类似水力压裂的最大主应力方向的单向裂缝，由于推进剂量的限制，其能量无法与地面源源不断能量输入水力压裂比较，裂缝长度很小，三种典型燃速造缝效果如图 2 所示。

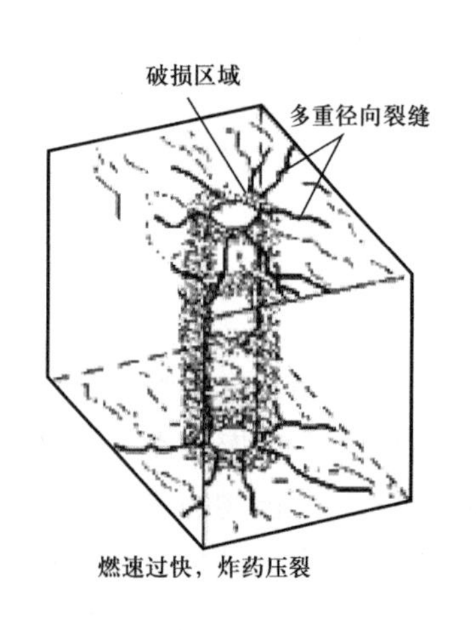

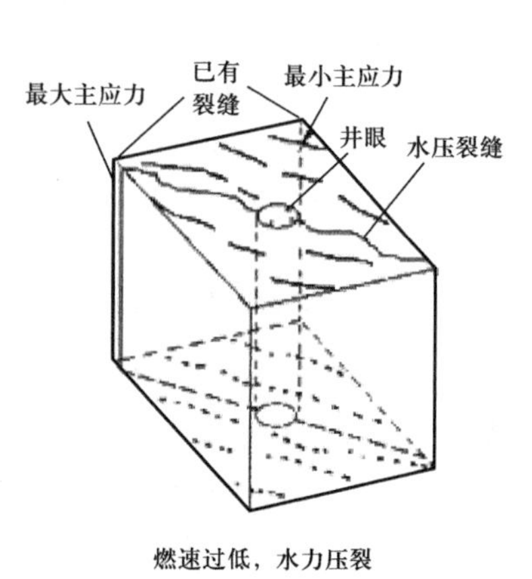

图 2　推进剂燃速对造缝效果的影响

压裂工具燃速为使用推进剂燃速与工具内推进剂燃面面积的乘积，因此，通过推进剂燃速调节和工具内推进剂燃烧面积设计才能实现压裂工具能量输出控制。军用的 DB 和 HTPB/AP 燃速一般为 6～12mm/s。目前，通过特殊的燃速调节剂可将燃速调到最高约

60mm/s。在中心开孔的固体推进剂药柱中，通过药柱外部限燃，推进剂药柱中孔点火，中孔燃面随燃烧不断扩大，最后达到最大燃面。国外早期的压裂工具研究结果表明，压裂工具要制造出多重径向裂缝，从点火到产生峰值压力的时间应在 0.1～2ms 之间；美国 GasGun 公司的报告认为，取得多重径向造缝的压裂峰值压力必须高于 80MPa，压力加载速度不低于 8000MPa/s。对于 89 型多脉冲高能气体压裂工具，药柱壁厚为 35mm，即使采用目前燃速为 60mm/s 的高燃速推进剂，达到峰值压力时间也需要 500ms 以上，与高能气体压裂对燃速的要求有较大差距。为解决这一问题，国外采用中间开口小药粒的方式，通过减少药粒尺寸和壁厚实现压裂工具高燃速，如 NTS 试验使用的推进剂药粒（表 2），美国 GasGun、frac 等专业公司推进剂压裂工具及装药方式（图 3）。

表 2　NTS 高能气体压裂试验推进剂类型和柱形药粒尺寸

推进剂 /DB	M5（A）	M5（B）
药柱半径 /mm	1.397	5.00
药柱长度 /mm	6.731	11.00
中孔直径 /mm	0.33	0.50
中孔数 /mm	1	7
推进剂密度 /（g/cm^3）	1.66	1.66

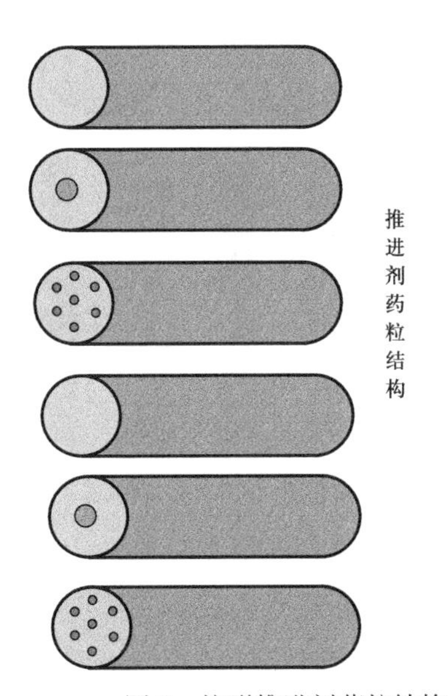

图 3　柱形推进剂药粒结构及 GasGun 压裂工具填充方式

对于均质的 DB 推进剂，目前已有工艺技术可提供符合压裂改造工具尺寸和形状要求的推进剂药粒。但是，非均质的 HTPB/AP 复合固体推进剂，目前技术无法大量制造结构如此复杂的推进剂小药粒。因此相较 DB 推进剂，虽然 HTPB/AP 推进剂在能量和安全性能方面都有优势，但国外一直未能应用于油气储层的高能气体压裂改造技术中。

膏体推进剂标准燃速与 HTPB/AP 推进剂燃速接近，为 5～10mm/s。但是，通过燃速调节技术，研发团队将膏体推进剂标准条件燃速优化提升至 30～50mm/s，研发出了燃速较高的膏体推进剂。按照测试的燃烧特征参数计算，工况条件下燃速将达到 1500mm/s，见表 3。

表 3　膏体推进剂和国内通用固体推进剂不同条件下燃速对比

推进剂	燃速 /（mm/s）				
	标准温压	60℃，6.88MPa（试验）	60℃，40MPa（试验）	60℃，6.88MPa（计算）	60℃，80MPa（计算）
固体推进剂	5～7	65～85.0	—	—	＞1000
膏体推进剂	7～9	72.0～96.0	—	—	＞1000
选型高燃速膏体推进剂	30～50	~400	~1300	339.4～398.5	1000～1500

为了调控压裂工具的推进剂燃速，在膏体推进剂药柱中心装配了传火药柱，燃速达到 200000～300000mm/s，压裂工具上方的点火装置首先点燃传火药柱，然后通过传火药柱实现贯穿式点火。在压裂工具工作过程中，推进剂药柱燃面扩展和移动情况如图 4 所示。

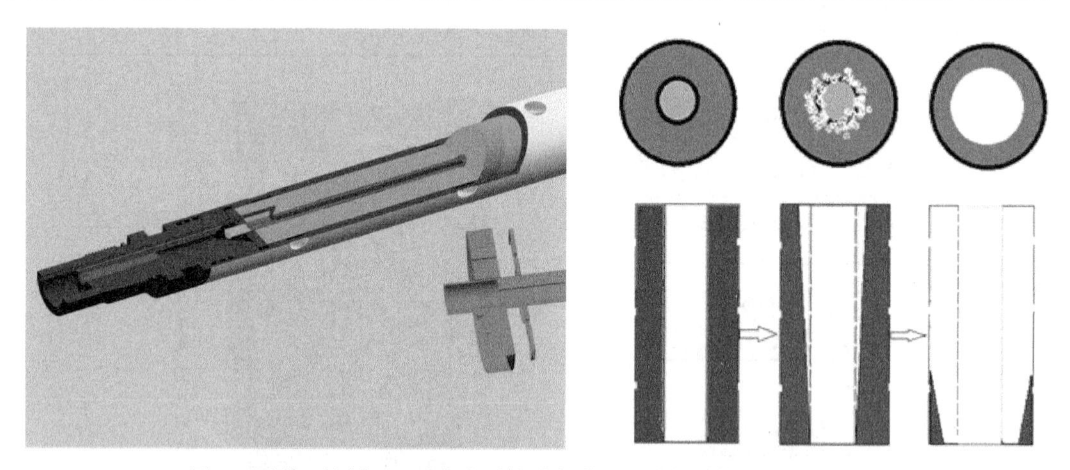

图 4　压裂工具剖面以及点火后推进剂药柱燃面扩展情况移动示意图

由于膏体推进剂黏度较大（1000Pa·s），有较强的保持其形状的能力，可假设推进剂形状在几十毫秒工作时间内基本不变。根据膏体推进剂燃速和中心传火速度，以及推进剂燃面扩展移动规律可以预测，贯穿式点火后实现膏体推进剂药柱的增面燃烧，弹体泄压孔相当于发动机喷口。贯穿点火完成瞬间泄压孔打开，2ms 内井筒达到峰值压力，大约 20ms 膏体推进剂药柱从中心燃烧扩展至药柱边缘，形成最大燃面，在此期间井筒持续维持高压。工具内远离泄压孔的推进剂还可维持 20～30ms 的能量补充，通过能量的补充使作业井筒压力维持在较高水平，由于岩石裂缝扩展需要压力和时间，全过程增面燃烧有利于增大裂缝长度。

2.3 膏体推进剂耐热性能调节

军用推进剂热安全性能主要通过慢烤燃试验评估，如美国的钝感炸药军用标准（MIL-STD-2015B）和中国国家标准 GJB 772A—1997 中的方法 608.1。方法大致是先将试件置于 1℃ /min 的升温环境中，将温度升至 80℃，保温 2h。然后将环境升温速度调至 3.3℃ /h，直到试件发生激烈放热和燃爆反应[7-8]。由于军用武器和油气储层压裂改造工具的工作环境不同，军用推进剂慢烤燃试验方法不能完全评价推进剂在油气储层压裂改造作业应用中的安全性。首先，漫长的烤燃过程中推进剂可能慢速失效，不表现出激烈的放热和燃爆反应；其次，试件内部火药的温度可能与加热环境温度存在较大差异，导致试件尺寸影响测试结果的问题。

为了考察推进剂在油气储层压裂改造工具的热安全性能，研究团队制定了一套恒温烤燃试验方法来评价推进剂的热安全性能。该方法首先将试件置于升温速度为 1℃ /min 的加热环境中，直到环境温度达到设定的 180℃烤燃温度，保温到推进剂发生燃爆反应或 170h 通过 180℃恒温烤燃试验，试件中推进剂采用氧弹法测爆热考察烤燃过程中的能量损失情况。然后，将设定烤燃温度调至 190℃、210℃和 230℃，重复上述过程。

通过使用非铁系高效燃速催化剂和隔离技术，选型的膏体推进剂配方通过了 230℃ /170h 恒温烤燃试验，烤燃试验后推进剂爆热测试值均在 4600kJ/kg 以上，基本无能量损失。中国油气储层的地质温度差异巨大，西部地区很多高深油井储层温度条件在 150℃以上，国外基于 DB 推进剂的储层压裂改造工具，使用温度在 138℃以下，无法满足这些储层改造的安全和性能要求。膏体推进剂的恒温烤燃试验结果显示，膏体推进剂能应用于 180℃以上的高温环境，可保证工具在国内不同区域油气储层压裂改造的安全性。

3 油气储层改造效果及评述

选取 2016 年 11 月在 TH12553 井 6560m 高温高压储层高能气体压裂改造试验结果，对结果进行分析，来评价基于膏体推进剂作为高能气体压裂动力源实施油气储层压裂改造工具的性能特点。图 5 是测试的离压裂核心工作区不同距离的压力—时间曲线以及核心区压力峰回归计算。

图 5 显示，核心区峰值压力 174MPa，与设计值 160～180MPa 高度吻合。图 6 显示，升压时间 1.6ms，升压速度 62000MPa/s，单脉冲时间 20ms，实测还发现主要压力峰后 3 个明显的压力脉冲。结合声波时差 91.6μs/ft，产生 4 条主缝，缝长 26m。

第三方（斯伦贝谢）对储层改造区造缝情况的检测结果显示，6552～6570m 井段各向异性明显变弱，证明压裂作业后该井段产生了网状裂缝，垂向波及缝高小于 3m，主缝延伸 26m，远远超过按美国 Sandia 国家实验室经验公式计算值（5～6m）和 GasGun 公司推进剂压裂工具造缝长度 3～6m 的指标。分析认为造成这种差异的原因如下：根据地质力学，岩石开裂需要一个较高的压力，但是岩石开裂后，在一定压力作用下裂缝才能以较快速度继续扩展延伸，岩石裂缝扩展速度与压力和岩石的雷诺波速有关（为 1～6m/ms）[9-11]。

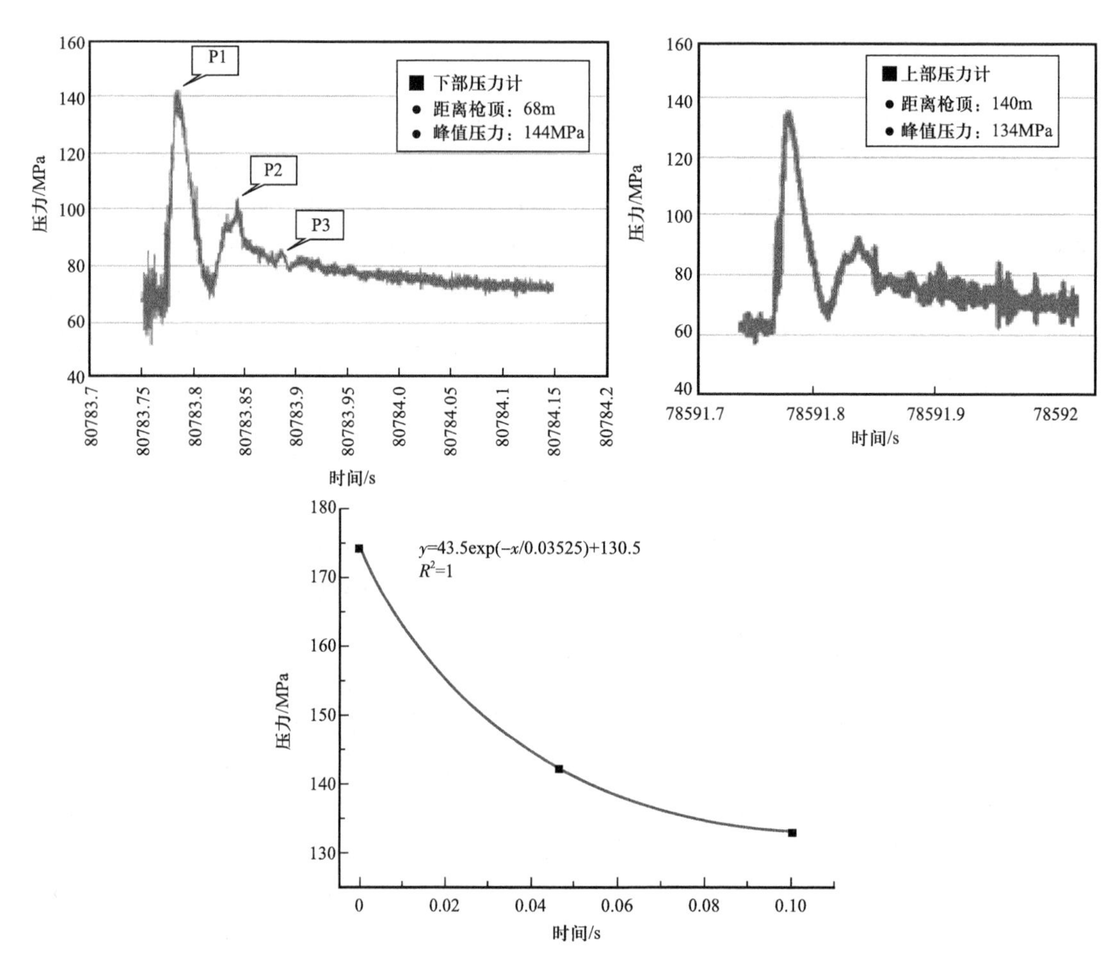

图 5　离压裂核心工作区不同距离的压力—时间曲线以及核心区压力峰回归计算

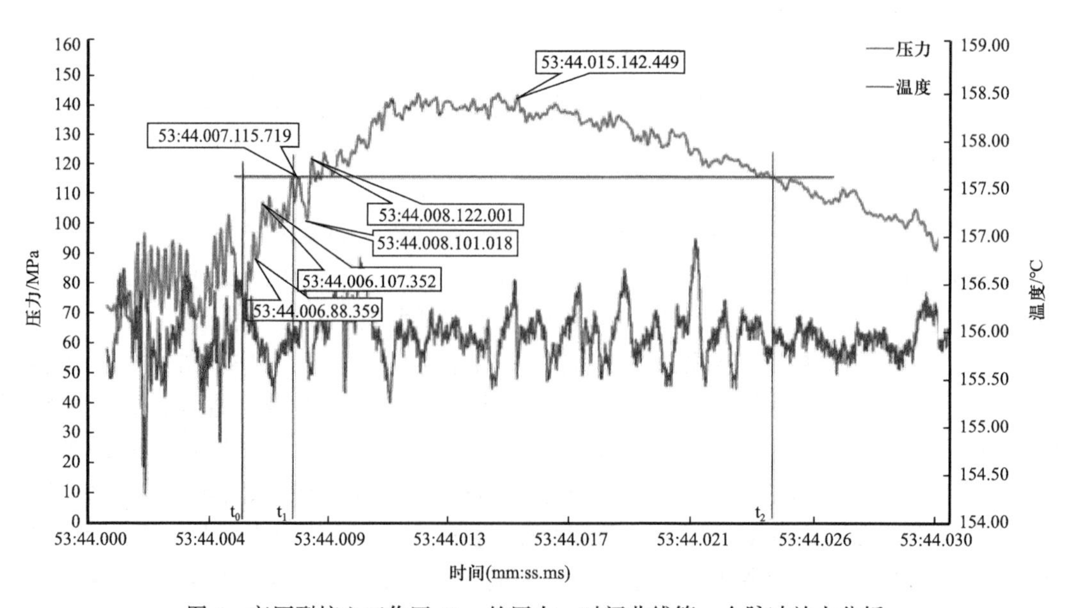

图 6　离压裂核心工作区 68m 的压力—时间曲线第一个脉冲放大分析

国外采用小药粒推进剂的燃烧组织方式，虽然能有效地缩短达到峰值压力的时间，但无法维持较长的高压工作时间。而国外计算压裂工具的经验公式，基本没有考虑裂缝扩展时间对裂缝长度的影响。从高能气体压裂工具内推进剂燃烧方式的组织形式可以看出，井筒压力达到峰值后维持了 20ms 以上高压时段，可将裂缝长度扩展延伸 20m 以上。

4 结论

通过以上的实验室研究和现场工程试验结果可以看出，本文所述基于膏体推进剂高能气体压裂工具具有以下特点：

（1）具有宽泛的温压适应范围。

（2）可根据地层需要调节压力峰值和压力加载速度形成多裂缝体系。

（3）通过超深储层油气改造第三方检测结果，压裂作业后作业井段产生了网状裂缝，主缝延伸达到了 26m，远远高于国外经验公式计算值和 GasGun 压裂工具性能指标。缝高小于 3m，对设计井段实现了体积改造。

参考文献

[1] Northrop D A，Schuster C L. Enhanced gas recovery program，second annual report，October 1976 through September 1977 [R]. Sandia Laboratories Report，SAND77-1992，1978.

[2] Cuderman J F. Design and modeling of small scale multiplefracture experiment [R]. Sandia National Laboratories Report，SAND81-1389，1981.

[3] Cuderman J F. High energy gas fracturing development [R].Gas Research Institute，Sandia National Laboratories Report，SAND84-0247，1984.

[4] Chu T Y，Cuderman J F，Jacobson R D. Permeability Enhancement using high energy gas fracturing [C]. Proceedings，Eleventh Workshop on Geothermal Reservoir Engineering，Stanford University，Stanford，California，1986.

[5] Cuderman J F，Northrop D A. A propellant-based technology for multiple-fracturing wellbores to enhance gas recovery：Application and results in Devonian shale [J]. SPE Production Engineering，1986，1（2）：97-103.

[6] Schmidt R A，Boade R R，Bass R C. A new perspective on well shooting—the behavior of contained explosions and deflagrations [C]. SPE8346，1979.

[7] 陈中娥，唐承志，赵孝斌. HTPB/AP 推进剂的慢烤燃特征 [J]. 含能材料，2006，14（2）：155-157.

[8] 丁黎，王琼，王江宁，等. 高固含量改性双基推进剂的烤然试验研究 [J]. 固体推进剂技术，2014，37（6）：829-832.

[9] Broberg K B. Constant velocity crack propagation—dependence on remote load [J].Inter. J. of Solid and Structure，2002，39（26）：6403-6410.

[10] Broberg K B. How fast can a crack go [J]. Mater. Sci.，1996，32：80-86.

[11] Zehnder A T. Griffith theory of fracture. In：Wang Q J，Chung Y W. Encyclopedia of Tribology [M]. Boston，MA：Springer，2013.

二氧化碳干法加砂压裂新进展

夏玉磊[1,2]　张宏忠[1]　兰建平[1,2]

（1. 中国石油川庆钻探工程有限公司长庆井下技术作业公司；2. 中国石油油气藏改造重点实验室二氧化碳压裂增产研究室）

摘　要：为了提高致密气藏水敏/水锁型储层的增产效果，开展了 CO_2 干法加砂压裂技术的研究与试验。分析了 CO_2 压裂的人工裂缝特征，优化了压裂工艺和裂缝参数；通过室内实验，改善了 CO_2 增黏剂，系统评价了压裂液的各项性能参数；通过软件设计、场地实验和现场试验，升级了 CO_2 密闭混砂装置和氮气增压装置；通过现场实践，配套了完整的 CO_2 压裂装备。现场试验结果表明，CO_2 干法加砂压裂后储层增产和环保效果明显，是低渗透储层增产改造技术的下步发展方向。

关键词：CO_2 干法加砂压裂；CO_2 增黏剂；密闭混砂技术

CO_2 干法加砂压裂技术[1]用液态 CO_2 代替常规水基压裂液，使用密闭混砂装置在带压密闭条件下将支撑剂混入液态 CO_2，再通过压裂泵车以较大排量注入地层完成储层改造。CO_2 干法压裂技术起源于北美，国内川庆钻探与长庆油田联合攻关 CO_2 干法加砂压裂，自2013年完成国内首次 CO_2 干法加砂压裂现场应用以来，已累计在长庆致密气井完成现场应用15口井17层[2]。该技术经中国石油天然气集团有限公司评定，整体达国际领先水平。

1　二氧化碳干法加砂压裂技术

CO_2 干法加砂压裂技术的主要难点在于完成低温、带压环境下液态 CO_2 的混砂和携砂泵注，为解决此难题，技术研发人员开发出了液态 CO_2 密闭混砂装置、液态 CO_2 提黏剂、CO_2 储罐及氮气增压装置等，通过在长庆致密气藏开展多次现场实践完成了 CO_2 干法加砂压裂技术配套。

2　密闭混砂技术

CO_2 密闭混砂装置是 CO_2 干法加砂压裂的核心装备，其技术难点在于 CO_2 相态的控制（使混砂装置中的 CO_2 处于液态）、支撑剂输出速率的控制和作业参数的计量等。此外，还需结合作业地域的地貌特征和运输条件，合理设计罐体容积和结构。

2.1　密闭混砂装置组成

密闭混砂装置（图1）主要由混砂罐总成、动力系统、监测与控制系统和管汇系统组成。混砂罐总成用于存放压裂施工使用的支撑剂，具有保温功能，利用罐内的输砂螺旋将支撑剂输送到压裂管线中。动力系统为安装在输砂螺旋上的液压马达提供动力，具备低转速、大扭矩的特性，在一定范围内可实现转速的无极调节。采用手动、自动一体式远距离集中控制设计，能够监测混砂装置的罐内压力、供液流量和支撑剂浓度等数据。能够对装置的阀门、输砂螺旋的转速进行远程精确调节。管汇系统包含气相管汇、液相管汇、液位控制管汇、液相增压管汇、进排气管汇等，用于配合控制系统完成支撑剂充装、冷却、返排等工艺过程。

2.2 主要技术参数

工作压力 3.5MPa，工作温度 −20℃，容积 20m^3，最大输砂速率 1.0m^3/min。

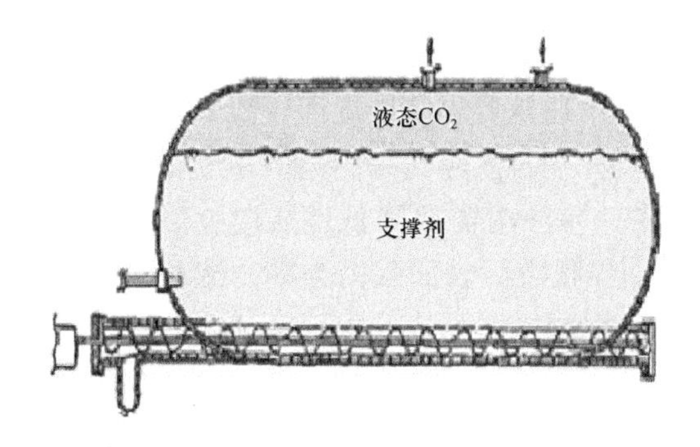

图 1　卧式密闭混砂罐结构图

3 压裂工艺设计

3.1 压裂软件

CO_2 压裂设计的难点在于 CO_2 的性质对压力、温度等因素的影响十分敏感，可压缩性流体的流动运动学方程更加复杂，增加了设计的难度。为此，选用了 Efarc−3D 软件用于 CO_2 干法加砂压裂的设计，通过现场试验的结果对模拟结果加以验证，以更好地指导现场作业。

3.2 人工裂缝的特征

CO_2 压裂液的低黏特性，使其形成的人工裂缝较常规压裂存在明显不同。主要体现在以下几个方面：支撑剂沉降现象明显，人工裂缝底部支撑剂堆积；支撑裂缝长度较短，裂缝宽度较小。这主要是受压裂液滤失的影响，大量的压裂液滤失到储层中，使得人工裂缝中的压裂液流量减小，裂缝内的净压力较低；支撑剂导流床清洁。由于 CO_2 压裂液中没有残渣，不会对支撑剂导流床造成渗透率伤害，其支撑裂缝导流能力保留系数相当于常规压裂液的 2～3 倍以上[3]。

3.3 压裂参数的设计

针对 CO_2 压裂的人工裂缝特征，要减弱支撑剂的沉降，增加裂缝在长度和宽度方向的扩展，解决这一问题的主要思路是提高注入排量、减少压裂液的滤失、提高压裂液的携砂性。此外，由于支撑剂导流床更加清洁，较小粒径的支撑剂和较低的砂浓度即可满足储层改造需要，也降低了工程作业的难度。对于长庆气田上古砂岩储层，要求最小的注入排量为 $4m^3/min$，砂浓度不大于 $240kg/m^3$，采用 40～70 目的低密或中密陶粒作为支撑剂。

4 液态 CO_2 携砂技术

液态 CO_2 为非极性分子，作为压裂液存在黏度低、滤失大、摩阻高等缺点，CO_2 黏度较低，液态下黏度约为 0.1mPa·s，气态和超临界状态下黏度约为 0.02mPa·s[4]。为满足加砂压裂施工，主要采用三种方式。高排量低砂比：通常要求储层埋深较浅，多采用光套管或环空加砂工艺以满足高排量要求。超低密度支撑剂自悬浮：采用超低密度支撑剂的视密度为 $0.95～1.05g/cm^3$，可以悬浮于液态 CO_2 中，泵注时需要降低地层温度以保持 CO_2 处于液态，一旦温度超过 31.26℃，CO_2 处于超临界状态后表面张力为零，流动变强，导致滤失加快。液态 CO_2 增稠技术[5]：在液态 CO_2 中加入增黏降滤失剂，低温液态下体系黏度可达到 50mPa·s，超临界条件下体系黏度为 15mPa·s，比纯 CO_2 提高 400～750 倍，现场应用过程按 2%～5% 的配比进行添加。长庆致密气藏经过综合优选，最终确定液态 CO_2 增稠技术为主要手段来提高压裂加砂规模。

5 CO_2 供液技术

为保证压裂施工过程排量平稳，现阶段液态 CO_2 供液由储罐 / 罐车 + 增压泵车 / 橇模式，进一步发展到储罐 / 罐车 + 氮气增压系统模式（图 2），前期采用 CO_2 增压泵车 / 橇施工时，作业过程中罐内压力持续降低，易造成作业后期施工排量失稳，为克服这一难题，开发出了氮气增压系统将储罐 / 罐车压力维持在 2.0MPa 以上，以保证整个施工过程排量稳定。

图 2　氮气增压装置与储罐配套使用

6 CO_2 干法加砂压裂新进展

6.1 CO_2 干法加砂桥塞分段压裂工艺

此次双 XX 井在盒 8 下亚段和盒 8 上亚段进行 CO_2 干法加砂分段压裂试验，首次采用 CO_2 干法加砂与桥塞分段工艺结合（图 3）。方案设计基于摩阻测试与分析结果，结合施工压力分析与控制，在地层和井筒条件允许的情况下，为保证施工排量，采用光套管注入及大通径桥塞进行分段压裂。实际施工最高排量达到 6m^3/min，单井加砂总量达到 45.2m^3（表 1）。

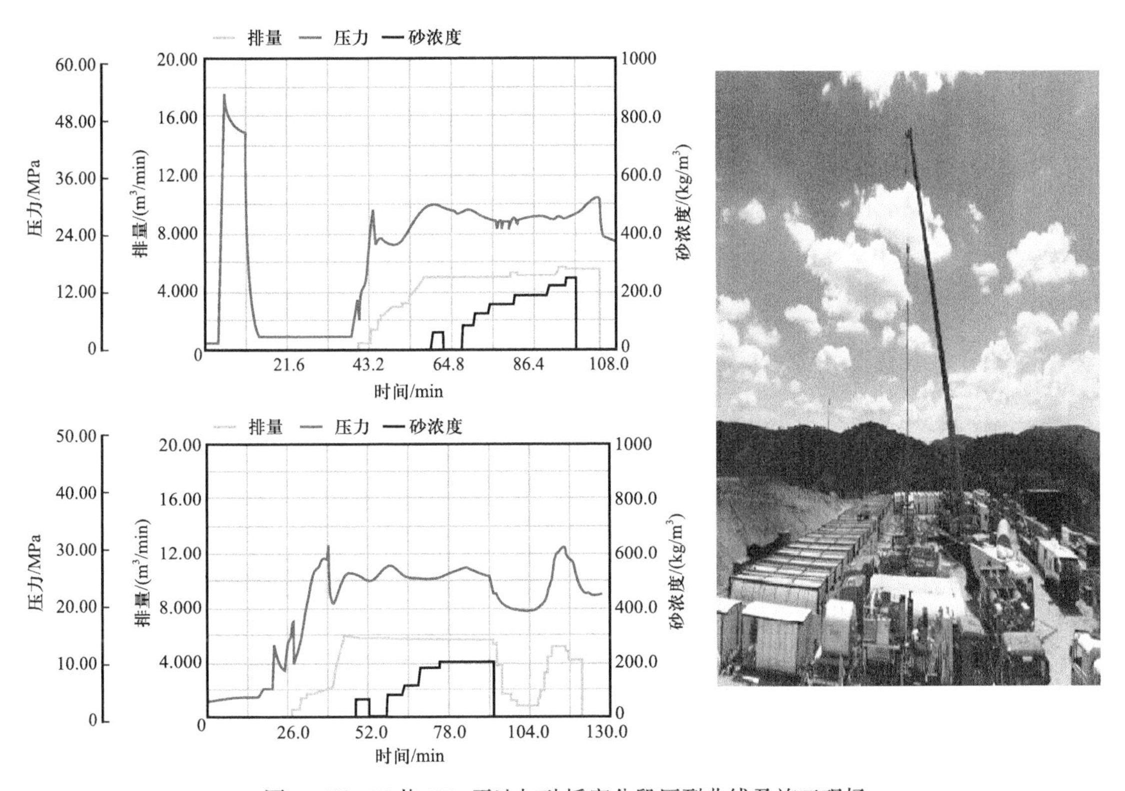

图 3 双 XX 井 CO_2 干法加砂桥塞分段压裂曲线及施工现场

表 1 双 XX 井主要施工参数

层位	射孔井段 /m	压裂施工参数					
		工作压力 / MPa	砂量 / m^3	砂比 / %	入地总液量 / m^3	CO^2 排量 /（m^3/min）	停泵压力 / MPa
盒 8 下亚段	2544.0～2547.0	26.5～27.6	20.00	14.10	266.84	5.0～5.6	23.60
盒 8 上亚段	2483.0～2487.0	25.80	25.20	14.50	323.79	5.0～6.0	22.20

6.2 一体化数据采集系统

以往致密气藏 CO_2 干法加砂压裂作业现场存在供液系统、氮气增压系统、密闭混砂系统、高压泵注系统、提黏剂泵注系统、远程卸荷旋塞控制系统 6 套相对独立的数控系统（图 4），通过自主开发的压裂施工一体化数据采集系统，可以将这 6 套系统实时数据进行集中监控。

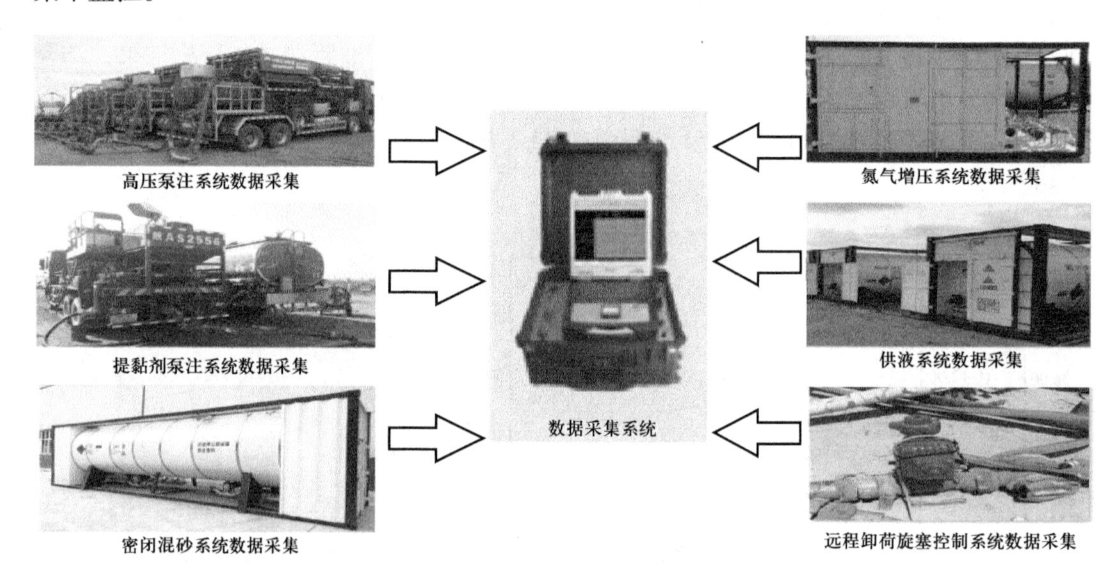

图 4 一体化数据采集系统

6.3 集成高低压管汇橇组

为实现 CO_2 作业现场的模块化连接，研发了 CO_2 高低压管汇橇组（图 5），由两套高压管汇、一套低压集成分配器、两套分流管汇和提篮组成。高压管汇将单流阀、旋塞阀、远控旋塞接口集成整合，两套同时使用时能够满足排量为 10.0m^3/min 以内的施工规模；低压集成分配器可一次连接 12 具储罐，自带安全阀和放压球阀。该装置可大幅缩短作业时间，提高作业效率，降低人员劳动强度。

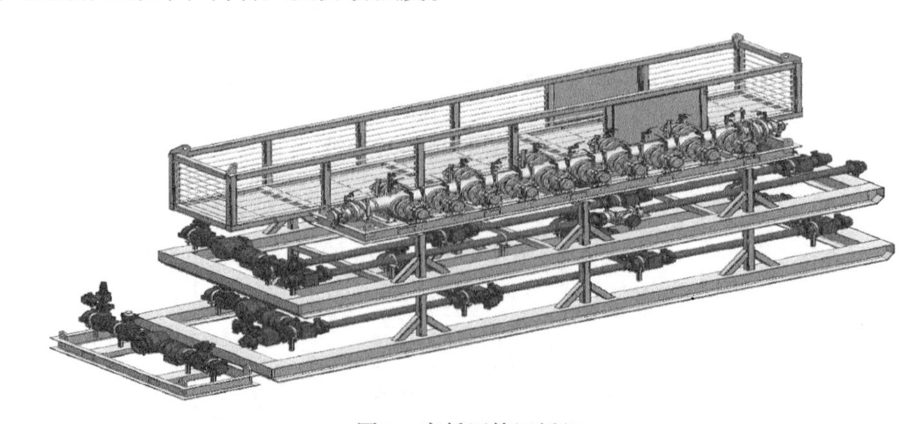

图 5 高低压管汇橇组

6.4 现场试验及效果

近年来，在苏里格气田、神木气田和延长气田累计完成了15井次17层次的CO_2干法加砂压裂现场试验，施工最大井深3454m，最高井温104℃，最大单层加砂量30m^3，最高砂比25%，压后最高单井无阻流量24.7×10^{4}m^3/d。

6.4.1 工程作业能力

CO_2干法加砂压裂最大施工排量6.0m^3/min，平均砂比为15.3%，单层用液量为220～385m^3。单层作业规模仍有进一步提升空间。

6.4.2 增产效果

CO_2干法加砂压裂改造的储层多为水锁/水敏伤害严重的储层，增产效果对比结果显示，CO_2干法加砂压裂较常规压裂能够显著提高储层的压后产能。这里对其他3层的增产效果进行了如下分析：

SD22井压后无阻流量为30000m^3/d，同井场两口常规压裂邻井改造后未见明显天然气产出，没有产能，具体数据见表2。

表2 SD22井及其邻井物性参数和产能对比

井号	层位	厚度/m	孔隙度/%	基质渗透率/mD	含气饱和度/%	解释结果	无阻流量/(10^{4}m^3/d)
SD22	SX	4.0	13.99	1.18	66.0	气层	3
	SX	4.8	9.04	0.4	55.6	含气层	
SD20	SX	5.5	7.05	0.14	46.8	气层	无产能
	SX	4.4	7.74	0.24	53.6	气层	
SD21	SX	1.8	7.15	0.34	36.3	差气层	无产能
	SX	3.6	8.22	0.29	45.2	差气层	

SD58井压后测试无阻流量为58170m^3/d，在该区单层改造井的产能中属于较高水平，较常规压裂增产效果十分明显，邻井对比数据见表3。通过对比可知，SD58井在加砂规模远远低于邻井储层的条件下（加砂量小于常规压裂的1/4），压后无阻流量较常规作业邻井分别提高了51%～200%，增产效果明显。CO_2干法加砂压裂试验井的效果均是在加砂量不足常规作业1/3的情况下获得的，随着技术的发展和现场应用水平的提高，其增产幅度仍有更大的提升空间。

表3 SD58井石盒子组及其邻井储层参数与产能对比

井号	物性参数			压裂施工参数		压后产能/(m^3/d)
	厚度/m	渗透率/mD	孔隙度/%	排量/(m^3/min)	砂量/m^3	
SD58	9.4	0.5～1.9	9.0～13	3.6～4.2	8.5	58170 (AOF)

续表

井号	物性参数			压裂施工参数		压后产能 /（m^3/d）
	厚度 /m	渗透率 /mD	孔隙度 /%	排量 /（m^3/min）	砂量 /m^3	
SD61	8.1	0.2～0.7	9～11	1.8～2.0	33.0	19200 （AOF）
SD62	8.7	0.4～2.2	7～14.5	2.5	53	38500 （AOF）

7 结论

（1）CO_2 干法加砂压裂作为国际前沿的无水压裂技术之一，具有绿色、环保、增产等技术优势，应用前景广阔。

（2）川庆钻探长庆井下技术作业公司通过压裂工艺、压裂液体和压裂设备的技术优化与配套，作业能力已达到国际领先水平，具备了推广应用的技术条件。

（3）国家陆续出台“双碳”、CCUS 等政策都大力支持该技术的发展，未来将形成压裂埋存、捕集回收、液化储存等全过程技术链。

参考文献

[1] 宋振云，郑维师，兰建平，等 . CO_2 干法加砂压裂工艺技术［C］//2017 年油气田勘探与开发国际会议论文集，2017.

[2] 张军涛，孙晓，吴金桥 .CO_2 干法压裂新技术在页岩气藏的应用实践［J］. 非常规油气，2018（5）：87–90，27.

[3] 王香增，孙晓，罗攀，等 . 非常规油气 CO_2 压裂技术进展及应用实践［J］. 岩性油气藏，2019，31（2）：1–7.

[4] 李阳，许志赫，袁峰，等 . CO_2 干法压裂技术研究与应用［C］// 2018 年油气田勘探与开发国际会议论文集，2018.

[5] 汪小宇，宋振云，王所良 .CO_2 干法压裂液体系的研究与试验［J］. 石油钻采工艺，2014，36（6）：69–73.

基于热流固损模型的裂缝型干热岩储层压裂裂缝扩展及产能预测研究

张　博　郭天魁　曲占庆　陈　铭　王继伟　郝　彤

（中国石油大学（华东）石油工程学院）

摘　要：本文基于有限元方法建立了热流固损模型，并研究了裂缝型干热岩储层中水力裂缝的扩展行为。结果表明，热应力和注入压力共同促进了岩石的启裂和扩展。在天然裂缝的影响下，水力裂缝能过迂曲地扩展并偏离最大水平应力方向。水力裂缝和张开的天然裂缝构成了产热的主要通道。排量增加能够显著增加缝长并激活更多天然裂缝，从而使裂缝面积和生产温度有较大幅度的提高。过高或过低的应力差或天然裂缝数量均不利于水力裂缝的形成以及生产温度的提高。更大的裂缝面积或更高的裂缝复杂性并不一定能带来更好的生产表现。对于两注一采开发模式，优先保证水力裂缝均匀扩展有利于提高生产温度。研究结果可为裂缝型地热储层增强型地热系统的优化设计提供理论依据。

关键词：裂缝型储层；裂缝扩展；生产表现；增强型地热系统；热流固损耦合

干热岩地热能作为一种新兴的清洁可再生能源，受到了世界各国的关注，调查数据显示超过 90% 的可利用地热能可能以干热岩的形式存在[1]。增强型地热系统（Enhanced Geothermal System，EGS）是干热岩的主要开采形式，其关键环节是通过水力压裂构建裂缝网络[2-3]。然而，裂缝型地热储层中水力裂缝扩展以及压后裂缝形态对采热的影响机理尚不明确。因此，研究裂缝型地热储层中的压裂和生产过程对于指导干热岩地热能的高效开采有重要意义。

近年来，干热岩压裂在实验和数值模拟研究方面已经积累了一些成果。Cheng[4]开展了真三轴水力压裂实验以及流固耦合水力压裂模拟，研究了不同排量、温度以及围压下的裂缝扩展特征。Hu[5]基于 PFC2D 软件构建了一个流固耦合水力压裂模型，研究了不同注入模式下水力裂缝的扩展行为。尽管上述研究获取了一些干热岩压裂裂缝的扩展规律，但是模拟过程中却忽略了温度的影响。Zhou[6]的实验研究表明，干热岩的温度越高，温差引起的热冲击就越大，导致岩石的破裂压力越小，有助于裂缝启裂和扩展，所以考虑热应力作用下的干热岩压裂模拟才更为准确。然而，考虑热应力作用下的干热岩水力压裂数值模拟研究较少，而且发育有多条天然裂缝的干热岩水力压裂裂缝扩展模拟还鲜有报道。

EGS 采热方面的研究主要包括两大类：一类是等效多孔介质模型。将热储中裂缝和基质看作具有等效孔隙体积的连续体，仅考虑主要水力裂缝在 EGS 中的作用[7]。另一类是离散裂缝网络模型。考虑了热储中每一条裂缝对 EGS 的贡献，能够更准确地评估裂缝网络对采热的影响[8]。然而，这些产能模拟的研究中，水力裂缝的几何形状往往是人工设定的，不能表征地下水力裂缝的真实形态，无法准确评估其压裂效果，所以需要综合压裂和产能模拟，才能够有效评估压裂表现。

因此，为了研究裂缝型地热储层中的水力压裂和生产过程，本文构建了一个基于有限元方法的热流固损模型。利用解析解、数值解验证了模型的正确性，然后研究了压裂液的注入流速、黏度、地应力差以及天然裂缝数量对水力裂缝扩展的影响，进一步地，基于压后的产能分析评估压裂效果。本文的结果能够为裂缝型地热储层中的优化设计提供建议。

1　模型构建与验证

1.1　数学方程

考虑热应力以及孔弹性效应的岩石应力—应变平衡方程见式（1）[9]。

$$G\nabla^2 u_i + (\lambda + G)u_{j,ji} - \alpha_B p_i - \alpha_T K(T_i - T_0) + F_i = 0 \tag{1}$$

式中，G 和 K 分别是剪切模量和体积模量，Pa；u 是位移，m；λ 是拉梅常量；α_B 是 Biot 系数；p 是孔隙压力，Pa；α_T 是热膨胀系数，K^{-1}；T_i 和 T_0 是实时储层温度和初始储层温度，K。

考虑应力影响下的质量守恒方程见式（2）[10]。

$$\rho_f S_f \frac{\partial p}{\partial t} + \nabla \cdot \left(-\rho_f \frac{K}{\mu_f} \nabla p \right) + \rho_f \alpha_B \frac{\partial \varepsilon_V}{\partial t} = -Q_f \tag{2}$$

式中，ρ_f 是流体密度，kg/m^3；S_f 是储水系数；K 是岩石渗透率，m^2；μ_f 为流体的动力黏度，Pa·s；ε_V 是体积应变；Q_f 是源 / 汇项。

$$S_f = \phi_r \chi_f + (\alpha_B - \phi_r)\frac{1-\alpha_B}{K_d} \tag{3}$$

式中，ϕ_r 是岩石孔隙度；χ_f 是流体压缩系数，Pa^{-1}；K_d 是排水体积模量，Pa。

考虑热对流和热传导的能量守恒方程见式（4）[11]。

$$\left[\phi_r \rho_f C_f + (1-\phi_r)\rho_r C_r\right]\frac{\partial T}{\partial t} + \rho_f C_f u \nabla T - \nabla \cdot \left\{\left[\phi_r \lambda_f + (1-\phi_r)\lambda_r\right]\nabla T\right\} = W \tag{4}$$

式中，C_f 和 C_r 是流体热容和岩石热容，J/（kg·K）；ρ_r 是岩石密度，kg/m^3；λ_r 和 λ_f 是岩石和流体的热导率，W/（m·K）；W 是水岩之间交换的热量，W/m^3。

干热岩通常为花岗岩，性质较脆，所以本文采用最大拉应力准则或者弹脆性摩尔－库伦准则判断岩石损伤情况，见式（5）。当 $C_T \geqslant 0$ 或者 $C_S \geqslant 0$ 时，岩石发生拉伸或者剪切破坏。

$$\begin{cases} C_{\mathrm{T}} = \sigma_1 - f_{\mathrm{T}} \\ C_{\mathrm{S}} = -\sigma_3 - f_{\mathrm{C}} + \dfrac{1+\sin\theta}{1-\sin\theta}\sigma_1 \end{cases} \tag{5}$$

式中，f_T 和 f_C 是抗拉强度和抗压强度，Pa；σ_1 和 σ_3 是最大和最小主应力，Pa；θ 是内摩擦角。

岩石发生拉伸破坏时，细观损伤本构模型见式（6）。

$$D = \begin{cases} 0 & \varepsilon \leqslant \varepsilon_{\mathrm{TE}} \\ 1 - \dfrac{f_{\mathrm{TR}}}{E_0 \varepsilon} & \varepsilon_{\mathrm{TE}} \leqslant \varepsilon \leqslant \varepsilon_{\mathrm{TU}} \\ 1 & \varepsilon_{\mathrm{TU}} \leqslant \varepsilon \end{cases} \tag{6}$$

式中，D 是损伤因子；ε 是等效主应变，$\varepsilon=\sqrt{\langle\varepsilon_1\rangle^2+\langle\varepsilon_2\rangle^2+\langle\varepsilon_3\rangle^2}$；$f_{TR}$ 是残余强度，Pa；E_0 是初始弹性模量，Pa；ε_{TE} 和 ε_{TU} 分别是弹性极限拉伸应变和极限拉伸应变，$\varepsilon_{TU}=\eta_T \cdot \varepsilon_{TE}$；$\eta_T$ 是极限拉应变系数，本文中取 5。

岩石发生剪切破坏时也可以给出类似的本构关系，见式（7）。

$$D = \begin{cases} 0 & \varepsilon \leqslant \varepsilon_{\mathrm{CP}} \\ 1 - \dfrac{f_{\mathrm{CR}}}{E_0 \varepsilon} & \varepsilon_{\mathrm{CR}} \leqslant \varepsilon \end{cases} \tag{7}$$

式中，f_{CR} 是残余强度，Pa；ε_{CP} 是峰值压缩应变。

基于细观损伤力学，岩石损伤后的力学性质弱化，损伤后的弹性模量见式（8）[12]。

$$E = E_0 (1 - D) \tag{8}$$

损伤位置处的孔渗以及传热特征得以加强，具体变化见式（9）至式（11）。

$$\phi_{\mathrm{r}} = (\phi_{\mathrm{r0}} - \phi_{\mathrm{re}}) \exp\left(-\alpha_{\phi} \overline{\sigma_{\mathrm{eff}}}\right) + \phi_{\mathrm{re}} \tag{9}$$

式中，ϕ_{r0} 和 ϕ_{re} 是初始孔隙度和残余孔隙度；α_ϕ 是孔隙度影响系数，本文设置为 5×10^{-8}；$\overline{\sigma_{eff}}$ 是平均有效应力，Pa。

$$K = K_0 \left(\frac{\phi_{\mathrm{r}}}{\phi_{\mathrm{r0}}}\right)^3 \exp(\alpha_K D) \tag{10}$$

式中，α_K 是渗透率影响系数，本文设置为 5。

$$\lambda_{\mathrm{r}} = \lambda_{\mathrm{r0}} \exp(\alpha_{\lambda} D) \tag{11}$$

式中，λ_{r0} 和 λ_r 是损伤前后的热导率，W/（m·K）；α_λ 是热导率影响系数，本文设置为 10。

1.2 热流固损耦合模型验证

THMD 耦合模型通过与实验结果对比来验证。Zhou 等[13]利用真三轴水力压裂设备研究了干热花岗岩在水力压裂下的裂缝扩展行为。基于文献［13］中的岩石尺寸，构建了如图 1 所示的 300mm×300mm 的水力压裂物理模型。采用与文献［13］中相同的物理参数、初始条件以及边界条件。裂缝扩展对比如图 2 所示，在相同实验条件下，THMD 模型模拟得到的水力裂缝扩展行为与实验结果基本一致，可验证 THMD 模型的正确性。

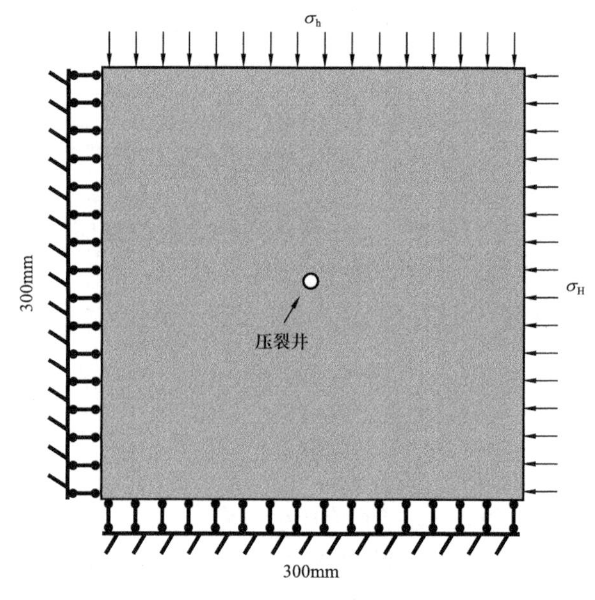

图 1　THMD 耦合验证模型示意图

σ_h—最小水平主应力，Pa；σ_H—最大水平主应力，Pa

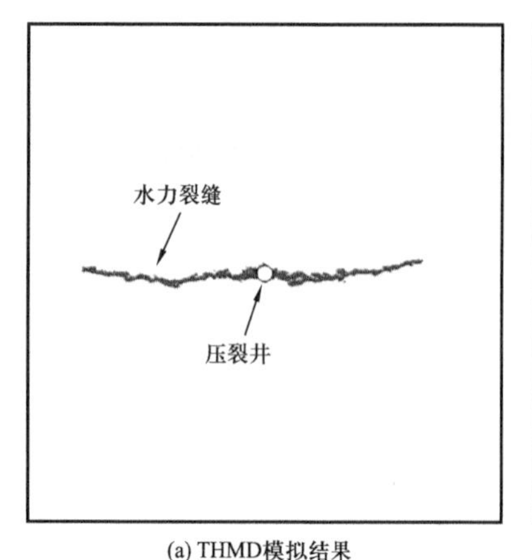

(a) THMD模拟结果

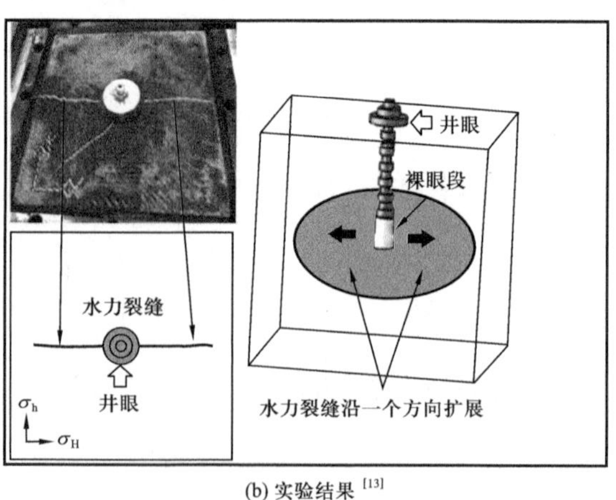

(b) 实验结果[13]

图 2　模拟结果与实验结果对比

2 裂缝型干热岩储层数值模型构建

2.1 计算模型

本文构建一个小尺度二维裂缝型干热岩储层模型，如图3所示，模型尺寸300mm×300mm，井眼直径10mm。天然裂缝通过蒙特卡洛方法生成，共300条天然裂缝，每条裂缝的中心位置服从均匀分布，缝长服从长度为20mm、标准差为3mm的正态分布。采用嵌入式网格剖分，天然裂缝作为网格边界，如图4所示。本文利用Weibull

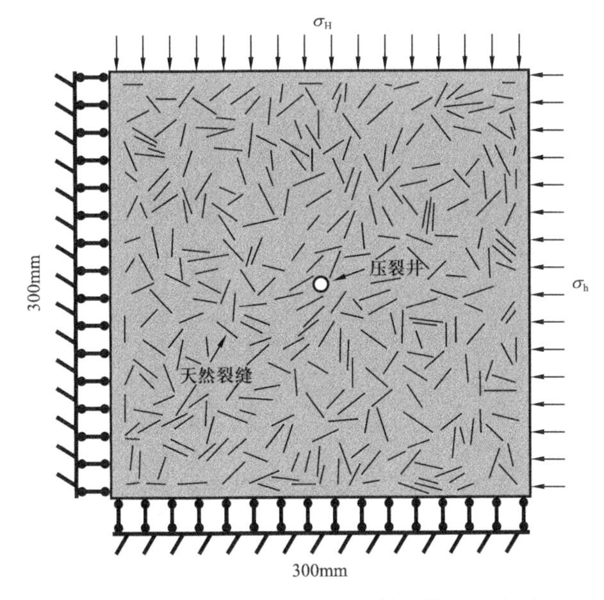

图3　含有天然裂缝的干热岩储层模型示意图

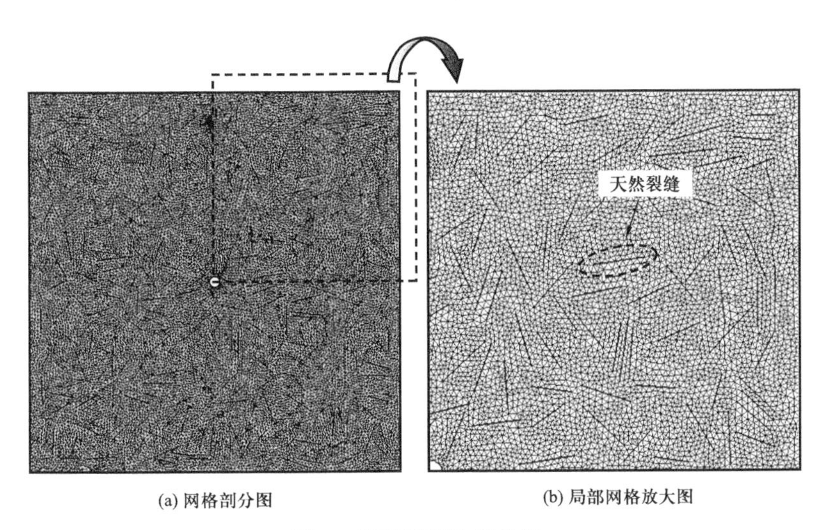

(a) 网格剖分图　　(b) 局部网格放大图

图4　模型的网格剖分图

分布对储层岩石的抗拉强度、抗压强度和弹性模量等力学参数做随机处理，并对天然裂缝所在位置处的力学参数进行弱化，所有与模型计算有关的物理力学参数总结在表1中。

表1　用于模型计算的物理力学参数

岩石属性	基质	天然裂缝
初始密度 / (kg/m^3)	2600	2000
初始孔隙度 /%	3	6
残余孔隙度 /%	0.5	0.3
初始渗透率 /mD	0.001	0.05
抗压强度 /MPa	120	60
抗拉强度 /MPa	12	3
弹性模量 /GPa	30	10
泊松比	0.2	0.23
内摩擦角 / (°)	30	15
热膨胀系数 / K^{-1}	2.5×10^{-6}	4×10^{-6}
初始比热容 / [J/ (kg · K)]	900	800
初始热导率 / [W/ (m · K)]	3	6
流体属性	水	
密度 / (kg/m^3)	1000	
比热容 / [J/ (kg · K)]	4200	
热导率 / [W/ (m · K)]	0.65	
黏度 / (mPa · s)	1	

2.2　初始条件和边界条件

压裂过程基础模型中各个物理场的初始条件及边界条件如下：

（1）应力场。左边界与下边界固定法向约束，上边界施加最大水平主应力35MPa，右边界施加最小水平主应力30MPa。

（2）渗流场。初始孔隙压力及模型外边界孔隙压力设定为15MPa，表明能够与外界发生流量交换。井眼注入采取定排量的方式，流速设定为 1.8×10^{-5}m/s。

（3）温度场。初始温度及模型外边界温度设定为200℃，使储层岩石能够及时得到周围基岩的热补偿。井眼处注入温度为20℃，水与井壁间能够发生热交换，对流换热系数设定为3000W/（m^2 · K）。

（4）损伤场。在开展模拟前，各个节点处的损伤因子均为 0。

压裂完成后，在水力裂缝末端布置注水井，位于模型中心的压裂井转为生产井，即两注一采模式。待储层中孔隙压力和温度恢复至最初的水平，开展压后的生产模拟，以生产温度为评估指标评价压裂效果，如图 5 所示，生产压差设置为 100kPa，注入水温设置为 20℃，模拟生产时间 120min。

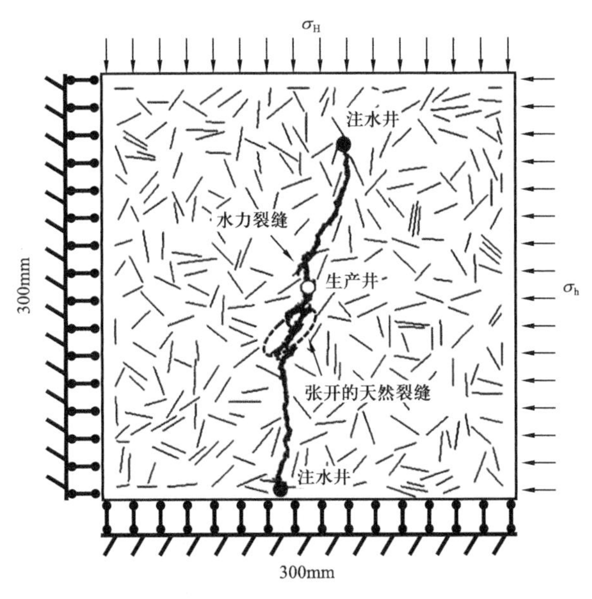

图 5　压后干热岩储层产能计算模型示意图

3　结果和分析

3.1　多物理场演化机理

图 6 中所示为不同时刻最大主应力和损伤的演化图。随着低温水的不断注入，在温差诱发的热应力和注入压力共同作用下，井眼位置处的岩石优先沿垂直于最小主应力方向启裂，然后水侵入水力裂缝中，在注入压力和热应力共同作用下最大主应力不断增加，水力裂缝持续扩展。然而，由于水被高温岩石加热，与岩石间的温差减小，热应力作用减弱。大多数情况下均倾向于沿天然裂缝扩展，从而偏离最大主应力方向。

不同时刻孔隙压力和温度的演化如图 7 所示。岩石启裂前，随着低温水的不断注入，井眼注入压力不断上升，能量不断积累。岩石启裂后，水力裂缝作为泄压通道，水快速侵入水力裂缝中，配合热应力，导致裂缝快速扩展。然而，由于水力裂缝周围存在大量天然裂缝，部分水滤失在天然裂缝中，因此随着时间推移水力裂缝扩展速度减慢。此外，随着水沿水力裂缝扩散，低温域也随着水力裂缝不断扩散，但是由于损伤位置处的传热能力不断增强，低温水沿水力裂缝与周围岩石热交换能力增强，水温不断升高。

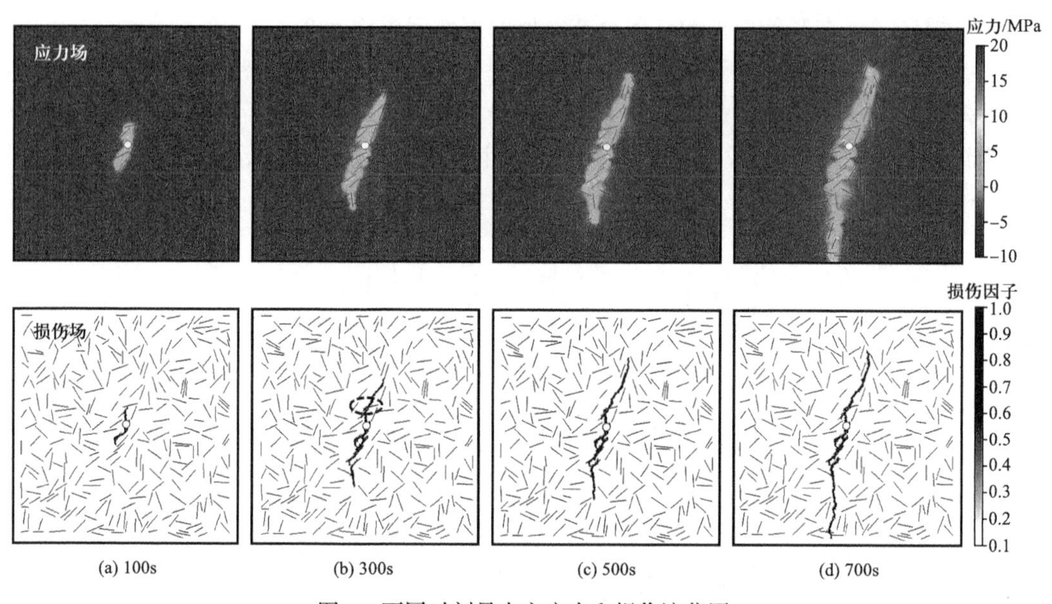

图 6　不同时刻最大主应力和损伤演化图

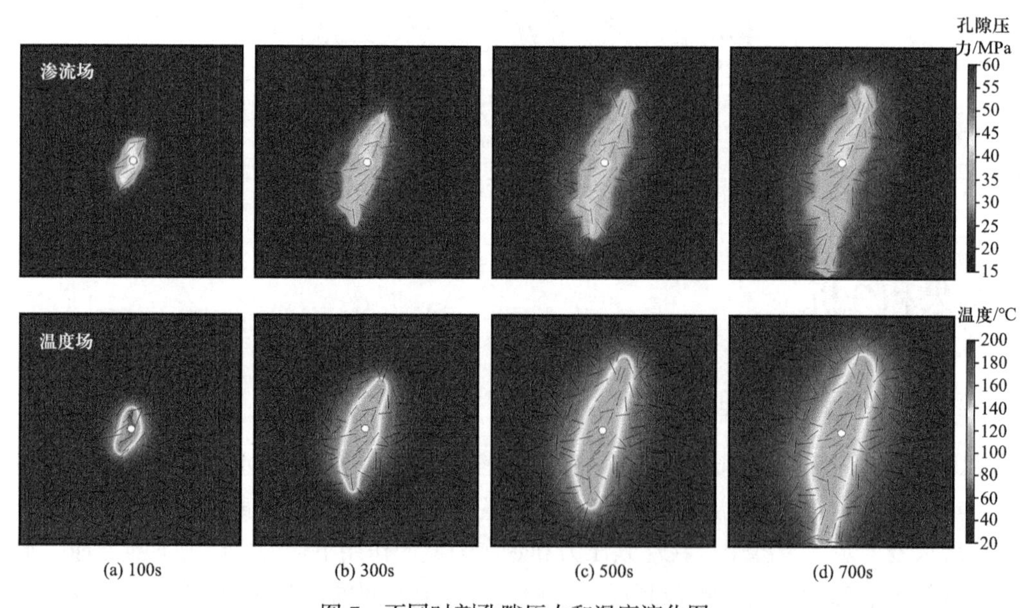

图 7　不同时刻孔隙压力和温度演化图

生产过程中更关注生产温度的变化，所以在此仅展示生产过程中不同时刻的温度演化图，如图 8 所示。随着开采时间逐渐增加，低温域于注水井附近向四周进行非均匀扩散，相较于压裂过程，井眼附近温度要更低，这是因为压后水力裂缝形成高导流通道，流速较快，换热速度较快。水力裂缝和张开的天然裂缝对低温域的扩散起主导作用，冷锋面沿着注采连线间的连通裂隙网络向生产井快速突进，不断与水力裂缝、张开的天然裂缝周围岩石基质发生热交换汲取热量，与此同时，岩石基质由于不断被取热而温度降低，当水与裂缝周围岩石基质温度一致时，便达到热平衡从而不再发生热交换。

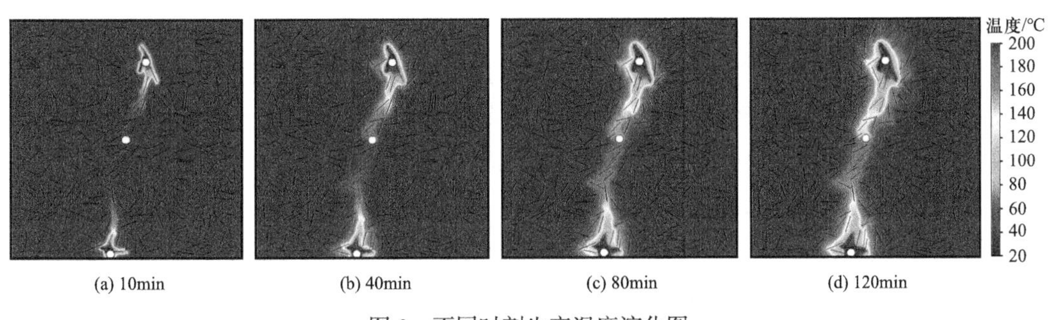

(a) 10min (b) 40min (c) 80min (d) 120min

图 8 不同时刻生产温度演化图

3.2 排量影响

图 9 所示为不同注入流速下的水力裂缝扩展图。不同注入流速下，缝长由 132.01mm 增至 220.90mm，增幅 67.3%，缝长由 220.90mm 增至 293.27mm，增幅为 24.7%，说明提高注入流速能够有效增加缝长，但是效果减弱，这是因为流速越大，净压力越大，导致裂缝扩展越快。此外，注入流速越大，水力裂缝扩展范围越远，容易激活更多天然裂缝，增加裂缝复杂度。

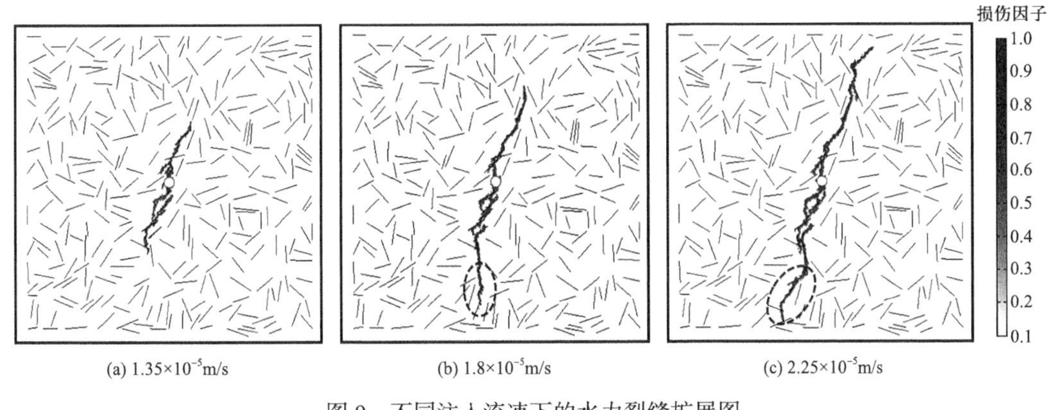

(a) 1.35×10^{-5}m/s (b) 1.8×10^{-5}m/s (c) 2.25×10^{-5}m/s

图 9 不同注入流速下的水力裂缝扩展图

图 10 所示为不同注入流速下注入压力和裂缝面积随压裂时间的变化图。注入压力先上升然后下降，最后趋于平缓，整个曲线呈波动式变化，这是水力裂缝沟通天然裂缝所致。裂缝面积随压裂时间先线性上升，而后呈近似阶梯式上升。不同注入流速下岩石破裂压力与扩展压力差别不明显，但是随着排量增加，裂缝面积明显增加。图 11 所示为不同注入流速下生产温度随生产时间的变化图。生产温度随生产时间先平缓下降，然后快速下降，生产初始阶段储层温度高，低温水与岩石基质换热较完全，但是围岩对储层的热补偿作用慢于水岩之间的换热过程，一旦发生热突破现象，生产温度便快速下降。高排量下裂缝扩展地更长，激活的天然裂缝更多，导致最终生产温度最高。

3.3 应力差影响

不同应力差下的裂缝扩展如图 12 所示。应力差较小或较大时，水力裂缝容易出现不对称扩展的情况，这是因为在应力差较小的条件下，地应力对裂缝扩展的约束作用越弱，接近逼近角较大的天然裂缝时，需要更多的时间累积能量，才能发生穿越现象，导致扩展难度加大。而在地应力差较大的条件下，水力裂缝会倾向于沿垂直于最小主应力方向扩展，则可能避开天然裂缝从岩石基质中扩展，扩展难度增加。另外，随着地应力差增加，受地应力约束作用增强，导致裂缝复杂度降低。

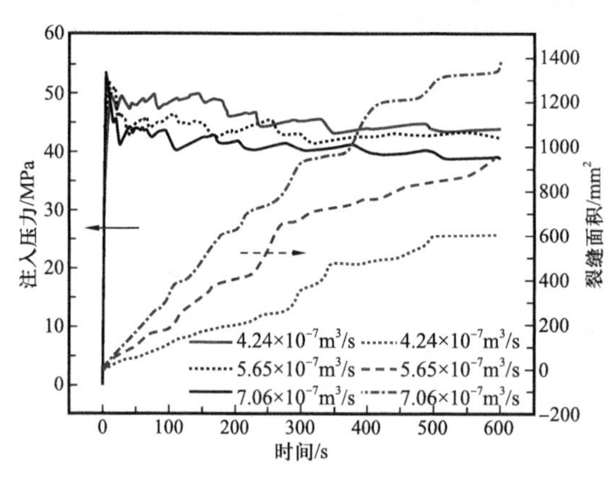

图 10　不同排量下注入压力与裂缝面积随时间演化

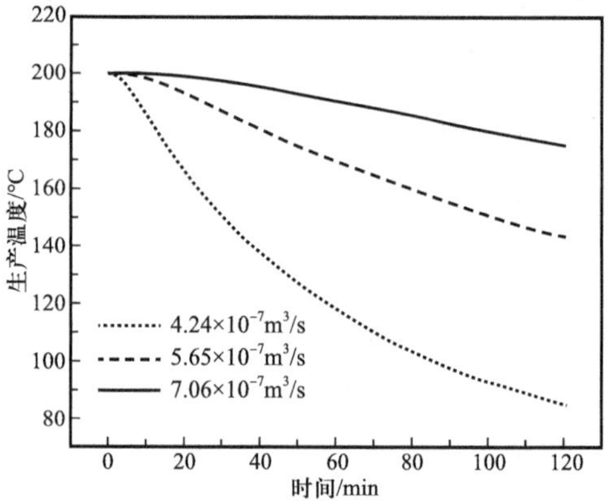

图 11　不同排量下生产温度随时间演化

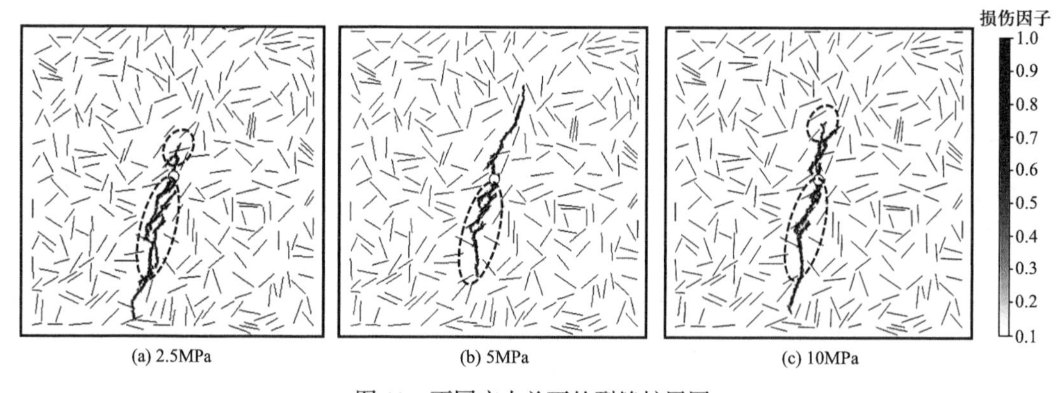

图 12　不同应力差下的裂缝扩展图

图 13 所示为不同应力差下注入压力和裂缝面积随压裂时间的演化。不同应力差对破裂压力和水力裂缝扩展压力的影响均较小。随着应力差增加，裂缝面积先减少后增加。然而，尽管三种情况的裂缝面积接近，生产温度却有明显差异。如图 14 所示，应力差为 2.5MPa 时的生产表现最差，因为一侧缝长短，热交换路径短，水换热不完全就流入生产井，尽管另一侧有较复杂的天然裂缝网络，但仍无法弥补，最终的生产温度仅为 92.15℃。应力差为 5MPa 时的生产表现最优，相较于应力差为 10MPa 的生产温度曲线降幅缓慢，最终的生产温度为 130.33℃，增幅达到 41.4%。

3.4　天然裂缝数量影响

图 15 中，随着天然裂缝数量增加，裂缝长度先增加后减小，分别为 239.04mm、

250.38mm 和 179.84mm，这主要是因为天然裂缝数量较少，水力裂缝受地应力影响明显，主要沿垂直于最小主应力方向扩展。当天然裂缝数量增加，水力裂缝扩展时容易受天然裂缝影响而发生偏转，导致裂缝长度增加。如图 15（b）所示，压裂 700s 后，水力裂缝偏离最大主应力方向约 15°。当天然裂缝数量进一步增加，水力裂缝扩展时接触到逼近角更大的天然裂缝，穿越这些裂缝需要更多的能量。此外，流体滤失量更多，所以裂缝扩展速度较慢，导致最终的缝长最短，同时裂缝复杂度也较低。对应地，图 15（a）中由于水力裂缝遇到的天然裂缝逼近角均较小，所以沟通了更多的天然裂缝，裂缝复杂度最高。

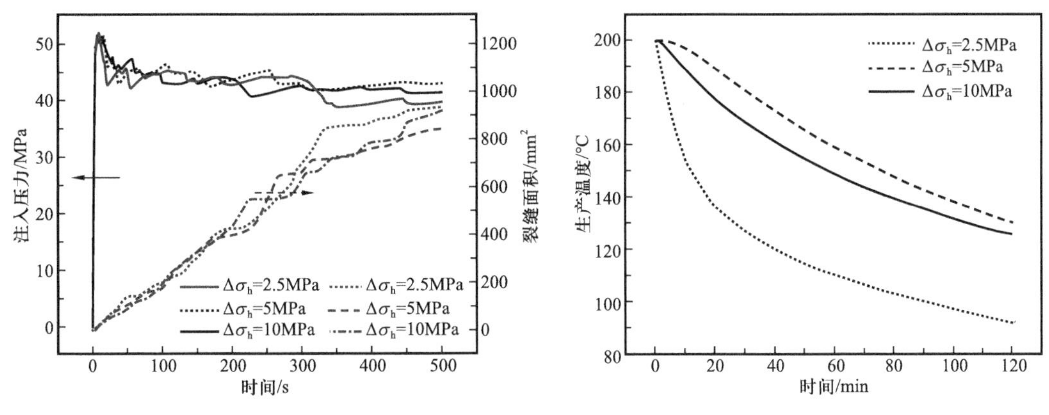

图 13 不同应力差注入压力与裂缝面积随时间演化　　图 14 不同应力差下生产温度随时间演化

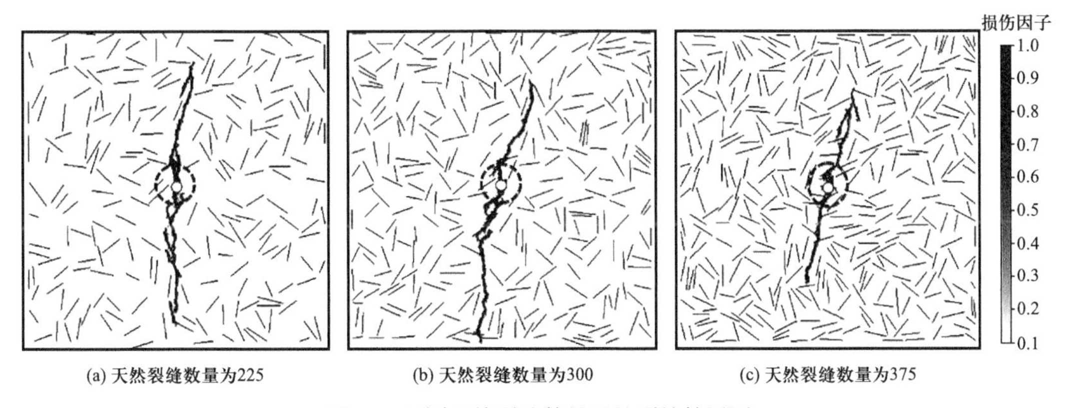

图 15 不同天然裂缝数量下的裂缝扩展图

不同天然裂缝数量下注入压力和裂缝面积随压裂时间的演化如图 16 所示。不同天然裂缝数量下岩石破裂压力和扩展压力变化不明显。此外，不同天然裂缝数量下的裂缝面积分别为 1101.21mm²、1074.32mm² 和 778.01mm²。这是因为天然裂缝数量较少时，水力裂缝沟通了更多的天然裂缝，裂缝复杂度较高，导致裂缝面积最大，而天然裂缝数量较多时，裂缝扩展遇到的天然裂缝逼近角较大，一方面裂缝扩展速度较慢，另一方面裂缝倾向于穿越天然裂缝，所以沟通的天然裂缝数量较少，导致裂缝面积最小。图 17 所示为不同天然裂缝数量下生产温度的变化。对比天然裂缝数量为 225 和天然裂缝数量为 300 的案例，缝长增幅 4.7%，裂缝面积降幅 2.4%，所以越长、越迂曲的水力裂缝更有助于延缓生产温度的下降。

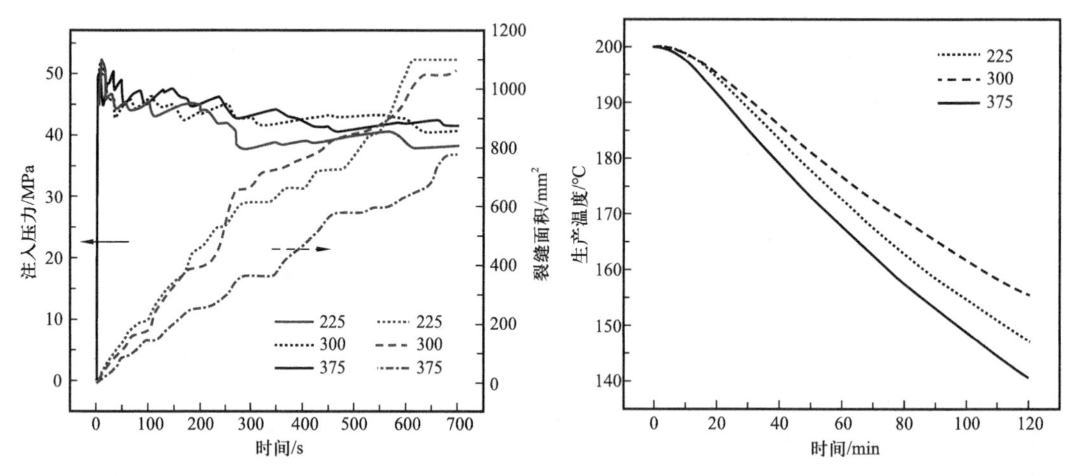

图 16　不同天然裂缝数量下注入压力与裂缝面积随时间演化

图 17　不同天然裂缝数量下生产温度随时间演化

4　结论

（1）热应力和注入压力共同促进了岩石的启裂和扩展。热应力对降低启裂压力起重要作用，注入压力主要促进水力裂缝扩展。在天然裂缝的影响下，水力裂缝可以扭曲地扩展并偏离最大水平应力方向。水力裂缝和张开的天然裂缝构成了换热的主要通道，决定最终的采热性能。

（2）排量增加能够显著增加缝长并激活更多天然裂缝，从而使裂缝面积和生产温度有较大幅度的提高。过低的应力差不利于水力裂缝均匀扩展，过高的应力差抑制了复杂天然裂缝的形成。较多的天然裂缝带来了更严重的滤失，较少的天然裂缝降低了水力裂缝的迂曲度，均不利于生产温度的提高。

（3）更大的裂缝面积或更高的裂缝复杂性并不一定能带来更好的生产表现。对于两注一采的开发模式，优先保证水力裂缝的均匀扩展有利于提高生产温度。

参考文献

[1] Jiang F, Chen J, Huang W, et al. A three-dimensional transient model for EGS subsurface thermo-hydraulic process [J]. Energy, 2014, 72: 300-310.

[2] 陆川，王贵玲．干热岩研究现状与展望［J］．科技导报，2015, 33（19）: 13-21.

[3] 许天福，袁益龙，姜振蛟，等．干热岩资源和增强型地热工程：国际经验和我国展望［J］．吉林大学学报（地球科学版），2016, 46（4）: 1139-1152.

[4] Cheng Y, Zhang Y, Yu Z, et al. Investigation on reservoir stimulation characteristics in hot dry rock geothermal formations of China during hydraulic fracturing [J]. Rock Mechanics and Rock Engineering,

2021, 54（8）: 3817−3845.

[5] Hu Z, Xu T, Moore J, et al. Investigation of the effect of different injection schemes on fracture network patterns in hot dry rocks—A numerical case study of the FORGE EGS site in Utah [J]. Journal of Natural Gas Science and Engineering, 2022, 97: 104346.

[6] Zhou Z, Jin Y, Zhuang L, et al. Pumping rate−dependent temperature difference effect on hydraulic fracturing of the breakdown pressure in hot dry rock geothermal formations [J]. Geothermics, 2021, 96: 102175.1−102175.8

[7] Asai P, Panja P, Mclennan J, et al. Effect of different flow schemes on heat recovery from enhanced geothermal systems (EGS) [J]. Energy, 2019, 175: 667−676.

[8] Fox D B, Sutter D, Beckers K F, et al. Sustainable heat farming: Modeling extraction and recovery in discretely fractured geothermal reservoirs [J]. Geothermics, 2013, 46: 42−54.

[9] 曲占庆，张伟，郭天魁，等．基于局部热非平衡的含裂缝网络干热岩采热性能模拟 [J]．中国石油大学学报（自然科学版），2019, 43（1）: 90−98.

[10] 孙致学，徐轶，吕抒桓，等．增强型地热系统热流固耦合模型及数值模拟 [J]．中国石油大学学报（自然科学版），2016, 40（6）: 109−117.

[11] Zhang B, Qu Z, Guo T, et al. Coupled thermal−hydraulic investigation on the heat extraction performance considering a fractal−like tree fracture network in a multilateral well enhanced geothermal system [J]. Applied Thermal Engineering, 2022, 208: 118221.

[12] 朱万成，魏晨慧，田军，等．岩石损伤过程中的热－流－力耦合模型及其应用初探 [J]．岩土力学，2009, 30（12）: 3851−3857.

[13] Zhou Z, Jin Y, Zeng Y, et al. Investigation on fracture creation in hot dry rock geothermal formations of China during hydraulic fracturing [J]. Renewable Energy, 2020, 153: 301−313.